U0248241

西部水电工程重大滑坡灾变演化及控制技术

张世殊　胡新丽　章广成　冉从彦　谢剑明 等　著

中国水利水电出版社
www.waterpub.com.cn
·北京·

内 容 提 要

本书是一部依托西部复杂地质背景区水电工程重大滑坡案例，研究水电工程重大滑坡灾变演化及控制关键技术的系统性论著。全书总结了西部地区滑坡发育的类型及其典型特征；分析了西部地区多种不同变形破坏模式滑坡的灾变模式、演化特征，并评价了其稳定性及失稳破坏后的涌浪影响；基于有限元法开展滑坡演化控制研究，建立了滑坡模糊控制模型；提出了基于多传感器技术的应力场、渗流场、位移场、化学场、温度场等多场特征变量勘察与监测方法；构建起了滑坡演化过程多场特征信息监测体系和集数据采集、处理、分析与预报于一体的高精度无人实时监测预警平台。

本书可供从事水电、水利、交通、国防工程、矿山等行业的勘察、设计、施工及科研人员使用，也可供相关专业的大专院校师生参考。

图书在版编目（CIP）数据

西部水电工程重大滑坡灾变演化及控制技术 / 张世殊等著. -- 北京 : 中国水利水电出版社, 2018.4
ISBN 978-7-5170-6417-6

Ⅰ. ①西… Ⅱ. ①张… Ⅲ. ①水利水电工程－滑坡－地质灾害－研究－西北地区②水利水电工程－滑坡－地质灾害－研究－西南地区 Ⅳ. ①P642.22

中国版本图书馆CIP数据核字(2018)第087055号

书　　名	**西部水电工程重大滑坡灾变演化及控制技术** XIBU SHUIDIAN GONGCHENG ZHONGDA HUAPO ZAIBIAN YANHUA JI KONGZHI JISHU
作　　者	张世殊　胡新丽　章广成　冉从彦　谢剑明 等　著
出版发行	中国水利水电出版社 (北京市海淀区玉渊潭南路1号D座　100038) 网址：www.waterpub.com.cn E-mail：sales@waterpub.com.cn 电话：(010) 68367658（营销中心）
经　　售	北京科水图书销售中心（零售） 电话：(010) 88383994、63202643、68545874 全国各地新华书店和相关出版物销售网点
排　　版	中国水利水电出版社微机排版中心
印　　刷	北京中科印刷有限公司
规　　格	184mm×260mm　16开本　21印张　498千字
版　　次	2018年4月第1版　2018年4月第1次印刷
印　　数	0001—1500册
定　　价	**130.00**元

凡购买我社图书，如有缺页、倒页、脱页的，本社营销中心负责调换

序

滑坡是斜坡破坏类型中分布最广、危害最大的一种地质灾害。在中国西部地区，深山峡谷遍布，工程地质条件复杂，滑坡以规模大、机理复杂、危害大等特点著称于世，在全世界范围内具有典型性和代表性。

近年来，西部水电工程建设经历了高峰期，雅砻江锦屏一级、锦屏二级、官地，金沙江溪洛渡，大渡河瀑布沟等一系列巨型水电工程相继建成并蓄水发电。西部水电工程区域具有复杂的地形地质条件、复杂的地层岩性、复杂的地质构造背景和高地震烈度、复杂的物理地质现象和风化卸荷特征、复杂的水文地质条件等特点，水电工程的建设和库区的蓄水对西部复杂地质环境进行了新一轮的改造。在水电工程建设区域内揭示出众多的滑坡，个别大型滑坡严重威胁水电工程的建设和后期的蓄水安全。如金沙江溪洛渡库区近坝库岸发育的干海子滑坡体积达到4760万m^3，雅砻江多吉水电站库区发育的唐古栋滑坡体积达到9260万m^3，雅砻江锦屏一级水电站库区发育的水文站滑坡体积达到1600万m^3等。如何处理好西部水电开发与自然生态环境之间的关系是保证我国西部水电事业健康、可持续发展的重要前提。为此，研究西部复杂地质背景条件下水电工程重大滑坡灾变演化过程及控制关键技术具有十分重要的现实意义和价值。

由中国电建集团成都勘测设计研究院有限公司张世殊等多位长期从事水电工程地质勘察具有丰富实际经验的工程技术人员与中国地质大学（武汉）胡新丽教授等科研人员共同撰写的《西部水电工程重大滑坡灾变演化及控制技术》一书即将出版。该书依托西南山区各大型流域数十项巨型、大型水电工程生产、科研实践，以重大滑坡为研究对象，总结滑坡类型及其典型特征；针对不同发育规律和不同类型的滑坡，开展变形演化机制分析、稳定性分析、灾变过程工程影响分析；开展了滑坡演化控制规律研究，基于有限元法分析提出了滑坡二阶自动控制模型，建立了滑坡模糊控制模型；提出了基于多传感器技术的应力场、渗流场、位移场、化学场、温度场等多场特征变量勘察与监测方法，实现了对滑坡演化过程多场信息的勘察与监测。

该书内容丰富而全面，针对西部水电工程中遇到的典型滑坡，系统地进行了梳理和总结，全面地研究了复杂地质条件下种类齐全的陡坡度、大体积、难防控、大滑坡的灾变演化规律和防控体系的构建，为广大一线工程地质人员和设计人员提供借鉴参考。

欣然作序，向广大读者推荐。

中国地质大学（武汉）党委副书记

2018年1月

前言

西部水电工程大多位于高山峡谷内，这些区域的地形地质条件决定了西部水电工程的特点。西部地区工程地质条件特点可概括为“五个复杂”，即具有复杂的地形地质条件、复杂的地层岩性、复杂的地质构造背景和高地震烈度、复杂的物理地质现象和风化卸荷特征、复杂的水文地质条件。由于西部地区水电工程特殊、复杂的工程地质特点，在水电开发中面临的众多大型和特大型的滑坡和滑坡群，不仅危及水电工程自身的安全，还涉及整个西部地区生态环境的稳定。研究西部复杂地质背景条件下水电工程重大滑坡灾变演化过程及控制关键技术具有十分重要的现实意义和价值，研究成果对西部地质环境复杂地区的工程建设具有重要的指导价值和巨大的经济效益。

2017年，中国电建集团成都勘测设计研究院有限公司（以下简称“成都院”）联合中国地质大学（武汉），开展以“西部复杂地质环境区水电工程重大滑坡灾变演化及控制关键技术”为课题的科技项目研究，已取得了丰硕的研究成果，本书正是在此基础上撰写完成的。

本书共分8章：第1章阐述了西部水电开发概况、西部水电工程特点及滑坡研究现状等内容；第2章总结阐述了西部水电工程区基本地质条件，滑坡形成条件及影响因素，以及滑坡发育分布规律等内容；第3章系统开展了西部水电工程重大滑坡类型划分，详细论述了典型滑坡的基本特性；第4章全面分析了不同类型滑坡的灾变变形演化机制；第5章针对不同类型滑坡，运用刚体极限平衡法和数值模拟分析法开展稳定性评价；第6章主要研究了滑坡灾变过程及工程影响，如滑坡灾变的形式和规模、涌浪的计算等；第7章基于滑坡演化过程，构建了滑坡灾变控制体系和滑坡灾变动态实时监测系统；第 8 章对本书的主要研究内容进行了总结。

本书第 1 章由张世殊、胡新丽撰写；第 2 章由冉从彦、魏恺泓、吴建川撰写；第 3 章由胡新丽、张世殊、章广成撰写；第 4 章由胡新丽、张玉明、徐楚、周昌、吴爽爽撰写；第 5 章由章广成、张玉明、徐楚、周昌、闫欣宜撰写；第 6 章由章广成、谢剑明、张佳运撰写；第 7 章由张世殊、章广成、胡新丽、谭福林、张永权撰写；第 8 章由张世殊、胡新丽、张玉明撰写。

在本书撰写过程中，成都院的领导以及院地质处、科技质量部、技术管理委员会等相关部门给予了大力的帮助，在此表示诚挚的感谢！本书在撰写过程中还得到了雅砻江楞古、锦屏一级、官地、乐安、共科水电站，岷江十里铺、紫坪铺水电站，金沙江溪洛渡水电站，以及大渡河大岗山水电站等水电工程建设单位的支持和帮助，在此一并致谢！

由于作者水平有限，本书不妥或错误之处，恳请读者批评指正！

编者

2018 年 2 月

第1章　概　　述

我国水力资源丰富，据2000—2004年全国水力资源复查，初步统计全国水力资源理论蕴藏量6.89亿kW，年发电量6.04万亿kWh，技术可开发装机容量5.40亿kW，占世界水力资源可开发装机容量24.23亿kW的22.29%，技术可开发年发电量2.48万亿kWh；经济可开发装机容量3.95亿kW，经济可开发年发电量1.74万亿kWh。全国水力资源总量，包括理论蕴藏量、技术可开发量和经济可开发量均居世界首位。资料显示，我国的西部地区水电资源可开发量就占到全国的82%，目前已开发量还不足16%。而这些地区都位于西部青藏高原和川西南高山峡谷区，具有复杂的地形地貌、地层岩性和地质构造背景，岩体卸荷强烈、地应力高、地震烈度高，这些地区地质灾害多发、易发，发生的滑坡规模大、防治难度大、对水电工程的危害大。

众所周知，中国是一个大型滑坡灾害极为发育的国家，其中灾难性滑坡占有突出重要的地位。尤其是在中国的西部地区，这些滑坡更是以其规模大、机理复杂、危害大等特点著称于世，在全世界范围内具有典型性和代表性。如1920年的宁夏海原地震滑坡、1933年的四川岷江叠溪滑坡、1965年云南禄劝滑坡、1967年的四川唐古栋滑坡等。尤其是进入20世纪80年代以来，我国大型滑坡的发生又进入了一个新的活跃期，相继发生了1982年7月的长江鸡趴子滑坡、1983年3月的甘肃洒勒山滑坡、1989年7月的四川华蓥溪口滑坡、1991年9月的云南昭通头寨沟滑坡、1996年6月的云南元阳老金山滑坡、2000年4月的西藏波密易贡滑坡、2004年7月的四川宣汉滑坡、2005年2月的四川丹巴滑坡等20余处大型和特大型滑坡，给人民生命和社会财产造成了重大损失。更为惊心的是，2008年5月12日四川汶川发生8.0级特大地震，触发了不同规模的崩塌和滑坡数万起，具有危害的6000余起，形成近百个堰塞湖，致使家园尽毁，灾害惨重。

随着我国社会经济的稳健发展和对可再生清洁能源的大量需求，我国在西部地区水电开发事业呈现出加速发展的趋势。然而，在西部进行大规模的水电开发，势必会进一步地改变西部地区自然生态环境，并引发一些不良的地质灾害后果。例如，西南地区水电工程高陡岩质边坡的稳定性控制已成为水电工程建设成败的关键技术问题之一，影响并制约着水力资源开发和水电工程建设。所以，如何处理好西部水电开发与自然生态环境之间的关系是保证我国西部水电事业健康、可持续发展的重要前提。所以，研究西部复杂地质背景条件下水电工程重大滑坡灾变演化过程及控制关键技术具有十分重要的现实意义和价值，此研究成果也将对西部地质环境复杂地区的工程建设具有重要的指导价值，具有巨大的经济效益。

1.1 西部水电开发概况

随着国民经济持续快速发展及对清洁可再生能源的需求，我国对水电资源的开发利用进入了前所未有的发展时期。近二十年（特别是进入 21 世纪）以来，我国建成许多大中型水电站。据初步统计我国已建成水库 8.4 万座，其中大型水库 412 座、中型水库 2634 座，总库容 4500 多亿 m^3，水库数量跃居世界之首。仅长江流域就已建成水库近 5 万座，单库库容大于 1 亿 m^3 的就有 143 座，加上在建的大中型水库，总库容将超过 2113 亿 m^3。

国家能源发展战略行动计划（2014—2020 年）提出大力发展可再生能源，积极开发水电。在做好生态环境保护和移民安置的前提下，以西南地区金沙江、雅砻江、大渡河、澜沧江等河流为重点，积极有序推进大型水电基地建设。因地制宜发展中小型电站，开展抽水蓄能电站规划和建设，加强水资源综合利用。到 2020 年，力争常规水电装机达到 3.5 亿 kW 左右。大力发展风电。重点规划建设酒泉、内蒙古西部、内蒙古东部、冀北、吉林、黑龙江、山东、哈密、江苏等 9 个大型现代风电基地以及配套送出工程。以南方和中东部地区为重点，大力发展分散式风电，稳步发展海上风电。

四川水力资源丰富，居全国之首，四川境内共有大小河流 1000 多条，河流年径流量约 3000 亿 m^3，居全国之冠。除阿坝州境内的白河、黑河注入黄河外，其余均属长江流域。大部分河流分布在长江北岸。东部四川盆地区主要河流有岷江、沱江、涪江、嘉陵江、渠江；西部高山高原区主要河流有大渡河、雅砻江、金沙江、青衣江。水能蕴藏量约占全国的 1/5，占整个西部的 1/3，其蕴藏量达 1.43 亿 kW，技术可开发量 1.2 亿 kW。水电资源在 1 万 kW 以上的资源河流约有 850 条。特别是金沙江、雅砻江、大渡河，约占全省水力资源的 2/3，全国规划的 13 个大型水电基地就有 3 个在四川，金沙江、雅砻江、大渡河是我国著名的水电基地，有“水电王国”之美誉。

云南省水能资源丰富，可开发装机容量 9795 万 kW，约占全国可开发量的 25%，目前全省水电开发率为 25%。截至 2010 年年底，全省水电装机累计已达 2570 万 kW，占全省电力装机总量的 69.2%。目前，全省在建水电装机达 1860 万 kW，随着景洪、小湾、金安桥等大中型水电站相继投产发电，向家坝、溪洛渡、功果桥、阿海、糯扎渡等一批大中型水电站先后获得国家核准并开工建设，全省水电开发进入了一个加快发展时期。

西藏有河流 356 条，全区水力资源理论蕴藏量占全国的 29%，居全国第一位。西藏水力资源量巨大，雅鲁藏布江、怒江、澜沧江、金沙江干流梯级水电站规模大多在 100 万 kW 以上，个别为 1000 万 kW 级的巨型电站，是全国乃至世界少有的水力资源“富矿”，现今开发程度较低。

近些年来，西南地区相继建成了雅砻江二滩、锦屏一级和锦屏二级、官地，金沙江溪洛渡和向家坝，大渡河瀑布沟等巨型电站，正在建设大渡河大岗山、长河坝、猴子岩、两河口等一批巨型水电工程。代表性的有世纪工程——二滩水电站，世界最高拱坝（305m）和最难建设的电站——锦屏一级水电站，我国第二大水电站——溪洛渡水电站（总装机容量为1386万kW）、西部开发的标志性工程——紫坪铺水利枢纽，水电工程建设进入了大发展阶段，水电工程工程地质和水文地质实践取得了辉煌成就，尤其是在300m级高拱坝坝基和抗滑稳定、渗漏和渗透稳定、数百米级高陡边坡、超大规模和深埋地下洞室（群）、高地应力环境、复杂水文地质环境等工程研究和设计方面积累了丰富工程经验。

1.2　西部水电工程特点

西部水电工程均位于西部高山峡谷内，区域的地质条件决定了西部的水电工程的特点。通常，西部水电工程区地形地貌复杂，地层层序和岩性复杂，地质构造和地震构造背景复杂，具有高地震烈度、高地应力特征，滑坡和泥石流等物理地质现象发育，深切河谷具有岩体风化和卸荷强烈。具体地质背景特征如下。

1.2.1　复杂的地形地貌特征

西南地区从东向西，依次从四川盆地过渡到川西丘状高原高山峡谷区，到有着“世界屋脊”之称的青藏高原。西部地区具有明显的高海拔、深切河谷、高原地形地貌特征。

川西高山峡谷区，通常为深切河谷地貌，河谷狭窄，水流湍急，河谷形态以V形为主，U形相间，局部为峡谷，两岸谷坡阶地分布零星，可见规模不等的Ⅰ～Ⅴ级等阶地。高山区常见冰斗、刃脊、角峰、U形谷（悬谷）等冰蚀地貌残迹及高山“海子”（古冰川、冰斗、冰湖的残余）。总体反映出第四纪以来强烈上升隆起，河流急剧下切侵蚀以及冰川作用强烈的特点。

青藏高原地貌的基本结构以高山、深谷与高原盆地相间排列为特色。其中最普遍的地貌类型为极高山-高山山地地貌，它们是喜马拉雅山和冈底斯山、念青唐古拉山的一部分，海拔平均高达5000.00～6000.00m，个别达7000.00m。其中6000.00m以上的山地往往发育有现代冰川，是青藏高原现代冰川发育的中心之一，在现代冰川发育地的外围发育多期古冰川作用的遗迹。

1.2.2　复杂的地层岩性

西部区域地层岩性复杂，受地质背景的控制和构造运动的影响，区内不同区块的地层发育及其组合具有较为明显的差异。

从东到西，区域地层主要依次为扬子地层区、巴颜喀拉地层区、冈底斯-腾冲地层区、雅鲁藏布江地层区、喜马拉雅地层区。每个地层区内部又可以分成若干个子地层分区。各地层区内层序、岩性复杂多变，区域动力变质作用、区域热变质作用强烈，各种片岩较发育，部分岩石具高温流变特征。

西部地区，第四系各类不同成因的松散堆积层主要沿谷坡及河谷分布，残积、崩坡积、冰川、冰水堆积主要分布于山顶平台及缓坡地带，冲洪积广泛分布于沟口、河床及两岸阶地，湖积主要分布在局部低洼盆地。河床覆盖一般深厚，层次结构复杂。

1.2.3 复杂的地质构造背景以及高地应力和高地震烈度

川西高山峡谷区及其外围广大地区位于青藏高原块体与华南块体的交汇部位，区域地质构造复杂，褶皱、断裂构造发育。其最主要的构造是由龙门山断裂带、鲜水河—小江断裂带构成近似Y字形的构造带，统称川滇南北向构造带。其中龙门山断裂带、鲜水河—小江断裂带的中南段是青藏高原块体与华南块体的分界线。该构造带是一条非常复杂的褶皱和断裂带，例如鲜水河—小江断裂带中间段包括了安宁河断裂带、则木河断裂带及其以东的大凉山断裂带和马边断裂带等，其影响范围十分广泛。川滇南北向构造带以西是著名的川滇菱形块体。区域范围内主要发震构造带有龙门山断裂带、鲜水河—安宁河—则木河断裂带、大凉山断裂构造带、马边断裂构造带、理塘—德巫断裂等。现代地应力测量也给出了区域主压应力的方位。在雅江、雅安、西昌北、天全等地的测量资料显示，现代主压应力方向为北西—南东向。而在康定东、康定西等地的测量结果为主压应力，方向是近东西向（马杏垣，1989）。西部地应力主要属中—高地应力区。

西部板块碰撞结合带由金沙江、盖玉—定曲河与甘孜—理塘三条蛇绿岩带、义敦中生代弧后带以及乡城三叠世岛弧带组成的古特提斯火山岛弧及俯冲杂岩带，为NW转为NNW向的弧形逆冲—滑脱体系。金沙江以东主要隶属松潘—甘孜印支褶皱系；金沙江以西、怒江以东地区划属“三江”褶皱系。金沙江构造带内历史上记载的一些强震，特别是大于等于7级的强烈地震，主要发生于金沙江断裂带内巴塘断裂带，德钦—中甸断裂带内。

雅鲁藏布江地区地质构造复杂，不同层次、不同级别、不同性质、不同规模的构造形迹均很发育，雅鲁藏布江及邻近地区发育近EW向、SN向、NNE～NE向及NW向4个方向的断裂，其中以近EW向的雅鲁藏布江（深大）断裂带规模最大、其他方向断裂（带）规模次之。雅鲁藏布江地区活动断层发育。雅鲁藏布江断裂规模巨大，长度达1000km以上，大致沿雅鲁藏布江发育，在米林以东全新世以来活动性较强烈，米林以西活动性较弱，最新活动时代为中、晚更新世。雅鲁藏布江地区地震发育，米林以东主要是雅鲁藏布江南、北边界断裂诱发强烈地震，而米林以西主要是南北向或近南北向断裂控制强烈地震。

1.2.4 复杂的物理地质现象和风化卸荷特征

由于西部地区特有的地形地貌、地层岩性、地质构造和地震构造背景，西部地区物理地质现象发育，物理地质作用较强烈，主要表现为滑坡、泥石流、岩体风化卸荷、崩塌等易发和多发，多具有高位、规模大、破坏性强的特点。

在西部地区，由于青藏高原的快速隆升，河谷的快速下切，形成高山峡谷地貌，为滑坡的形成及发育提供了地质条件。这些地区地质条件十分复杂，不良地质发育，特别是发育众多大型和特大型的滑坡和滑坡群，制约水电站的选址、枢纽布置方案，以及威胁水电工程的安全运营。

由于河谷深切，岸坡高陡，岩体卸荷强烈，岩体局部易形成卸荷拉裂岩体，或形成深部拉裂缝，在一些西部水电工程坝肩边坡中出现深部拉裂缝、拉裂变形体或岩质滑坡。

1.2.5 复杂的水文地质条件

西南高山峡谷地区，一般河谷均为区内最低侵蚀和排泄基准面，受其控制，两岸山体地表水、地下水均向河流排泄。地下水一般为基岩裂隙水和第四系松散堆积层孔隙水，主要受大气降水和冰雪融水补给，向河谷及下游排泄，局部支沟岸坡偶见地下水出露。岸坡地下水补、径、排循环条件及岩体透水性主要受断层、裂隙及风化、卸荷的发育程度控制，断层带裂隙及裂隙密集带等透水性取决于其断层性状及裂隙连通结合程度。

1.3 滑坡研究现状

1.3.1 滑坡时空发育规律研究

在滑坡时空发育规律研究方面，随着技术方法的不断更新与进步，逐渐由以前简单的定性分析转向结合GIS、遥感技术、数值模拟等手段来综合分析滑坡的发育规律或形成机制。

滑坡的时空发育规律主要受控于滑坡所处的地质环境与外部诱发因素，影响滑坡时空发育规律的地质环境因素主要包括地形地貌、地层岩性与地质构造等；而控制滑坡时空发育规律的外部诱发因素主要包括降雨，库水位波动、地震及其他人类工程活动等，滑坡的发育通常是滑坡所处的地质环境与外部诱发因素共同作用的结果。

滑坡所处地质环境对滑坡时空发育规律有着至关重要的作用，国内外学者开展了一系列基于地形地貌、地层岩性和地质构造等因素对滑坡发育规律影响的研究。

地形地貌对滑坡的时空发育通常具有控制性作用。

Montgomery等（1994）建立了地表数字地形数据与斜坡稳定性耦合模型，探讨了地形对浅层滑坡发育的控制作用[1]。Vorpahl等（2012）通过建立统计学模型，指出滑坡的触发与滑坡所在斜坡所处的位置有关[2]，滑坡的形成和发育更容易发生在具有小面积凸起的斜坡而不是平坦的斜坡地带。Zhang等（2012）通过对黄土地区的滑坡进行研究，指出地貌特征是控制降雨诱发浅层滑坡形成和发育的主要因素，滑坡后地貌特征与滑坡的运动类型具有显著相关性[3]。Mark等（1995）通过对1500个滑坡进行分析，发现浅层滑坡与陡峭地形具有很好的相关性[4]。戴福初等（2000）以香港大屿山为研究区，利用GIS手段自动提取滑坡发生地的地形条件，统计分析后发现滑坡易滑地形为坡度大于20°、高程在100.00～500.00m的南坡[5]。Lee（2009）指出海底滑坡发育具有不均匀的时空分布特征，空间上主要受到峡湾、河流三角洲、大陆坡等地形因素控制，时间上受到海底滑坡规模、位置、海底压力和温度等因素影响，其分布具有不均匀性[6]。Gao（1993）通过航片解译滑坡，并将其与地形数据层进行叠加分析，发现滑坡易发区主要分布在中等高程、坡度陡、北、北东向和西、北西向坡的凹坡[7]。

地层岩性与构造作用往往也是导致滑坡时空发育规律发生变化的重要因素。

夏金梧（1997）对长江上游1763处滑坡点进行统计分析后，指出滑坡在空间上有沿岩性软弱区或软硬相间岩层区内成片发育、沿断裂带成群成带分布等特征[8]。Roering等（2005）基于DEM模型获得大型滑坡的分布，并建立自动识别大型滑坡地形特征的算法函数，探讨了地层厚度、岩性以及结构对大型滑坡发育和分布的影响[9]。王治华（2007）以地形图作为基础资料，采用“数字滑坡”技术方法，分析了三峡水库区中前段826个滑坡的分布及其发育环境的基本信息，得出地层是控制三峡库区中前段滑坡发育的最重要的地质环境因素，褶皱与江河的空间位置关系对滑坡分布也有一定的控制作用[10]。祁生文等（2009）以汶川大地震的11个重灾区为研究对象，通过对重灾区航片等数据的解译，指出地层岩性是控制灾种发育存在地域性差异的主要因素，地形地貌、坡度等因素对灾害的发育也有不同程度的影响[11]。缪海波（2012）以三峡库区侏罗系红层滑坡为研究对象，阐明了该类岩层对滑坡发育的控制作用[12]。庞茂康（2011）利用AHP法对白龙江流域滑坡成因地质环境条件开展定量层次分析后，指出区域断裂带和顺向坡层状岩质岸坡评价因子对流域滑坡的控制作用最为显著[13]。

1.3.2 滑坡影响因素研究

当滑坡受到外部因素的影响时，其时空发育规律必然也将发生改变。国内外学者基于降雨、地震、库水位作用及其他人类工程活动等因素对滑坡时空发育规律开展了一系列研究。

降雨对滑坡发育规律有着显著影响。Guthrie等（2005）通过航拍数据解译了加拿大哥伦比亚温哥华岛西海岸范围内的201个碎屑流和泥石流，并基于GIS平台统计分析得出滑坡分布具有组团特征，与降雨风暴的分布存在因果关系[14]。Salciarini等（2006）建立瞬时降雨入渗和网格边坡稳定性耦合模型，对意大利中部某区域进行了浅层滑坡易发性分析，探讨了浅层滑坡在降雨影响下的发育规律[15]。Jemec等（2013）基于1990—2010年8次降雨事件的日降雨量和降雨强度数据，分析了该时期斯洛文尼亚某地区近400次滑坡发生记录，指出以降雨强度为阀值不能完全判定浅层滑坡的发生和失稳，滑坡的发育类型不同对降雨的响应情况存在差异[16]。

地震在发生频率上要远小于降雨，但强烈地震一旦发生，其对某区域内滑坡时空发育规律的影响也将十分显著。许强等（2010）对汶川地震诱发的大型滑坡的分布规律进行了深入研究，认为其发育分布及滑动、运动方式表现出自身的特点，具体可归结为距离效应、锁固段效应、上下盘效应与方向效应[17]。吴俊峰（2013）通过对大渡河干流22处地震滑坡进行工程地质调查和分析后，得出这些滑坡多有规模大、滑源高、滑距远、有河流堰塞历史等发育特征[18]。

人类工程活动在一定程度上也将影响滑坡的时空发育规律。Jakob等（2000）研究了加拿大哥伦比亚某地区不同密度、频率和规模的伐木活动对滑坡发育情况的影响，指出伐木活动使得滑坡发生的频率是其他未伐木地区的10倍[19]。张茂省等（2011）指出降水和人类工程活动是黄土滑坡的主要诱发因素，根据人类工程活动类型的不同，其对黄土滑坡的作用可分为斩坡型、灌溉型、水库型和堆载型等[20]。

伴随水利水电工程大力发展而修建的水库工程，库区内库水位波动对水库滑坡的时空发育将产生重要影响。水位波动和降雨入渗引起的冲刷、软化作用和静动水压力等是影响滑坡发育的重要因素（Fujita，1977；中村浩之，1990）[21,22]；殷跃平（2007）、Hu（2015）等分别研究了千将坪滑坡与朱家店滑坡变形模式，均认为库水和降雨的联合作用主导了水库滑坡的发育与变形破坏[23,24]；Tang等（2015）研究指出地下水对软弱滑带的弱化作用以及顺层软质岩层和层间滑动带的存在是形成黄土坡滑坡的重要条件，强降雨与水位骤降加剧了滑坡前缘变形[25]。在水库滑坡主控因素研究方面，廖秋林等（2005）和吴树仁等（2006）研究认为地层岩性、地质结构和地形地貌等地质因素是滑坡形成的内在控制因素，水库滑坡演化主控环境因素主要包括库水位波动和降雨[26,27]；王思敬（1996）研究认为蓄水引起的滑带土水理弱化和滑动面有效应力降低是诱发水库滑坡失稳的主要机制[28]；王士天等（1997）指出，三峡库区一系列大型顺层老滑坡的失稳破坏由长江水位大幅度涨落引起的水岩作用所触发[29]；Jian等（2009）研究表明三峡库区侏罗系红层滑坡的主控因素是岩体结构面、滑带土膨胀性和降雨的不利组合[30]。

综上所述，国内外学者在滑坡时空发育规律研究方面已取得长足进展，但目前的研究并未考虑滑坡发育规律的时效性。随着地质环境的改变和外界条件的变化，滑坡变形演化过程应是一个动态变化的过程，其发育规律也应具有动态变化的特点。因此开展滑坡发育规律相关研究需进一步考虑滑坡发育规律的时效性。

1.3.3 滑坡变形破坏机理研究

水库滑坡演化机理研究内容主要涉及诱发条件、演化阶段和变形破坏机制三个方面。在水库滑坡诱发条件方面，主要开展了水库蓄水或运营导致岸坡水动力条件变化的研究。蔡耀军等（2002）将水库滑坡的诱发因素归纳为材料力学效应、水力学效应和水力机械作用三个方面；三峡库区和清江流域典型水库滑坡诱发机理是一批学者研究的重点[31]；汪发武等（1991）研究了三峡库区新滩滑坡的诱发机理，认为该滑坡是在暴雨、上硬下软的地层组合、滑带土的塑性流动和基岩谷底形态等多种因素的综合作用下形成的[32]；严福章、王思敬等（2003）研究发现，水库蓄水产生的材料力学效应和水力学效应是导致清江茅坪滑坡发生滑移变形的主要原因[33]；张保军等（2009）分析了清江隔河岩水库典型滑坡体的变形特征，发现地形地貌和地质结构、库水位升降及水库诱发地震是引起滑坡体变形的主要因素，库水位下降特别是骤降时滑坡变形最为显著[34]；肖诗荣等（2010）认为三峡库区千将坪滑坡具有孕育高速滑坡的典型结构特征，滑坡滑带的峰残强降差是滑坡高速启动的根本原因，高陡边坡蕴藏的高势能及滑带液化是滑坡高速滑动的主要原因[35]。上述研究表明，水库滑坡的发生与水的作用密不可分，库水位波动和暴雨入渗是水库滑坡发生的外因，滑坡自身的地质结构和地形地貌是水库滑坡形成的内因，水库滑坡是在内因和外因的共同作用下形成的。因此，水库滑坡的发生不是一个简单的力学过程，是多种因素复杂作用的结果。

在水库滑坡演化划分阶段方面，已有不少学者开展了相关研究。水库滑坡根据诱发机理的不同而呈现出复杂非线性的演化特征。薛果夫等（1988）将三峡库区新滩滑坡发展演化分为两个阶段：第一阶段为分段递进式松脱滑移阶段，可细分为蠕动变形期、缓慢压缩变形期和变形发展期；第二阶段为整体推移式滑移阶段，可分为加剧变形期和急剧变形期[36]；贺可强等（2002）探讨了表层位移矢量角与滑坡稳定性演化之间的关系，并将其应用于具体滑坡演化阶段的划分[37]；张保军等（2008）对库水位作用下清江茅坪滑坡与新滩滑坡的变形破坏阶段进行研究，将茅坪滑坡分为稳定阶段、初期蠕变和匀速蠕变阶段，将新滩滑坡分为初始蠕变期、匀速蠕变期、加速蠕变期和剧变破坏期[38]；许强等（2008）根据变形-时间监测曲线的总体特征，将滑坡演化阶段分为初始变形阶段、等速变形阶段、加速变形阶段和临滑阶段，并根据曲线的微观特征将其分为振荡型和阶跃型[39]；Macfarlane（2009）对新西兰一个大型水库滑坡的变形机理进行研究，发现该滑坡的变形规律主要受降雨影响，受库水位波动影响不明显，根据降雨阶段的不同，滑坡变形呈现出阶段性演化特征[40]；樊晓一（2011）在系统分析滑坡位移监测资料和位移演化特征的基础上，根据多重分形理论基本原理，对滑坡位移演化所具有的复杂性、突变性和非线性特征进行了分析和研究[41]；雍睿、胡新丽等（2013）研究认为推移式滑坡具有整体变形特征，并将其演化过程分为后缘压缩阶段、匀速变形阶段和加速变形阶段[42]；马俊伟、唐辉明（2014）等通过滑坡模型试验坡表位移监测，利用分形理论R/S分析法研究了抗滑桩加固斜坡失稳过程中坡面位移场的演化规律[43]。

在水库滑坡变形破坏机理方面，主要从工程地质角度开展了相关研究。Schuster（1979）通过对美国和加拿大库岸滑坡进行研究，提出9种水库滑坡变形破坏机制：岩层下错、层状滑移、岩崩、碎屑滑移、碎屑流动、碎屑岩崩、土坡下错、土坡侧向扩展及淤积土流动[44]；黄波林等（2007）对香溪河流域白家堡滑坡变形失稳机制进行分析，认为该滑坡的变形机制为前缘牵引后缘平推式，前期以牵引为主，后期以平推为主[45]；范宣梅、许强等（2008）研究了降雨在三峡库区红层软岩中诱发的平推式滑坡机理[46]。

水库运行条件下滑坡变形破坏主要受控于水位波动和降雨。强降雨、库水位波动产生的动水压力以及引起的滑坡岩土体软化，易导致滑坡发生渐进式牵引破坏（罗先启等，2005；Qi等，2006；胡新丽等，2007；倪卫达、唐辉明等，2013；唐晓松、郑颖人等，2013；Sun等，2015）[47-52]。由于滑坡体自身地质条件的多样性和复杂性，即使是相同的诱发因素其破坏机制也不尽相同，卢书强等（2014）研究认为三峡库区树坪滑坡是因下部坡体软弱基座蠕动牵引导致上部坡体拉裂变形，并逐渐发展为大规模滑移变形[53]。

水库滑坡动力学特征是滑坡演化过程的宏观表象，国内外学者系统开展了基于水库滑坡运动特征的滑坡分类研究。Varnes（1978）首次根据斜坡岩土体运动特征，将斜坡分为崩塌、倾倒、滑动、侧向扩展、流动和复合移动（Oldrich，2014）；孙玉科等（1983）将边坡变形破坏模式概括为倾倒变形破坏、水平剪切变形、顺层高速滑动、追踪平推滑移和张裂顺层追踪破坏5类[54]；晏同珍等（2000）考虑滑坡发生的初始条件、根本原因和滑动方式，归纳出流变倾覆滑坡、应力释放平移滑坡、潜蚀陷落滑坡和孔隙水压浮动滑坡等9种滑坡类型[55]；刘汉超等（1990）将三峡库区复活型滑坡分为暴雨诱发型、加载诱发型、侵蚀诱发型、浸没诱发型，研究了这四类滑坡复活模式的演化机制及复活条件[56]；崔政权等（1999）将三峡库区斜坡变形失稳模式概括为新滩型、鸡扒子型和黄腊石型等8种类型[57]；晏鄂川、刘广润等（2004）考虑滑体组构特征、动力成因、变形运动特征和发育阶段等控制因素，组合建立了滑坡基本地质模型[58]；代贞伟、殷跃平等（2015）研究认为藕塘滑坡为具有多级多期次滑动特点，可将其定为三级多期次巨型顺层岩质滑坡[59]。

1.3.4 滑坡稳定性评价研究

滑坡稳定性评价方法包括定性和定量两类。定性评价方法有自然历史分析法、工程地质类比法和模型试验法等；定量评价方法中，极限平衡法与数值分析法是最主要的两种方法。基于刚体极限平衡原理的滑坡稳定性评价方法有瑞典法、Janbu法、Bishop法、M-P法、Sarma法和Push法等；数值分析法主要为基于强度折减法的各种数值方法。近年来诸多学者对上述方法进行了改进，陈祖煜等（1983）对M-P法进行了改进，推导出安全系数解的上、下限进行边坡稳定性评价[60]；郑颖人等（2004）采用有限元强度折减法得到边坡滑动面和安全系数，进行了边坡稳定性评价[61]；张均锋等（2005）对二维Janbu法进行了拓展，提出了一种适用于复杂条件滑面，且满足滑面所有条块间力与力矩平衡关系的三维极限平衡法评价滑坡稳定性[62]；郑宏（2007）通过取整个滑体为受力体并基于滑面应力修正，提出了严格三维极限平衡法[63]；王根龙，伍法权等（2008）采用强度折减法和极限分析上限定理的虚功率方程，推导得到非均质土坡稳定性评价的刚体单元上限法安全系数计算公式[64]；陈国庆，黄润秋等（2014）提出基于动态和整体强度折减法的边坡动态稳定性评价方法[65]。

在水库滑坡稳定性评价方面，刘新喜等（2003）对红石包滑坡在库水位下降时的滑坡稳定性评价，研究发现滑坡稳定性与库水位的关系呈抛物线变化趋势[66]；殷跃平（2003）研究了三峡库区地下水渗透压力对滑坡稳定性影响，说明了滑带平缓且厚度不大的滑坡中滑坡体浮力的降低速率要大于渗透压力的增加速率[67]；廖红建等（2005）研究了库水位下降期间不同渗透系数滑坡的稳定性，得到了库区降水速度和渗透系数与边坡稳定性之间的变化规律[68]；罗红明、唐辉明等（2008）提出了土水特征曲线的多项式约束优化模型和采用饱和—非饱和渗流数值模型，研究库水位周期性波动下赵树岭滑坡的稳定性[69]；Wang（2013）分别采用极限平衡方法和三维有限元数值模拟方法，研究了三峡库区凉水井滑坡在稳定水位和水位骤降工况下的稳定性[70]。

1.3.5 滑坡涌浪研究

涌浪计算的前提是地质灾害滑速计算，目前对于滑坡失稳后滑速计算方法很多，其中国内应用较多的方法有能量法、潘家铮法等。能量法是根据能量守恒定理提出的一种简化计算方法，该方法具有概念明确、可操作性强等优点。潘家铮（1980）提出的潘家铮法能够较为真实地反映滑面的形状并具有明确的力学概念，该方法把滑坡体垂直剖分为若干条块，更接近实际土质滑坡[71]。汪洋等（2005）对潘家铮法进行了一系列的改进，并应用于新滩滑坡、大堰塘滑坡运动研究[72]。大型滑坡下滑速度往往很大，滑距很远，仅仅用动能定理来求解而得到的结果往往与实际情况相差甚远。Hermann M Fritz（2002）总结了等效摩擦角与崩滑体体积的函数关系。数据显示，随着体积的增加，等效摩擦系数大幅下降。特别是地表滑坡显示了强烈的线性关系。通过等效摩擦系数可以估算运动速度[73]。

目前国内外地质灾害涌浪研究的方法有5种：①模型试验公式法；②原型物理相似试验法；③数值模拟法；④经验公式法；⑤理论分析法。近年来众多学者对上述方法进行研究取得了成果。王育林等（1996）采用1∶150的比例尺，设定洪、中、枯三级流量，按不同方量、不同滑速等共80多种组合，进行了链子崖场地的涌浪模型试验[74]；试验结果形成了波速计算公式、最大涌浪计算式及沿程涌浪计算式，分析了涌浪的特征及爬高的特征。殷坤龙等（2012）以三峡库区白水河滑坡上下游河道为原型，进行了1∶200涌浪相似试验，提出了宽阔河道的涌浪传播公式[75]；杜小弢等（2006）、Liu - Chao Qiu 等（2008）、Falappi 等（2007）采用光滑粒子流体动力学方法（SPH）对块体下滑激发的水波问题进行了数值模拟，计算的结果与试验结果进行了对比分析[76-78]；任坤杰等（2006）推导了用于模拟滑坡涌浪的 DIF 方程，并采用非规则网格有限积法和显式 MacCormack 预测一校正数值方法求解该方程，建立了滑坡涌浪数值模型，并且利用新滩滑坡的相关资料进行了验证[79]；Stéphane Abadie 等（2010）采用多相流 N - S 方程模拟了各类型滑坡涌浪[80]；Ataie - Ashtiani 等（2008）编制了非线性中长波 Boussinesq 类方程的 LS3D 软件，并利用该软件对 Shafa - Roud 水库和 Maku 水库的滑坡实例进行了波高、爬高和越坝高度研究[81]；黄波林等（2012）人应用 Geowave 模型进行了龚家方崩滑体涌浪研究，研究结果与实际调查结果吻合性好[82]；意大利的史蒂瓦内拉（1991）提出了根据滑坡方量、滑坡时间和水库深度计算涌高[83]；中国水利水电科学研究院（2006）综合分析加拿大麦卡坝、美国利贝坝（Libby）和奥地利吉帕施坝的涌浪试验资料，并根据碧口、柘溪和费尔泽坝涌浪试验资料，结合柘溪塘岩光滑坡的原型观测成果发现，水库滑坡的滑速和滑体的体积是影响涌浪高度的主要因素，提出水科院经验公式法来估算浪高[84,85]。Ataie - Ashtiani 等（2007）根据 Lituya Bay 滑坡和历史若干大型滑坡涌浪的观测资料提出了涌浪波高经验公式[86]；Di Risio 等（2008）在 Noda 法的基础上提出了新的理论分析方法，他对比了 Noda 法以及试验结果，有较好的吻合性[87]。

1.3.6 滑坡防控技术

滑坡防治理论研究应当包括以何种方式监测滑坡系统的演化进程，以及采用何种防治方法使滑坡系统达到非致灾状态。唐辉明等（1995）采用损伤力学等方法对滑坡治理前后稳定性进行了对比研究[88]；胡新丽（2006）进行了基于防治工程的滑坡—防治结构稳定性以及防治效果研究[89]；殷跃平（1996）建立了防治滑坡灾害的专家系统[90]；王恭先（2005）对滑坡防治中的几个关键技术进行了探讨[91]；黄国明（1998）、李天斌（2003）从控制角度研究滑坡稳定性[92,93]。

有些学者分析了导致滑坡发生的关键因素（Kwong et al.，2004），并提出了相应的稳定性分析方法[94]；Segalini 等（2004）、Petley 等（2005）指出滑坡控制的主要方法是减少滑坡的下滑力或增加滑坡的抗滑力，其控制方法是阻止导致滑坡失稳的不利因素的影响[95,96]；Miao 等（1999）和 Petley 等（2005）的研究结果表明，对于潜在的或者渐进式的滑坡，其演化过程同时受外部和内部加荷因素的影响，防治措施必须及时实施方可实现对滑坡的有效控制[97,98]；魏作安等（2006）对滑坡防治措施定量与非定量分类进行了探讨，并针对渐进式滑坡提出了一种动态综合滑坡控制方法，即根据滑坡灾害的变化发展情况，将滑坡治理的各种措施分批分期地进行有机组合，适时地采用一种或多种措施进行治理，以减缓滑坡灾害的恶化或根除滑坡灾害[99]。

第2章 西部水电工程滑坡发育规律

2.1 区域地质环境

2.1.1 地形地貌

我国现代地貌是晚第三纪以来新构造运动期所塑造的，这次新构造运动在中国主要表现为西部青藏高原的快速隆起和东部华北平原的强烈下陷，由此形成了西高东低的地貌格局。

按照高度的明显变化，自西向东可分为三个阶段；第一阶梯为青藏高原，海拔4000.00m以上，高原上岭谷并列，湖泊众多；第二阶梯由青藏高原以北和以东，大兴安岭、太行山、巫山、雪峰山以西的高原、盆地和山岭构成，海拔一般在1000.00～2000.00m；第三阶梯为第二阶梯以东直至滨海的地区，一般海拔在500.00m以下，丘陵和平原交错分布[100]。

西部地区包括第一阶梯和第二阶梯的大部分。地貌类型主要有高原、山地和盆地三大类[100]。高原有位于第一阶梯的青藏高原（图2.1-1)，位于第二阶梯的阿拉善—鄂尔多斯高原、黄土高原和云贵高原（图2.1-2)。盆地有位于第一阶梯的柴达木盆地，位于第二阶梯的准噶尔盆地、塔里木盆地、四川盆地（图2.1-3)，以及河套、银川和渭河等小型断陷盆地。山系围绕盆地和高原周缘展布，除青藏高原第一阶梯内部及其周缘的巨大山系外，位于第二阶梯的山系自北向南有准噶尔盆地北缘的阿尔泰山、其南缘与塔里木盆地相隔的天山、鄂尔多斯高原北部的阴山、黄土高原与四川盆地之间的秦岭和大巴山等。

2.1.2 工程岩组类型及分布

2.1.2.1 岩体类型及工程地质特征

根据建造特征，将西部地区岩体划分为岩浆岩、沉积碎屑岩、沉积碳酸岩和变质岩等4种类型[100]，再依据岩体的岩性及其结构特征，进一步划分为11种工程地质岩组，其工程地质特征见表2.1-1。

图 2.1-1　青藏高原

图 2.1-2　云贵高原

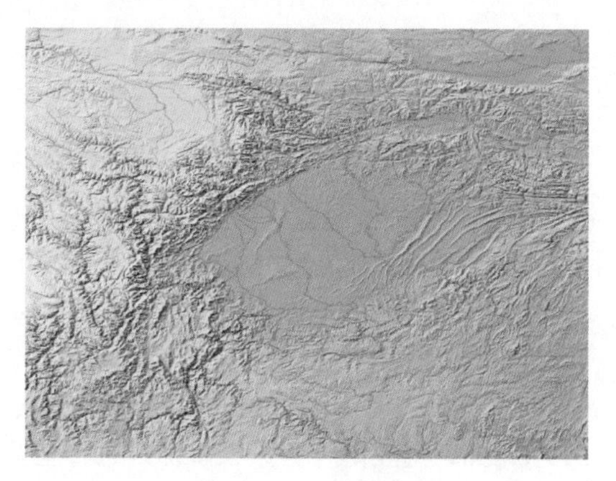

图 2.1-3　四川盆地

表 2.1-1　西部地区岩体类型及工程地质特征

类型	工程地质岩组	分布范围	工程地质特征
岩浆岩	坚硬块状侵入岩岩组	呈带状分布于阿尔泰、中天山—北天山、昆仑山（北坡）、祁连山、秦岭（北坡）山地、藏南及藏东南部分高大山脉	岩石坚硬致密，干抗压强度一般在100MPa以上，软化系数一般在0.8以上，成岩裂隙较发育
	坚硬块状或厚层状的喷出岩岩组	出露少，零星分布于昆仑山及藏东南等地，以中酸性火山岩为主	岩性坚硬，干抗压强度一般在120MPa以上，软化系数一般在0.8以上，面理及次生结构面较发育，抗风化能力弱，工程地质性质较好
	坚硬半坚硬含软弱夹层的层状喷出岩岩组	出露较少，主要分布于阿尔泰山南、博格达山、中天山及川南、滇北山地	岩石力学性能差异较大，常形成软硬相间结构，干抗压强度一般在30～80MPa，软化系数0.6～0.8，变化范围大，易发生崩滑等地质灾害

续表

类型	工程地质岩组	分布范围	工程地质特征
沉积碎屑岩	坚硬的厚层状碎屑岩岩组	主要分布于东、西准噶尔界山、西天山南段及桂、滇南部山地	岩性较硬，干抗压强度一般在 80～180MPa，软化系数 0.8～0.9，岩组层理发育，部分有薄层软弱层，总体工程地质条件较好
	坚硬半坚硬互层的碎屑岩岩组	主要分布在藏北高原及冈底斯山山地	岩性较硬，软岩及软弱层存在是其主要工程问题，较硬岩层干抗压强度 60～120MPa，软化系数 0.4～0.8，而软弱层软化系数 0.2～0.5，易发生滑坡
	半坚硬易软化的层状、薄层状碎屑岩岩组	分布面积较广，主要分布在西北内陆盆地周边、四川盆地、川西南山地、滇中山地、“三江”河谷及雅江上游谷底等地	岩组结构松散，岩石强度虽然随胶结物质和胶结程度的不同而有变化，但整体强度较低，浸水崩解，易风化剥蚀、崩落，在适当的地形条件下易产生大型滑坡
沉积碳酸盐岩	坚硬的岩性均一的层状碳酸盐岩岩组	主要分布在广西、贵州、云南、四川等西南地区、连续性强，西北零星呈分布	岩溶发育，岩石本身强度高，一般在 80～120MPa，软化系数一般为 0.5～0.6，部分夹有软弱层，易发生滑坡或崩塌
	坚硬、较坚硬层状至薄层状碳酸盐岩岩组	主要分布于云南、四川、广西、贵州等地，甘肃、新疆亦有少量分布	夹有碎屑岩，碳酸盐岩含量一般在 50%～70%，干抗压强度一般大于 100MPa，软化系数一般为 0.7～0.9，成分不纯，岩溶发育程度中等
	半坚硬含软弱夹层的层状碳酸盐岩岩组	本区内零星分布，出露极少	岩石强度变化大，软岩、软弱层、局部岩溶是其主要工程地质问题
变质岩	坚硬、较坚硬的块、层、薄层状中等变质岩岩组	主要分布在昆仑山、阿尔金山、库鲁克塔格、北山、秦岭、藏南山地及滇西南山地	岩组强度和结构特征取决于岩组的变质程度，一般岩石强度差异较大，但坚硬者居多，部分部位风化程度很高
	坚硬，半坚硬的层、薄、片状浅变质岩岩组	主要分布在藏东南，青海南部，滇西、南山地	岩石强度差异较大，干抗压强度为 20～150MPa，部分岩性地层遇水易软化，岩层倾倒、崩塌现象较为普遍

2.1.2.2　土体类型及工程地质特征

西部地区松散沉积物分布面积广、成因类型多，岩性、厚度变化大，几乎包括所有的第四纪地层[100]。按土的粒度组成或特殊工程地质性质，区内土体主要可分为卵砾类土、砂土类、黏性土及特殊土 4 大类，其中，特殊土包括淤泥软土、盐渍土、胀缩土、风积砂、黄土类土及冻土等 6 种类型，其分布范围和主要工程地质特征见表 2.1－2。

2.1.3　地质构造及地震

2.1.3.1　区域地质构造

1. 西部地台区

包括华北地台和扬子地台的西部，以及塔里木地台。其中华北地台和扬子地台又划分为若干次级单元[100]。

表 2.1-2　　西部地区土体类别及工程地质特征

<table>
<tr><th>类型</th><th colspan="3">分 布 范 围</th><th>工程地质特征</th></tr>
<tr><td>卵砾类土</td><td colspan="3">分布广、厚度大，主要分布在西北各盆地的山前倾斜平原、各大河的河谷区及其支流漫滩、河床地段</td><td>一般来说，工程地质性质优良，承载力高，土体压缩性低，压密时间短，是各类建筑良好的地基</td></tr>
<tr><td>砂类土</td><td colspan="3">分布虽较广，但出露面积很小，主要分布在内陆盆地戈壁砾石带下方扇群边缘带，黄土高原、细碎屑岩组成的丘陵地区的沟谷中以及河漫滩和一级阶地也有分布</td><td>一般具有上粗下细的特征，承载力相对较高，但变化较大，有随砂土粒度、密实度增大的趋势，有良好的透水性，饱和砂土受震动易发生砂土液化</td></tr>
<tr><td>黏性土</td><td colspan="3">出露面积较大，西北地区主要出露在内陆盆地的卵砾类土或砂类土分布带的前缘，其他地区河流阶地的上部堆积物也多见黏性土</td><td>工程地质性质相对优良，其 c 值多在 0.2～0.4，φ 值在 20°～25°，压缩系数大于 0.01，饱和度大于 50%，液性指数介于 0.25～0.75，大多数黏性土属于湿润可塑中高压缩土</td></tr>
<tr><td>淤泥软土</td><td colspan="3">主要分布在洪积扇前缘地下水溢出洼地和大型湖泊周边地区</td><td>淤泥软土结构疏松，固结程度低，孔隙比大，压缩性高，呈软、流塑状态，易出现显著的不均匀沉降，并且，其触变性和蠕变性也较显著</td></tr>
<tr><td>盐渍土</td><td colspan="3">主要分布在西北地区的内陆盆地，一些盐湖周边亦有分布，其分布具有明显的水平分带性，垂向递变规律也很清楚，盐分总是聚焦在表层</td><td>氯盐类盐渍土有较大的吸湿性，结晶时体积不膨胀；硫酸盐类盐渍土结晶时体积膨胀，当失去水分时，体积缩小；碳酸盐一般在土中含量较少，但其水溶液具有较大的碱性反应，可使黏土颗粒间的胶结产生分散作用</td></tr>
<tr><td>胀缩土</td><td colspan="3">分布广，出露面积小，主要分布在宁夏、青海、陕南及西南诸省的山间盆地内</td><td>胀缩土在干燥时呈硬塑或坚硬状态，遇水后膨胀，并有失水收缩和反复胀缩的特点，常常给建筑物的稳定性和安全造成严重危害</td></tr>
<tr><td>风积砂</td><td colspan="3">分布在西北沙漠地带，面积约 55 万 km^2，一般可分为流动（植被覆盖率≤15%）、半固定（15%～40%）、固定（>40%）三种类型</td><td>严格来讲，风积砂性质本身不是很特殊，但风沙对公路、铁路等线性工程建设会造成很大的危害</td></tr>
<tr><td rowspan="2">黄土类土</td><td>湿陷性黄土</td><td rowspan="2">黄土集中分布在黄河中游的陇西、陕北和邻近的宁南、青东地区，覆盖在不同高度的低山丘陵之上和盆地平原之中</td><td>主要由中、下更新统黄土组成，多分布于黄土高原内的冲沟、河谷斜坡上，展布面积很小，因上更新统黄土被剥蚀，才裸露与梁峁顶部</td><td>为中下更新世黄土，岩性一般为粉质黏土夹多层古土壤，结构由上至下愈趋致密，上部大孔隙及垂直节理发育，湿陷系数绝大多数小于 0.015，固结压密程度较好</td></tr>
<tr><td>陷性黄土</td><td>湿陷性黄土以晚更新世的马兰黄土为主，广泛覆盖于黄土分布地区的上部</td><td>为全新统及上更新统黄土，一般具有湿陷性，但不同地区的湿陷系数、粒度、孔隙发育程度及含盐量等指标又有较大差异，总体说来工程地质性质差。工程地质问题比较复杂，水土流失严重，滑坡、崩塌、泥石流等突发性地质灾害发育</td></tr>
<tr><td>冻土</td><td colspan="3">主要分布在阿尔泰山、祁连山、天山等西北高山地区以及青藏高原地区</td><td>工程地质性质差，工程地质问题多，危害大。其工程地质性质一般受制于冻土母岩的岩性，主要的工程地质问题有道路翻浆、建筑物变形和边坡滑塌等</td></tr>
</table>

2. 西北地槽褶皱区

阿尔泰华力西褶皱系：位于新疆最北部，与阿尔泰山一致。南以额尔齐斯深断裂与准噶尔地槽褶皱系为界。呈北西向展布，其西北和东南均延伸到境外。

准噶尔华力西褶皱系：准噶尔华力西褶皱系位于新疆北部，阿尔泰山之南，准噶尔盆地和天山之北的区域，包括东、西准噶尔界山，向东和向西都延出国境准噶尔地槽是从晚元古代开始发展，加里东运动局部褶皱上升，断裂差异活动增强，中华力西结束地槽形成褶皱系。准噶尔地槽褶皱系出露的最古老地层为奥陶系。

准噶尔地块：准噶尔地块位于新疆北部，与准噶尔盆地范围相当，呈三角状夹于天山华力西褶皱系和准噶尔华力西褶皱系之间，周边多以深断裂为界。准噶尔地块几乎为全新生代地层所覆盖，中生代以前的地层极少出露[100]。

天山华力西褶皱系：天山华力西褶皱系包括天山山脉主体及甘肃北山山脉，呈近东西向展布。东与内蒙古—大兴安岭华力西褶皱系相连，向西延出国境，南以天山南缘深断裂为界，与塔里木地台相邻；北以天山北缘深断裂为界，与准噶尔华力西褶皱系和准噶尔地块分开。

天山地槽褶皱系中、新生代以不断上升为特征，在其南北两侧形成库车山前坳陷和乌鲁木齐山前坳陷。褶皱内部形成吐鲁番—哈密山前坳陷及伊犁山前坳陷。

内蒙古—大兴安岭华力西褶皱系：主体位于中国东北部，占据大兴安岭中南部和内蒙古草原，在西部仅阿拉善以北地区。南以内蒙地轴北缘深断裂和阿拉善北缘断裂与华北地台为界。区内大面积分布中新生代陆相火山—沉积岩系及华力西期花岗岩，古生代及其以前的地层零星出露。是一个被燕山运动强烈改造的晚华力西地槽褶皱系。

3. 西南地槽褶皱区

昆仑华力西褶皱系：位于新疆与西藏的接壤地带及青海中部，主体部分与昆仑山脉相当。

柴达木地块：位于青海省西北部，约与柴达木盆地的范围相当，呈三角形状。盆地四周为山脉所环绕，盆地内发育众多盐湖和内陆河。

秦岭印支褶皱系：横贯于我国中部，自西而东延伸，一般以徽（县）成（县）盆地为界分为东西两段。

华南加里东褶皱系：位于扬子地台之南，丽水—海丰深断裂之西。范围包括云南东南部，广西、广东、湖南的中南部，江西中南部，福建西部至浙江西南部的广大区域，主体位于中国西南部。

巴颜喀拉—甘孜印支褶皱系：位于东昆仑深断裂和马沁—略阳深断裂之南，龙门山深断裂之西，金沙江—红河深断裂之北东，包括四川西部、青海南部和西藏北缘，总体构成一个拉长的三角形。区内三叠系地槽沉积广泛覆盖，古生界仅出露于边缘地带。

三江印支褶皱系：位于怒江以东，金沙江—红河以西的滇西、藏东地区。西端被喀喇昆仑—唐古拉燕山褶皱系超覆。本区地质构造十分复杂，深断裂极发育。最重要的有金沙江—红河深断裂、澜沧江深断裂和怒江深断裂[100]。

喀喇昆仑—唐古拉燕山褶皱系：界于金沙江—红河深断裂西段和班公湖—怒江深断裂西段之间，东南端超覆于三江印支褶皱系之上，向西经喀喇昆仑山延出国境。

冈底斯—念青唐古拉燕山褶皱系：包括班公湖—怒江深断裂和雅鲁藏布江深断裂之间的广大地区，由西向东横亘西藏中部，东端折向南，进入云南的西部边缘，并出国境伸至缅甸境内。

雅鲁藏布喜马拉雅褶皱系：位于雅鲁藏布江深断裂之南，错那一定日深断裂以北，总体呈一向南凸出的弧形。北与冈底斯一念青唐古拉燕山褶皱系相邻，南邻印度地台北缘的喜马拉雅辗掩构造带。该地槽褶皱系从晚三叠世开始强烈下陷，于晚始新世褶皱升起。

喜马拉雅辗掩构造带：指错那一定日深断裂以南的喜马拉雅山区，属印度地台北缘。北与雅鲁藏布喜马拉雅褶皱系相邻。该区以前寒武纪的变质岩系为基底，以中寒武统一中始新统作为沉积盖层[100]。

2.1.3.2 地震

西部地区地震几乎都是构造地震，地震分布受活动断裂的控制，是地震活动十分强烈的地区。在全国地震区划上，中国西部属于青藏高原地震区、新疆地震区和华北地震区西部。地震密集分布在天山、阿尔泰山、帕米尔和西昆仑等构造带，这些地区不仅在历史上发生过多次强烈的地震，至今地震活动仍然十分频繁。根据中国地震台网（CSN）地震目录，从1970年1月1日到2014年2月28日，共发生5级以上地震1059个。5级以上地震的震源深度主要分布在40km以内，少量地震震源深度大于60km，多位于帕米尔高原与喜马拉雅构造带等印度板块与欧亚板块的碰撞俯冲带。在应力场作用下，造山带上地壳刚性较强，以脆性破裂为主，相比之下，下地壳在压力、温度的影响下易于发生塑性变形，不利于强震的发生[101]。近年来的研究表明，发生强震的构造环境与介质的横向不均匀性密切相关，中国西部的强震多发生在刚性地块和褶皱带的交接边界，即垂直差异运动强烈的压性逆断裂带和压性剪切断裂带上，如天山、昆仑山，以及龙门山和鲜水河地震带等[102,103]。

2.1.4 地质营力

2.1.4.1 区域现代构造应力场特征

根据我国现有的地应力测量和大量的震源机制解及断层运动方向的分析表明西部地区现代构造应力场有如下主要特征[100]：

中国现今地壳应力具有明显的分区性，大致以贺兰山一六盘山一龙门山一横断山一线的南北带为界，其东、西两部分的地壳应力状况特征明显不同：西部地区本世纪以来持续受到近南北方向的挤压作用，而且应力值高。

20世纪70年代开始在甘肃金川、四川渡口和云南保山、下关、墨江等地进行原地应力测量，取得的最大主压应力方向为北北西一近南北（表2.1-3）。20世纪30年代以来，区内92个破坏性地震震源机制解的P轴方位大都在北北西一北北东范围内，并以南北向占主导；滇西南的大理、楚雄等地的跨断层形变测量和地震变形带资料都表明，北东向断裂左旋扭动，北西一北西西向断裂右旋扭动，反映出它们受着南北向挤压作用的结果。

西部地区现代构造应力场在空间的各个方向上，总体上以水平挤压应力为主；而鄂尔多斯周缘等现代断陷盆地则表现为局部区域的张应力。震源机制解表明其主压应力轴的倾角总体上不超过30°，说明地壳表层现今以水平运动为主。

大量现代地应力绝对值的测量资料表明，西部地区地应力都是随着深度增加而相应增长，但各处的增长速率不均匀；主应力方向多数地区较为稳定，也有少数地区随着深度增加，其方向发生复杂的变化。

表 2.1-3　　甘肃、四川、云南部分地区原地应力测量结果

测量地点	测量年份	测量深度/m	水平主应力大小/10^5Pa	
			σ_1	σ_2
甘肃金川	1978	44	42	35
四川渡口	1980		266	59
云南保山	1976	6～12	41	15
云南下关	1976	16～18	12	8
云南墨江	1980	10～20	51	30

2.1.4.2　地壳水平运动

以上的区域应力场分析反映出西部现代地壳表层以水平运动为主，这一点从西部大部分活动断裂错动以水平分量占优势也可以反映出来[100]。丁国瑜等按印度板块以 50mm/a 的速率向北推进为前提，估算了中国西部各块体的运动速率（表 2.1-4）。从表 2.1-4 的估计值可看出，近 300 万年来西藏块体向北（或北偏东）平均运动速率约为 25～28mm/a。

表 2.1-4　　西部块体和褶皱带形变和运动速率估计值

块体或褶皱带	平均运动速率（mm/a）和方向			
	后缘	中部	前缘	方向
喜马拉雅褶皱带	50	42.3	34.6	N
西藏块体	34.6	28.1	21.6	N
西昆仑山褶皱带	21.6	18.1	14.6	N
塔里木块体	14.6	14.0	13.4	N
中天山褶皱带	13.4	8.4	3.4	N10°E
准噶尔块体	3.4	3.0	2.7	N10°E
近 N15°～25°EW 方向（沿拉萨—嘉峪关一线）				
喜马拉雅褶皱带	50	42.3	34.6	N10°E
西藏块体	34.6	28.1	21.6	N15°E
东昆仑山褶皱带	21.6	18.5	15.4	N20°E
柴达木块体	15.4	13.3	11.3	N25°E
祁连山褶皱带	11.3	8.3	5.3	N30°E
陇东弧形褶皱带	6.0	5.0	4.1	N80°E
近 EW 方向				
横断山褶皱带	15	3.2	11.4	S80°E
川滇菱形块体	11.4	8.0	4.7	S70°E

2.1.4.3　地壳垂直运动

西部垂直运动的动力来自巨大的地壳不均衡重力作用[100]：喜马拉雅山地区地壳均衡

异常值最大，达$\pm 120\times 10^{-3}cm/s^2$；最小值是准噶尔盆地和柴达木盆地，异常值为$\pm 100\times 10^{-3}cm/s^2$。在昆仑山脉西端北坡向塔里木盆地过渡带上梯度为最大，其值在（100～80)$\times 10^{-3}cm/s^2$。每千米达$\pm 1.6\times 10^{-3}cm/s^2$。

垂直形变在藏南雅鲁藏布江沿岸，上升量为全国之冠，年速率达10mm左右。拉萨以南的喜马拉雅山区的年速率将会更大些。向北在狮泉河—尼玛一带，年速率降到2～4mm，形成狭窄而西倾的较弱上升地带。再北是藏北高原一般海拔在4500.00m以上，地形明显大面积上升，年速率5～6mm，与昆仑山连成一体。西藏是青藏高原的主体，素有“世界屋脊”之称，垂直形变大幅度上升，反映此现代地壳仍处于强烈活动之中。滇西南地区以北和金沙江以东的广大地区，是以下降为主，主要山脉在下降中仍显示出相对上升趋势。川西高原一般海拔在3000.00m以上，部分超过4500.00m，然后却以－1～－3mm/a速率下降。其中若尔盖草地下沉尤为突出，最大的年速率超过－6mm。

2.1.5 水文地质条件

2.1.5.1 地下水赋存条件及分布规律

根据地下水的含水介质及空隙性质的差异，西部地区地下水类型可分为：松散沉积物孔隙水、基岩裂隙水、碳酸盐岩裂隙溶洞水、多年冻土冻结层上水4种[100]。

1. 松散沉积物孔隙水

松散沉积物孔隙水主要分布在冲积成因的成都平原和断陷盆地（河套平原、渭河盆地、银川盆地、吐鲁番—哈密盆地和伊犁盆地等），大型内陆盆地的山前地带以及黄土高原地区。堆积平原的第四系松散沉积一般厚度大，含水层岩性以砂、砂砾石及砂砾卵石为主，蕴藏潜水和承压水，潜水分布广泛而稳定，承压水亦分布较广；断陷盆地经河流冲刷而逐步堆积形成的松散沉积物，出现规模较小，沉积厚度不等，一般含水层岩性分选较好，含水岩层厚度由数米至数十米，大多数盆地的含水层分上下两层结构，即上部为潜水，下为承压水，承压水头一般是数米，个别达数十米。孔隙水分布广泛，且水量较丰富；准噶尔、塔里木、柴达木等内陆盆地，边缘地域辽阔，冲洪积物沉积巨厚，地下水储存条件较为复杂，一般水位埋藏较深，富水程度较强，水质良好，但部分地区由于特殊的地质构造及地貌条件制约，使得潜水水位埋藏变浅，富水程度较弱。

2. 基岩裂隙水

基岩裂隙水主要包括丘陵高原碎屑岩裂隙水、山地变质岩裂隙水和熔岩裂隙水等。碎屑岩裂隙水广泛分布于天山南麓、昆仑山北麓、阿尔泰山，准噶尔盆地山前丘陵地区、鄂尔多斯高原、陕北高原、祁连山—秦岭山地，陕北高原的西部地区、藏东、川西山地和四川盆地边缘及桂西，黔北山地等高山丘陵地区。含水层一般为不同地质时代的砂岩、泥岩、页岩夹砂岩等，总体上砂岩及砂砾岩地区，裂隙发育程度高，富水程度相对丰富，水质良好，部分泥岩、页岩及砂岩页岩互层地区富水程度较差，含水微弱，仅局部地带水量较大。对于山地变质岩裂隙水，西北的山地褶皱断裂和构造裂隙极为发育，泉水流量较大。秦岭变质岩分布地带，褶皱断裂发育，但多为泥质岩层，富水程度不高。内蒙古高原一些地区，由于玄武岩喷发前古地形存在沟谷或洼地，从而沿古沟谷分布地段形成富水带，有时砂质泥岩与玄武岩常常形成层间孔隙裂隙水，一般富水程度较好。

3. 碳酸盐岩裂隙溶洞水

碳酸盐岩在西南分布极广，广西、贵州、云南及四川东部、南部等地碳酸盐岩层分布广阔、厚度大、岩性纯，广泛发育着地下河系，地下河的长度有时达数千米。裂隙溶洞水赋存丰富，流量多达4000t/h，泉流量最大的也超过4000t/h，分布不均匀，不仅在区域分布不均匀，且不同时间的水位和水量变化都很大，大区域范围的水质变化很小，且矿化度较低。

4. 多年冻土冻结层上水

西部地区的阿尔泰山区及青藏高原地区，冻土分布面积大。前者冻土厚度20～60m，主要为冻结层上水，埋藏较浅，水量不大。而在青藏高原和天山、祁连山的局部山区，冻土层厚度一般几十米到百余米，厚度大小随地形的起伏变化，并在水平方向的变化较大，冻结层上水分布普遍，水质良好，但水量较小。

2.1.5.2　地下水补、径、排条件

西部地区地下水的补、径、排条件受气候水文、地质构造、地形地貌条件等诸多因素影响，不同水文地质单元地下水的补、径、排条件差异明显[100]。

大型内陆盆地其地下水的补给主要决定其周围山地的河流密度、山前降雨量及冰雪消融量，总体以冰雪消融水补给为主，一般来说补给量较大，地下水渗透率小，主要以蒸发的形式排泄；山间断陷盆地谷地地下水补给主要受周围山地地表水和地下水的补给，其次为降水补给，以昆仑山—秦岭为界，补给量南北差异较大，盆地的排泄除少数有河流外泄外，大部分靠自身蒸发消耗。

对于基岩裂隙水，以昆仑—秦岭为界，南北差异明显。北部地下水以降雨入渗补给为主，部分山地有冰雪融水补给，随着山势增高，补给量随之增加，地下水排泄以泉及蒸发为主，径流量总体而言较小；南部地下水受降雨补给为主，普遍补给量大，径流较强烈，通过泉水和向山区河流的泄流等形式排泄，排泄量大。

岩溶裂隙溶洞水主要分布在西南地区，由于该区地表径流异常丰富，降雨量集中，因而岩溶裂隙溶洞水的补给条件好，补给量大。特别在岩溶发育程度较高的地区，由于径流量很大，地下水往往汇集于岩溶形成的地下河。以泄流形式注入地表水体，部分地区以泉的形式排泄，总体来说排泄量较大。

2.1.5.3　地下水化学特征

受气温、降水、地貌、水文等诸多因素的影响，西部地区不同单元浅层地下水的水质存在显著的差异，从东南向北及西北呈现着逐渐变化的特征[100]。

昆仑山—秦岭一线以南的西南湿润地带，大多数地区的地下水矿化度值小于1.0g/L，其中大部分地区是0.2～0.5g/L，水化学类型为重碳酸盐型；此线以北的干旱、半干旱地区的地下水矿化度较复杂，从内蒙古至西北干旱区，地下水矿化度普遍高于1.0g/L，并呈现由内陆盆地边缘向中部逐渐递变的规律，由低矿化重碳酸盐型淡水过渡为成因、成分复杂的硫酸盐型咸水带，呈现着水平分带的特点。基岩山地中的准平原化的低山、残山地带、极端荒漠化地区，由于没有外来水源，年降水量近10～50mm，地下水矿化度高达5～30g/L，局部有盐沼出现，水化学类型的演变从山区向平原为重碳酸盐型-硫酸盐型-氯化物型逐渐过渡。青藏高原的多年冻土区冻结层上水，水质良好，多为重碳酸盐型，矿化

度一般小于 1.0g/L，冻结层下水，一般除第三纪砂岩外，水质良好。第四纪湖相沉积物中水的矿化度较高，多为咸水湖。

此外，局部地区受构造或岩性关系影响，在地下水中往往形成某些离子特殊组合的富集，如氯、铁、锰离子等。

2.1.6 人类活动

近年来，人类工程活动的规模和强度不断扩大，对自然环境的改造力度日趋剧烈。随着人民生活水平不断提高，水电建设步伐加快，对土地和山体的切割、挖掘日益加重。库区移民城镇建设的特点是缺少较为平坦的建筑场地，移民搬迁、城镇扩建所需建筑场地多以削坡扩基、填土而得，对斜坡的天然状态改变较大，给斜坡的稳定带来不利的影响。数量巨大的移民迁建和道路工程，需要大量相对平坦的场地，因此，在库区移民迁建过程中，大挖大填、剧烈改变天然斜坡的形态的现象到处可见，斜坡形态与结构的改变使斜坡内的天然应力状态发生变化，成为水电滑坡的诱发因素之一。

此外，水库蓄水后，改变了原有边坡的水文地质条件，降低了边坡的稳定性，使原来较为稳定的古滑坡体复活。黄河上游的积石峡库段分布 7 个对积石峡水电站影响较大的滑坡，7 处滑坡累计方量达 18986 万 m^3，最大木厂村滑坡，方量为 4497 万 m^3，其次是马儿坡山东滑坡，方量为 4233 万 m^3，其余也都在千万立方米以上，这些巨型滑坡滑入水库之后，可以使整个电站停止运行，而且也影响上游及下游的水电站。

2.2 滑坡的形成条件及影响因素

2.2.1 地形因素

斜坡所处地形地貌对滑坡灾害的形成有重要影响作用，不同的坡体外貌形态对应不同的坡体内部应力。凸形边坡与凹形边坡相比，稳定性较差。实践表明：圆形封闭圈与矩形封闭圈的边坡相比而言，同等地质条件下圆形封闭圈的边坡更稳定，而矩形封闭圈纵向长度越长，边坡稳定性越差。坡体高度及坡角等地形条件对均匀岩土体边坡的影响效应显著，具体表现在随着边坡坡度增大，坡高增加，坡体稳定性越来越差；在同向滑动面控制坡体稳定性的情况下，斜坡稳定主要受控于其高度大小，而斜坡坡角的控制作用则不明显；另外，坡体的拉张应力区域受斜坡坡度的影响作用比较显著，较大的坡角会引起坡脚处的剪应力增大，易导致滑坡发生。据统计分析结果显示，滑坡形成的地形坡度大多在 10°～35°，最有利于滑坡发生的坡度区间为 20°～35°[104]。

2.2.2 地质构造

地质构造很大程度上控制着滑坡分布规律，坡体中的节理裂隙等对滑坡滑向影响显著，一般情况下，较大规模的滑坡出现在地质构造复杂以及构造应力强烈的地带。

斜坡岩体中的节理、裂隙、岩层面等地质构造抗剪强度偏低，容易风化，是边坡的软弱部位，能够较大程度的控制滑坡的滑动方向和分布密度及规模。

滑坡滑动需在坡体内存在完整的软弱结构面，滑坡的后缘以及两侧则可能是岩层面、节理构造、裂隙等是在滑坡形成过程中可供利用的优势结构面。在区域构造比较复杂的区段，边坡稳定性比较差，边坡地段的岩层倾向及其褶皱形态对斜坡失稳模式有很大影响，尤其是断层和裂隙破碎带[104]。

2.2.3　滑体物质

构成滑坡体的物质对滑坡形成及演化有重要作用，一般而言，控制滑坡发生的滑体物质通常为脆弱层状破碎的岩体，大型松散堆积体地带经常发生滑坡。从边坡变形破坏的特征来看不同地层及岩性有其各自常见的变形破坏方式。例如，滑坡特别发育的地层中通常含有容易形成滑动带的特殊矿物成分和风化物质。

地层岩性对于滑坡演化具有一定的控制作用，尤其对于顺层滑坡。滑坡体由自然界各类岩土体构成，其抗剪强度、抗风化能力以及抗水浸能力不尽相同，特别是存在软弱岩石和软弱夹层的滑坡，当经过降雨或地下水作用后，滑坡体抗剪强度下降，很容易发生滑坡灾害；对于存在软弱夹层的顺层滑坡，由于软弱夹层的作用极易出现一个应力集中区，在集中应力大于软弱面强度时造成局部破坏，直至整体破坏发生滑坡[104]。

2.2.4　坡体结构

库岸滑坡的坡体结构是在长期的地质历史演化过程中形成的[105]。对于滑坡的坡体结构研究是由滑坡的岩土体结构研究中延伸出来的。在研究滑坡稳定性问题的过程中，人们发现滑坡的岩土体结构特征对滑坡的变形破坏有着重要的意义。20 世纪 70 年代，谷德振提出了“岩土结构”的概念[106]，此后，孙广忠又进一步提出了滑坡边坡稳定性问题的“岩体结构控制论”[107]。岩土体的结构特征是指岩土体中结构面与结构体的空间分布规律，结构面往往是岩土体中力学强度较低的部分，使岩土体的力学性能不连续，各向异性。而且岩土体中的软弱结构面，常常会发展成控制滑坡稳定的滑动面。此外，岩土体的结构特征还能够影响外在因素对岩土体的改造过程，因为结构面通常是地下水和风化作用活跃的场所，这些外在作用会进一步破坏岩土体的完整性，降低其力学强度。

坡体结构是滑坡（边坡）岩土体的地层岩性、结构面的空间展布以及临空面等要素的各种相互组合。坡体结构研究是在岩土体结构研究的基础上发展起来的，在滑坡（边坡）的变形和稳定性研究中，与岩体结构相比，坡体结构的意义更为全面，实用性更强。邓宏艳（2006）在对大型水电工程库区滑坡坡体结构地质调查的基础上，将库岸滑坡的主要坡体结构大致分为松散堆积结构库岸滑坡、平缓层状结构库岸滑坡、横向层状、结构库岸滑坡、顺向层状结构库岸滑坡、反向层状结构库岸滑坡、斜向层状结构库岸滑坡、块状结构库岸滑坡、碎块状结构库岸滑坡、多元结构库岸滑坡 9 类[105]。

2.2.5　水对滑坡的影响

与普通滑坡相比，库岸滑坡最突出的特点就是受水的作用影响较大。首先，水库建成蓄水后，整个库区内的水作用构成和水作用方式都较蓄水前发生了根本性的改变。蓄水前，库岸边坡主要受降雨、地下水及江河冲刷侵蚀影响；而水库蓄水后，库岸边坡不仅受降雨影响，库水位的升高改变了坡体内的地下水系统，同时库水的升降变化也对坡体产生直接作用。根据水的载体不同，分别从库水、地下水及降雨等三个主要方面来分析水对库岸滑坡的作用[105]。

2.2.5.1 库水对滑坡的影响

库水对库岸滑坡的作用是非常复杂的，对于不同的库岸坡体，其水文地质工程地质环境各不相同，库水对其作用也不同。

（1）对库岸坡体的改造作用。库水位的升降使许多库岸滑坡边坡的前缘处在库水位变化的消落带上，坡体前缘岩土体处于饱和状态，岩土力学性质降低，还要受到库水的冲刷、浪蚀和淘蚀作用，进而使库岸坡体前缘发生崩塌、坍滑等破坏变形，通常消落带表部的岩土体都被带入水库中，前缘岸坡向后退缩，使库岸滑坡（边坡）前缘的临空面加大，这对滑坡的稳定是不利的。

（2）库水对库岸坡体岩土性质的作用。库水位的大幅度升高使部分库岸滑坡坡体长期处在水的浸泡之下，这部分岩土体基本处于饱和状态，其物理、化学性质受到很大影响。岩土体可在库水的作用下发生泥化、软化岩土中的可溶性盐遇水可发生潜蚀、溶蚀[108]；对于某些特殊性质的岩上体，如高岭土、黏土、半成岩等，可在库水的作用下发生崩解、膨胀。同时对于处于饱和状态的岩土体，其中的孔隙水压力通常很高，进而其有效应力也会显著降低。库水作用下库岸滑坡岩土体的性质变化很大，这种变化可能导致库岸坡体沿滑动面或潜在滑面发生变形破坏。

（3）库水对库岸坡体内地下水系统的作用。库水位的升降不仅会改造库岸形态和岩土性质，还会改变库岸滑坡体内的地下水系统。库水通过渗透或渗流的方式影响库岸坡体内的地下潜水位。当库水位上升时，库岸坡体内的地下水位会随着库水位的上升而上升；当库水位下降时，坡体内的地下水位又会随着库水位的下降而下降。

2.2.5.2 地下水对滑坡的影响

库岸坡体内的地下水的构成是非常复杂的，但是其主要来源有以下三个方面库水补给、远处地下水补给和降雨补给。地下水对库岸滑坡的作用研究由来已久[109-111]通常人们将地下水对库岸滑坡的作用归结为一种水岩作用。地下水与库岸滑坡之间的作用是相互的，这种相互作用既能够影响库岸岩上体的物理力学性质和化学性质，也能够影响库岸坡体内地下水的存在形式和运动状态。一般地下水对库岸滑坡的作用可分为物理力学作用、化学反应作用和水力学作用。

（1）物理力学作用。对于滑坡而言，地下水的存在能够对其岩土体产生软化效应，尤其是在滑带位置。滑带的透水性往往较差，地下水更容易在此富集，滑带土中含水量的变化，能够改变滑带土的物理状态，使其向流态化转变，滑带土的黏聚力和内摩擦角损失很大，抗剪强度可能接近残余强度，这种状况对滑坡的稳定非常不利。地下水在降低滑带土或软弱带抗剪强度同时，还能降低滑体与滑床之间的摩阻力，减小抗滑力，加剧滑坡变形，甚至导致坡体失稳。

地下水能够使库岸坡体内的孔隙水压力升高，降低岩土体的有效应力，进而降低岩土体的抗剪强度，这有利于滑带的形成和贯通。

（2）化学反应作用。化学反应作用是指地下水与滑坡岩土体之间发生的一系列化学反应，而这些化学反应的存在会对滑坡的稳定性产生影响。化学反应作用主要包括溶蚀潜蚀、离子交换、氧化还原等。

溶蚀潜蚀是指地下水与可溶性或可溶性盐含量较高岩土体之间发生的一种较为常见的

化学反应作用。溶蚀潜蚀的原理是地下水中的酸性物质与碳酸盐岩、碎屑岩等发生化学反应，岩土体中的可溶性成分被地下水溶解带走，使岩土体中出现溶蚀裂隙、孔洞、甚至溶洞等。

离子交换作用是指岩土体中的离子与地下水中的离子发生了交换，这种交换的发生既改变了岩土体的物质组成、孔隙率和渗透性，又降低了岩土体的强度。

地下水与岩土体之间发生较多的化学反应还有氧化还原作用。氧化还原作用的存在改变了库岸滑坡岩土体的物质组成和结构，同时也弱化了整个库岸岩土体的力学性。

(3) 水力学作用。地下水对库岸坡体的水力学作用主要体现在地下水的静水劈裂作用和渗流作用。静水劈裂作用主要是地下水渗入到滑坡岩土体的节理裂隙中，并将节理裂隙充满，这时水就会对节理裂隙的岩土体表面产生静水压力，促使节理裂隙扩展、延长，从而破坏库岸坡体的完整性，加速岩土体的风化。

2.2.5.3　降雨对滑坡的影响

在滑坡的众多诱发因素中，降雨是非常重要的一个。许多大型滑坡的发生都与降雨关系密切，如贵州省关岭滑坡、四川省汉源县的万工滑坡等。降雨对库岸滑坡的影响与降雨强度、降雨持时以及库岸坡体的渗透性等因素有关，其作用主要体现在以下三个方面：

(1) 增重效应。对于库岸滑坡而言，其下滑的主要动力还是库岸坡体的自重作用（地震滑坡除外）。发生降雨时，雨水只有一小部分转化为地表径流流走，大部分都渗入到库岸坡体内，雨水的入渗增加了坡体的容重，使其下滑力增加，这对坡体的稳定是不利的。

(2) 降低岩土体的力学强度。降雨能够使库岸坡体的力学强度降低，这主要是由于雨水渗入到坡体内，岩土体被软化，孔隙水压力增高，有效应力降低，进而抗剪强度减小。如果雨水渗入到滑带位置，滑带的抗剪强度也会减小。库岸岩土体力学强度的降低会导致坡体变形甚至破坏。

(3) 改变地形。降雨的冲刷、侵蚀作用也是很强的，这种长期作用能够改变库岸坡体的地形地貌。如果滑坡边界处的冲沟切穿滑床，将更有利于雨水渗入到滑带位置而且雨水的冲刷侵蚀，能够增加库岸坡体的临空面，增强库岸坡体的不稳定趋势。降雨对地形地貌的改变，对库岸滑坡的稳定性影响也是不容忽视的。

2.3　滑坡发育分布规律

西部水电工程滑坡发育规律研究，选取了成都院作为主设计单位的 9 个水电工程枢纽区及库区发育的 77 个滑坡作为研究对象；9 个水电工程分别是楞古水电站、乐安水电站、锦屏一级水电站、官地水电站、共科水电站、紫坪铺水电站、十里铺水电站、溪洛渡水电站和大岗山水电站，涉及的流域包括雅砻江、岷江、金沙江和大渡河。

77 个典型滑坡发育分布位置示意如图 2.3－1 所示，发育分布特征见表 2.3－1，发育工程地质特征统计见表 2.3－2。

2.3.1　滑坡分布特征

西部高山峡谷区，滑坡主要发育在河谷两岸堆积体和风化卸荷严重的岩体中。经过对 77 个典型滑坡的统计，分别从流域、高程、体积、岸别和类型对滑坡分布特征进行研究。

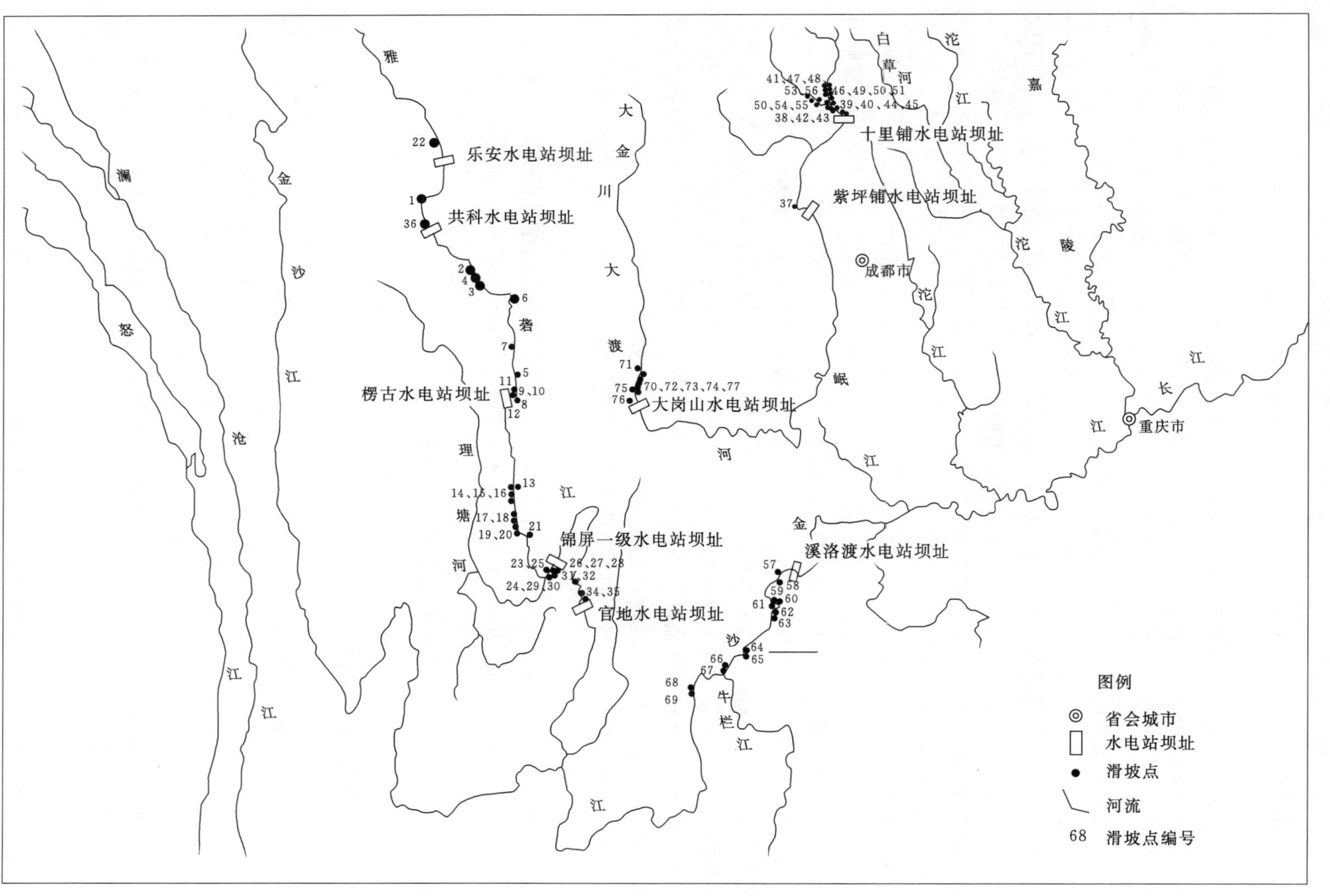

图 2.3-1 滑坡发育分布示意图

表 2.3-1　滑坡发育分布特征

流域	水电项目	序号	滑坡名称	左/右岸	滑坡类型	体积/万 m^3	发育高程/m	
							前缘	后缘
雅砻江	楞古水电站	1	甲西滑坡	右岸	基岩滑坡	813	2867	3200
		2	唐古栋滑坡	右岸	基岩滑坡	9260	2475	3500
		3	马河滑坡	右岸	基岩滑坡	34800	2360	2905
		4	夏日变形体	右岸	基岩滑坡	4900	2340	3030
		5	蔡玉滑坡	左岸	堆积层滑坡	450	2425	3115
		6	色古滑坡	左岸	堆积层滑坡	1250	2470	3050
		7	雨日堆积体	右岸	堆积层滑坡	2100	2550	3055
		8	相唐多吉堆积体	左岸	堆积层滑坡	2000	2410	2980
		9	嘎夏帕变形体	右岸	变形体	18.8	2490	2600
		10	嘎夏帕堆积体	右岸	堆积层滑坡	45～55	2400	2555
		11	拉最堆积体	左岸	堆积层滑坡	192	2400	2755
		12	上坝左岸堆积体	左岸	基岩滑坡	71	2399	2545
		13	一江滑坡	左岸	基岩滑坡	8433.8	2080	2800
		14	周家滑坡	右岸	基岩滑坡	7299	1931	2730
		15	八通滑坡	右岸	基岩滑坡	12208	1920	2650
		16	上田镇滑坡	右岸	基岩滑坡	637.3	1920	2240
		17	下田镇滑坡	右岸	基岩滑坡	11604.72	1920	2750
		18	田三滑坡	右岸	基岩滑坡	3662.22	1900	2650
		19	岗尖滑坡	右岸	基岩滑坡	8846	1990	2900
		20	下马鸡店滑坡	右岸	基岩滑坡	10176.1	1870	2900
		21	草坪子滑坡	左岸	基岩滑坡	13171	1880	3000
	乐安水电站	22	林达滑坡	右岸	基岩滑坡	3390	3142	3770
	锦屏一级水电站	23	水文站滑坡	左岸	基岩滑坡	1600	1660	2120
		24	呷爬滑坡	右岸	基岩滑坡	1300	1655	2120
		25	解放沟左岸变形体	左岸	倾倒变形体		1680	1920
		26	三滩右岸变形体Ⅲ	右岸	顺层蠕滑变形体	130	1650	2020
		27	三滩右岸变形体Ⅱ	右岸	变形体	900	1620	1980
		28	三滩右岸变形体Ⅰ	右岸	顺层蠕滑变形体	200	1671	1835
		29	呷爬滑坡下游变形体1	右岸	倾倒变形体	50		1880
		30	呷爬滑坡下游变形体2	右岸	倾倒变形体	300		2000
		31	长坪子垮塌体	右岸	堆积层滑坡	6	1870	2100
		32	锦屏一级水库岸坡	右岸	倾倒变形体		1650	2000
	官地水电站	33	梅子坪滑坡	右岸	堆积层滑坡	100	1320	1500
		34	金厂坝滑坡	右岸	堆积层滑坡	2180	1235	1920
		35	周家坪滑坡	右岸	堆积层滑坡	160	1320	1500
	共科水电站	36	麻日滑坡	右岸	基岩滑坡	3600	2972	3670
岷江	紫坪铺水电站	37	倒流坡滑坡	右岸	堆积层滑坡	300	920	980

续表

流域	水电项目	序号	滑坡名称	左/右岸	滑坡类型	体积/万 m^3	发育高程/m	
							前缘	后缘
岷江	十里铺水电站	38	水草坪滑坡	右岸	堆积层滑坡	2600～3000	1622	2075
		39	龙爪坪滑坡	左岸	堆积层滑坡	1000～1200	1554	1900
		40	深沟滑坡	左岸	堆积层滑坡	500	1612	1959
		41	黑漩湾滑坡	右岸	堆积层滑坡	300	1649	1900
		42	沙坝滑坡	左岸	基岩滑坡	120	1670	2000
		43	飞虹沟滑坡	左岸	堆积层滑坡	50	1660	1800
		44	渭中滑坡	左岸	基岩滑坡	1780～2200	1580	1930
		45	旋滩滑坡	左岸	堆积层滑坡	380～420	1580	1950
		46	核桃沟滑坡	左岸	堆积层滑坡	2000～2400	1680	2400
		47	宁江堡滑坡	右岸	基岩滑坡	1000～1200	1605	2198
		48	沟口滑坡	右岸	堆积层滑坡	500～600	1605	1960
		49	沟口对面滑坡	左岸	堆积层滑坡	600	1600	1900
		50	渭上滑坡	左岸	堆积层滑坡	80～100	1595	1825
		51	擦耳岩滑坡	右岸	堆积层滑坡	1100～1300	1615	2212
		52	大背流子滑坡	右岸	基岩滑坡	50～80	1765	1950
		53	沟花沟滑坡	右岸	堆积层滑坡	1000～1200	1760	2075
		54	尼姑山滑坡	左岸	堆积层滑坡	1500～1800	1632	2170
		55	头寨滑坡	右岸	堆积层滑坡	160～170	1638	1925
		56	光板山滑坡、日都滑坡、水沟子滑坡	左岸	堆积层滑坡	200、100、200		
金沙江	溪洛渡水电站	57	二道岩滑坡	左岸	堆积层滑坡	3588	520	1200
		58	干海子滑坡	右岸	基岩滑坡	4760	390	650
		59	石灰窑滑坡、大茅坡滑坡	右岸	基岩滑坡	5700，6800	450	1070
		60	易子村滑坡	右岸	基岩滑坡	22780	428	1160
		61	牛滚凼滑坡	左岸	堆积层滑坡	7624.5	520	815
		62	金家沟滑坡	右岸	堆积层滑坡	1135	450	860
		63	甘田坝滑坡	右岸	基岩滑坡	27300	540	1620
		64	付家坪子滑坡	右岸	堆积层滑坡	2396.8	520	1000
		65	大枫湾滑坡	右岸	基岩滑坡	3919	500	1500
		66	上灯厂滑坡	左岸	基岩滑坡	500	560	720
		67	花坪子滑坡	左岸	堆积层滑坡	1334	510	1040
		68	麻地湾滑坡	左岸	堆积层滑坡	3668	559	910
		69	冯家坪滑坡	左岸	基岩滑坡	2606.1	570	1030
大渡河	大岗山水电站	70	新华滑坡	左岸	基岩滑坡	700	1065	1420
		71	摩岗岭崩滑体	右岸	基岩滑坡	2400	1110	1450
		72	烂田湾滑坡	左岸	堆积层滑坡	4000	1060	1400
		73	得妥滑坡	左岸	堆积层滑坡	430	1060	1400
		74	落井沟潜在不稳定斜坡	左岸	基岩滑坡	800	1095	1700
		75	郑家坪变形体	右岸	基岩滑坡	5500	1115	1440
		76	大沟潜在不稳定斜坡	右岸	基岩滑坡	50	1055	1140
		77	黄草坪变形体	左岸	基岩滑坡	150	1115	1600

表 2.3-2　滑坡发育工程地质特征

序号	滑坡名称	凸/凹岸	平均坡度/(°)	地层	岸坡结构	形成机制（破坏模式）	地质构造	岩性
1	甲西滑坡	凸	40	三叠系	逆向坡	倾倒弯曲—拉裂型		砂岩与板岩互层
2	唐古栋滑坡	凸	50	三叠系	逆向坡	变形卸荷拉裂	楞古—孜河背斜	变质砂岩
3	马河滑坡	凹	40	三叠系	逆向坡	弯曲倾倒	橡结其复式向斜	变质砂岩
4	夏日变形体	凸	42	三叠系	逆向坡	滑移—拉裂	楞古—孜河背斜	变质砂岩
5	蔡玉滑坡		32	三叠系	逆向坡	滑移破坏	蔡玉断层	变质砂岩
6	色古滑坡		55	三叠系	顺向坡	蠕滑—拉裂变形	宋玉断层	变质砂岩
7	雨日堆积体		35	三叠系			楞古—孜河背斜	变质石英砂岩夹板岩和变质长石砂岩
8	相唐多吉堆积体			三叠系	顺向坡	前缘浅层滑动		冰水堆积物、崩坡积物、滑坡堆积物和河流冲积物
9	嘎夏帕变形体			三叠系	逆向坡	前缘滑移式崩塌、溃决式破坏		砂岩、变质砂岩及多期侵入岩脉
10	嘎夏帕堆积体		32	三叠系	逆向坡	沿结构面滑动		滑坡堆积物和冲积物
11	拉最堆积体		48	三叠系	顺向坡	滑移式崩塌		碎块石崩积体、崩坡积体
12	上坝左岸堆积体		40	三叠系	顺向坡	顺层滑移、崩塌		碎块石崩坡积物
13	一江滑坡	凸	30		逆向坡	倾倒—拉裂变形		
14	周家滑坡	凸	35		顺向坡	弯曲—拉裂—滑移破坏	前波断层	砂板岩、含炭质板岩、变质砂岩和大理岩
15	八通滑坡	凸			顺向坡	弯曲—拉裂—滑移破坏	前波断层	砂板岩、含炭质板岩
16	上田镇滑坡	凸	35		顺向坡	滑移—弯曲—溃屈破坏		大理岩、变质砂岩
17	下田镇滑坡	凹	30		顺向坡	顺层蠕滑拉裂		大理岩、变质砂岩
18	田三滑坡		26	三叠系		顺层蠕滑—拉裂	单斜构造	板岩、大理岩及变质砂岩
19	岗尖滑坡			三叠系	顺向坡	蠕动—滑移—拉裂	前波断裂下盘	变质砂岩、含炭质板岩、大理岩
20	下马鸡店滑坡	凸	40	元古界	顺向坡	滑移—拉裂变形	前波断裂中部穿过	云母片岩、钠长石英岩夹绿泥片岩、变粒岩

续表

序号	滑坡名称	凸/凹岸	平均坡度/(°)	地层	岸坡结构	形成机制（破坏模式）	地质构造	岩性
21	草坪子滑坡	凸	40	元古界	逆向坡	倾倒—拉裂变形	前波断裂自滑坡体中后部斜	千枚岩和浅变质砂岩，硅质板岩和大理岩
22	林达滑坡	凸	40	三叠系	逆向坡	弯曲倾倒		含炭板岩及变质砂岩
23	水文站滑坡	凹	40	三叠系	逆向坡	弯曲倾倒—拉裂变形		绢云母粉砂质板岩
24	呷爬滑坡		35	三叠系	逆向坡	弯曲倾倒—拉裂变形		粉砂质板岩夹变质细砂岩
25	解放沟左岸变形体	凸	40	三叠系	逆向坡	倾倒变形，松弛—拉裂	断层从砂板岩中通过	砂板岩，夹大理岩
26	三滩右岸变形体Ⅲ	凹	35	三叠系	顺向坡	滑移—弯曲	三滩同倾向斜的SE翼	砂岩、粉砂质板岩
27	三滩右岸变形体Ⅱ	凹	40	三叠系	顺向坡	滑移—弯曲	三滩同倾向斜的SE翼	变质砂岩、板岩
28	三滩右岸变形体Ⅰ	凹	35	三叠系	顺向坡	顺层蠕滑	三滩同倾向斜的SE翼	变质细砂岩、泥质和粉砂质板岩
29	呷爬滑坡下游变形体1			三叠系	逆向坡	倾倒变形		粉砂质板岩夹变质细砂岩
30	呷爬滑坡下游变形体2			三叠系	逆向坡	倾倒变形		粉砂质板岩夹变质细砂岩
31	长坪子垮塌体		45	三叠系	逆向坡	垮塌		板岩夹砂岩
32	锦屏一级水库岸坡	凸	45	三叠系	逆向坡	弯曲倾倒变形		板岩及砂质板岩夹变质砂岩
33	梅子坪滑坡		30	三叠系		滑移变形	周家坪断裂	大理岩夹绿片岩
34	金厂坝滑坡	凸	35	二叠系	逆向坡	倾倒变形		玄武岩，灰岩
35	周家坪滑坡		30	三叠系		滑移变形	周家坪断裂	大理岩夹绿片岩
36	麻日滑坡	凹	35	三叠系	逆向坡	弯曲倾倒		变质砂岩夹板岩
37	倒流坡滑坡		30	三叠系	逆向坡	剪切滑移		砂岩夹页岩及煤层
38	水草坪滑坡		35	志留系		推移式滑坡		千枚岩
39	龙爪坪滑坡		30	志留系		牵引式滑坡		茂县组千枚岩、石英千枚岩
40	深沟滑坡		30	泥盆系		牵引式滑坡		炭质千枚岩
41	黑漩湾滑坡		32	志留系		牵引式滑坡		千枚岩
42	沙坝滑坡			泥盆系		推移式滑坡		千枚岩
43	飞虹沟滑坡		35	志留系	顺向坡	牵引式滑坡		千枚岩

续表

序号	滑坡名称	凸/凹岸	平均坡度/(°)	地层	岸坡结构	形成机制（破坏模式）	地质构造	岩性
44	渭中滑坡			志留系	顺向坡	牵引式滑坡		千枚岩
45	旋滩滑坡		35	志留系		牵引式滑动		千枚岩
46	核桃沟滑坡		30	志留系		复合型滑坡		千枚岩
47	宁江堡滑坡		34	志留系	顺向坡	牵引式滑坡		千枚岩
48	沟口滑坡		35	志留系		牵引式滑坡		千枚岩
49	沟口对面滑坡		30	志留系		复合型滑坡		千枚岩
50	渭上滑坡		35	志留系		复合型滑坡		千枚岩
51	擦耳岩滑坡		30	志留系		牵引式多级滑坡		千枚岩
52	大背流子滑坡		32	志留系				千枚岩
53	沟花沟滑坡		35	志留系		牵引式滑坡		千枚岩
54	尼姑山滑坡		35	志留系		牵引式滑坡		千枚岩
55	头寨滑坡		30	志留系		牵引式滑坡		千枚岩
56	光板山滑坡、日都滑坡、水沟子滑坡		30	泥盆系		牵引式滑坡		千枚岩
57	二道岩滑坡		25	志留系	逆向坡			崩坡积堆积
58	干海子滑坡	凹	35	志留系	逆向坡	滑移拉裂变形	石板滩鼻状背斜	志留系砂页岩
59	石灰窑滑坡、大茅坡滑坡	凹	20	奥陶系、志留系	顺向坡	顺层滑移变形		砂岩、粉砂岩、泥岩、页岩、砂质页岩
60	易子村滑坡		15	奥陶系、志留系	逆向坡	滑移—弯曲		粉砂岩、泥岩和页岩
61	牛滚凼滑坡		20	奥陶系、志留系	顺向坡	滑移—拉裂	拉租断层	页岩夹粉砂岩及泥灰岩
62	金家沟滑坡		30	奥陶系	顺向坡	滑移—拉裂	构造上为一向斜	生物碎屑灰岩夹砂泥质白云岩
63	甘田坝滑坡		25	奥陶系、志留系	顺向坡	滑移—压致拉裂		白云岩夹少量砂岩、泥质灰岩

续表

序号	滑坡名称	凸/凹岸	平均坡度/(°)	地层	岸坡结构	形成机制（破坏模式）	地质构造	岩性
64	付家坪子滑坡	凸	30	寒武系	顺向坡	滑移—弯曲	莲峰断裂	粉砂岩和白云岩、灰岩、砂页岩、白云质灰岩
65	大枫湾滑坡		30	寒武系	顺向坡	滑移—弯曲	莲峰断裂	白云岩、白云质灰岩、紫红色泥质粉砂岩
66	上灯厂滑坡		30	奥陶系	顺向坡	滑移—弯曲		生物碎屑灰岩、灰岩、白云岩、
67	花坪子滑坡		45	奥陶系	顺向坡	滑移—压致拉裂	莲峰断裂	白云岩、泥质粉砂岩、页岩、灰岩
68	麻地湾滑坡	凸	25	志留系	顺向坡	滑移弯曲		页岩、粉砂岩夹泥质灰岩
69	冯家坪滑坡		20	奥陶系、志留系	顺向坡	滑移—拉裂		生物碎屑灰岩夹砂泥质白云岩、页岩、泥质灰岩
70	新华滑坡		30	三叠系	顺向坡	倾倒变形	下游侧缘处发育一条的平移断层	三叠系白果湾组（T_3bg）砂页岩
71	摩岗岭崩滑体							石英闪长岩（$\delta_{\delta 2}^{3}$）、斜长花岗岩（$\gamma_{\delta 2}^{3}$）
72	烂田湾滑坡					牵引式		澄江期花岗岩
73	得妥滑坡					抛射性质的滑坡	大渡河断裂	晋宁期花岗岩
74	落井沟潜在不稳定斜坡		35	三叠系		倾倒变形		三叠系白果湾组（T_3bg）砂页岩
75	郑家坪变形体		30	三叠系		倾倒变形		三叠系白果湾组（T_3bg）砂页岩
76	大沟潜在不稳定斜坡		35	三叠系		倾倒变形		三叠系白果湾组（T_3bg）砂页岩
77	黄草坪变形体		37	三叠系		解体式塌滑		三叠系白果湾组（T_3bg）砂页岩

1. 流域

河谷临空面为滑坡的形成提供了有利的地形条件和运动空间[112]。77 个滑坡涉及 4 条河流：岷江、雅砻江、金沙江和大渡河；河流地质环境的差异导致滑坡发育的数量的差异（表 2.3-3，图 2.3-2），20 个滑坡分布于岷江，36 个滑坡分布于雅砻江，13 个滑坡分布于金沙江，8 个滑坡分布于大渡河。

表 2.3-3　滑坡发育流域统计

流域	岷江	雅砻江	金沙江	大渡河
滑坡数/个	20	36	13	8
占比/%	26	47	17	10

2. 高程

按照滑坡发育的高程对 77 个滑坡进行分类（表 2.3-4，图 2.3-3），其中 74 个滑坡可准确统计出前后缘高程。高程在 500～1000m 的滑坡发育 14 个，占总数的 19%；高程在 1000～2000m 的滑坡发育 38 个，占总数的 51%；高程超过 2000m 的滑坡发育 22 个，占总数的 30%。综上，西部水电工程滑坡多发育在高程 1000m 以上。

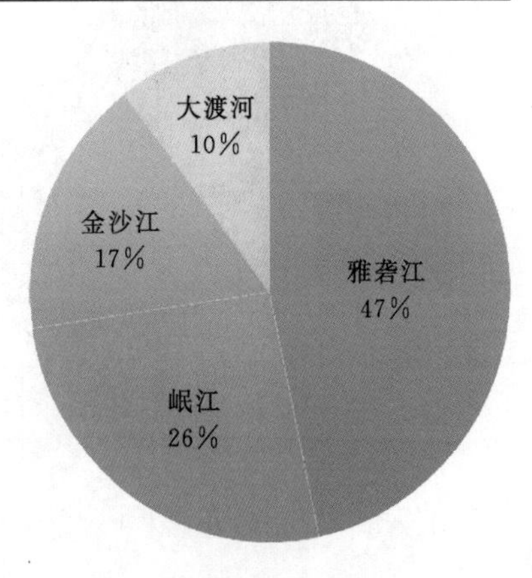

图 2.3-2　滑坡发育流域对比图

3. 体积

《水电水利工程边坡设计规范》（DL/T 5353—2006）关于滑坡体积的分类统计，滑坡可分为巨型、特大型、大型、中型、小型 5 类。依据上述分类标准对准确估算

表 2.3-4　滑坡发育高程统计

高程/m	500～1000	1000～2000	>2000
滑坡数/个	14	38	22
占比/%	19	51	30

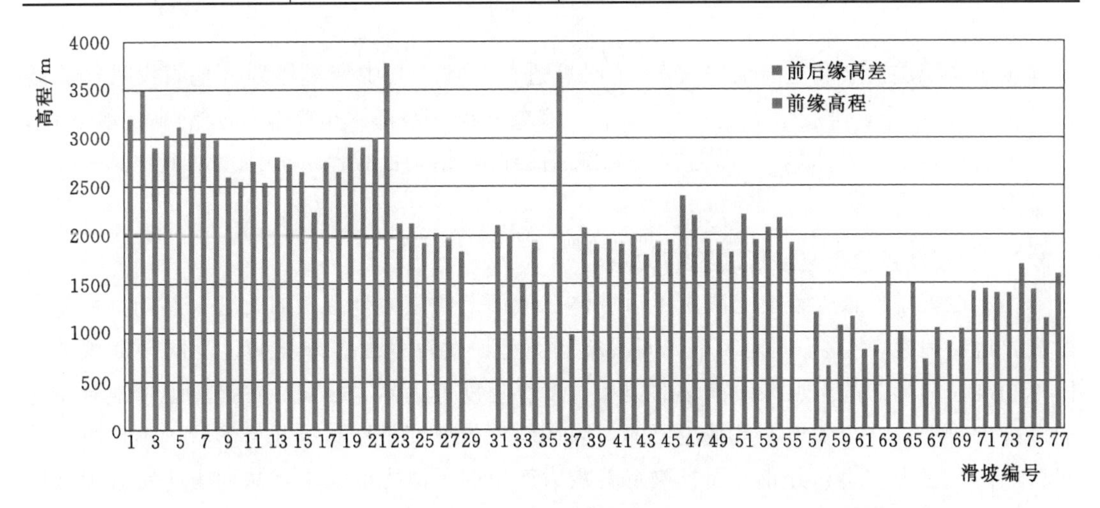

图 2.3-3　滑坡发育高程分布

出体积的75个滑坡进行统计（表2.3-5），并绘制出不同类型对比图（图2.3-4）。

表2.3-5　滑坡发育体积分类统计

体积/万 m^3	小型（<10）	中型（10～100）	大型（100～1000）	特大型（1000～10000）	巨型（>10000）
滑坡数/个	1	9	23	34	8
占比/%	1	12	31	45	11

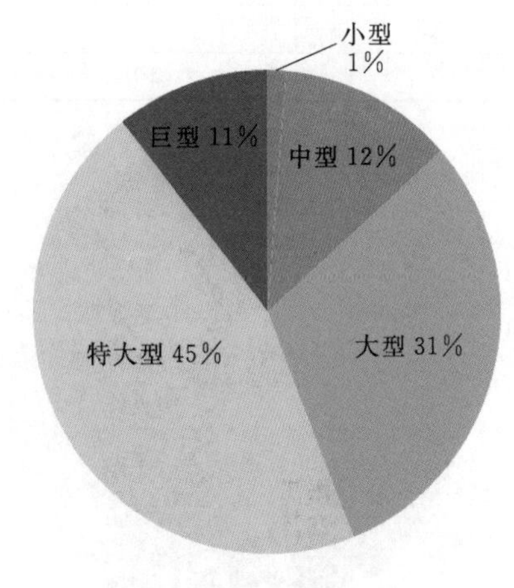

图2.3-4　滑坡发育体积对比图

依据统计表，巨型滑坡发育8个，占总数的11%；特大型滑坡发育34个，占总数的45%；大型滑坡发育23个，占总数的31%；中型滑坡发育9个，占总数的12%；小型滑坡发育1个，占总数的1%。综合分析，西部水电工程发育的滑坡以体积超过100万 m^3的大型、特大型和巨型滑坡为主，这是由西部水电工程复杂的地质环境造就。大型、特大型和巨型滑坡是水库蓄水后库区工作重点关注对象，是制约水电站水库正常安全运行的关键。

4. *左右岸*

77个滑坡，分属于4个不同的流域，按照不同流域对滑坡发育岸别进行统计。岷江流域共发育滑坡20个，11个位于左岸，9个位于右岸，表明该流域滑坡发育对河流岸别不具有明显的选择性；雅砻江流域共发育滑坡36个，9个位于左岸，27个位于右岸，表明该流域滑坡发育对河流岸别具有明显的选择性，即雅砻江右岸发育；金沙江流域共发育滑坡13个，6个位于左岸，7个位于右岸，表明该流域滑坡发育对河流岸别不具有明显的选择性；大渡河流域共发育滑坡8个，5个位于左岸，3个位于右岸，表明该流域滑坡发育对河流岸别具有明显的选择性，即大渡河左岸。

5. *类型*

按照堆积层滑坡和基岩滑坡对77个滑坡进行分类，其中变形体划入基岩滑坡中；基岩滑坡发育43个，堆积层滑坡发育34个。综合分析，西部水电工程所处的高山峡谷区，河谷深切且狭窄，岩体风化卸荷强烈，受卸荷裂隙等结构面控制的岩体发展演化到一定阶段易形成岩质滑坡。

2.3.2　滑坡发育分布与地形地貌的关系

地形地貌条件很大程度上决定了滑坡体在滑面上的重力分量，因此它是影响滑坡发育的重要地质因素[113]。不同地貌单元间滑坡的类型、发育程度等差异明显，同一地貌单元区不同规模和形态的岸坡区段滑坡的类型、发育程度等也不尽相同。在描述地形地貌条件的多个参数中，坡角和坡高是最主要的，因为斜坡的坡度、坡高等几何形状，不仅决定着斜坡体内的应力大小和分布，而且决定着重力产生的下滑力的大小，从而也决定着滑坡体的规模、运动速度、稳定性及破坏类型等[114,115]。

1. 坡度

西部水电工程发育的77个滑坡，其中65个滑坡可准确统计出坡度。统计结果表明（表2.3-6，图2.3-5），63%的滑坡其坡度在30°～40°，22%的滑坡其坡度在40°～50°，11%的滑坡其坡度在20°～30°，3%的滑坡其坡度在50°～60°，1%的滑坡其坡度在10°～20°；表明西部水电工程地区滑坡最易发生在坡度30°～50°，占总数的85%。

表2.3-6　滑坡发育坡度统计

坡度/(°)	10～20	20～30	30～40	40～50	50～60
滑坡数/个	1	7	41	14	2
占比/%	1	11	63	22	3

2. 坡高

流域滑坡与其坡高的关系密切，合适的坡高能为滑坡的发育和形成提供必需的势能和物质积累条件[116]。西部水电工程发育的77个滑坡，其中74个滑坡可准确统计出坡高。统计结果表明（表2.3-7，图2.3-6），36%的滑坡其坡高在200～400m，20%的滑坡其坡高在400～600m，19%的滑坡其坡高在600～800m，15%的滑坡其坡高在0～200m，10%的滑坡其坡高在800～1200m；表明西部水电工程地区滑坡最易发生在坡高200～800m，占总数的75%。

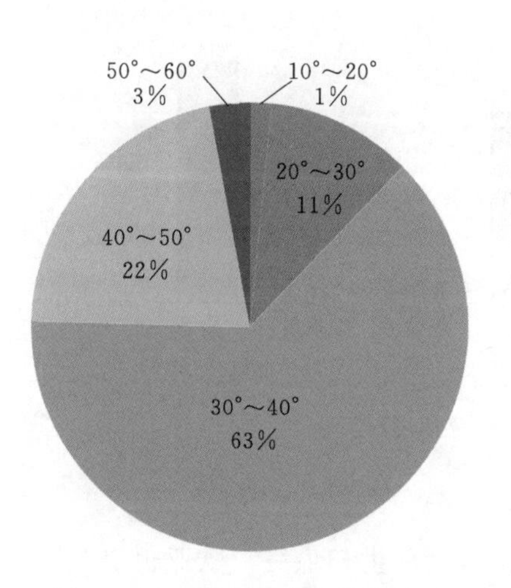

图2.3-5　滑坡发育坡度统计图

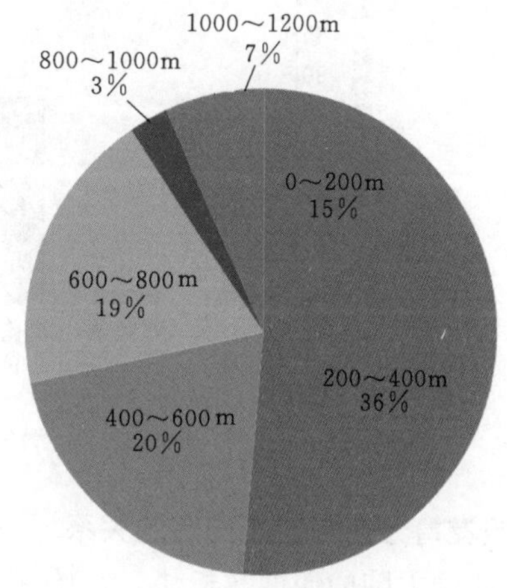

图2.3-6　滑坡发育坡高统计图

表2.3-7　滑坡发育坡高统计

坡高/m	0～200	200～400	400～600	600～800	800～1000	1000～1200
滑坡数/个	11	27	15	14	2	5
占比/%	15	36	20	19	3	7

2.3.3 滑坡发育分布与地层岩性的关系

地层岩性作为流域滑坡发生、发展的物质基础，其对滑坡的控制主要体现在岩土体力学性质上的差异。不同的岩土体具有不同的力学性质，由不同岩土组成的斜坡具有不同的稳定性，如在坡高和坡度相同的情况下，岩土体越坚硬，抗变形和抗风化能力越强，斜坡越稳定，如花岗岩等坚硬岩石组成的边坡等。不同岩性发育的滑坡类型和规模也不同，如千枚岩、板岩、片岩等变质岩类岩体组成的反倾岸坡较易发生倾倒变形并演化为整体滑移—拉裂破坏，且一般发育规模相对较大[116]。

西部水电工程发育的77个滑坡，其中69个滑坡统计出发育地层。统计结果（表2.3-8，图2.3-7）表明，49%的滑坡发育在三叠系地层中，39%的滑坡发育在奥陶系、志留系地层中，4%的滑坡发育在泥盆系地层中，寒武系和元古界地层中发育的滑坡各占3%，2%的滑坡发育在二叠系地层中。综合分析，三叠系、奥陶系和志留系地层中发育的滑坡占总数的88%，上述三组地层是西部水电工程区的易滑地层；三叠系地层岩性为砂岩、变质砂岩夹页岩、板岩及煤层，奥陶系、志留系地层岩性为砂岩、粉砂岩、泥岩、页岩、千枚岩、砂质页岩夹泥灰岩、泥质灰岩。

表2.3-8　　滑坡发育地层统计

地层	元古界	寒武系	奥陶系、志留系	泥盆系	二叠系	三叠系
滑坡数/个	2	2	27	3	1	34
占比/%	3	3	39	4	2	49

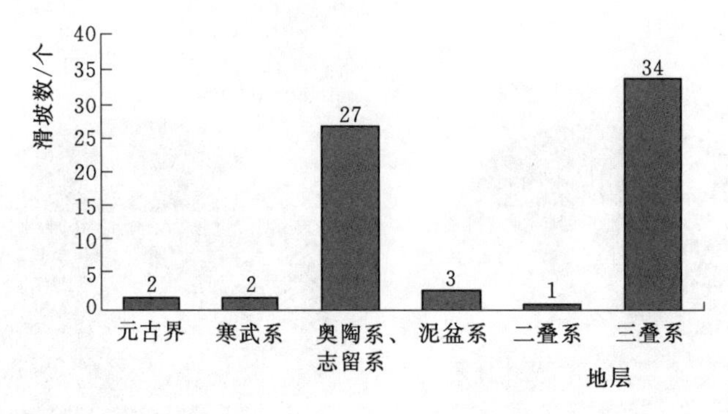

图2.3-7　滑坡发育地层统计图

2.3.4　滑坡发育分布与地质构造的关系

驾驭着印度大陆的印度洋板块，在始新世末渐新世初最终与欧亚板块相撞以来，使青藏高原地区岩石圈缩短。在构造运动上，由原来以水平运动为主转为以垂直运动为主。这种构造运动方向性的转化，不仅造就了青藏高原周边及其内部的一系列深大断裂，而且也使西部水电工程区域褶皱、断层、节理极其发育[117]。

经过统计，77个滑坡中受地质构造影响明显的滑坡有26个，其中10个滑坡受褶皱影响，16滑坡受断层影响。受褶皱影响的滑坡如雅砻江锦屏一级水电站发育的三滩右岸变形体Ⅰ、Ⅱ、Ⅲ都受到三滩同倾向斜的影响，雅砻江楞古水电站发育的唐古栋滑坡、夏日变形体和雨日堆积体都受到楞古—孜河背斜的影响；受断层影响的滑坡如金沙江溪洛渡水电站库区发育的付家坪子滑坡、大枫湾滑坡和花坪子滑坡都发育在莲峰断裂附近，雅砻江官地水电站发育的梅子坪滑坡和周家坪滑坡都受到周家坪断裂的影响，雅砻江楞古水电站发育的周家滑坡和八通滑坡都受到前波断层的影响。

2.3.5 滑坡发育分布与岸坡结构的关系

斜坡是由多种不同性质的岩层组成的非均质体，各种类型的岩层在坡体内或与河谷走向的不同组合，构成不同结构类型的斜坡，其稳定性有所不同[116]。按岩层倾向与岸坡的关系分类，可划分为顺向坡、逆向坡、斜向坡和直立坡，一般情况下，顺向坡普遍比逆向坡更易发生滑坡。

针对西部水电工程滑坡所发育的岸坡结构类型，统计出其中 50 个滑坡的岸坡结构，作不同岸坡结构类型滑坡发育统计表（表 2.3-9）和统计图（图 2.3-8）。统计结果表明，54%的滑坡发育在顺向结构岸坡，44%的滑坡发育在逆向结构岸坡，2%的滑坡发育在斜向结构岸坡；表明西部水电工程地区顺向结构岸坡相较于逆向结构岸坡发育滑坡优势不明显；西部高山峡谷区陡倾岩层的逆向结构岸坡，风化卸荷强烈，易发生倾倒变形，最终演化为基岩滑坡。

表 2.3-9　　滑坡发育岸坡结构统计

岸坡结构	顺向坡	逆向坡	斜向坡
滑坡数/个	27	22	1
占比/%	54	44	2

除了控制流域滑坡的发育分布规律，岸坡结构类型对流域滑坡的成因机制亦有较大影响；顺向结构岸坡中发育的滑坡成因机制大体较一致，以滑移—拉裂型、蠕滑—拉裂型、滑移—弯曲型为主；逆向结构岸坡中发育的滑坡成因机制，以倾倒—拉裂和倾倒—剪切—滑移为主。

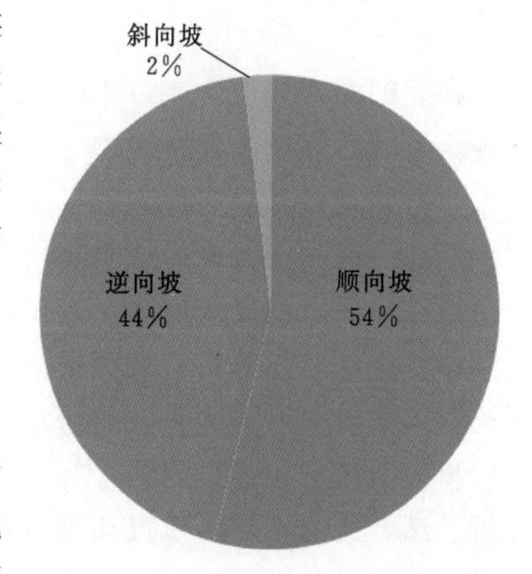

图 2.3-8　滑坡发育岸坡结构统计图

2.3.6 滑坡发育分布与其他关系

1. 降雨

一般情况下，降雨是激发滑坡最主要，也是最活跃的因素。西部水电工程区，降雨较少，降雨在该地区不是滑坡的主要诱发因素，仅色古变形体变形破坏与降雨有直接关系。色古变形体区域全年降雨集中、雨量大，变形体后缘缓坡平台可形成局部汇水区。后缘缓坡平台内裂缝的形成、发展主要发生在雨季，枯水季节变形不明显。

2. 蓄水

水库蓄水，引起水电工程地区环境地质发生改变，主要有以下几个因素的变化：①侵蚀基准面抬升；②侵蚀范围扩大；③水位的反复升降，导致涉水滑坡体前缘岩土体性质降低；④水流速度减小，静水压增大[118]。除去第四个因素对滑坡稳定性有利，其余的因素均会引起滑坡稳定性降低。除去色古变形体的 76 个滑坡，有 75 个滑坡都受到水库蓄水的影响，仅解放沟左岸变形体是受工程开挖影响。

第3章　西部水电工程重大滑坡类型及基本特性

3.1　研究重点及难点

在我国的西部地区，由于青藏高原的快速隆升，河谷的快速下切，形成高山峡谷地貌，为滑坡的形成及发育提供了地质条件。同时，这些地区地质条件十分复杂，不良地质发育，特别是发育众多大型和特大型的滑坡和滑坡群，极大地威胁了水电工程的安全运营。西部地区由于特殊的地质环境，其滑坡发育类型较多，并且呈现出一定的发育规律。为总结该地区滑坡发育规律，提出该地区适用性更强的滑坡类型分类方法，对各类型滑坡的基本特性进一步分析，从而提高对该地区滑坡发育的整体认识，针对不同发育规律和不同类型的滑坡采取更为有效的防治措施。因此，在大量工程资料整理的基础上，对该地区各种重大滑坡类型进行归纳，并在每种类型中选择其中之一作为该类滑坡的典型案例进行分析总结。这是本章的重点和难点，同时为重大滑坡的灾变演化机制和稳定性研究提供了各类型滑坡的基本资料。

3.2　滑坡分类

滑坡造成的地质灾害给人类的生命、财产和各类工程活动造成了巨大的损失。如1965年发生于四川西昌雅砻江支沟的者波祖滑坡，体积达0.3亿m^3，滑坡体下滑后长期完全堵江，部分溃坝毁坏大片森林、农田；1967年发生的雅砻江楞古水电站唐古栋滑坡，体积达1.1亿m^3的坡体高速下滑，致使雅砻江断流长达9天之久，堰塞湖溃决后使下游沿河人民生命财产蒙受巨大损失；1981年发生于金沙江的蚂蝗乡滑坡，堵江4年，溃坝后致下游山体下滑，造成重大人员伤亡。近年来，随着工程建设的开展，西部地区的重大滑坡也进入一个活跃期。

根据近些年来的工程实践经验，对西部地区重大滑坡进行分类，其按照物质组成可分为覆盖层滑坡和岩质滑坡两大类，其中岩质滑坡更为常见。为了对各类滑坡进行深入分析，总结各类滑坡的发育规律、演化特征，并有针对性地进行防控技术研究，现按照滑坡的变形破坏机制进行划分。其中，覆盖层滑坡主要可以分为推移式和牵引式两类。此外，冰水堆积物在西部地区也是较为常见的一种典型地质灾害现象。岩质滑坡按照变形破坏模式的不同又可以分为顺层滑移、切层变形、溃屈变形和倾倒变形等。

3.2.1　覆盖层滑坡

合理的滑坡分类对于认识和防治滑坡是非常有必要的，不同学者从不同的观点出发，曾对滑坡做过各种各样的分类。通常情况下，覆盖层滑坡按滑坡运动形式可分为：牵引式滑坡和推移式滑坡。牵引式滑坡表现在滑坡的下部首先达到极限平衡状态并产生很大位移，此时下部坡体首先失稳，导致上部坡体失去下部坡体的抗力而跟着发生滑动；对于推移式滑坡，中上部坡体由于外荷载增加或者强度降低首先达到极限状态，从而增加了对下部坡体的推力，导致坡体的整体下滑。

突出滑坡地质基础的重要性，必须以正确的地质分析为基础，且和地质分析的结论相一致，系统地分析其形成条件和主要作用因素，并论述其变形破坏模式，建立合理的地质力学计算模型，为滑坡的稳定性计算和评价，以及滑坡灾害预测预报和有效防治提供理论基础。以下分析两种类型滑坡的形成条件、作用因素及破坏模式。

1. 牵引式滑坡和推移式滑坡的形成条件

(1) 地形地貌条件。滑坡的发生需要提供临空面即具有向外移动的空间条件。牵引式滑坡由于坡脚的开挖或者前缘受库水冲刷，坡面形态一般为前部陡—中后部稍缓式特点，滑移面形态为前部陡—中后部缓式滑面特点；推移式滑坡的坡面形态一般为后部陡—中前部稍缓式特点，滑移面形态为后部陡—中前部缓式滑面特点；这样牵引式滑坡和前缘坡体应力集中，推移式滑坡后缘应力集中，导致滑坡变形破坏型式不同的一大原因。

(2) 地层岩性条件。两种类型滑坡往往发生在堆积层、风化带及岩土体的软弱夹层所组成的斜坡地带，滑体多为松散堆积物构成，结构松散，透水性好，强度低，这不仅能够在后缘加载过程产生较大塑性变形，而且在前缘有利于降雨和库水位的入渗，降低岩土体强度。若是岩质滑坡，但所产生的相应位置的裂缝往往沿岩体内已有的构造裂面或其组合面发育，依然可以产生不同类型的滑坡。

(3) 地质构造条件。自然形成的推移式滑坡和复合式滑坡后部主要存在陡峭岩体，并且节理裂隙比较发育，完整性差，随着风化程度的提高，易发生崩塌落石现象，对滑坡后缘起到加载效应；而牵引式滑坡和复合式滑坡前部岩体节理裂隙较为发育，易风化且被库水和降雨产生的地表水冲蚀，从而形成临空面。

(4) 水文地质条件。除了前缘坡脚开挖或者库水冲刷以及后缘加载，致使应力集中效应导致岩土体剪切应变软化，地表降水与地下水对滑坡稳定性影响也很大，主要表现在降低岩土体强度，增加岩土体自重，产生动水压力、静水压力、孔隙水压力等，在三种类型滑坡变形破坏过程中产生的裂缝提供了良好的流动通道，导致其变形破坏极易受库水和降雨的影响。

2. 牵引式滑坡和推移式滑坡的作用因素

滑坡是具有滑动条件的斜坡在多种因素综合作用下的结果。但对某一特定滑坡总有一个或两个因素对滑坡的发生起控制作用，称这样的因素为主控因子。在不同类型滑坡防治中应着力找出主控因子及其作用的机制和变化幅度，分析其变形破坏过程，并采取相应的工程措施，消除或控制主控因素作用以稳定滑坡。就各种因素对形成滑坡的作用来说，作用因素可分为：一是改变坡体应力状态，增大坡脚应力和滑带土的剪应力（即下滑力）的因素；二是改变滑带土的性状，减小抗滑阻力的因素；三是既增加下滑力，又减小抗滑力，甚至造成滑带土结构破坏（如液化）的因素。各种作用因素对滑坡的作用既有力学作用，也有物理化学作用，还有作用的时间过程，因此，对作用因素进行综合动态分析是必要的。

对于牵引式滑坡而言，根据其形成条件可知，开挖路堑坡脚、河流冲刷是引起牵引式滑坡发生的主要作用因素，其增大了滑坡坡脚应力和滑带剪应力，导致前缘局部先变形，逐渐向后依次发展，同时，在其他因素（如降雨、地表水下渗、地震等）作用下加快了牵引式滑坡变形破坏。对于推移式滑坡而言，根据其形成条件可知，推移式滑坡后缘坡上加载及地表水下渗是引起推移式滑坡发生的主要作用因素，其增大了滑坡后缘坡体应力和滑带剪应力，导致后缘先变形，逐渐向前挤压变形，在其他因素（如库水位升降、地震等）作用下加快了推移式滑坡的整体变形破坏。

3. 牵引式滑坡和推移式滑坡变形破坏模式

（1）牵引式滑坡变形破坏模式。自然条件下，斜坡处在稳定或略高于极限平衡状态，坡脚是重要的阻滑段，在降雨的持续作用及库区库水对前缘冲刷、库水位升降等不利工况下，致使斜坡前缘临空高度增加，抗滑力逐渐减小，导致斜坡前缘产生变形，坡面产生裂缝。产生的牵引变形裂缝为地下水下渗提供了通道，持续降雨形成的地表水也可通过裂缝下渗到斜坡的更深部，这样将导致：一方面软化潜在滑动面，滑动面物理力学参数降低，抗滑能力下降，滑体容重增加，下滑力随之也增加；另一方面产生静动水压力，使下滑力增加，抗滑力降低。综合不利条件下导致滑坡前缘滑体失稳，随着变形的逐步发展，使前缘滑体后缘支撑削弱甚至临空，前缘滑体后缘以后的坡体也产生变形失稳而出现新的滑动，从而导致前缘滑体首先滑动，之后斜坡体逐步向后向上发展，依次变形滑动，贯通为大型滑坡体；对应的牵引式滑坡分为牵引区和被牵引区（可以有多个）。最终，由牵引区首先变形滑动，被牵引①、②、③区依次出现分期变形破坏模式；或者被牵引①、②、③区作为一个整体产生变形滑动，贯通为大型滑坡体。最终，形成受前缘渐变式牵引变形控制——中后部逐步变形失稳的变形破坏模式，即牵引式滑坡变形破坏模式（图 3.2-1）。

（2）推移式滑坡变形破坏模式。滑坡后缘危岩体常年崩塌及人类活动（采煤、修建房屋等）导致后缘大量堆载，后缘张开裂缝发育，后缘滑体荷载不断积累，岩土体在斜坡上的下滑力逐渐达到并超过其抗滑力，引起后部失稳始滑而推动前部滑动，后缘变形滑体朝滑坡中部压缩变形，是一个逐渐加载的过程，产生鼓胀裂缝；对应的把推移式滑坡分为两个区即推移区（初始变形区）和被推移区（图 3.2-2）。

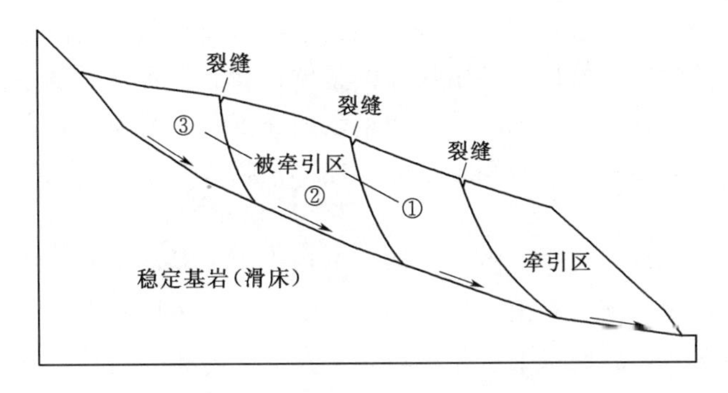

图 3.2-1　牵引式滑坡变形破坏模式

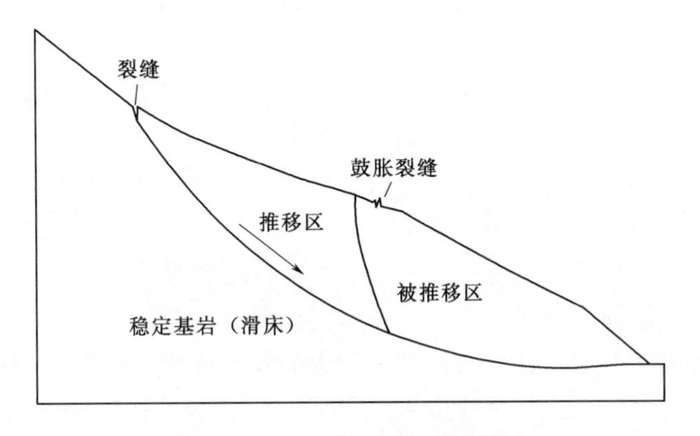

图 3.2-2　推移式滑坡破坏模式

4. 冰水堆积物

青藏高原东南缘滇西北、川西地处我国第一个地形梯带。由于印度板块向欧亚板块的俯冲，青藏高原自南向北、自西向东逐渐抬升。中更新世晚期高原曾经一次强烈的隆升，使高原面升达平均 3000m 的海拔高度，而后继续抬升。受青藏高原快速隆升的影响，在青藏高原东边缘地带形成一系列高山，遭受澜沧江、怒江、金沙江、大渡河、岷江等强烈的快速下切，形成地形陡峻的高山峡谷地貌景观。第四纪期间，受全球性气候冷暖变化的影响，使上述海拔较高的山脉遭受多次冰川作用。国内外不少学者的研究表明，中更新世以来，中国西南高山地区至少发生过大规模的冰川作用。冰川堆积物冰碛物、冰水堆积物广泛地分布于山岳山麓地带和沟谷之中。

西部山区冰川堆积物边坡的破坏形式主要有滑坡、崩塌滑塌、坡面冲蚀和泥石流，多种破坏形式往往相伴出现。冰川堆积物边坡破坏类型通常与坡体物质组成、结构特征、形成时代、自然演化、气候条件及人类工程活动等多种影响因素有关，其中物质组成和结构特征起到控制性作用，胶结作用良好的冰碛冰水砾岩边坡具有较好的稳定性，相比之下，胶结程度较差的泥沙类冰川堆积物发生破坏的实例较多。

3.2.2　岩质滑坡

1. 顺层滑移式

顺层岩质滑坡是一类沿着层面或追踪层面发生滑移运动的岩质滑坡。顺层岩质滑坡尤其是大型顺层岩质滑坡其滑带往往由软弱夹层构成，这类顺层岩质滑坡具有如下特点。

（1）软弱夹层的性状直接决定着滑坡体的整体性状。工程地质学中把岩层中具有一定厚度的软弱介质的结构面称为软弱夹层。所谓软弱夹层，一方面是软弱体现了该介质力学性状比较薄弱；另一方面夹层也说明了坡体其他部位物理力学性状相对较完整，反映了硬岩夹软岩的地质结构。

（2）顺层滑坡发育具有区域性群发特征。沉积岩中最易产生顺层滑坡。沉积岩在沉积成岩的过程中存在沉积间断或是由于沉积相的改变，会产生层面或是软弱岩体夹层。后期构造运动作用产生褶皱，会使层面或是软弱夹层发生层间相对错动，降低了软弱岩体的完整性。在后期地下水的改造作用下，软弱夹层物理力学性质进一步弱化，催生了顺层滑坡的发生。受地层岩性与区域地质构造作用控制，在同一区域极易出现同一类型顺层滑坡，显现出群发特性。

（3）蠕变与渐进破坏特性。由于顺层滑坡的性质受软弱夹层所控制，其顺层滑坡也体现出了明显蠕变特性。开展软弱夹层的蠕变试验研究是顺层滑坡动力学研究的重要内容。此外由于软弱夹层的存在，岩质滑坡也通常会体现出渐进破坏特性。正是滑坡渐进破坏这一特性，为滑坡失稳预测提供了更多依据。

常见的顺层岩质滑坡是一类变形由滑坡后缘向前端逐渐递进的层面平直型顺层滑移岩质滑坡。主要发育于层面为中倾—陡倾的中厚层至厚层状灰岩、砂岩斜坡中。这类型式滑坡主要由于滑坡后缘在长期张拉应力以及地下水的侵蚀或溶蚀作用下，滑坡后缘产生深大张拉裂缝。地表水通过后缘张拉裂缝进入滑带后，后部滑带性质较前端滑带性质先弱化，并逐渐由后部向前端贯通。具有后部滑体向前端滑移挤压，前端锁固的特点。

顺层滑移岩质滑坡从变形发展至破坏时，空间上存在 3 种形态：蠕滑段、过渡段、剪切段。剪切段是滑带蠕滑阶段发展的最终状态，而过渡段则是介于前两者之间的一种滑带形态。那么对于前进式顺层岩质滑坡，滑坡破坏前其滑带空间上表现为后段为剪切段，中间过渡段，前端为蠕滑段（表现为前端锁固）。

顺层滑移岩质滑坡演化发展阶段可分为以下 3 个阶段：

1）在张拉应力以及地表水共同作用下形成张拉裂缝，裂缝自坡面向深部发展直至切割下伏软弱夹层，张拉裂缝发展为滑坡的后缘边界［图 3.2－3（a）］。

2）地下水进入滑带后使得涉水部分滑带性质弱化，强度降低。随着滑坡演化的推进，滑带弱化区也逐渐向前端扩展［图 3.2－3（b）］。

3）随着弱化区的扩展，滑坡锁固段长度也相应减小，当弱化区扩展到一定的长度，滑坡的抗滑力不足以抵抗滑坡的下滑力时，锁固段被剪出，滑坡沿着贯穿的滑面下滑［图 3.2－3（c）］。

2. 溃屈型岩质滑坡

基岩溃屈破坏是王兰生，张倬元在 20 世纪 70 年代所提出的“斜坡岩土体破坏形成演化力学机制模式”的一种，并将溃屈破坏分为三个演化过程：①轻微弯曲——在斜坡坡脚处，岩层轻微隆起，形成层面小规模错动；②强烈弯曲—隆起——在上部岩层自重作用下，岩层弯曲程度增大，并在隆起段出现 X 形裂隙、层间出现空腔；③切出面贯通——在弯曲段发生折断，上部岩层沿层面滑出。无论在高山峡谷地区还是低边坡，只要满足溃

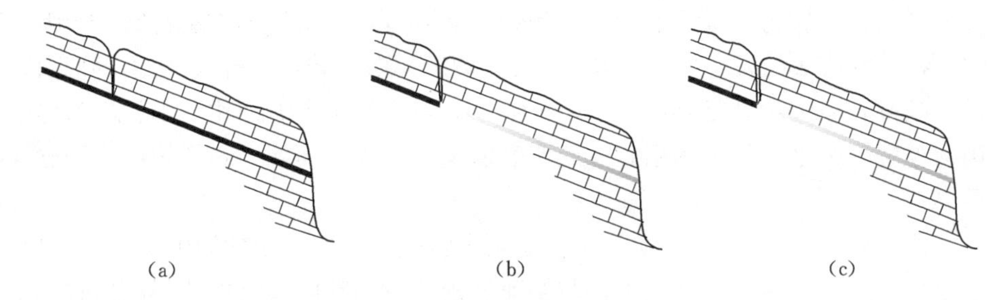

图3.2-3 顺层滑移岩质滑坡演化模式

屈条件，就有可能形成溃屈。溃屈的临界坡长与岩层单层厚度，弹性模量等有着密切关系；单层厚度越大，弹性模量越高，岩层发生溃屈的临界坡长就越大，所形成的溃屈规模也就越大。反之，临界坡长就小，所形成的溃屈规模就越小，例如板岩溃屈临界长度可能小于5m。但无论是大型溃屈还是小型溃屈，其形成机制和演化过程都是一样的。岩层在自重作用下，斜坡底部出现应力集中，随着时间推移下坡底部应力集中越明显，应力差逐渐增大，底部岩体隆起变形，弯曲部位岩层内部出现空腔，各岩层之间也发生错动，斜坡内部向外，岩层层间错动依次增大。随着下部岩层变形能量的积累，底部岩层弯曲程度进一步增加，空腔也进一步增大，弯曲岩层层数增加，外部岩层弯曲部位发生破裂，岩体松动，出现掉块现象，内部局部架空。当岩体发生的变形量超过其所能承受的最大变形时，岩层便会沿溃屈点折断，与滑移面贯通，整个岩层剪出，形成溃屈滑坡。

溃屈型滑坡形成演变过程可分为四个阶段：

(1) 轻微滑移弯曲隆起阶段。在早期河流下切、顺层河谷边坡逐渐形成过程中，由于原岩应力的释放，坡体应力重新调整，并在坡体表部一定范围形成强烈卸荷带。在重力和其他荷载作用下，在坡脚出现应力集中，应力差增大，坡脚上部岩层发生轻微弯曲隆起变形，局部出现微弱的架空现象，特别是坡体中间软弱带发育部位，成为控制该滑坡形成的潜在滑移面，但尚未形成连续的剪裂缝。

(2) 强烈弯曲、隆起阶段。随着变形能的积累，岩层弯曲程度进一步增大，浅表部岩层发生明显的层间差异错动，后缘拉裂，并在局部地段形成拉裂陷落带。弯曲段岩层间出现较大空腔层面错动幅度也逐渐增大，弯曲段岩层由于变形较大，出现张裂缝，岩体松动、局部出现崩塌，重力和其他荷载作用及河流的冲蚀搬运也促进了这一过程的发展。

(3) 碎裂、散体化阶段。随着弯曲部位岩层进一步破坏，层间错动位移增大，滑移段岩层对弯曲段压性破坏愈强烈，在弯曲段出现岩块错位，压碎，呈现出高度碎裂—离散化过程。

(4) 破坏阶段。上述变形破坏发展，当切出面贯通后，即当其发展至整个底滑面的抗剪强度不足以承受上部岩体重力的下滑分量时，将发生整体失稳，形成滑坡。

3. 倾倒式岩质滑坡

反向层状岩体斜坡是指边坡内的优势结构面与边坡具有相反的倾向，边坡的走向与岩层的走向一致的层状岩质斜坡。层状岩体的绝对优势结构面（层面、片理面）大多属于物质的分异面，平行于优势结构面的岩体其组成基本相同，垂直于优势结构面的岩土组成软硬交替。所以反倾岩质斜坡的稳定性主要受控于反倾结构面的发育程度、岩层倾角与坡角的关系、岩层的厚度软弱结构面的强度。反倾层状岩质斜坡受到岩体的自重，当河流下切或者边坡开挖，其浅表层发生倾倒破坏，其表现为陡倾的岩体由于自重作用下弯曲，岩层之间错动。倾倒岩体底部可能有明显的破碎地带且随着倾倒变形变化，因此底部界限很难确定，国内外文献中也有很多倾倒破坏的研究内容，一般按倾倒方式把倾倒变形破坏分为如下几种类型：

（1）弯曲倾倒。如图3.2-4所示，弯曲倾倒为柔性破坏，在软岩中比较多，如板岩、泥岩、千枚岩，通常岩层的厚度较小，结构面比较单一，反倾岩质边坡一般比较稳定，变形破坏发展缓慢，一旦破坏会造成很严重的破坏。陡倾板状岩体顶部被拉裂；陡倾岩体顶部拉裂，形成于平行于斜坡走向的陡坎，而坡体底部因滑移或者河流的淘蚀、冲刷，岩体最终超过抗剪强度极限值而破坏。

（2）块状倾倒。如图3.2-5所示，块状倾倒通常为脆性破坏，一般在硬质岩层中比较多，比如石灰岩、砂岩、柱状节理的岩浆岩，通常单一岩层厚度比较大，由于各种内外営力的作用下，陡倾的岩体被各种复杂的结构面切割，由于切割的不均匀，并且切割深度的不同，发生各种各样的破坏，相对于弯曲倾倒破坏，岩块式倾倒破坏更容易被发现。

（3）块状—弯曲倾倒。如图3.2-6所示，多发生在软硬相间的层状岩体，在砂岩与泥板岩互层、薄层的石灰岩中，软硬相间的层状岩体在水平构造应力和垂直的构造应力作用下层间错动。这种弯曲倾倒是由于板岩的各个方向的节理发育不是很完全，该类型的混合倾倒破坏会发生，陡倾的斜坡坡脚和坡顶会有很多的剪切裂缝，后缘有很多的张拉缝。

（4）次生倾倒破坏。次生倾倒破坏往往伴随着其他破坏模式的发生，其倾倒破坏模式包括滑移—坡顶倾倒、滑移—基底倾倒、滑移—坡脚倾倒、塑流—倾倒、拉张—倾倒。

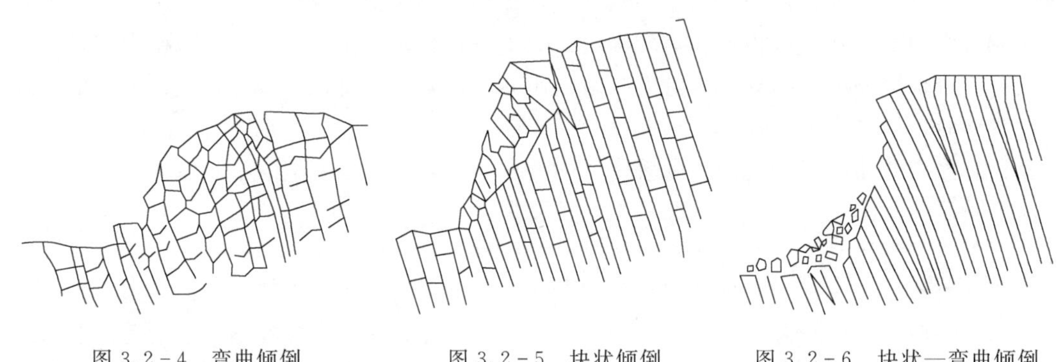

图3.2-4 弯曲倾倒　　图3.2-5 块状倾倒　　图3.2-6 块状—弯曲倾倒

3.2.3 重大滑坡统计

西南地区部分重大滑坡统计见表3.2-1。

表3.2-1　西南地区部分重大滑坡统计表

滑坡名称	岸坡结构类型	滑坡类型	体积/万 m^3	形成机制	位置
金厂坝滑坡	逆向坡	堆积层滑坡	2180	牵引式	雅砻江官地水电站
冯家坪滑坡	顺向坡	堆积层滑坡	2606.1	滑移—拉裂	金沙江溪洛渡水电站
龙爪坪滑坡	顺向近水平	堆积层滑坡	1200	牵引式	岷江十里铺水电站

续表

滑坡名称	岸坡结构类型	滑坡类型	体积/万 m^3	形成机制	位置
野猪塘滑坡	顺向坡	堆积层滑坡	130	推移式	四川汉源
乱石岗滑坡	顺向坡	岩质滑坡	—	滑移—拉裂	四川汉源
唐古栋滑坡	逆向坡	岩质滑坡	9260	滑移—拉裂、崩塌	雅砻江楞古水电站
夏日变形体	逆向坡	岩质滑坡	4900	蠕滑—拉裂	雅砻江楞古水电站
林达滑坡	逆向坡	岩质滑坡	3390	弯曲倾倒	雅砻江乐安水电站
水文站滑坡	顺向陡倾	岩质滑坡	1600	弯曲倾倒—拉裂	雅砻江锦屏一级水电站
麻日滑坡	逆向坡	岩质滑坡	3600	弯曲倾倒	雅砻江共科水电站
干海子滑坡	逆向坡	岩质滑坡	4760	滑移拉裂	金沙江溪洛渡水电站
石灰窑滑坡	顺向坡	岩质滑坡	12500	顺层滑移	金沙江溪洛渡水电站
易子村滑坡	横向坡	岩质滑坡	22780	滑移—弯曲	金沙江溪洛渡水电站
甘田坝滑坡	顺向坡	岩质滑坡	27300	滑移—压致拉裂	金沙江溪洛渡水电站
付家坪子滑坡	顺向坡	岩质滑坡	2396.8	滑移—弯曲	金沙江溪洛渡水电站
黄草坪滑坡	顺向近水平	岩质滑坡	150	卸荷拉裂	大渡河大岗山水电站
大奔流滑坡	顺向坡	岩质滑坡	10	溃屈	雅砻江锦屏一级水电站

3.3　典型类型滑坡特征

3.3.1　野猪塘滑坡

3.3.1.1　滑坡体形态特征

野猪塘滑坡位于四川省汉源县城西侧，龙潭沟与江家沟之间（图 3.3-1），滑坡区为单斜顺向坡。斜坡总体倾向 N70°E，坡度 10°～25°，局部为陡坡或陡崖。区内发育三条冲沟——江家沟、陈家沟、龙潭沟，其中江家沟长约 1km，总体流向 N67°E，该沟为干沟，仅雨季有暂时性流水，沟底零星基岩出露，于环卫所右侧与原龙潭沟交汇；陈家沟长约 2km，总体流向从 S10°E，汇水面积约 0.72km^2，高程 1165m 以上沟底大多为基岩出露，于顶宏汽修厂北侧与龙潭沟交汇，该沟为季节性流水沟，雨季洪水较大；龙潭沟长约 5km，总体流向从 S40°～50°E，汇水面积约 15.2km^2，汇入流沙河，该沟为常年流水沟，切割深度约 20m 左右。在市政工程施工中，将龙潭沟改为暗涵后，大量的人工杂填土已经将沟床填平，方量约 40 万 m^3。

滑坡区总体上地形较缓，滑坡后缘坡体地形坡度为 15°～20°，滑坡体地形坡度 10°～15°。滑坡体及周边斜坡均为人工改地后形成大小不一的条带状平台，台坎高度一般 1～2m。斜坡体上在高程 1167.00～1220.00m 之间分布很多大小不一的水池、水窖；在高程 1162.00～1203.00m 之间分布 20 余户民房。

3.3.1.2　滑坡物质组成及结构特征

1. 基岩

滑坡区及附近出露基岩地层为奥陶系下统红石崖组（O_1h），岩性以细砂岩为主，夹

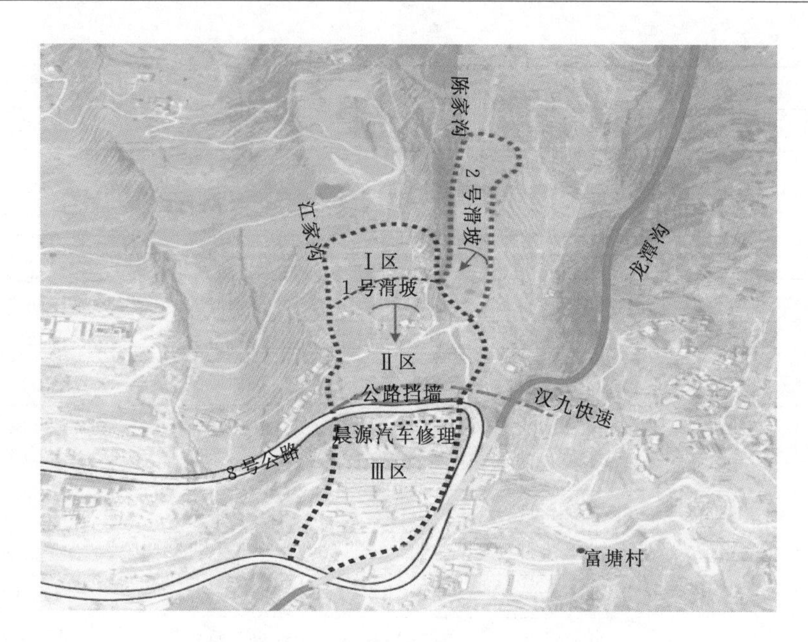

图 3.3-1　野猪塘滑坡平面位置示意图

薄层状泥质粉砂岩、粉砂质黏土岩及页岩，产状总体为：N20°～40°E/SE∠20°～23°。在距工程区以北150m的龙潭沟左岸分布昔格达组（N_2x）半成岩的薄层状泥质粉细砂岩夹泥岩，层理清晰，产状近于水平。

2. *覆盖层*

区内分布的覆盖层成因复杂，主要有洪积堆积、地滑堆积、坡残积堆积、人工堆积等，按物质组成分为6层，各土层物质组成、结构特征由老至新描述如下：

（1）含孤块碎砾石土层（Q_3^{pl}）。为晚更新世洪积堆积，颜色以灰黄色、褐黄色、褐红色为主，少量灰绿色，块碎石成分以灰白色、灰色、紫红色砂岩为主，少量紫红色花岗岩，呈棱角状、次棱状，个别次圆状，块碎石含量大于80%，土的含量很少，结构密实。主要分布于原陈家沟的沟底及右侧坡体上，高程1084.00～1126.00m，厚约24m（图3.3-2）。

（2）含孤块碎砾石土层（Q_4^{del}）。为晚更新世洪积堆积受龙潭沟切割产生的滑坡堆积，物质组成与①层基本一致，经滑坡改造后，结构相对较松散，常见擦痕、蠕动、挤压等变形迹象，厚约15～25m。主要分布于滑坡体中下部（图3.3-3）。

图 3.3-2　①层岩芯

图 3.3-3　②层岩芯

（3）含块碎砾石粉质黏土层（Q_4^{del}）。为滑坡堆积，其物源为昔格达地层经龙潭沟洪水搬运堆积而成，颜色较杂，主要有灰黄色、浅灰色、浅紫红色等，碎砾石成分以粉质黏土岩、粉砂岩为主，个别玄武岩、辉绿岩。该层厚5～14m，经滑坡改造后，结构松散，层内常见短小、零乱的擦痕。主要分布于滑坡前缘（图3.3-4）。

（4）含孤块碎砾石土层（Q^{dl+el}）。为坡残积褐黄色含孤块碎砾石土层，块碎石成分为砂岩，约占80%，粒径多为1～25cm，个别孤石可达1～2m，占45%～60%，结构较密实，厚约1～5m。主要分布滑坡外围斜坡地带（图3.3-5）。

图3.3-4　③层岩芯

图3.3-5　④层岩芯

（5）含块碎石黏土层（Q_4^{del}）。为滑坡堆积，其物源为现代坡洪积褐黄色、褐红色、黄色含块碎石黏土层，块碎石成分为砂岩，粒径5～20cm，个别可达1～2m，约占40%～50%，其余为粉质黏土。该层厚7～18m，经滑坡改造后，结构松散，层内常见擦痕、镜面等蠕动挤压等变形迹象。该层粉质黏土含量相对较高（图3.3-6）。

（6）人工杂填土层（Q^r）。市政工程建设开挖的块碎石、块碎石土以及建筑废弃物等人工填筑而成，结构松散，物质组成复杂，主要分布在汽修厂至汉源环卫所斜坡和龙潭沟沟床一带，一般厚度3～15m，沟床部位最大厚度可达24m左右。填筑方量约40万m^3（图3.3-7）。

图3.3-6　⑤层岩芯

图3.3-7　人工填土

滑动面（带）滑坡主要由②层含孤块碎砾石土、③层含块碎砾石粉质黏土、⑤层含块碎石黏土层构成，老滑动面（带）深度为8～39m，主要由含碎砾石粉质黏土组成，厚度为 0.15～0.2m，复活区滑动面（带）深度为 7～18m 主要由含砾粉质黏土组成，厚度为 0.1～0.15m。

3.3.1.3 滑坡体变形破坏特征

工程区位于汉源（野猪塘）向斜西翼，汉源—昭觉断裂以西约 2km，金坪断裂以东约 1km，宏观上属典型的单斜构造区。汉源（野猪塘）向斜西起硝洞子，东至上指大地，轴向近 EW 向，长约 3km，轴部宽缓，为向北东倾伏的向斜，倾伏角 20°。

经现场地质测绘，区内未见有较大的断层和强烈褶皱发育，地层顺坡向缓倾坡外，产状总体为 N20°～40°E/SE∠20°～23°。主要结构面有以下 3 组：①N20°～40°E/SE∠20°～23°，该组为层面；②N20°～60°W/SW∠75°～85°，该组裂隙延伸长度一般为 2～8m，间距 0.5～1.5m，多受层面限制，裂面平直粗糙、锈染，浅表部位部分裂面张开 0.5～1.5cm，充填少量岩屑及次生泥；③N50°～75°E/SE∠70°～80°，延伸较长，一般为 3～10m，间距 1.0～2.0m，裂面平直粗糙，锈染，浅表部分裂隙张开 0.2～1cm，充填少量岩屑及次生泥。

工程区岩体中沿黏土（页）岩发育有层间错动带，微新岩体中不明显，在风化卸荷改造下，常以全—强风化软弱夹层的形式出现，一般厚度在数厘米至数十厘米不等，局部可达 1～2m，为黄绿色、褐黄色泥夹碎屑型夹层，密实、硬塑，碎屑粒径 0.5～1.5cm。

岩体风化卸荷受地形、岩性、构造控制，风化程度具明显的区段性和差异性，泥质粉砂岩、粉砂质黏土岩及页岩抗风化能力弱，具夹层式风化特征。据野外调查及勘探揭示，强卸荷深度 10～26m，强风化深度一般为 3～10m，局部可达 19m；弱卸荷、中等风化深度一般为 25～35m。

滑坡位于江家沟、陈家沟、龙潭沟之间，顺坡长 450～570m，宽 180～200m，分布高程 1092.00～1213.00m，厚 8～39m，总体积 130 万 m^3。据民访和现场地质调查，该滑坡多年来一直处于缓慢的蠕滑变形状态，近年来受人类工程活动和暴雨影响，特别是受 2014 年雨季连续降雨和 8 月 4 日局地强降雨（日降雨量 105mm）影响，坡体变形加剧，坡面出现大量拉裂缝、房屋开裂、路面产生鼓胀破坏。

3.3.1.4 滑坡体稳定性特征

根据访问资料、地震情况、暴雨情况、前缘高程、滑坡坡面现状 5 个因素对滑坡的现状进行评价，并根据地质调查对滑坡的稳定性进行预测。

（1）根据滑坡近年来的变化情况来看，滑坡未出现大面积复活的迹象，滑体上亦未见有贯通性好、连续性好的拉裂缝及鼓胀裂隙，仅仅在前缘岸边出现有小规模的溜滑现象。

（2）根据访问资料，滑体上普耳村昏沙组野猪塘村庄的建筑物均未出现滑动、变形迹象。

（3）根据暴雨发生的情况分析，在暴雨季节，1981 年 7 月 15 日，日降雨量达 59.9mm，最大的 10 分钟内降雨 15.1mm，造成了大量的灾害，但滑坡整体未出现位移。

（4）根据区域地震资料分析，地震工况是出现过的，1943 年和 1976 年两次大地震，近期木里—盐源地震带最大一次为 1976 年 11 月 7 日盐源的 6.7 级地震，因距离工程区较远，震中烈度不到Ⅴ度。理塘地震带近期最大一次为1948年5月25日理塘7.3级地震，震中烈度为Ⅹ度，据访问也没有出现大的变形。

（5）该滑坡前缘坡度较大，前缘可能出现变形。

综上所述，野猪塘滑坡在天然状态下基本稳定的，前缘局部存在滑塌现象。如果选择下坝址方案，水库蓄水以后，滑坡体只有近1/4被库水淹没，由于库水的影响仍然存在滑坡重新复活的可能性，但不会出现整体高速下滑。

3.3.1.5　滑坡岩土体物理力学参数

滑坡区各土体力学指标见表3.3-1，岩体物理力学指标见表3.3-2。

表3.3-1　　滑坡区各土体力学指标建议值

土层编号		饱和密度	天然密度	压缩模量	抗剪指标		稳定坡比（坡高 $H\leqslant 5$m）
					黏聚力	摩擦角	
		ρ_{sat} /(g/cm³)	ρ_d /(g/cm³)	E_S /MPa	c /kPa	φ /(°)	
①层		1.92	1.8	30～50	40～50	26～28	1∶1.5
②层		2.2	1.95	30～50	10～20	16～20	
③层		1.7	1.5	5～8	10～15	11～13	1∶2.0
④层		1.9	1.85	20～30	10～20	24～26	1∶1.75
⑤层		2.05	1.81	10～15	8～10	10～12	1∶2.5
野猪塘滑坡	滑带（复活区）	2.05	1.76	2～5	10（天然）6（饱和）	10（天然）8（饱和）	
	滑带土（老滑带）	2.05	1.76	5～8	20（天然）15（饱和）	13（天然）11（饱和）	

表3.3-2　　滑坡区岩体物理力学建议值

岩体状态	天然密度	允许承载力	变形模量	抗剪断强度		抗剪强度		稳定坡比（坡高 $H\leqslant 5$m）
				岩体/岩体		结构面		
	ρ /(g/cm³)	[R] /kPa	E_o /GPa	$\tan\varphi'$	c' /MPa	$\tan\varphi$	c /MPa	
中等风化细砂岩	2.50	1500～1600	1.0～3.0	0.55～0.65	0.30～0.50			1∶0.5～1∶0.7
中等风化粉砂质岩、黏土岩	2.4	500～600	0.1～0.5	0.4～0.45	0.5～0.08			1∶0.8～1∶1.0
层间软弱夹层（泥夹碎屑）						0.23～0.29	0.02～0.04	

3.3.2　金厂坝滑坡

3.3.2.1　滑坡体形态特征

金厂坝滑坡位于四川省凉山州盐源县巴折乡雅砻江右岸斜坡地带，斜坡地形上为一凸岸，斜坡近于SN走向。滑坡体距官地水电站坝址约17km，距巴折乡政府约4.5km，蓄水前河水位1235.00m，近于垂直雅砻江流向发育（图3.3-8）。

滑坡体总体坡度在10°～66°，平均坡度35°左右。现场调查表明，在滑坡体地表可见两级较为明显的平台分布。第一级平台分布于1500.00～1540.00m，宽80～150m，坡度15°～20°，平台以下谷坡为滑坡体下滑后胶结形成的钙化物，谷坡坡度37°～66°，第二级平台分布于1750.00～1780.00m，宽70～120m，坡度10°～20°，平台以下为滑坡体堆积形成的覆盖层边坡，坡度25°～36°。

滑坡区上游侧发育有1号冲沟，沟走向均近垂直于坡面方向，沟长约900m，发育高程1235.00～1800.00m，总体坡降35%～55%，最深切割深度约10m，冲沟上段多为灌木植被覆盖，无明显沟床，中段及前缘切割较浅，两侧无明显沟壁。在滑坡区下游侧发育的2号冲沟，沟长约1000m，总体坡降25%～40%，最深切割深度约15m，冲沟中上段多为灌木植被覆盖，多呈V形，切割相对较深而窄，且沟内多见有洪积的块碎石土堆积，前缘切割较浅。两条冲沟均由SW向流入雅砻江，为季节性冲沟，1号冲沟从滑坡后缘贯通到前缘剪出口。2号冲沟从滑坡后缘贯穿至雅砻江岸边，金厂坝滑坡下游边界总体依然以2号冲沟为界，但在1430.00～1600.00m下游边界不应以2号冲沟为界（图3.3-9）。

图3.3-8　金厂坝滑坡图

图3.3-9　金厂坝滑坡区域冲沟发育情况

金厂坝滑坡体形态不规则，表现为前缘较宽，中部稍窄，后缘则逐步收敛，从微地貌特征上看，金厂坝滑坡具有典型的圈椅地貌形态，后缘滑坡后壁、后缘滑坡洼地、两侧剪切带（已发育为冲沟）、中前部滑坡平台和前缘剪出口均较明显，高程1890.00～1920.00m可见清晰的滑坡后壁，后壁可见高度10～15m，坡度大于50°，在后壁下方可见滑坡洼地负地形分布，后缘陡壁两侧可见较为清晰的滑坡侧缘陡壁的分布（图3.3-10～图3.3-14）。

由此构成的金厂坝滑坡范围内，最大横向跨度约770m，最大垂向高度约685m，顺坡面最大长度1250m，滑坡体厚度38～119m，体积约2180万m^3，其中1500m平台以下钙化物方量约1180万m^3。滑坡体总体坡度在10°～66°，平均坡度35°左右。现场调查表明，

图 3.3-10　金厂坝滑坡上游侧边界特征

图 3.3-11　金厂坝滑坡下游侧边界特征

图 3.3-12　坡体后缘

图 3.3-13　滑坡体后缘陡壁

图 3.3-14　滑坡前缘地貌特征

在滑坡体地表 1500.00～1540.00m 和 1750.00～1780.00m 可见两级较为明显的平台分布，表明金厂坝滑坡体经历了两次较大的滑动，其中 1500.00m 以下地形较陡，平台以下谷坡为滑坡体下滑后胶结形成的钙化物，谷坡坡度 37°～66°。

3.3.2.2 物质组成及结构特征

金厂坝为特大型覆盖层滑坡，由两期滑动形成，据钻探资料反映，该滑坡滑动面埋深约38～119m，下覆基岩主要为二叠系下统平川组（P_1P）灰岩、二叠系上统玄武岩组（$P_2\beta$），而滑带上部主要为块碎石土堆积层和胶结的钙化物。变形区前缘发育于钙化物底部的软弱带，中后部主要发育于金厂坝滑坡的浅表。

金厂坝滑坡体前缘分布高程1235.00～1550.00m，位于1500.00～1550.00m平台以下，地形坡度总体较陡，最大坡度可达66°左右，勘探和地表调查揭示，滑坡体前缘主要由（块）碎石土及钙化物（溶塌角砾岩）组成，其中块碎石土主要分布于1500.00平台、下游侧8号、9号钻孔所处的斜坡以及在钙化物底部，不同区域的（块）碎石土具有不同的物质结构特征（图3.3-15、图3.3-16）。总的来看，位于1500.00m平台上的碎石土最大厚度16.4m，碎石粒径以3～8cm为主，含量大于40%，局部可见大孤石分布，块碎石成分以灰岩为主，结构总体较为松散，局部存在架空现象，推测该平台的碎石土是由滑坡体在第一次滑动过程中随钙化物一起下滑堆积形成；而分布于下游侧8号、9号钻孔的块碎石土，块碎石粒径相对较小，块石粒径多在20～30cm，含量约30%，碎石粒径以2～6cm为主，且块碎石土成分以玄武岩为主，厚度6.2～24.9m，与1550m平台的块碎石土物质成分有较大的差异，在水库蓄水后，该层块碎石土产生较大的变形，在1460m可见最大约2.5m左右的下错变形；位于钙化物底部的块碎石土，埋深66～119m，结构密实，块石含量多大于50%，且位于金厂坝滑坡第一次滑动形成的底滑面以下，推测该层块碎石土是在金厂坝滑坡体形成之前就堆积于此处的崩坡积物。而滑坡体前缘分布的钙化物，勘探揭示厚度为26～118.2m，以钙质胶结形成的溶塌角砾岩的形式出现，由早期高高程的钙化台物质产生滑移至此形成，钙化物强度较高，岩芯多呈柱状—长柱状，钙质胶结物中可见有灰岩角砾分布，水库蓄水后，钙化物也产生一定的变形，推测其变形是沿第一次下滑形成的底滑面产生整体变形，变形以扩容式的纵向解体裂缝为主。

图3.3-15 滑坡体前缘下游侧块碎石土物质组成

图3.3-16 滑坡体前缘钙化物物质结构特征

1. 滑坡中部物质结构特征

滑坡滑体中部位于高程1550～1750m范围内，高差约300m，平均地形坡度35°（图

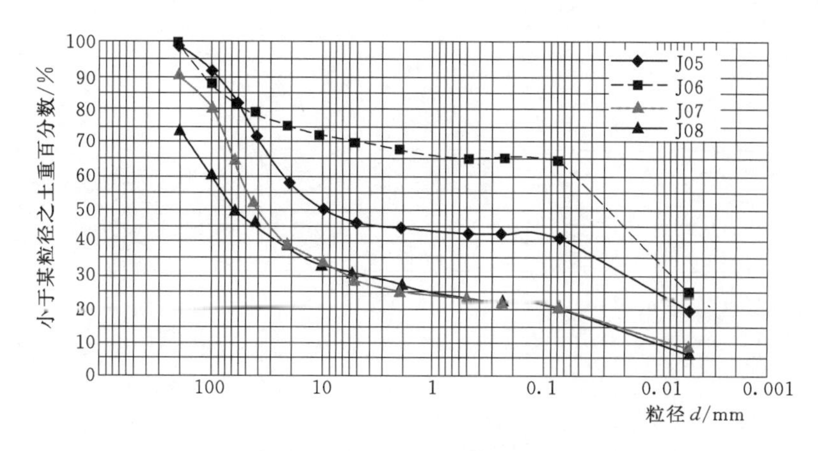

图 3.3-17 滑坡颗粒级配曲线

图 3.3-18 滑坡体中部地貌情况

图 3.3-19 中部下游侧残留的钙化物

3.3-17～图 3.3-20)。勘探揭示，滑体中部物质主要由碎石土、块碎石土以及钙化物（溶塌角砾岩）组成，碎石土主要分布于滑坡浅表一带，厚度 1.3～9m，物性成果表明，滑坡体中部分布的碎石土（J05-06）碎石含量（2～10cm）21%～44%，碎石粒径多小于 10cm，碎石成分以玄武岩为主，结构松散；而块碎石土是中部滑体的主要物质组成，勘探揭示厚度 35～69m，块石粒径多大于 20cm，最大粒径可达 65cm 左右，碎石粒径 3～8cm。物性成果表明（表 3.3-3)，块石含量 9.6%～26.1%，碎石含量 41%～56.5%，块碎石成分均以玄武岩颗粒为主；钙化物主要分布于块碎石土之下，在 ZK05 钻孔中揭示厚度为 10.8m，在 ZK04 钻孔中未揭穿，钙化物胶结程度高，角砾成分以灰岩为主。覆盖层以下基岩为二叠系上统玄武岩组（$P_2\beta$），二叠系下统平川组（P_1P）灰岩，其中在 4 号和 5 号钻孔中揭示的

图 3.3-20 滑坡体中部分布的块碎石土

表 3.3-3　官地水电站库区金厂坝滑坡中部物质物理性成果

土样编号	土样颜色	取土深度	天然状态土的物理性指标								比重	颗粒级配组成（颗粒粒径）/mm															不均匀系数	曲率系数
			湿密度	干密度	孔隙比	含水率	液限	塑限	塑性指限	分类																		
		h	ρ	ρ_d	e	W	W_L	W_p	I_p	—	G_s	>200	200~100	100~60	60~40	40~20	20~10	10~5	5~2	2~0.5	0.5~0.25	0.25~0.075	0.075~0.005	<0.005	<5	<0.075	C_u	C_c
		m	g/cm³	g/cm³	—	%	%	%	—	—	—	%	%	%	%	%	%	%	%	%	%	%	%	%	%	%	—	—
J01	褐红	1.0~2.0	2.20	2.00	0.241	10.0	52.5	26.5	26.0	CH	2.73	19.1	11.4	8.6	4.8	5.8	3.1	2.4	1.5	1.7	0.4	0.9	17.2	23.1	44.8	40.3		
J02	褐红	1.0~2.0	2.25	2.05	0.236	9.8	53.0	27.0	26.0	CH	2.78	19.0	12.2	12.6	5.8	5.0	2.3	1.3	1.2	1.1	0.3	0.6	17.0	21.6	41.8	38.6		
J03	褐红	0.5~1.5	1.97	1.69	0.401	16.8	56.0	40.0	16.0	MH	2.76	0	0	10.2	4.0	3.5	3.1	2.2	4.2	3.7	0.7	1.5	29.4	37.5	77.0	66.9		
J04	褐红	0.5~1.5	2.17	1.82	0.286	19.4	62.0	40.0	22.0	MH	2.79	0	0	14.4	7.4	4.5	2.1	2.3	2.1	1.5	0.3	1.1	28.3	36.0	69.3	64.3		
J05	褐红	0.3~1.2	2.28	2.01	0.228	13.3	58.0	39.0	19.0	MH	2.80	0	8.6	9.4	9.7	14.4	7.7	4.0	2.3	1.5	0.3	0.9	21.6	19.6	46.2	41.2		
J06	褐红	1.0~2.0	2.05	1.78	0.371	15.4	52.0	32.0	20.0	MH	2.81	0	13.0	5.9	2.6	3.9	2.3	2.0	1.9	2.5	0.7	1.8	38.3	25.1	70.3	63.4		
J07	褐黄	2.0~3.0	2.23	2.13	0.260	4.8	47.0	27.0	20.0	CL	2.81	9.6	10.3	16.0	12.4	12.1	5.7	3.6	3.4	3.5	1.0	2.0	14.3	6.1	30.3	20.4		
J08	褐黄	2.0~3.0	2.26	2.15	0.230	5.2	48.0	26.0	22.0	CL	2.78	26.1	14.0	10.4	4.3	7.0	5.3	4.9	2.8	2.5	0.8	1.7	11.8	8.4	28.0	20.2		

基岩为平川组灰岩，而在6号钻孔中揭示的基岩为玄武岩，推测玄武岩与灰岩的分界应在5号钻孔以上。

总的来看，滑体中部物质组成具有如下的特点：①从物质组成来看，滑坡体中部物质组成以碎石土、块碎石土以及钙化物为主，碎石土主要分布于浅表，厚度不大，块碎石成分均以玄武岩为主，而在4号、5号钻孔揭示的基岩均为灰岩，表明中部分布的块碎石土物质来源应来自于后缘分布的玄武岩，而如此厚度的块碎石土来源于崩坡积的可能性较小，而来自于滑坡滑动的可能性较大，中部滑体的物质组成也证明了金厂坝的块碎石土为滑坡形成的观点；②在块碎石土内部，还分布有0.5～1.5m厚的砾石土，砾石粒径多小于2cm，虽在砾石土中未见有压密土的特征，但其颗粒较细，也多为次棱角状，但也表明金厂坝滑坡体下滑过程中在不同位置存在磨蚀现象。

官地水电站蓄水后，由于滑坡体前缘出现变形扩容，造成中部浅表一带也出现拉张裂缝及垮塌，2012年2月变形最后缘高程为1680m，而2012年汛期后，变形最后缘高程为1740m表明滑坡体中部变形在降雨等因素的作用下可能向滑坡体后部进一步延伸。

2. 滑坡后缘物质结构特征

滑坡体后缘位于1750.00m平台以上，高程至1920.00m范围，地形坡度25°～30°左右，根据现场勘探揭示，滑坡体后缘主要由（块）碎石土组成，根据附近的钻孔揭示，块碎石土厚度大于25m，块碎石成分为玄武岩，土体物性试验成果表明，滑坡体后缘物质块石含量约19%（>200mm），碎石含量20.8%～37.9%，结构较密实，根据外围的7号钻孔揭示，孔深27.4m处为基覆界线，基覆界线以上都为（块）碎石土，下覆基岩为二叠系上统玄武岩组（$P_2\beta$）玄武岩（图3.3-21～图3.3-23）。

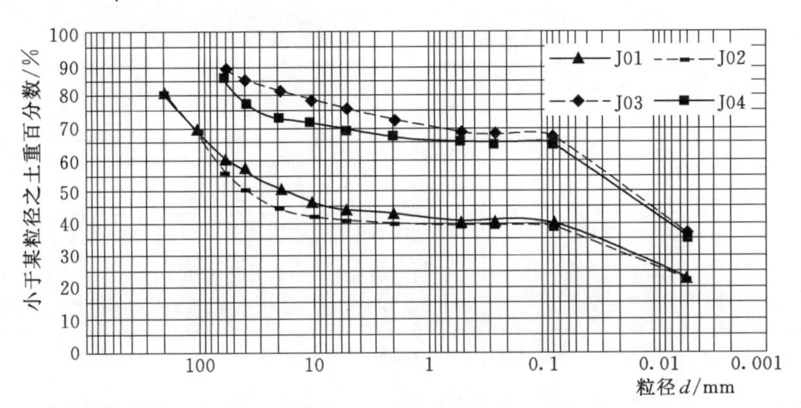

图3.3-21　滑坡颗粒级配曲线

滑坡土是在滑坡的发生和发展过程中在一定部位特定条件下遭受挤压、剪切、搓揉、研磨所形成的，是滑坡体的重要组成部分。滑带物质由于受力的特殊性和形成过程中的复杂地质作用，使得其组构特征和物理力学性质与滑坡体中其他部位的岩土体存在较大的差别，因此需要对滑带物质进行研究。

金厂坝滑坡分布有1500.00～1540.00m和1750.00～1780.00m两处平台，一般崩坡积堆积层不会出现如此宽大平台的地形，可认为滑坡体经历了两次主要的滑动，钻孔勘探也揭示有两层主要的滑带土物质。

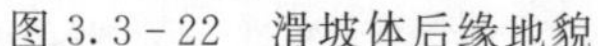

图 3.3-22　滑坡体后缘地貌

图 3.3-23　滑坡体后缘的物质组成

(1) 第一次滑动（形成 1500m 平台）滑带土。金厂坝滑坡体前缘堆积的钙化物，可认为是金厂坝滑坡第一次滑动堆积形成，在 1 号、2 号、3 号钻孔的钙化物底部与块碎石土的接触面，以及 ZK05 钻孔基覆界面附近（表 3.3-4），均可见有压密的砾石土分布，砾石土厚度多在 0.4～0.8m，以灰白色为主，有滑腻感，砾石多为次圆状，成分主要为灰岩，滑带土物性试验成果表明（表 3.3-5），滑带土总体以细粒物质为主，其中 20～40mm 含量 8.7%～14.5%，10～20mm 含量 7.9%～19.3%，5～10mm 含量 6.0%～16.1%，小于 5mm 颗粒含量 50.1%～69%，黏粒含量 11.8%～49.1%，性状相对较差，挤压紧密，多见有擦痕的分布，擦痕倾角 25°～55°，斜角 40°垂直，滑面擦痕倾角与斜角的差异充分说明金厂坝滑坡滑带为一不规则的滑带（图 3.3-24～图 3.3-26）。

表 3.3-4　　第一次滑动（形成 1500.00m 平台）滑带土特性表

钻孔编号	基覆界线	钙化物底界 /m	滑带土位置 /m	地质描述
ZK01	130	119	118.2～119	褐色砾石土，砾石多小于 0.5cm，挤压紧密，可见轻微擦痕，擦痕倾角 25°，斜角近垂直
ZK02	122.5	93.8	92.4～92.8	褐色砾石土，砾石多小于 0.5cm，挤压紧密，可见有擦痕分布
ZK03	81.55	67.0	66.0～66.5	灰绿色砾石土，砾石粒径多小于 2cm，土为粉质黏土，土石比约 6：4 挤压紧密，擦痕明显，擦痕倾角约 55°，斜角约 40°
ZK05	75.1	75.1	73～73.5	灰白色砾石土，砾石多小于 0.5cm，挤压紧密，擦痕分布明显，擦痕倾角 40°，斜角近 50°

(2) 第二次滑动（形成 1750m 平台）滑带土。金厂坝滑坡属于松散堆积层中的滑坡，滑坡上堆积物与玄武岩或钙化物（溶塌角砾岩）接触面附近为潜在软弱带，在 6 号钻孔基覆界面附近以及 4 号钻孔钙化物顶面附近均揭示有压密的砾石土存在（表 3.3-6），砾石土多呈黄褐色—灰白色，厚 0.5～1.2m，有滑腻感，砾石多为次棱角状，成分主要为玄武岩为主（图 3.3-27、图 3.3-28）。滑带土物性试验成果表明，滑带土总体以细粒物质为主，其中20～40mm 含量 8.7%～29.1%，10～20mm 含量 13%～28%，5～10mm 含量 11.7%～14.5%，小于 5mm 颗粒含量 30%～58%，黏粒含量 13.2%～26%，性状相对较差，挤压紧密，多见有擦痕的分布，擦痕倾角 40°，斜角 60°。

表 3.3-5 官地水电站库区金厂坝滑坡滑带土物理性成果

土样编号	土样颜色	取土深度	天然状态土的物理性指标								比重	颗粒级配组成（颗粒粒径）/mm														
			湿密度	干密度	孔隙比	含水率	液限	塑限	塑性指限	分类																
		h	ρ	ρ_d	e	W	W_L	W_p	I_p	—	G_s	>200	200~100	100~60	60~40	40~20	20~10	10~5	5~2	2~0.5	0.5~0.25	0.25~0.075	0.075~0.005	<0.005	<5	<0.075
		m	g/cm³	g/cm³	—	%	%	%	—	—	—	%	%	%	%	%	%	%	%	%	%	%	%	%	%	%
ZKJ02-2	褐黄	92.0~93.0	2.15	1.82	0.256	18.4	43.5	26.0	17.5	CL	2.70					8.7	12.4	9.9	6.2	6.6	2.2	4.9	33.9	15.2	69.0	49.1
ZKJ03-2	褐黄	66.0~67.0	1.79	1.72	0.559	4.2	38.0	24.0	14.0	CL	2.79				8.1	8.9	7.9	6.0	6.1	9.0	3.2	6.2	33.4	11.2	69.1	44.6
ZKJ05-2	灰白	73.0~73.5	2.20	1.97	0.24	11.8	24.5	13.5	11.0	CL	2.74					14.5	19.3	16.1	17.9	10.8	3.0	6.6	8.6	3.2	50.1	11.8
ZKJ04	褐黄	36.0~37.0	2.19	1.82	0.251	18.5	43.0	21.0	22.0	CL	2.74				5.8	29.1	20.4	11.7	6.1	3.8	1.0	2.6	14.6	4.9	33.0	19.5
ZKJ05-1	灰白	58.9~59.9	2.08	1.92	0.308	8.3	29.5	18.0	11.5	CL	2.72				6.0	24.0	28.0	12.0	6.5	5.8	1.4	3.1	9.2	4.0	30.0	13.2
ZKJ06	灰白	37.7~38.3	2.23	1.98	0.260	12.5	42.0	20.0	22.0	CL	2.81				5.8	8.7	13.0	14.5	9.6	11.0	3.7	7.7	19.6	6.4	58.0	26.0

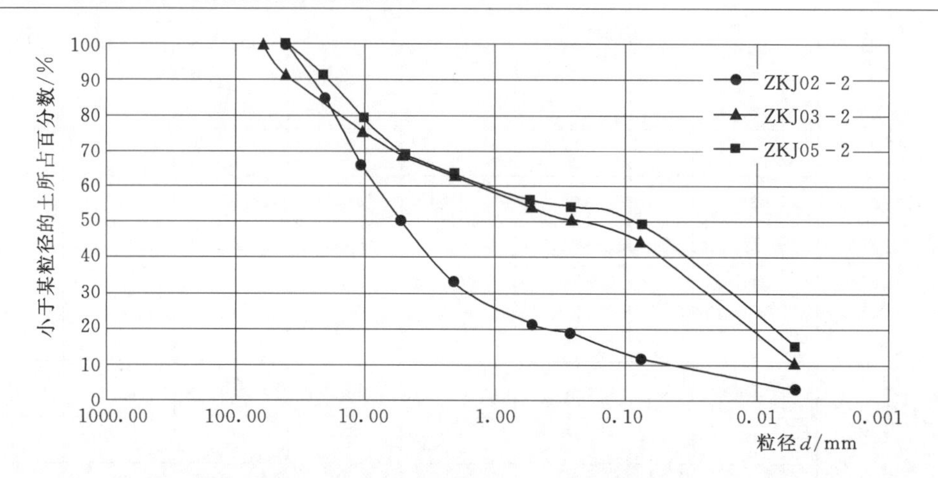

图 3.3-24 第一次滑动滑带土物性成果曲线图

图 3.3-25 3号钻孔揭示的灰绿色滑带土

图 3.3-26 1号钻孔揭示的滑带土

表 3.3-6 第二次滑动（形成 1750.00m 平台）滑带土特性表

钻孔编号	基覆界线/m	滑带土位置/m	地质描述
ZK04	未揭穿	40.3～41.5	灰黄色砾石土，砾石多小于 0.5cm，挤压紧密，擦痕分布明显，擦痕倾角 40°，斜角近 60°
ZK06	38.8	37.8～38.3	灰白色砾石土，擦痕明显，挤压紧密，擦痕倾角约 40°，斜角约 60°

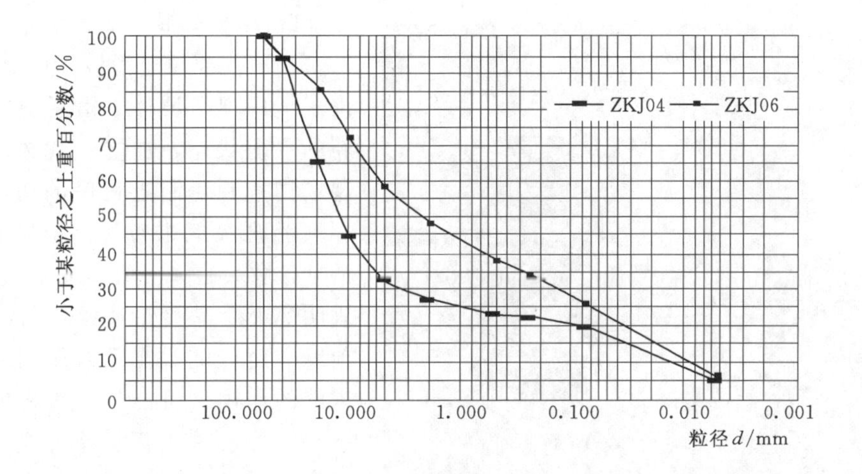

图3.3-27　第二次滑动滑带土物性成果曲线图

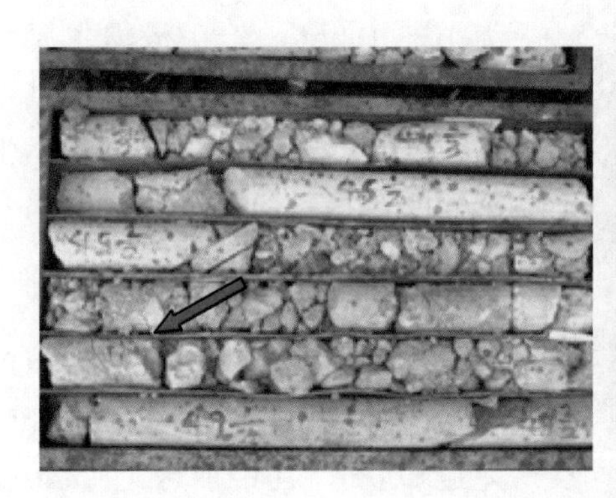

图3.3-28　6号钻孔揭示的灰白色滑带土

据现有的钻孔资料，揭示的两次滑动的滑带土的厚度不均，平均厚度0.2～0.8m，以压密的砾石土为主，滑面倾角与斜角的差异说明滑面是不规则的，但其大致趋势与滑坡地表近平行。滑带以下多见完整的柱状玄武岩、灰岩或较为密实的块碎石土的分布。

3.3.2.3　滑坡复活分区及变形特征

1. 滑坡工程地质分区

根据对金厂坝滑坡体的地表变形迹象调查，查明了整个滑坡体各个部位的变形情况和张拉裂缝分布范围。无论是从张拉裂缝的形态规模还是从变形迹象的成因性质来看，金厂坝滑坡体1740.00m以上的地表变形破坏特征，与变形区1740.00m以下的滑坡体变形破坏特征都存在着很大的区别，通过对滑坡整体表层可见裂缝调查与分布规律分析和对监测资料的统计情况的掌握情况，将金厂坝滑坡体分为两个大区即A区（蠕变区）和B区（蠕变—蠕滑区），B区又可根据变形模式和程度的差异分为B1～B5五个亚区，分区分别描述各区地表变形特征，金厂坝滑坡体工程地质分区示意图如图3.3-29所示。

图 3.3-29　金厂坝滑坡体工程地质分区示意图

2. A 区变形特征及分析

A 区主要位于滑坡体中后缘一带，由于金厂坝滑坡体下滑后势能已达到新的平衡状态，加之年代久远，据对现场调查和对附近村民的访问，在金厂坝滑坡 A 区未曾见过明显的下错和滑动迹象，也未见有拉张裂缝的分布，表明 A 区地表变形迹象较弱，但 A 区前缘坡度较陡，在重力作用或降雨等因素的作用下可能处于缓慢的蠕滑状态。此外，在 A 区后缘即金厂坝滑坡后缘陡壁附近可见有零星的垮塌现象，滑塌体长 10～15m，宽 2～10m，方量为 10～100m^3，产生滑塌主要滑坡后壁堆积的覆盖层由于坡度较陡，在降雨等因素的作用下沿接触面产生的小规模的滑塌，此类滑塌属于浅表的滑塌（图 3.3-30、图 3.3-31）。

3. B 区变形特征

B 区位于金厂坝滑坡体中部及前缘一带，分布高程 1235～1740m，高差近 500m，其中前缘近 95m 高程处于库水位以下，官地水电站 2012 年 2 月蓄水至 1282m 后，2 月 15 日，地表调查发现在 B 区前缘出现地表变形，变形以拉裂变形形成的张裂缝为主，随后在 2 月 21 日在 B 区中部和前缘局部地段出现垮塌，且变形最后缘达高程 1680m，随着汛期的到来，变形进一步向滑坡体后部延伸至高程 1740m。

图 3.3-30　A 区后缘的浅表滑塌

图 3.3-31　A 区后缘分布的浅表滑塌

根据现场调查，B 区总体变形迹象较为强烈，但在不同部位变形破坏模式及规模又有差异，因此，又可将B区分为5个亚区，各亚区变形特征分述如下：

(1) B1区（强变形解体区）地表变形特征。B1区位于B区上游，在2012年2月15日，B1区内开始出现拉张裂缝，拉张裂缝主要分布于高程1520m附近，裂缝张开2～5cm，此时，可认为B1区处于蠕滑变形阶段，随着时间的推移，拉裂缝宽度逐渐变宽，且分布高程逐渐向后缘延伸，处于加速变形阶段，至2月21日凌晨，B1区出现解体滑塌，滑塌物质顺坡而下，前缘已至库水位以下（图3.3-32）。根据对滑塌以后B1区地质调查，B1区呈条带状，宽45～113m，面积约3.3万m^2，估算滑塌方量约15万m^3。滑塌后缘高程约1550m，上游边界部分已至1号冲沟，下游边界以B3区钙化物的上游边界，在后缘高程1550m可见有1～3m高的后缘陡坎分布，在B1区下游边界可见有5～8m高的侧缘陡坎，侧缘陡坎刚好沿钙化物的上游边界分布。该区物质组成以块碎石土为主，块碎石成分为玄武岩，可认为B1区变形是在水库蓄水后对坡脚的应力分布产生改变，水位上升有效应力下降，抗滑力减弱，导致岸坡快速变形滑塌。

总的来看，B1区变形迹象非常明显，变形以浅表滑塌为主，滑塌物质已完全解体，结构松散，区内高程1550m后缘还存在有变形错台或陡壁，表明该区在降雨等因素作用下变形还可能向后进一步发展（图3.3-33）。

图3.3-32 B1区全貌照片

图3.3-33 B1区下游边界侧缘陡壁

(2) B2区（强变形解体区）地表变形特征。B2区位于B区中部，其变形与B1区较为类似，2012年2月15日，B2区内开始出现拉张裂缝，地表裂缝最高高程1610m左右，2月18日现场调查地表变形最高高程约1630m，2月20日查勘发现，变形后缘高程约1650m，表明B2区后缘在加速向后缘延伸，至2月21日凌晨，B2区在1650m出现解体滑塌，滑塌物质顺坡而下，物质直接堆砌于坡面。根据对滑塌以后B2区地质调查，B2区呈椭圆状，宽60～181m，面积约2.0万m^2，在B2区内分布有两处滑塌体，1号滑塌体前缘至1570m，后缘高程1650m，宽40～80m，面积约0.9万m^2，估算方量约5万m^3，滑塌体下滑后，在1611～1650m之间形成坡度约37°的陡坡，并造成1650m处原有居民住房的破坏。2号滑塌体位于1号滑塌体下游，两者之间间隔一小冲沟，后缘至1641m，前缘至1610m，面积约1500m^2，估算滑塌方量约5000m^3，其规模较小。

总的来看，B2 区变形迹象非常明显，变形以滑塌为主，区内共发现有 2 处滑塌体，滑塌物质已完全解体下滑。B2 区位于变形区中部，物质组成在浅表以碎石土为主，块碎石成分为玄武岩，分析其变形是由于第一次滑动滑坡体在库水位作用下沿底滑面产生变形，产生变形后，覆盖于之上的块碎石土必然会产生变形或垮塌（图 3.3-34），即可认为 B2 区的变形是其下覆的滑坡体产生变形在地表的响应。

图 3.3-34　B2 区出现的变形垮塌

（3）B3 区（强变形拉裂区）地表变形特征。B3 区位于 B 区下游侧，前缘位于库水位以下，后缘高程 1470m 左右，平面上呈圈椅状，面积约 5.6 万 m^2，方量约 200 万 m^3，2012 年 2 月 20 日地表变形现象不明显，可能处于蠕滑变形阶段，21 日开始出现明显变形裂缝，至 2 月 23 日已出现明显贯穿性的圈椅状裂缝，裂缝后缘高程约 1440m，前缘顺河长约 210m，裂缝拉开 40cm，垂直错距 40cm，可见深度大于 1.4m，坡体内部横张裂缝较多，变形迹象十分明显，而随后不久，在 B4 区前缘 1390m 处产生了局部滑塌，滑塌区域宽约 20～40m，面积约 1300m^2，方量约 1 万 m^3（图 3.3-35～图 3.3-37）。

1390m 产生滑塌后现场调查表明，B3 区地表变形主要表现为拉裂下错变形、前缘局部垮塌的变形破坏特征。在 B3 区内分布有大量的拉张裂缝分布，表 3.3-7 罗列出了 B3 区上分布的拉张裂缝的主要特征，图 3.3-37 则示意了拉张裂缝的分布情况。可见在 B3 区地表上面，拉裂缝在区内主要集中于后缘和中部分布，从裂缝延伸方向来看，在后缘主要分布有横向裂缝，而在中部则以纵向裂缝为主，后缘横向裂缝延伸长度较长，最长约 110m，普遍下错 5cm 以上，在 1470m 附近可见 2～4m 的下错，如此大的下错位移表明 B3 区整体经历了一次较大的变形。而中部分布的纵向裂缝表明，B3 区中部和前缘物质可能处于解体状态，而高程 1390m 处产生的滑塌也证明了该区中部和前缘可能已出现解体破坏的迹象。

图 3.3-35　高程 1470m 出现的错台

图 3.3-36　中部出现的纵向裂缝

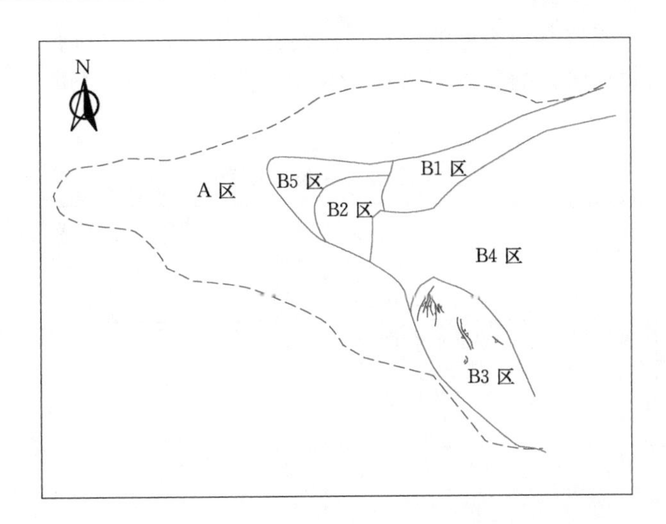

图 3.3-37　B3 区地表裂缝分布图

表 3.3-7　**B3 区主要裂缝一览表**

编号	位置	裂缝类型	走向及与主滑方向关系	延伸/m	张开/m	可见深度/m	可见程度
L9	后缘	拉裂	N40°W，斜交	110	0.3～1.0	2～3	较新鲜，下错 2～4m
L10	后缘	拉裂	N40°W，斜交	40	0.1～0.5	1～2	明显，较新鲜
L11	后缘	拉裂	N40°W，斜交	45	0.1～0.5	0.5～1	明显，较新鲜
L12	后缘	拉裂	N70°W，斜交	38	0.1～0.5	0.5	明显，较新鲜
L13	后缘	拉裂	N80°E 斜交	45	0.3～1.0	0.4	明显，较新鲜
L14	后缘	拉裂	N28°E，近平行	35	0.1～0.5	1～2	明显，较新鲜
L15	后缘	拉裂	N60°E，斜交	25	0.1～0.5	1～2	明显，较新鲜
L16	后缘	拉裂	N65°E，斜交	25	0.1～0.5	1～2	明显，较新鲜
L17	中部	拉裂	N25°E，近平行	15	0.3～0.5	2～3	明显，较新鲜
L18	中部	拉裂	N25°E，近平行	70	0.2～0.4	0.5～4	较新鲜，下错约 0.2m
L19	中部	拉裂	N25°E，近平行	75	0.2～0.4	0.2～2	较新鲜，下错约 0.2m
L20	中部	拉裂	N25°E，近平行	30	0.2～0.4	0.2～2	明显，较新鲜

（4）B4 区（强变形松动区）地表变形特征。B4 区位于 B 区前缘一带，前缘处于库水位以下，后缘位于 1570.00m 附近，区内物质以胶结尚好、强度较高的钙化物为主，总方量约 980 万 m^3。调查表明，在 B4 区内分布有大量的拉张裂缝分布，表 3.3-8 罗列出了 B4 区上分布的拉张裂缝的主要特征，图 3.3-38、图 3.3-39 则示意了拉张裂缝的分布情况。可见在 B4 区地表上面，拉裂缝在区内上中下游均有分布，尤其分布于 B4 区的上游侧和中部一带。裂缝在延伸方向上也存在着一定规律，即在 B4 区出现的裂缝以纵向裂缝为主，即裂缝走向与主滑方向近平行或小角度相交，纵向裂缝最长延伸达 200m，已基本贯穿 B4 区，且纵向裂缝均有向两侧下错的趋势，下错距离一般可达 0.2～1.0m 左右，横向裂缝主要分布于区内上游侧靠 B1 区侧，在后缘 1570.00m 附近由于浅表已被 B2 区滑塌

物质所覆盖，暂未发现有横向裂缝的分布；从裂缝性质来看，以拉张裂缝为主，未见有剪切裂缝的存在；从裂缝张开的新鲜面来看，裂缝多新鲜，且未有充填，说明裂缝形成时间较短。

表 3.3-8　　B4 区主要裂缝一览表

编号	位置	裂缝类型	走向及与主滑方向关系	延伸/m	张开/m	可见深度/m	可见程度
L1	上游	拉裂	N20°W，近于平行	71	0.5～1.5	2～3	明显，较新鲜
L2	上游	拉裂	N20°W，近于平行	70	0.1～1.0	1～2	明显，较新鲜
L3	上前缘	拉裂	N35°E，斜交	60	0.4～0.8	0.5～1	明显，较新鲜
L4	上前缘	拉裂	N45°E，斜交	28	<0.1	0.5	明显，较新鲜
L5	上前缘	拉裂	N70°E，近垂直	25	<0.1	0.4	明显，较新鲜
L6	上前缘	拉裂	N50°W，斜交	55	0.4～1.0	1～2	明显，较新鲜
L7	上游	拉裂	N10°W，近于平行	25	0.4～0.6	1～2	明显，较新鲜
L8	上前缘	拉裂	N70°W，近垂直	15	0.2～0.5	1～2	明显，较新鲜
L21	下游	拉裂	N25°E，斜交	30	0.4～1.0	2～3	明显，较新鲜
L22	中部	拉裂	N10°W，近平行	200	0.2～2.5	0.5～4	明显，较新鲜
L23	中部	拉裂	N80°W，斜交	52	0.2～1	0.2～2	明显，较新鲜
L24	中部	拉裂	N25°W，斜交	50	0.2～1	0.2～2	明显，较新鲜
L25～27	中部	拉裂	N25°E，斜交	35～45	0.2～1.5	0.2～2	较新鲜，间距 10m
L28～29	中部	拉裂	N10°W，近平行	35～40	<0.1	10	较新鲜，间距 25m

图 3.3-38　B4 区中部内出现的纵向裂缝（L1）

图 3.3-39　B4 区上游侧出现的纵向张开裂缝（L2）

总的来看，B4 区地表裂缝以纵向裂缝为主，而横向裂缝发育相对较少，且裂缝均为新鲜裂缝，不管从是裂缝的分布还是从裂缝的性质来讲，裂缝都非常符合典型边坡变形的裂缝发育规律，即可认定这些裂缝都是与 B4 区变形有关，而以纵向裂缝为主，且向两侧下错的裂缝发育规律，充分说明 B4 区目前可能处于整体扩容尚未解体的蠕滑变形状态，而此类变形是在水库开始蓄水后坡体地下水位上升，造成第二次滑坡的滑面处于饱水状态，使得滑带土物理力学指标下降，降低了B4区的整体稳定性，出现整体变形，在库水位的持续作用或降雨的作用下，B4区稳定性将进一步变差，纵向裂缝的进一步发展将可能使得B4区解体松动，在前缘水面附近出现的钙化物垮塌便是由于其解体松动后失稳造成的（图3.3-40、图3.3-41）。

图3.3-40 B4区前缘出现的钙化物解体失稳现象

（5）B5区（强变形拉裂区）地表变形特征。B5区位于B区后缘，分布高程1680～1740m，勘探揭示主要由块碎石土组成，块碎石成分以玄武岩为主。根据地表调查结果，该区的变形主要以拉张变形为主，区内共发现有5条拉张裂缝，其中4条均为横向裂缝，裂缝延伸长度多在20～40m，张开0.5～5cm，下错1～3cm。总的来看，该区变形较同是强变形拉裂区的B4区的变形较弱，其变形主要是B2区产生滑塌后形成高约30m的边坡，边坡的应力调整使得1680m以上出现拉张裂缝，加之降雨的作用，变形进一步向后发展至高程1740m，在1740m以下由于坡度较陡，出现了覆盖层的滑塌，但该区裂缝向下贯通的深度较浅，滑塌的规模也较小，反映变形应是边坡应力调整与降雨等因素的综合作用下产生斜坡表层蠕滑现象，斜坡表层覆盖物由蠕滑变形不断积累，最终形成这些地表张拉裂缝，但它们并不与深层的滑动相关联（图3.3-42）。

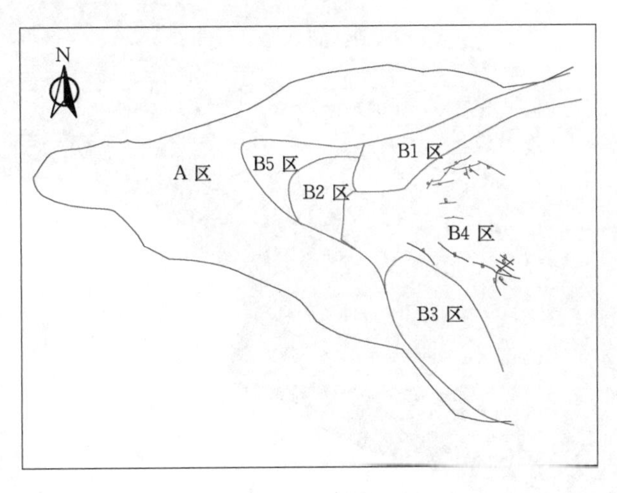

图3.3-41 B4区地表拉裂缝分布图

3.3.3 乱石岗滑坡

3.3.3.1 滑坡体形态特征

汉源新县城萝卜岗场地位于流沙河与大渡河所围限的宽缓斜坡上，山体走向N40°W，东起河冒顶，西至无名沟，长约6.5km，宽1.5～1.9km。

地形上总体西高东低，起伏不大，地面高程840～1115m，最大相对高差375m，属

图 3.3-42　高程 1740m 出现的浅表滑塌

中、低山斜坡地貌。场地区相对较大的制高点由东向西依次有：河冒顶、小营盘、大营盘、山冒顶等。河冒顶高程 990m，小营盘高程 1005～1010m，大营盘高程 1080～1090m，山冒顶为场地区的最高点，高程 1115m。场地区大渡河侧坡度较陡，平均坡度为 40°～50°，最陡段坡度达到 60°，流沙河侧坡度相对平缓，坡度一般为 10°～25°。场区地形地貌如图 3.3-43。

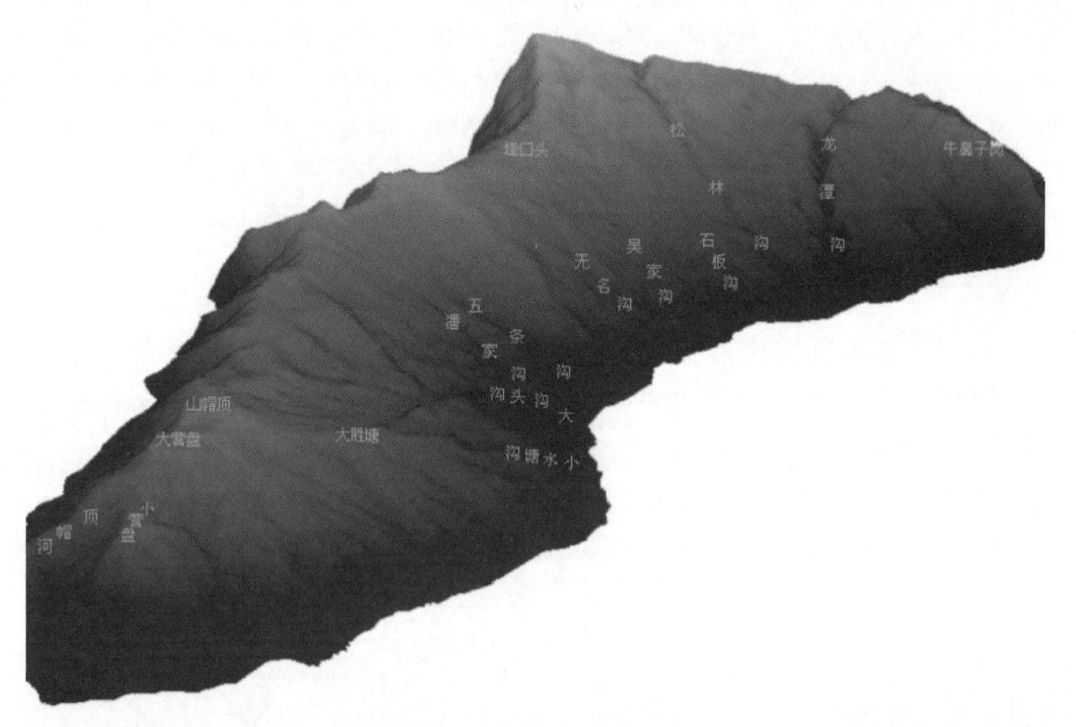

图 3.3-43　研究区地形地貌图

场地区冲沟较发育，冲沟规模多较小，相对较大的有河冒顶沟、蜂子崖沟、小水塘沟、大沟头沟、肖家沟、潘家沟、五条沟及无名沟等 8 条，大沟头沟切割最深约 50m，长约 970m，总体坡降 15%～25%，冲沟上段多呈树枝状，无明显沟床，中段切割较浅，两侧无明显沟壁，下段多呈 V 形，切割相对较深而窄。沟水总体由南向北汇入流沙河，均属季节性流水沟。萝卜岗地区坡度如图 3.3-44 所示。

图 3.3-44 萝卜岗地区坡度图

场地区阶地发育有五级，与工程相关的主要是Ⅲ、Ⅳ、Ⅴ级。Ⅲ级阶地分布在前进堰一线，高程 850～900m；Ⅳ级阶地分部于小营盘一带，高程 990～1010m；Ⅴ级阶地分布于大营盘一带，以昔格达为基座，仅地表残留有少量卵石。总体上Ⅲ级阶地相对较完整，Ⅳ、Ⅴ级阶地部分残留。

场地区机耕道较多，主要通往曾经开采的采石场和小煤窑场，最高约高程 1000m。

在高程 870m 附近有前进堰自西向东横跨整个场地。

3.3.3.2 滑坡物质组成及结构特征

1. 滑体

滑坡覆盖层主要包括第四系全新统人工堆积层（Q_4^{ml}）、第四系全新统残坡积层（Q_4^{el+dl}）、第四系全新统滑坡堆积层（Q_4^{del}）、第四系全新统冲洪积层（Q_4^{al+pl}）、第四系上更新统冲洪积层（Q_3^{al+pl}）等松散层。萝卜岗地区地层分布如图 3.3-45 所示。下面对上述覆盖层分述如下。

（1）第四系全新统人工堆积层（Q_4^{ml}）。人工填土，褐黄、黄褐、棕红等色，湿—稍湿，松散—稍密，成分主要有块石、碎石、角砾及粉质黏土混合组成。粗颗粒成分主要为中—强风化的砂岩，块石粒径 20～60cm，最大可达 1.5m，碎石粒径 2～8cm，角砾粒径 2～20mm，粗颗粒含量约 55%～90%；细粒成分为褐黄、棕红色的粉质黏土，可塑—硬塑状，为新县城平整场地新近堆积。

（2）第四系全新统残坡积层（Q_4^{el+dl}）。主要由昔格达残留的粉质黏土、粉土、粉砂和块碎石组成，块碎石成分主要为灰白色中—强风化状的砂岩，该层厚约数米至十余米，主要分布于勘查区的西部和西南部的部分区域。

（3）第四系全新统滑坡堆积层（Q_4^{del}）。滑坡堆积层由耕植土、粉质黏土、块石土、角砾土等组成，各土层岩性特征如下：

1）耕植土：棕红、棕褐、褐黄等色，成分主要为粉质黏土，含少量的碎块石，顶部

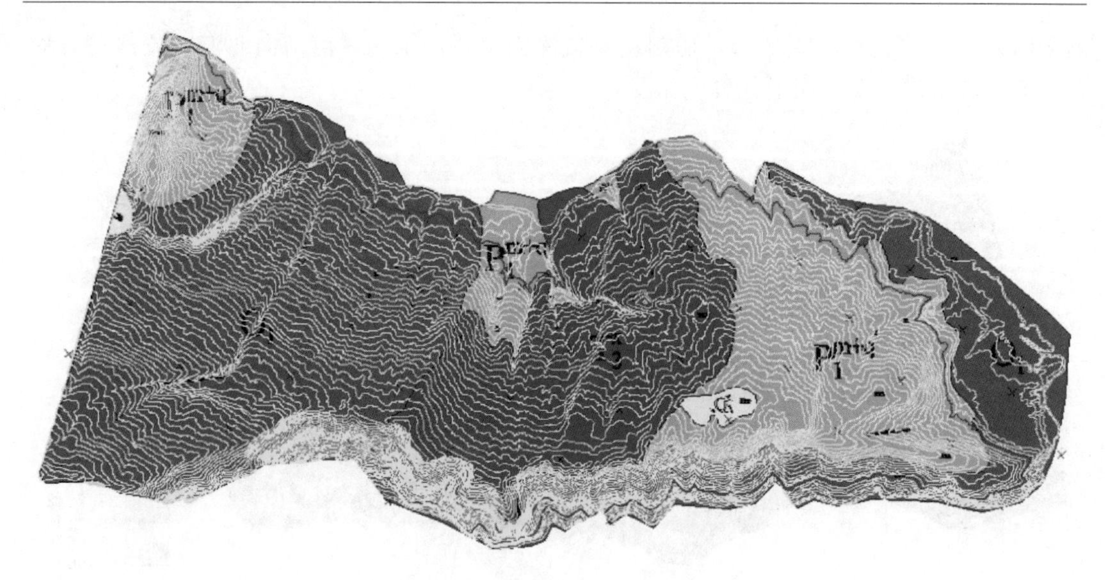

图 3.3-45　萝卜岗地区地层分布图

含植物根系，湿—稍湿，可—硬塑。主要分布于滑坡区的上部，根据槽探及钻探揭露层厚0.3～0.6m。

2）粉质黏土：褐黄、灰黄色，湿—稍湿，可—硬塑，含少量的碎块石。局部地段分布，层厚0.9～9.7m。

3）块石土：褐黄、灰黄、黄褐色，块石成分主要为强—中风化的砂岩，灰白色，块石粒径一般30～60cm，大者可达1m以上，块石含量约65%～90%，另含10%～15%的碎石及角砾，其余为可—硬塑状的褐黄色粉质黏土。该层松散，为滑体主要成分，钻探揭露层厚0.8～24.0m，局部黏粒富集，可塑状。

4）碎石土：褐灰—灰黄色，稍湿，稍密，碎石含量60%～90%，主要为砂岩碎石，粒径2～15cm，最长19cm，其余角砾和粉质黏土充填。厚度0.2～15.46m。

5）角砾土：灰黄—紫红色，以强风化泥岩、砂岩角砾为主，角砾含量50%～60%，层中见铁锰质斑点，其余由粉砂及黏性土充填。层厚1.5～2.6m。

（4）第四系全新统冲洪积层（Q_4^{al+pl}）。卵石层：褐黄色，稍密—中密。卵石成分主要为花岗岩、闪长岩、石英岩等，卵石粒径2～8cm，含量55%～65%，充填物为中细砂。分布于滑坡前缘以下的区域。

（5）第四系上更新统冲洪积层（Q_3^{al+pl}）。卵石层：褐黄色，稍密—密实。卵石成分主要为花岗岩、闪长岩、石英岩等，卵石粒径2～8cm，含量60%～65%，充填物为中细砂。勘探孔未揭露，仅在勘察区前缘流沙河附近有分布，层厚2m以上。

2. 滑床特征

基岩为大致北东倾向的单斜岩层，但受构造影响，层面波状起伏，包括第三系上新统昔格达组（N_2x）、三叠系上统白果湾组（T_3b）基岩地层。

（1）第三系上新统昔格达组（N_2x）。仅分布于场地南西坡顶地带，其岩性特征如下：主要由黄褐、灰黄、浅黄色半成岩粉砂、粉土及块碎石等组成，可见条带状层理，遇水软化崩解，脱水开裂干硬，属软岩—极软岩，取芯呈长柱状，手搓易散；局部夹卵砾石，卵砾石成分以花岗岩为主，强风化，局部尚可见贝壳等生物碎屑。

（2）奥陶系下统红石崖组（O_3h）。砂岩：灰白色、青灰—灰色、灰黄色，矿物成分主要为长石、石英，次为云母，钙质胶结，薄—中厚层状，中—细粒结构，局部为粗粒，可见水平层理及斜交层理。夹薄层灰绿色的泥岩、砂质泥岩或泥质砂岩。岩体节理裂隙较发育，裂隙倾角一般75°～90°，隙面较粗糙，见铁锰质氧化膜，黄褐、黑褐等色；浅部裂隙张开度较大，充填黏性土，随深度增加，裂隙张开度减小，至闭合。基岩上部强风化层厚2.5～3.0m，其下为中风化，夹薄层褐黄色的强风化层。该层分布于整个场地区的第四系覆盖层下或在勘查区的施工开挖基槽都有揭露，原始地貌仅周边零星出露，岩层产状多在53°～88°∠10°～19°，本次勘查未揭穿该层。

3.3.3.3 滑坡体变形破坏特征

场地区位于汉源—昭觉断裂和金坪断裂之间的稳定地块上，汉源—昭觉断裂位于场地区东侧，距离约1.5km，金坪断裂位于西侧，距离约2km。萝卜岗场地区处于两断裂之间的汉源向斜西翼，宏观上属典型的单斜构造区。

场地区未见有大的断层，地层褶皱轻微，总体为宽缓向斜，向斜轴部位于场地区中部，轴向NE，南西端扬起，北东翼产状N45°～55°W/NE∠15°～25°，北西翼产状N10°～30°E/SE∠25°～40°，核部产状N10°～30°W/NE∠12°～18°。在沿大渡河一带受金坪断裂挤压影响，局部岩层产状变陡，为N60°W/SW∠80°。

受区域构造活动的影响，场地区岩体层间相互错动现象较明显，发育多条层间软弱带，岩体拉裂现象明显，据钻孔资料，区内发育的软弱结构面中延伸性较好，在多个钻孔均有出露的软弱层主要有表3.3-9所示几条，这些软弱结构面大多由黏土夹碎屑或碎屑夹黏土组成，其厚度从数厘米至数十厘米不等，主要为顺层发育。软弱结构面两侧岩体大多沿软弱结构面存在一定程度的错动或蠕动变形，形成的拉裂缝宽度从数厘米至数米不等。

表3.3-9　场区主要软弱结构面特征

剖面编号	孔号	编号	软弱结构面埋深/m	描　述
1	ZK5	R1	12.0～12.25	岩芯多呈碎石状，充填30%黄色黏土，层中夹有厚1cm黄色可塑状黏土
	ZK5	R2	25.22～25.23	灰黄—灰白色粉砂质泥岩强风化呈土状，含少量角砾
	ZK5	R3	41.01～41.10	岩芯呈角砾状，少量呈碎块状，底部为1cm厚黄色黏土夹角砾
	ZK5	R4	47.75～47.755	顶部见灰黄色可塑状黏土，底部为极薄层角砾
	ZK4	H	4.89～4.91	灰黄色黏土
	ZK4	R1	11.81～11.83	灰白色黏土
	ZK4	R2	26.33～26.36	灰白色黏土，含10%角砾
	ZK4	R3	42.2～42.27	岩芯呈角砾状，层顶为极薄层黏土
	ZK4	R4	48.94～48.96	岩芯呈角砾状，夹极薄层黏土
	ZK3	H	13.6	块石土与基岩接触面

续表

剖面编号	孔号	编号	软弱结构面埋深/m	描　　述
1	ZK3	R4	58.69～58.692	灰白色黏土夹少量角砾
	ZK2	H	8.8	块石土与基岩接触面
	ZK2	R1	22.45～22.50	灰黄色黏土夹少量角砾
	ZK2	R3	39.85～39.9	灰黄色、黄褐色黏土夹少量角砾
	ZK1	H	8.0～8.3	岩心呈砾石状，充填褐黄色黏性土
	ZK1	R1	26～26.10	黄褐色黏土及少量角砾
	ZK1	R3	43.4～43.44	黄褐色黏土及少量角砾
2	ZK7	R1	9.51～9.52	灰白色强风化粉砂质泥岩，呈土状，含少量角砾
	ZK7	H	11.52～11.525	由灰黄色细砂组成
	ZK7	R2	38.96～38.97	灰黄色强风化泥岩，呈土状，其顶见极薄层青灰色砂岩角砾
	ZK8	H	12～12.05	强风化粉砂质泥岩，黄褐色，手捏成粉状
	ZK8	R2	34.45～34.5	黏土夹角砾，角砾成分多为砂岩，粒径为0.5～1.5cm，含量约45%
	ZK9	H	4.7～4.72	角砾夹黏土，角砾成分为红褐色砂岩，手捏即碎，含量约70%，余为黏土
	ZK10	R1	10.40～10.405	灰黄色黏土
	ZK10	H	14.1～14.15	黏土夹角砾，角砾含量约30%，直径2～4mm，其余为灰黄色黏土，含量70%
3	ZK15	H	10.38～10.4	黄色黏土，夹少量砂岩角砾
	ZK15	R1	20.35～20.4	强风粉砂质泥岩呈土状
	ZK15		28.37～28.39	黄色黏土
	ZK14	H	20.38～20.4	灰黄色强风化泥质粉砂岩，手捏即碎，局部呈土状
	ZK14	R1	32.49～32.5	以角砾为主充填40%的灰黄色黏土
	ZK13	H	6.4	块石土与基岩接触面
	ZK13	R1	19.86～19.87	主要是灰色黏土含少量角砾
	ZK12	H	3.8	块石土与基岩接触面
	ZK12	R1	15.09～15.10	主要为粉质黏土夹角砾，角砾含量约10%
	ZK11		11～11.1	粉砂质泥化夹层，含角砾
	ZK11	H	11.25～11.65	由灰黄色粉砂及角砾组成
4	ZK16	H	9.85～10.0	岩芯破碎呈角砾状，见少量灰白色黏土充填
	ZK16	R3	44.44～44.47	岩芯呈角砾状，充填约10%灰黄色黏土
	ZK17	H	10.4～10.7	灰黄色砂岩角砾土，角砾含量60%，灰黄色黏土含量40%
	ZK18	R1	6.08～6.10	主要由黏土薄层及角粒组成
	ZK18	R2	9.9～9.92	主要由黏土薄层及角粒组成
	ZK18	H	25.2～25.6	由黏土薄层及角粒组成
	ZK18	R3	53.23～53.25	主要为黄褐色黏土夹少量角砾组成

续表

剖面编号	孔号	编号	软弱结构面埋深/m	描述
4	ZK19	R1	10.15～10.17	2cm 厚的黄褐色黏性土
	ZK19	R2	18.5～19	砂岩角砾土，含量约 60%左右，余为粉质黏土充填
	ZK19	H	19.2～20.1	粗粒砂土，含量 5%左右碎石，粒径 2～10cm
	ZK19	R3	53.3～53.35	灰黄色黏土夹角砾
5	ZK22	H	11.2	
	ZK22	R1	22.2	夹 2～3mm 黏土
	ZK21	H	6.55～6.6	碎石土夹黏土，碎石成分为砂岩，多呈半胶结状，粒径 2～3cm，含量约 80%，余为黏土
	ZK21	R1	20.35～20.36	黏土
	ZK20	H	17.34～17.44	黏性土夹角砾，角砾含量约 10%
	ZK20	R1	31.15～31.2	黏性土夹角砾，角砾含量约 10%
6	ZK50	H1	12.84～12.85	黄褐色黏土夹少量角砾
	ZK50	R1	20.20～20.24	黄褐色黏土
	ZK50	R2	28.6～28.63	黄色黏土夹少量角砾
	ZK50	R3	35.5～35.54	黄灰色黏土夹角砾，角砾含量 30%左右
	ZK50	R4	48.6～48.62	灰黄色角砾土，充填黄色黏土，黏土含量约 30%
	ZK49	H	9.4～9.42	黄褐色角砾土，充填黏土，黏土含量 40%左右
	ZK49	R1	19.45～19.5	灰色角砾土，充填黄褐色黏土，黏土含量 20%～30%
	ZK49	R2	25.85～25.88	灰黄色粉砂质泥岩夹层，强风化呈土状，岩质软
	ZK49	R3	37.0～37.01	灰白色黏土夹少量角砾
	ZK49	R4	45.6～45.61	灰黄色黏土夹少量角砾
	ZK48	H	5.9～5.92	强风化粉砂质泥岩，呈土状，含少量角砾
	ZK48	R1	13.13～13.2	破碎砂岩角砾和灰黄色黏土充填，黏土含量约 15%
	ZK48	R2	18.78～18.81	主要为灰白色黏土层，其顶见极薄层青灰色砂岩角砾
	ZK48	R3	26.58～26.6	主要为灰白色黏土夹角砾，角砾粒径 0.2～0.5cm，含量约 30%
	ZK48	R4	39.7～39.75	岩芯破碎呈角砾状，角砾粒径 0.2～1.5cm，充填强风化粉质黏土充填
	ZK47	H	9.0～9.01	黄褐色黏土夹角砾，角砾含量 40%左右
	ZK47	R3	34.2～34.21	黄褐色黏土
	ZK47	R4	46.2～46.21	褐色角砾土，充填黏土，黏土含量 30%左右

注　R 表示软弱结构面，H 表示滑面。

场地区节理裂隙主要发育有两陡一缓：①层面裂隙，缓倾角，裂隙延伸长，裂面微起伏、粗糙，多闭合，部分裂面有擦痕；在浅表由于受风化卸荷的影响，裂隙多张开。②N40°～60°E/NW（SE）∠75°～85°，裂隙延伸长一般 5～20m，裂面平直、粗糙，多闭合，可见锈膜或钙膜，间距一般 0.5～2m。③N30°～60°W/ NE∠75°～85°，裂隙延伸长 3～6m，裂面平直、粗糙，多闭合，可见锈膜或钙膜，间距 0.5～2m。

3.3.3.4 稳定性工程地质定性分析

（1）天然状态下乱石岗滑坡及变形体稳定性状况较好，出现较大规模失稳的可能性较小，当然不排除局部松散岩土体在不利因素影响下出现小规模失稳的可能性。天然＋暴雨工况条件下，滑坡及变形体能够保持基本稳定性，但安全储备偏低，局部处于极限状态，难以达到工程建设要求，局部被工程开挖切脚，导致下伏软弱结构面（包括滑带）出露于坡脚，形成良好临空条件的岩土体，甚至处于极限平衡状态，存在失稳的可能；天然＋Ⅶ度地震条件下，滑坡及变形体能够保持基本稳定性，但安全储备偏低，局部处于极限状态，难以达到工程建设要求，局部岩土体也存在失稳的可能；天然＋暴雨＋地震极限条件下，乱石岗滑坡及变形体绝大多数稳定性系数小于1，或处于极限平衡状态，出现失稳的可能性较大。

（2）从分析、计算结果来看，工程开挖是影响滑坡及变形体稳定性的一个重要因素，尤其是工程开挖“切脚”导致下伏软弱结构面（包括滑带）出露于坡脚，并在坡脚形成较好临空条件下，在降雨等地表水体下渗、坡面加载等因素诱发下可能导致滑坡及变形体局部失稳。现场调查期间见到的多处挡墙开挖，以及局部岩土体失稳现象大多属此类情况。据此可以认为，在场区后续大量挡墙基槽开挖过程中，若处理不当，诱发局部岩土体失稳的可能较大。

（3）水是影响滑坡及变形体稳定性的另一个重要因素，计算结果表明，暴雨工况条件下，滑坡及变形稳定性系数一般可降低0.2～0.3。因此施工期间以及后期县城居民生活期间，应注意防止地表水体的大量下渗。

（4）从乱石岗滑坡及变形体各部分稳定性状况来看，滑坡堆积区以及拉裂松动变形区岩体在暴雨及地震工况条件下的安全储备较低，局部处于极限状态，在不利因素影响下存在失稳的可能，因此对这部分岩土体应进行合理的治理，以保证后部岩体的稳定和建筑物的安全。

3.3.3.5 滑坡岩土体物理力学参数

为获得场区软弱夹层的抗剪强度参数，现场调查期间分别在松林沟右侧前进路与滨湖路交汇处采集了12个滑带土试样，在1号主干道与2号下线之间的M－9－1地块采集了6个岩屑夹泥型软弱层带试样，在石板沟左侧，1号主干道与2号下线交汇处采集了6个泥夹碎屑型软弱层带试样，并在室内分别进行了天然状态和饱水状态下的便携式剪切试验。试验结果如下。

1. 滑带土抗剪强度抗剪试验分析

（1）天然状态下滑带土抗剪强度试验分析。试样共分为两组，其中试样1、4、5、6、8、9为一组，试样2、3、7、10、11、12为另一组。分别获得两组试样的天然状态下滑带土的抗剪强度参数，见表3.3－10。

表3.3－10　　滑带土天然状态下抗剪强度参数试验结果

试样	峰值抗剪强度		屈服抗剪强度	
	φ/(°)	c/kPa	φ/(°)	c/kPa
第一组试样	31	206.5	27.2	157.2
第二组试样	26.3	243.4	25.8	173.3

（2）饱水状态下滑带土抗剪强度试验分析。同上可获得两组饱水状态下滑带土的抗剪强度参数，见表3.3-11。

表3.3-11　　滑带土饱水状态下抗剪强度参数试验结果

试样	峰值抗剪强度		屈服抗剪强度	
	φ/(°)	c/kPa	φ/(°)	c/kPa
第一组试样	27.5	57.8	20.7	43.7
第二组试样	30.3	63.2	19	58

试验成果仍能较好地说明滑带土的一些强度特性，具体如下：

1）天然状态下滑带土的黏聚力较高，峰值黏聚力可达200kPa以上，屈服黏聚力也在150kPa以上，但在饱水条件下滑带土的黏聚力急剧降低，峰值黏聚力55～60kPa，屈服黏聚力40～55kPa，说明滑带土的黏聚力对水较为敏感，这是因为滑带土内含有较多黏土的缘故。

2）滑带土黏摩擦角对水的敏感性相对较低，相比较于天然状态，饱和条件下峰值内摩擦角降低4°～5°，屈服内摩擦角降低5°～6°。

2. *软弱夹层抗剪强度抗剪试验分析*

（1）天然状态下软弱夹层抗剪强度试验分析。同上可获得两组软弱夹层的抗剪强度参数，见表3.3-12。

表3.3-12　　软弱夹层天然状态下抗剪强度参数试验结果

试样	峰值抗剪强度		屈服抗剪强度	
	φ/(°)	c/kPa	φ/(°)	c/kPa
第一组试样	38.8	178.2	26.1	167.2
第二组试样	23.2	226.9	22.2	168.9

（2）饱水状态下软弱层带抗剪强度试验分析。饱水状态下软弱夹层的抗剪强度参数，见表3.3-13。

表3.3-13　　软弱夹层饱水状态下抗剪强度参数试验结果

试样	峰值抗剪强度		屈服抗剪强度	
	φ/(°)	c/kPa	φ/(°)	c/kPa
第一组试样	29.2	45.2	18.9	41.6
第二组试样	20.65	48.3	14.8	40.9

从试验结果来看，由于受到试验条件的限制，无法获得软弱层带的残余抗剪强度参数，只能获得软弱层带的峰值抗剪强度和屈服抗剪强度参数，而对于该区发育的软弱层带而言，由于其早期受构造作用的影响，存在一定程度的错动迹象，后期受上覆岩体蠕滑变形的影响，也存在一定程度的错动趋势，但是这些错动一般较小，远小于滑体的位移距离，因此对于软弱夹层而言，其真实抗剪强度应小于其屈服强度，而高于其残余强度。

另外由于试样中含有较大的粗颗粒，而试验仪器的尺寸较小，因而受尺寸效应的影响，试验所得的强度参数可能较其真实强度高。

从试验成果可以对软弱夹层的强度特性作出如下基本认识：

1）从试验结果来看，第一组试样无论是天然状态还是饱水状态，其内摩擦角均较第二组大，而黏聚力较第二组小，这是因为第一组试样的黏土含量相对较第二组少，代表的是碎屑夹黏土型软弱结构面；而第二组代表的黏土夹碎屑型软弱结构面。

2）两组试样的试验结果表明，软弱层带的黏聚力对水均比较敏感，其峰值黏聚力从天然状态的175～220kPa降低至饱水状态的45～50kPa，屈服黏聚力从168kPa降低至40kPa，相比较而言，第二组试验即黏土夹岩屑型软弱结构面的黏聚力对水更为敏感。

3）两组试样的内摩擦角对水也较为敏感，相比较而言第一组试样内摩擦角对水的敏感性更高，其峰值摩擦角和屈服摩擦角在饱水状态均较天然状态下降7°～8°，而第二组试样的峰值摩擦角和屈服摩擦角在饱水状态均较天然状态下降3°～5°。

4）总体上软弱夹层的抗剪强度参数与滑带土大致相当，这说明滑带土的物质成分及早期原型与软弱层带属同一类物质，或者说滑带土是从早期的软弱层带发育而成的。

3. 滑带黏土抗剪强度剪切试验分析

上述滑带及软弱夹层抗剪强度抗剪试验表明，由于抗剪试样中存在较大的粗颗粒，受携剪试验仪尺寸的限制，所得强度参数偏高，不能直接作为滑坡稳定性计算的参数。

因此，为更为准确、真实地反应滑带土的抗剪强度特性，课题组分别在康家坪滑坡前缘滑带、乱石岗滑坡后缘滑带，采取了两组滑带内的黏土样，剔除了试样中的粗颗粒后，在室内进行了原状饱水样和重塑饱水样的不排水快剪试验，试验结果如下。

乱石岗滑带黏土抗剪强度试验结果分析。根据抗剪强度试验获得乱石岗滑坡滑带黏土的抗剪强度参数见表3.3-14。

表3.3-14　乱石岗滑坡滑带黏土抗剪强度试验结果

试样	峰值抗剪强度参数		残余抗剪强度参数	
	黏聚力 c/kPa	内摩擦角/(°)	黏聚力 c/kPa	内摩擦角/(°)
原状饱水样	23	10.6	14	7.4
重塑饱水样	20	9.3	19	5.5

从试样结果来看，原状样和重塑样饱水条件下的残余抗剪强度明显偏低，不能代表滑带土的真实抗剪强度，其理由是若滑带土取原状样和重塑样饱水条件下的残余抗剪强度，根据滑带产状和地形条件，乱石岗滑坡（天然和降雨条件下）不可能处于基本稳定状态，这与实际调查分析结果不符。而原状样饱水条件下的抗剪强度参数则与滑带土真实抗剪强度较为接近。

3.3.4　林达滑坡

3.3.4.1　滑坡体形态特征

林达滑坡位于乐安水电站库区右岸，下坝址上游5.6～6.8km处。雅砻江在该处流向近 SN 向，江水水位为 3141.00～3143.00m，滑坡处江面宽度约为 54m。滑坡前缘最大宽度约为 1.1km，纵向最大长度约为 930m，总面积约为 59.8 万 m^2。据勘探资料揭露，滑坡体厚度前缘总体较薄，中后部较厚，平均厚度约为 75m，总方量约为 3390 万 m^3。滑坡堆积体后缘高程为 3765～3770m，前缘直抵河床，高程约为 3142m，相对高差约为 625m（图 3.3-46）。

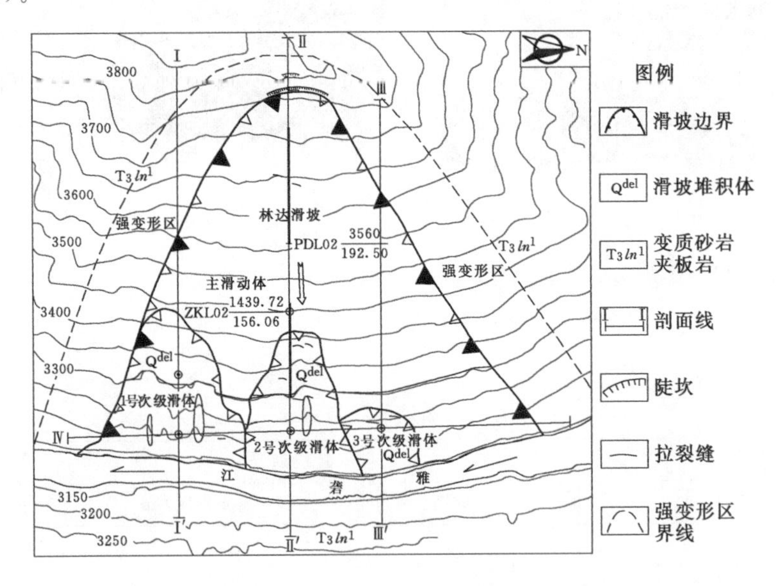

图 3.3-46　林达滑坡工程地质平面图

滑坡边界条件明显，地形上具有典型的滑坡地貌特征。滑坡平面上呈锥形，两侧以冲沟为界（图 3.3-47、图 3.3-48），后缘发育有明显的下错台坎（图 3.3-49），此外还出露有约 10m 高的基岩陡壁，前缘直抵河床（图 3.3-50）。堆积体整体坡度较陡，且前缘坡体较后部要陡。前缘临河平均坡面坡度为 40°～43°，中部坡面坡度约为 38°，上部坡面坡度为 36°～41°。

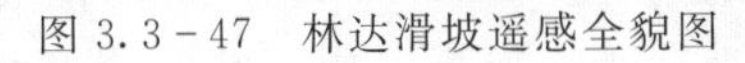
图 3.3-47　林达滑坡遥感全貌图

图 3.3-48　林达滑坡全貌图

根据地表调查及地质勘探成果，林达滑坡内部发育有四处局部次级滑体，从下游至上游，依次为：1 号次级滑体、2 号次级滑体和 3 号次级滑体，主滑动体位于滑坡体的中后部。

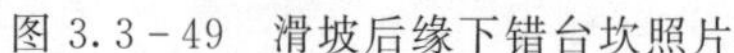
图 3.3-49　滑坡后缘下错台坎照片

图 3.3-50　滑坡前缘照片

3.3.4.2　滑坡物质组成及结构特征

根据5个钻孔和2个平洞所揭示的滑坡岩土体特征，将滑坡岩土体结构进行了分层，具体分层见表3.3-15。

表 3.3-15　林达滑坡地层结构划分

勘探方法		地层划分			
		堆积层/m	强变形区/m	弱变形区/m	正常岩体/m
钻孔	ZKL01	0～15.09	15.09～65.40	65.40～88.70	88.70～89.55
	ZKL02	0～107.94	107.94～136.27	136.27～156.06	未揭露
	ZKL03	0～54.65	54.65～123.50	123.50～145.05	未揭露
	ZKL04	0～29.50	29.50～36.58	36.58～79.24	79.24～80.04
	ZKL05	0～46.25	无	46.25～53.47	53.47～70.50
平洞	PDL01	0～21	21～195	195～228.50	未揭露
	PDL02	0～158	158～185	185～192.50	未揭露

1. 滑体

滑坡堆积体主要由未解体的强变形板岩体及块碎砾石土组成。块碎砾石土呈黄褐色（浅表层堆积体）和灰色（深部滑体），块碎砾石母岩为浅灰色变质砂岩和灰黑色极薄层状板岩。块碎砾石粒径组成为：块石粒径为20～24cm、碎石粒径为6～16cm、砾石粒径为0.2～2cm，含量占75%～85%。土为黄褐色、灰色砂土，含量15%～25%。滑体堆积物整体结构较密实，但坡体表面风化剧烈。滑体前缘中部发育有多条冲沟，浅沟内发育有碎屑流，浅沟下有少量的碎屑物质堆积。

平面上，滑坡堆积体以Ⅴ级阶地（拔河高程为152.00m）为界：Ⅴ级阶地上部以块石、碎石土为主，斜坡上均可见巨型块石，块石的粒径一般为20～30cm，局部出露有直径达1.5m的未解体巨型块石。主要由倾倒变形岩体的表层滑塌物质组成。坡体内未解体的板岩体的成层性保持较好，主要成分为浅灰色变质砂岩以及灰黑色极薄层状板岩，岩层缓倾坡内，倾角为15°～25°；Ⅴ级阶地下部，即坡体中前部，主要以崩积、崩坡积碎砾石土及粉砂质黏土为主，土体结构较密实，块石含量明显降低（图3.3-51）。

剖面上，滑体中上部以块碎石土为主，前部以碎砾石土及粉砂质黏土为主，块石含量及粒度明显降低。滑体厚度以Ⅴ级阶地划分，总体上呈前部薄后部厚的特点。滑体后部发育有主滑动体，其厚度为38～75m，前部主要发育有1号、2号、3号次级滑体，厚度为20～28m。横向上，滑体厚度整体呈中间薄两侧厚的形态，且下游侧较上游侧要厚（图3.3-52）。

图3.3-51 滑坡堆积体物质组成特征

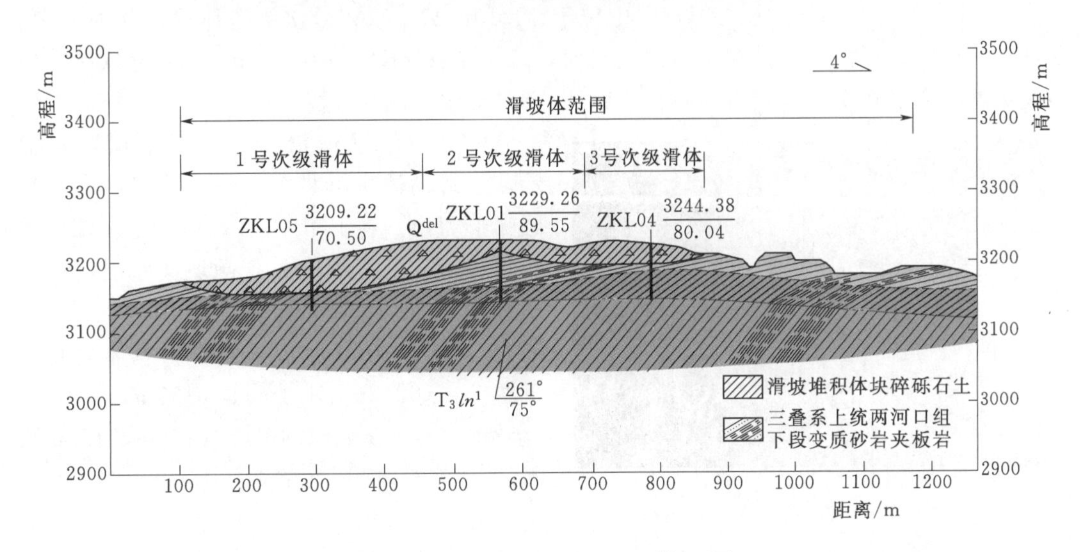

图3.3-52 林达滑坡Ⅳ—Ⅳ′剖面图

2. 滑面（带）

林达滑坡为一典型的由弯曲—倾倒形成的表层堆积体滑坡。目前变形岩体已形成了表层的滑塌，而并未发生深层滑动。受斜坡变形演化过程的影响，林达滑坡形成了多个滑带。深层滑面控制着滑坡整体的稳定性，而浅层滑面使滑坡不同程度的变形。

（1）前缘次级滑体滑带。前缘次级滑体滑动面为强风化基岩之上存在空间上连续性较好相对软弱层，含水量高抗剪强度低。在ZKL01中滑带位于14.95～15.09m（图3.3-53，1号岩芯顶），为土黄色局部夹浅灰色及黄褐色砾石土层。砾石粒径一般为0.2～

2cm，成分主要为变质砂岩和板岩，占70%，土为砂土。ZKL04中揭露滑带位于29.4m～29.5m（图3.3-54，9号岩芯顶），为灰色混杂土黄色的砾石土，砾石粒径一般为0.2～0.5cm，土为砂土。

图3.3-53　ZKL01揭露前缘次级滑体滑带

图3.3-54　ZKL04揭露前缘次级滑体滑带

目前前缘次级滑体整体蠕滑现象明显。受坡体结构和地形的影响，次级滑面主要沿表部黄褐色块碎砾石土底部发育。各次级滑体潜在滑面发育情况如下：①1号次级滑体坡体厚度相对较大，且地表和深部均发生了较明显的位移。其内部发育有浅部和深部两个次级滑面。浅部2号次级滑面，在钻孔ZKL05中揭露于4.4m处。深部1号次级滑面，在钻孔ZKL03中位于2.85m处，ZKL05中位于15.15m处。②2号次级滑体厚度相对较薄，发育有一个次级滑面——潜在1号次级滑面，位于钻孔ZKL01中5m处。③3号次级滑体的次级滑面为潜在1号次级滑面，位于钻孔ZKL04中18.54m处。

图3.3-55　PDL02揭露主滑动体滑带

（2）主滑动体滑带。根据钻探资料揭示，主滑动体主滑带整体呈直线形，前缘呈圆弧形剪出。在PDL02中，位于水平深度约157～162m处发育有一条顺坡向断层，主滑动体主滑带主要受断层面控制（图3.3-55）。该断层产状为170°∠15°，总体分布于下游壁（162.2m，1.1m）、（157m，1.4m），上游壁（162.5m，1.4m）、（158m，1.2m），断层中部分布于上游壁（159.5m，1.1m）到（160.5m，1.2m），下游壁于（160m，1.2m）到（159m，1.4m），延伸大于5m，三壁贯通，带宽一般2～4cm，带内主要由灰白色糜棱岩和少量碎裂岩组成，带内湿润，为潜在滑带。位于主滑动体前缘的ZKL02中（图3.3-56），滑带位于107.75～107.94m处，为浅灰色夹灰黄色碎砾石土，成分主要为砂岩及少量板岩，碎石粒径2～6cm，砾石粒径为0.2～2cm，土为浅灰色及灰黄色砂土，约占20%。

受滑坡多期次形成演化过程的控制，主滑动体内部发育有两条次级滑带。位于主滑动体中前部的钻孔ZKL02中，堆积体内揭露有两段相对较为完整的强变形岩体，分别位于34.34～42.38m、65.01～80.08m。两段强变形岩体的顶部均存在明显揉皱现象，为潜在次级滑带。受强变形岩体控制，次级滑带整体呈直线型，1号次级滑带位于ZKL02内

34.19～34.34m（图3.3-57，24号岩芯顶），主要成分为深灰色碎砾石土：岩芯破碎，呈碎块状，属强风化，整体干燥。碎石粒径一般为0.2～6cm，成分主要为板岩和砂岩，占90%。土为深灰色砂土；2号次级滑带位于ZKL02内64.86～65.01m（图3.3-58，62号岩芯顶），主要成分为深灰色夹浅灰色碎砾石土：岩芯较为破碎，呈碎块状，属强风化，整体较干燥。碎石粒径一般为0.5～4cm，成分主要为板岩及砂岩，约占85%。土为深灰色及浅灰色砂土，有一定压密，与碎石胶结较好，约占15%。此外，平洞PDL02内也揭露有次级滑带，分别位于68m和108m处（图3.3-59、图3.3-60）。

图3.3-56　ZKL02揭露主滑动体前缘滑带

图3.3-57　ZKL02揭露主滑动体1号次级滑带

图3.3-58　ZKL02揭露主滑动体2号次级滑带

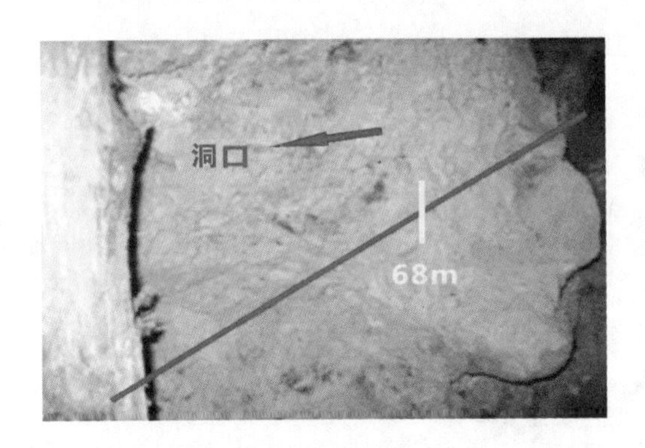

图3.3-59　PDL02接露主滑动体1号次级滑带

图3.3-60　PDL02接露主滑动体2号次级滑带

（3）滑床特征。根据钻探资料揭露，林达滑坡滑床主要由三叠系上统两河口组下段变质砂岩夹板岩组成，根据岩层倾角与深度的关系将其划分为强变形区（<35°）、弱变形区（35°～65°）和正常岩体（>65°），如图3.3-63、图3.3-64所示。滑坡发生后，滑床多被滑坡及崩塌堆积体覆盖，滑坡后缘出露有滑床基岩陡坎，此外滑体前缘冲沟内局部有滑床强变形岩体出露。根据地面调查和勘探资料揭露，其滑床特征如下：

图 3.3-61 平洞揭露滑床基岩

图 3.3-62 岩体弯折变形现象

1）滑床为倾倒变形岩体（图 3.3-61），根据倾角将其划分为强、弱变形区及正常岩体，强变形岩体倾角一般为 10°～30°，弱变形岩体倾角一般为 40°～60°（图 3.3-63、图 3.3-64）。滑床岩体弯折变形剧烈（图 3.3-62），且变形深度较深，PDL01 内揭露强变形水平深度达 195m，PDL02 强变形深度达 185m，且均未揭露正常岩体。变形岩体中节理裂隙发育，板岩板理面为控制性结构面，此外受卸荷回弹作用岩体中发育一组垂直层面

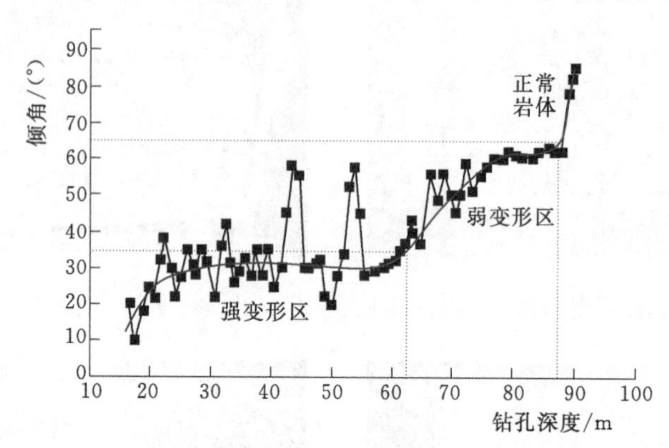

图 3.3-63 ZKL01 岩层倾角与深度关系图

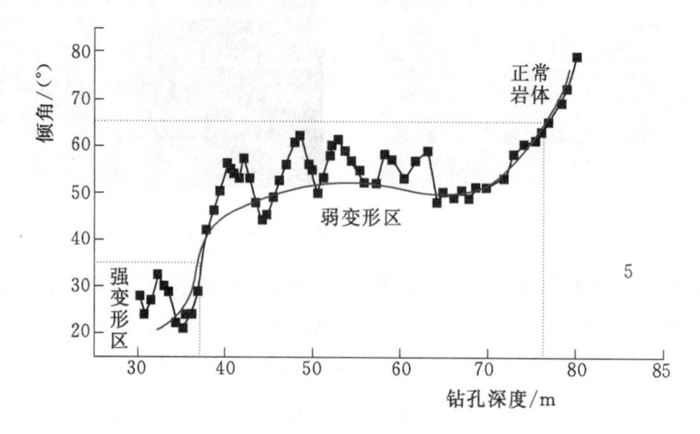

图 3.3-64 ZKL04 岩层倾角与深度关系图

的优势结构面及个别陡裂和中裂（图 3.3-65）。最大弯折带位于强弱变形交界处，该处形成了倾向坡外的楔形拉裂面，但其贯通性较差（图 3.3-66）。

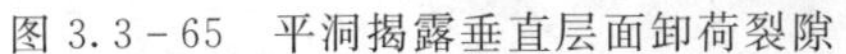

图 3.3-65 平洞揭露垂直层面卸荷裂隙

图 3.3-66 平洞揭露楔形拉裂面

2）滑床整体形态受次级滑体的发育所控制，且其后缘埋深较前缘大。滑坡中后部滑床整体呈直线形，前缘呈圆弧形产出，前部滑床整体呈近直线形。

3.3.4.3 滑坡复活分区及变形特征

根据滑坡的地形地貌、岩体结构和变形破坏特征，可将林达滑坡划分为四个较为明显的变形区。以Ⅴ级阶地高程划分：阶地以下主要发育有三处次级滑体，从下游至上游，依次为1号次级滑体、2号次级滑体和3号次级滑体；阶地上部发育有规模相对较大的主滑动体。

1. 1号次级滑体特征

1号次级滑体分布于滑坡体前部的下游段，空间形态上呈圈椅状产出（图 3.3-67），其后缘及侧缘均分布有下错台坎。下游侧以滑壁为界（图 3.3-67），上游侧与2号次级滑体相连（图 3.3-68）。1号次级滑体后缘高程约为 3440.00m，前缘直抵河床，高程 3142.00m，相对高差约为 298m（图 3.3-69）。前缘顺雅砻江最大宽度约为 412m，纵向长度约为 358m，滑坡堆积体总面积约为 8.89 万 m^2。滑坡堆积体为深灰色夹浅灰色块碎砾石土，原岩成分为砂岩和板岩，最大厚度约为 52m，一般厚度为 30～42m，滑坡体体积约为 284.4 万 m^3。

图 3.3-67 1号次级滑体下游边界

图 3.3-68 1号次级滑体上游边界

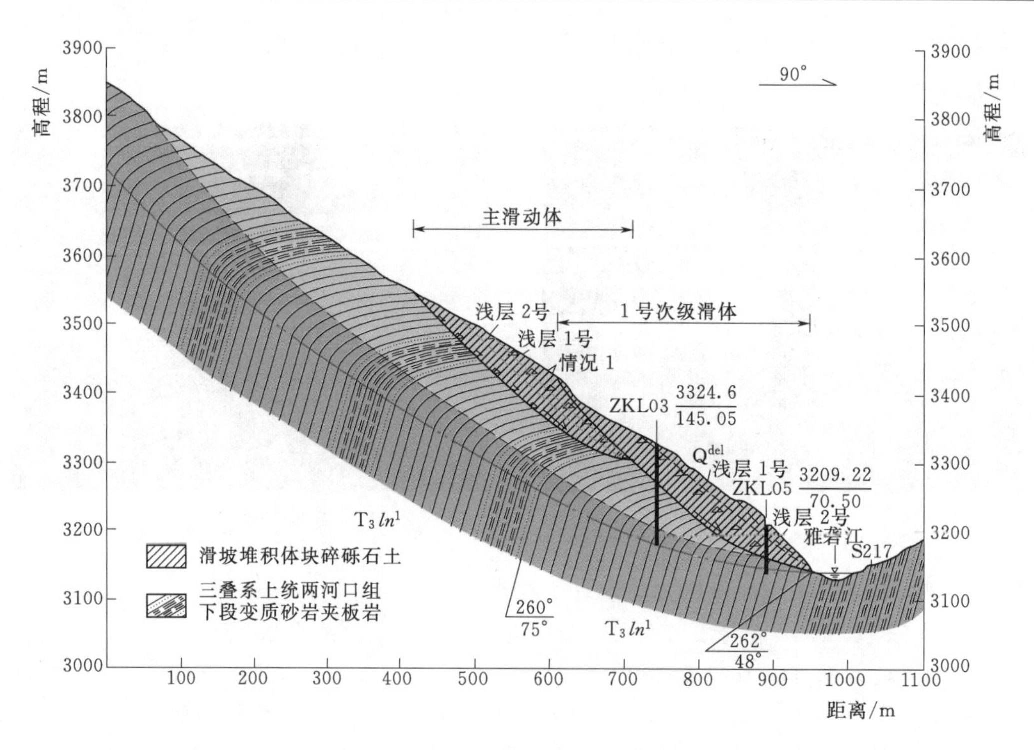

图 3.3-69　林达滑坡Ⅰ—Ⅰ′剖面图

2. 2号次级滑体特征

2号次级滑体位于滑坡前缘的中部，空间形态上呈圈椅状产出，其后缘与侧缘均分布有下错台坎。下游侧边界与1号次级滑体相连，上游侧以地表浅沟为界（图 3.3-70、图 3.3-71）。2号次级滑体后缘高程 3418.00m，前缘直抵河床，高程 3142.00m，相对高差约 270m（图 3.3-72）。前缘顺雅砻江最大宽度约 289m，纵向长度约 357m，总面积约为 6.9 万 m^2。滑坡堆积体为土黄色局部夹浅灰色及黄褐色块砾石土层，成分主要为变质砂岩和板岩，占 75%，土为砂土，结构较密实。堆积体最大厚度约为 19m，一般厚度为 12～16m，滑坡体体积约为 103.8 万 m^3。

图 3.3-70　2号次级滑体下游边界

图 3.3-71　2号次级滑体上游边界

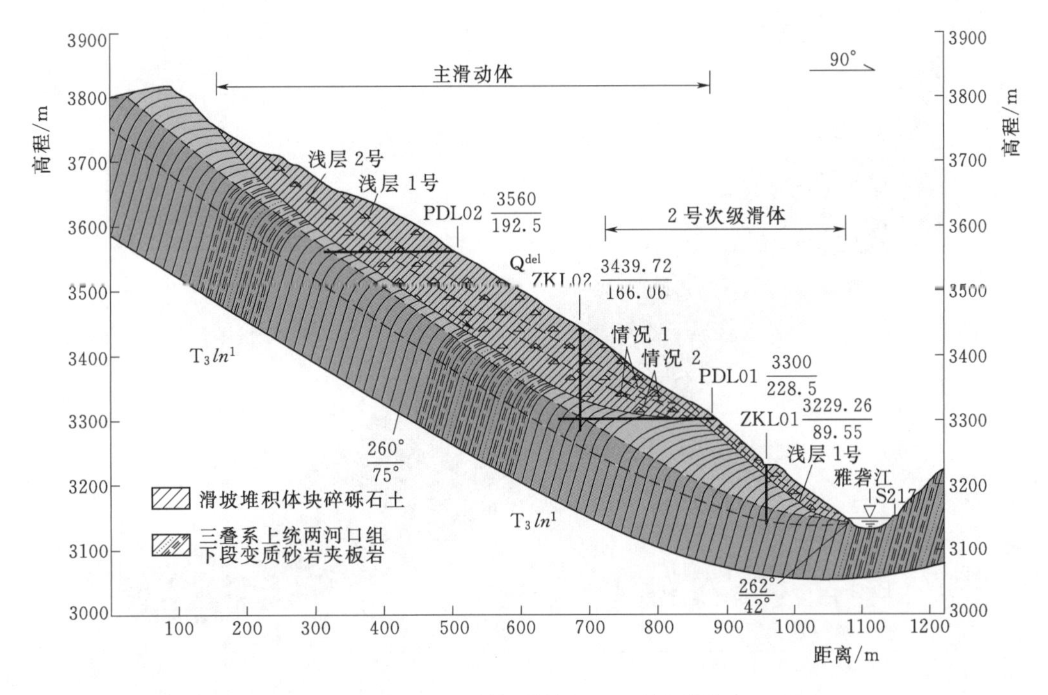

图3.3-72 林达滑坡Ⅱ—Ⅱ′剖面图

3. 3号次级滑体特征

3号次级滑体规模相对较小，滑坡整体呈圆弧状，下游侧与2号次级滑体相连，上游侧以地表浅沟为界（图3.3-73、图3.3-74）。3号次级滑体后缘高程3267m，前缘直抵河床，高程3142m，相对高差约为120m（图3.3-75）。前缘顺雅砻江最大宽度约为143m，纵向长度约为172m，堆积体总面积约为2.49万m^2。滑坡堆积体为浅灰色块碎砾石土，成分主要为变质砂岩及板岩，土为砂土。最大厚度约为22m，一般厚度为13～17m，堆积体体积约为37.4万m^3。

图3.3-73 3号次级滑体下游边界

图3.3-74 3号次级滑体上游边界

4. 主滑动体特征

主滑动体位于滑坡体的中后部，空间形态上与滑坡整体相似。其后缘边界为滑坡体后

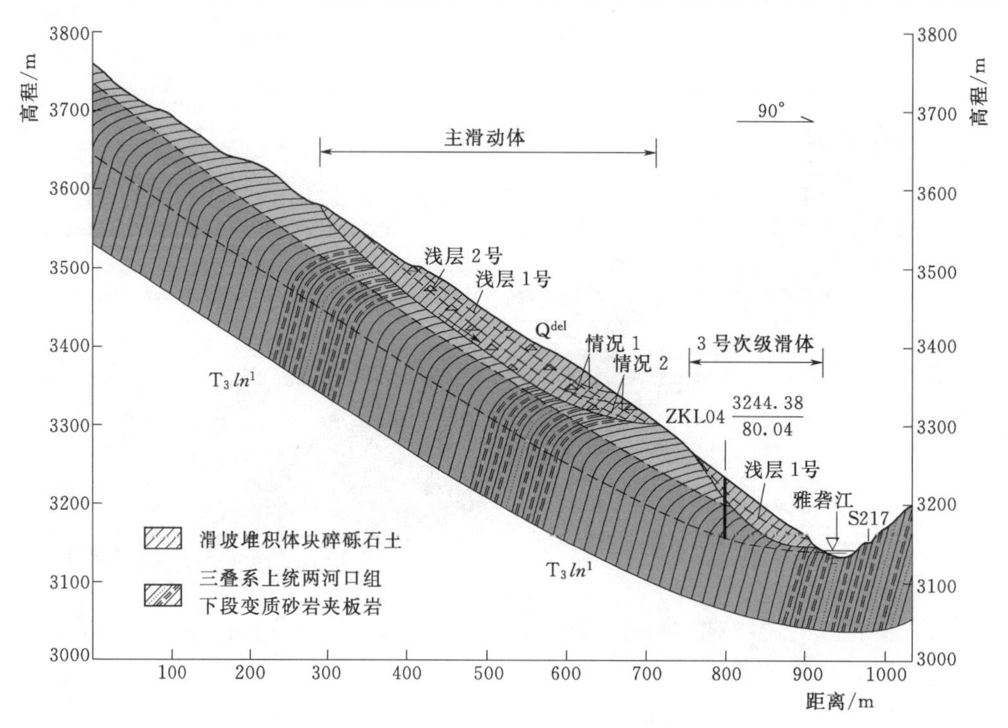

图 3.3-75　林达滑坡Ⅲ—Ⅲ′剖面图

缘出露基岩陡坎，两侧以冲沟为界。主滑动体滑体后缘高程约为3765m，前缘剪出口位于滑坡体中部Ⅴ级阶地、平洞PDL02的上部，高程约为3302m，相对高差约为463m。前缘最大宽度约为915m，纵向长度约为737m，主滑动体总面积约为41.50万m^2。滑坡堆积体为深灰色夹浅灰色块碎砾石土，成分主要为板岩和砂岩，块石粒径一般为20～30cm，局部出露有直径达1.5m的未解体巨型块石，且未解体岩体成层性较好，岩体含量较前部次级滑体高，约占90%，土为浅灰色砂土，结构较密实。最大厚度约为94m，一般厚度为38～75m，主滑动体积约为2070万m^3。

3.3.4.4　滑坡体变形破坏特征

林达滑坡为一古滑坡体，其基本地质力学模型为弯曲—倾倒—拉裂。但根据勘探工程揭示，作为倾倒变形体，现阶段仅形成了受倾向坡外的破裂面控制的表层滑塌，而并未发生沿深层弯折带的整体滑动，其变形迹象主要发生在表层的堆积体中，实际上已转化为滑移—拉裂变形破坏模式。

滑坡前缘长期受雅砻江侵蚀，不断垮塌解体。特别是2008年的地震使岩土体结构更为松散，加之地震之后暴雨及江水冲蚀作用。目前，滑坡整体的变形破坏特征主要受浅表层次级滑体的变形所控制。

主滑动体位于滑坡体的中后部，其后缘下错，形成了约10m高基岩陡坎（图3.3-76），且发育有垂直主滑方向的拉张裂缝，裂缝呈圈椅状延伸，但连续性较差，局部拉张5～8cm（图3.3-77）。主滑动体中部还发育有错动台坎，台坎高度约0.5m，内侧面已被植被覆盖，部分台阶面被雨水冲刷后已不明显，推测错动台坎发育时期较早（图3.3-78）。此外，主滑动体的中后部发育有马刀树，且马刀树均为较为粗壮的老成树木，而新生树木均直立（图3.3-79）。纵观上述变形现象可以推断，主滑动体曾经发生过一定的变形，但变形现象总体较为轻微，且现在处于相对稳定期，未发生明显的位移变形。

图3.3-76 主滑动体后壁基岩陡坎

图3.3-77 主滑动体后缘拉张裂缝

图3.3-78 主滑动体中部发育错动台坎

图3.3-79 主滑动体中后部发育植被

1号次级滑体位于滑坡体前缘的下游侧，目前次级滑体已形成了典型的圈椅状地貌。滑体后缘及两侧均形成了明显的错动台坎，可见次级滑体已经发生过整体滑动，经历了能量的消散过程（图3.3-80）。但随着雅砻江的不断侵蚀，使前缘不断临空，坡度变陡（图3.3-81）。加之位于次级滑体中部的冲沟侵蚀下切，进一步削弱坡体的完整性。目前，次级滑体前部发育有多条垂直主滑方向的拉张裂缝，并随着雨水的冲刷不断向深部发展（图3.3-82）。此外，在勘探过程中位于次级滑体中部的ZKL03钻孔出现了明显的变形现象。由此可以推断，1号次级滑体已产生了整体的复活变形，且滑体表部堆积体沿拉张裂缝逐级垮塌破坏，并不断向后部发展。

2号次级滑体位于滑坡体前缘的中部，也已发生了整体的滑动，形成了明显的圈椅状地貌，并形成了错动台坎。在勘探过程中，钻孔内并未发现明显变形现象。但目前，次级滑体表层蠕滑现象突出，在坡体的中部及中后部发育有多条长大拉张裂缝，但裂缝延伸较差，且发育深度较浅（图3.3-83～图3.3-85）。由此可见，2号次级滑体目前处于表层蠕滑阶段，并随着浅表生改造的不断加剧，蠕滑现象将进一步发展，并最终导致次级滑体的整体复活。

图 3.3-80　1号次级滑体侧缘下错台坎

图 3.3-81　1号次级滑体前缘陡壁

图 3.3-82　1号次级滑体坡体前缘拉张裂缝

图 3.3-83　2号次级滑体坡体中部拉张裂缝

图 3.3-84　2号次级滑体中部拉张裂缝

图 3.3-85　2号次级滑体后部拉张裂缝

3号次级滑体位于滑坡体前缘的上游侧，目前该次级滑体也已形成了典型的滑坡地貌，发育有错动台坎（图3.3-86）。此外，坡体上发育有多处马刀树，且树龄较大（图3.3-87）。可见，该次级滑体与1号、2号次级滑体同期发生过整体滑动。但现阶段，其变形现象并不突出，地表调查和钻探均未发现明显的变形。

图3.3-86　3号次级滑体后缘下错台坎

图3.3-87　3号次级滑体中后部发育马刀树

3.3.4.5　滑坡体稳定性特征

综合上述滑坡的规模及变形特征表明，斜坡整体目前并未发育成为沿深层最大弯折带整体滑移的破坏模式，而只是发生了浅层的堆积层滑坡。

目前，虽然滑坡体整体形成了典型的圈椅状地貌，其后缘也出露有下错台坎和拉张裂缝，但拉张裂缝延续性较差，且张开度较小，滑坡整体变形迹象不明显。因此，可以推断滑坡整体目前处于稳定的状态。

根据现场调查及勘探成果揭露，滑坡体内发育有四个次级滑体。其中分布于滑坡体前缘的1号、2号、3号次级滑体，由于长期受雅砻江侵蚀，同期均发生过整体滑动，经历了能量的消散过程，且均形成了典型的滑坡地貌。随着浅表生改造的进一步加剧，以及雅砻江进一步侵蚀下切的影响。目前，1号次级滑体复活迹象尤为突出，其坡体前缘发育有多条垂直主滑方向的拉张裂缝，并随着雨水的冲刷不断向深部发展。此外，在勘探过程中位于1号次级滑体上的ZKL03钻孔出现了明显的钻孔倾斜现象。因此，可以推测1号次级滑体目前处于不稳定状态，在暴雨和地震的作用下其稳定性将进一步恶化。2号次级滑体表层蠕滑现象突出，在坡体的中部及中后部发育有多条长大拉张裂缝，但裂缝延伸较差，且发育深度较浅。由此可见，2号次级滑体目前处于极限平衡状态，随着后续浅表生改造的不断加剧，并最终导致滑体的整体失稳。3号次级滑体虽已形成了典型的滑坡地貌，但其新生变形现象并不突出，且在钻孔勘探过程中未发现明显的深部位移。因此，可以判定3号次级滑体目前处于基本稳定状态。主滑动体位于滑坡体的中后部，不受江水侵蚀的影响，且堆积体内未完全解体的强变形岩体成层性较好，堆积体较密实，坡体变形迹象并不显著，因此，主滑动体目前稳定性较好。

3.3.4.6　滑坡岩土体物理力学参数

滑坡渗流、变形及稳定性分析计算中，岩土物理力学参数选择合理与否至关重要。目前确定滑带土抗剪强度参数值的方法主要有试验、工程类比和反演分析。滑带土试验受试样和试验条件的限制，滑带土试验数据通常很离散，需要分析计算确定。工程类比法在确定滑带土的抗剪强度参数时具有很强的主观性，在确定类比指标时又受到类比滑坡客观条件的限制。反演分析是确定滑带土抗剪强度参数的一种有效的方法，根据滑坡的宏观变形状况假设滑坡的稳定性系数，反算滑带土抗剪强度参数。计算参数主要包括滑体重度、滑带土的抗剪强度等，基于类比分析，辅以反算，参考《工程地质手册》（第4版，中国建筑工业出版社），综合确定其值。

1. 工程地质类比取值

工程地质类比主要参考雅砻江中游甲西滑坡，该滑坡发育于三叠系上统雅江组一段地层中，其岩性以中薄层状砂岩与薄层状板岩互层为主。岩层产状 N35°W/SW∠55°～70°，与河谷呈小角度相交，岩层倾向坡内，斜坡总体为一中陡倾坡内的反向层状结构斜坡。甲西滑坡岩土体物理力学性质参数见表 3.3-16。

表 3.3-16　　甲西滑坡岩土体物理力学性质参数表

岩土体参数	天然状态			饱和状态		
	重度 /(kN/m³)	黏聚力 /kPa	内摩擦角 /(°)	重度 /(kN/m³)	黏聚力 /kPa	内摩擦角 /(°)
堆积层	23	60	35	24	60	33
堆积层滑带土	14	20	26	17	20	24

2. 岩土体物理力学室内试验参数

室内试验是获得岩土体物理力学性质的常用的主要手段之一。由于勘查过程中并未发现明显的滑带物质，因此对滑坡体土样进行试验，并依据取样位置的不同，进行了滑体参数的标准值统计，以此作为岩土体的参数取值，成果见表 3.3-17。

3. 黏聚力和内摩擦角反演取值

反算是滑坡稳定性计算的逆过程，得到的参数更符合滑坡的变形情况，参数可以作为试验数据选取的参考。通常将反分析的状态称为临界状态，临界状态是指在确定工况的评估指标下的边坡即时状态，包括坡面形态、地下水位、滑带赋存条件和外荷载等因素。在确定计算状态时，应该使边坡的临界状态各因素符合实际情况。参考表 3.3-18，给出了通常情况下滑坡稳定性系数和变形状态的关系。在实际应用中考虑了滑坡不同发育阶段的变形性质并详细查勘滑坡前、后缘变形量和地形变化后才能做出正确选择。根据前期对林达滑坡宏观变形状况的描述，选取Ⅰ—Ⅰ′剖面和Ⅱ—Ⅱ′剖面进行反演分析，综合判定计算参数。根据现场调查和勘探成果，判定Ⅰ—Ⅰ′剖面1号次级滑体在天然工况下处于不稳定状态且整体变形，确定其稳定性系数为 $F_s=0.95\sim0.97$，进行参数反演，结果见表 3.3-19。Ⅱ—Ⅱ′剖面2号次级滑体在天然工况下处于蠕滑变形阶段且接近临界状态，确定其稳定性系数为 $F_s=0.97\sim0.99$，进行参数反演，结果见表 3.3-20。

表 3.3-17　林达滑坡滑体土物理力学性质指标汇总表

样品位置	样品编号	土体物理性质指标									土体力学性质指标			
											压缩性		直剪（饱和快剪）	
		湿密度	干密度	孔隙比	含水率	液限	塑限	塑限指数	比重	渗透系数	压缩模量	压缩系数	内角摩擦	黏聚力
		g/cm³	g/cm³	—	%	%	%	—	—	cm/s	MPa	MPa⁻¹	(°)	kPa
剖面1	ZKL03-1	1.78	1.72	0.581	3.5	25.6	15.4	10.2	2.72	5.82×10^{-6}	4.69	0.337	24.9	27
	ZKL03-2				3.6	23.7	14	9.6	2.72					
	ZKL03-3	1.71	1.69	0.626	1.4	21.5	14.5	7	2.75	1.26×10^{-5}	3.98	0.384	24.7	30
	ZKL05	1.76	1.71	0.616	3.1	29.7	19.8	9.9	2.76	6.77×10^{-7}	5.89	0.274	24.4	22
平均值		1.75	1.71	0.61	2.90	25.13	15.93	9.18	2.74	6.37×10^{-6}	4.85	0.33	24.67	26.33
标准差		0.036	0.015	0.024	1.023	3.480	2.647	1.471	0.021	5.98×10^{-6}	0.965	0.055	0.252	4.041
修正系数		0.969	0.987	0.942	0.596	0.842	0.810	0.817	0.991	2.413	0.701	0.750	0.985	0.769
标准值		1.7	1.68	0.57	1.729	21.14	12.90	7.49	2.71	1.54×10^{-5}	3.40	0.25	24.29	20.26
剖面2	ZKL01	1.78	1.72	0.571	3.2	26.4	17	9.4	2.7	1.14×10^{-6}	0.355	4.42	24.3	24
	ZKL02-1	1.84	1.76	0.554	4.5	21.7	15.5	6.2	2.74	7.76×10^{-7}	0.237	6.57	24.8	28
	ZKL02-2	1.83	1.73	0.595	6	26.3	16.8	9.5	2.76	1.83×10^{-6}	0.308	5.18	24.7	23
平均值		1.8	1.74	0.57	4.57	24.80	16.43	8.37	2.73	1.25×10^{-6}	0.30	5.39	24.60	25.00
标准差		0.032	0.021	0.021	1.401	2.685	0.814	1.877	0.031	5.35×10^{-7}	0.059	1.090	0.265	2.646
修正系数		0.973	0.982	0.946	0.539	0.837	0.925	0.663	0.983	0.355	0.702	0.696	0.984	0.841
标准值		1.8	1.71	0.54	2.460	20.76	15.21	5.54	2.69	4.44×10^{-7}	0.21	3.75	24.20	21.02
剖面3	ZKL04-1				4.4	24.6	16.4	8.2	2.73					
	ZKL04-2	1.72	1.7	0.6	1.3	21	17.2	3.9	2.72	7.73×10^{-5}	0.337	4.75	24.30	18.00
标准值		1.72	1.7	0.6	2.85	22.80	16.80	6.05	2.73	7.73×10^{-5}	0.337	4.75	24.30	18.00

表 3.3-18　滑坡不同发育阶段的稳定性系数

发展阶段	整体变形	整体变形	局部变形	稳定固结
变形性质	剧滑	微滑	蠕滑	固结
稳定性系数 F_s	<0.90	0.90～1.00	1.00～1.05	>1.05
变形状态	坡面出现鼓丘、挤压变形和较大的大裂隙	局部坡面变形异常，陡坎处出现局部滑崩、裂缝发育、逐渐连通	前缘或后缘变形微弱，地表出现未连通的微裂隙	其他

表 3.3-19　Ⅰ—Ⅰ′剖面1号次级滑体滑面参数反演结果

黏聚力/kPa \ 内摩擦角/(°)	24	25	26	27	28	29	30	31	32
30	0.734	0.767	0.8	0.833	0.866	0.899	0.932	0.965	0.998
35	0.747	0.78	0.813	0.846	0.879	0.912	0.945	0.978	1.011
40	0.76	0.793	0.826	0.859	0.891	0.925	0.958	0.991	1.024
45	0.773	0.805	0.839	0.872	0.904	0.938	0.97	1.004	1.036
50	0.786	0.818	0.852	0.884	0.917	0.95	0.983	1.017	1.049
55	0.798	0.831	0.864	0.897	0.93	0.963	0.996	1.029	1.062
60	0.811	0.844	0.877	0.91	0.943	0.976	1.009	1.042	1.075
65	0.824	0.857	0.89	0.923	0.956	0.989	1.022	1.055	1.088

表 3.3-20　Ⅱ—Ⅱ′剖面2号次级滑体滑面参数反演结果

黏聚力/kPa \ 内摩擦角/(°)	24	25	26	27	28	29	30	31	32
30	0.680	0.712	0.742	0.773	0.804	0.834	0.865	0.896	0.925
35	0.712	0.743	0.774	0.804	0.835	0.865	0.896	0.927	0.957
40	0.743	0.775	0.806	0.837	0.867	0.898	0.928	0.958	0.989
45	0.775	0.806	0.836	0.868	0.898	0.929	0.959	0.991	1.021
50	0.803	0.835	0.867	0.898	0.930	0.960	0.992	1.023	1.054
55	0.835	0.866	0.897	0.928	0.959	0.995	1.020	1.052	1.084
60	0.864	0.896	0.926	0.958	0.989	1.021	1.051	1.082	1.113
65	0.895	0.926	0.958	0.988	1.020	1.051	1.081	1.112	1.144

4. 渗流参数取值

渗流分析除了饱和渗透系数，还涉及土水特征曲线与非饱和渗透系数。土水特征曲线表明有多少水由于基质吸力克服重力而被保持在土壤中，反映了土体的持水能力；而非饱和渗透系数则反映土体在非饱和区导水的快慢。

土水特征曲线与非饱和渗透系数函数本应根据试验测得，然而目前对非饱和土性状通过试验方法的研究比较欠缺，由饱和渗透系数和土水特征曲线推导出的渗透性函数已可以达到足够的精度。本节根据含水量和饱和渗透系数采用软件自身包含的 Green－Corey 方法推导得出滑坡岩土体各层的渗透系数函数和土水特征曲线，具体如图 3.3－88～图 3.3－94 所示。

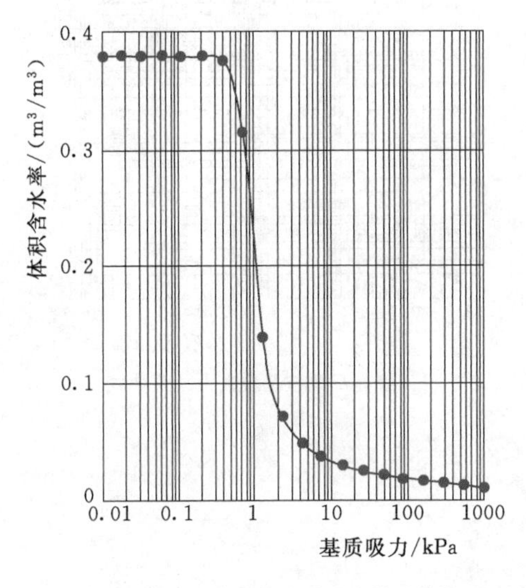

(a) 体积含水率与基质吸力关系曲线

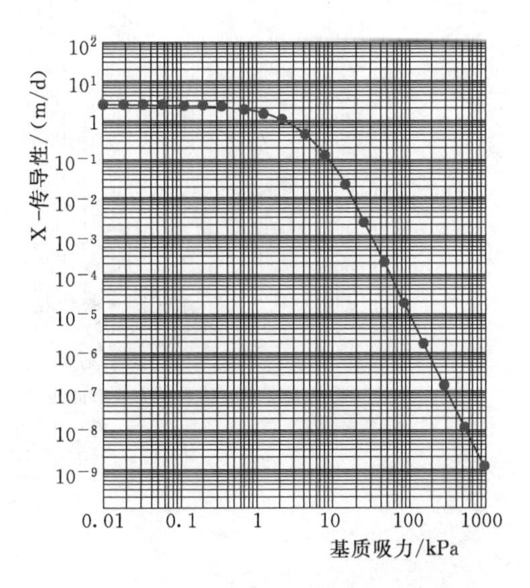

(b) 渗透系数与基质吸力关系曲线

图 3.3－88　前缘次级滑体土水特征曲线

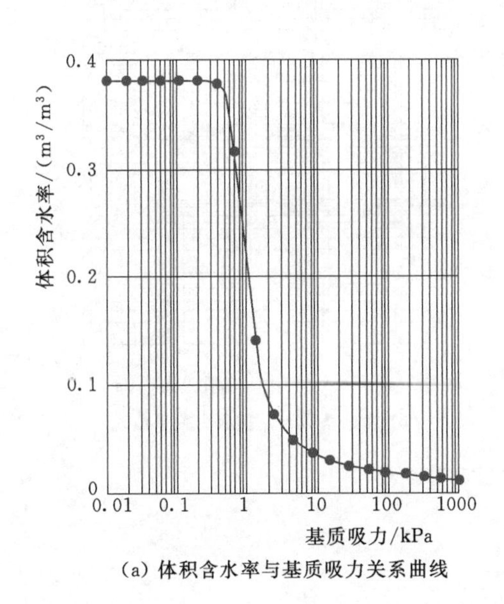

(a) 体积含水率与基质吸力关系曲线

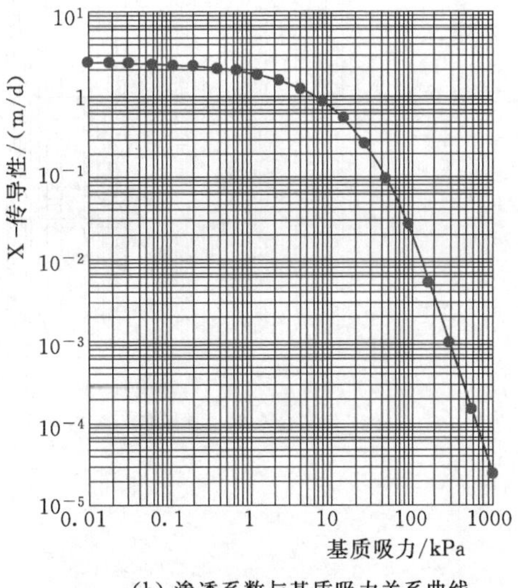

(b) 渗透系数与基质吸力关系曲线

图 3.3－89　主滑动体内部 1 号次级滑体土水特征曲线

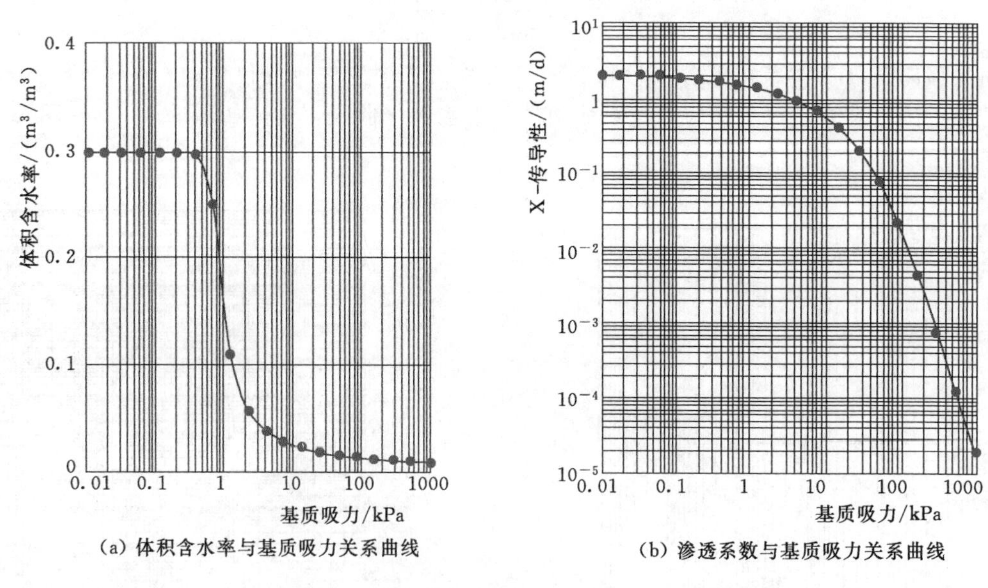

(a) 体积含水率与基质吸力关系曲线

(b) 渗透系数与基质吸力关系曲线

图 3.3-90 主滑动体内部 2 号次级滑体土水特征曲线

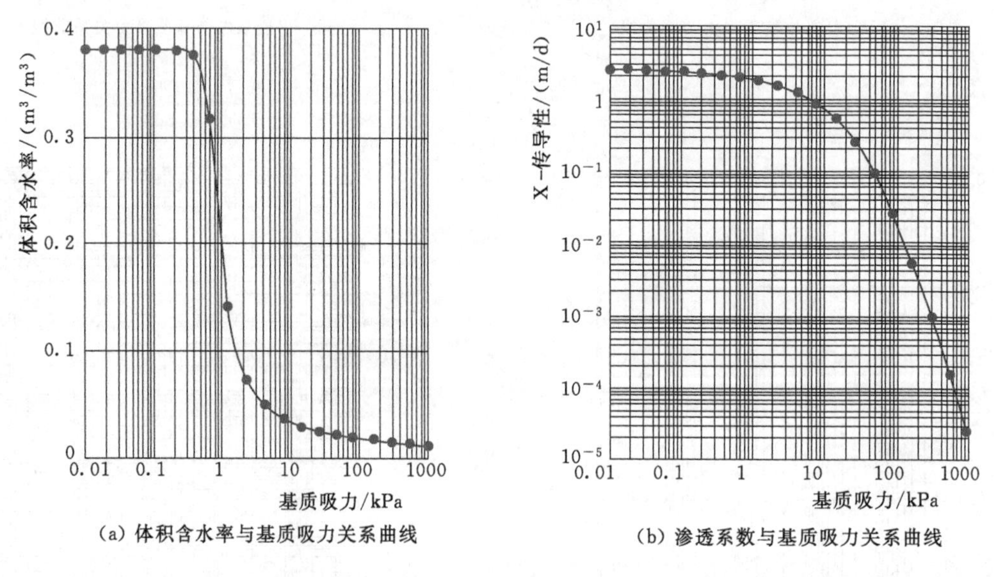

(a) 体积含水率与基质吸力关系曲线

(b) 渗透系数与基质吸力关系曲线

图 3.3-91 主滑动体土水特征曲线

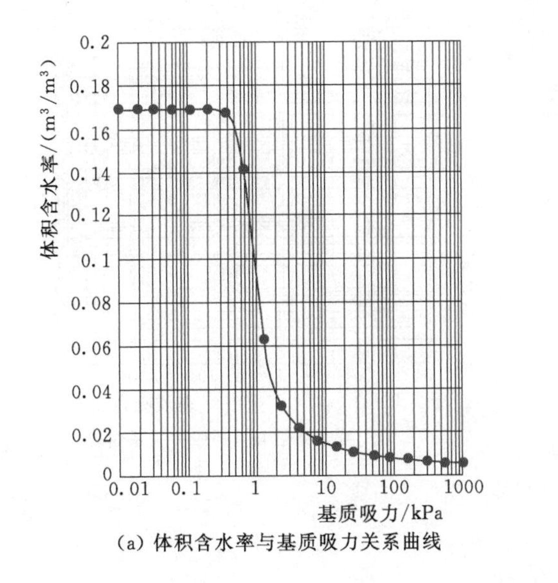

(a) 体积含水率与基质吸力关系曲线

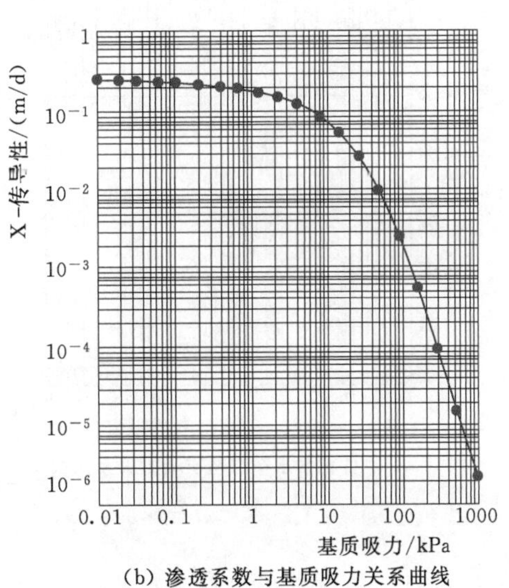

(b) 渗透系数与基质吸力关系曲线

图 3.3-92　强变形区土水特征曲线

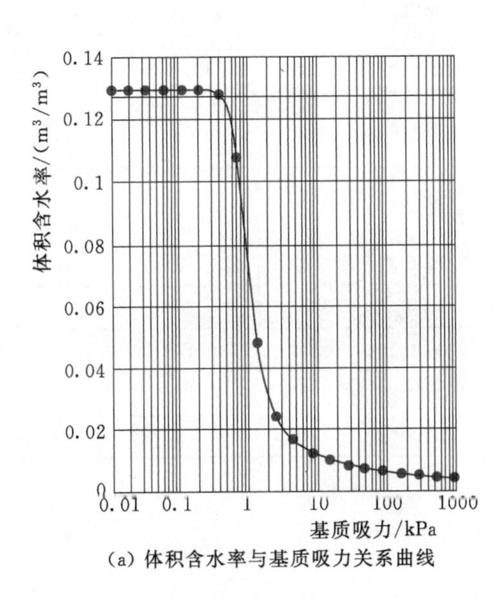

(a) 体积含水率与基质吸力关系曲线

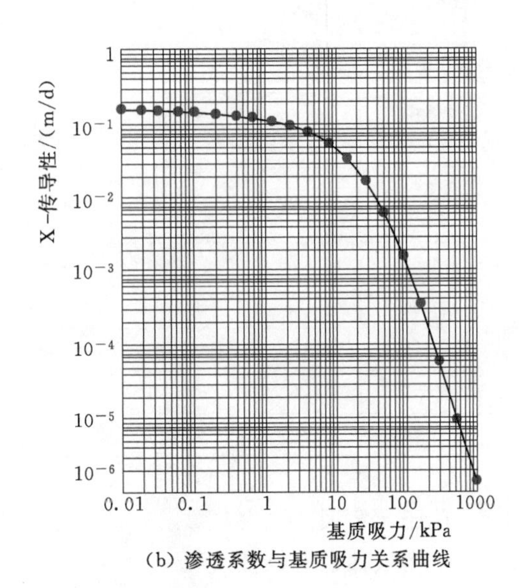

(b) 渗透系数与基质吸力关系曲线

图 3.3-93　弱变形区土水特征曲线

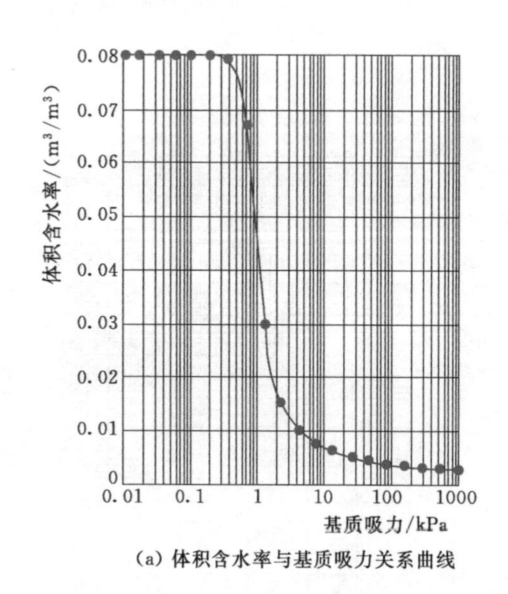

(a) 体积含水率与基质吸力关系曲线

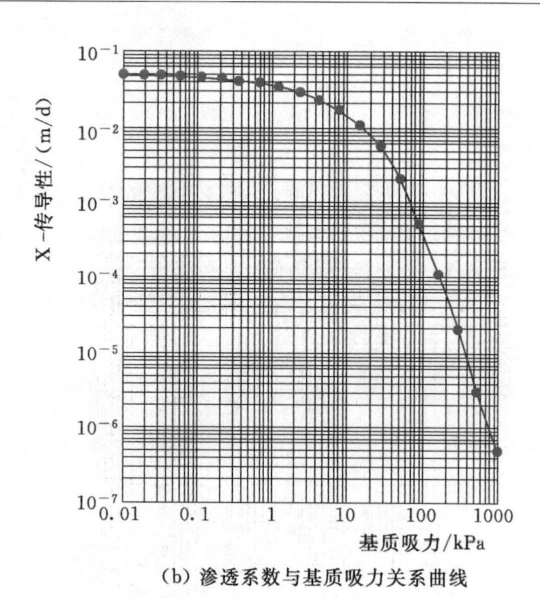

(b) 渗透系数与基质吸力关系曲线

图 3.3-94 正常岩体土水特征曲线

分析计算参数取值汇总，见表 3.3-21。

表 3.3-21 林达滑坡渗流分析、数值模型参数取值汇总表

部位		天然重度/(kN/m³)	黏聚力/kPa	内摩擦角/(°)	弹性模量/MPa	泊松比	饱和体积含水率	饱和渗透系数/(m/d)
前缘次级滑体		19	55	29	750	0.31	0.38	2.5
主滑体	主滑体内部1号潜在滑体	21	60	32.5	1000	0.31	0.38	2.5
	主滑体内部2号潜在滑体	22	65	33	1500	0.30	0.30	2.0
	主滑体	23	120	36	4000	0.30	0.38	2.5
	主滑面	23	70	34	2500	0.30	0.38	2.5
滑床	强变形区	26	200	38	8000	0.28	0.17	0.25
	弱变形区	26.5	300	42	15000	0.27	0.13	0.15
	正常岩体	27	380	44	20000	0.26	0.08	0.05

3.3.5 唐古栋滑坡

3.3.5.1 滑坡体形态特征

唐古栋滑坡为一巨型高速岩质滑坡。通过调查，滑坡的滑动分为两个阶段：前期前缘坡体的失稳与滑坡中后部坡体整体的滑动。滑坡平面形态似“舌”状，空间上形成前、后缘陡峭，中部相对平缓；上、下游地势较高，中部低洼的地形地貌特征。滑坡于 1967 年发生高速失稳破坏后，其残留的后缘及侧缘边界明显。唐古栋滑坡后缘最大标高 3550m，雅砻江河床初始标高 3370.00m，现今河床标高 2380.00～2390.00m，垂

直高差约 1000m。滑坡前缘剪出口标高 2450.00～2480.00m，中后部滑体剪出口高程约为 2515.00m，前缘顺河宽约 1400m。滑坡的主滑方向 145°，与河流走向近垂直。前缘剪出口滑面（带）坡度约为 20°，中前部滑面（带）坡度为 30°～36°，后缘滑面为 45°。垂直滑动方向的滑源区平均宽度约 1200m，失稳坡体平均厚度约 80m，滑坡方量约为 9260 万 m^3（图 3.3－95）。

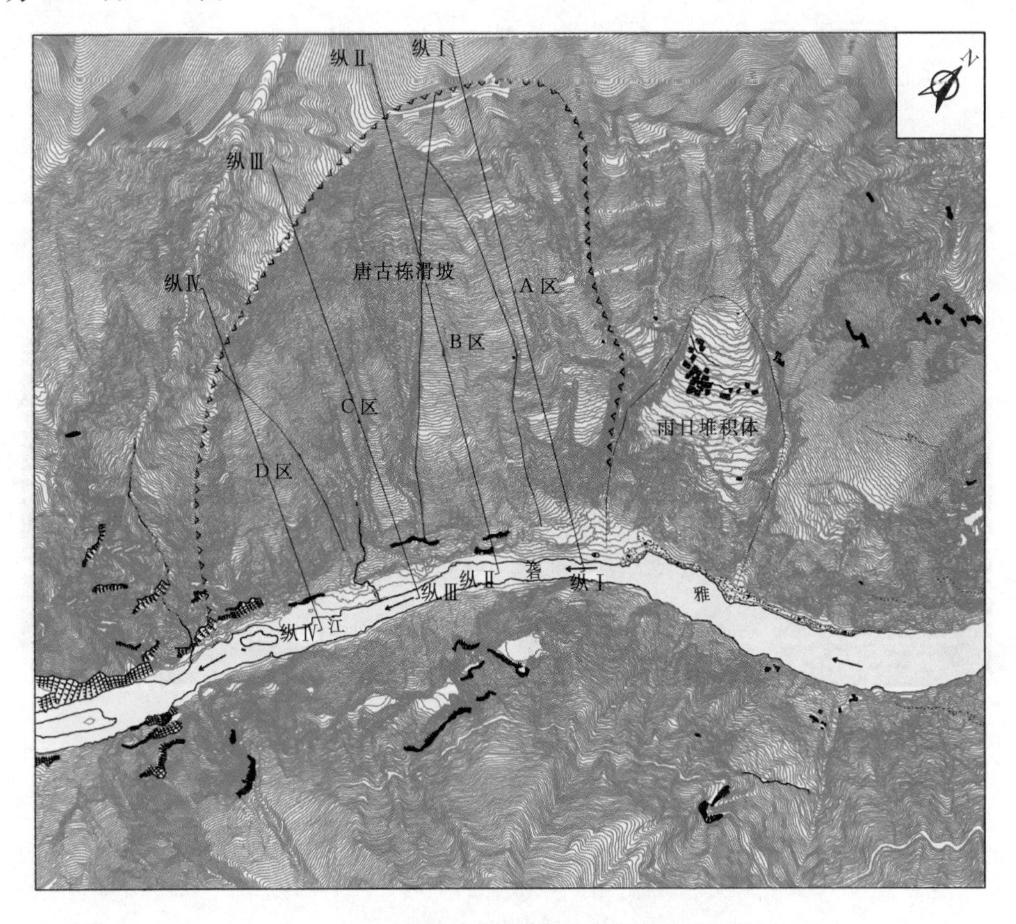

图 3.3－95　唐古栋滑坡基本特征及分区特征图

前缘坡体失稳堆积雅砻江后，中后部的失稳坡体从高程 2515.00m 剪出后直接冲向对岸，遇到拦截后回弹，最终在雅砻江上形成沿江长 1500m、顶面沿江长 860m、高 225～270m、顶宽 500～800m、底宽 200～300m，横断面呈倒梯形，方量约 6800 万 m^3 的巨型滑坡坝。滑坡坝溃决是从靠近雅砻江右岸一侧开始的并在左岸一侧形成滑坡堆积构成的高陡斜坡。此后，该斜坡逐渐后退，滑坡坝规模越来越小，这一过程一直延续至今。现在，雅砻江左岸仍残留有滑坡坝的多个标高 2595.00～2640.00m 的顶部平台及滑坡坝清晰的梯形纵断面轮廓，滑坡坝平台顶部已经自然生长出高度 3～5m 的灌木林。

现今的唐古栋滑坡滑源区主要为残余滑体，其中顺坡冲沟发育，后缘及下游侧边界可见裸露滑床，其余部位不是很明显；滑源区表面起伏很大，未见相对平整的滑面或滑带。滑床基岩表面形态十分粗糙、起伏不平，张性破坏迹象显著。

3.3.5.2 滑坡物质组成及结构特征

1. 物质组成

滑坡出露的基岩岩性为三叠系上统侏倭组（T_3zh）厚—巨厚层浅灰—深灰色中细粒变质石英砂岩夹少量薄层板岩，和灰白色厚-巨厚层状粗粒变质长石砂岩，岩石坚硬，抗风化能力较强，岩体较完整。滑坡发生于 T_3zh 中。

T_3zh 为一套浅变质岩系，主要岩石类型有深灰色（浅）变质（粉）砂岩，条带状（浅）变质粉砂岩，偶夹灰黑色板岩，局部见透镜状砾岩，其中以浅变质砂岩为主。构成唐古栋滑坡主体的变质砂岩呈灰色或灰白色，细-中粒结构，中-厚层构造，主要由粒径0.5～1mm 的斜长石、石英等组成，同时含有少量黑云母（图 3.3-96）。此外，在滑坡滑床基岩可见中—厚层状灰白色、灰黑色变质砂岩夹板岩及顺层、切层发育的伟晶岩脉，尽管经历过强烈的构造运动及浅变质作用，但变质砂岩层理构造仍然较为清楚；具体可见图 3.3-96。

(a)

(b)

图 3.3-96　唐古栋滑坡变质砂岩（局部侵入花岗岩岩脉）

从区域上看：唐古栋滑坡西部和东北部出露的是黑云母花岗岩，南部和东南部出露的是花岗闪长岩。

唐古栋滑坡滑床基岩出露了中酸性侵入体冷凝过程中形成的残余岩浆岩。其后缘可见NNE 走向密集发育的花岗伟晶岩脉，厚度一般 0.5～5m，多呈透镜状，延伸一般大于20m。这些伟晶岩脉一般呈灰白色，主要由粒径 1～5mm 的石英和斜长石组成，也有相当数量的脉体含有粒径 5～10mm 的黑云母。

第四系松散覆盖层按成因主要有冲积堆积（Q_4^{al}）、崩坡积堆积（Q_4^{col+dl}）以及少量的滑坡堆积（Q_4^{del}）等。冲积堆积（Q_4^{al}）：含孤卵砾石砂层，分布于河床及河漫滩部位，根据物探测试成果，河床冲积层厚度 20～25 余 m，物质组成以卵砾石砂为主（图 3.3-97），地震波速为 1500～1700m/s；崩坡积堆积（Q_4^{col+dl}）（图 3.3-98）：块碎石土层，分布于滑坡的坡脚及缓坡地带，且在滑坡上游侧中后部分布较广、较厚，一般厚约 10～15m，最厚达 25～30m；塌滑堆积物主要分布于滑坡后缘坡脚部位、滑坡对岸 2475～3500m 及其滑坡前缘缓坡地带，主要为唐古栋滑坡发生时残存的堆积物。

图 3.3-97　冲积堆积

图 3.3-98　崩塌堆积

2. 结构特征

从唐古栋滑坡目前的坡体结构可以看出：滑坡中上部滑床基岩多裸露，表部松散的覆盖层较薄；滑坡上游侧中下部松散堆积物较厚，一般 10～30m，冲沟沟底多未见基岩，仅局部位置出露基岩，地表多杂乱堆积松散块石；下游侧多基岩出露，岩体风化卸荷严重，表部覆盖层较薄；另外，在滑坡前缘形成垂直高差约 110m 的陡坎，剖面上可见明显的基覆界面。典型的坡体结构如图 3.3-99 所示。

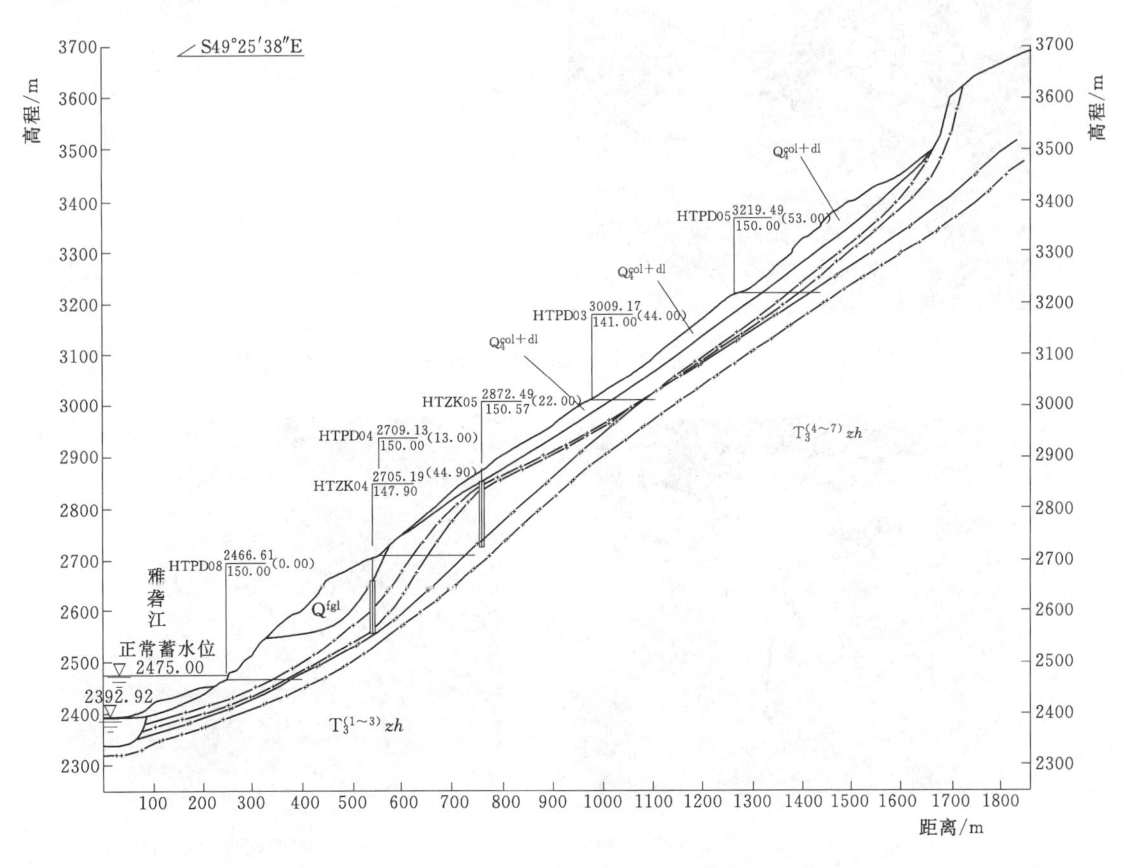

图 3.3-99　唐古栋滑坡 Ⅰ—Ⅰ 剖面地质结构特征图

通过现场的勘察测绘与对研究区已有资料的整理，项目区地质构造不是很发育，主要有：①沿唐古栋滑坡西侧冲沟发育的蔡玉断层；②枢纽与雅砻江大致平行的孜河-楞古背斜；③以及受区域断层及褶皱影响形成的挤压带（面）、节理裂隙和小型褶皱。其中褶皱分为孜河-楞古背斜和雨日背斜，褶皱不是很发育，多以小褶皱为主。唐古栋滑坡内对滑坡影响最大的为蔡玉断层及其对岸发育的 f_3 与 f_4 断层，断层分布在侏倭组（T_3zh）灰色中-厚层变质砂岩中。

3. 地质构造

（1）孜河—楞古背斜。项目区出露的褶皱为NW～EW～NE向的弧顶向南的孜河—楞古背斜，该褶皱是处于中—深构造层次、印支期松潘—甘孜岩（地）层在自北向南的滑脱—推覆过程中沿早期构造形面发生分层韧性剪切形成的。在楞古村一带可清晰见到楞古—孜河背斜转折端（图3.3-100），该处在背斜两翼地层相背而倾，北西翼代表产状N70°E/NW∠81°，南东翼代表产状N40°E/SE∠51°，轴面产状N54°E/SE∠70°。据轴面产状与枢纽产状特征，可知该背斜为一斜歪倾伏褶皱。此外，在滑坡前缘可见多处小型褶皱，其可以发生在侏倭组变质岩，也可以在伟晶岩脉，如图3.3-101、图3.3-102所示。

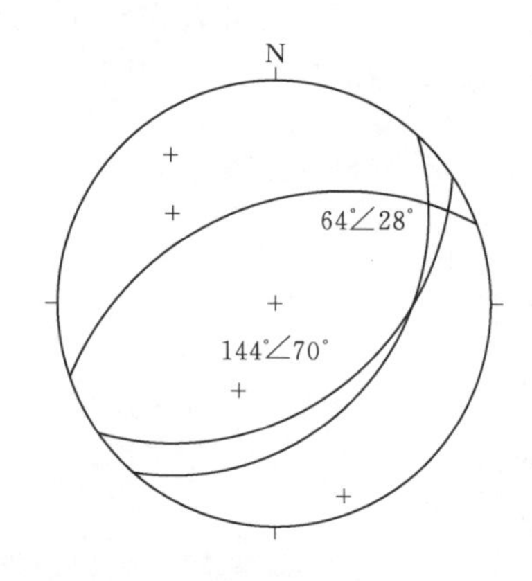

图3.3-100　楞古—孜河背斜转折端露头（楞古村西侧）（成勘院资料）

图3.3-101　后缘变质砂岩出露的小型褶皱

图3.3-102　变质砂岩中发育的层内褶皱

（2）雨日背斜。发育于中坝区下游雅砻江左岸雨日桥头，出露宽度约30m，在雨日桥头有良好的出露（图3.3-103）。雨日背斜卷入地层为上三叠统侏倭组［$T_3zh^{(4)}$］，由薄—中厚层变泥质粉砂岩与厚层块状变质中—细粒砂岩不等厚互层，其中伟晶岩脉发育。背斜两翼相背而倾，转折端较为开阔，构成开阔褶皱。背斜北东翼代表产状：N68°W/NE∠27°，南西翼代表产状N4°W/SW∠34°，轴面产状：N32°W/NE∠86°。

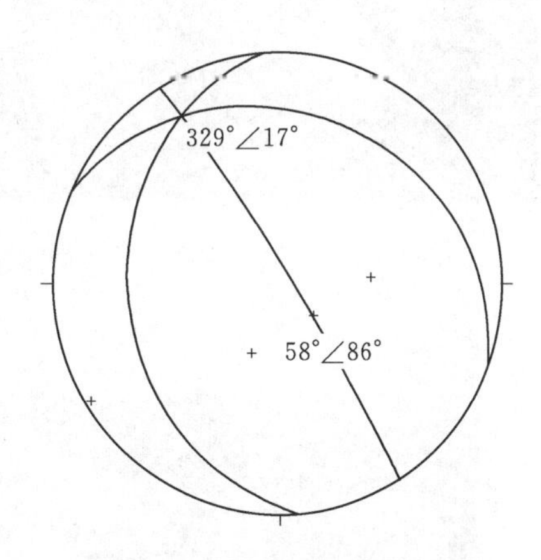

图3.3-103　雨日背斜露头及赤平投影图（据成勘院资料）

唐古栋滑坡内无大的断裂通过，对滑坡影响最大为蔡玉断层及其对岸发育的f_3与f_4断层。

1）蔡玉断层，位于滑坡下游侧冲沟内，走向NNW～NW，延伸大于8km，主要沿冲沟走向发育，靠近唐古栋滑坡下段作为黑云母花岗岩与三叠系上统侏倭组的分界线，上段主要发育于上三叠统新都桥组。

2）断层分布在侏倭组（T_3zh）灰色中—厚层变质砂岩中，上盘岩层产状为：N60°E/NW∠48°。

断裂带宽度约1m，走向近南北，向SEE缓倾。断层产状较为稳定，总体较为平直，主断面产状为：N5°E/NW∠18°。

该断层为全新世（Q_4）断层。证据为：①断层带中发育有较新鲜的断层泥，断层泥质软，断层泥呈深灰色条带状紧邻上下断层面展布；②断层带中的破碎物质（碎斑岩、碎粉岩和角砾岩）相互混杂，但部分呈现出明显的褶皱分布（图3.3-104），其中褶皱枢纽的产状为N55°W/NE∠15°。

在断层下盘发育有两组相互交织构成棋盘格状的节理构造，两组节理的代表性产状分别为：N50°E/NW∠75°和N50°E/NW∠28°。靠近断层下层面处出现劈理化现象，从劈理形成的牵引褶皱（图3.3-105）可判断出断层为逆冲断层。在断层上盘也发育两组节理，其代表性产状分别为：N15°E/SE∠15°和N10°E/NW∠80°。

3.3.5.3　滑坡分区及变形特征

在对研究区工程地质条件以及其工程特性研究的基础上，按照斜坡发生变形破坏的程度、滑坡体变形的剧烈程度、滑坡体地形地貌、目前的活动性和危险性及坡体物质的结构特征等因素，将唐古栋滑坡分为四个区，即A、B、C和D区（图3.3-106）。A区位于

图 3.3-104　断层带内褶皱及角砾岩

图 3.3-105　劈理的牵引现象

图 3.3-106　滑坡分区及各区特征（相片）

唐古栋滑坡上游侧至雨日堆积体之间，1967 年唐古栋滑坡发生时未整体滑动破坏部分，目前仅后缘和前缘可见变形破坏迹象，滑坡影响强烈区、潜在滑动区；B 区位于唐古栋滑坡上游侧，为 1967 年滑坡滑动部分，残留滑坡堆积体方量较大；较弱滑动区、较弱变形区、危险区；C 区位于唐古栋滑坡中部，1967 年整体滑动区，残存的方量较小；高速滑动区、强烈变形区、危险区；D 区位于唐古栋滑坡下游侧；根据是否整体滑动细分为 D-1 与 D-2 区：D-1 区，1967 年整体滑动区，目前低高程基岩出露，中部残留滑坡堆积体和后期崩积物，后缘基岩出露，目前还经常发生崩塌；次级滑动区、较强变形区、危险区；D-2 区，1967 年局部滑动区，目前主要为基岩露头；滑坡影响区、潜在滑动区。

通过现场的调查以及结合勘探资料，各区的特征如下：

(1) A 区：该区位于唐古栋滑坡上游侧，分布高程：2400～3500m，地形上呈陡—缓—陡，中前部较缓，临河侧坡度较陡，坡度为 50°～55°，局部可达 65°～70°，前部缓坡为 20°～25°，中后部坡度为 35°～40°；该区浅表部岩性为较为松散的崩坡积物（高程：2755～3500m）且厚度一般大于 10m，靠滑坡侧冲沟内很少有基岩出露，但该区后部及上游边界冲沟内局部见有基岩露头。该区下游侧前部缓坡及靠滑坡后缘部位受唐古栋滑坡影响较大，前部缓坡与中部地形变化处发育一延伸约 80m、错台台坎高度 0.3～1m、宽 4～10m 的拉陷槽，且缓坡上拉裂缝发育多条，可能为滑坡变形及运动过程中拖拉产生的变形；另外，该区后部发生一定规模的崩塌、垮塌现象，靠近滑坡侧的边坡的变形破坏受滑坡影响比较大。

(2) B 区：该区位于唐古栋滑坡的上游侧，分布高程：2480～3390m，滑坡残余堆积体方量约 860 万 m^3；总的来说，地形上起伏比较平缓，前部较陡后部较缓，前者一般为 40°～45°，局部可达 55°～60°，缓坡部位坡度一般小于 30°；中后部一般 27°～35°，冲沟岸坡相对较陡。平面上呈梯形，上部窄下部宽，宽 150～350m；该区主要小冲沟为主，切割的深度及规模一般较 C 区要小。该区中后部地表分布大量崩塌、滑坡形成的大小不一的孤石、块石，岩性为变质砂岩、花岗岩及变质砂岩夹伟晶岩脉，其特性与 C 区后部地表一致；块石杂乱堆积，棱角分明，形态各异，块石之间架空无充填；块石粒径最大可达 15m，一般 1～3m，粒径在 0.2～1.0m 也普遍存在，地表植被稀疏；块石堆积层下部主要为块碎石土，块碎石粒径一般小于 0.3m，含量约 15%～30%，具有一定的胶结性，且深部物质的胶结性相对浅部较好。该区前部坡表物质主要为滑坡残留松散堆积物，厚度 15～30m，主要为块碎石土，块石棱角分明，胶结较差。该区目前整体稳定性较好，主要表现表层松散物质的溜滑和冲沟岸坡的垮塌。

(3) C 区：该区位于滑坡的中部，分布高程：2485～3030m，滑坡残余堆积体方量约 1400 万 m^3；为滑坡区内海拔最低且地形变化最大，平面上呈舌状，后部宽前缘窄，宽 150～250m，且中前部陡后部相对较缓，坡度一般大于 35°，局部位置小于 30°；冲沟发育多条，贯通该区。坡表的物质主要为松散堆积的细粒组分含量更多，数十厘米以上的块石含量相对较少，颗粒级配相对较好，但残留滑坡堆积中粉土一般占 5%～10%，几厘米至 30cm 级碎石含量相对较多，占 70%～80%，30 cm 以上的碎块石占 10%～25%，胶结较差。滑坡发生后，该区对岸残留的滑坡堆积物高度最高可达 270m，岩性总体比较细腻，除还有部分数十厘米以上的块石外，主要为细粒组分，尤其是含粉土；残留剖面上分布的密集侵蚀沟也表明滑坡堆积中数十厘米以下的细粒组分（相对而言）为主，则与该区岩性较为一致。综上所述：该区为唐古栋滑坡发生时的高速滑动失稳区及强烈变形区，且冲沟两侧的垮塌、表层松散物质的溜滑及顺沟的泥石流活动常有发生。

该区中后部基岩节理裂隙及挤压破碎带发育，风化卸荷强烈，岩体锈染严重，岩体质量较差，且受滑坡高速滑动影响在靠近基覆界面处可见明显的基岩架空，挤压破碎现象，尤其是花岗伟晶岩脉锈染蚀变严重，风化强烈，局部岩体手可揉碎。

(4) D-1 区：该区位于 C 区下游侧，分布高程：2480～3040m，滑坡残余堆积体方量约 200 万 m^3；前部地形变化较大后部相对较缓，平面上呈“花瓶状”，两端大中间小，宽 300～400m，且前缘与后部地形较中部陡，前者 40°～45°，局部位置大于 50°，后者一般为 30°～35°。该区发育多条冲沟，一般可延伸至后缘陡坎，中前部冲沟切割深度较大，一般可达 15～20m，后部冲沟切割深度一般小于 5m，多为下部冲沟的分支沟。该区岩性变化较大，其后部表层岩性主要为崩坡积堆积物，表层为架空的块石杂乱堆积，块石块径一般为 0.8～3m，同时 1 区也含有厘米级碎石和 5 m 以上的巨石，块径 8～12m 的块石也可见多块，块石棱角分明，形态各异；块石岩性主要为变质砂岩与花岗岩，这些不同尺度的碎块石一般都比较新鲜，除表面覆盖有风化薄膜，并无其他的风化迹象。该段为滑坡堆积物，坡体物质为块石、岩屑、角砾、泥组成；坡体物质胶结较差，密实堆积，堆积物中最大块径为2m块石，一般10～30cm，约占30%，5～10cm约占20%，表层植被较为发育；在堆积层底部偶尔也见有少量粉土，这些粉土与小粒径碎石组合时，往往显示出一定的胶结特征；此外，该区上、下游两侧、中后部及前缘可见基岩露头，浅表部基岩岩体多为强风化—全风化花岗岩，岩体蚀变锈染严重，结构面多夹次生泥，地质锤可以轻易敲开。目前，该区上游侧冲沟岸坡及后缘坡脚部位松散堆积物的垮塌、表层溜滑及沿沟的泥石流现象较为发育。

(5) D-2区：该区位于唐古栋滑坡下游侧，平面上呈三角形，地形上变化较小；岩性主要为三叠系侏倭组变质砂岩夹灰黑色条带、花岗岩伟晶岩脉，岩层中—厚层，局部覆盖崩坡积物，岩层产状：N58°W/NE∠44°；表层岩体以弱风化为主，坚硬，目前该区边坡整体稳定性较好，但该区节理裂隙发育，延伸较长，主要发育4组结构面：

①N85°W/SW∠30°，延伸10m，同组多条，间距2～3m，平直粗糙；②N80°W/SW∠78°，延伸5～20m，同组多条，间距0.5～3m，平直粗糙；③N10°E/SE∠28°，缓倾坡外，延伸大于5m，起伏粗糙；④N35°W/NE∠39°，中倾上游，延伸3～5m；在临空条件好的情况下，层面与这4组节理裂隙组合很容易形成潜在失稳块体，且边坡上可见多处失稳形成的凹腔。

3.3.5.4 滑坡体变形破坏特征

唐古栋滑坡历史上曾经发生过失稳，先期的变形破坏迹象很少保留下来。目前，滑坡后缘陡壁上部的缓坡地带、后缘陡坎坡脚部位松散堆积体、前缘临河部位的滑坡残积体及滑坡上游侧前缘缓坡可见拉裂缝、下错台坎及拉陷槽等变形迹象明显；滑坡发生后残留的边坡高陡，且坡体物质浅表生改造作用强烈，易发生崩塌、垮塌，主要表现在：①滑坡区基岩节理裂隙发育，优势结构面发育多组，且很容易形成潜在失稳块体；②斜坡上的松散堆积物常发生垮塌。

1. 滑坡后缘陡壁上部的缓坡地带变形破坏迹象

滑坡后缘地形总体上呈上陡下缓地形，存在两处小平台，宽约5m，其余部分自然坡度10°～20°。地表可见大量崩塌形成的砂岩块石，其块径大。一般2～5m；多架空，无充填。后缘出露基岩风化严重，随时可能会产生崩塌，其下部自然边坡岩体经常产生崩塌，影响范围大，如图3.3-107所示。

2. 上游侧后缘陡坎坡脚部位松散堆积体变形破坏现象

唐古栋滑坡上游侧后缘陡坎坡脚部位松散堆积体由于坡体结构松散及侧缘和前缘临空条件较好，其中发育一条连续贯通延伸的弧形拉裂缝，裂缝特征及其延伸情况如图3.3-108所示。

3. 受滑坡高速滑动影响局部部位出现层面的牵引、弯折现象

唐古栋滑坡中部所在冲沟的上游侧岸坡层间劈理面可见明显的偏转、弯折，岩层弯折似S状，上表部变形较小，在浅表部随着深度的增加岩层面变形增大，在变形弯折最大的地方形成一条延伸较长的中缓倾坡外的挤压破碎带如图3.3-109所示。

图 3.3-107 后缘变形破坏迹象

图 3.3-108 坡脚部位松散堆积体拉裂缝发育特征图

4. 斜坡上产生的崩塌、垮塌

由于该部位节理裂隙发育，风化卸荷强烈，但结构面一般延伸不大，块体大小、规模多受结构面控制，则一般发生失稳的块体方量不是很大；垮塌多发生在滑坡边界上部的松散堆积物、滑坡中冲沟两侧及地形陡变部位的松散堆积体中。一般而言，前者发生的规模较后两者要大，运动距离也较大。据介绍，自1967年滑坡发生后滑坡后缘岩体不断地发生崩塌及边界上部崩坡积物的溜滑，且在滑坡上下游侧坡表散布堆积的块石，从而形成现今起伏不平的后缘陡壁。

图 3.3-109 受滑坡滑动岩层面出现偏转和弯折现象

5. 滑坡上游侧边坡发生的垮塌、崩塌现象

据老乡介绍唐古栋滑坡发生前在后缘陡壁以及冲沟的两侧经常发生类似上游侧斜坡发生的变形破坏，主要发生表层的溜滑、坍塌与后期的崩塌。由于研究区内崩坡积物堆积厚度较大，且岩体受节理裂隙影响风化严重，在较有利的条件下，斜坡变形不断地向后缘及深部发展，下伏的强风化岩体逐渐的出露，则在暴雨、地震等作用下不断地发生岩质崩

塌。随着浅表部边坡变形的发展，边坡的坡体结构逐渐被弱化，加速了降雨的地下渗流弱化了地表径流，从而促进了边坡的整体变形，从而导致滑坡的形成。

总体来说，滑坡后缘发生变形大于中部及前缘，其中A区和B区稳定性差，是今后发生滑坡的主要物质来源区，A、B区以卸荷—拉裂变形为主，也可见部分反倾岩层存在弯曲倾倒变形。A区崩积物和强松动岩体分布高程为2475.00～3500.00m，B区滑坡积物分布高程为2475.00～3400.00m。A、B区可能会发生整体破坏，其他区域内的滑坡积物方量较少，只可能会发生局部的滑动和破坏，对整体影响不大。

3.3.5.5 滑坡体稳定性特征

A区后部为强风化基岩，为A区坡表崩塌堆积物主要物质来源。其中边坡高高程(2840.00～3500.00m)蠕滑体包括坡表崩积物与强松动岩层，该岩层受多组结构面影响，变形强烈，可以看到明显的蠕滑变形，该蠕滑体稳定性差，在暴雨或者地震工况下有可能发生大规模失稳。冲沟附近和前缘的崩塌堆积物较厚，岩体破碎，稳定性较差。A区上游侧中下部为冰水堆积物，与雨日堆积体冰水堆积物分布在同一高程，目前处于稳定状态，稳定性较好；其下部为基岩，前缘陡坎下部可见出露，稳定性较好。

B区后缘陡坎为花岗岩，极破碎，崩塌不断；中部为一缓坡平台，推测其为1967年滑坡后缘所在位置，平台下为一陡坎，陡坎上部为崩塌堆积物，下部为侏倭组变质砂岩，交界面高程约为2550m，目前稳定性较好。位于B区坡表的滑坡残余堆积物，结构松散，稳定性较差，雨季常有滑塌失稳现象发生，B区滑坡残留堆积物目前整体处于稳定状态，但是在降雨或者地震作用下由于后缘山体不断崩塌加载再次产生滑移失稳的可能性较大。

C区发生过整体滑动破坏，边坡原有松动变形岩体多数已滑落，整个坡表现分布有滑坡堆积物，局部基岩出露，未发现岩体松动和明显的变形破坏现象，稳定性较好。但C区后缘发育有一定规模的极破碎基岩，存在产生崩塌的可能，其加载在C区将降低其稳定性。

D区以基岩为主，目前地表崩塌堆积物少，仅冲沟局部有分布，这部分覆盖层稳定性较差；中部高程约2600～2900m有部分滑坡堆积物堆积，厚度较大，结构松散，在暴雨或地震等不利因素下发生局部失稳的可能性较大，但是D区崩积物与滑坡堆积物方量很小，仅有150万m^3，对滑坡整体难以造成较大的影响。

3.3.5.6 滑坡岩土体物理力学参数

唐古栋滑坡方量大，工程地质条件复杂，对于各层岩土体物理力学参数的确定需要结合多种方法，进行综合取值。这里主要结合试验建议值（成勘院提供）以及根据现场调查初步得出的，唐古栋滑坡各区域天然稳定状态进行滑带（面）抗剪强度参数（c、φ）反算，最后对两种方法得到的滑带（面）抗剪强度参数（c、φ）进行对比，综合取值。

根据勘查资料，唐古栋滑坡物质组成由外至内可分为滑坡堆积物、崩坡堆积体（在A区纵Ⅰ—Ⅰ剖面高程2547.00～2717.00m间有冰水堆积物）、强风化岩体、弱风化岩体、微-新岩体。

岩土体基本物理力学参数的选取主要根据《楞古水电站岩土物理力学试验成果》取值(成勘院提供)，各层岩土体物理力学参数见表3.3-22。

表3.3-22 唐古栋滑坡体物理力学参数建议值表

分层	物理指标		力学指标			
	天然容重	饱和容重	试验值		建议值	
	γ/(kN/m³)	γ_{sat}/(kN/m³)	c/kPa	φ/(°)	c/kPa	φ/(°)
崩坡积物（Q_4^{col+dl}）	20.90	22.10	10～55	25.6～31.0	20～40	28～31
残余滑坡堆积（Q_4^{del}）	20.20	21.80	10～55	25.6～31.0	10～20	28～30
冰水堆积物（Q^{fgl}），有变形现象	21.10	22.80	30～35	29.6～31.5	30～60	32～35
强松动岩体（T_3zh）	23.50	25.36			100～150	28～30
弱松动岩体（T_3zh）	24.50	26.46			150～250	31～33
强卸荷岩体（T_3zh）	25.50	27.51			450～600	37～42
弱卸荷岩体（T_3zh）	26.50	28.59			600～1000	43～47
微新岩体（T_3zh）	27.50	29.67			1000～1500	47～50

1. A区纵Ⅰ—Ⅰ剖面

根据现场查勘资料以及对唐古栋滑坡A区稳定性所作的初步定性评价，现主要对4条滑面（滑面Ⅰ-1、滑面Ⅰ-2、滑面Ⅰ-3、滑面Ⅰ-4）的抗剪强度参数进行反算（表3.3-23及图3.3-110）。

表3.3-23 唐古栋滑坡参数反算滑带（面）一览表

滑面编号	滑面说明	滑面编号	滑面说明
Ⅰ-1	崩坡堆积体基覆界面	Ⅰ-3	弱松动岩体下边界
Ⅰ-2	强松动岩体下边界	Ⅰ-4	冰水堆积体搜索最危险滑面

（1）滑面Ⅰ-1。如表3.3-24及图3.3-110所示，滑面Ⅰ-1为崩坡积堆积体基覆界面（高程2750.00～3500.00m处）。通过对唐古栋滑坡A区现场调查发现，该区域崩坡积堆积体稳定性与B、C、D区滑坡堆积体稳定性相比较稍好，天然处于基本稳定状态。对以崩坡积堆积体基覆界面作为潜在滑带（面）的抗剪强度参数反算选取的安全系数为：$K=1.05$。具体反算结果见表3.3-24。

表3.3-24 纵Ⅰ—Ⅰ剖面滑面Ⅰ-1参数反算结果表

K	1.05							
c/kPa	38.5	41	43.5	46	48.5	51	53.5	56
φ/(°)	32	31.75	31.5	31.25	31	30.75	30.5	30.25
K	1.05							
c/kPa	58	60.5	63	65.5	68	70	75	77
φ/(°)	30	29.75	29.5	29.25	29	28.75	28.25	28

（2）滑面Ⅰ-2。从图3.3-110可以看出，该滑面为强松动岩体下边界。根据现场对唐古栋滑坡A区稳定性的初步评价，天然处于基本稳定状态，对以强松动岩体下边界作为潜在滑带（面）的抗剪强度参数反算选取的安全系数为：$K=1.05$。具体反算结果见表3.3-25。

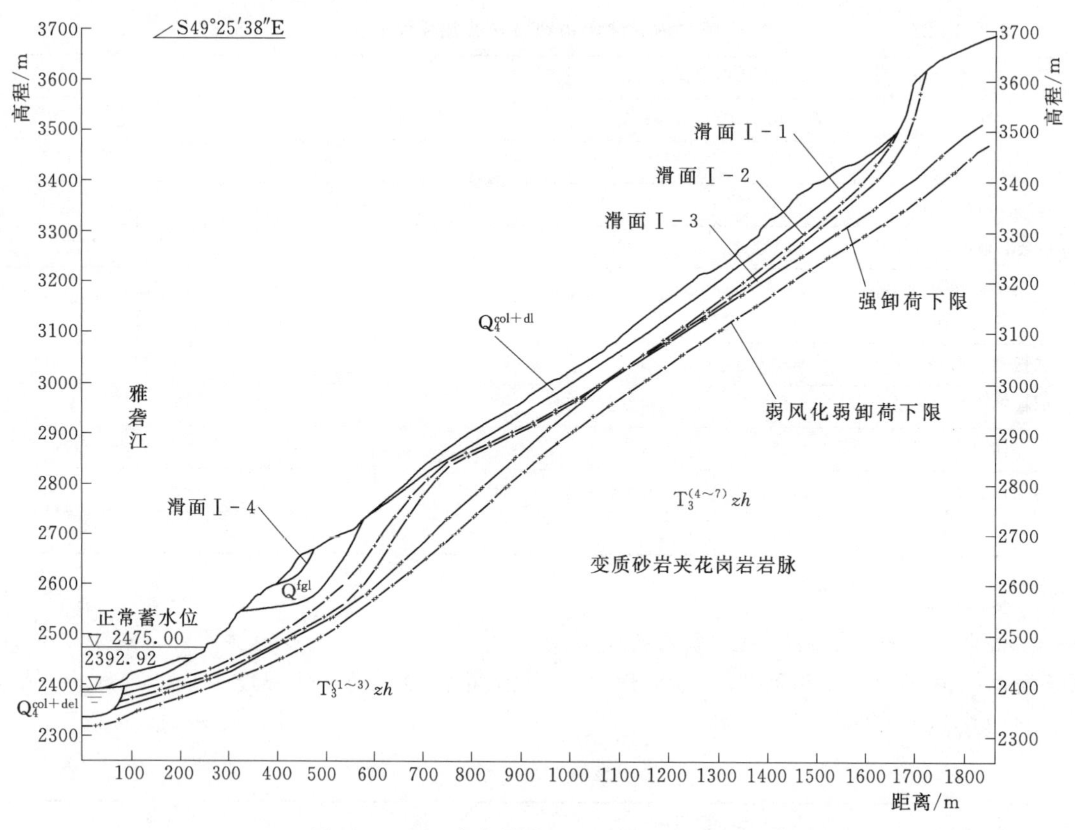

图 3.3-110　唐古栋滑坡 A 区纵Ⅰ—Ⅰ剖面

表 3.3-25　　纵Ⅰ—Ⅰ剖面滑面Ⅰ-2 参数反算结果表

K	1.05										
c/kPa	90	95	100	105	110	115	120	125	130	135	140
φ/(°)	32.25	32	31.75	31.5	31.5	31.25	31	30.75	30.5	30.25	30
K	1.05										
c/kPa	145	150	155	160	165	170	175	180	185	190	195
φ/(°)	29.75	29.75	29.5	29.25	29	28.75	28.5	28.25	28	27.75	27.5

（3）滑面Ⅰ-3。从图 3.3-110 可以看出，该滑面为弱松动岩体下边界。根据现场对唐古栋滑坡 A 区稳定性的初步评价，天然处于基本稳定状态，对以弱松动岩体下边界作为潜在滑带（面）的抗剪强度参数反算选取的安全系数为：$K=1.10$。具体反算结果见表 3.3-26。

表 3.3-26　　纵Ⅰ—Ⅰ剖面滑面Ⅰ-3 参数反算结果表

K	1.10										
c/kPa	90	95	100	105	110	115	120	125	130	135	140
φ/(°)	34.2	34	33.9	33.7	33.5	33.3	33.1	32.9	32.7	32.6	32.4
K	1.10										
c/kPa	145	150	155	160	165	170	175	180	185	190	195
φ/(°)	32.2	32	31.3	31.6	31.4	31.2	31	30.8	30.6	30.4	30.2

(4) 滑面Ⅰ-4。通过对唐古栋滑坡 A 区的现场调查，发现在高程 2545～2755m 范围分布冰水堆积物，该冰水堆积物后缘（高程 2690～2710m 处）地表发育密集拉张裂缝，天然处于基本稳定状态。用 GEOSlop 软件搜索出最危险滑面（图 3.3-111），并以该最危险滑面为潜在滑面对冰水堆积体抗剪强度参数进行反算，选取的稳定性系数为 $K=1.03$。具体反算结果见表 3.3-27。

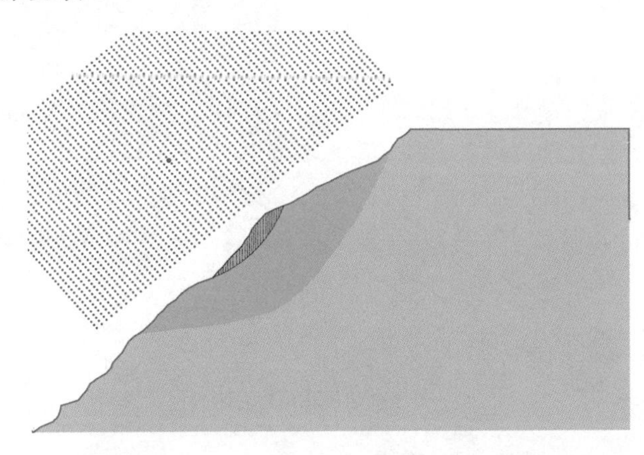

图 3.3-111　唐古栋滑坡 A 区纵Ⅰ—Ⅰ剖面中部冰水堆积物搜索最危险滑面

表 3.3-27　　纵Ⅰ—Ⅰ剖面（Q^{fgl}）参数反算结果表

K	1.03									
c/kPa	29.4	30	31	32	33	33.2	34	35	36	36.2
φ/(°)	35.4	35.2	35	34.8	34.6	34.4	34.2	34	33.8	33.6
K	1.03									
c/kPa	37	38	38.4	39	39.8	40.4	41.2	41.8	42.6	43.2
φ/(°)	33.4	33.2	33	32.8	32.6	32.4	32.2	32	31.8	31.6

2. B 区纵Ⅱ—Ⅱ剖面

如图 3.3-112 所示，B 区为滑坡区。

在 1967 年唐古栋大滑坡发生时，该区曾发生滑动破坏，残留方量较大，滑动面如图 3.3-112 所示。根据现场查勘资料以及对唐古栋滑坡的调查得知，该滑坡残留堆积体（Q_4^{del}）稳定性很差，天然处于欠稳定-不稳定状态，对其抗剪强度参数进行反算选取的稳定性系数为：$K=0.97$。具体反算结果见表 3.3-28。

表 3.3-28　　纵Ⅱ—Ⅱ剖面基覆界面（Q_4^{del}）参数反算结果表

K	0.97									
c/kPa	15	16	17	18	19	20	21	22	23	24
φ/(°)	29.75	29.5	29.5	29.25	29	29	28.75	28.75	28.5	28.5
K	0.97									
c/kPa	25	26	27	28	29	30	31	32	33	34
φ/(°)	28.25	28.25	28	28	27.75	27.5	27.5	27.25	27.25	27

3. C 区纵Ⅲ—Ⅲ剖面

如图 3.3-113 所示，C 区为唐古栋滑坡主滑区。

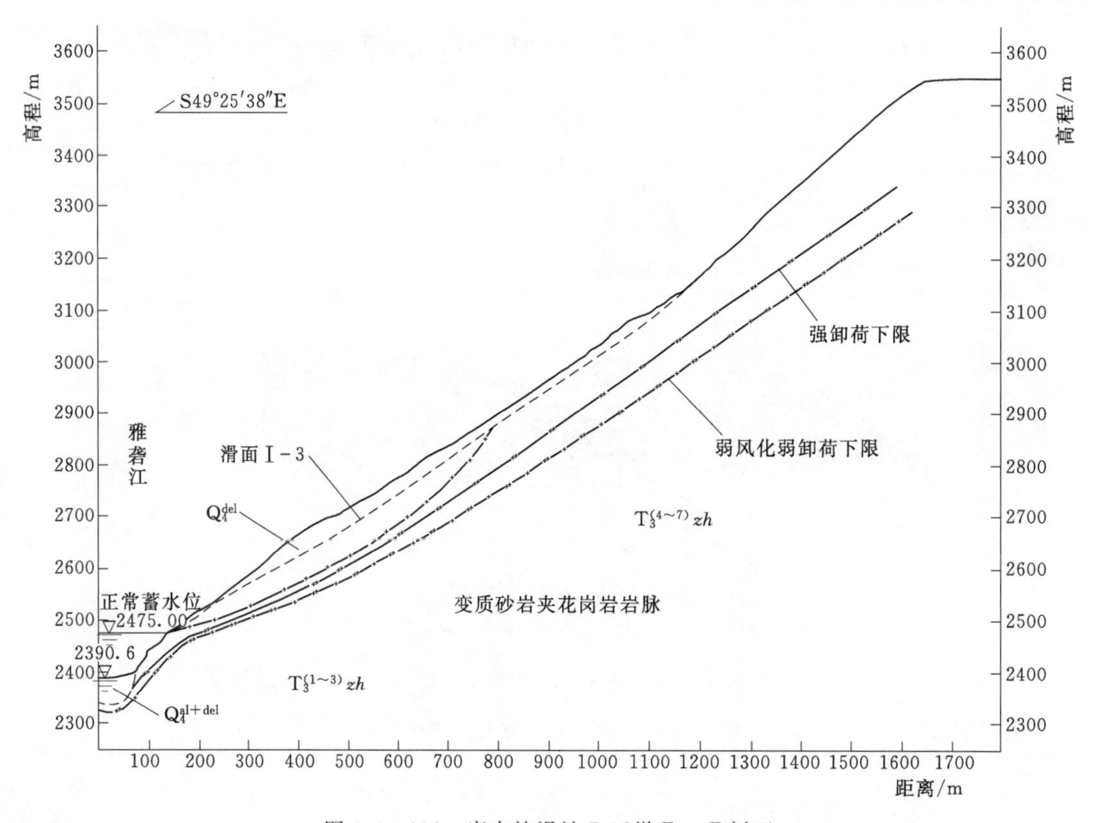

图 3.3-112　唐古栋滑坡 B 区纵Ⅱ—Ⅱ剖面

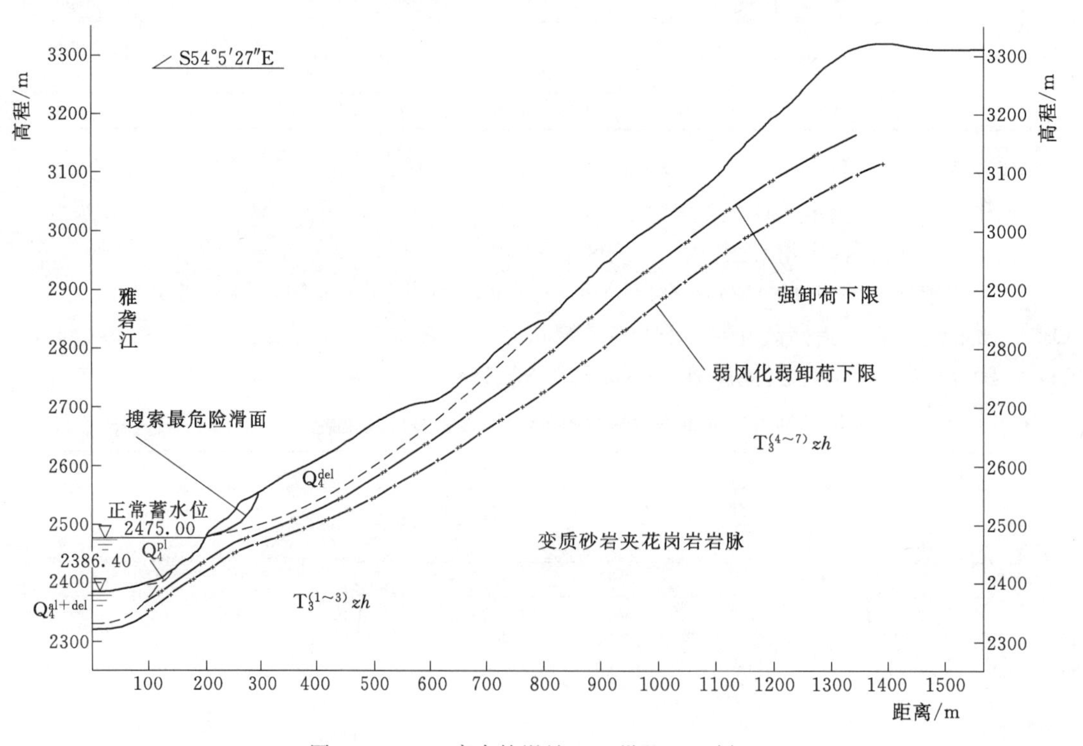

图 3.3-113　唐古栋滑坡 C 区纵Ⅲ—Ⅲ剖面

在 1967 年唐古栋大滑坡发生时，整体发生滑动破坏，残留方量较小，利用 GEOSlop 软件搜索最危险滑面如图 3.3-114 所示。

根据现场查勘资料以及对唐古栋滑坡 C 区稳定性所作的初步定性评价，该残留滑坡堆积体（Q_4^{del}）在天然工况下稳定性较差，其抗剪强度参数反算选取的稳定性系数为：$K=1.00$。具体反算结果见表 3.3-29。

图 3.3-114　唐古栋滑坡 C 区纵Ⅲ—Ⅲ剖面搜索最危险滑面

4. D 区纵Ⅳ—Ⅳ剖面

该区位于滑坡下游侧，剖面图如图 3.3-115 所示。

表 3.3-29　纵Ⅲ—Ⅲ剖面基覆界面（Q_4^{del}）参数反算结果表

K	1.00								
c/kPa	20	21	21.75	22.75	23.75	24.75	25.75	27.75	28.75
φ/(°)	31.5	31.25	31	30.75	30.5	30.25	30	29.5	29.25
K	1.00								
c/kPa	29.75	30.75	31.5	32.5	33.5	34.5	35.25	36.25	38
φ/(°)	29	28.75	28.5	28.25	28	27.75	27.5	27.25	27

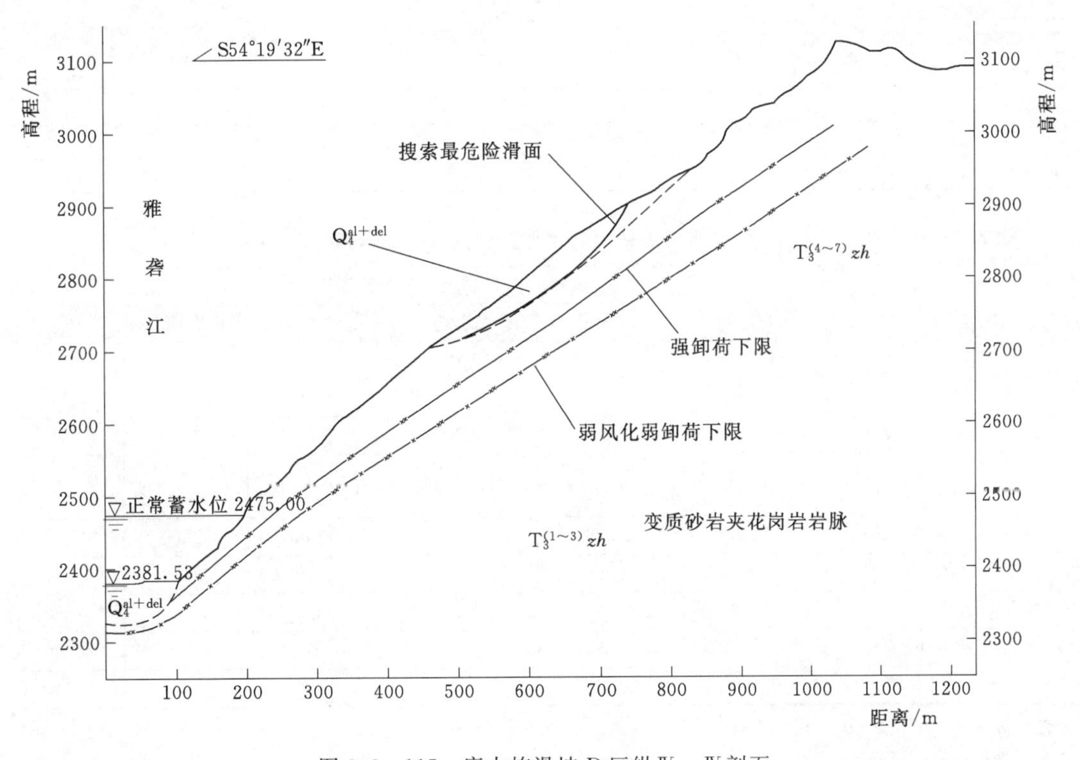

图 3.3-115　唐古栋滑坡 D 区纵Ⅳ—Ⅳ剖面

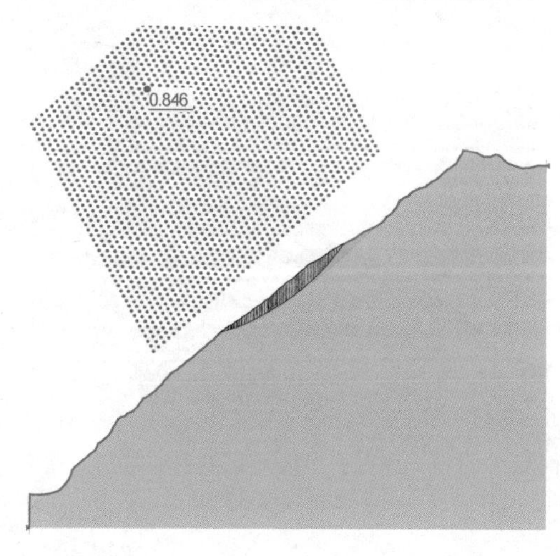

图 3.3-116 唐古栋滑坡 D 区纵Ⅳ—Ⅳ剖面搜索最危险滑面

在 1967 年唐古栋大滑坡发生时，该区域局部遭到破坏，搜索最危险滑面如图 3.3-116 所示。

根据现场查勘资料以及对唐古栋滑坡 D 区稳定性所作的初步定性评价，该滑坡堆积体（Q_4^{del}）在天然工况下稳定性较差，其抗剪强度参数反算选取的稳定性系数为：$K=1.00$。具体反算结果见表 3.3-30。

通过成都院提供的《唐古栋滑坡体物理力学参数建议值表》，参考《水利水电工程地质勘察规范》（GB 50287—99）、《工程岩体分级标准》（GB 50218—94）等规范，并结合其他相关工程资料，通过抗剪强度参数反演进行综合取值，各层岩土体及其结构面物理力学参数取值见表 3.3-31。

表 3.3-30　纵Ⅳ—Ⅳ剖面基覆界面（Q_4^{del}）参数反算结果表

K	1.00									
c/kPa	15	16	17	18	19	20	21	22	23	24
φ/(°)	32.3	32.1	32.1	31.9	31.9	31.7	31.7	31.5	31.5	31.3
K	1.00									
c/kPa	25	26	27	28	29	30	31	32	33	34
φ/(°)	31.1	31.1	30.9	30.9	30.7	30.7	30.5	30.3	30.3	30.1
K	1.00									
c/kPa	35	36	37	38	39	40	41	42	43	44
φ/(°)	30.1	29.9	29.9	29.7	29.7	29.5	29.3	29.3	29.2	29.2

表 3.3-31　唐古栋滑坡各层岩土体抗剪强度参数取值

分　层	物理力学指标						
	天然容重	饱和容重	弹性模量	泊松比	黏聚力	内摩擦角	抗拉强度
	γ/(kN/m³)	γ_{sat}/(kN/m³)	GPa		c/kPa	φ/(°)	MPa
崩坡积物（Q_4^{col+dl}）	20.90	22.10	0.350	0.33	40.00	31.50	
残余滑坡堆积（Q_4^{del}）	20.20	21.80	0.358	0.32	25～40	28.5～30.5	
冰水堆积物（Q^{fgl}），有变形现象	21.10	22.80	0.39	0.32	45.00	32.00	0.035
强松动岩体（T_3zh）	23.50	25.36			150.00	32.00	
弱松动岩体（T_3zh）	24.50	26.46			220.00	33.00	
强卸荷岩体（T_3zh）	25.50	27.51	2.00	0.26	500.00	38.00	0.660
弱卸荷岩体（T_3zh）	26.50	28.59	40.00	0.22	800.00	43.00	3.300
微新岩体（T_3zh）	27.50	29.67	50.00	0.2	1200.00	48.00	5.500

注　地震选取中坝址 50 年 10%的地震动参数（基岩水平加速度峰值取 0.147g）进行分析，暴雨工况抗剪强度参数取值一般按照天然参数的 85%～95%取值；但对于弱风化基岩与微、新岩体参考相关工程进行适当折减。

根据现场查勘资料显示，唐古栋滑坡所在斜坡基岩节理裂隙相当发育（据统计共有6组优势结构面），岩体完整性较差。在平洞内（唐古栋滑坡A区HTP0D05平洞）可清晰地见到由陡倾坡外裂隙与缓倾坡外裂隙组合形成的阶梯状结构面组合。但是在斜坡中部（高程2700.00～2900.00m段）又可见到完整性相对较好的基岩（唐古栋滑坡A区HTP0D08平洞局部以及地表可见）。由这些地质现象可以初步推断，唐古栋滑坡形成前（目前A区现状）在强松动岩体中形成的滑面尚未完全贯通至坡脚，在斜坡中前缘有一定的锁固段存在。因此，A区强松动岩体内部潜在滑面参数取值应按照上部的“陡倾坡外拉裂（或软弱结构面）+中缓倾坡外节理（或挤压带）（占70%～90%）”和下部的“较完整岩体中的闭合结构面（占10%～30%）”参数进行综合取值，参考室内岩石试验成果值及《水力发电工程地质勘查规范》（GB 50287—2006），折减求得强松动岩体内潜在滑面的黏聚力c=180.2～234.6kPa；内摩擦角φ=31.65°～31.95°。与反演所得参数接近，可按表3.3-31进行取值。

3.3.6　大奔流滑坡

3.3.6.1　滑坡体形态特征

大奔流滑坡位于雅砻江左岸，距锦屏一级水电站工程枢纽区约10km，距锦屏二级水电站闸址区约1.5km。该段斜坡分别于2004年2月20日和2009年8月24日发生两次滑坡。2004年2月20日大奔流边坡发生滑动，滑坡高度250～300m，滑坡方量约8万m^3。受气垫效应，上部垮塌岩石直接落入雅砻江，形成一长约100m、宽约80m、高约10m的水上堆积体，瞬间将雅砻江阻断，断流约1h，上、下游水位落差5～7m，上游库容约200万m^3，回水长度约3km。2009年8月24日凌晨，在2004年2月20日滑坡体上半部及上游侧再次发生滑坡，滑坡方量约2万m^3。滑坡后大奔流滑坡的总宽度达到约200m，高约300m（图3.3-117、图3.3-118）。

图3.3-117　滑脚堆积物

图3.3-118　滑坡堵江

该段边坡总体走向近SN，坡度50°～65°（图3.3-119）。从微地貌看，顺河方向坡面呈台阶状起伏；横河方向则受平直的层面控制。坡面基岩裸露，岩层走向N25°～40°E，与自然边坡夹角约30°，倾向河床略偏上游，属典型的顺向坡。边坡表部仅局部低洼部位有0.5～2.0m厚的坡残积碎石土，坡脚残存有2004年2月20日、2009年8月24日两次塌滑后的堆积物。

图 3.3-119 滑坡全貌图

3.3.6.2 滑坡物质组成及结构特征

大奔流滑坡基岩为三叠系中上统杂谷脑组第二段（$T_{2-3}z_2$）绿片岩与大理岩互层，坡脚为前两次垮塌堆积的（Q_4^{col}）碎石层，其下为河床冲积堆积的（Q_4^{al}）含漂卵砾石夹砂层。

（1）三叠系中上三叠系统杂谷脑组第二段（$T_{2-3}z_2$），厚度大于200m，岩性为薄—中厚层绿片岩、钙质绿片岩与厚层状大理岩互层。

（2）崩塌堆积的（Q_4^{col}）碎石层，堆积厚度大于20m，成分为近源的厚层状大理岩及钙质绿片岩，结构松散，架空严重。

（3）河床冲积堆积的（Q_4^{al}）含漂卵砾石夹砂层，其物质成分较复杂，主要为变质砂岩、板岩、大理岩及少量的花岗岩、玄武岩，结构较松散，局部有架空。

地表地质调查和平面地质测绘成果显示，该段边坡及其附近200m范围未见断层出露，主要发育3组节理裂隙（图3.3-120）。

1）N25°～40°E/SE∠50°～60°，层面裂隙，走向随层面起伏变化较大。在片理发育的绿片岩中极发育，多松弛微张，且面上普遍有绿泥石膜；在厚层状大理岩及钙质绿片岩中表现为短小的裂隙，多闭合紧密。

2）N70°～80°W/SW∠80°～90°，延伸多大于10.0m，间距一般大于2.0m，平直、粗糙，局部密集，间距10～20cm，局部微张，充填岩屑。

3）N10°～20°W/SW∠10°～20°，一般间距1.0～2.0m，部分大于5m，延伸一般3～5m，部分大于20m，多平直粗糙，局部微张，充填岩屑。

大奔流段边坡属岩质高陡边坡，边坡基岩为三叠系中上统杂谷脑组第二段（$T_{2-3}z_2$）钙质绿片岩、片理发育的绿片岩与厚层状大理岩，互层状结构，岩层走向N25°～40°E，与自然坡面呈约30°的夹角，倾向河床略偏上游，倾角50°～60°，与自然坡角相近，是以近顺坡向的第1组层面裂隙构成的倾坡外层状体斜坡，坡体内发育近垂直坡面且近直立的第2组裂隙及缓倾坡内的第3组裂隙。该段边坡的控制性结构面为第2组层面裂隙，走向随层面起伏变化较大，在片理发育的绿片岩中极发育，多松弛微张，且面上普遍有绿泥石

图 3.3-120 边坡结构面

膜；在厚层状大理岩及钙质绿片岩中表现为短小的裂隙，多闭合紧密。

根据大奔流段边坡的地层岩性、节理裂隙、风化卸荷及结构面发育程度分析，该段边坡中的厚层状大理岩及钙质绿片岩为层状结构；片理发育的绿片岩中多为薄层状结构，与局部密集发育的第2组裂隙相互切割时，岩体呈碎裂结构。

3.3.6.3 滑坡体变形破坏特征

大奔流段边坡属于层状同向结构边坡，岩层倾角与坡角大致相似，顺坡向剪应力过大，层面间的结合力偏小，上部岩体沿层面或软弱面（片理发育的绿片岩）蠕滑，由于下部受阻而发生岩层鼓起，产生纵向弯曲，导致层面拉裂，局部滑移，发生溃屈破坏。

3.3.6.4 滑坡体稳定性特征

根据大奔流滑坡地质结构及已有滑动变形现象分析，影响该段滑坡稳定性的主要因素如下。

1. 层面

大奔流2号隧洞外侧边坡由典型的层状岩体组成，层面发育，延伸长大。在谷坡浅表部受风化卸荷作用影响，层面普遍松弛，透水性变大，为大气降水入渗创造了有利条件；特别是绿片岩发育部位由于岩性软弱，层面自身性状较差，且遇水易软化。坡体内的层面发育程度、层面性状构成了控制该段滑坡稳定性的主要地质因素。

2. 工程活动切脚破坏

江边公路修建造成该段边坡部分层面被截断直接临空，同时造成锁固段厚度减小，一方面改变了坡体表部应力状态；另一方面也降低了坡脚阻滑段岩体的抗剪能力。该部位2004年、2009年两次滑坡均与该类因素密切相关。

3. 暴雨及爆破触发作用

大奔流2号隧洞外侧边坡发生的两次滑坡，第一次是沿江公路修建开挖爆破期间，滑塌部位的边坡两侧进行了多次开挖爆破，坡体沿绿片岩层面急速下滑，并造成短时堵江；第二次是在暴雨季节，滑坡发生前该地区曾持续降雨。可见暴雨和爆破震动是边坡滑动的直接触发因素。

在地表、地下水的长期作用或爆破震动、地震等工况下，大奔流边坡结构面性状弱化，层面间结合力变小，在自重应力的作用下，大奔流岩体沿层面软弱面下滑，由于下部受阻而产生纵向弯曲变形直至发生溃屈破坏。

3.3.6.5 滑坡岩土体物理力学参数

大奔流段边坡未进行岩体及结构面现场试验，参考锦屏一级水电站坝区岩体及结构面取值情况，本段边坡岩体及结构面参数建议取值如下述。

1. 岩体

由于大奔流段边坡为向右岸凸出的山脊，边坡风化卸荷强烈，两次垮塌后强卸荷、弱风化水平深度仍有10～20m，弱卸荷水平深度40～50m，因此边坡稳定性复核计算只涉及强卸荷和弱卸荷岩体。强卸荷岩体为$Ⅳ_1$级岩体，弱卸荷岩体为$Ⅲ_2$级岩体，力学参数建议取值见表3.3-32。

表3.3-32　　大奔流段边坡岩体力学参数建议取值表

岩级	变形模量建议值		强度参数建议值			
			抗剪断强度		抗剪强度	
	$E_0(H)$/GPa	$E_0(V)$/GPa	f'	c'/MPa	f	c/MPa
$Ⅲ_2$	6～10	3～7	1.02	0.90	0.68	0
$Ⅳ_1$	3～4	2～3	0.70	0.60	0.58	0

2. 结构面

如前所述，大奔流段边坡的稳定性复核计算中只涉及边坡浅部强卸荷和弱卸荷岩体，因此稳定性复核计算中所涉及的各种结构面均位于强卸荷和弱卸荷岩体中。

第1组层面裂隙在层面不发育的厚层状大理岩、钙质绿片岩中与片理发育的绿片岩中呈现不同的工程地质性状，在新鲜、无卸荷的厚层状大理岩、钙质绿片岩中力学参数建议按硬接触刚性结构面取值，$f'=0.70$，$c'=0.20$MPa；在风化卸荷带中建议按局部夹泥裂隙面取值，$f'=0.51$，$c'=0.15$MPa。片理发育的绿片岩中，绿片岩层面裂隙建议按绿泥石片理面结构面取值，$f'=0.42$，$c'=0.07$MPa。第2组、第3组裂隙在卸荷带内局部微张，充填少量岩屑，建议按硬接触节理裂隙取值，$f'=0.60$，$c'=0.10$MPa。

3.3.7 黄草坪滑坡

3.3.7.1 滑坡体形态特征

黄草坪滑坡位于大岗山水电站上坝址上游约800m的大渡河右岸（凸岸），该段枯水期河水位高程621m。座落体平面上呈长方形展布，后缘高程830m，后缘地貌显示清楚，前缘进入大渡河，形态似圈椅形。座落体谷坡总体走向NNE向，其上、下游侧和内部分别为三条小冲沟切割，沟内有暂时性流水。座落体内地貌形态与外围周边谷坡存在明显差异，其后缘、侧缘正常谷坡地形呈完整陡壁，坡度60°～70°，地层产状平缓；而座落体内部地形相对较缓，一般坡度35°～45°，但岩层倾角变陡，地层产状N20°E/SE∠40°（正常岩层产状为N30°W/SW∠10°～30°），与其后缘、侧缘正常岩体迥然有别。该座落体顺河平面长550m，横河平面宽250m，水平发育深度90～124m，体积大约500万m^3（图3.3-121）。

HZK04号钻孔揭示：0～2.6m为碎石土，2.6～65.34m为座落带内岩体，65.34～

73.18m含漂卵石层，漂卵石成分为花岗岩、砂岩、白云岩等，73.18～82.85m为基岩。显示出座落体超覆在河床上，明确了座落体的底界。

图3.3-121　黄草坪座落体全貌

3.3.7.2　滑坡物质组成及结构特征

黄草坪滑坡是早期形成的一个大型座落体，周界特别是前缘及侧界区域大孤块石分布较多，后期在其上覆盖有阶地堆积物、崩坡积物等，现对座落体的物质组成简述如下。

1. Ⅱ级阶地堆积物

主要出露于座落体高程680m以下，残留厚度几米，拔河高度近60m，可与区域上Ⅱ级阶地的拔河高度相对照（瀑布沟Ⅱ级阶地拔河高度50～65m）。组成阶地的堆积物（漂卵石）成分较杂，由远源的花岗岩、砂岩、玄武岩及近源的灰岩、白云岩组成，粒径一般30～90mm，磨圆度较好，颗粒间为中、粗砂充填，结构密实，局部分布有中、粗砂层透镜体，层理结构保存完整。从各处的阶地堆积物可见，层理保存完整，结构未遭到破坏，这至少说明在沉积该层以来的地质历史时期这部分坡体没有变形破坏迹象。

2. 崩坡积物

主要出露于座落体地表，为块碎石土，块碎石成分均为白云岩或白云质灰岩，块石粒径25～35cm，碎石粒径3～10cm为主，含崩积大孤石，总体以粗粒组为主形成骨架。土为灰黄色粉砂土，结构松散，具架空结构，无胶结。一般分布厚度5～10cm，最厚20余m。块碎石呈定向排列，顺坡向的成层性明显，角度约为30°。

3. 座落岩体

岩体呈弱风化状态，地层产状与该区段外的正常地层产状显著差异，该带岩体结构松弛，但未见结构解体现象，岩体破碎、松散，松弛拉张裂隙发育，拉张缝宽10～30cm，孤块松弛架后结构显示座落体岩体形成过程中，架空拉裂特征。

4. 压裂岩

其物质组成为灰白色岩屑、岩粉夹岩块，岩块成分为白云质灰岩，层厚一般10～20m。

座落体部位出露地层为震旦系上统（$Z_b dn$）灯影组厚层状白云岩、白云质灰岩，正常地层产状为：N30°W/SW∠10°～30°，岩石致密坚硬，断层、破碎带不发育，结构面主要为层面裂隙及陡倾切层的共轭“X”剪切节理，据勘探平洞HPD01和HPD02揭示，座落岩体中主要发育如下3组裂隙：

(1) N25°～30°E/NW∠35°～40°，主要为变位后的层面裂隙较发育，延伸长，多闭合(座落体内部岩体产状为：N15°～20°E/SE∠30°～40°，而其外部岩层正常产状为：N30°W/SW∠10°～30°)；

(2) N20°～25°E/SE∠45°～55°，中陡倾坡内，为卸荷拉张裂隙，延伸相对较长，张开宽大，一般5～30cm；

(3) N55°～60°E/NW∠45°～55°，相对不发育，延伸较短，个别长大裂隙地表张开较大。

而HPD03揭露的岩体结构则不同，主要见3组：①N20°～40°E/NW∠45°～55°；②N15°～25°E/SE∠55°～65°；③ N40°W/SW∠30°～35°。其中第一组主要为中倾坡外的错动带，第二组为中陡倾坡内的密集裂隙，第三组为层面。

通过对座落体几个平洞的现场调研，在剖面上可将座落体由表及里划分为：①崩坡积带；②座落带；③松动带；④压裂带；⑤影响带；⑥正常岩体。座落体勘探平洞中各带的发育特征见表3.3-33，现将各带内岩体结构特点简述如下：

1) 崩坡积带。为座落体坡体表面堆积的崩坡积物，顺坡向，成层性明显（图3.3-122）。

2) 座落带。岩体明显拉裂松弛，但未见结构解体现象，层面保存完整，为整体座落岩体带；岩体产状为：N15°～20°E/SE∠30°～40°（外部岩层正常产状为：N30°W/SW∠10°～30°），中陡倾坡内（图3.3-123）。

图3.3-122　HPD03号洞口崩坡积物

图3.3-123　HPD01号洞口崩坡积与座落带（镜向上游）

3) 松动带。为强烈松弛拉裂带，岩体强—弱风化，探洞施工开挖时垮塌现象明显，一般采用圆木支撑，岩体破碎、松散，呈散体结构，松弛拉张裂隙发育，拉张缝宽10～30cm，孤块松弛架空结构显示座落体形成过程中，架空拉裂特征。

4) 压裂带。岩体破碎，结构密实，见压碎岩，陡倾坡外挤压，挤压紧密，挤压带总体产状：N30°E/NW∠35°，呈不连续或断裂延伸。该带由岩屑和块径大小不等的分离岩块组成，岩屑多呈粗砂状，并含少量岩粉，岩块块径0.5至数10cm不等（图3.3-124）。底面见不连续灰白色粉末状土，呈糜棱状，显示出座落体座滑的压剪带特征，为座落体座落主滑带。

5）影响带。岩层产状与外围正常地层产状基本一致，为 N30°W/SW∠7°，但岩体陡倾卸荷裂隙仍较发育，其张开宽度一般为 1～3cm，充填岩屑。

6）正常岩体。为微风化—新鲜岩体，岩体完整，其地层产状正常（图 3.3－125）。

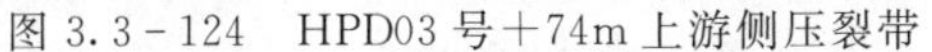

图 3.3－124　HPD03 号＋74m 上游侧压裂带

图 3.3－125　HPD02 号洞底正常岩体

表 3.3－33　黄草坪座落体平洞剖面分带表

分带 洞号	崩坡积带	座落带	松动带	压裂带	影响带	正常岩体
HPD01 (697.25m)	＋0～＋9	＋9～＋65	＋65～＋85	＋85～＋94.3	＋94.3～＋105	＋105～＋127
HPD02 (632.37m)	＋0～＋15	＋15～＋80	＋80＋90	＋90～＋103	＋103～＋107	＋107～＋119
HPD03 (690.90m)	＋0～＋10	＋10～＋32	＋32～＋65	＋65～＋85	＋85～＋91	＋91.0～＋100
HPD04 (632.92m)	—	＋0～＋14	＋14～＋118.6	＋118.6～＋124	＋124～＋127	＋127～＋177

3.3.7.3　滑坡复活分区及变形特征

黄草坪滑坡为一完整的整体，为便于更好地对其回水后的稳定性进行评价，根据黄草坪座落体所处河谷岸坡的地貌特征、阶地发育情况、平洞内的变形破坏特征及地表水系的发育特点，从分析的角度将座落体在平面上分为两个亚区：Ⅰ区和Ⅱ区其特征如下：

Ⅰ区为座落体上游侧的部分，地形坡度变化小，岸坡上未见阶地堆积物；浅表主要为塌落带，往里由滑移压致拉裂—滑移拉裂—滑移—碎裂岩体—完整岩体；区内岩体产状基本正常，地表水系不发育。坡体下部 HPD04 号表层的堆积物散乱，没有类似Ⅱ区保存完好的反倾坡内完整座落岩体，变形明显要强于Ⅱ区。

Ⅱ区位于座落体下游侧，地形坡度变化较大，坡体中部发育有一级陡坎；岸坡上可见Ⅱ级、Ⅲ级阶地的堆积物；平洞开挖面平整、无塌方现象，岩体呈弱风化状态；地层产状与该区段外的正常地层产状显著差异，该带岩体结构松弛，但未见结构解体现象；由表及里大致可分 4 带：即塌（座）落体带、碎裂岩带、塌（座）落影响带以及未变形岩体；地表水系发育。

上述两个亚区之间没有明显的界线，分区的目的主要是详细说明二者工程地质特征方面的差异。

3.3.7.4 滑坡体变形破坏特征

通过对座落体的现场调研，其在平面上的变形破坏呈现以下特征：

（1）座落体的地形地貌形态与周边正常岩体存在明显差异。周边完整岩体山体雄厚，谷坡地形完整呈阶状悬崖陡壁，地形坡度 60°～70°；座落体外貌形态似圈椅状，座落体后缘边界清楚。其上、下游两侧及内部冲沟发育，切割深度 10～30m，有暂时性流水。

（2）座落体周界特别是前缘及侧界区域大孤块石分布较多，显示座落体整体下滑位移周界区域崩塌特征。

（3）座落体中下部高程 680m 到河面附近的坡面上局部残留Ⅱ级阶地漂卵石层，该阶地堆积物沉积历史保存完整，未见变形破坏迹象。

（4）座落体上游侧的部分，地形坡度变化小，岸坡上未见阶地堆积物，地表水系不发育；座落体下游侧地形坡度变化较大，坡体中、上部发育有一级陡坎，岸坡上可见Ⅱ级阶地的堆积物，地表水系发育，坡体表面地层与座落体外的正常地层产状有显著差异，反倾坡内。

座落体在剖面上的变形破坏呈现以下特征：

1）HPD01 号、02 号、03 号平洞揭示，座落体变形破坏特征由表及里大致可分 5 带：即座落体带、强烈松弛拉裂及压裂带、座落影响带以及未变形岩体。以 HPD01 号平洞为例：①洞深 0＋00～0＋65 为整体座落岩体带：平洞开挖面平整、无塌方现象，岩体呈弱风化状态，地层产状与该区段外的正常地层产状显著差异，该带岩体结构松弛，但未见结构解体现象。②洞深 0＋65～0＋85 为强烈松弛带，岩体破碎、松散，呈散体结构，岩体强—弱风化，探洞施工开挖时垮塌现象明显，全段为圆木支撑，岩体破碎、松散，松弛拉张裂隙发育，拉张缝宽 10～30cm，孤块松弛架后结构显示座落体岩体形成过程中，架空拉裂特征。③洞深 0＋85～0＋95 段为压裂带：岩体破碎，结构密实，见压碎岩，陡倾坡外挤压，挤压紧密，挤压带总体产状：N30°E/NW∠35°，呈不连续或断裂延伸，底面见不连续灰白色粉末状土，呈糜棱状，显示出座落体座滑的压剪带特征，为座落体座落主滑带。④洞深 0＋95～0＋110 段为座落影响带：岩层产状与外围正常地层产状基本一致，为 N30°W/SW∠7°，但岩体陡倾卸荷裂隙仍较发育，其张开宽度一般为 1～3cm，充填岩屑。⑤洞深 0＋110～0＋125 段，为微风化—新鲜岩体，岩体完整，其地层产状正常。

2）HPD01 号、HPD02 号平洞二者情况相似，进硐后岩层层序位置保存完整，岩层反倾坡内，显示为整体座落变形；HPD03 号平洞进洞后岩体强烈松弛，块石间呈现点与点接触，架空现象明显。HPD03 号平洞可按岩体变形破坏方式进行分段：①0～＋32m 塌落带，主要分布塌落的块石堆积物；②＋32～＋65m 滑移拉裂带，主要发育滑移拉裂现象（其中＋32～＋45m 为滑移压致拉裂带，＋32～＋65m 为滑移拉裂带，＋32～＋65m 为滑移带）；③＋32～＋65m 压裂带。

3）HPD03号、HPD04号平洞松弛破坏程度要明显大于HPD01号、HPD02号平洞，岩块间的松动架空明显强于后者；HPD04号松动带厚度达104.6m，块体间充填有方解石。

4）低高程的HPD02号压裂带发育厚度明显大于高高程的HPD01号。压裂带特征较高高程更明显，在压裂带底界形成灰白色细粒的压密土层；即座落体在座落过程中产生了较大的碰撞，将白云岩压裂、剪动形成碎裂岩、碎粉岩。

5）各平洞中层面裂隙的倾角有随洞深由陡变缓的规律，体现座落体形成中的转动特性。

3.3.7.5　滑坡体稳定性特征

地质调查显示，座落体两侧及后缘的分界线清晰，界面区未见蠕动迹象，后缘座落体拉裂带被崩坡积土覆盖，植被茂密，沿分界线未见变形拉裂现象；也未见坡体其他部位变形现象，前缘座落体坡上堆积的Ⅱ级阶地漂卵石层偶见中粗砂层透镜体，层理清楚，层位正常；从各处的阶地堆积物可见，层理保存完整，结构未遭到破坏，这至少说明在沉积该层以来的地质历史时期这部分坡体没有变形破坏迹象。综上所述现象分析，初步判断黄草坪座落体自晚更新世特别是晚更新晚期以来无活动迹象，现今天然条件下仍处于稳定状态，而在暴雨或地震条件下应为基本稳定到临界稳定状态。从勘探平洞揭露的变形破裂迹象看，Ⅰ区的稳定性略差于Ⅱ区。

第4章 滑坡灾变变形演化机制分析

4.1 推移式堆积滑坡

4.1.1 斜坡变形演化阶段

野猪塘滑坡为大型土质滑坡，体积约130万m^3，主要由老洪积堆积的含孤块碎砾石土，以及现代坡洪积、坡残积的含块碎石黏土层组成。滑坡区地形坡度10°～15°，后缘高程为1213.00m，前缘高程1085.00～1105.00m，右侧边界为江家沟，左侧边界为陈家沟左岸基岩陡坎，前缘为龙潭沟，切割深度约20m。勘探揭示，钻孔岩芯中常见不同程度的擦痕、镜面等挤压、滑动迹象，滑动带（面）深度8～39m，主要由含砾粉质黏土，厚度为0.15～0.2m。滑坡区松散堆积体因受龙潭沟下切，在前缘形成高约20m陡坡，构成了临空条件，在地质历史时期受暴雨、冲沟洪水以及地震等综合作用，导致坡体失稳形成老滑坡。

从滑面形态分析，前缘及中段滑面较为平缓，钻孔岩芯不同深度出现的挤压错动现象，表现为挤压阻滑特征；滑坡中后段滑面相对较陡，表现为下滑拉张特征。由此判断，该滑坡滑移破坏模式为推移式。滑坡前缘受龙潭沟切割及洪水的长期冲刷影响，滑体长期处于蠕滑状态。

从斜坡所处区域的地形地貌及地质条件分析可见，由于河谷的深切侵蚀，形成了前缘临空面地形，为斜坡岩体的变形破坏提供了边界条件。结合岸坡所处的地形条件、岩体结构特征，该斜坡的演化过程可分为如下几个阶段。

1. *初始临空面形成阶段*

斜坡地层顺坡向缓倾坡外，产状总体为N20°～40°E/SE∠20°～23°。该阶段随着河流的下切，斜坡前缘临空面开始形成（图4.1-1）。

2. *斜坡岩体在应力作用下沿结构面初始变形阶段*

河流下切形成的河谷地形，伴随大面积的卸荷作用，斜坡岩体应力状态出现明显分

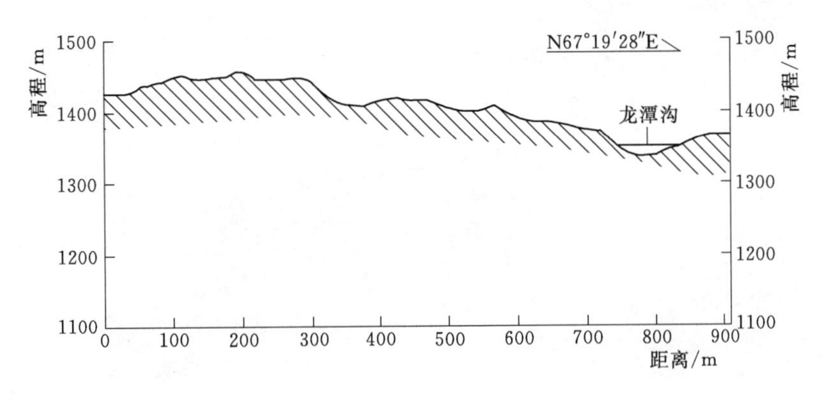

图 4.1-1　斜坡演化模式图——初始临空面形成阶段

异：坡体后缘为拉应力分布区，坡脚地带为剪应力集中区。前缘在斜坡应力作用下发生剪切蠕滑为岩体的进一步变形奠定了基础。随着河谷的不断下切，坡脚临空面的范围逐渐增大，变形区组成物质为含块碎石黏土，粉粒及粘粒含量高，结构较松散，力学性质差（图 4.1-2）。

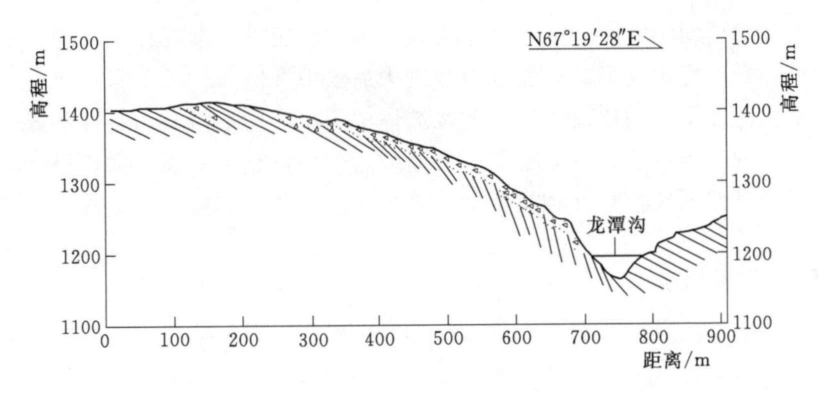

图 4.1-2　斜坡演化模式图——初始变形阶段

3. 破坏阶段

随着上述变形的进一步发展，坡体开始逐渐的错动下滑。在自重作用下，随着坡体应力场的重新分布，坡体浅表部位移总体向临空面偏转。滑坡后缘在自重作用下持续发生周期性崩塌作用，崩坡积物加载于滑坡后缘堆积体上，达到一定厚度后引起滑坡下滑力的不断增加。滑坡中、上部岩体产生了大量位错、滑移、变位和坠覆，前缘松散堆积体将在强大的推力作用下发生变形，最终因滑动面贯通产生大规模的变形破坏，最终演化成滑坡（图 4.1-3）。

4.1.2　滑坡灾变模式

野猪塘滑坡由于先期河谷下切、基岩拉裂形成滑坡，后期崩坡积物覆盖在古滑坡体上，伴随着后缘常年加载，滑体荷载不断积累，加上降雨作用影响，触发了滑坡的变形，引起后部失稳始滑。河流的切割作用，造成滑坡前缘地形坡度较陡，为滑坡的滑动提供了滑动空间。随着时间的积累，滑坡前缘发生变形破坏并伴随着整体变形破坏，为前进式渐进破坏过程。

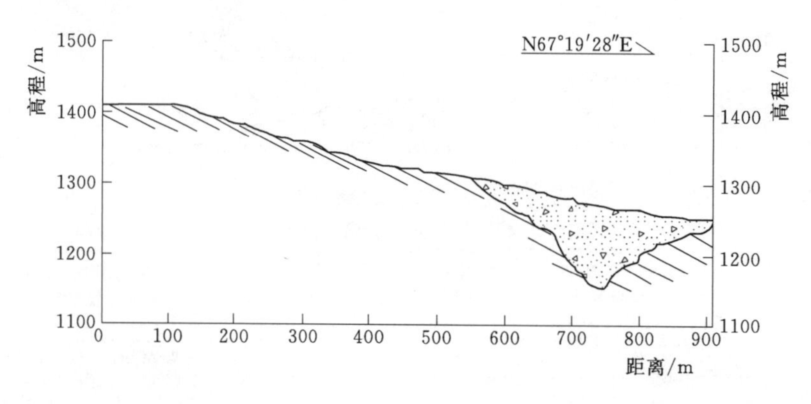

图 4.1-3 斜坡演化模式图——破坏阶段

因此，在坡体变形过程中，其后段因存在较大的下滑推力而首先发生拉裂和滑动变形，并在滑坡体后缘产生拉张裂缝。随着时间的延续，后段岩土体的变形不断向前和两侧（平面）以及坡体内部（剖面）发展，变形量级也不断增大，并推挤中前部抗滑段的岩土体产生变形。

后缘拉裂缝形成斜坡在重力或外部营力作用下，稳定性逐渐降低。当稳定性降低到一定程度后，坡体开始出现变形。野猪塘滑坡的中后段滑面倾角较陡，滑体所产生的下滑力大于相应段滑面所能提供的抗滑力，由此在坡体中后段产生下滑推力，并形成后缘拉张应力区。随着变形的不断发展，一方面拉张裂缝数量增多，分布范围增大；另一方面，各断续裂缝长度不断延伸增长，宽度和深度加大，并在地表相互连接，形成坡体后缘的弧形拉裂缝。

中段侧翼剪张裂缝产生：滑坡体后段发生下滑变形并逐渐向前滑移的过程中，随着变形量级的增大，后段的滑移变形及所产生的推力将逐渐传递到坡体中段，并推动滑坡中段向前产生滑移变形。中段滑体被动向前滑移时，将在其两侧边界出现剪应力集中现象，并由此形成剪切错动带，产生侧翼剪张裂缝。随着中段滑体不断向前滑移，侧翼剪张裂缝呈雁行排列的方式不断向前扩展、延伸，直至坡体前部。

在降雨，特别是持续暴雨作用下，滑体易达到饱和，增加滑体重量，降低结构面的力学强度，前缘的冲刷形成临空面，形成足够的下滑势能，造成滑坡。

4.2 牵引式堆积滑坡

4.2.1 斜滑坡变形演化阶段

金厂坝滑坡的时空演化过程大致可分为三个阶段。

1. 浅表生改造阶段

在岩体浅表生改造期，边坡岩体风化卸荷深度较大，场地陡倾坡内的岩层易在重力场作用下，可能产生弯曲—拉裂变形，逐渐出现崩塌，前缘及中部堆积的灰岩崩塌物在长期风化作用下将发生崩解，形成灰岩角砾，灰岩角砾在水的长期作用下逐渐产生钙质胶结，形成钙化物（溶塌角砾岩），后缘分布的玄武岩崩塌物质，在风化作用下玄武岩崩积物将发生崩解，形成直径较小的块碎石土，构成金厂坝滑坡体的物质来源（图4.2-1）。

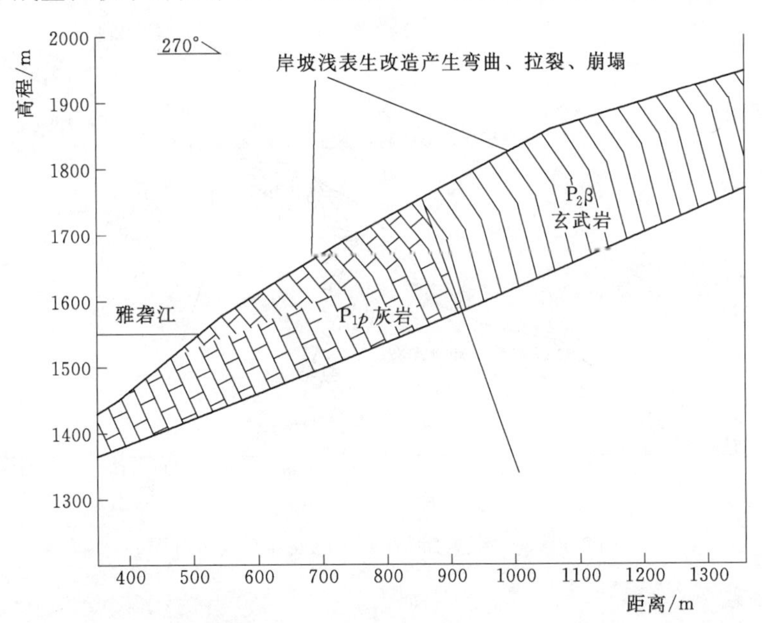

图4.2-1 谷坡出现弯曲拉裂示意图

2. 孕育阶段

随着晚更新世以来，雅砻江河谷下切速度的加快，斜坡逐渐被侵蚀，在钙化物前缘逐渐形成高陡的临空面，河谷下切相当于对岸坡的“人为”切脚，斜坡前缘稳定条件产生改变，斜坡内部应力场也随之进行调整，斜坡在暴雨、地震等外力作用下具备产生滑坡的条件（图4.2-2、图4.2-3）。

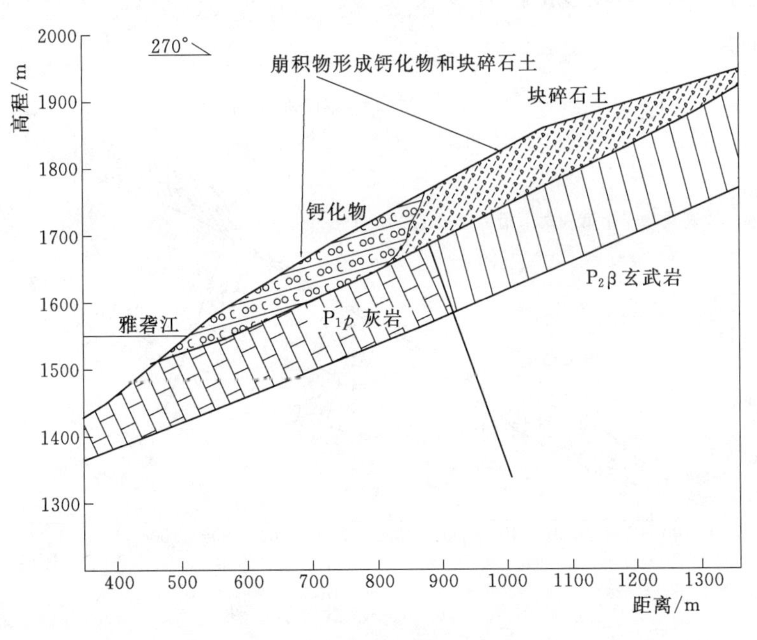

图4.2-2 形成滑坡体物质来源示意图

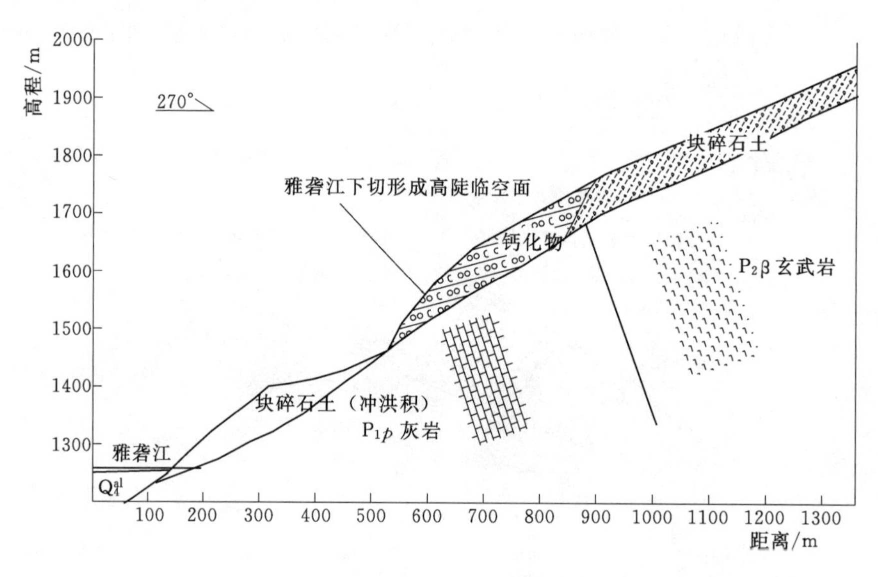

图 4.2-3　雅砻江河谷下切形成临空面示意图

3. 形成阶段

随着临空面的逐渐形成，金厂坝地区具备了产生滑坡的条件，前缘钙化物在地震、暴雨等因素的作用下沿钙化物底部与基岩基础部位产生滑动，形成第一次滑坡，滑坡前缘推测进入河床，在后缘堆积形成 1500m 平台，在滑动的过程中将Ⅳ级阶地物质推移，仅保留少量残留的块碎石土，在 ZK01、ZK02、ZK03 钻孔中均解释有残留的块碎石土分布（图 4.2-4）。第一次滑动后，位于其后缘的玄武岩块碎石土失去支撑，在外力作用下沿基覆界线或钙化物接触带产生第二次下滑，滑坡体前缘堆积于 1500.00m 平台，即覆盖于第一次滑坡之上，两次滑坡形成了金厂坝滑坡形态（图 4.2-5）。此外，在下游和 1750.00m

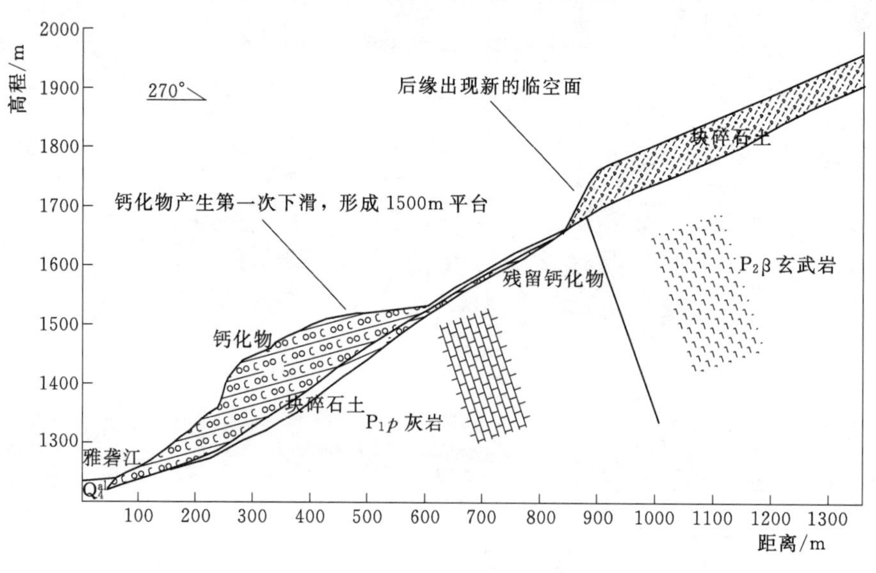

图 4.2-4　第一次滑坡示意图

后缘，均可见有规模相对较小的滑坡分布，推测为金厂坝形成后再滑坡内部产生的次级滑坡，下游侧的次级滑坡即为分区中的 B3 区。

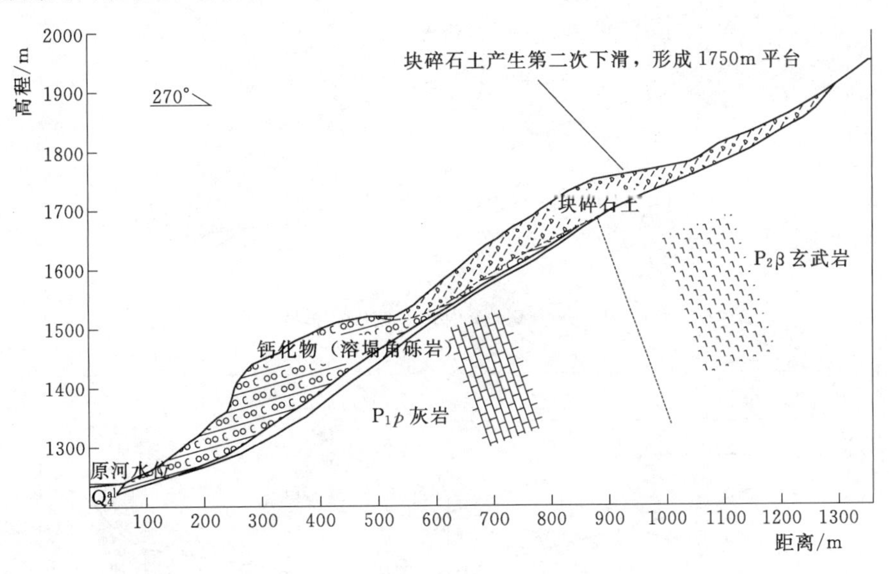

图 4.2-5 第二次滑坡示意图

4.2.2 滑坡灾变模式

对于牵引式滑坡的灾变发生过程及模式的规律，下面通过简化的示意图阐述。牵引式滑坡处在稳定或略高于极限平衡状态，坡脚是重要的阻滑段，在降雨的持续作用及库区库水对前缘冲刷、库水位升降等不利工况下，致使斜坡前缘临空高度增加，抗滑力逐渐减小，导致斜坡前缘产生变形，坡面产生裂缝。产生的牵引变形裂缝为地下水下渗提供了通道，持续降雨形成的地表水也可通过裂缝下渗到斜坡的更深部，这样将导致：一方面软化潜在滑动面，滑动面物理力学参数降低，抗滑能力下降；一方面滑体容重增加，下滑力随之也增加；另一方面产生静动水压力，使下滑力增加，抗滑力降低。综合不利条件下导致牵引区滑体失稳，随着变形的逐步发展，使牵引区滑体后缘支撑削弱甚至临空，牵引区滑体后缘以后的被牵引区也产生变形失稳而出现新的滑动，从而导致牵引区首先滑动，之后斜坡体逐步向后向上发展，被牵引区①区和②区及③区出现分期破坏模式，依次变形滑动，贯通为大型滑坡体；或者被牵引①、②、③区作为一个整体产生变形滑动，贯通为大型滑坡体。最终，形成变形破坏主要受牵引区渐变式牵引变形控制，被牵引区逐步变形破坏，从而形成牵引式滑坡（图 4.2-6）。

牵引式滑坡灾变过程如图 4.2-7 所示。牵引式滑坡的前缘是重要的阻滑段，经受库水位和降雨作用，滑坡前缘临空高度增加，产生剪应力集中效应并出现拉裂缝，导致滑坡前缘首先变形，此时滑坡通常处于初始变形阶段；随着滑坡的变形向后发展，塑性区不断向后扩展，滑坡关键阻滑段的缺失，导致主滑段所受的支撑削弱，进而使主滑段坡体产生应力集中效应，产生新的变形和拉裂缝，此时滑坡通常处于等速变形阶段；滑坡变形到后期，塑性区不断向主动段扩展，滑坡由前至后形成多级拉裂缝，滑坡的滑带整体贯通，将发生整体破坏，此时滑坡通常处于加速变形阶段。滑坡的变形破坏为受前缘阻滑段渐变式牵引变形控制、中后段逐步变形破坏的链式传递过程。

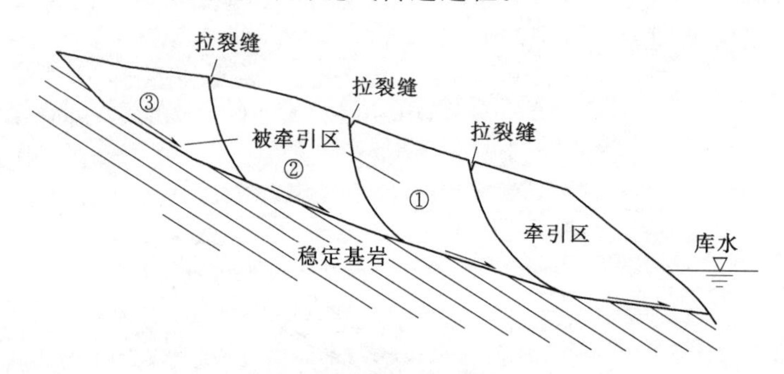

图 4.2-6　牵引式滑坡破坏模式

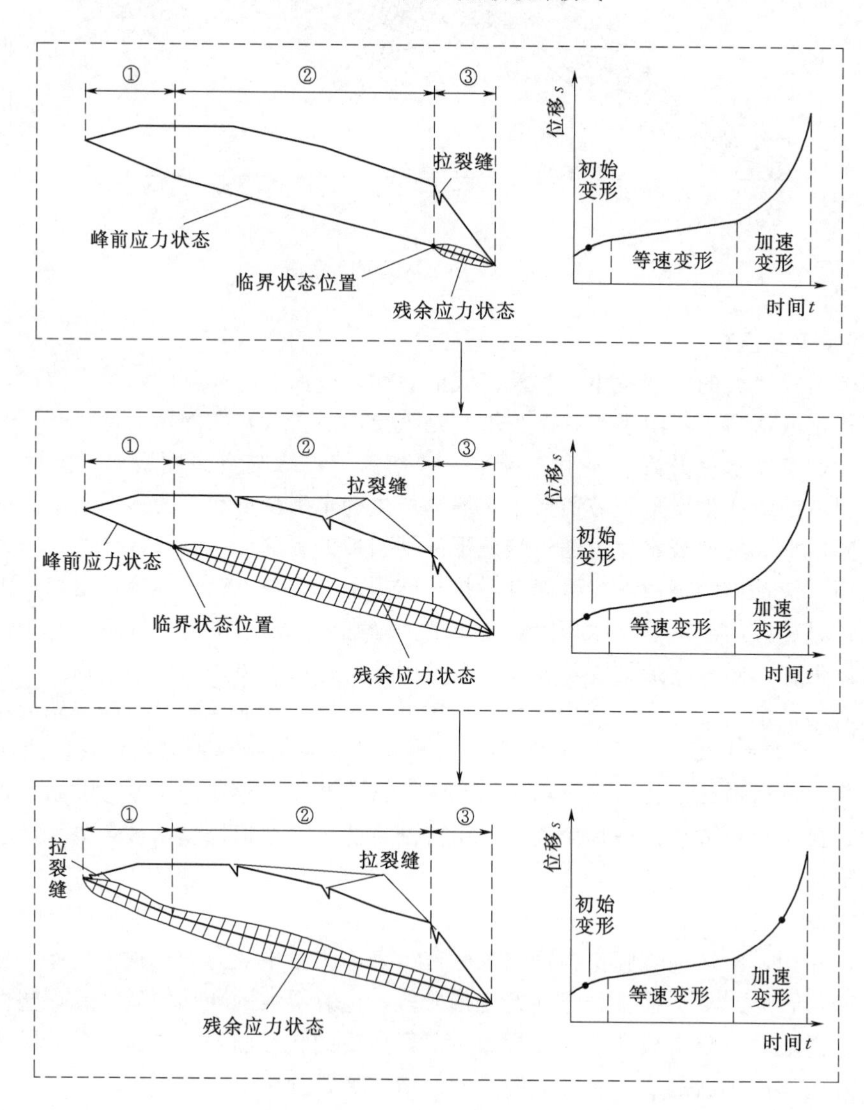

图 4.2-7　牵引式滑坡灾变过程

①—主动段；②—主滑段；③—抗滑段

牵引式滑坡在整个渐进灾变过程中，滑坡体应力不断调整，塑性区逐步向后扩大，当某条块下滑力等于抗滑力时，该滑坡条块一般处于临界状态，处于该条块之前的条块为残余应力状态条块即发生剪切破坏，处于该条块之后的条块处于峰前应力状态条块即未发生剪切破坏，临界状态位置随着渐进破坏过程而逐渐向上移动直至滑坡整体贯通。

4.3　顺层岩质滑坡

4.3.1　斜坡变形演化阶段

1. 松动阶段

岩坡形成初始阶段，坡体中往往出现一系列与坡面近于平行的陡倾角张开裂隙，使边坡岩体向临空方向张开，这种过程和现象称为松动，是一种边坡卸荷回弹的过程和现象。

存在于坡体内的这种松动裂隙，可以是在应力重分布中新产生的，亦可以是沿原有的陡倾裂隙发育而成，但大多数是沿原有的陡倾角裂隙发育而成的。它仅有张开而无明显的相对滑动，张开程度及分布密度由坡面向深处逐渐减小。这种松动裂隙通常有不同的名称，如岸坡裂隙、回弹裂隙、卸荷裂隙等。实践中把发育有松动裂隙的坡体部位称为边坡松动带。边坡松动带使坡体强度降低，又使各种营力因素更易深入坡体，加大坡体内各种营力因素的活跃程度。它是边坡变形与破坏的初始表现。如图 4.3 - 1 所示。

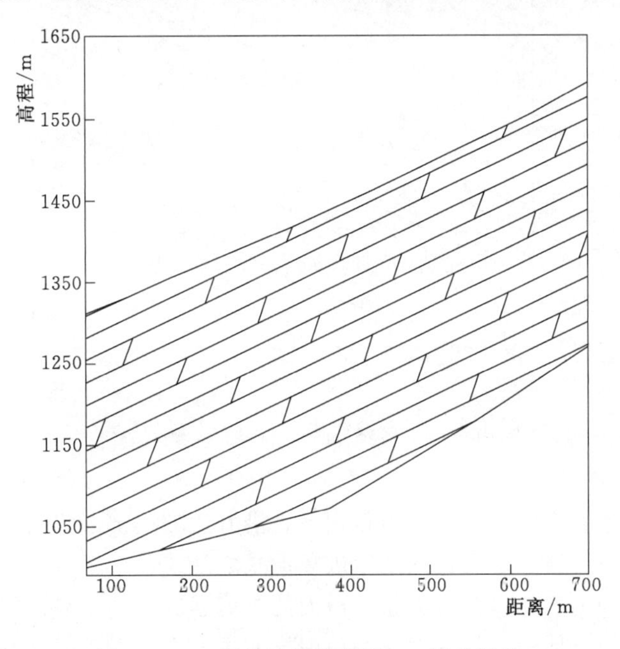

图 4.3 - 1　斜坡演化模式图——松动阶段

2. 蠕动阶段

边坡岩体在自重应力为主的坡体应力长期作用下，向临空方向缓慢而持续的变形，称为边坡蠕动。蠕动形成的机制为由岩体中一系列裂隙扩张所致。蠕动是岩体在应力长期作用下，坡体内部产生的一种协调性形变，是岩体趋于破坏的演变过程。坡体中由自重应力引起的剪应力与岩体长期抗剪强度相比很低时，坡体减速蠕动。当应力值接近或超过岩体长期抗剪强度时，坡体加速蠕动直至破坏。所以岩坡的最终破坏要经历一个或短暂，或漫长的过程。

由于岩石性质不同，蠕动变形的机理也有所差别，在脆性岩体中，蠕动岩体沿已有结构面或绕一定的转点作长期缓慢的滑动或转动。它的基本变形单元是滑移和转动倾倒，即发生剪切位移和角位移，岩块本身的形态不发生显著变化，但岩块之间由于蠕动其位置发生相对变化，或出现岩块间的拉裂，从而使岩体出现松动架空现象。岩体的这种蠕动可以是连续进行的，也可以是间歇性地、跳跃式地进行。由于边坡岩块本身在自重应力作用下发生的蠕变变形很小，边坡应力的释放和调整，使的岩块之间产生滑动、转动、张裂，从而使岩层倾斜，同时伴随出现上窄下宽的张裂隙。又由于岩块重心的偏移产生转动力矩，当转动力矩产生的拉应力大于岩块的抗拉强度或者由于拉应力的存在使的岩块产生蠕变变形，导致岩块分段折裂，出现整个岩质边坡坡面上的岩块倾倒破坏。如图 4.3-2 所示。

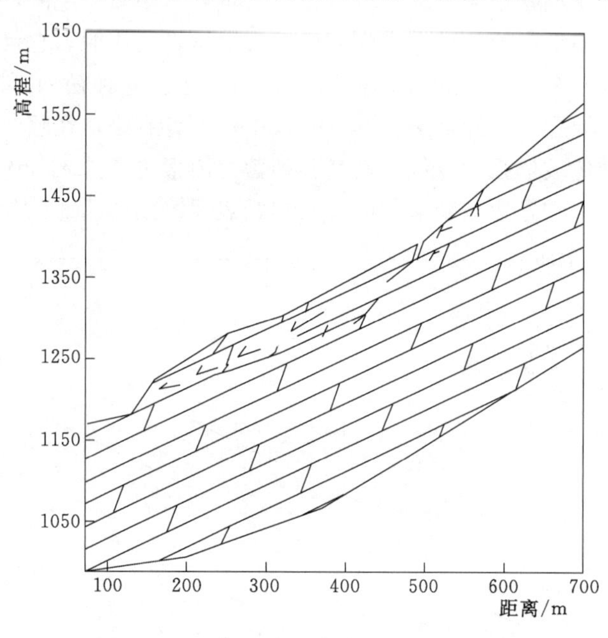

图 4.3-2　斜坡演化模式图——蠕动阶段

3. 圆弧形滑动

滑动破坏是指边坡上的岩体在重力作用下，沿着边坡内部一定滑动面或滑动带向下滑移的现象，它是岩质边坡岩体常见的变形破坏形式之一。

圆弧破坏的机理为岩体内剪应力超过滑面的抗剪强度，使不稳定岩体沿圆弧形剪切滑移面下滑。在均质的岩体中，特别是在均质泥岩或页岩中，滑动面通常呈弧形，岩体沿此弧形滑面滑移。在非均质的岩坡中，岩坡滑动面是由短折线组成的弧形的几种圆弧破坏形态，近似于对数螺旋曲线或其他形状的弧面。如图 4.3-3 所示。

4. 崩塌

崩塌崩落、垮塌或塌方是较陡边坡上的岩土体在重力作用下突然脱离母体崩落、滚动、堆积在坡脚或沟谷的地质现象。在崩塌过程中，岩体无明显滑移面，同时下落岩块或

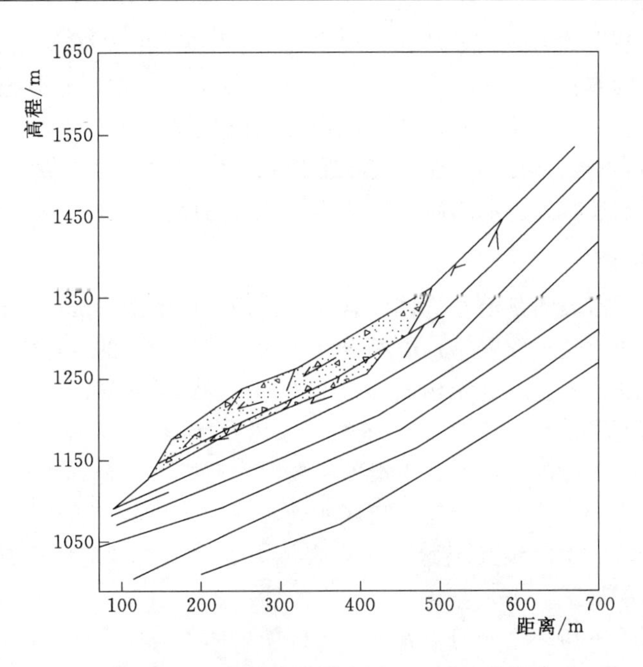

图 4.3-3　斜坡演化模式图——圆弧形滑动

未经阻挡而直接坠于坡脚，或于山坡上滚落，滑移，碰撞最后堆积于坡脚处。规模巨大、涉及山体者称山崩。大小不等、零乱无序的岩块呈锥状堆积在坡脚的堆积物，称崩积物，也可称为岩堆或倒石堆。

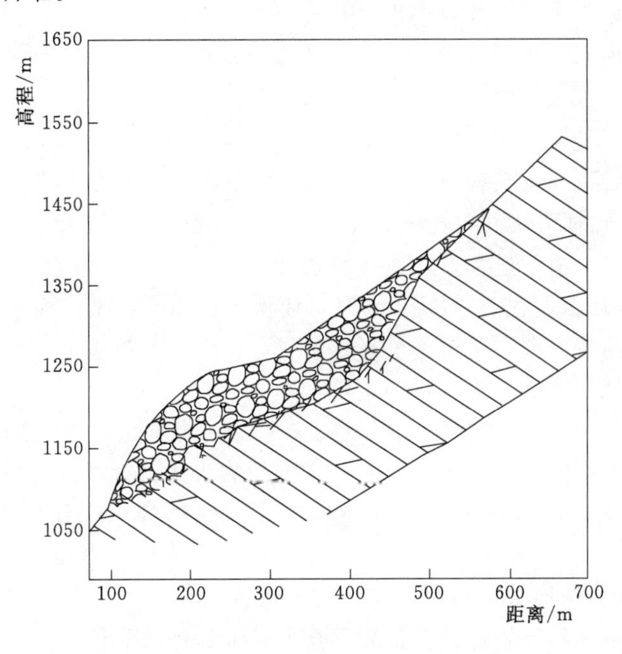

图 4.3-4　斜坡演化模式图——崩塌

高陡边坡和陡倾裂隙，系由边坡前缘的裂隙卸荷作用或由基座蠕动造成边坡解体而形成。这些裂隙在表层蠕动作用下，进一步加深，加宽，并促使坡脚主应力增强，坡体的蠕动进一步加剧，下部支撑力减弱，从而引起崩塌。崩塌形成的岩堆给其后侧坡脚以侧向压力，再次发生崩塌的部位将上移。所以，崩塌具有使边坡逐次后退，规模逐渐渐小的趋势。巨型崩塌常发生在巨厚层状和块状岩体中。软硬相间层状岩体，多以局部崩塌为主。崩塌的形成条件和影响因素很多，主要有地形地貌条件、地质构造条件、岩性条件，以及降雨和地下水的影响还有地震的影响、风化作用和人为因素的影响等。如图 4.3-4 所示。

4.3.2 滑坡灾变模式

场地发育的岩质滑坡均是沿着岩体内软弱结构面失稳下滑形成的，而在区内这种砂泥岩互层的顺层岩体内，这类软弱结构面发育有多条，当然它们的强度特性等方面存在较大差别，因而并不是任何一条软弱结构面都会构成岩体失稳的底界面，它还与坡体的临空面条件、软弱结构面的强度特性、地表水体的下渗以及区域构造，甚至地震等诸多因素有关。总体上来讲，诱发区内岩体失稳下滑的主要因素有以下几个方面：

（1）区域地质构造。如前文所述研究区所处区域构造复杂，历史上曾遭受过多期构造活动的挤压，导致区内奥陶系互层状砂泥岩岩体沿岩性相对软弱的薄层泥岩产生挤压错动，形成多层软弱层带。

（2）流沙河河谷下切。流沙河河谷下切为区内岩体沿岩体内软弱层带向河谷方向产生蠕滑变形提供了良好的临空条件，这种蠕滑变形导致区内砂岩内产生横向拉张裂缝，而这种裂缝的存在为地表水的下渗提供了通道。

（3）地表水的下渗。当地表水沿坡体拉张裂缝下渗至下伏的软弱层带后，导致构造作用形成的软弱层带进一步软化形成泥化夹层，其强度也相应地急剧降低，当强度降低到一定程度，在重力作用下上覆岩体就会沿泥化夹层失稳下滑。

当然在长期的地质历史过程中，区内的地震活动也可能成为诱发坡体失稳的另一个重要因素。

调查结果表明，随着流沙河的河谷下切，区内岩体可能发生过两次较大规模的基岩失稳下滑，早期当河谷下切至高程 1120m 左右时诱发了康家坪滑坡的失稳，后期当河谷下切至高程 800～850m 时诱发了乱石岗滑坡。

乱石岗滑坡失稳下滑的过程及机制可表述如下：

1）当流沙河下切至高程 800～850m 时，使得下伏的软弱结构面出露于地表，为岩体沿该软弱结构面向河谷方向产生蠕滑变形提供了临空条件，蠕滑变形的结果导致上部砂岩产生拉张裂缝，为地表水的下渗提供通道，如图 4.3-5 所示。

2）随着地表水的下渗，使得下伏的软弱夹层进一步软化，形成泥化夹层，其强度也随之急剧降低，当强度降低至一定程度时，上覆拉裂岩体就会在重力作用下沿软弱夹层失稳下滑，下滑过程中局部岩块解体不完整，以相对完整的形态保持下来，如图 4.3-6 所示。

3）由于区内软弱结构多沿层面发育，其倾角较缓，一般 13°～15°，因此乱石岗滑坡的形成是河谷下切期间斜坡岩体沿下伏软弱层面长期蠕滑作用的产物，滑坡期间运移速度较慢，运移距离较短，因而滑体内局部岩体解体不完全，保留有较多的大块完整岩块。

4）滑坡失稳后，一方面使后缘岩体失去了支撑条件，为后方岩体向临空方向变形提供临空条件，另一方面导致后方岩体内发育的某些软弱结构面在临空面出露，这样伴随地

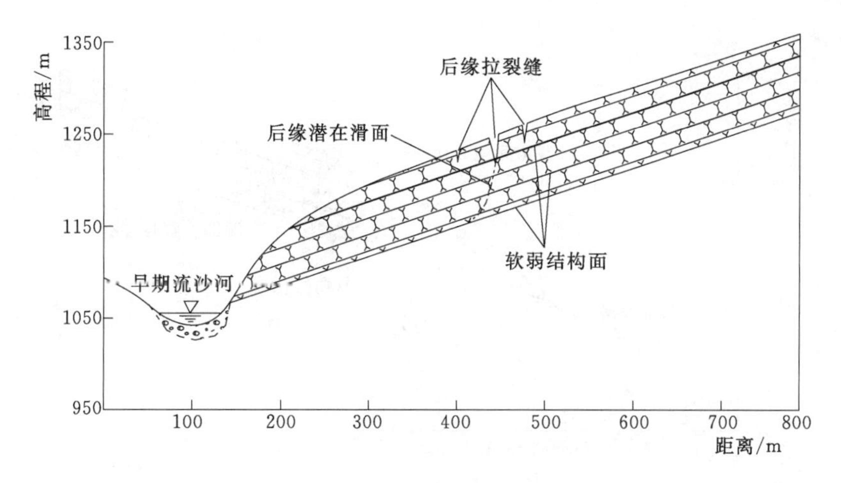

图 4.3-5 滑坡形成前河谷形态

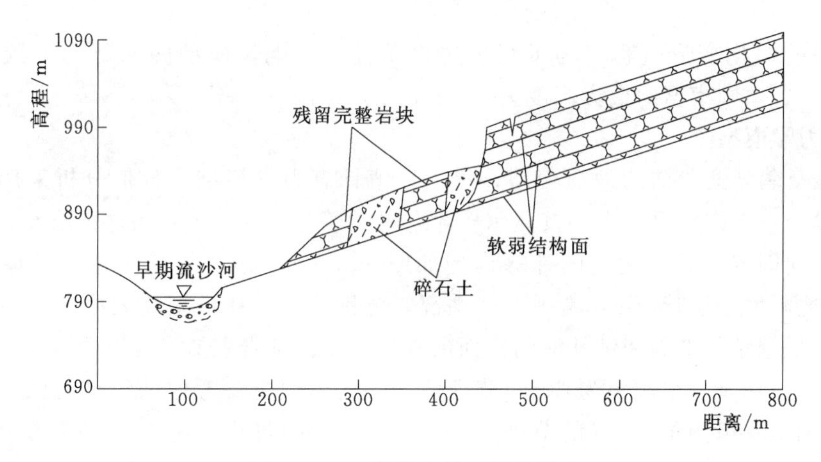

图 4.3-6 滑坡失稳后斜坡形态

表水下渗过程中，上述软弱结构面也产生进一步软化作用，从而促使上覆岩体沿软弱结构面向临空方向滑移变形，在地表沿岩体内陡倾结构面形成拉张裂缝，如图 4.3-7 所示。另一个特殊情况是在某些因素影响下，滑坡后缘岩体沿两条软弱结构面向临空方向呈“抽屉式”滑移，从而在岩体深部沿陡倾结构面产生拉裂缝，而其上覆岩体仍保持较完整状态，这类拉张裂缝一般具有不确定性和隐蔽性。

4.3.3 滑坡灾变过程数值模拟

4.3.3.1 地质模型

为了验证上述斜坡变形演化过程的分析，以现在乱石岗 6—6 主剖面为依据，按照周围岸坡地形并结合该剖面的地形及坡体结构，对坡体演化前的地形进行了恢复。恢复剖面的范围，前缘至河谷中心线，后缘至山脊分水岭，整个地质模型的长度为 552m。为了模拟斜坡的变形演化机制，初始地形设为后缘山脊分水岭的高程恢复到 1186.00m，前缘河谷中心的高程恢复到 1055.00m，初始的斜坡坡角约为 15°，经历了累积 33m 的河谷下切后河谷中心线的高程变为 1022.00m，从而通过此地形条件的改变来模拟斜坡在整个河谷

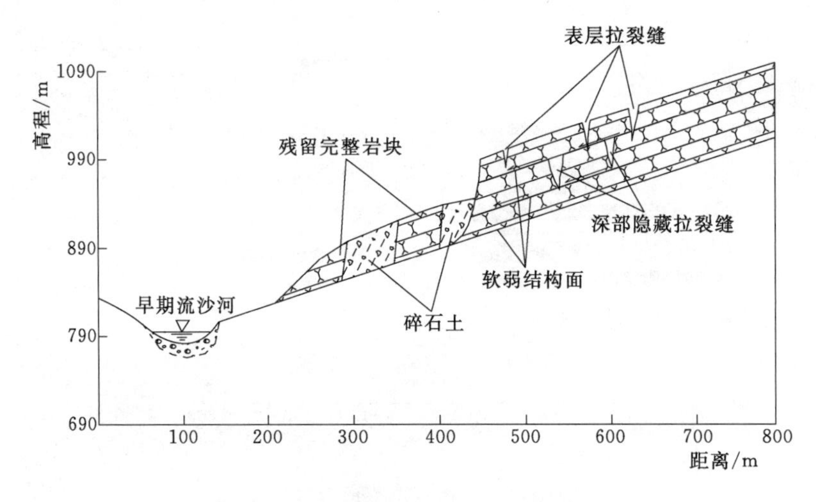

图 4.3-7 滑坡影响区岩体拉裂示意图

下切过程中的演化变形过程。为了减少边界条件的影响，模型的底部向下延伸至高程 1000.00m 位置，则模型的最大高度为 1186m。

4.3.3.2 力学模型

根据恢复斜坡演化前的地质模型，建立数值计算力学模型。数值分析采用 3DEC 程序，模拟过程仅考虑自重应力场按莫尔—库仑力学模型计算。边界条件采取左、右及底边三边垂直方向固定模式，建立的计算模型如图 4.3-8 所示。模型中岩层的厚度设置为 6.4m，节理厚度设为 4～6m，考虑实际情况，分别建立了在模型坡表中部及中前部建立三处节理。根据钻孔平洞和钻孔对结构面的统计，正常基岩主要发育有两组结构面即一组倾角为 15°的层面及一组倾角为 60°的节理面。因此模型主要考虑两组结构面，一组倾角为 15°的层面，一组倾角为 60°的节理面。计算时，模拟过程仅考虑自重应力场影响，按莫尔—库仑力学模型，结构面采用面接触的库仑滑移模型。建立斜坡初始概化模型如图 4.3-8 所示。

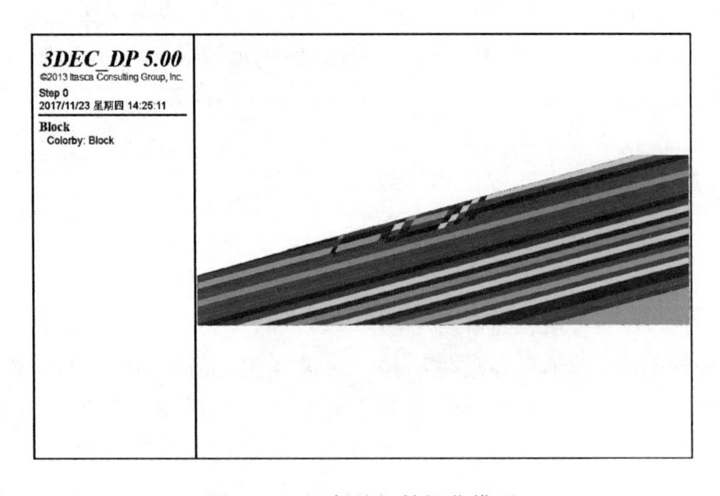

图 4.3-8 斜坡初始概化模型

为了得到斜坡演化过程的中整体及各个部位的变形情况，在模型中布设了 3 列位移监测点来进行变形监测。每列监测点间距约 450m，从距斜坡模型的后边界 250m 开始布设，最前一列距模型右边界 250m，每列共布置 3 个监测点，从斜坡的表面开始垂直向下布设，间距约 55～110m，共布设监测点 9 个。监测点的布设位置如图 4.3－9 所示。

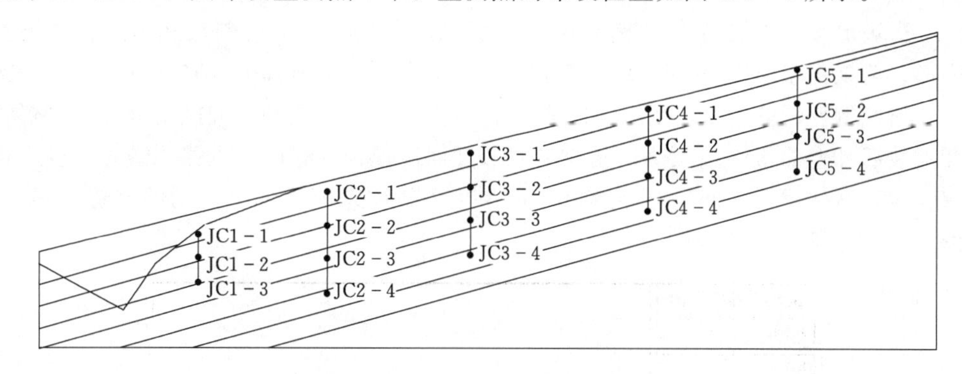

图 4.3－9　模型监测点布设位置图

4.3.3.3　参数选取

本次数值分析过程中采用了以下方法对岩体的物理力学特性参数进行简化处理：

（1）选取优势的结构面：由于本次模拟采用的是二维分析，因此选取了两组对岩体力学特性起主要作用的优势结构面，一组是岩体的层面；另一组为与层面近垂直发育的节理面。

（2）调整层面参数来对岩层进行归并，减小结构面的数量：本次数值模拟的斜坡规模较大，而实际调查测得的岩体层面及节理面的间距均在 0.1～1m 的范围。为减小结构面的数量简化计算，分别将岩体层面及节理面的间距调整为 6.4m、4～8m。层理面的倾角取 15°，节理面倾角与层理面呈 60°。因此岩块的强度参数必须进行相应的弱化才能模拟相似到更加真实的地质条件。

（3）岩性的简化：由于发生岩层弯曲变形的变化主要由砂岩的岩性特征引起，因此将岩性简化为纯砂岩构造。

表 4.3－1、表 4.3－2 为根据经验法、工程类比法以及反演分析等方法简化调整而得到的岩体物理力学参数。

表 4.3－1　　岩块参数选取表

密度 /(kg/m³)	体积模量 K /GPa	剪切模量 G /GPa	黏聚力 c /MPa	内摩擦角 φ /(°)	抗拉强度 /MPa
2750	10	10	2.0	10	10

表 4.3－2　　结构面参数选取表

结构面类型	层面角度 /(°)	切向刚度 K_s /(GPa/m)	法向刚度 K_n /(GPa/m)	内摩擦角 φ /(°)	黏聚力 c /MPa	抗拉强度 /MPa
层面	15	1.46	2.0	15	0.4	0.05
节理面	60	0.08	0.07	5	0.4	0.005

4.3.3.4 斜坡整体变形演化过程分析

1. 河谷第一次下切模拟结果分析

当河谷第一次下切后，坡脚出现 45m 陡立临空面，滑坡产生较大变形，并沿着层面产生临空面的滑移，沿着节理产生拉裂纹。位移主要出现在河谷下切后临空的岩层，最大值处位于边坡前缘，向坡后缘逐渐减小，最大位移值可达 4.7m，斜坡在重力作用下开始滑移变形，前缘由于河谷下切，临空条件好，后缘由于中部节理的存在，并只产生较小的位移。斜坡倾倒变形的初期阶段，斜坡前缘的浅表层临空岩体开始向临空面滑移变形，向坡内和斜坡后部弯曲量逐渐减小；斜坡沿着节理面出现较为较明显的张裂缝，主要以微小的裂缝为主，坡体层面之间相互错动以变形为主，斜坡表面岩体有滑动的趋势如图 4.3-10、图 4.3-11 所示。

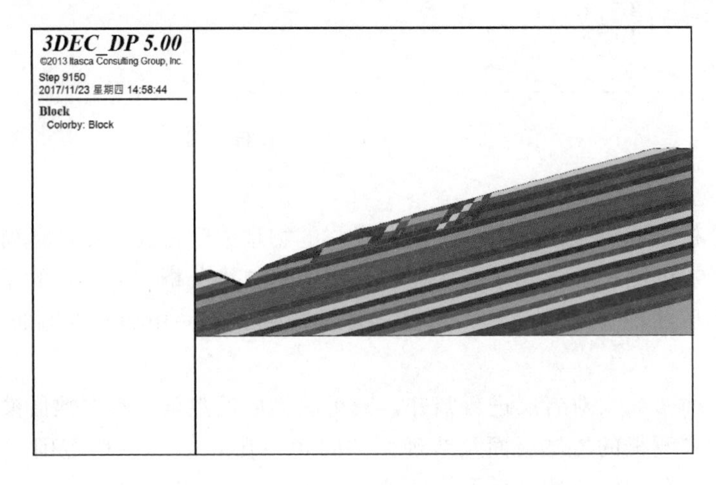

图 4.3-10　河谷第一次下切计算模型

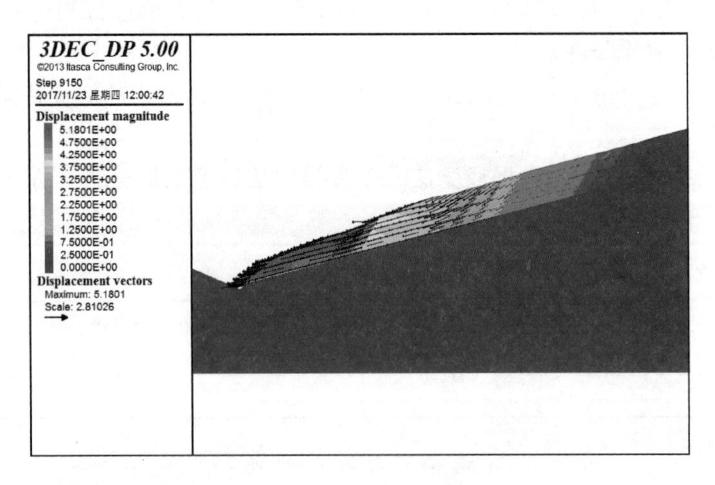

图 4.3-11　河谷第一次下切计算时步 4000step

2. 河谷第二次下切模拟结果分析

河谷第二次下切后（图 4.3-12），前缘进一步向临空面滑移。时步为 1000step 时，表层岩层持续产生向临空面的较大位移，最大位移出现在表层岩层中，位移值为 5m。同

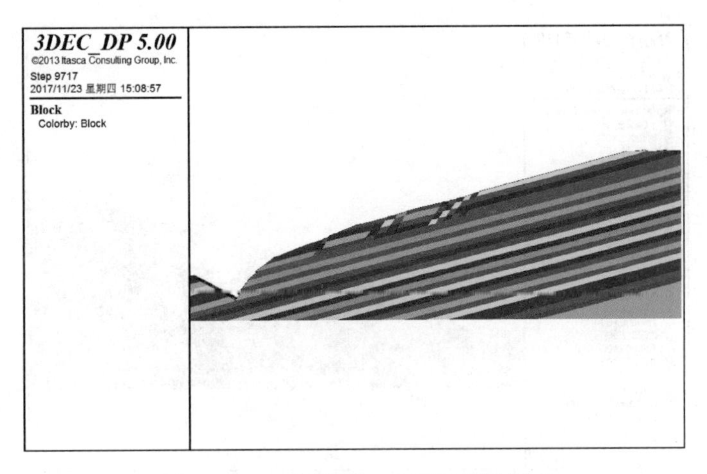

图 4.3-12　河谷第二次下切计算模型

时较深层临空面岩层逐渐产生向临空面的位移，由坡表向坡内逐渐减小，且沿着岩层面发生滑动。浅层岩层由于节理的存在，在节理处发生了较大的错动。时步为 3000step 时，表层岩层位移量持续增大，特别是被第一层节理切割的临空块体，最大位移值达到 11m，且整个块体位移差较小，说明沿着层理面发生了整体滑动。第一层节理与第二层节理间块体位移明显小于前缘位移，为 4.4～5m。第二层节理与第三层节理间块体位移为 2.0～3.0m，并与后缘岩体产生明显拉裂纹，块体发生错动。同时临空面岩层脱离母岩逐渐滑向河谷。计算时步为 5000step 时，较深层临空面岩层完全滑入河谷，位移由坡表向坡内逐渐减小，滑动面由于岩层作用呈现阶梯状。而浅层岩层由于受节理面的控制，发生分段滑移，并沿着节理面，块体发生错动，最大垂直位移 10m。如图 4.3-13～图 4.3-15 所示。

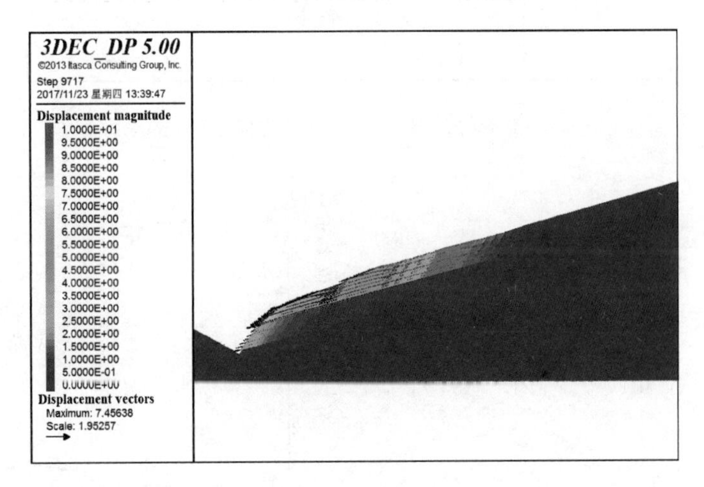

图 4.3-13　河谷第二次下切计算时步 1000step

4.3.3.5　位移变化规律分析

对预先设置的位移监测点进行数据统计处理，得到滑坡不同位置处的位移监测曲线如图 4.3-16～图 4.3-20 所示。

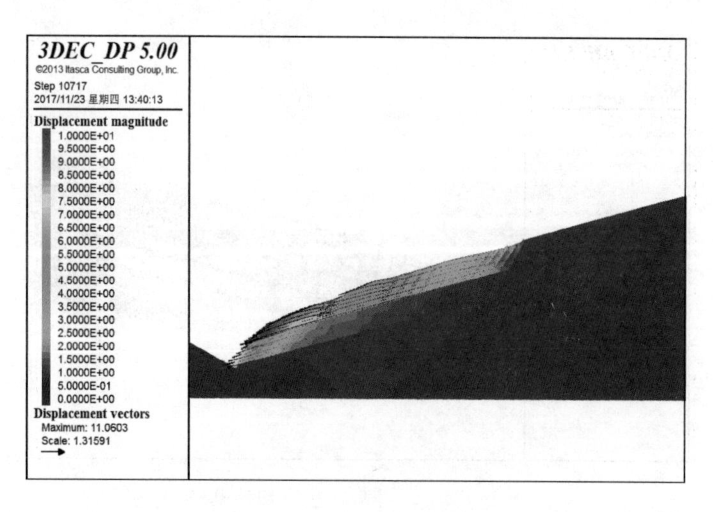

图 4.3-14　河谷第二次下切计算时步 3000step

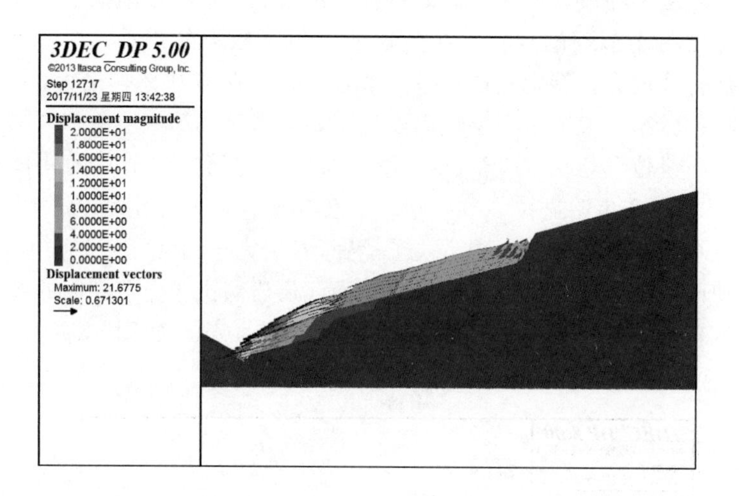

图 4.3-15　河谷第二次下切计算时步 6000step

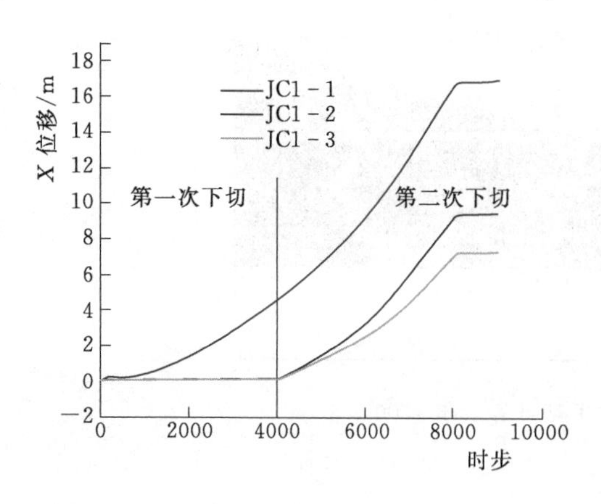

图 4.3-16　斜坡前缘 JC1 监测点位移曲线

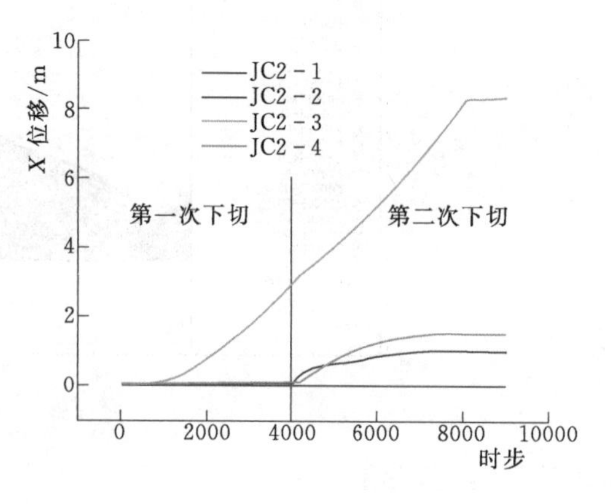

图 4.3-17　斜坡中前部 JC2 监测点位移曲线

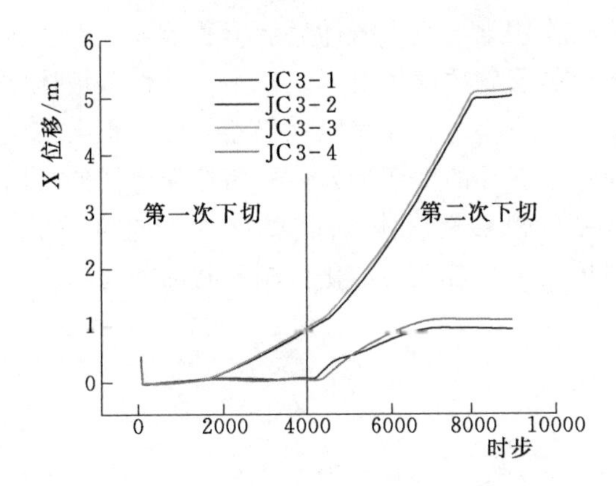

图 4.3-18　斜坡中部 JC3 监测点位移曲线

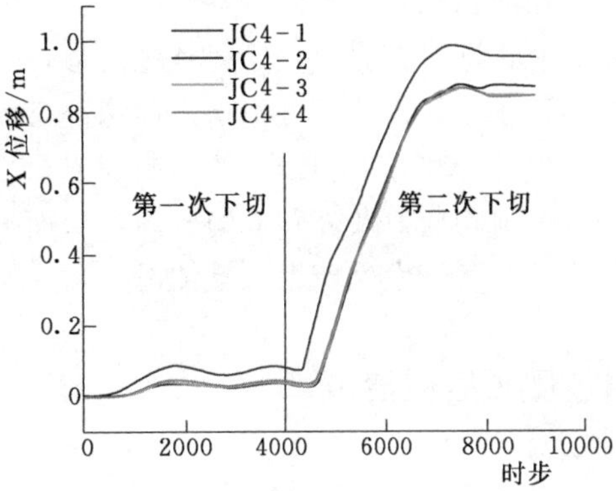

图 4.3-19　斜坡中后部 JC4 监测点位移曲线

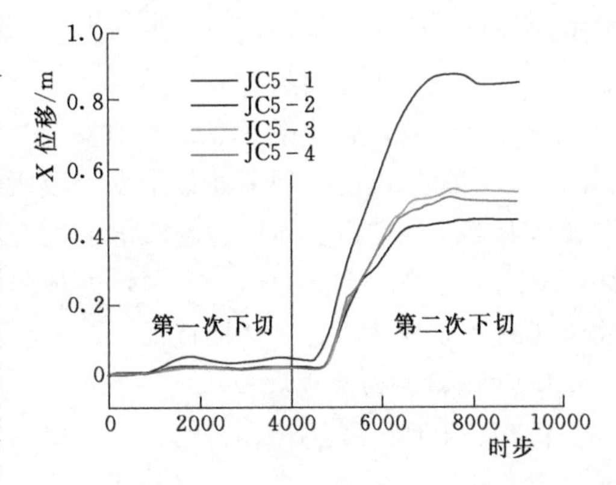

图 4.3-20　斜坡后缘 JC5 监测点位移曲线

从斜坡的整体位移云图及监测点的位移监测情况可以发现：由图 4.3-16～图 4.3-20 可以得出斜坡在竖直方向的位移规律，斜坡的变形表现为浅表部变形大，往深部发展逐渐减小，且斜坡中后部的变形比前部的变形量和变形深度都小。由图 4.4-16 在斜坡前缘表面的位移最大约 18m，然后滑入河谷，冲到河对岸，故位移稳定，且变形深度达到 30～40m。滑坡中部在第一次河谷下切后，变形量非常小，约 0.1m，第二次下切后中部位移增大，一段时间后，中后部、后缘开始产生位移，变形量向后缘逐渐减小，但差值并不大，说明第三层节理至后缘的岩体变形较小，变形模式为整体滑移，浅层岩层位移大于深层岩层。整体上也呈往深部发展变形逐渐减小的趋势，斜坡在中下部的变形量及变形范围也明显更大，虽然斜坡的中后部相对中前部变形规模较小，但仍然呈现着滑移变形趋势。

4.3.3.6　斜坡破坏过程总结

坡体在浅表部一定深度范围内发生了显著的滑移变形，中部岩体拉裂破碎，出现贯通滑面，变形体与基岩基本脱离，前缘岩体滑塌至江中，一部分坡体物质则会残留于坡体形成残坡积层。而深部变形量较小的岩体完整性仍然较好，不会发生滑移，同时前缘变形范围大，层间错动大，自重应力的作用下，滑移面呈阶梯状，中前部由于节理的作用发生块体之间的错动，并在自重应力作用下产生拉裂纹。随着滑移-拉裂变形的进一步发展，边坡应力进一步调整，坡体前缘岩板与母岩脱离，滑坡发生整体破坏。

整体上也呈往深部发展变形逐渐减小的趋势，斜坡在中后部的变形量及变形范围也明显更小，随着临空面位置岩体的不断被侵蚀解体，河谷不断下切，斜坡上的物质逐级沿着斜坡开始向临空面滑移，而由于斜坡节理较多，斜坡中前部的变形量及变形范围更大。

通过现场地质分析及数值模拟手段揭示了该类斜坡的变形破坏是岩层在自重应力作用下发生整体滑移变形，使岩层沿着岩层面向临空方向滑动，导致坡体沿着节理面开裂，块体产生层间错动，并滑向河谷。在外营力的不断作用下，浅表岩体后缘沿着节理面产生拉裂纹，并逐渐贯穿岩层，发生整体滑移，一部分岩层物质解体滑塌至江中；一部分坡体物质则残留于坡体形成残坡积层。而深部弯曲变形量较小的岩体完整性仍然较好，不会发生破坏。但随着河谷下切作用的不断加强，之前处于深部的微变形岩体开始接受更大的指向临空面的剪切应力及外营力的作用，从而形成新的滑移变形体，同时中后缘产生临空面，导致中后缘逐渐发生垮塌、整体滑移，该类斜坡的则沿着上述演化机制不断的演变。

4.4 反倾岩质滑坡

4.4.1 斜坡变形演化阶段

从斜坡所处区域的地形地貌及地质条件分析可见，斜坡体的变形演化主要受平行于岸坡走向的反倾岩层结构与地形因素所控制。由于斜坡主要岩体为板岩与变质砂岩互层，岩层走向 NW10°～15°，倾向 SW，倾角 70°～75°，走向与岸坡近平行并倾向坡内，构成陡倾山内的逆向坡；岩体中断裂、节理发育，坡体岩体中发育一组与层面近垂直的倾向坡外部的节理，而且该组节理多处集中发育成大的断裂，充填泥质后发育成软弱夹层。此外，岸坡地形高陡，坡内受断层、裂隙等的发育影响形成多条冲沟，加上雅砻江河谷的深切侵蚀，形成了前缘临空面地形，为斜坡岩体的弯曲倾倒破坏提供了变形的边界条件。结合岸坡所处的地形条件、岩体结构特征，该斜坡的演化过程可分为如下 5 个阶段。

1. *初始临空面形成阶段*

斜坡处于雅砻江复式背斜的西翼，单斜地层，陡向西倾，地层为三叠系上统两河口组下段变质砂岩夹板岩，该阶段随着河流的下切，斜坡前缘临空面开始形成（图 4.4－1）。

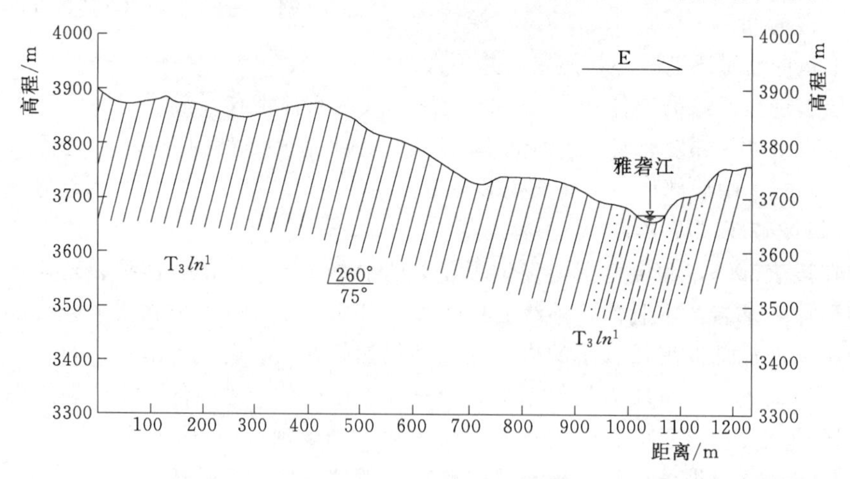

图 4.4－1　斜坡演化模式图——临空面形成阶段

2. *斜坡岩体在应力作用下沿结构面初始变形阶段*

河流下切形成的河谷地形，伴随大面积的卸荷作用，斜坡岩体应力状态出现明显分异：坡体后缘为拉应力分布区，坡脚地带为剪应力集中区。在这种岩体力学环境条件下，坡体中后部不仅板岩、变质砂岩因卸荷回弹，结构松弛，沿板理面拉裂、错动，而且坡体内发育的陡倾结构面也同样发生拉裂、甚至错动，表面出现微小台阶或在坡肩形成拉裂缝；前缘近垂直于层面发育的一组节理面在斜坡应力作用下发生剪切蠕滑为岩体的进一步变形奠定了基础（图 4.4-2）。

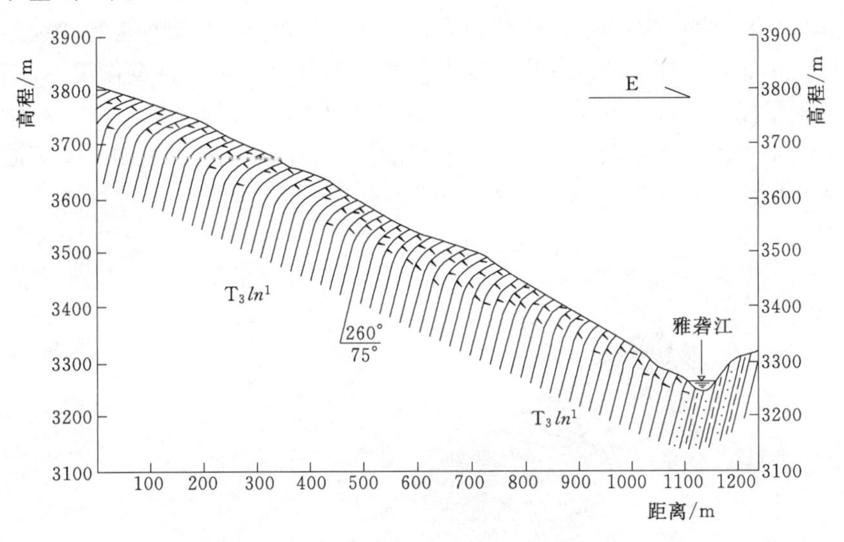

图 4.4-2　斜坡演化模式图——沿结构面初始变形阶段

3. *岩层弯曲变形、前缘剪切蠕变、后缘拉裂缝变形阶段*

随着河谷的不断下切，坡脚临空面的范围逐渐增大，岩体应力状态的分异加剧，早期已经开启的陡倾山内的层状结构岩层，在平行斜坡表部的单向最大主应力作用下，产生弯矩作用，岩层由外开始向下作悬臂梁弯曲，岩层发生弯曲、开裂，并逐渐向谷坡深部发展。当岩层弯曲到一定程度时，可导致岩层根部折断，形成断续分布的折断面，而在该部位若发育有倾向坡外的节理及断裂时，易在断裂处折断、拉裂；前缘缓倾断裂的剪切蠕变继续向深部发展，错断岩层（图 4.4-3）。

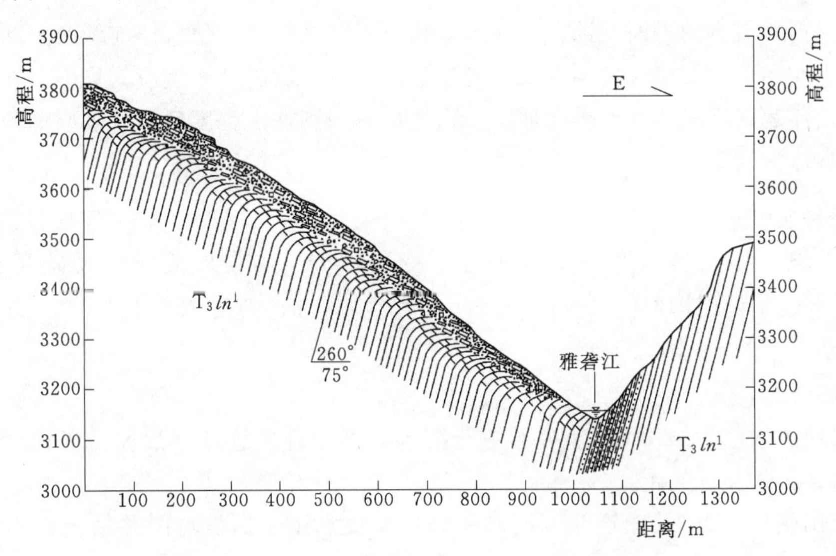

图 4.4-3　斜坡演化模式图——弯曲变形阶段

4. 破坏阶段

随着上述变形的进一步发展，坡体内折断带的剪应力超过其抗剪强度时，坡体开始逐渐的错动下滑。在自重作用下，随着坡体应力场的重新分布，坡体浅表部位移总体向临空面偏转，其显著特征为坡脚部位的位移较大，坡体上部较小。坡脚处应力较为集中，岩体变形加剧并产生脆性破坏，这进一步使其上部板梁结构悬空，在自重作用下，向下弯曲，岩层层间（板梁间）也随之错动、张开，为外部营力的进入创造条件，在各种营力作用下，板梁的变形加剧而逐渐发生破坏解体。而浅部的岩体在上述演化机制下不断地破坏解体，最终演化成滑坡（图 4.4-4）。

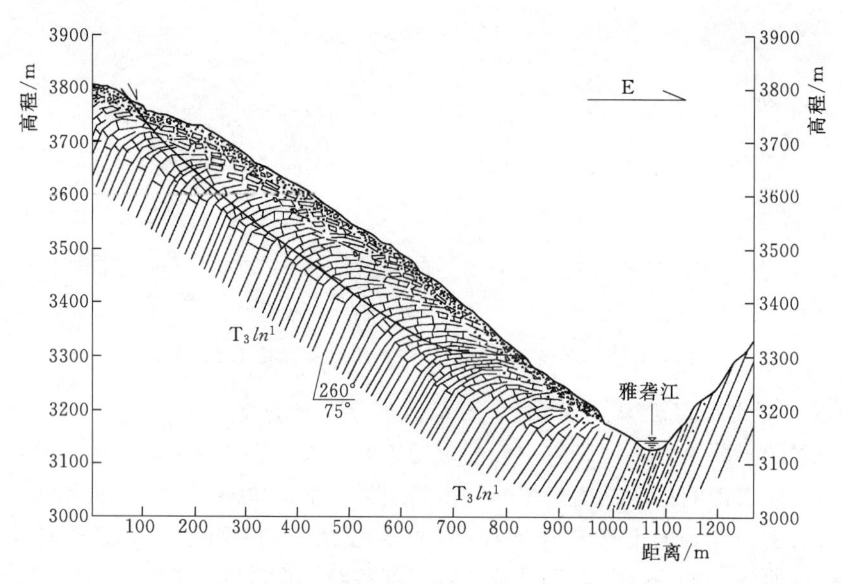

图 4.4-4　斜坡演化模式图——破坏阶段

5. 前缘滑动变形阶段

随着河流对坡脚的不断冲蚀，坡体前缘物质不断被带走，使坡体前缘产生新的临空条件。在自重作用下，坡体浅表层堆积体发生蠕滑变形，坡脚处产生应力集中。在各种外营力作用下，浅表层堆积体变形不断加剧。当变形累积到一定程度后，浅表层堆积体沿基覆界面产生整体滑动（图 4.4-5）。

4.4.2　滑坡灾变模式

林达滑坡岩质边坡发育薄层夹中厚层变质砂岩、夹粉砂质板岩及砂质板岩互层（T_3ln^1），选取结构面均匀区，采用测线法，测线倾伏向/倾伏角为 121°/0°，取得结构面统计样本数为 150，如图 4.4-6 所示。

技术路线为：

1）采用测线法对结构面几何特征进行野外取样统计，统计要素包括产状（倾向和倾角）、隙宽、半迹长、间距。

2）采用软件 DIPS 作出产状（倾向和倾角）极点图，据极点图并结合结构面成因的野外划分，对样本分组。

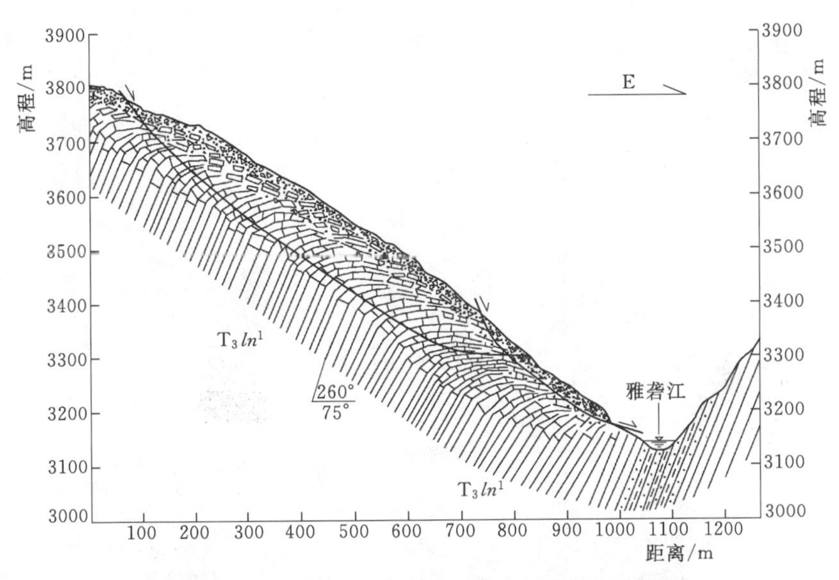

图 4.4-5　斜坡演化模式图——前缘滑动变形阶段

图 4.4-6　滑坡区库岸岩体结构面

3）采用 Terzaghi 方法对倾向、倾角样本分布的取样偏差进行纠正，得到两者总体的概率分布。

4）依据直方图得到隙宽总体的概率分布。

5）采用试算法由半迹长样本推算直径的概率分布。

6）采用试算法由间距样本推算体密度大小。

7）以上三维空间几何参数输入结构面网络模拟程序中，得到三维几何模型。

8）由结构面优势产状、临空面产状通过赤平投影图初步判断斜坡失稳形式。

（1）结构面分组。使用结构面分析软件 DIPS 生成库岸岩体结构面极点等密度图（图 4.4-7）（注：采用施密特分布等间距上半球投影网）。据结构面统计样本地质成因的野外判断与结构面极点图分为 3 组优势结构面：层理，样本容量为 107，产状范围为 246°～

274°/63°～77°（倾向/倾角）；节理Ⅰ，样本容量为23，产状范围为345°～360°、0°～56°/12°～56°；节理Ⅱ，样本容量为18，产状范围为134°～161°/23°～43°。2个样本260°/85°、270°/88°不被划分至任何一组。

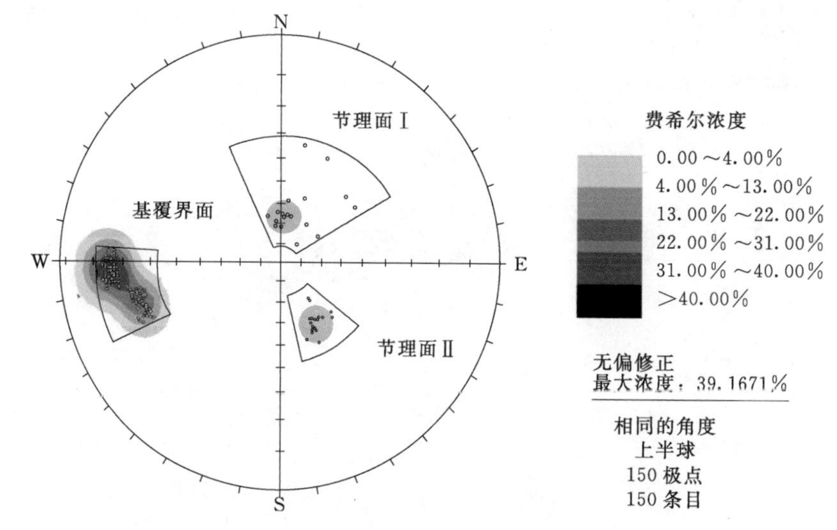

图4.4－7　库岸岩体结构面极点等密度图

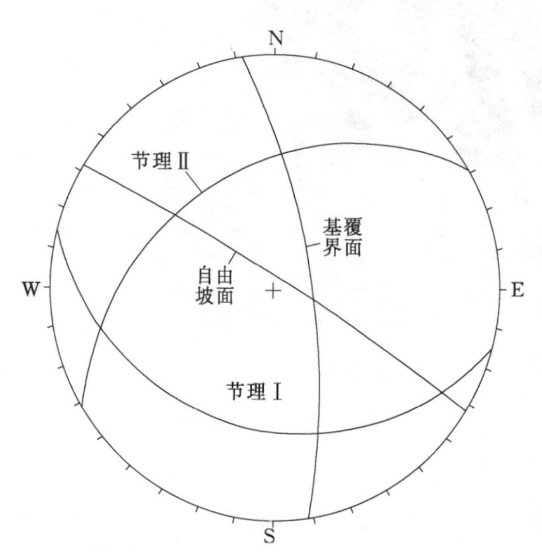

图4.4－8　林达滑坡对岸边坡临空面与结构面的赤平投影关系图

（2）斜坡失稳形式。滑坡区库岸岩体为坚硬岩体，可由临空面与结构面产状的赤平投影图初步预测可能失稳形式，为防范提供依据。其中，投影图采用上半球等角度投影法。共发育三组优势结构面，优势产状分别为层理261°/71°、节理Ⅰ14°/28°、节理Ⅱ149°/35°，滑坡对岸边坡临空面产状为211°/85°，滑坡滑动前临空面产状为31°/60°。

从图4.4－8可知，层理和节理Ⅱ的交线与临空面同向、层理和节理Ⅰ的交线与临空面反向、节理Ⅰ和节理Ⅱ的交线与临空面反向，因此为双平面潜在滑动，其中滑动面为节理Ⅱ，促进滑动，所以为求稳定需减弱两者的下滑力增加抗滑力；而节理Ⅰ与临空面反向，阻碍滑动，对岩体稳定性有利，但同时切割岩体、弱化岩体质量，对稳定性不利。所以，也得防范崩塌、落石，提高岩体的完整性。

4.4.3　滑坡灾变过程数值模拟

4.4.3.1　地质模型

为了验证上述斜坡变形演化过程的分析，以现在斜坡2号主剖面为依据，按照周围岸坡地形并结合该剖面的地形及坡体结构，对坡体演化前的地形进行了恢复。恢复剖面的范围，前缘至河谷中心线，后缘至山脊分水岭，整个地质模型的长度为 1020m。为了模拟斜坡的变形演化机制，初始地形设为后缘山脊分水岭的高程恢复到 4041m，前缘河谷中心的高程恢复到 3200m，初始的斜坡坡角约为 50°，经历了累积 165m 的河谷下切后河谷中心线的高程变为 3150m，从而通过此地形条件的改变来模拟斜坡在整个河谷下切过程中的演化变形过程。为了减少边界条件的影响，模型的底部向下延伸至高程 2900.00m 位置，则模型的最大高度为 1141m。

4.4.3.2　力学模型

根据恢复斜坡演化前的地质模型建立数值计算力学模型。数值分析采用 UDEC（Universal Distinct Element Code）程序，模拟过程仅考虑自重应力场，按莫尔—库仑力学模型计算。边界条件采取左、右及底边三边垂直方向固定模式，建立的计算模型如图 4.4 -9 所示。模型中岩层的厚度设置为 10m，节理厚度设为 20m。根据钻孔平硐和钻孔对结构面的统计，正常基岩主要发育有两组结构面模即一组倾角为 70°的层面及一组垂直的节理面。因此模型主要考虑两组结构面，一组倾角为 70°的层面，一组倾角为 20°的节理面。计算时，模拟过程仅考虑自重应力场影响，按莫尔—库仑力学模型，结构面采用面接触的库仑滑移模型。模型被分割成 2435 个离散的块体。模型划分块体后如图 4.4 - 9 所示。

为了得到斜坡演化过程的中整体及各个部位的变形情况，在模型中布设了 3 列位移监测点来进行变形监测。每列监测点间距约 450m，从距斜坡模型的后边界 250m 开始布设，最前一列距模型右边界 250m，每列共布置 3 个监测点，从斜坡的表面开始垂直向下布设，间距 55～110m，共布设监测点 9 个。监测点的布设位置如图 4.4 - 10 所示。

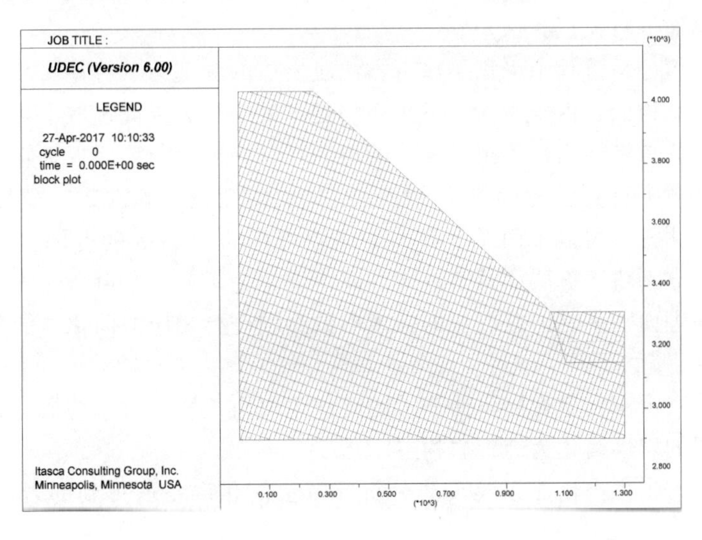

图 4.4 - 9　计算模型

4.4.3.3　参数选取

岩体的物理力学特性呈各向异性且极其复杂，在数值模拟的过程中通常需要对其进行工程近似，即对其物理力学特性进行简化，抓住问题的主要方面，忽略次要的方面常常是工程中处理问题的方法：

（1）对于这些大型工程来说，工程的规模往往远远大于结构面的间距，即使运用二维

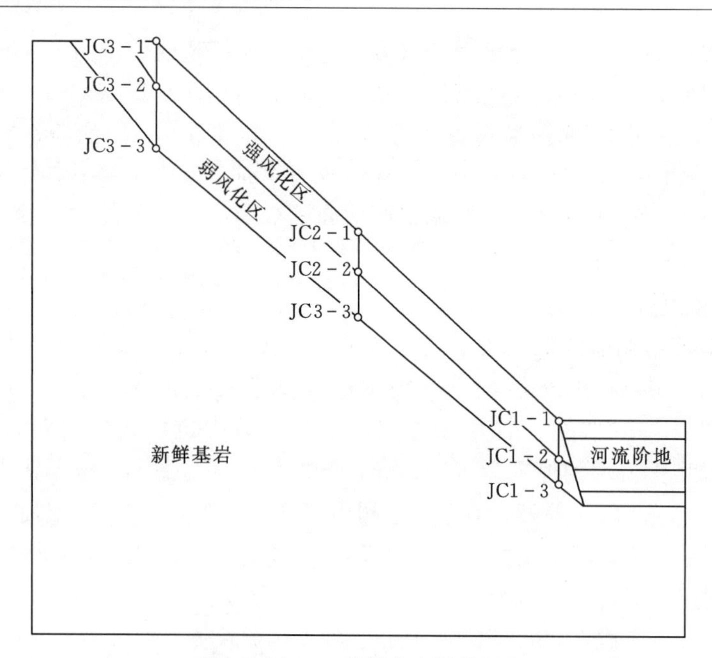

图 4.4－10　监测点布设位置

的模拟，也往往不能准确的模拟每个结构面，需要对结构面进行一定的简化处理。

（2）一些岩体中往往存在很多结构面，并不是每一组结构面都会对岩体的力学特性产生较大影响，尤其是进行二维分析的时候，因此工程应用中通常抓住简化处理的原则选择几组优势的结构面进行模拟。

因此本次数值分析过程中采用了以下方法对岩体的物理力学特性参数进行简化处理：

选取优势的结构面：由于本次模拟采用的是二维分析，因此选取了两组对岩体力学特性起主要作用的优势结构面，一组是岩体的层面，另一组为与层面近垂直发育的节理面。

调整层面参数来对岩层进行归并，减小结构面的数量：本次数值模拟的斜坡规模较大，而实际调查测得的岩体层面及节理面的间距均在 0.1～1m 的范围。为减小结构面的数量简化计算，分别将岩体层面及节理面的间距调整为 10m、20m。板理面的倾角取 70°，节理面倾角与板理面垂直。因此岩块的强度参数必须进行相应的弱化才能模拟相似到更加真实的地质条件。

岩性的简化；由于发生岩层弯曲变形的变化主要由板岩的岩性特征引起，因此将板岩与变质砂岩互层的岩性简化为纯板岩构造。

根据经验法、工程类比法以及反演分析等方法简化调整而得到的岩体物理力学参数（表 4.4－1 和表 4.4－2）。

表 4.4－1　　岩块参数选取表

岩块类型	密度 /(kg/m³)	体积模量 K /GPa	剪切模量 G /GPa	黏聚力 c /MPa	内摩擦角 φ /(°)	抗拉强度 /MPa
强风化	2600	1.3	0.72	0.11	17	0.32
中风化	2600	3.1	2.1	0.51	30	1.1
新鲜基岩	2600	10	4.8	1.1	39	2.9

表 4.4-2　　结构面参数选取表

结构面	层面角度 /(°)	切向刚度 K_s /(GPa/m)	法向刚度 K_n /(GPa/m)	内摩擦角 φ /(°)	黏聚力 c /MPa	抗拉强度 /MPa
层面	70	2.1	5.8	21	0.5	0.5
节理面	160	2.1	5.8	21	0.5	0.5

4.4.3.4 斜坡整体变形演化过程分析

(1) 河谷第一次下切模拟结果分析。当河谷第一次下切后，坡脚出现 35m 陡立临空面，强风化区出现一定弯折。位移主要出现在坡面，最大值处位于边坡的坡面的中上部，位移值可达 73m，斜坡后缘在重力作用下开始倾倒变形，位移量为 6～7m，前缘由于河谷下切，临空条件好，也有一定的位移量。斜坡倾倒变形的初期阶段，斜坡前缘的浅表层陡倾岩体开始向临空面弯曲，在坡脚位置浅层的弯曲量较大，向坡内和斜坡后部弯曲量逐渐减小；斜坡坡脚附近的岩土层面发生错动，斜坡后缘出现较为明显的张裂缝，主要以微小的裂缝为主，坡体层面之间相互错动以变形为主，斜坡表面岩体有滑动的趋势如图 4.4-11 所示。

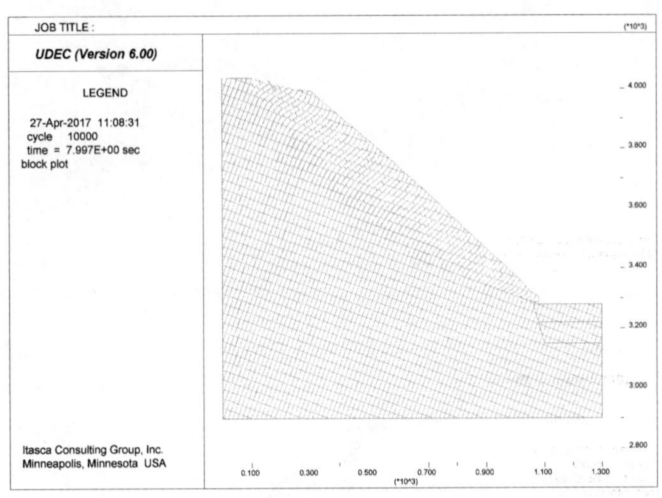

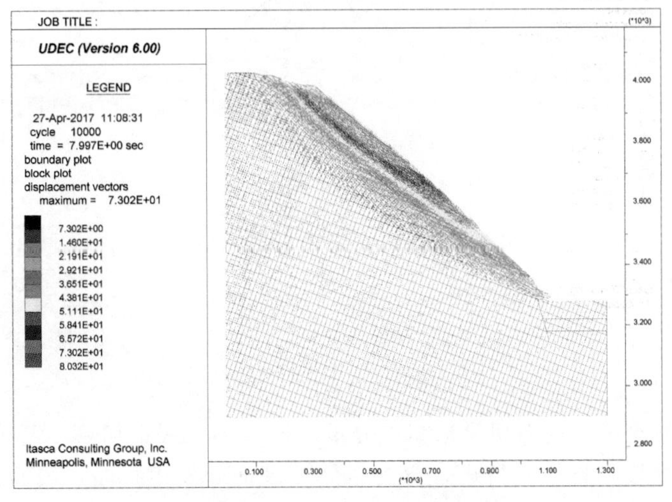

图 4.4-11　河谷第一次下切计算时步 10000step

（2）河谷第二次下切模拟结果分析。河谷第二次下切后，强风化区倾倒现象更加显著，弱风化区开始产生倾倒变形，倾倒变形继续向河谷发育。前缘进一步向临空面弯曲，弯曲随着下切的发展向斜坡的后部快速发展。随着岩层弯曲量的变大，坡脚岩体受挤压，坡面位移最大值可达131m，斜坡后缘位移26～39m，坡体前缘最大位移量已超过100m，位移比上一阶段明显增大，此第二次下切较第一次下切相比，由于应力的重新分布，第一次下切时期微小的张拉裂隙进一步扩大，层间错动进一步增大，后缘出现较大的张拉裂缝，裂缝从表面延深至岩层倾角转角处，坡脚层面产生错动破裂，局部板状根部破坏，倾倒在前面的岩体中，如图4.4-12所示。

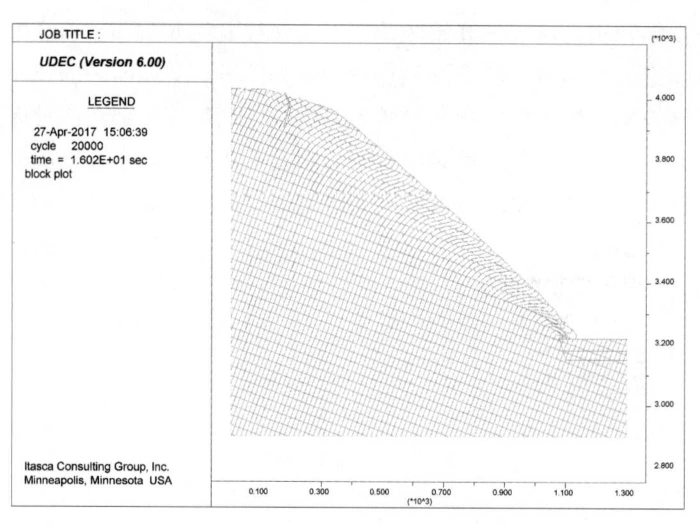

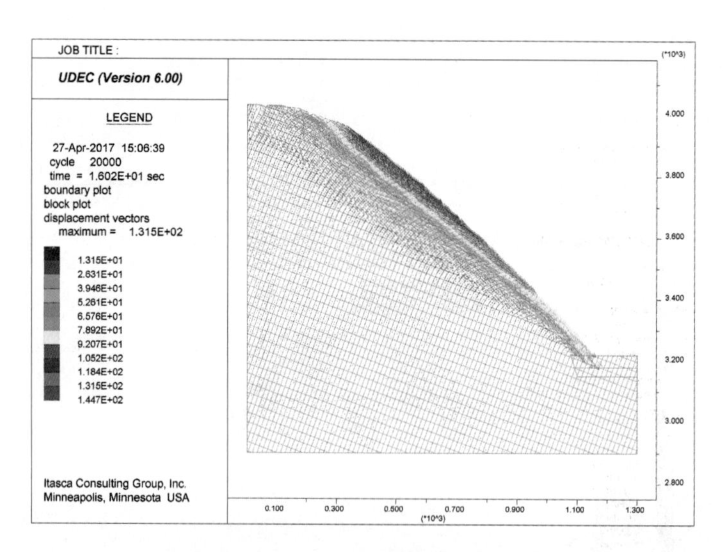

图4.4-12　谷第二次下切计算时步20000step

（3）河谷第三至第五次下切模拟结果分析。河谷第三次下切后，弯折量进一步加大。后缘出现拉裂缝，坡脚岩体受挤压，弯折岩体节理面处发生折断，坡面位移最大值可达160m，如图4.4-13所示。

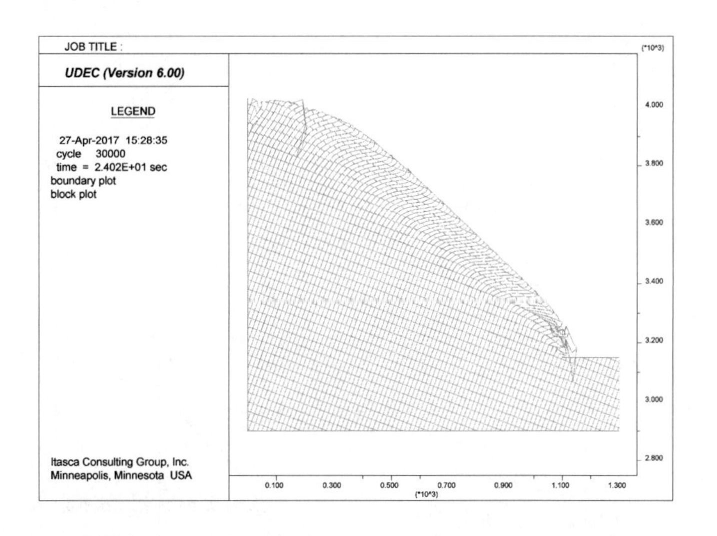

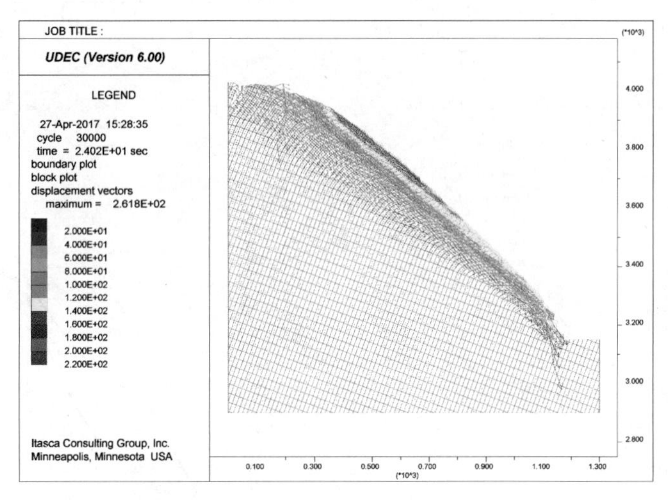

图 4.4－13　河谷第三至第五次下切计算时步 30000step

随着计算时步的增加，坡体在浅表部一定深度范围内发生了显著的弯曲变形，前缘岩体挤压破碎，出现贯通滑面，变形体与基岩基本脱离，一部分坡体物质解体滑塌至江中，一部分坡体物质则残留于坡体形成残坡积层。而深部弯曲变形量较小的岩体完整性仍然较好，不会发生倾倒破坏。此阶段岩石倾倒更加强烈，倾角已经变为 20°～30°，近坡面处岩体产状近水平，层间错动减小，自重应力的作用下，弯折处的张拉裂缝逐步贯通弯折处岩石已经架空，岩体破碎，边坡的整体出现裂隙，并慢慢地在贯通，由于弯曲变形的裂隙贯通形成潜在的滑动面，后缘一带形成反向阶坎及拉裂带，在坡体内部从前缘至后缘形成连续的弯曲折断带，坡体后缘的张拉裂缝进一步发展，与坡体中的张拉裂隙贯通，形成完整的破坏面。随着倾倒变形的进一步发展，边坡应力进一步调整，坡体后缘岩板与倾倒体脱离，倾倒变形体整体破坏如图 4.4－13 所示。

4.4.3.5　位移变化规律分析

对预先设置的位移监测点进行数据统计处理，得到滑坡不同位置处的位移监测曲线如

图 4.4-14～图 4.4-17 所示。

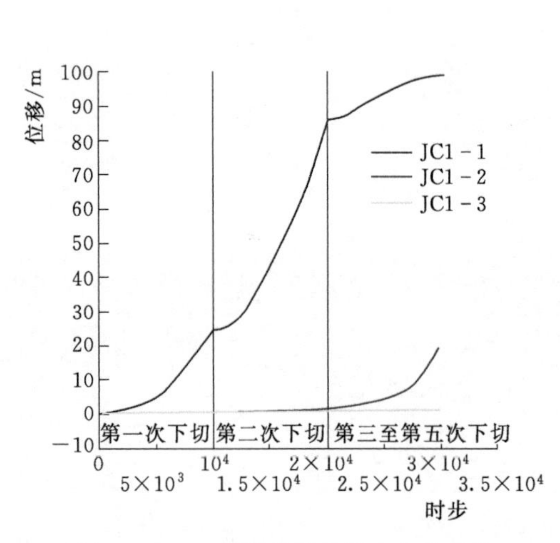

图 4.4-14　斜坡前缘监测点位移曲线

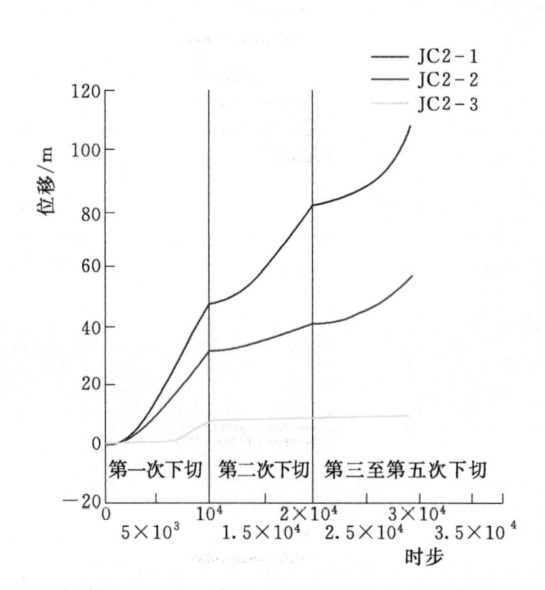

图 4.4-15　斜坡中部监测点位移曲线

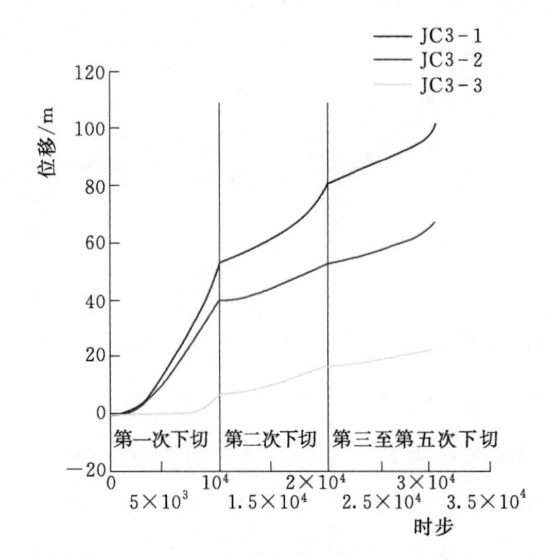

图 4.4-16　斜坡后缘监测点位移曲线

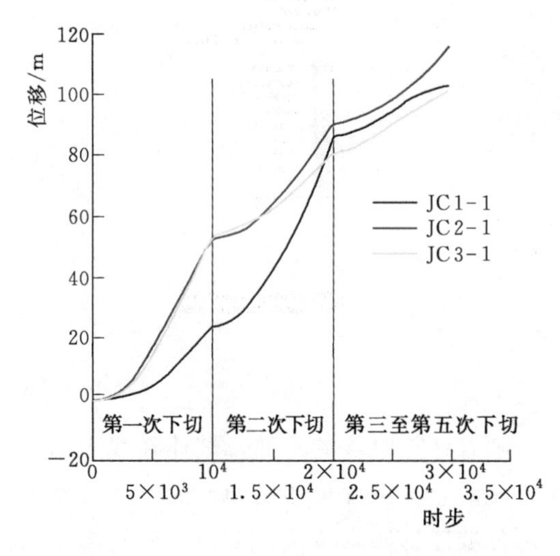

图 4.4-17　斜坡坡表监测点位移曲线

从斜坡的整体位移云图及监测点的位移监测情况可以发现：由图 4.4-14～图 4.4-17 可以得出斜坡在竖直方向的位移规律，斜坡的变形表现为浅表部变形大，往深部发展逐渐减小，且斜坡中后部的变形比前部的变形量和变形深度都大。由图 4.4-15 在斜坡中部表面的位移最大约 110m，并且仍有继续增大的趋势，且岩体变形的深度最深的达到了约 260m，而斜坡前部表部的最大位移约 95m，变形的深度约 150m。整体上也呈往深部发展变形逐渐减小的趋势，斜坡在中上部的变形量及变形范围也明显更大，虽然斜坡的前部相对中后部变形规模较小，但是斜坡最大的变形区发生在斜坡的临空面位置，随着临空面位置岩体的不断被侵蚀解体，斜坡上的物质逐级沿着斜坡开始向下弯曲变形，而由于斜坡整体坡度较陡，斜坡中后部的物质较多因此应力更为集中，而斜坡中后部的变形量及变形范围更大。

4.4.3.6　斜坡倾倒破坏过程总结

坡体在浅表部一定深度范围内发生了显著的弯曲变形，前缘岩体挤压破碎，出现贯通滑面，变形体与基岩基本脱离，一部分坡体物质解体滑塌至江中，一部分坡体物质则残留于坡体形成残坡积层。而深部弯曲变形量较小的岩体完整性仍然较好，不会发生倾倒破坏。此阶段岩石倾倒更加强烈，倾角已经变为 20°～30°，层间错动减小，自重应力的作用下，弯折处的张拉裂缝逐步贯通弯折处岩石已经架空，岩体破碎，边坡的整体出现裂隙，并慢慢地在贯通，由于弯曲变形的裂隙贯通形成潜在的滑动面，后缘一带形成反向阶坎及拉裂带，在坡体内部从前缘至后缘形成一连续的弯曲折断带，坡体后缘的张拉裂缝进一步发展，与坡体中的张拉裂隙贯通，形成完整的破坏面。随着倾倒变形的进一步发展，边坡应力进一步调整，坡体后缘岩板与倾倒体脱离，倾倒变形体整体破坏。

整体上也呈往深部发展变形逐渐减小的趋势，斜坡在中后部的变形量及变形范围也明显更大，虽然斜坡的前部相对中后部变形规模较小，但是斜坡最大的变形区发生在斜坡的临空面位置，随着临空面位置岩体的不断被侵蚀解体，斜坡上的物质逐级沿着斜坡开始向下弯曲变形，而由于斜坡整体坡度较陡，斜坡中后部的物质较多因此应力更为集中，从而斜坡中后部的变形量及变形范围更大。

通过上述分析，可以得到如下认识：反倾层状岩质斜坡是常见的斜坡结构类型之一。通过现场地质分析及数值模拟手段揭示了该类斜坡的变形破坏是岩层在自重应力作用下作悬臂梁弯曲，使岩层发生弯曲变形，导致坡体后缘开裂、根部折断，前缘发生剪切蠕变，在外营力的不断作用下，浅部岩体弯曲变形较大坡体内折断带的剪应力超过其抗剪强度时，浅表坡体逐渐错动破坏，一部分坡体物质解体滑塌至江中，一部分坡体物质则残留于坡体形成残坡积层。而深部弯曲变形量较小的岩体完整性仍然较好，不会发生倾倒破坏。但随着河谷下切作用的不断加强，浅表的残坡积层物质不断流失，之前处于深部的微弯曲变形岩体开始接受更大的指向临空面的剪切应力及外营力的作用，从而形成新的弯曲倾倒变形体，该类斜坡的则沿着上述演化机制不断的演变。

4.5　复合式滑坡

4.5.1　斜坡变形演化阶段

由于唐古栋滑坡堵江距今已 40 余年，现有地表变形迹象大部分已消失殆尽，同时亲身经历过滑坡变形发展和滑坡发生的成年人大部分已作古，因此，滑坡前的边坡边坡特征和溃坝过程主要参考四川省水文水资源局冷伦（1967 年 6 月 29 日进入现场调研）于 2000 年发表的《雅砻江垮山堵江及溃泄洪水》一文，结合现场走访进行分析。根据冷伦的描述和老乡介绍，雨日村在唐古栋滑坡发生前修筑了一条引水渠道从唐古栋山腰通过，由于山坡经常垮塌和不断下沉产生裂缝，水渠曾上移改道 3 次，雨水和渠道渗漏导致坡体失稳。唐古栋中下部自 1960 年出现裂缝后，1961 年沿裂缝逐级下滑成台阶，逐年增大，至 1966 年有一级台阶下错竟达 30 多 m。唐古栋滑坡滑动首先是裂缝以下土体下滑，剪断河床基岩陡壁，裂缝以上土体随之下滑和崩塌，堆积于雅砻江河谷中，形成300多m高的天然拦河坝。滑坡体由于具有坡高、坡陡、方量巨大等特点，滑坡堵江历时仅25min，大量土体滑动仅5min。根据当时老乡的介绍，本区有感地震对唐古栋斜坡稳定性影响较大，1948年3月的理塘大地震，唐古栋沟中有一处泉水枯干，其下游2km的夏日村发生崩塌，震塌民房3间，水沟下沉，地下水溢出；1955年康定大地震亦波及本区，其下游牙衣河村附近温泉位置挪动，水量突然增加；1967年4月27日23时45分位于唐古栋东北50km的新都桥发生强震，将块石砌墙震裂，唐古栋斜坡于滑坡前一个月崩塌滚石特别频繁。

根据上述描述结合平洞内岩体的变形特征分析，唐古栋滑坡的变形破坏过程可以概括为以下三个阶段：

(1) 自然地质历史时期的卸荷回弹—滑移—压致拉裂变形阶段。随着雅砻江河谷的间歇性下切（图4.5-1），谷坡应力调整所致的卸荷回弹在坡体一定深度范围内形成陡倾坡

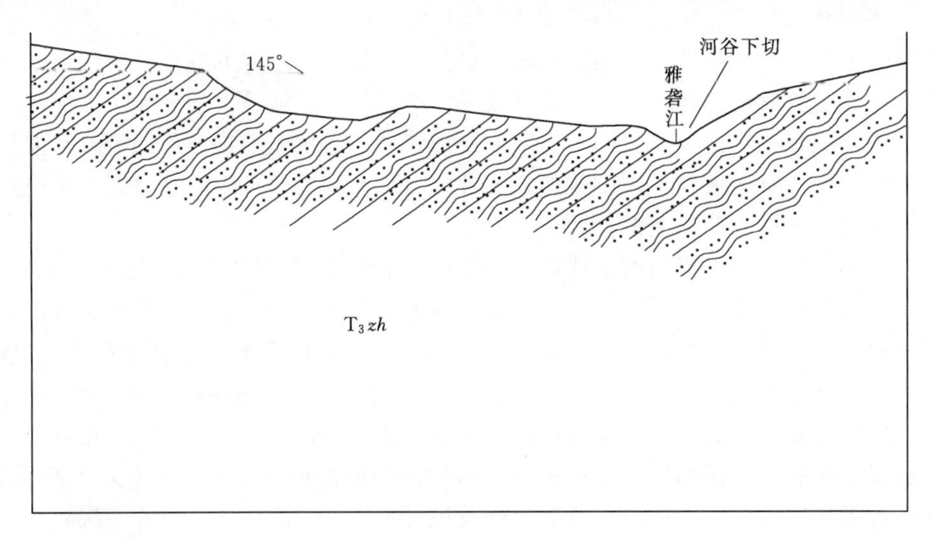

(a) 唐古栋滑坡自然地质历史时期

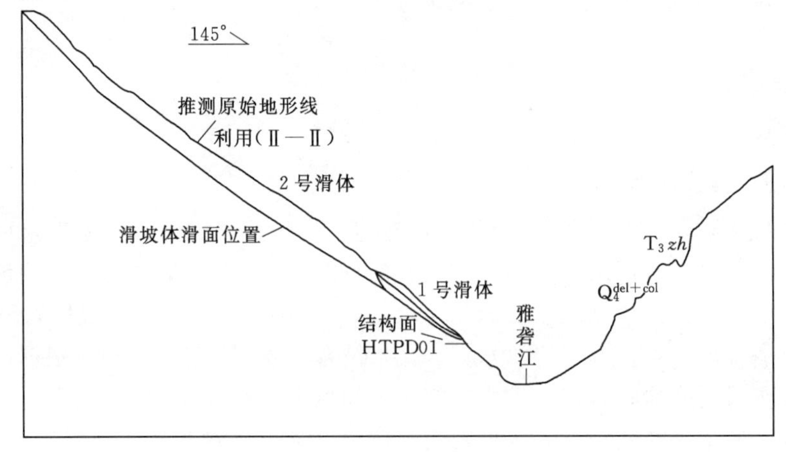

(b) 唐古栋滑坡启动阶段

图4.5-1 斜坡演化模式图——卸荷回弹—滑移—压致拉裂变形阶段

外的卸荷裂隙，由于坡体中发育中、缓两组倾坡外节理，在卸荷过程中产生了沿倾外节理尤其是缓倾坡外节理的滑移变形，造成其中下部岩体中产生滑移—压致拉裂变形，岩体中产生自下而上发展的拉裂，并造成陡倾卸荷裂隙的进一步扩展和向上贯通。随着河谷的多期次不断下切，下部坡体的卸荷回弹—滑移—压致拉裂变形将进一步导致上部坡体变形的加剧，高高程平洞内岩体的变形较低高程平洞变形更为强烈的特点也说明了这一点。

（2）阶梯状蠕滑，滑面贯通阶段。如图 4.5－2 所示，由于坡体中发育两组缓倾坡外节理、一组陡倾坡外节理和挤压错动带、顺层侵入的伟晶岩脉，以及与坡面近直交的挤压错动带，这些结构面与前期陡倾卸荷裂缝以及滑移—压致拉裂变形产生的裂缝相互组合，在强卸荷岩体中形成阶梯状滑面，特别是高高程平洞中所揭露的陡倾挤压错动带更有利于坡体的蠕滑变形。区域内频发的地震导致坡体内结构面的进一步贯通，也加剧了滑面的发

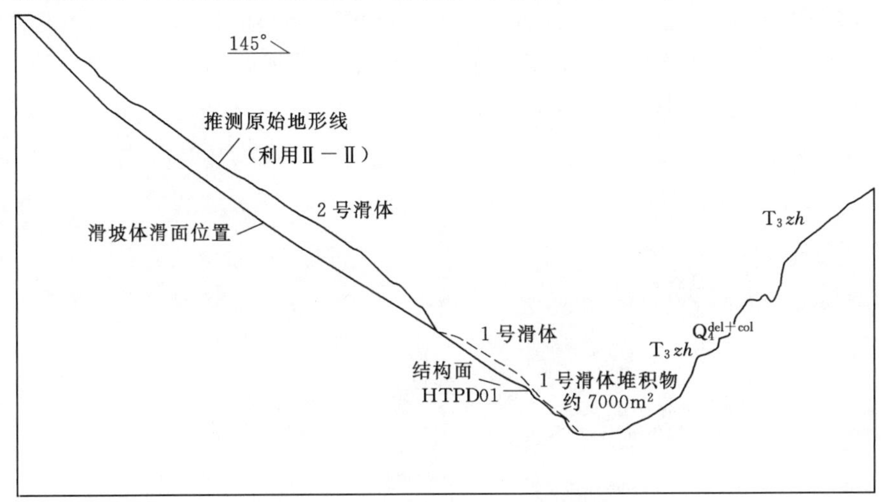

(a) 唐古栋滑坡前缘缓坡失稳阶段

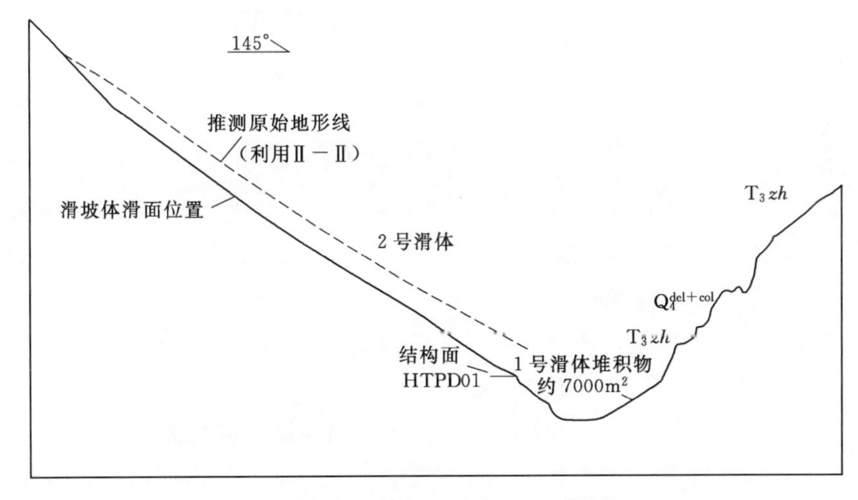

(b) 唐古栋滑坡后部滑体整体失稳阶段

图 4.5－2　斜坡演化模式图——滑面贯通阶段

展。在这种情况下，在前期卸荷、变形的基础上，坡体自上向下产生蠕滑变形，滑面自上向下贯通，由于边坡中下部岩体完整性较好（高程 2700～2900m，HTZK05，HTPD04 揭露），可形成阻止滑体运动的锁固段，在上部坡体强大的推动作用下该部位岩体逐渐产生变形。进一步导致了 2700m 以下坡体的变形，由于斜坡中下部（2700m 以下）存在厚度 70～90m 的冰水堆积体，这种变形一旦启动将转化为蠕滑拉裂变形并难以停止，自 1960 年左右中下部平台部位出现裂缝直至滑坡发生的 1967 年，高程 2700m 以下中下部坡体滑面的发展和贯通历时 6 年。中下部滑面的贯通与上部坡体的蠕滑变形应是同步的，并相互影响加剧了各自的变形。

（3）滑坡分级滑动—堵江—溃决阶段。根据现有资料分析，1967 年 6 月 8 日 8 时，唐古栋滑坡高程 2700m 以下堆积体首先产生滑动，形成 100 多 m 高的滑坡后壁，为上部坡体的变形提供了空间。随后，不到 20min 的时间内，上部滑体剪断下部锁固段岩体，产生整体高速远程滑坡冲向雅砻江对岸，5min 内形成左岸坝高 355m、右岸 170m、体积达 6800 万 m^3 的堰塞坝，如图 4.5-3 所示。

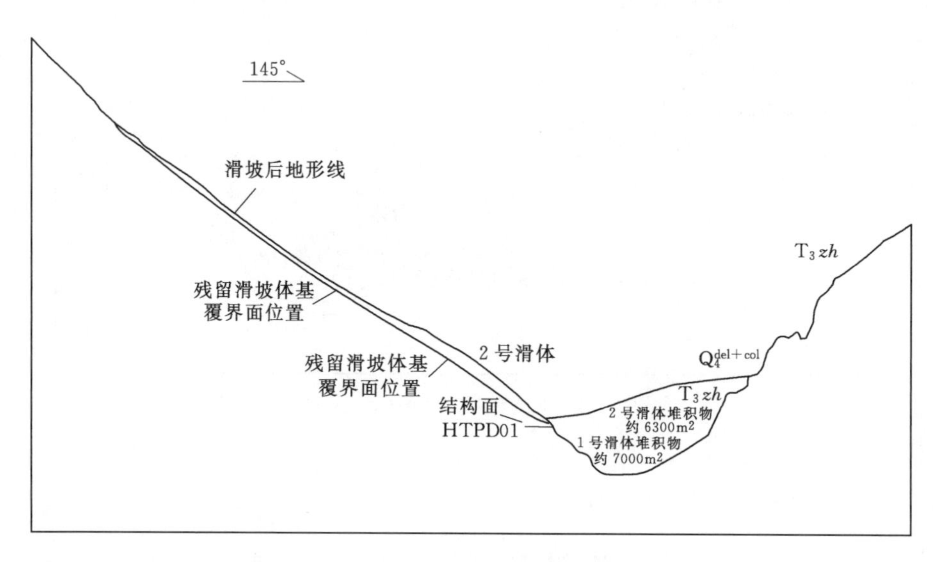

图 4.5-3 斜坡演化模式图——滑动—堵江—溃决阶段

堰塞坝体主要由级配较好的碎石土夹少量巨大块石组成，粒度较小的土石堆积体形成透水性相对较差的隔水坝。在蓄水后 9 昼夜库水位不断上升的情况下，坝体既未产生渗透破坏，也未形成集中渗流通道。唐古栋滑坡形成的堰塞湖控制流域面积达 71160km^2，至 6 月 17 日 8 时漫顶溢流时，最大拦蓄水量 6.74 亿 m^3，最高库水位 2585m，回水长 53km（至上游罗阿席附近），距雅江县城 30km。

1967 年 6 月 17 日 8 时水库漫顶，8 时 30 分坝体缺口宽约数米，至 10 时 30 分下游 5.6km 的麻河村水位迅速上涨 2m，并可听到溃坝过程中的巨石撞击声，12 时后坝体溃决加快，14—15 时溃口宽达 150m 左右，下跌水跃高 50～60m，至 20 时坝体溃决结束。整个过程历时 12h，坝体逐渐溃决 4.5h（8 时至 12 时 30 分），集中溃决 2h（12 时 30 分至 14 时 30 分），泄洪总量 6.57 亿 m^3。

4.5.2　滑坡灾变模式

由于唐古栋滑坡发生于1967年，经过后期的表生改造，滑坡的变形破坏迹象大部分没有保存下来，因此对唐古栋滑坡的灾变模式的分析主要借助于现场的地质测绘、钻孔岩芯分析、平洞调查结果、前人调查资料及老乡介绍情况，来推测滑坡发生前的地形及坡体结构特征、滑面（带）位置及工程地质特性、滑坡的启动及运动过程等方面对滑坡的灾变模式进行分析，从而预测当前残留体的稳定状况。

1. 地形及坡体结构特征

据老乡介绍，唐古栋滑坡发生前地形及坡体结构特征跟现今唐古栋滑坡上游侧A区近似。地形上，未发生失稳前，滑坡体地形起伏比较大，大致呈现陡—缓—陡相间的地形特征，斜坡上大致存在3个缓坡平台，种有庄稼，耕地面积比A区更大，高程分别在3200m、3000～3020m、与2770～2850m或2650～2715m，其坡度一般小于20°；另外位于唐古栋滑坡最上部平台存在一庙宇，在唐古栋滑坡发生时出现失稳；前缘临河侧斜坡坡度一般40°～50°，局部可达60°以上，其余斜坡地段坡度一般为30°～45°，如图4.5-4所示。

滑坡坡表主要为崩坡积物覆盖，岩性为松散块碎石土，块石粒径大小不一，主要由变

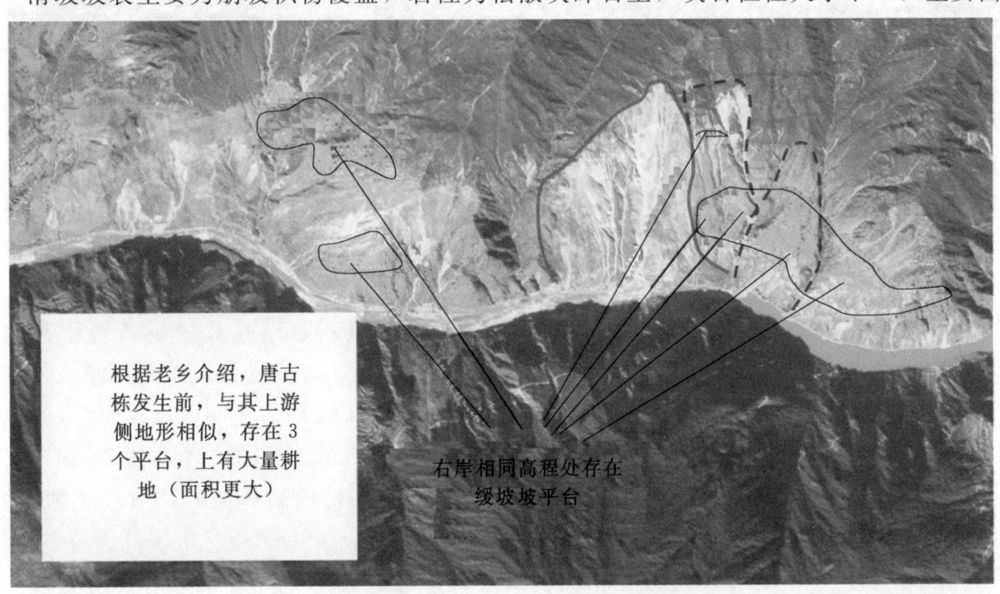

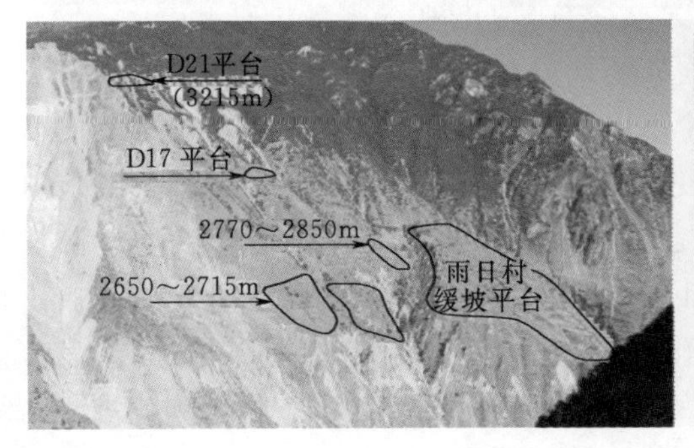

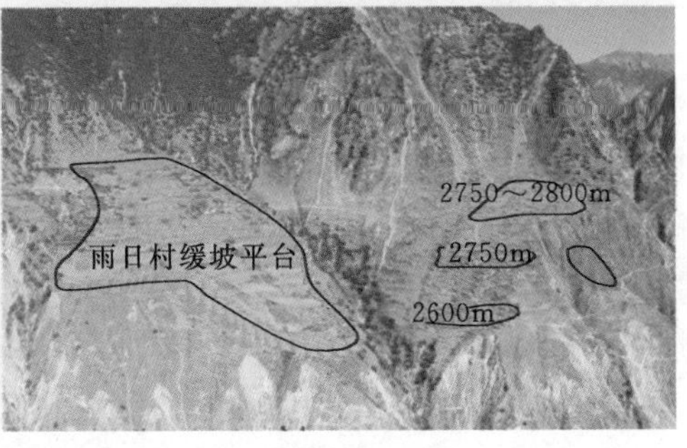

图4.5-4　唐古栋滑坡所在区域缓坡（平台）分布特征

质砂岩、花岗岩伟晶块碎石组成；坡表发育数条冲沟，切割的深度一般为5～20m，个别可达30m，沟两侧可见岸坡结构具有明显韵律特征，存在多处垮塌现象。崩坡积物的韵律特征主要表现在不同粒径大小块石呈定向排列，按堆积物的结构差异主要可分为3层（图4.5-5）：表层的碎石土，其中碎石粒径以2～5cm为主，含量约15%～20%；第二层为粒径在15～30cm的块碎石土，个别可达1～3m，块石含量70%～85%；第三层为6～15cm大小的碎石，含量25%～30%，局部夹30～50cm的块石。据老乡介绍，唐古栋滑坡发生前仅局部地表出露基岩，主要出露在前缘临河侧陡崖与后缘陡坡地带；其余部位多数被崩坡积物所覆盖，通过滑坡上游侧影响区钻孔资料、平洞资料及冲沟揭露覆盖层的深度来看，唐古栋滑坡未滑之前覆盖层的厚度较为均一，小路以上厚度大约20～25m，局部位置可大于30m，小路以下厚度稍大，尤其是前缘临河侧平台，最大可达50m。

图4.5-5 唐古栋滑坡上游侧冲沟揭露的韵律层

通过对研究区HTPD01、HTPD02、HTPD03平洞资料、钻孔及现场基岩露头的调查资料分析，唐古栋滑坡滑床岩体节理裂隙、挤压带（面）密集发育，尤其是倾坡外结构面。浅表部岩体风化卸荷强烈且深度较大，HTPD01、HTPD02中可见多处沿与河流走向近平行的陡倾坡外卸荷拉裂缝，拉开的宽度一般3～10cm，局部位置可达20cm。滑坡后缘，强卸荷强风化带分布的深度一般为50～80m，在该带内岩体破碎，节理裂隙发育，尤其是陡倾坡外节理和挤压带，优势结构面产状为N60°～70°E/SE∠60°～80°与N75°～85°W/EW/∠55°～65°；由于陡倾结构面密集发育，在边坡演化过程中，沿其发生强烈卸荷拉裂，导致结构面逐渐扩展贯通，在其合理组合下形成贯通的滑坡后缘滑面。

滑坡中前部高程2750.00m与2800.00m处的基岩露头，岩体中发育多组结构面，结构面延伸一般大于5m，多陡倾坡外，在卸荷作用下多数张开，拉裂，局部存在向临空面变形的迹象［图4.5-6（a）］；陡坎下面可见多块已失稳的块体，块径一般大于1m。对于滑坡前缘临河侧的基岩陡坎，发育多组结构面，且其卸荷明显，主要以中缓倾坡外（SE）和陡倾坡内（SW）为主，结构面多闭合，延伸较长，面较为平直；尤其是唐古栋滑坡的上游侧基覆界面处缓倾坡外的结构面较为发育，延伸一般大于10m，同组发育多条，边坡上可见多处沿该组结构面失稳形成的凹腔［图4.5-6（b）］。这些陡倾坡外与缓倾坡外的结构面极易组合形成滑坡的滑面，从而控制边坡的稳定性。

(a) 中部岩体

(b) 前缘岩体

图 4.5-6 滑坡上游侧岩体结构特征

2. 滑坡性质分析

根据前述分析，滑坡A区剖面Ⅰ—Ⅰ（图4.5-7）反演滑坡发生前唐古栋滑坡所处斜坡的坡体结构，高程2500m以下堆积体主要为冰水堆积物，厚度25～30m，2600m左右出露基岩，2600m小路以上为崩坡积物，存在明显的韵律特征，厚度达44m。松散堆积体体积约5000万～6000万m^3。因此，唐古栋滑坡应属于岩质滑坡。

3. 唐古栋滑坡前坡体结构及变形特征分析

研究唐古栋滑坡的形成机制，需从A区勘探平洞所揭露的地质现象来分析。A区现有平洞分别为HTPD08（高程2466.60m，深度150m，未见覆盖层）、HTPD04（高程2709.13m，深度150m，基覆界面深度13m）、HTPD03（高程3009.17m，深度141m，基覆界面深度44m）、HTPD05（高程3219.49m，深度171m，基覆界面深度53m），B区滑坡体以下基岩部位有一个平洞HTPD08（高程2466.60m，深度150m，未见覆盖层）。平洞岩体中均可见明显的变形迹象，具体表现为：

（1）A区HTPD08全长150m，洞内岩体变形主要表现为卸荷回弹以及伴随卸荷回弹产生的沿倾坡外节理的错动。按照其变形特征可以分为三段，0～115m为强卸荷强松动岩体（其中105～100m和90～96m岩体较完整节理张开不显著，多数闭合，可形成岩体变形的锁固段）；115～135m为强卸荷弱松动岩体；135～150m为强卸荷岩体。90m以外岩体产生了明显的松动变形，主要变形迹象包括：①由卸荷产生顺坡向陡倾拉裂；②沿缓倾坡外节理错动产生滑移-压致拉裂变形；③沿缓倾坡外节理错动形成压碎、局部搓碎迹象；④沿缓倾坡外节理错动引起下部岩体的变形。

81m处上游侧洞壁可见明显的滑移—压致拉裂变形迹象，该处存在4条产状N40°E/SE∠35°、间距10～15cm的倾坡外节理，沿该组节理产生了向坡外的滑移变形，导致节理间岩体普遍产生多条产状N30°E/SE∠60°粗糙、不规则状、下宽上窄的拉张裂隙（图4.5-8）。下部节理的变形还导致变形部位前部岩体中这种裂缝明显扩展，形成下部宽3cm向上逐渐尖灭的裂缝。此外，在118.5m上游侧硐壁也可见两条缓倾坡外节理之间的完整弱风化岩体中产生的阶梯状拉张裂隙，裂面张开3～5mm，粗糙，局部充填泥（图4.5-9）。

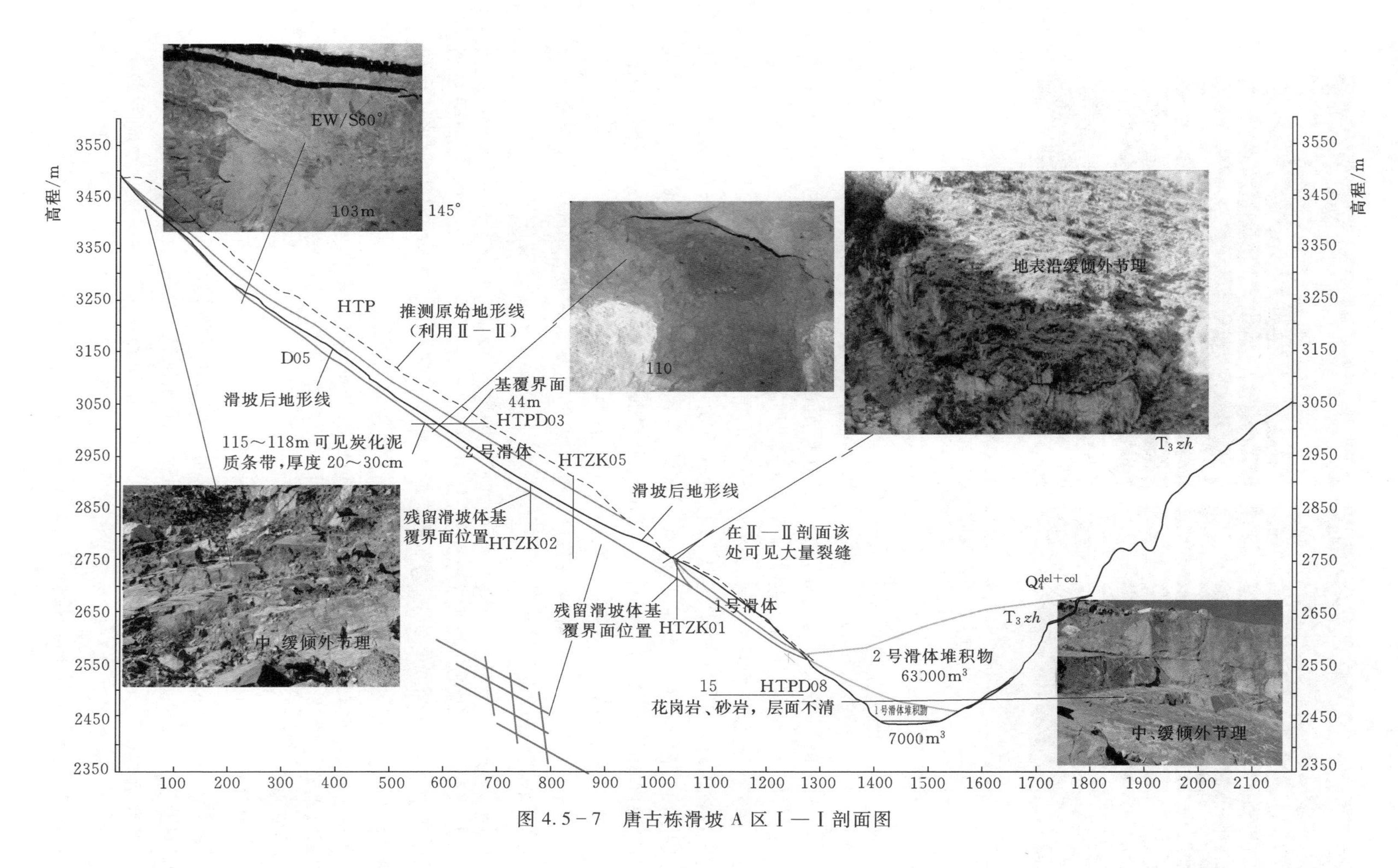

图 4.5－7　唐古栋滑坡 A 区 Ⅰ—Ⅰ 剖面图

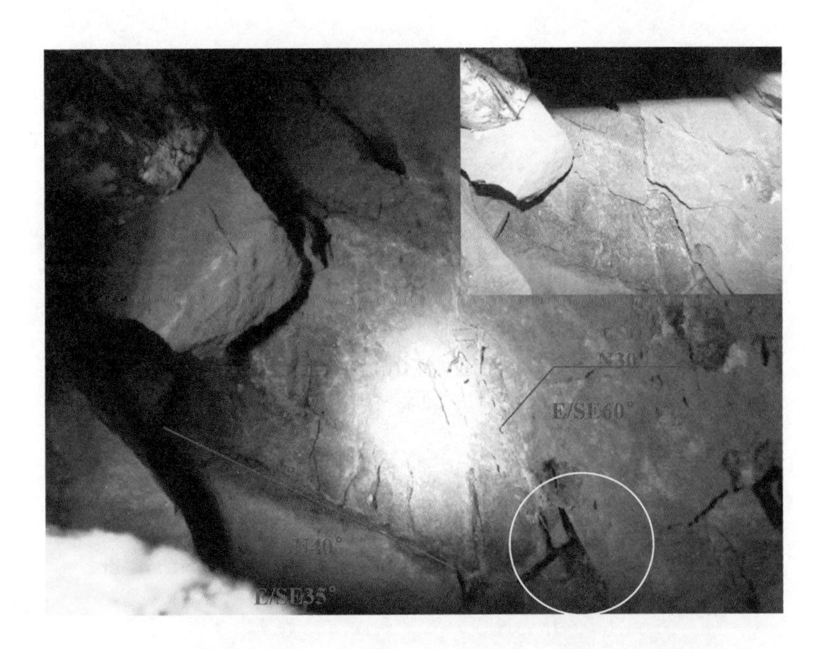

图 4.5-8　HTPD08 平洞 80m 部位的滑移—压致拉裂变形迹象

图 4.5-9　HTPD08 平洞 118.5m 部位的滑移—压致拉裂变形迹象

90m 以外倾坡外节理多表现为节理密集带，厚度 10～30cm，节理面夹岩屑和泥（图 4.5-10），大部分存在架空，夹片状块石局部有新鲜破裂迹象，块石断面呈不规则状，青灰色如图 4.5-11 所示。

96～100m 之间上游侧硐壁存在由三组节理组合形成的楔形块体，如图 4.5-12 所示，该块体受卸荷及随之产生的沿倾坡外结构面的错动，其上部岩体产生明显的压碎、拉裂迹象，岩石断面不规则均呈青灰色，陡倾洞内。此外，该块体顶部的缓倾坡外节理产生了一定的滑移，并伴随产生了一定的转动，该部位节理面产生 3 处 2～3cm 左右的错距。

图 4.5-10　HTPD08 平洞倾坡外节理密集带

图 4.5-11　HTPD08 平洞倾坡外节理普遍架空且岩块有拉断迹象

(2) A 区 HTPD05 位于高程 3219.49m，深度 171m，基覆界面深度 53m。洞内基岩主要发育变质砂岩及顺层侵入的花岗岩脉。从总体变形迹象来看，53～116m 为强卸荷强松动岩体，116～148m 为强卸荷岩体，148m 以内为弱卸荷岩体。从岩层的产状变化情况来看，120m 以外岩体可能出现轻微的倾倒变形，岩层产状由 SN/W40°～50°变为 N10°～30°W/SW∠25°～31°（120～110m 段），但这种产状的变化也可能是由于花岗岩脉侵入造成的，由于该平洞位于斜坡的高高程，这种轻微的变形应不至于形成控制边坡变形破坏的主导因素。

该洞内岩体变形主要包括卸荷拉裂、少量伴随卸荷回弹产生的沿倾坡外节理的错动和

图 4.5-12　HTPD08 平洞 96～100m 间倾坡外节理的
滑移—转动变形迹象

沿倾坡外软弱结构面的滑移变形。

130m 处，也发现沿产状 N20°E/SE∠42°的节理产生向坡外的错动，节理张开 0.5～2cm，局部充填变质砂岩和花岗岩碎石如图 4.5-13 所示。

图 4.5-13　HTPD05 平洞 130m 处沿倾坡外节理的变形迹象

127.7m 以外，卸荷带松动现象明显，陡倾卸荷裂隙相当发育，裂面不规则状起伏，卸荷裂缝总体走向 N30°E，宽 30～100cm，内部岩体破碎，充填板状、片状岩块，架空现象多见，部分空洞宽 1～10cm，最大可达 1m，如图 4.5-14 所示。

图 4.5-14　HTPD05 平洞 111m 处卸荷裂缝

上游壁 103.5m 至下游壁 116m 发育一条产状 EW/S∠40°～60°切层发育的陡倾坡外软弱结构面（挤压破碎带），以该条结构面为界，以外岩体松动现象非常明显，其内岩体变形则主要以正常的强卸荷为主。该条结构面以下为弱风化变质砂岩，结构面主要由下部厚度 2cm 左右的黑色泥质物及上部的全风化破碎极薄层花岗岩和变质砂岩组成，总体厚度 30～50cm，下游壁可见明显的擦痕，如图 4.5-15～图 4.5-18 所示。此外，上游壁可见在该条软弱结构面以上岩体产生明显的变形，表现为存在大量不规则堆积、层理紊乱的块石，块石间充填碎石、次生泥等。这些迹象均表明，该倾坡外的挤压破碎带可能为后期坡体产生蠕滑变形的后缘边界，造成其外部岩体产生明显的松动变形，同时进一步弱化了结构面的力学特性。

图 4.5-15　HTPD05 平洞 103.5m 处上游壁软弱结构面

（3）此外，B 区低高程 HTPD09（高程 2451.52m，洞深 150m，未见覆盖层）拔河高差 60m。洞内岩体变形主要表现为卸荷回弹及伴随卸荷回弹产生轻微的沿倾坡外节理的错动。根据初步调查，强卸荷深度 50m，卸荷裂隙一般宽度在 5～15cm 左右，属正常卸荷范围。但在强卸荷带内也存在沿倾坡外节理的滑移一压致拉裂变形现象，具体为：①在 33m 处，发育缓倾坡外结构面，产状 N20°W/SE∠15°，张开 1～2cm，充填岩块、岩粉、岩屑，局部无充填（图 4.5-19）；②31m 处，在上游壁可见缓倾坡外结构面，结构面下盘发育压致拉裂隙，拉裂隙延伸约 40cm，产状 N40°E/SE∠50°；③在 21m 处，下游壁发

图 4.5-16　HTPD05 平洞 103.5m 处上游壁软弱结构面局部细观

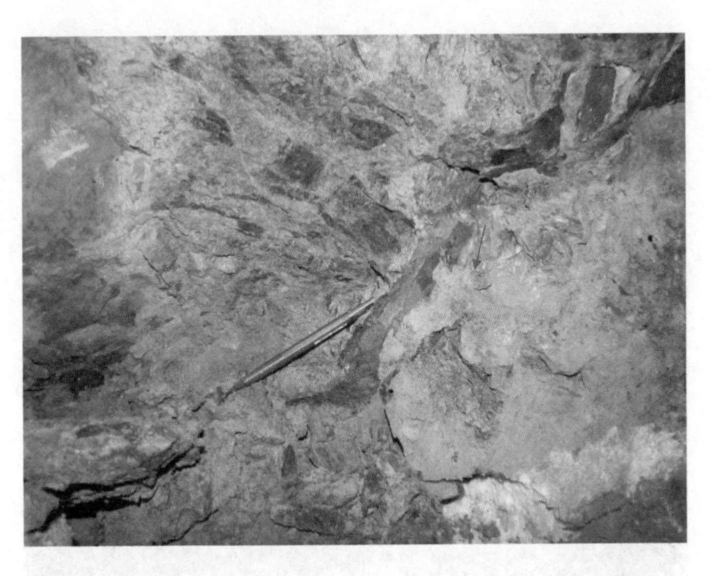

图 4.5-17　HTPD05 平洞 116m 处下游壁软弱结构面擦痕

育陡倾坡外结构面，充填岩块、岩屑、岩粉，产状：EW/S∠57°，总共发育两组，间距80cm，延伸大于5m。

4. 滑面（带）位置及其工程地质特性

根据目前滑坡的形态特征和对钻孔与平洞资料分析的基础上，结合现场的地质调查，对唐古栋滑坡的滑面（带）位置及其工程地质特性进行分析、推测。目前唐古栋滑坡后缘存在高度为150～185m、坡度大于50°的陡坎，陡坎表部节理裂隙发育，岩体结构多呈碎裂结构，风化及卸荷强烈，且多处可见失稳凹腔。

后缘陡坎岩性以变质砂岩夹花岗岩伟晶岩脉，岩脉厚度不一；陡坎中下部花岗岩脉较为发育，局部位置厚度可达十几米，由于后期花岗岩脉的挤压侵入对岩体结构的影响以及同变质砂岩抗风化能力的不同导致风化差异，使得该部位风化程度更加强烈，岩体质量相

图 4.5-18　HTPD05 平洞 103.5m 处上游壁软弱结构面上盘岩体变形迹象

图 4.5-19　HTPD09 平洞 33m 处下游壁沿倾坡外节理的变形迹象

对较差，因此滑坡后缘沿着基岩内的软弱结构面形成滑面和后缘边界的可能性很大。

目前后缘残留陡坎是在唐古栋滑坡发生后，滑坡壁在后期不断的崩塌、垮塌作用下向滑床的后部及两侧发展，形成目前高陡的后缘边界。地形上后缘陡坎起伏不平，以强风化岩体为主，且通过唐古栋滑坡中部 HTPD02 与唐古栋滑坡 A 影响区中后部 HTPD03 平洞揭露的地质情况发现，坡体内陡倾坡外的卸荷裂隙及挤压带发育，HTPD03 在 115～118m 处揭露一潜在的滑带，产状 N60°E/SE∠65°，宽 2～3m，主要由岩块、岩屑组成，靠滑带两侧壁岩体松软，其中靠下（内）侧壁可见宽 20～30cm 的泥化条带，条带物质手可搓成粉，滑带上下侧壁均可见炭化现象。该段在平洞开挖过程中经常塌方，形成高 3～5cm 的空腔，据现场平洞施工人员描述，平硐当初开挖至该段时见大量渗水；可以推测当时的滑坡后缘滑面（带）是沿着强风化强卸带内的陡倾坡外的卸荷裂隙发育延伸的而成的。

由 HTZK01（高程 2749.63m）与 HTZK02（高程 2896.44m）揭露地质情况及地表的测绘，坡体表层为松散无胶结的堆积物，主要成分为块碎石土，块碎石的块径一般为 2～5cm，局部可见块径 10～15cm 的块石，块石杂乱堆积，没有见明显的韵律层，这明显区别于滑坡坡表的崩坡积物，其为滑坡发生后的滑坡堆积物。则 HTZK01（高程 2749.63m）与 HTZK02（高程 2896.44m）揭露的松散堆积物的厚度分别为 33.1m 和 15.8m，则目前堆积物的基覆界面为前期滑坡的滑面。

前缘 HTPD01 平洞揭露的资料表明仅在洞口附近（5m）范围内存在松散块碎石土，其余洞段为基岩；5～57m 为强卸荷强风化带，57～70m 为弱风化，且洞内陡倾坡外与缓倾坡外的节理裂隙发育，岩体破碎，沿陡倾结构面发生卸荷拉裂。

通过对唐古栋滑坡上游侧堆积物厚度的勘探、滑床的岩体结构以及对滑坡堵江方量的估算，因此，滑坡为一基岩巨型滑坡，滑面由缓倾坡外节理、倾坡外挤压带、陡倾内挤压带及陡倾卸荷裂隙共同组合形成阶梯形滑面。

5. *滑坡的启动及运动过程*

唐古栋滑坡为一高速远程滑坡，从滑坡启动到最终堵江持续运动时间为 5min；滑坡上游侧影响区内 D44 点所处高程在 2580～2710m 间缓坡带后缘发育一下游侧宽上游侧窄，延伸约 80m，错台台坎高度 0.3～1m，宽 4～10m 的拉陷槽，且斜坡上还发育多条拉裂缝。

因此，推测滑坡滑动的过程可能为前缘缓坡地带（高程 2700.00m 以下）的坡体首先发生蠕滑—拉裂型滑坡；其失稳后为中后部的滑体变形破坏提供了临空条件，加上在自然历史时期中产生的卸荷回弹＋滑移—压致拉裂变形形成的沿缓倾外节理、陡倾卸荷裂缝和陡倾外软弱结构面组合的滑面，上部滑体在重力作用下剪断底部的锁固段岩体，快速的冲向雅砻江对岸。在高速滑动的过程中，滑体前部滑体运动速度较后部快，被推挤向河对岸；同时，在下滑过程中，表部的崩坡积物被抛射至对岸形成现今残留的细粒滑坡堆积物，解体的块碎石堆积于雅砻江河谷；后部较厚的崩坡积物在运动过程中，部分堆积于滑面之上。现今残留的滑坡堆积体处于高程 2550～3300m 之间，厚度前部厚，中后部相对薄一些，平均厚度约为 15m，残留体体积约为 2460 万 m^3。

4.5.3　滑坡灾变过程数值模拟

4.5.3.1　地质模型

为了验证上述斜坡变形演化过程的分析，以现在斜坡 1 号主剖面为依据，按照周围岸坡地形并结合该剖面的地形及坡体结构，对坡体演化前的地形进行了恢复。恢复剖面的范围，前缘至河谷中心线，后缘至山脊分水岭，整个地质模型的长度为 1860m。为了模拟斜坡的变形演化机制，初始地形设为后缘山脊分水岭的高程恢复到 3263m，前缘河谷中心的高程恢复到 2674m，初始的斜坡坡角约为 35°，经历了累积 281m 的河谷下切后河谷中心线的高程变为 2393m，从而通过此地形条件的改变来模拟斜坡在整个河谷下切过程中的演化变形过程。为了减少边界条件的影响，模型的底部向下延伸至高程 2250m 位置，则模型的最大高度为 1370m。

4.5.3.2 力学模型

根据恢复斜坡演化前的地质模型，建立数值计算力学模型。数值分析采用 3DEC（3 Dimension Distinct Element Code）程序，模拟过程仅考虑自重应力场按莫尔—库仑力学模型计算。边界条件采取左、右、底边及前后两个面五边垂直方向固定模式。模型中岩层的厚度设置为 25m，节理厚度设为 15～20m。根据平洞和钻孔对结构面的统计，正常基岩主要发育有两组结构面即一组倾角为 45°的层面及一组倾坡外的节理面。因此模型主要考虑两组结构面，一组倾角为 45°的层面；一组倾角为 60°～75°的节理面。同时考虑到风化及卸荷作用对岩体物理力学参数的影响，在模型表面建立两层强风化强卸荷与弱卸荷弱风化层。计算时，模拟过程仅考虑自重应力场影响，按莫尔—库仑力学模型，结构面采用面接触的库仑滑移模型。模型被分割成 729 个离散的块体，剖分网格 209615 个。建立的计算模型简图划分块体如图 4.5-20 所示。

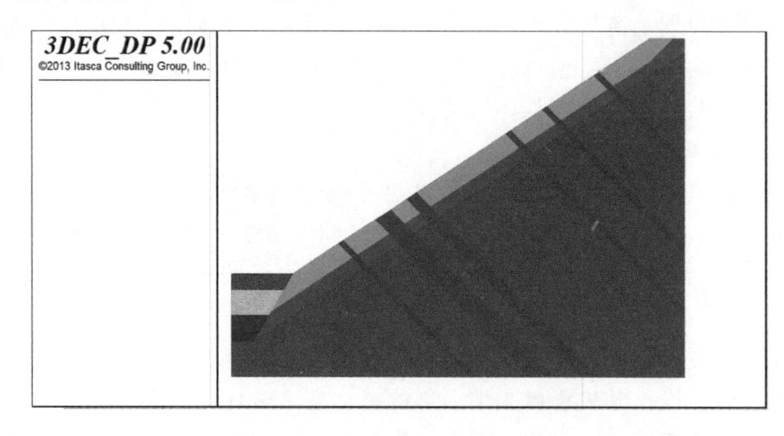

图 4.5-20 斜坡初始概化模型

为了得到斜坡演化过程的中整体及各个部位的变形情况，在模型中布设了 3 列位移监测点来进行变形监测。分别位于滑坡前缘、中部、后缘，从距斜坡模型的后边界 250m 开始布设，最前一列距模型右边界 140m，每列共布置 3 个监测点，从斜坡的表面开始垂直向下布设，间距 60～110m，共布设监测点 9 个。监测点的布设位置如图 4.5-21 所示。

4.5.3.3 参数选取

岩体的物理力学特性呈各向异性且极其复杂，在数值模拟的过程中通常需要对其进行工程近似，即对其物理力学特性进行简化，抓住问题的主要方面，忽略次要的方面常常是工程中处理问题的方法：

（1）对于这些大型工程来说，工程的规模往往远远大于结构面的间距，即使运用二维的模拟，也往往不能准确的模拟每个结构面，需要对结构面进行一定的简化处理。

（2）一些岩体中往往存在很多结构面，并不是每一组结构面都会对岩体的力学特性产生较大影响，尤其是进行二维分析的时候，因此工程应用中通常抓住简化处理的原则选择几组优势的结构面进行模拟。

因此本次数值分析过程中采用了以下方法对岩体的物理力学特性参数进行简化处理：

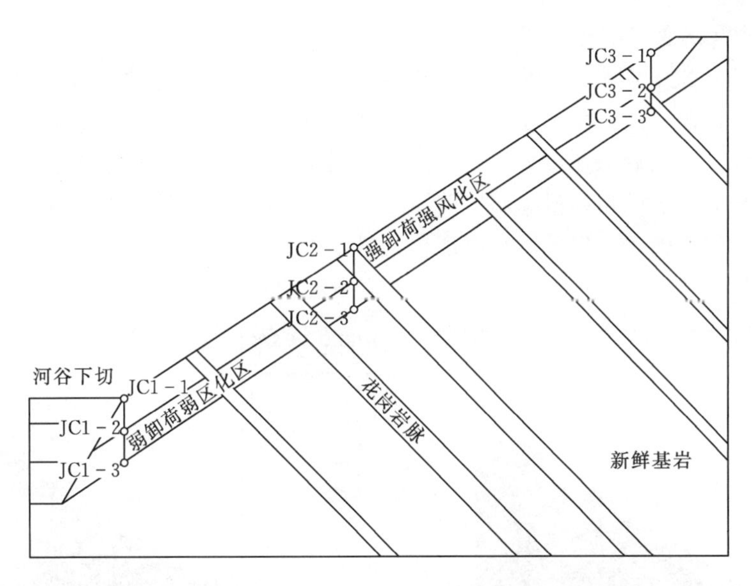

图 4.5－21　斜坡初始概化模型

（1）选取优势的结构面：由于本次模拟采用的是二维分析，因此选取了两组对岩体力学特性起主要作用的优势结构面，一组是岩体的层面，另一组为沿缓倾外节理、陡倾卸荷裂缝和陡倾外软弱结构面组合的面。

（2）调整层面参数来对岩层进行归并，减小结构面的数量：本次数值模拟的斜坡规模较大，而实际调查测得的岩体层面及节理面的间距均在 0.1～1m 的范围。为减小结构面的数量简化计算，分别将岩体层面及节理面的间距调整为 25m、15m。板理面的倾角取 45°，节理面倾角为 60°～75°。

（3）在每次分布计算后对岩体的物理力学参数进行相应的折减。

表 4.5－1、表 4.5－2 为根据经验法、工程类比法以及反演分析等方法简化调整而得到的岩体物理力学参数。

表 4.5－1　　岩块参数选取表

岩块类型	密度 /(kg/m^3)	体积模量 K /GPa	剪切模量 G /GPa	黏聚力 c /MPa	内摩擦角 φ /(°)	抗拉强度 /MPa
强卸荷强风化	2550	1.389	0.79	0.5	38	0.66
弱卸荷弱风化	2650	23.81	16.39	0.8	43	3.3
新鲜基岩	2750	27.78	20.83	1.2	48	5.5
花岗岩脉	2850	35	30	2	60	6

表 4.5－2　　结构面参数选取表

结构面类型	切向刚度 K_s /(GPa/m)	法向刚度 K_n /(GPa/m)	黏摩擦角 φ /(°)	黏聚力 c /MPa	抗拉强度 /MPa
层面	2.5	3.6	41	0.35	0.5
节理裂隙面	0.65～1	0.8～1.085	25～29	0.1～0.25	0.3

4.5.3.4 斜坡整体变形演化过程分析

（1）河谷第一次下切模拟结果分析。当河谷第一次下切后，坡脚出现71m陡立临空面，强卸荷强风化区出现一定弯折。位移主要出现在坡面，最大值处位于边坡的坡面的中上部，位移值可达23m，斜坡后缘在重力作用下开始变形，裂缝进一步扩大，前缘由于河谷下切，临空条件好，也有一定的位移量。斜坡前缘的浅表层陡倾岩体开始向临空面弯曲；斜坡坡脚附近的岩土层面发生错动，斜坡后缘出现较为明显的张裂缝，主要以微小的裂缝为主，坡体层面之间相互错动以变形为主，斜坡表面岩体有滑动的趋势如图4.5－22所示。

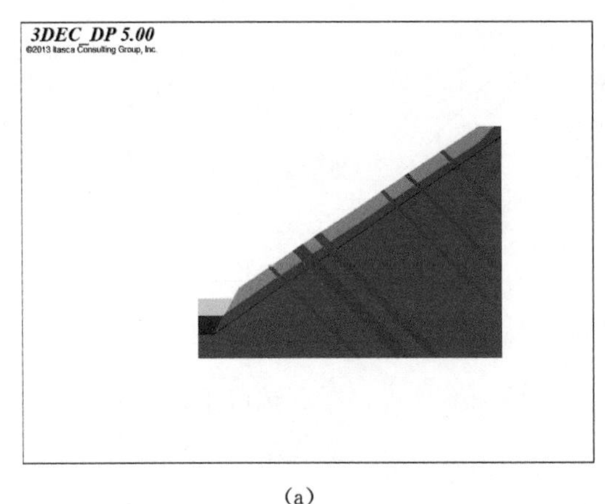

(a)

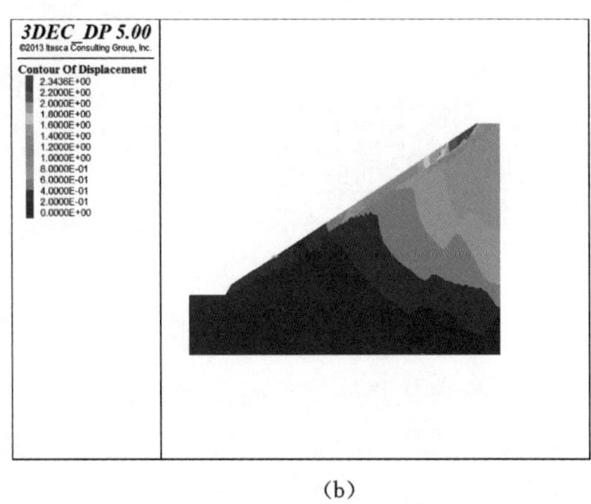

(b)

图4.5－22　河谷第一次下切计算时步20000step

（2）河谷第二次下切模拟结果分析。河谷第二次下切后，强卸荷强风化区变形现象更加显著，谷坡应力调整所致的卸荷回弹在坡体一定深度范围内形成陡倾坡外的卸荷裂隙，由于坡体中发育中、缓两组倾坡外节理，在卸荷过程中，产生了沿倾外节理尤其是缓倾坡外节理的滑移变形，造成其中下部岩体中产生滑移—压致拉裂变形，岩体中产生自下而上发展的拉裂，并造成陡倾卸荷裂隙的进一步扩展和向上贯通。

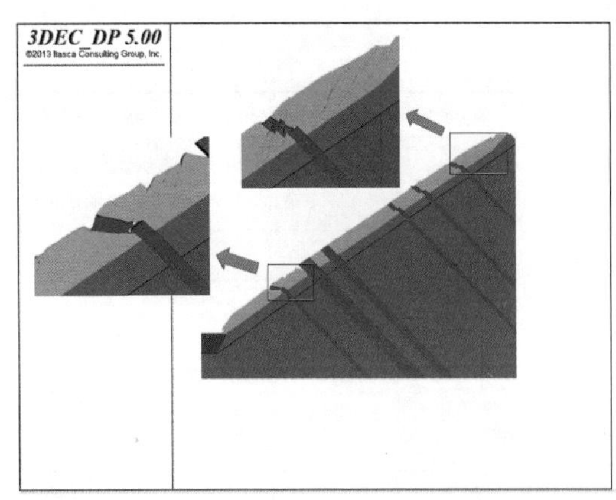

(a)

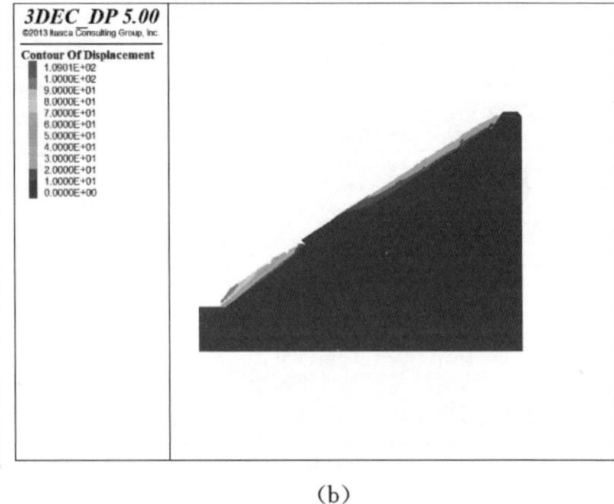

(b)

图4.5－23　河谷第二次下切计算时步40000step

坡面位移最大值可达 109m，斜坡后缘位移 30 多 m，坡体前缘最大位移量已超过 100m，位移比上一阶段明显增大，此第二次下切较第一次下切相比，由于坡体中发育两组缓倾坡外节理、一组陡倾坡外节理和挤压错动带以及与坡面近直交的挤压错动带，这些结构面与前期陡倾卸荷裂缝以及滑移—压致拉裂变形产生的裂缝相互组合，在强卸荷岩体中形成阶梯状滑面，由于应力的重新分布，第一次下切时期微小的张拉裂隙进一步扩大，层间错动进一步增大，后缘出现较大的张拉裂缝，坡脚层面产生错动破裂，如图 4.5－23 所示。

（3）河谷第三次下切模拟结果分析。河谷第三次下切后，位移量进一步加大。前缘出现拉裂缝坡面位移最大值可达 220m，如图 4.5－24 所示。随着计算时步的增加，前缘岩体不对挤压破碎，出现贯通滑面，变形体与基岩基本脱离，一部分坡体物质滑移至江中，一部分坡体物质则残留于坡体形成残坡积层。

在前期卸荷、变形的基础上，坡体自上向下产生蠕滑变形，滑面自上向下贯通，由于边坡中下部岩体完整性较好，可形成阻止滑体运动的锁固段，在上部坡体强大的推动作用下该部位岩体逐渐产生变形。并进一步导致了高程 2700.00m 以下坡体的变形。中下部滑面的贯通与上部坡体的蠕滑变形应是同步的，并相互影响加剧了各自的变形。由于滑坡前缘堆积体首先产生滑动，形成较高的滑坡后壁，为上部坡体的变形提供了空间。随着计算时步的进行，上部滑体不断剪断中下部锁固段岩体，最终产生整体高速远程滑坡冲向雅砻江对岸。

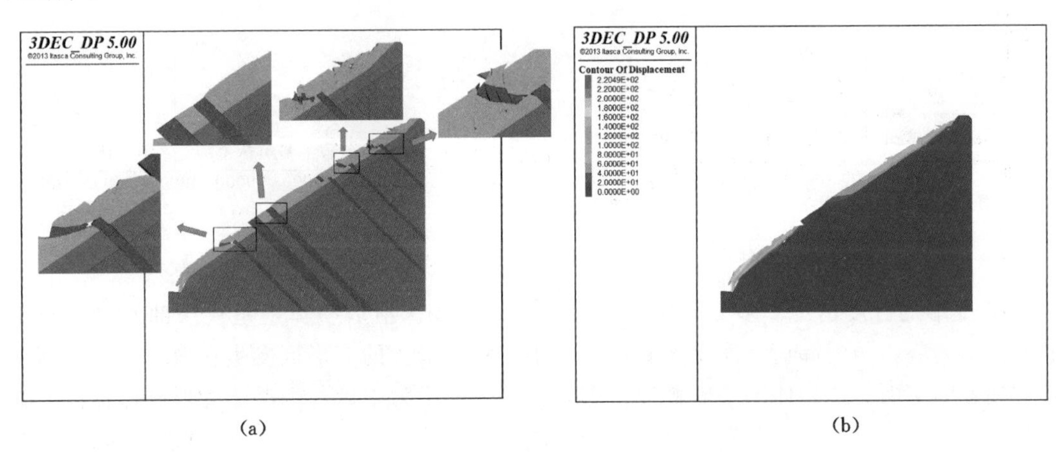

图 4.5－24　河谷第三次下切计算时步 60000step

4.5.3.5　位移变化规律分析

对预先设置的位移监测点进行数据统计处理，得到滑坡不同位置处的位移监测曲线如图 4.5－25～图 4.5－28 所示。

从斜坡的整体位移云图及监测点的位移监测情况可以发现：由图 4.5－25～图 4.5－27 可以得出斜坡在竖直方向的位移规律，斜坡的变形表现为浅表部变形大，往深部发展逐渐减小。由图 4.5－28 可以看出滑坡坡表前缘位移明显较大，后部次之，中部最小，该现象与中部有刚度较大从而起相对阻滑作用的花岗岩脉侵入相符合。由图4.5－26 在斜坡中部表面的位移最大约 25m，并且仍有继续增大的趋势，而斜坡前部表部的最大位移约

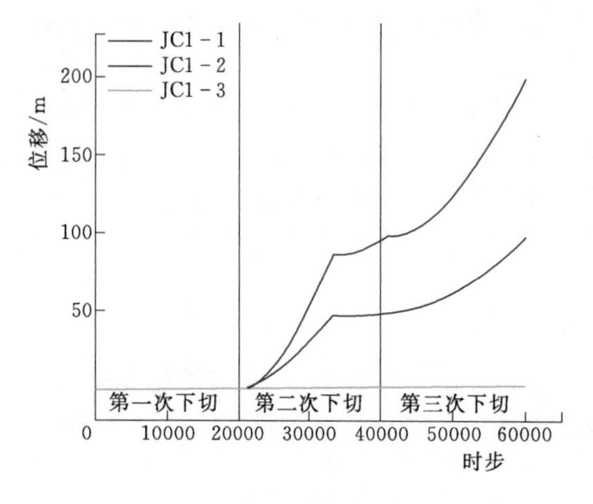

图 4.5-25　斜坡前缘监测点位移曲线

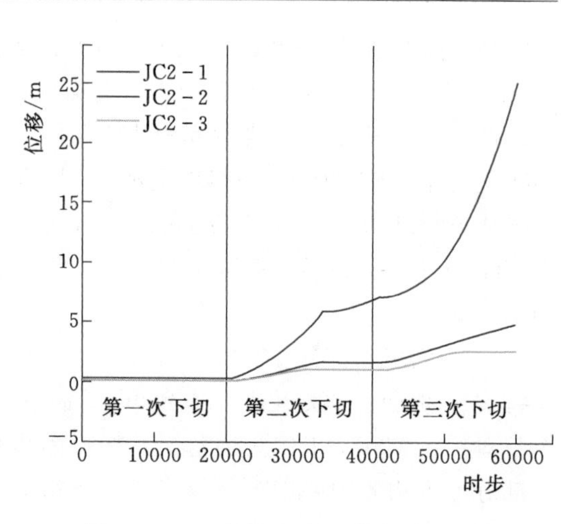

图 4.5-26　斜坡中部监测点位移曲线

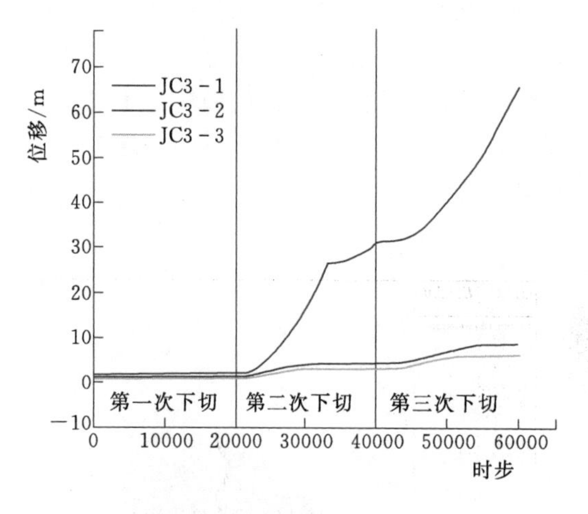

图 4.5-27　斜坡后缘监测点位移曲线

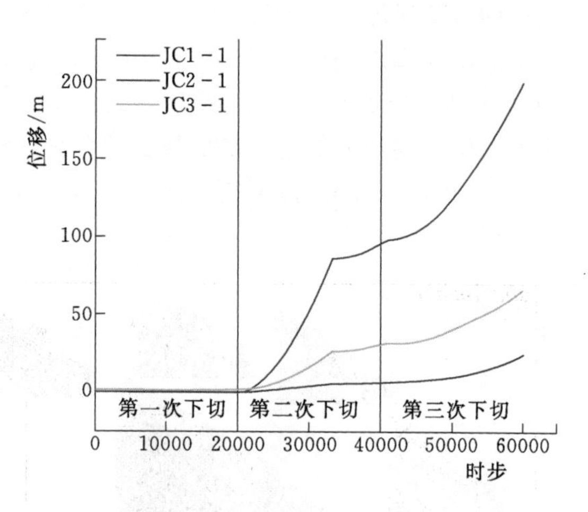

图 4.5-28　斜坡坡表监测点位移曲线

190m，变形的深度达 100 多 m，后缘最大位移约 75m。滑坡整体上呈往深部发展变形逐渐减小的趋势，强弱卸荷界面处位移已经较小。斜坡最大的变形区发生在斜坡的临空面位置，随着临空面位置岩体的不断被侵蚀解体，其失稳后为中后部的滑体变形破坏提供了临空条件，加上在自然历史时期中产生的卸荷回弹＋滑移—压致拉裂变形形成的沿缓倾外节理、陡倾卸荷裂缝和陡倾外软弱结构面组合的滑面，中后部位移变大，变形速度加剧直到上部滑体在重力作用下剪断中部的锁固段岩体，快速的冲向雅砻江对岸。

4.6　溃屈式滑坡

4.6.1　斜坡变形演化阶段

在地表、地下水的长期作用或爆破震动、地震等工况下，大奔流边坡结构面性状弱化，层面间结合力变小，在自重应力的作用下，上部岩体沿片理发育的绿片岩蠕滑，由于下部受阻而发生岩层鼓起，产生纵向弯曲，导致层面拉裂，局部滑移，发生溃屈破坏。结合岸坡所处的地形条件、岩体结构特征，该斜坡的演化过程可分为如下三个阶段：

（1）轻微滑移弯曲隆起阶段。在早期雅砻江下切、顺层河谷边坡逐渐形成过程中，由于原岩应力的释放，坡体应力重新调整，并在坡体表部一定范围形成强烈卸荷带。在重力和其他荷载作用下，在坡脚出现应力集中，坡脚上部岩层发生轻微弯曲隆起变形，局部出现微弱的架空现象，特别是坡体中间软弱带发育部位，成为控制该滑坡形成的潜在滑移面，但尚未形成连续的剪裂缝（图 4.6-1、图 4.6-2）。

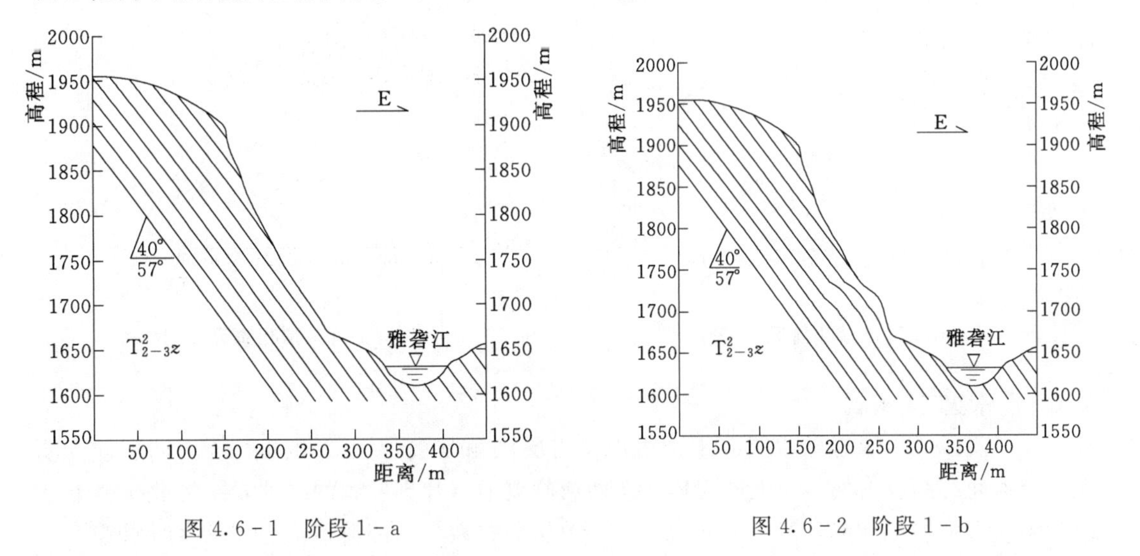

图 4.6-1　阶段 1-a　　　图 4.6-2　阶段 1-b

（2）强烈弯曲、隆起阶段。在地表、地下水的长期作用或爆破震动、地震等作用下，岩层弯曲程度进一步增大，浅表部岩层发生明显的层间差异错动，后缘拉裂，并在局部地段形成拉裂陷落带。弯曲段岩层间出现较大空腔层面错动幅度也逐渐增大，弯曲段岩层由于变形较大，出现张裂缝，岩体松动、局部出现崩塌（图 4.6-3、图 4.6-4）。

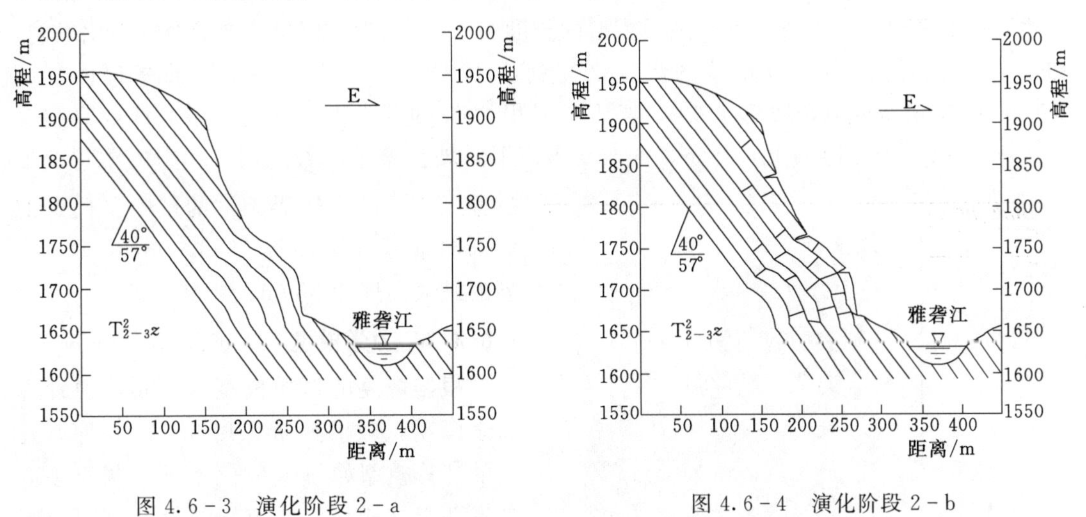

图 4.6-3　演化阶段 2-a　　　图 4.6-4　演化阶段 2-b

（3）破坏阶段。随着弯曲部位岩层进一步破坏，层间错动位移增大，滑移段岩层对弯曲段岩层压性破坏进一步加强，在弯曲段出现岩块错位，压碎，呈现出高度碎裂—离散化过程。当剪切面贯通后，即当其发展至整个底滑面的抗剪强度不足以承受上部岩体重力的下滑分量时，将发生整体失稳，形成溃屈型滑坡（图 4.6－5、图 4.6－6）。

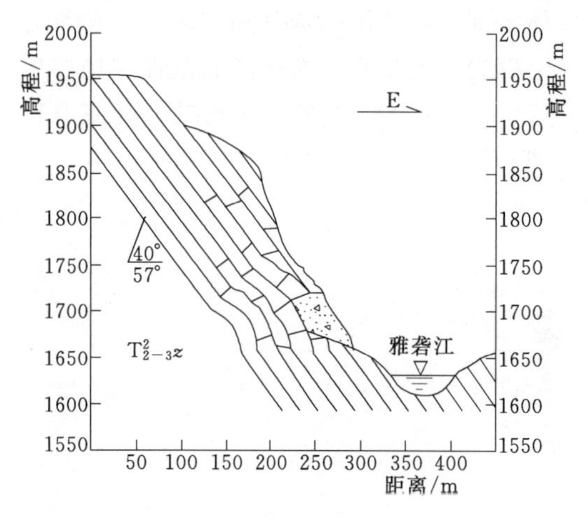

图 4.6－5 演化阶段 3－a

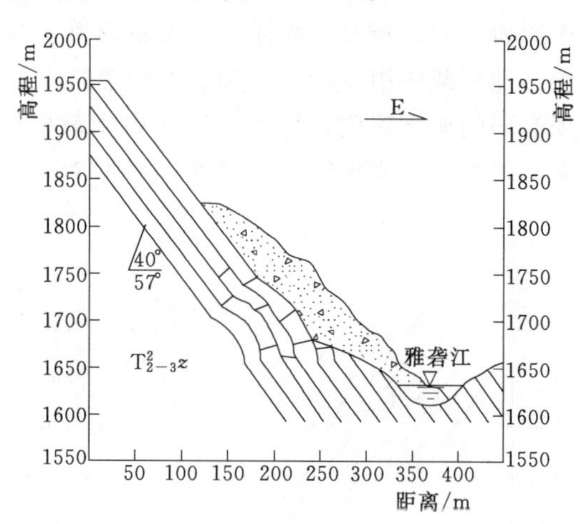

图 4.6－6 演化阶段 3－b

4.6.2 滑坡灾变模式

大奔流段边坡属于层状同向结构边坡，岩层倾角与坡角大致相同，顺坡向剪应力过大，层面间的结合力偏小，上部岩体沿层面或软弱面（片理发育的绿片岩）蠕滑，由于下部受阻而发生岩层鼓起，产生纵向弯曲，导致层面拉裂，局部滑移，边坡发生溃屈破坏。

4.6.3 滑坡灾变过程数值模拟

4.6.3.1 地质模型

为了验证上述斜坡变形演化过程的分析，以现在斜坡主剖面为依据，按照周围岸坡地形并结合其坡体结构，对坡体演化前的地形进行了恢复。恢复剖面的范围，前缘至河谷中心线，后缘至山脊分水岭，整个地质模型的长度为 370m。为了模拟斜坡的变形演化机制，初始地形设为后缘山脊分水岭的高程恢复到 1910.00m，前缘河谷中心的高程恢复到 1710.00m，初始的斜坡坡角为 60°，经历了累积 80m 的河谷下切后河谷中心线的高程变为 1630.00m，从而通过此地形条件的改变来模拟斜坡在整个河谷下切过程中的演化变形过程。为了减少边界条件的影响，模型的底部向下延伸至高程 1560.00m 位置，模型的最大高度为 350m。

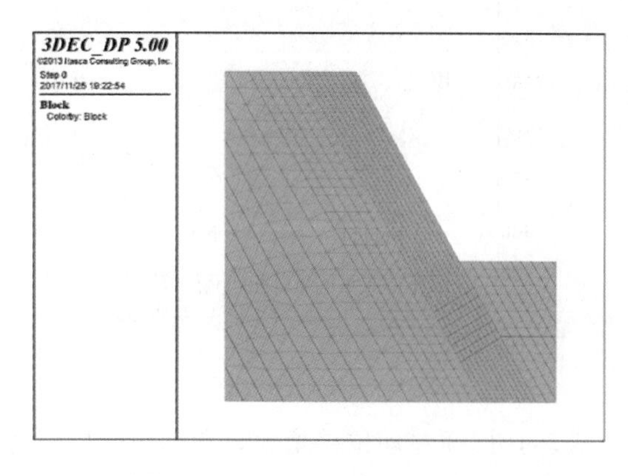

图 4.6－7 斜坡初始概化模型

4.6.3.2 力学模型

根据恢复的地质模型，建立数值计算力学模型，数值分析采用 3DEC 程序。建立的计算模型如图 4.6－7 所示。模型主要考虑两组结构面，一组倾角为 60°的层面，一组倾角为 20°的节理面。计算时，模拟过程仅考虑自重应力场影响，按莫尔—库仑力学模型，结构面采用面接触的库仑滑移模型，边界条件采取左、右及底边三边垂直方向固定模式，模型被分割成7762个离散的块体，建立的计算模型如图4.6-7所示。

4.6.3.3 参数选取

岩体的物理力学特性呈各向异性且极其复杂，在数值模拟过程中通常需要对其进行工程近似，即对其物理力学特性进行简化，本次数值分析过程中采用了以下方法对岩体的物理力学参数进行简化处理：

(1) 选取优势结构面。由于本次模拟采用的是二维分析，因此选取了两组对岩体力学特性起主要作用的优势结构面，一组是岩体的层面，另一组为与层面近垂直发育的节理面。

(2) 调整层面参数来对岩层进行归并，减小结构面的数量。

(3) 岩性的简化。由于溃屈破坏主要由绿片岩的力学特性引起，因此将绿片岩与大理岩互层的岩性简化为绿片岩构造。

表4.6-1、表4.6-2为根据经验法、工程类比法以及反演分析等方法简化调整而得到的岩体物理力学参数。

表4.6-1 岩块参数选取表

岩块参数	密度 /(kg/m^3)	体积模量 K /GPa	剪切模量 G /GPa	黏聚力 c /MPa	内摩擦角 /(°)	抗拉强度 /MPa
风化岩层	2600	3.3	1.53	0.24	23	0.2
新鲜基岩	2650	6.6	3.0	0.47	27	0.4

表4.6-2 结构面参数选取表

结构面	层面角度 /(°)	切向刚度 K_s /(GPa/m)	法向刚度 K_n /(GPa/m)	黏聚力 c /MPa	内摩擦角 /(°)	抗拉强度 /MPa
层面	60	1.2	1.5	0.17	21	0.05
节理面	20	0.58	1.17	0.15	17	0.025

4.6.3.4 斜坡整体变形演化过程分析

(1) 轻微弯曲阶段。当河谷下切后，坡脚出现陡立临空面，在重力和其他荷载作用下，坡脚出现应力集中，坡脚上部岩层发生轻微弯曲隆起变形。溃屈破坏的初期阶段，坡脚上部岩层发生轻微弯曲隆起变形，在坡脚位置浅层的弯曲量较大，向坡内和斜坡后部弯曲量逐渐减小，斜坡表面岩体有滑移弯曲的趋势如图4.6-8所示。位移主要出现在坡面，位移最大值位于边脚上部，最大位移值约2m。

(2) 强烈弯曲隆起阶段。随着计算时步的增加，坡脚弯曲隆起现象更加显著，风化区开始产生弯曲变形，坡脚进一步向临空面弯曲隆起，弯曲随着时间向斜坡的上部不断发展。弯曲段岩层间出现较大空腔，层面错动幅度也逐渐增大，弯曲段岩层由于变形较大，出现张裂缝。随着岩层弯曲量的变大，坡脚岩体受弯曲挤压，坡脚位移最大值可达14m，斜坡上部位移5～10m，位移比上一阶段明显增大，如图4.6-9、图4.6-10所示。

(3) 破坏阶段。随着计算时步的增加，弯曲变形进一步加大，坡表位移最大值可达42m。坡脚弯曲部位岩层进一步破坏，在弯曲段出现岩块错位，压碎，呈现出高度碎裂—

离散化过程。弯折处的张拉裂缝逐步贯通，边坡整体出现裂隙，并逐步贯通；当剪切面贯通后，将发生整体失稳，形成溃屈型滑坡，溃屈整体破坏，如图 4.6-11 所示。

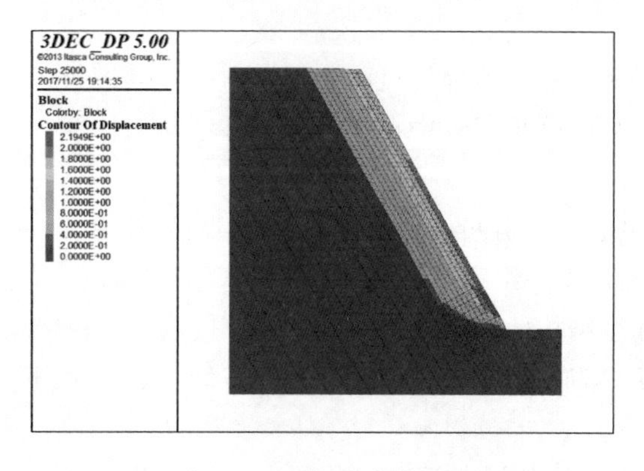

图 4.6-8　轻微弯曲阶段

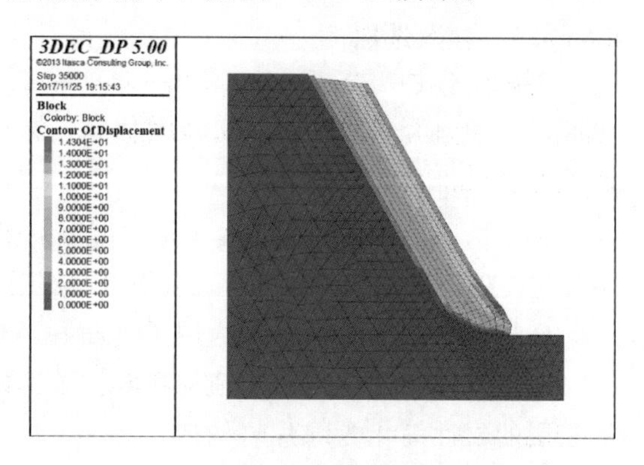

图 4.6-9　强烈弯曲隆起阶段-a

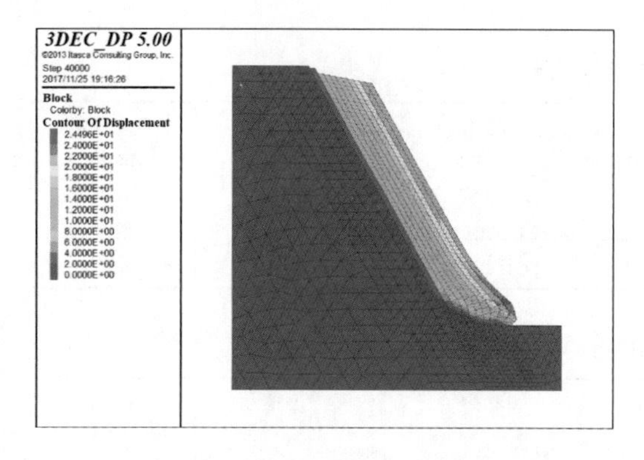

图 4.6-10　强烈弯曲隆起阶段-b

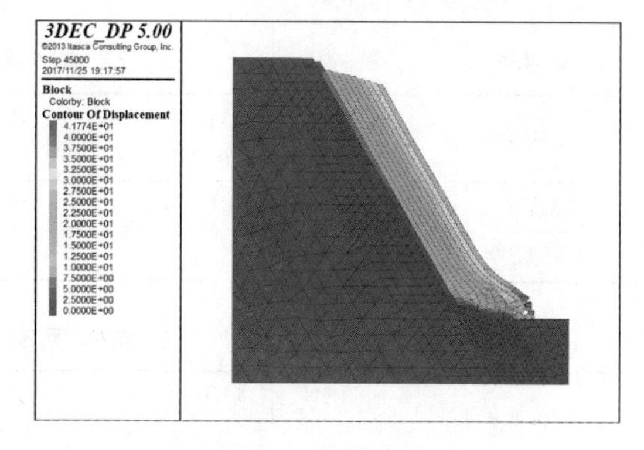

图 4.6-11　破坏阶段

4.6.4　斜坡破坏过程总结

通过上述分析，可以得到如下认识：溃屈型破坏是西南地区顺层高陡边坡常见的破坏模式。通过现场地质分析及数值模拟手段揭示了该类斜坡的变形破坏是在地表、地下水的长期作用或爆破震动、地震等工况下，边坡结构面性状不断弱化，层面间结合力变小，在自重应力的作用下，上部岩体沿片理发育的绿片岩蠕滑，由于下部受阻而发生岩层鼓起，产生纵向弯曲，导致层面拉裂，局部滑移，发生溃屈破坏。

4.7　座落式滑坡

4.7.1　座落体变形演化阶段

结合座落体岸坡所处的环境条件、坡体结构和目前的变形破坏特征，座落体形成过程可分为以下几个阶段（图 4.7-1）：

（1）第一阶段：构造能量储备和“储能体”形成阶段。坡体坚硬的白云质灰岩岩体为储存高应变能提供了物质基础。岩体属震旦系古老岩体，虽经过历次构造应力作用但又未

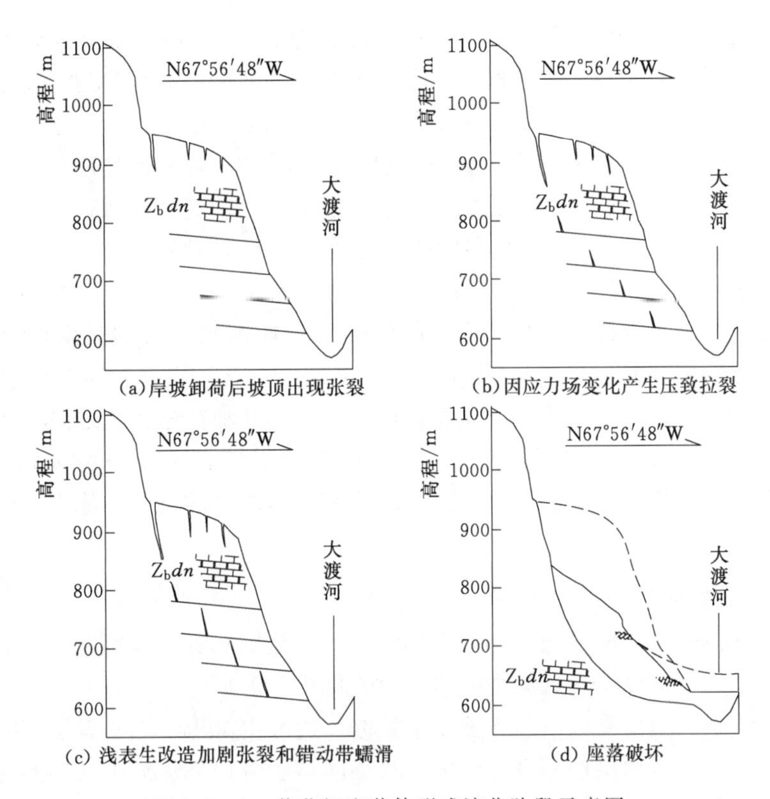

图4.7-1　黄草坪座落体形成演化阶段示意图

遭到强烈破碎，具备了储存残余应变能的条件。

(2) 第二阶段：浅生改造阶段。中更新世时期，大渡河河谷经历了快速的下切卸荷过程，河谷也由宽谷演化为峡谷。瓦山断块整体隆升与大渡河急剧下切，谷坡岩体临空与自重应力作用加剧是座落体形成的主要因素。中更新世末期，大渡河Ⅳ级阶地（相当于800m高程）形成后，经历了一个快速下切侵蚀的时期，直抵现代河床底部基岩面（相当于高程约580m），切蚀深度约220m。晚更新世以来在原来的基岩面上堆积了Ⅱ、Ⅲ级阶地及现代较大厚度的河床深厚覆盖层，而且在河谷两岸坡体一定深度范围内发育了大量卸荷裂隙，它们大多沿早先的陡倾坡外或陡倾坡内的结构面产生拉张变形或张裂，并以随机、间隔、阶状的方式出现，彼此并不贯通。

(3) 第三阶段：表生改造阶段。现代地形形成过程，如河流的深切等，使地面形态趋于复杂化，岩体中的应力场产生以深切带为中心的应力重分布现象，在边坡一定深度范围内形成谷坡二次应力场。河流下切过程中，边界岩体临空，斜坡应力迅速变化，重力作用明显增强，岩体卸荷拉裂强烈，形成顺坡卸荷拉裂带，并向纵、深扩展，成阶坎状，上下拉裂缝间以岩桥相隔。已形成的上述变形破裂迹象在这一卸荷改造过程中可出现新的错动迹象。与此同时，边坡岩体为适应新的平衡状态，将产生一系列伴随这一过程的变形与表生破裂，即岩体结构的表生改造。这一过程中岸坡表层的岩体碎裂化，出现卸荷松弛等变形，具体可表现为由陡缓结构面组合的滑移拉裂或滑移压致拉裂方式。

(4) 第四阶段：重力改造阶段。随着岩体表生改造的发展，坡体内的水平应力场将因应力的逐步释放而不断减弱，乃至完全消失而过渡为自重应力场。座落体所在岸坡岩体中发育有倾向坡外的缓倾角层面或层间错动带，因此，在卸荷（表生改造）的基础上，岸坡岩体又沿缓倾角层面或层间错动带产生了受重力控制的蠕滑时效变形。边坡由厚层、巨厚层白云岩构成，硬而脆，可以储存大量的应变能，在自重应力场的作用下，岸坡岩体中的卸荷拉裂带不断扩展，当岩桥被突然剪断，使得阶坎状的卸荷裂隙得以连接贯通形成后缘分界面，卸荷拉裂岩体便沿该带产生突然的、迅速的整体转动座落。

坝区下游飞水崖堆积体下部的古河槽槽底分布高程为660m左右，可与该区域上的Ⅲ级阶地谷底相对应。通过以上分析，可知黄草坪座落体变形发生在Ⅲ级阶地形成后的大渡河下切时期（地形剧变时期），其时代相当于晚更新世中期。根据座落体前缘堆积的Ⅱ级阶地堆积物未见变形破坏现象推测，座落体座落发生于Ⅱ级阶地形成之前，相当于晚更新世晚期。几组裂面组合加之地形切割，导致该段谷坡岩体卸荷拉裂→缓慢滑移→整体座落变形破坏的发展演化模式。该座落体不仅平面上有明显的分区特征，剖面上也有明显的分带特征。

4.7.2 座落体灾变模式

黄草坪座落体是在长期自然、地质历史时期，在经历地震、自重应力、地壳运动、卸荷变形、降雨、地下水以及构造应力等内外地质作用下形成的。

（1）其形成条件主要受以下几方面因素控制：边坡由沉积形成的厚层、巨厚层白云岩构成，属坚硬岩，岩体内层理面发育，发育有层间错动带；座落体边坡呈斜向坡且不良组合的节理裂隙发育；该区处于强烈抬升时期，河谷下切作用强，斜坡岩体受卸荷变形及自重应力等的影响大，且提供了滑移临空面；降雨丰沛，地下水活动强，对岩土体物理力学性能改造作用明显；该区地震频度高、烈度大，对岩体结构的松动破坏及累积破坏效应突出。

（2）其变形破坏属比较典型的蠕滑—拉裂型。在斜坡岩体自重应力的长期作用下，上覆岩体沿层面或层间错动带等软弱层面发生蠕滑变形，后缘拉裂缝扩展贯通并脱离母岩，由于前缘潜在滑移面临空，蠕滑变形追踪岩体中的软弱结构面发展，一旦滑移面贯通，则坡体迅速向临空面方向座落失稳。

（3）其变形破坏的主控因素为地震、自重应力、特大暴雨及卸荷作用，而地震、暴雨又是其诱发因素。正是卸荷、地震或暴雨的共同作用，使得岩体结构发生破坏，其强度大大降低。而在自重应力、卸荷变形的长期作用下斜坡岩体发生蠕滑变形，地震力的作用一方面加速了变形破坏的进程，另一方面又促使处于临界稳状态下的边坡失稳。

4.7.3 座落体灾变过程数值模拟

4.7.3.1 地质模型

为了验证上述斜坡变形演化过程的分析，以现在Ⅱ—Ⅱ′号主剖面为依据，按照周围岸坡地形并结合该剖面的地形及坡体结构，对坡体演化前的地形进行了恢复与概化，恢复剖面的范围，前缘至河谷，后缘至山脊，整个地质模型的长度为100m。为了模拟座落体的变形演化机制，初始地形设为后缘山脊的高程恢复到100m，前缘河谷的高程恢复到46m，初始的斜坡坡角约为75°，经历了累积34m的河谷下切后河谷中心线的高程变为

12m，从而通过此地形条件的改变来模拟座落体在整个河谷下切过程中的演化变形过程。

4.7.3.2　力学模型

根据恢复斜坡演化前的地质模型，建立数值计算力学模型。数值分析采用 3DEC（3 Distinct Element Code）程序，模拟过程仅考虑自重应力场按弹性力学模型计算。边界条件采取左、右及底边三边垂直方向固定模式，建立的计算模型如图 4.7-2 所示。

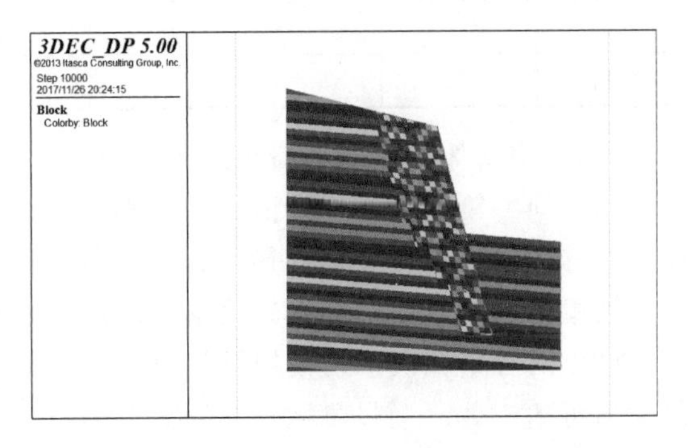

图 4.7-2　计算模型

模型中岩层的厚度设置为 2m。根据对结构面的统计，正常基岩主要发育有两组结构面模即一组倾角为 5°的层面及一组倾角为 75°的节理面。因此模型主要考虑两组结构面，一组倾角为 5°的层面，一组倾角为 75°的节理面。同时，设置一组倾角为 75°的卸荷裂隙便于计算。计算时，模拟过程仅考虑自重应力场影响，按弹性力学模型，结构面采用面接触的库伦滑移模型。模型被分割成 44332 个离散的块体。

4.7.3.3　参数选取

岩体的物理力学特性呈各向异性且极其复杂，在数值模拟的过程中通常需要对其进行工程近似，即对其物理力学特性进行简化，抓住问题的主要方面，忽落次要的方面常常是工程中处理问题的方法。

因此本次数值分析过程中采用了以下方法对岩体的物理力学特性参数进行简化处理：

（1）选取优势的结构面。由于本次模拟采用的是二维分析，因此选取了两组对岩体力学特性起主要作用的优势结构面，一组是岩体的层面，另一组为与层面大角度相交的节理面。

（2）调整层面参数来对岩层进行归并，减小结构面的数量。本次数值模拟的斜坡规模较大，而实际调查测得的岩体层面及节理面的间距均在 0.1～1m 的范围。为减小结构面的数量简化计算，分别将岩体层面及节理面的间距调整为 2m、3m。层理理面的倾角取 5°，节理面倾角与层理面大角度相交。因此岩块的强度参数必须进行相应的弱化才能模拟相似到更加真实的地质条件。

（3）岩性的简化。由于白云岩与白云质灰岩的岩性相近，因此将白云岩与白云质灰岩的岩性简化为纯白云岩构造。

表 4.7-1 和表 4.7-2 为根据经验法、工程类比法以及反演分析等方法简化调整而得到的岩体物理力学参数。

表 4.7-1　岩块参数选取表

密度 /(kg/m³)	体积模量 K /GPa	剪切模量 G /GPa	黏聚力 c /MPa	内摩擦角 φ /(°)	抗拉强度 MPa
2700	16.6	7.7	3.5	17	0.32

表 4.7-2　　结构面参数选取表

结构面	层面角度 /(°)	切向刚度 K_s /(GPa/m)	法向刚度 K_n /(GPa/m)	内摩擦角 φ /(°)	黏聚力 c /MPa	抗拉强度 /MPa
层面	5	4	8	24	1	0.1
节理面	75	4	8	10	0	0

4.7.3.4　座落体整体变形演化过程分析

（1）河谷第一次下切模拟结果分析。当河谷第一次下切后，坡脚出现 13m 陡立临空面。位移主要出现在坡面，最大值处位于边坡的坡面的中上部，位移较小，约为 0.5m。斜坡坡脚附近的岩体层面发生错动，斜坡表面岩体有滑动的趋势，如图 4.7-3 所示

（2）河谷第二次下切模拟结果分析。河谷第二次下切后，坡脚岩体受挤压，坡面位移最大值可达 1.3m，斜坡后缘位移仍较小，位移比上一阶段明显增大。此时第二次下切较第一次下切相比，由于应力的重新分布，第一次下切时期微小的张拉裂隙进一步扩大，层间错动进一步增大，后缘出现较大的张拉裂缝，如图 4.7-4 所示。

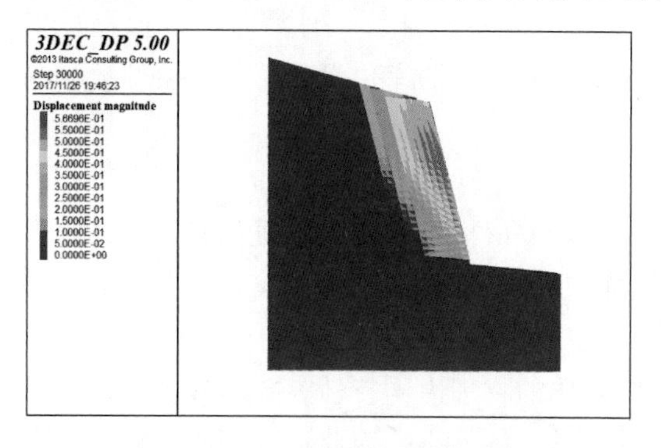

图 4.7-3　河谷第一次下切计算时步 20000step

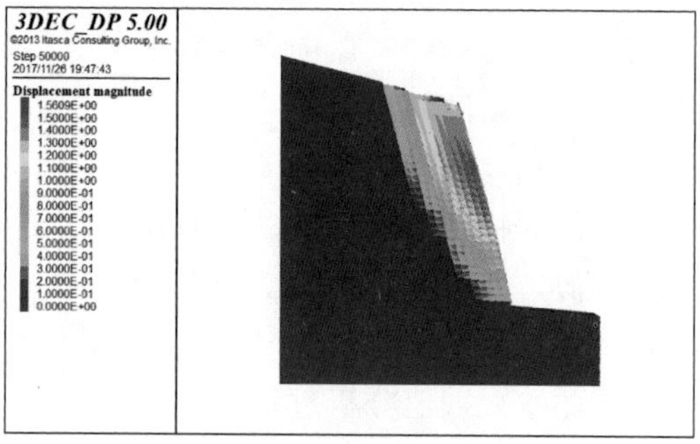

图 4.7-4　河谷第二次下切计算时步 20000step

（3）河谷第三次下切模拟结果分析。河谷第三次下切后，第二次下切坡脚由于出现临空面，岩体在卸荷裂隙的作用下部分解体，呈前冲坠落状向河谷位移，如图 4.7-8 所示。

随着计算时步的增加，岸坡岩体中的卸荷拉裂带不断扩展，当岩桥被突然剪断，使得阶坎状的卸荷裂隙得以连接贯通形成后缘分界面，卸荷拉裂岩体便沿该带产生突然的、迅速的整体转动座落如图 4.7-5～图 4.7-8 所示。

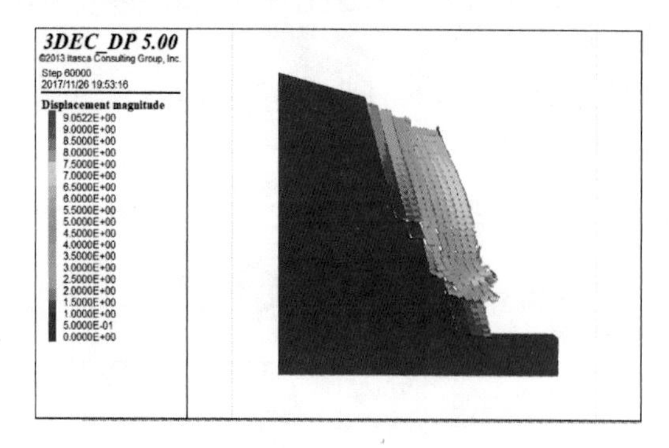

图 4.7-5　河谷第三次下切计算时步 10000step

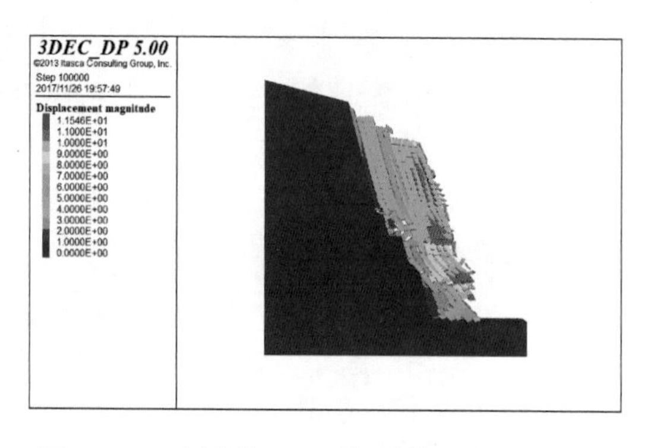

图 4.7-6　河谷第三至下切计算时步 50000step

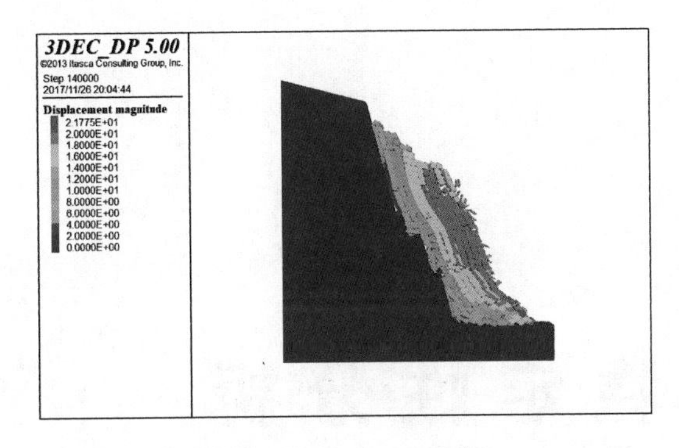

图 4.7-7　河谷第三至下切计算时步 90000step

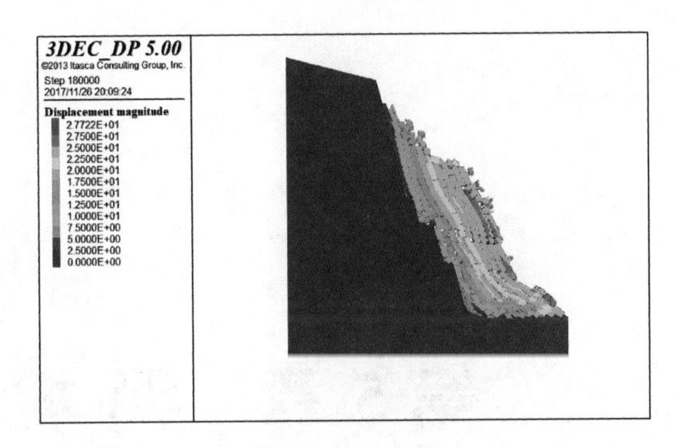

图 4.7-8　河谷第三至下切计算时步 130000step

第5章 滑坡稳定性分析

5.1 稳定性分析方法

5.1.1 刚体极限平衡法

5.1.1.1 滑移式失稳模式稳定性评价方法

1. 极限平衡法之传递系数法

极限平衡法又称刚体极限平衡方法，极限平衡法是建立在莫尔—库仑破坏准则基础上的，它的基本特点是：只考虑土体处于破坏那一瞬间的静力平衡条件和莫尔—库仑准则，即求解边坡处于破坏那一瞬间的静力平衡方程组。当然在大多数情况下，静力平衡方程所涉及的未知数的个数都要大于方程的个数，因此，就必须对某些未知数做出假设，使方程组可解。

极限平衡法总体上可以分为两大类：一类是垂直条分法；另一类是滑移线法。两种方法的根本区别在于前者假定边坡破坏时只有在破裂面位置处于极限平衡状态，也就是假定只有破裂面处满足静力平衡条件和莫尔—库仑准则；而后者假定边坡破坏时，边坡内部全部处于极限平衡状态，处处满足静力平衡条件和莫尔—库仑准则。由于滑移线法的计算结果多数代表的是边坡稳定性状态的上限值，而垂直条分法的计算结果一般偏保守，因此，为安全起见，工程中一般多采用垂直条分的极限平衡法来评价边坡稳定性。报告中同时采用普通条分法、Janbu法、Bishop法和M-P法等4种常见的刚体极限平衡法，对各不稳定体进行了稳定性评价。其中，由于M-P法有概念清晰、适用范围广等优点，本书刚体极限平衡的稳定性计算将采用M-P法的计算结果为判断依据。

垂直条分的极限平衡法一般用于堆积层（包括土质）滑坡的稳定性计算与评价，其计算公式采用《滑坡防治工程设计与施工技术规范》（DZ/T 0219—2006）附录A.1的公式。

2. 不同变形破坏模式的堆积层滑坡稳定性评价方法

（1）不同变形平衡模式滑坡渐进破坏过程。

1）牵引式滑坡渐进破坏过程。牵引式滑坡的坡脚是重要的阻滑段，经过人工开挖或者河流冲刷，加上持续降雨作用，滑坡前部首先变形，随着内外因素的进一步影响，滑坡由前至后逐步发生主动土压破裂，大主应力 σ_1 主要为土体自重力，小主应力 σ_3 为水平压应力，由于 σ_3 的减小（前部失去支撑）而逐步产生主动土压破坏，破裂面与大主力 σ_1 的夹角为 $45°-\varphi/2$，φ 为滑带的内摩擦角；到达一定程度时，滑坡主要表现为由下往上逐渐产生拉裂缝等现象，在一定时间内，滑坡后缘发生变形并伴随着牵引式滑坡整体破坏，表现为后退式渐进破坏过程。滑坡在整个演化过程中，在二维平面内一般只有一点处于峰值应力状态（即临界状态）。因此，牵引式滑坡在整个渐进演化过程中，滑坡体应力不断调整，塑性区逐步向后扩大，当某条块下滑力等于抗滑力时，该滑坡条块一般处于临界状态，处于该条块之前的条块为残余应力状态条块即发生剪切破坏，处于该条块之后的条块处于峰前应力状态条块即未发生剪切破坏，临界状态位置随着渐进破坏过程而逐渐向上移动（图 5.1-1）。

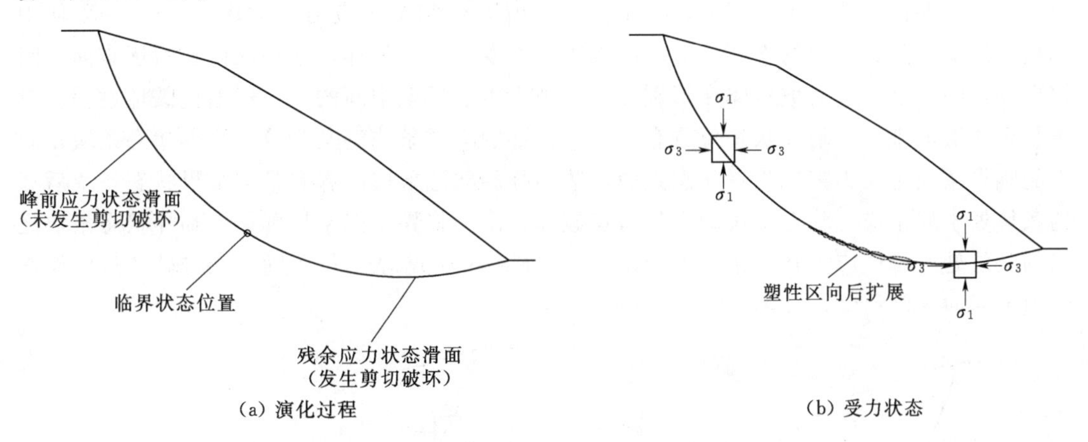

图 5.1-1　牵引式滑坡渐进演化过程及受力图

2）推移式滑坡渐进破坏过程。推移式滑坡由于后缘常年的加载，后缘滑体荷载不断积累，加上降雨作用影响，触发了滑坡的变形，引起后部失稳始滑，一开始主要发生主动土压力破裂（受力同牵引式滑坡），滑坡后缘滑动带向下扩展，随着塑性区的扩大，应力集中范围向中前部扩大，滑坡中前部受平行滑面的下滑推力与滑面的阻滑力构成的一对力偶作用即受纯剪切力，派生出主压应力 σ_1 和主张应力 σ_3（图 5.1-2），在应力不断调整的过程中变形逐渐向前缘积累，滑坡主要表现为由后向前出现鼓胀、隆起等现象；随着时间的积累，滑坡前缘发生变形破坏并伴随着推移式滑坡整体变形破坏，表现为前进式渐进破坏过程。对于推移式滑坡来说，当某条块下滑力等于抗滑力时，该滑坡条块一般处于临界状态，处于该条块之前的条块为峰前应力状态条块即未发生剪切破坏，处于该条块之后的条块处于残余应力状态条块即发生剪切破坏；临界状态位置随着渐进破坏过程而逐渐向下移动，如图 5.1-2 所示。

3）复合式滑坡渐进破坏过程。复合式滑坡同时具有牵引式滑坡和推移式滑坡的特点，变形始于前缘和后缘坡体，一开始前部和后部主要产生主动土压力破裂，引起后部失稳始滑以及前部关键阻滑段缺失，使得滑坡中部受平行滑面的下滑推力与自身的滑面阻滑力构

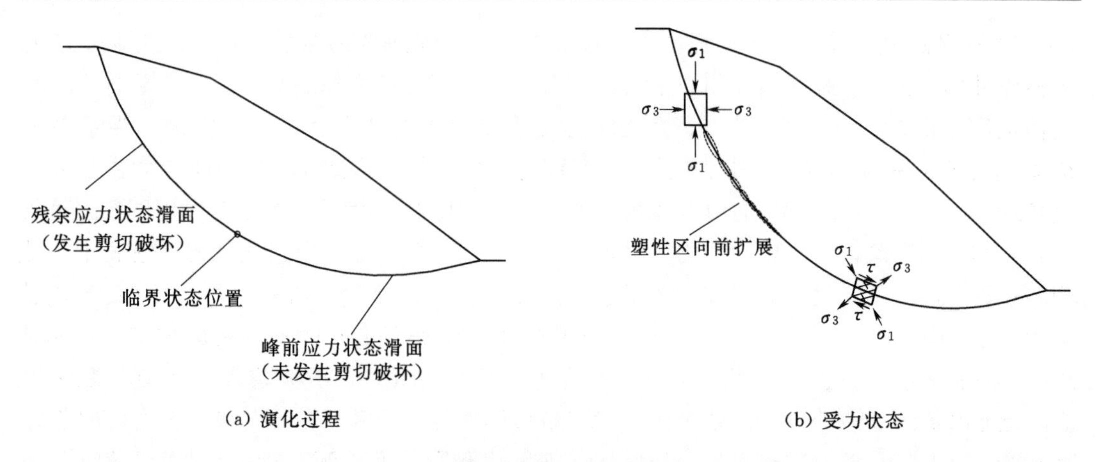

图 5.1-2　推移式滑坡渐进演化过程及受力图

成的一对力偶作用即受纯剪切力，派生出主压应力 σ_1 和主张应力 σ_3（图 5.1-3）而使中部出现滑动；随着时间的推移，滑坡前部和后部发生变形破坏，塑性区由前后逐步向中间扩展并伴随着复合式滑坡整体变形破坏，表现为由前后至中间的复合式渐进破坏过程。对于复合式滑坡来说，临界状态位置有两个，前部的临界条块定义为第一临界状态条块，后部的临界条块定义为第二临界状态条块，第一临界状态条块前部和第二临界状态条块后部的条块处于残余应力状态条块即发生剪切破坏，第一临界状态条块和第二临界状态条块之间的条块处于峰值应力状态条块即未发生剪切破坏；临界状态位置随着渐进破坏过程而逐渐由前后向中间移动，如图 5.1-3 所示。

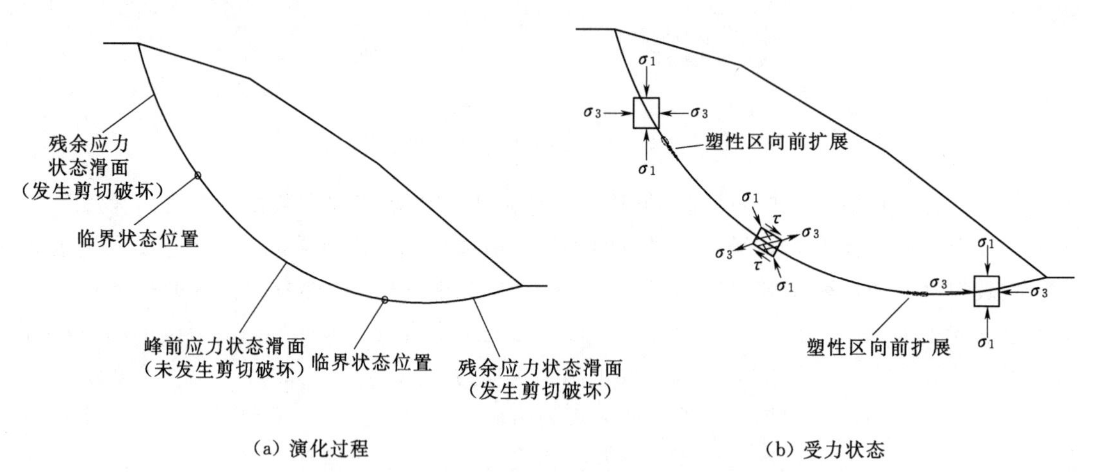

图 5.1-3　复合式滑坡渐进演化过程及受力图

（2）滑坡稳定性计算模型的建立。通过对三种类型滑坡渐进性破坏的研究，在滑坡在演化过程的某一时刻进行条分，分为剪切和未剪切两段，并作如下假设：对于牵引式滑坡，假设总条块数为 n，第 m 条块为临界状态条块（图 5.1-4）；对于推移式滑坡，假设总条块数为 n，第 k 条块为临界状态条块（图 5.1-5）；对于复合式滑坡，假设总条块数为 n，滑坡从上下开始发生剪切破坏，第 m 条块为第一临界状态条块，第 k 条块为第二临界状态条块（图 5.1-6）。

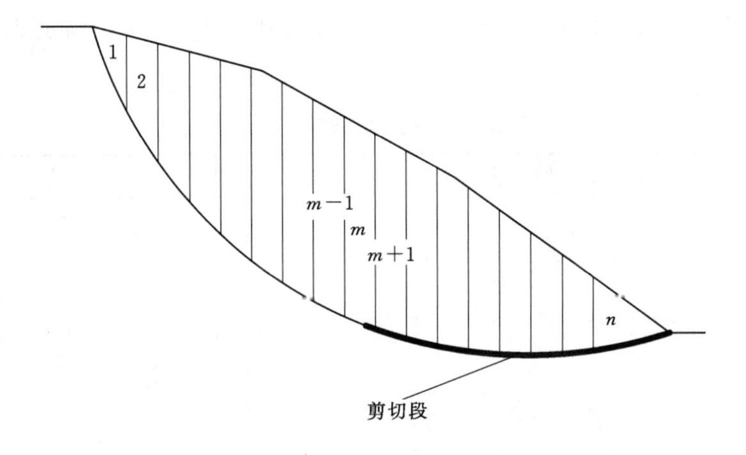

图 5.1-4 牵引式滑坡渐进破坏条分图

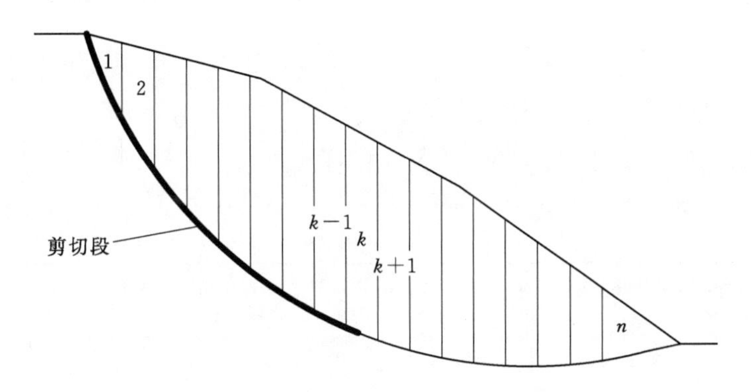

图 5.1-5 推移式滑坡渐进破坏条分图

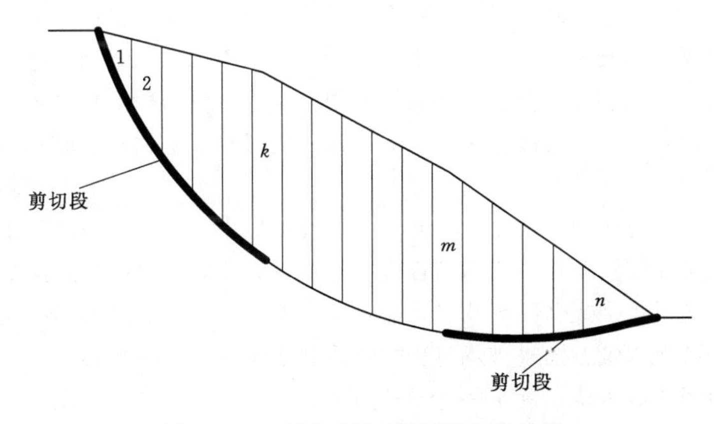

图 5.1-6 复合式滑坡渐进破坏条分图

(3) 滑坡稳定性计算公式建立和实现过程。滑坡的破坏是由局部破坏逐渐扩展贯通的渐进式过程，在该过程中，边坡的稳定性安全系数随着应力状态的调整而有所变化，在滑坡渐进破坏过程中其稳定系数计算须要结合滑带所处的状态，选择不同的抗剪强度参数，本文结合滑带本构特性和渐进演化过程，提供渐进破坏稳定性计算方法，反映了滑面不断发展的动态过程。由现有的稳定性计算公式，可以得到 3 种类型滑坡渐进破坏稳定性计算公式见表 5.1-1。

表 5.1-1　　不同类型滑坡稳定性计算公式

类型	不同类型滑坡渐进破坏稳定性计算公式	备　注
牵引式滑坡	$F_{sq}=\dfrac{\sum\limits_{i=1}^{m}(N_i\prod\limits_{j=i}^{m}\lambda_j)+\sum\limits_{i=m+1}^{n-m-1}(N_i\prod\limits_{j=i}^{n-m-1}\lambda_j)+N_n}{\sum\limits_{i=1}^{m}(T_i\prod\limits_{j=i}^{m}\lambda_j)+\sum\limits_{i=m+1}^{n-m-1}(T_i\prod\limits_{j=i}^{n-m-1}\lambda_j)+T_n}$	$\lambda_j=\cos(\alpha_i-\alpha_{i+1})-\sin(\alpha_i-\alpha_{i+1})\tan\varphi_i$ $\prod\limits_{j=i}^{m}\lambda_j=\lambda_i\cdot\lambda_{i+1}\cdots\lambda_m$ $\prod\limits_{j=m+1}^{n-m-1}\lambda_j=\lambda_{m+1}\cdot\lambda_{i+1}\cdots\lambda_{n-1}$
推移式滑坡	$F_{st}=\dfrac{\sum\limits_{i=1}^{k}(N_i\prod\limits_{j=i}^{k}\lambda_j)+\sum\limits_{i=k+1}^{n-k-1}(N_i\prod\limits_{j=i}^{n-k-1}\lambda_j)+N_n}{\sum\limits_{i=1}^{k}(T_i\prod\limits_{j=i}^{k}\lambda_j)+\sum\limits_{i=k+1}^{n-k-1}(T_i\prod\limits_{j=i}^{n-k-1}\lambda_j)+T_n}$	$\lambda_j=\cos(\alpha_i-\alpha_{i+1})-\sin(\alpha_i-\alpha_{i+1})\tan\varphi_i$ $\prod\limits_{j=i}^{k}\lambda_j=\lambda_i\cdot\lambda_{i+1}\cdots\lambda_k$ $\prod\limits_{j=k+1}^{n-k-1}\lambda_j=\lambda_{k+1}\cdot\lambda_{i+1}\cdots\lambda_{n-1}$
复合式滑坡	$F_{sf}=\dfrac{\sum\limits_{i=1}^{k}(N_i\prod\limits_{j=i}^{k}\lambda_j)+\sum\limits_{i=k+1}^{m-k-1}(N_i\prod\limits_{j=i}^{m-k-1}\lambda_j)+\sum\limits_{i=m+1}^{n-m-1}(N_i\prod\limits_{j=i}^{n-m-1}\lambda_j)+N_n}{\sum\limits_{i=1}^{k}(T_i\prod\limits_{j=i}^{k}\lambda_j)+\sum\limits_{i=k+1}^{m-k-1}(T_i\prod\limits_{j=i}^{m-k-1}\lambda_j)+\sum\limits_{i=m+1}^{n-m-1}(T_i\prod\limits_{j=i}^{n-m-1}\lambda_j)+T_n}$	$\lambda_j=\cos(\alpha_i-\alpha_{i+1})-\sin(\alpha_i-\alpha_{i+1})\tan\varphi_i$ $\prod\limits_{j=i}^{k}\lambda_j=\lambda_i\cdot\lambda_{i+1}\cdots\lambda_k$ $\prod\limits_{j=k+1}^{m-k-1}\lambda_j=\lambda_{k+1}\cdot\lambda_{i+1}\cdots\lambda_{m-1}$ $\prod\limits_{j=m+1}^{n-m-1}\lambda_j=\lambda_{m+1}\cdot\lambda_{i+1}\cdots\lambda_{m-1}$

注　F_s为稳定性系数；T_i为作用于第 i 条块上的下滑力，kN；N_i为作用于第 i 条块上的抗滑力，kN；φ_i 为第 i 条块滑带土的内摩擦角，(°)；α_i 为第 i 条块滑面倾角，(°)。

由于传统边坡稳定性计算方法不能考虑土的抗剪能力与应变的相关性，这对于具有应变软化特性的土坡稳定性分析结果影响很大，整体计算时如采用峰值强度则偏于危险，而采用残余强度则过于安全。基于滑坡滑带渐进弱化的过程，滑带会出现应变软化现象，滑带从峰值抗剪强度逐渐衰减至残余抗剪强度，因此，在考虑渐进式演化过程计算滑坡稳定性时，提出滑带所处状态来选择强度参数，其中发生剪切贯通段取残余强度，未发生剪切贯通段取峰值强度，弥补了传统稳定性计算方法不能得到真实的应变软化滑坡稳定性系数的不足。

滑坡在渐进演化过程中，滑带在空间上呈现峰前应力、临界应力和残余应力等三种状态；为了更好地解释渐进破坏过程稳定性计算的过程，特以下进行阐述实现过程：

第一步，确定滑坡类型及临界状态条块：确定滑坡的变形破坏类型，通过对滑坡进行条分，进行不同类型滑坡在渐进破坏过程中临界状态条块的逐步确定。

第二步，滑带参数取值：确定临界条块后，对于牵引式滑坡渐进破坏过程稳定性计算时，临界条块前部的条块（$m+1\sim n$ 条块）参数取残余强度值，临界条块及其后部的条块（$1\sim m$ 条块）参数取峰值强度；对于推移式滑坡渐进破坏过程稳定性计算时，临界条块及其前部的条块（$k\sim n$ 条块）参数取峰值强度值，临界条块后部的条块（$1\sim k-1$ 条块）参数取残余强度；对于复合式滑坡渐进破坏过程稳定性计算时，第一临界状态条块前部和第二临界状态条块后部的条块（$1\sim k-1$ 条块和 $m+1\sim n$ 条块）参数取残余强度值，

第一临界状态条块及其后和第二临界状态条块及其前的条块（k～m 条块）参数取峰值强度。

第三步，稳定性计算：采用表 5.1-1 中不同类型滑坡稳定性计算公式进行稳定性计算。因为滑坡渐进破坏过程中，滑带的参数是逐步弱化，临界状态位置不是固定不变的而是逐渐发生变化，即滑坡演化过程中的稳定性是动态变化的（但对于在某个时刻状态的稳定性系数为定值）。另外，在滑坡的稳定性评价时，我们更关注的是滑坡整体的稳定性，了解和分析滑坡现有的稳定性状态及未来的发展趋势；因此，计算滑坡稳定性时，需根据滑带弱化逐步求解计算而得到滑坡整体的稳定性变化曲线，以此通过不同类型滑坡的稳定性变化情况反映滑坡的稳定性状态，以及预测滑坡稳定性发展过程。

5.1.1.2　倾倒破坏模式稳定性评价方法

倾倒破坏是反倾岩质边坡的主要破坏模式。通过对层状反倾岩质边坡模型进行概化分析，将其看作一系列均质等厚的悬臂板模型，提出了反倾岩质边坡倾倒破坏模式稳定性评价方法。具体原理如下：

相邻板之间有相互作用力，因此其力学模型如图 5.1-7 所示。

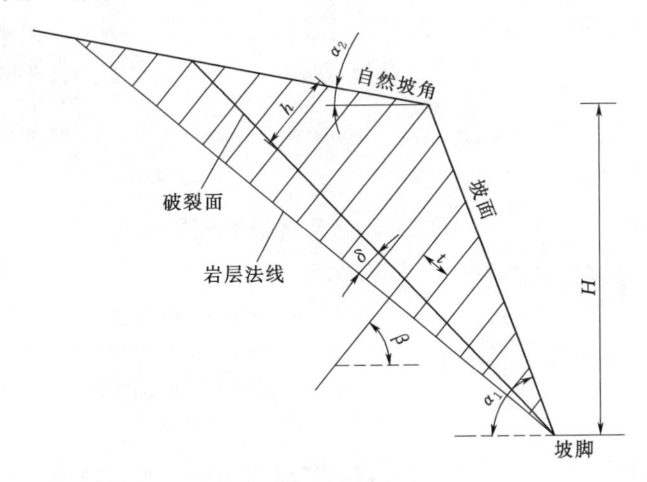

图 5.1-7　岩质边坡倾倒破坏的地质力学模型

基于悬臂板理论及极限平衡理论在层状岩质边坡倾倒破坏中的应用，这些悬臂板在力的作用下会发生变形破坏，其破坏类型有拉破坏及剪破坏两种破坏模式。进一步分析边坡的破坏机制，发现倾倒体从坡顶到坡脚可以分为三个区域，即稳定区、拉破坏区和剪破坏区。此外，拉破坏区形成要早于剪破坏区。利用弹性理论中的悬臂板理论，根据图 5.1-8，可以得出以单元层厚为基础的岩层受到的最小拉应力，其绝对值为

$$\sigma_x = \frac{M}{I}y - \frac{N}{A} \tag{5.1-1}$$

式中：y 为悬臂板的厚度，m；N 为轴向力，kN；M 为弯矩，kN·m；I 为横截面对中性轴的惯性矩，m^4，即 $I_z = \frac{bt^3}{12}$，其中 b、t 分别为悬臂板横截面的宽度和厚度，b 均取单位宽度 1m；A 为悬臂板的横截面积，m^2。

以单列悬臂板作为研究对象，作出该倾斜悬臂板在重力作用下的受力分析图如图

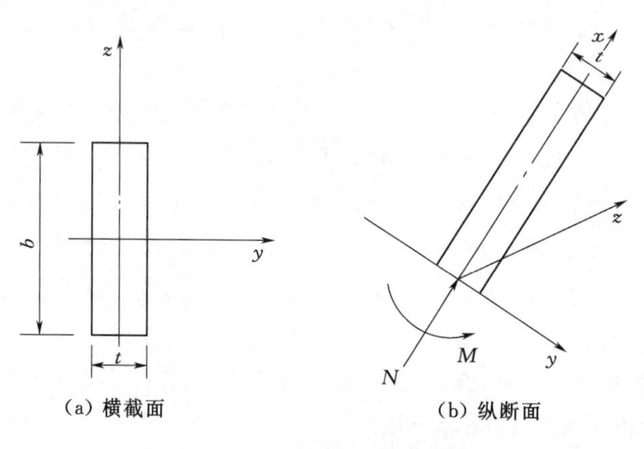

图 5.1-8 悬臂板拉应力求解图

5.1-9所示，则悬臂板受到的最小拉应力表达式如下：

$$\sigma_x=\frac{3\gamma h^2\cos\beta}{t}-\gamma h\sin\beta \tag{5.1-2}$$

式中：γ 为悬臂板的重度，kN/m³；h 为悬臂板的高度，m；t 为单层悬臂板的厚度。

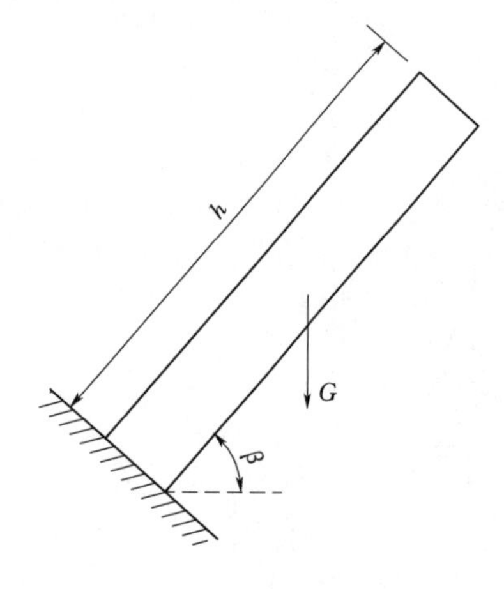

图 5.1-9 悬臂板在自重作用下的受力分析图

在拉破坏区，悬臂板发生拉破坏的条件可以用下式表示：

$$\sigma_x=\frac{\sigma_t}{k} \tag{5.1-3}$$

式中：σ_t 为悬臂板的抗拉强度。

联立公式（5.1-2）、式（5.1-3），可以得到重力作用下悬臂板的极限抗拉长度：

$$h_{\lim}=\frac{t}{6}\tan\beta+\frac{1}{6}\sqrt{(t\tan\beta)^2+12\,\frac{[\sigma_t]t}{\gamma k\cos\beta}} \tag{5.1-4}$$

根据计算结果可知，当悬臂板在自重作用下产生拉破坏时，其长度应等于或大于极限抗拉长度。因此，假定某一列边坡岩层在自重力作用下第一个发生拉破坏，则其悬臂长度应该大于极限抗拉长度，且该列岩层产生的倾倒变形程度将大于相邻的上一列。一旦岩层发生拉破坏，就会与相邻的上列岩层分离，则此相邻两层之间没有相互作用力。而该列岩层之后的所有悬臂长度不小于极限抗拉长度的岩层，也将在第一个产生拉破坏岩层的基础上陆续发生拉破坏。最终，在第一列产生临界拉破坏的岩层之上的边坡岩层，由于其悬臂长度小于极限抗拉长度，因此将处于稳定状态。综上，位于拉破坏区之上的区域为稳定区，且悬臂长度为极限抗拉长度的岩层即为稳定区的最低边界。

根据现有分析，所有岩层的拉破坏都是基于最先产生拉破坏的岩层之后逐渐向边坡后部蔓延的，直至后部稳定区，此部分拉破坏区属于牵引式拉裂型；而紧邻最先产生拉破坏岩层的前部岩层，在自重及上部拉裂岩层的推动作用下，也可能产生拉破坏，直至拉应力小于岩块的抗拉强度。这部分拉破坏区属于推移式拉裂区。所以拉破坏区可以分为两个子区，即牵引式拉裂区和推移式拉裂区。拉裂区形成后，上下部岩体之间作用力将转化为沿拉裂面的剪切作用，并推动边坡前缘岩体产生剪切破坏，称之为前缘剪破坏区。拉破坏区的下边界岩层长度用 h_x 表示。岩质边坡的倾倒破坏模式如图 5.1－10 所示。而滑面上各个区域的分布如图 5.1－10 所示。

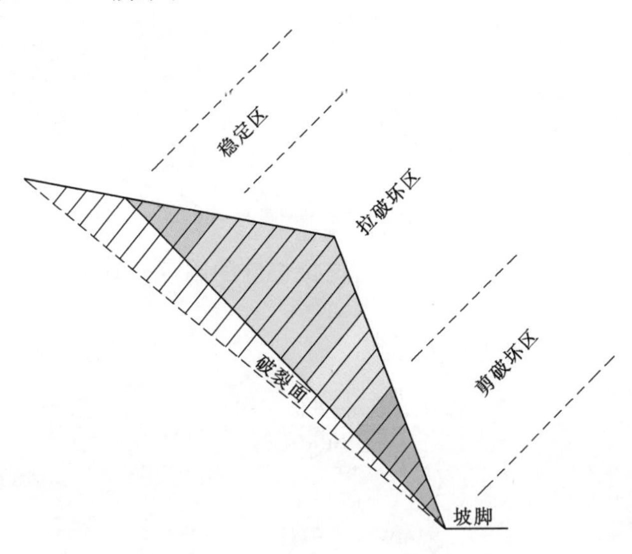

图 5.1－10　岩质边坡弯曲倾倒模式

由图 5.1－11 可知，最长列岩层基准点 O 之后的滑面长度用 l_{up} 表示，该列岩层基准点 O 之前的滑面长度用 l_{down} 表示，其计算公式如下：

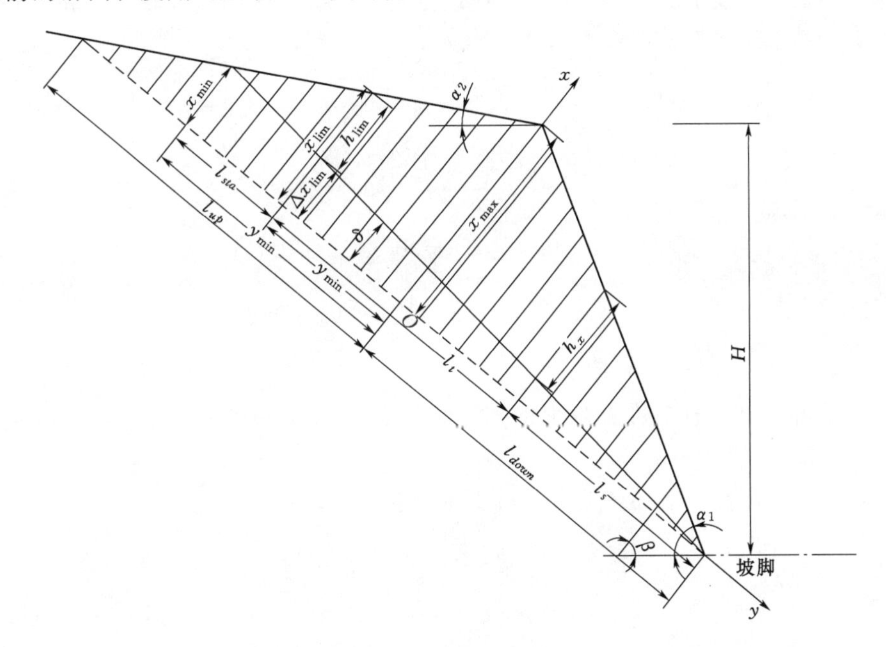

图 5.1－11　岩质边坡弯曲倾倒破坏的地质力学计算模型

$$\begin{cases} l_{down} = -x_{\max}\tan(\alpha_1+\beta) \\ l_{up} = x_{\max}\tan(\alpha_2+\beta) \end{cases} \tag{5.1-5}$$

式中：$x_{\max}$为顶部岩层的总长度，表示如下：

$$x_{\max} = -\frac{\cos(\alpha_1+\beta)}{\sin\alpha_1}H \tag{5.1-6}$$

根据几何关系，我们可以得到以下方程：

$$h_{\lim} = x_{\lim} - \Delta x_{\lim} = \frac{l_{up}+y_{\lim}}{l_{up}}x_{\max} - (l_{down} - y_{\lim})\tan\delta \tag{5.1-7}$$

$$\tan(90° - \alpha_2 - \beta) = \frac{x_{\min}}{l_{up}+y_{\min}} \tag{5.1-8}$$

$$\tan\delta = \frac{x_{\min}}{l_{down} - y_{\min}} \tag{5.1-9}$$

式中：$y_{\lim}$和$y_{\min}$分别为第一列长度为极限抗拉长度的临界破坏岩层的横坐标和破裂面与岩层自然坡面交点的横坐标。

根据式（5.1-7），$y_{\lim}$可表示为

$$y_{\lim} = \frac{h_{\lim} - x_{\max} + l_{down}\tan\delta}{\tan\delta + \dfrac{x_{\max}}{l_{up}}} \tag{5.1-10}$$

联立式（5.1-8）和式（5.1-9），$y_{\min}$可表示为

$$y_{\min} = \frac{\tan(\alpha_2+\beta)l_{up} + \tan\delta l_{down}}{\tan\delta - \tan(\alpha_2+\beta)} \tag{5.1-11}$$

因此，滑面的稳定区长度l_{sta}可以表示如下：

$$l_{sta} = y_{\lim} - y_{\min} \tag{5.1-12}$$

根据拉剪破坏区交界处的横坐标y，可以推导出拉破坏区的滑面长度l_t和剪破坏区的滑面长度l_s，其表达式如下：

$$\begin{cases} y = (l_{up}+y)\tan(90° - \alpha_2 - \beta) \\ l_{t,down} = 0 \\ l_s = l_{down} - y \\ l_{t,up} = y - y_{\lim} \end{cases} \quad (y \leqslant 0) \tag{5.1-13}$$

$$\begin{cases} y = l_s\tan(\alpha_1+\beta - 90°) \\ l_{t,down} = y \\ l_s = l_{down} - y \\ l_{t,up} = -y_{\lim} \end{cases} \quad (y > 0) \tag{5.1-14}$$

式中：$l_{t,down}$为拉破坏区在基准点O之前的滑面长度；$l_{t,up}$为拉破坏区在基准点O之后的滑面长度。

因此，拉破坏区和剪破坏区的重力可表示为如下两式：

$$\begin{cases} G_{t,up} = \dfrac{\gamma}{2}(h_{\lim}+h_x)(y - y_{\lim}) \\ G_{t,down} = 0 \\ G_s = \dfrac{\gamma}{2}[h_{\max}l_{down} - (h_x + h_{\max})y] \end{cases} \tag{5.1-15}$$

$$\begin{cases} G_{t,up}=\dfrac{\gamma}{2}(h_{\lim}+h_{\max})(-y_{\lim}) \\ G_{t,down}=\dfrac{\gamma}{2}(h_x+h_{\max})y \\ G_s=\dfrac{\gamma}{2}h_x(l_{down}-y) \end{cases} \tag{5.1-16}$$

式中：$G_{t,up}$，$G_{t,down}$和G_s分别为最长列岩层之上和之下拉破坏区的重力以及剪破坏区的重力，kg。

稳定性系数是评价边坡稳定性的重要指标，而且它可以精确地描述边坡的破坏机制。基于以上边坡弯曲倾倒破坏机制的分析，提出了用极限平衡理论计算边坡稳定性系数的方法。图 5.1-12 为边坡倾倒破坏模式中拉破坏区和剪破坏区在自重作用下的受力分析图。

拉破坏发生后，假定拉破坏区的滑面、剪破坏区的滑面以及拉破坏区与剪破坏区之间的层间接触带服从莫尔—库仑准则。

对于发生拉破坏的岩层，假定其破坏面为图 5.1-13 中的形状。

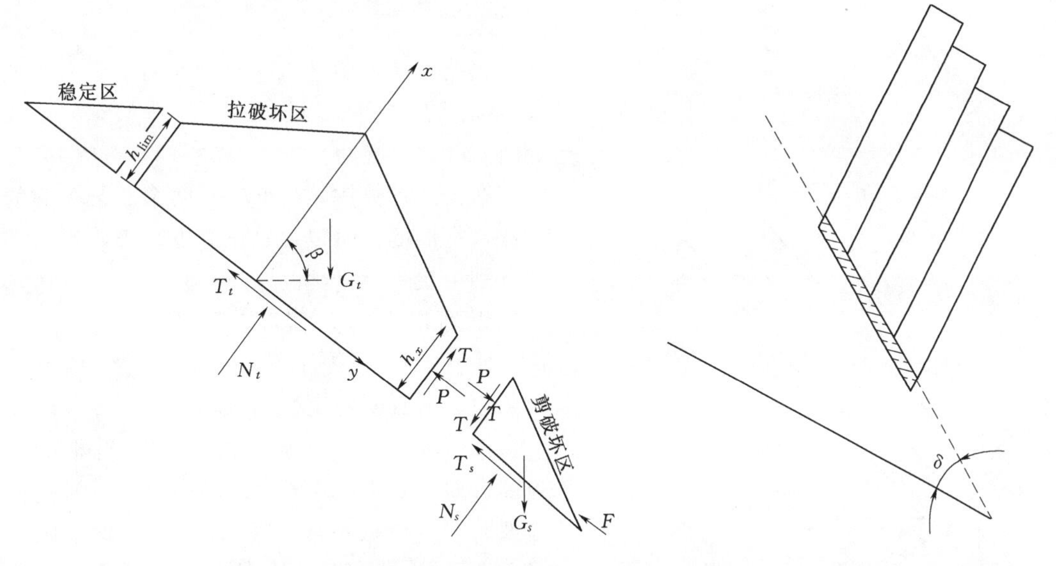

图 5.1-12　倾倒破坏模式中拉破坏区和剪破坏区的受力分析图

图 5.1-13　弯曲倾倒破坏模式的破坏面模型

在拉破坏区，可得到如下静力平衡方程。

$$\begin{cases} N_t\cos\delta+\dfrac{N_t\tan\varphi_t+c_tl_t/\cos\delta}{k}\sin\delta+\dfrac{P\tan\varphi+ch_x}{k}=G_t\sin\beta \\ P+\dfrac{N_t\tan\varphi_t+c_tl_t/\cos\delta}{k}\cos\delta=N_t\sin\delta+G_t\cos\beta \end{cases} \tag{5.1-17}$$

式中：N_t为拉破坏区岩层的轴向应力，kN；P 为拉剪破坏区接触带间的正应力，kN；G_t为拉破坏区的重力，kN；c 和 φ 分别为拉剪破坏区接触带间的黏聚力和内摩擦角；c_t和 φ_t 分别为岩块的残余抗剪强度。

因此，根据式（5.1-17）可以推导出下式。

$$\begin{cases} N_t = \dfrac{k^2 G_t \sin\beta - k c_t l_t \tan\delta - k G_t \cos\beta \tan\varphi + c_t l_t \tan\varphi - k c h_x}{k^2 \cos\delta + k \sin\delta(\tan\varphi_t + \tan\varphi) - \cos\delta \tan\varphi_t \tan\varphi} \\ P = G_t \cos\beta + \left(\sin\delta - \dfrac{\tan\varphi_t}{k}\cos\delta\right) N_t - \dfrac{c_t l_t}{k} \end{cases} \tag{5.1-18}$$

而在剪破坏区，其静力平衡方程可由下式表示：

$$\begin{cases} N_s \cos\delta + \dfrac{N_s \tan\varphi_s + c_s l_s / \cos\delta}{k} \sin\delta = \dfrac{P \tan\varphi + c h_x}{k} + G_s \sin\beta \\ N_s \sin\delta + P + G_s \cos\beta = F + \dfrac{N_s \tan\varphi_s + c_s l_s / \cos\delta}{k} \cos\delta \end{cases} \tag{5.1-19}$$

式中：N_s为剪破坏区岩层的轴向应力，kN；G_s为剪破坏区的重力，kN；F假定为作用于坡脚且平行于滑面的力，kN；c_s和φ_s分别为岩块的峰值抗剪强度。

经整理，可以得到如下公式：

$$\begin{cases} N_s = \dfrac{P \tan\varphi + c h_x + k G_s \sin\beta - c_s l_s \tan\delta}{\tan\varphi_s \sin\delta + k \cos\delta} \\ F = P - \left(\dfrac{\tan\varphi_s}{k}\cos\delta - \sin\delta\right) N_s - \dfrac{c_s l_s}{k} + G_s \cos\beta \end{cases} \tag{5.1-20}$$

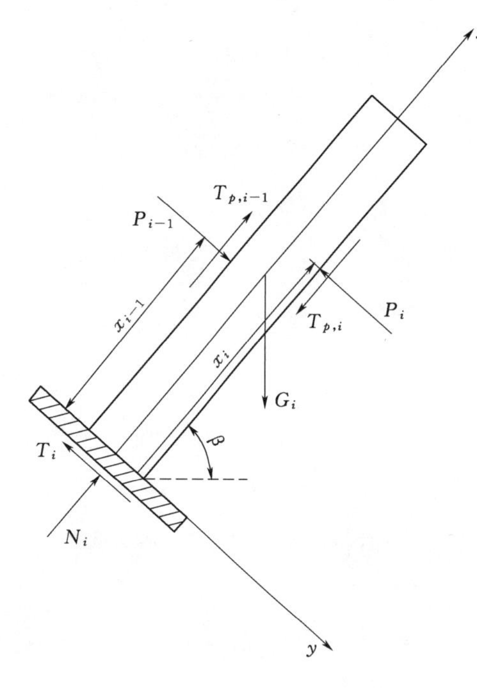

图 5.1-14　拉破坏区下边界悬臂岩层的受力分析图

因此，拉剪破坏区接触带间的正应力及坡脚假设的力可通过式（5.1-18）及式（5.1-20）计算得到。

在公式计算中，k和h_x是两个非常关键的参数，它们的值可以通过试算方法来确定。即先分别给定一个k和h_x的初始值，根据计算可以得到相应的F值，因此必然存在一个k值，使得F恰好等于零，而此时的k值就是岩质边坡的真实稳定性系数。

拉破坏区下边界长度为h_x的悬臂板的受力分析如图 5.1-14 所示。由图可知，对整体边坡而言，根据不同的h_x值可以得到不同的稳定性系数，所以h_x的真实值也是可以被确定的。如果先假定h_x的初始值等于$h_{\lim}$，再通过 Excel 中的求解工具计算出当F等于 0 时的稳定性系数。此时，P、N_t和N_s的值便可通过式（5.1-18）及式（5.1-20）得到。进而再判断边坡岩层是否是在长度为h_x的位置处产生了拉破坏。而对于该长度为h_x的悬臂板，再次根据弹性理论中的悬臂板理论可得到如下公式：

$$\sigma_{h_x} = \frac{M}{I} y - \frac{G_i \sin\beta + T_{i-1} - T_i}{A} \tag{5.1-21}$$

式中：T_{i-1}和T_i分别为长度为h_x的悬臂板的上下表面受到的切向力；G_i为该列悬臂板的

重力。

因此，根据以上公式可推导出该列悬臂岩层产生拉破坏的必要条件，即

$$\frac{6(P_{i-1}x_{i-1}-P_ix_i)+3G_i\cos\beta h_{i,x}}{t^2}-\frac{G_i\sin\beta+T_{i-1}-T_i}{bt}\begin{cases}\geqslant\frac{\sigma_t}{k}(\text{拉破坏})\\<\frac{\sigma_t}{k}(\text{剪破坏})\end{cases}\tag{5.1-22}$$

且

$$\begin{cases}T_{i-1}=\frac{P_{i-1}\tan\varphi+ch_{i-1,x}}{k}\\T_i=\frac{P_i\tan\varphi+ch_{i,x}}{k}\end{cases}\tag{5.1-23}$$

式中：P_{i-1}和P_i分别为长度为h_x的悬臂板上下表面受到的法向力；x_{i-1}和x_i分别为该列悬臂板上下表面受到的法向力到基准点O的力臂，如图5.1-14所示。

根据式（5.1-13）和式（5.1-14），如果这一列发生拉破坏的悬臂板的长度h_x被确定后，边坡拉破坏区的下边界将会下跌或上升。所以根据试算方法可以确定最终的h_x值，同时该列岩层要满足式（5.1-22），而相邻的下一列岩层应满足式（5.1-23）。且式（5.1-22）和式（5.1-23）中的力臂也可以根据基准点O处的力矩平衡关系来确定。

由于重力场的影响，拉剪破坏区接触带间法向力的具体位置可按下式求出：

$$x_i=\eta h_{i,x}\tag{5.1-24}$$

式中：η为比例系数，应位于0和1之间。

如果已知η，我们就可以根据式（5.1-22）和式（5.1-23）确定第i列岩层的失稳模式，也可以最终确定拉剪破坏区的边界。而且，倾倒边坡的稳定性系数也可按式（5.1-20）计算得出。

地震是触发边坡失稳的一个重要因素，在稳定性计算中如何科学的考虑地震力作用显得尤为重要。地震作用下，单列悬臂岩层在自重及地震力作用下的受力分析如图5.1-15所示，则该列岩层受到的最小拉应力表达式如下：

$$\sigma_x=\frac{3\gamma h^2(\cos\beta-\alpha_w\sin\beta)}{t}-\gamma h(\sin\beta+\alpha_w\cos\beta)\tag{5.1-25}$$

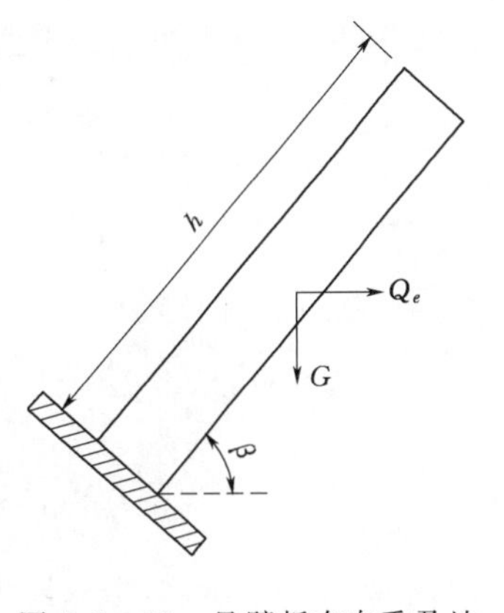

图5.1-15 悬臂板在自重及地震力作用下的受力分析图

式中：α_w为边坡综合水平地震系数。

因此，可进一步得出自重及地震力作用下悬臂岩层的极限抗拉长度：

$$h_{\lim}=\frac{t}{6}\frac{\sin\beta+\alpha_w\cos\beta}{\cos\beta-\alpha_w\sin\beta}+\frac{1}{6}\sqrt{\left(t\frac{\sin\beta+\alpha_w\cos\beta}{\cos\beta-\alpha_w\sin\beta}\right)^2+12\frac{[\sigma_t]t}{\gamma k(\cos\beta-\alpha_w\sin\beta)}}\tag{5.1-26}$$

边坡整体在自重及地震力作用下的受力如图5.1-16所示：

拉破坏区的静力平衡方程如下：

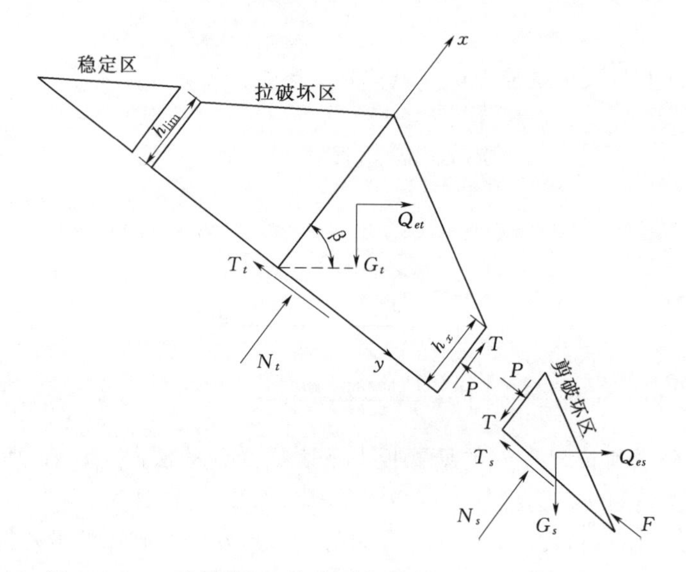

图 5.1-16　地震作用下倾倒破坏中拉破坏区和剪破坏区的受力分析图

$$\begin{cases} N_t\cos\delta+\dfrac{N_t\tan\varphi_t+c_tl_t/\cos\delta}{k}\sin\delta+\dfrac{P\tan\varphi+ch_x}{k}=G_t(\sin\beta-\alpha_w\cos\beta) \\ P+\dfrac{N_t\tan\varphi_t+c_tl_t/\cos\delta}{k}\cos\delta=N_t\sin\delta+G_t(\cos\beta+\alpha_w\sin\beta) \end{cases} \tag{5.1-27}$$

根据式（5.1-27）可以推导出如下公式：

$$\begin{cases} N_t=\dfrac{k^2G_t(\sin\beta-\alpha_w\cos\beta)-kc_tl_t\tan\delta-kG_t(\cos\beta+\alpha_w\sin\beta)\tan\varphi+c_tl_t\tan\varphi-kch_x}{k^2\cos\delta+k\sin\delta(\tan\varphi_t+\tan\varphi)-\cos\delta\tan\varphi_t\tan\varphi} \\ P=G_t(\cos\beta+\alpha_w\sin\beta)+\left(\sin\delta-\dfrac{\tan\varphi_t}{k}\cos\delta\right)N_t-\dfrac{c_tl_t}{k} \end{cases}$$

(5.1-28)

而剪破坏区的静力平衡方程如下：

$$\begin{cases} N_s\cos\delta+\dfrac{N_s\tan\varphi_s+c_sl_s/\cos\delta}{k}\sin\delta=\dfrac{P\tan\varphi+ch_x}{k}+G_s(\sin\beta-\alpha_w\cos\beta) \\ N_s\sin\delta+P+G_s(\cos\beta+\alpha_w\sin\beta)=F+\dfrac{N_s\tan\varphi_s+c_sl_s/\cos\delta}{k}\cos\delta \end{cases} \tag{5.1-29}$$

根据式（5.1-29）可以推导出如下公式。

$$\begin{cases} N_s=\dfrac{P\tan\varphi+ch_x+kG_s(\sin\beta-\alpha_w\cos\beta)-c_sl_s\tan\delta}{\tan\varphi_s\sin\delta+k\cos\delta} \\ F=P-\left(\dfrac{\tan\varphi_s}{k}\cos\delta-\sin\delta\right)N_s-\dfrac{c_sl_s}{k}+G_s\cos\beta(\cos\beta+\alpha_w\sin\beta) \end{cases} \tag{5.1-30}$$

拉破坏区下边界长度为 h_x 的悬臂岩层在地震作用下的受力分析如图 5.1-17 所示。该列悬臂岩层的最小拉应力为

$$\sigma_{h_x}=\frac{6(P_{i-1}x_{i-1}-P_ix_i)+3G_i(\cos\beta-\alpha_w\sin\beta)h_{i,x}}{t^2}-\frac{G_i(\sin\beta+\alpha_w\cos\beta)+T_{i-1}-T_i}{bt}$$

(5.1-31)

因此，该列岩层产生拉破坏的必要条件为

$$\frac{6(P_{i-1}x_{i-1}-P_i x_i)+3G_i(\cos\beta-\alpha_w\sin\beta)h_{i,x}}{t^2}-\frac{G_i(\sin\beta+\alpha_w\cos\beta)+T_{i-1}-T_i}{bt}\begin{cases}\geqslant\dfrac{\sigma_t}{k}\\<\dfrac{\sigma_t}{k}\end{cases}\tag{5.1-32}$$

且

$$\begin{cases}T_{i-1}=\dfrac{P_{i-1}\tan\varphi+ch_{i-1,x}}{k}\\T_i=\dfrac{P_i\tan\varphi+ch_{i,x}}{k}\end{cases}\tag{5.1-33}$$

如上所述，该方法不仅可以计算倾倒边坡的稳定性系数，也可以划分稳定区、拉破坏区和剪破坏区三个区域的范围。

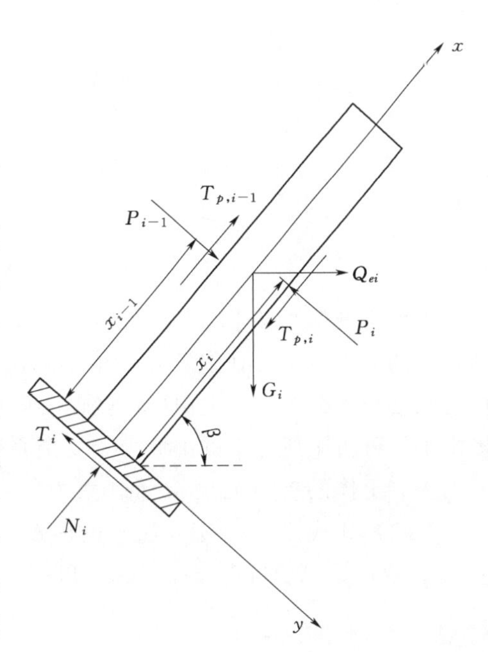

图 5.1-17　地震作用下拉破坏区下边界悬臂岩层的受力分析图

5.1.2　基于数值仿真的强度折减法

FLAC3D（Three Dimensional Fast Lagrangian Analysis of Continua）是由美国 Itasca Consulting Group Inc 开发的三维显式有限差分法程序，它可以模拟岩土或其他材料的三维力学行为。无论是动力问题，还是静力问题，FLAC3D 程序均由运动方程用显式方法进行求解，这使得它很容易模拟动力问题，如振动、失稳、大变形等。对显式法来说，非线性本构关系与线性本构关系并无算法上的差别，对于已知的应变增量，可很方便地求出应力增量，并得到不平衡力，就同实际中的物理过程一样，可以跟踪系统的演化过程。在计算过程中，程序能随意中断与进行，随意改变计算参数与边界条件。因此，较适合处理复杂的非线性岩土体开挖卸荷效应和流变问题。

FLAC3D 的特点：①不形成刚度矩阵，计算所需的内存小，适合在微机上操作；②可以模拟复杂的岩土工程或力学问题，它包含了 10 种弹塑性材料本构模型，有静力、动力、蠕变、渗流、温度 5 种计算模式，各种模式间可以互相耦合，以模拟各种复杂的工程力学行为；③具有强大的内嵌式语言 FISH，使得用户可以自定义新的变量和函数，以适应用户的特殊需要；将开挖步信息写成 FISH 可以很容易的实现开挖步之间的批处理计算；④FLAC3D 可以进行自定义跟踪，一旦不收敛现象出现，将很容易找出不收敛原因（非数值方法内部原因）。它的主要缺点在于它前处理建模的不直观性，因此无法实现大型复杂岩体工程的建模和自动网格剖分，因为它并不采用实体建模，而采用程序内部存贮实体形式进行模型拼砌。

工程中岩土体破坏一般遵循莫尔—库仑准则，故建议采用莫尔—库仑模型来衡量岩土体在极限平衡条件下的破坏条件，如图 5.1-18 所示。

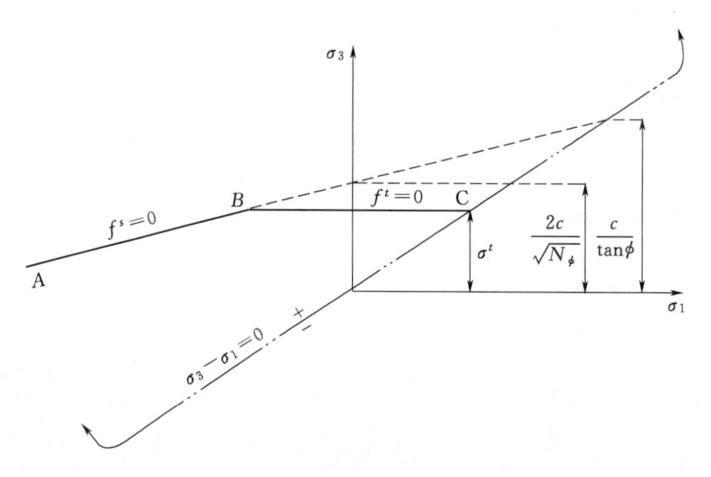

图 5.1-18　FLAC3D 莫尔—库仑屈服准则

强度折减法是基于莫尔—库仑准则发展而来的一种采用数值仿真技术定量计算岩土体稳定性的分析方法。其定义为：在外荷载保持不变的情况下，边坡内岩土体所发挥的最大抗剪强度与外荷载在边坡内所产生的实际剪应力之比。这里定义的抗剪强度折减系数，与极限平衡分析中所定义的土坡稳定安全系数在本质上是一致的。

将岩土体的抗剪强度指标黏聚力 c 和内摩擦角 φ，同时用一个折减系数 F_s，如式（5.1-34）和式（5.1-35）所示的形式进行折减，然后用折减后的虚拟抗剪强度指标 c_F 和 φ_F，取代原来的抗剪强度指标 c 和 φ，如式（5.1-36）所示。

$$c_F = c/F_s \tag{5.1-34}$$

$$\varphi_F = \tan^{-1}(\tan\varphi/F_s) \tag{5.1-35}$$

$$\tau_F = c_F + \sigma\tan\varphi_F \tag{5.1-36}$$

式中：c_F 为折减后土体虚拟的黏聚力；φ_F 为折减后土体虚拟的内摩擦角；τ_F 为折减后的抗剪强度。折减系数 F_s 的初始值取得足够小，以保证开始时是一个近乎弹性的问题。然后不断增加 F_s 的值，折减后的抗剪强度指标逐步减小，直到某一个折减抗剪强度下整个土坡发生失稳，那么在发生整体失稳之前的那个折减系数值，即土体的实际抗剪强度指标与发生虚拟破坏时折减强度指标的比值，就是这个土坡的稳定安全系数。

5.2　推移式滑坡

5.2.1　滑坡稳定性宏观定性分析

野猪塘滑坡为大型土质滑坡，体积约 130 万 m^3，主要由含孤块碎砾石土、含块碎石黏土层组成。滑坡区地形坡度 10°～15°，后缘高程为 1213.00m，前缘高程 1085.00～1105.00m，右侧边界为江家沟，左侧边界为陈家沟左岸基岩陡坎，前缘为龙潭沟，切割深度约 20m。勘探揭示，钻孔岩芯中常见不同程度的擦痕、镜面等挤压、滑动迹象，滑动带（面）深度约 8～39m，主要由含砾粉质黏土，厚度为 0.05～0.2m。滑床以顺坡向的奥陶系下统红石崖组（O_1h）细砂岩夹薄层状泥质粉砂岩、粉砂质黏土岩及页岩构成，部分段为晚更新世洪积堆积的含孤块碎砾石土层。

该滑坡Ⅰ区为滑坡后缘残留区，个别水池、水窖出现轻微的开裂，当地居民房屋出现了不同程度的变形、开裂，但地表未发现明显变形迹象。Ⅱ区为滑坡复活区，地表及民用设施变形、拉裂破坏现象非常明显。Ⅲ区为老滑坡前缘压脚区，在市政工程施工中，将龙潭沟改为暗涵回填形成缓坡平台，地形平缓，房屋及地面均未有发现明显的变形迹象。

综上所述，滑坡Ⅰ区、Ⅲ区均未有发现明显的变形迹象；前缘Ⅲ区经市政工程将龙潭沟改为暗涵回填（方量约40万m^3）形成顺坡长180m的缓坡平台，地形平缓无临空条件，构成了前缘阻滑段。据边坡变形现象和坡体结构特征分析，该老滑坡整体稳定。

5.2.2 滑坡稳定性数值模拟分析

5.2.2.1 模型建立

三维数值模拟能够较全面的考虑复杂地质条件和起伏不平的地形地貌。因此在地质分析的基础上对野猪塘滑坡进行了三维有限元分析，作为稳定性评价的一个重要依据。

在滑坡数值模拟稳定性计算过程中，选取纵4—4为代表剖面，模型计算边界均采用单向约束，即顺江方向的两条边界为Y方向约束，横江方向的两条边界为X方向约束，底边界为Z方向约束。模拟选用适合岩土体应力—应变分析的快速拉格朗日差分法（FLAC3D软件）计算，采用莫尔—库仑屈服条件的弹塑性模型。数值计算模型如图5.2-1所示，计算模型由5504个节点和2593个单元组成。

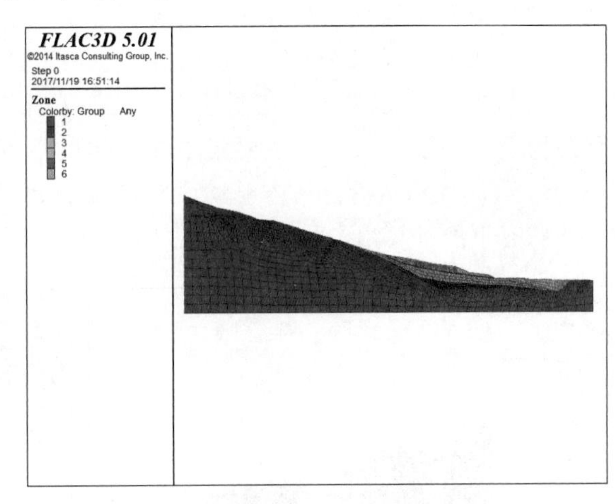

图5.2-1 野猪塘滑坡三维有限元计算模型

野猪塘滑坡各组成部分岩性复杂，滑体主要由老洪积堆积的含孤块碎砾石土，以及现代坡洪积、坡残积的含块碎石黏土层组成；滑带土组成物质为含碎石砾粉质黏土；滑床以顺坡向的奥陶系下统红石崖组（O_1h）细砂岩夹薄层状泥质粉砂岩、粉砂质黏土岩及页岩构成，部分段为晚更新世洪积堆积的含孤块碎砾石土层。

5.2.2.2 分析工况

模拟计算考虑了4种工况：

工况1：天然状态时滑坡应力场、应变场及变形趋势；

工况2：暴雨状态时滑坡应力场、应变场及变形趋势；

工况3：天然+地震时滑坡应力场、应变场及变形趋势；

工况4：暴雨+地震时滑坡应力场、应变场及变形趋势。

5.2.2.3 FLAC3D数值模拟分析成果

1. 工况1模拟结果分析

由图5.2-2可以看出，初始地应力条件下计算平衡后，天然工况时最大位移点位于滑体后缘，主滑动体整体位移量较小，最大位移值仅为40.0cm，并趋于稳定。剪应变增

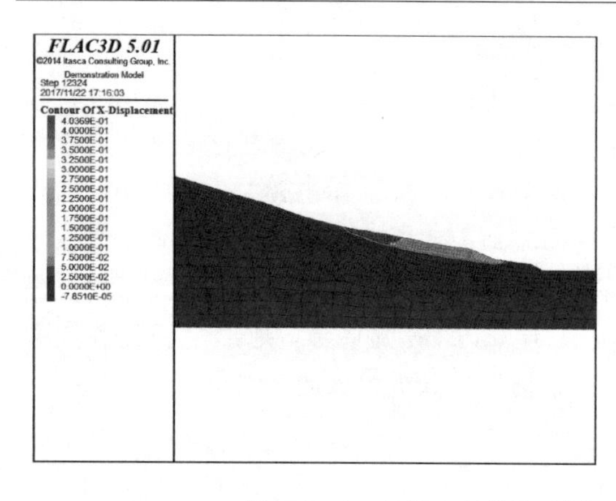

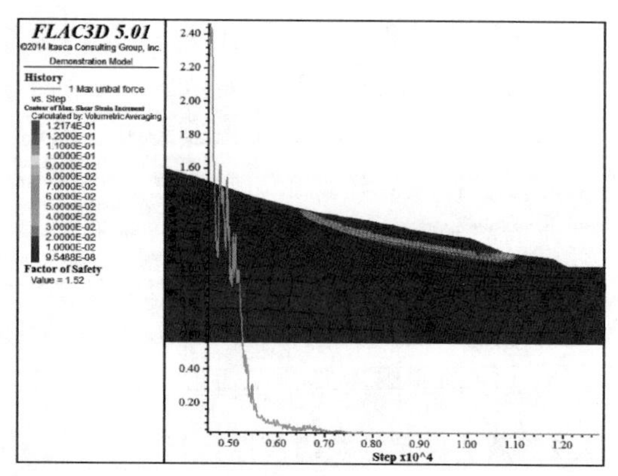

图 5.2-2　工况 1 时位移云图、剪应变增量云图、不平衡曲线图

量主要沿着滑体底部滑动面发展并贯通，最大不平衡力曲线收敛，该状态下所计算出的稳定性系数为 1.52，说明滑体在天然工况下处于稳定状态。

2. 工况 2 模拟结果分析

从图 5.2-3 可以看出，初始地应力条件下计算平衡后，暴雨工况下滑坡体的水平向位移主要发生在浅表层，并主要集中在滑体的后部。滑坡整体变形较小，最大位移量为 57.3cm。剪应变增量沿着滑体滑动面向前发展并贯通。同时，最大不平衡力曲线最后收敛，该状态下所计算出的稳定性系数为 1.47，说明滑体在暴雨工况下是趋于稳定状态。

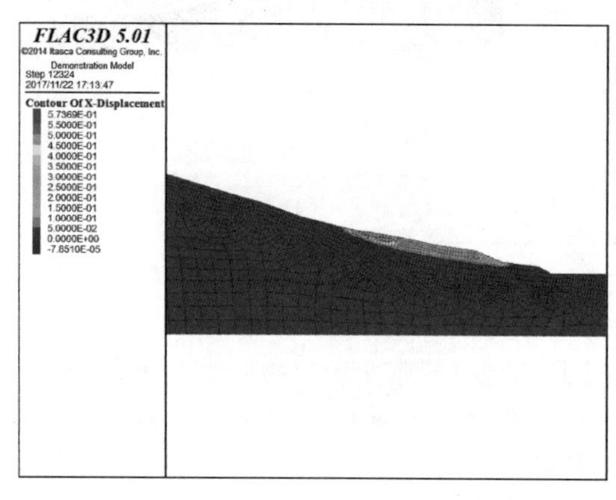

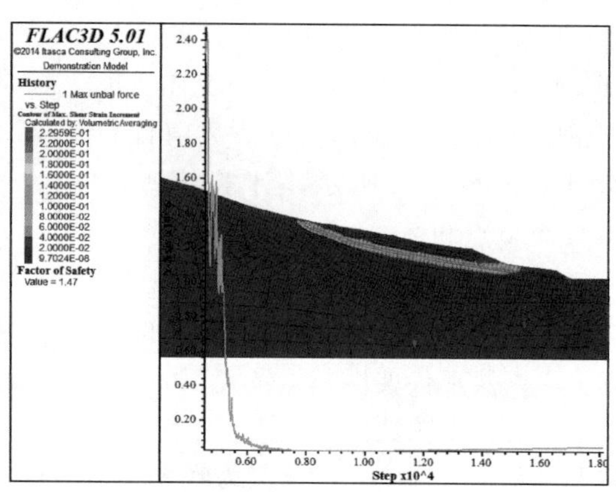

图 5.2-3　工况 2 时位移云图、剪应变增量云图、不平衡曲线图

3. 工况 3 模拟结果分析

从图 5.2-4 可以看出，当初始地应力条件下平衡后，天然＋地震工况下滑体整体位移量较大，最大位移点位于滑体的后缘，主滑动体整体位移量较大，最大位移值为 82.3cm。剪应变增量主要沿着滑体底部滑动面发展并贯通，最大不平衡力曲线逐渐收敛，该状态下所计算出的稳定性系数为 1.31，说明滑体在天然＋地震工况下处于稳定状态。

4. 工况 4 模拟结果分析

从图 5.2-5 可以看出，当初始地应力条件下平衡后，暴雨＋地震工况下滑体整体位移量较大，最大位移点位于滑体的后缘，主滑动体整体位移量也较之前大，最大位移值为

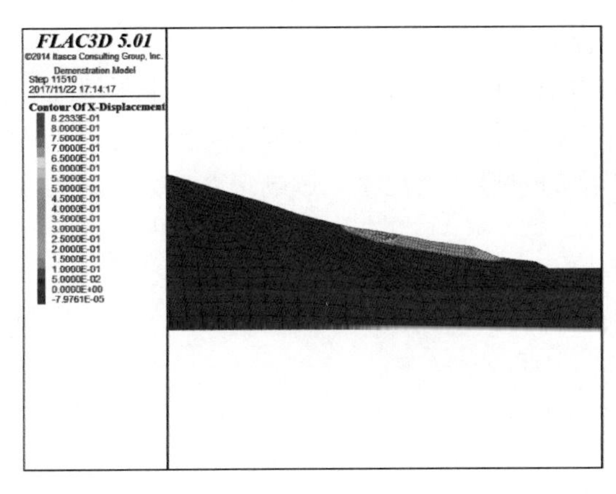

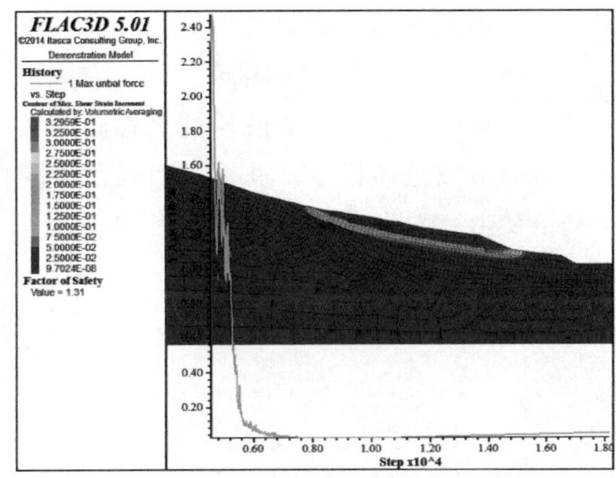

图 5.2-4　工况 3 时位移云图、剪应变增量云图、不平衡曲线图

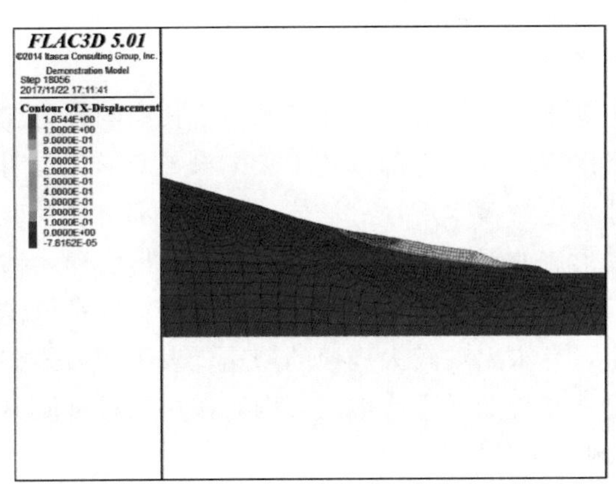

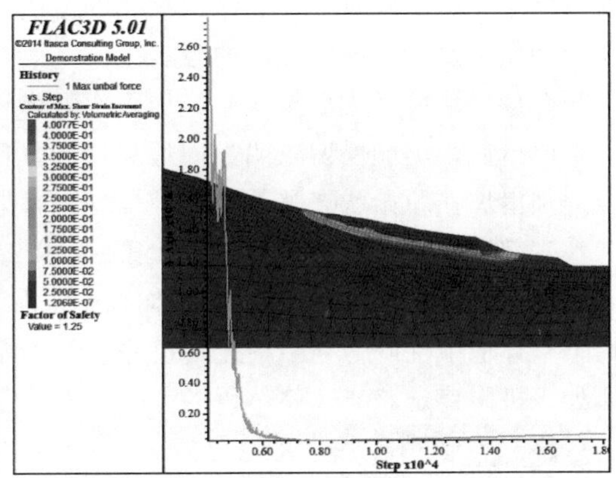

图 5.2-5　工况 4 时位移云图、剪应变增量云图、不平衡曲线图

105.4cm。剪应变增量主要沿着滑体底部滑动面发展并贯通，最大不平衡力曲线逐渐收敛，该状态下所计算出的稳定性系数为 1.25，说明滑体在暴雨+地震工况下处于较稳定状态。

5.2.3　滑坡稳定性刚体极限平衡分析

在滑坡刚体极限平衡定量稳定性计算过程中，选取纵 4-4 为代表剖面，主要荷载为滑坡体自重、地震荷载。滑坡体自重分天然状况及暴雨后滑体饱水两种状况，地震系数采用 0.15g。针对野猪塘滑坡体的实际情况，采用 STAB2008 程序在 4 种不同的工况条件下，即：①天然状况；②暴雨条件；③天然+地震；④暴雨+地震，对滑坡体稳性进行计算分析。计算结果表明（表 5.2-1），滑坡在各工况条件下整体稳定。

表 5.2-1　　野猪塘滑坡体稳定性计算成果

工况	天然	天然+地震	暴雨	暴雨+地震
稳定性系数	1.487	1.253	1.463	1.231

5.2.4　综合评价

野猪塘滑坡在天然工况、暴雨工况和天然+地震工况、暴雨+地震工况时，均处于稳定一基本稳定状态，这与滑坡的实际情况相吻合。

滑坡前缘龙潭沟改为暗涵回填（方量约 40 万 m^3）后，形成缓坡平台，地形平缓无临空条件，构成了前缘阻滑段，其滑移破坏模式为推移式。通过地质定性和定量计算分析认为，该老滑坡整体稳定。Ⅱ区虽出现了不同程度的变形开裂现象，影响深度不大，属表浅层蠕滑变形，对老滑坡整体稳定影响不大。

5.3 牵引式滑坡

5.3.1 滑坡稳定性宏观定性分析

5.3.1.1 滑坡整体稳定性评价

根据上述调查分析，结合勘探资料，金厂坝滑坡为一特大型滑坡，由两次滑动形成，滑坡体主要由块碎石土及前缘的钙化物组成，滑面埋深 38～119m，滑带厚度 0.2～0.8m，滑带物质主要为具压密性质的砾石土。

金厂坝滑坡形成后至今已经历多次强降雨等不利因素的扰动，且经历了长期的雅砻江下切改造后，仍能保留较明显的地貌特征，且滑坡体在后缘部位数十年来未曾变形，表明金厂坝滑坡在原始状态整体稳定性良好，官地水电站蓄水后，滑坡体前缘及中部出现变形和浅表部垮塌，其变形主要是由于第一次滑动形成的滑坡体沿其底滑面产生变形引起，钻孔测斜监测资料也表明，在滑坡体底部原滑带位置存在变形，说明金厂坝滑坡在库水位作用下整体稳定性降低，目前变形已张裂缝为主，尚未出现较大规模的垮塌，表明滑坡体整体处于极限稳定状态，整体以蠕变—状态为主，在长期暴雨或地震等因素作用下将可能出现一定规模的失稳。

图 5.3-1 金厂坝滑坡体分区示意图

5.3.1.2 滑坡局部稳定性评价

1. A 区局部稳定性评价

A 区位于 B 区的后缘，总体为弱变形区（图 5.3-1）。地表调查未见有明显的下错和滑动迹象，也未见有拉张裂缝的分布，表明 A 区地表变形迹象较弱，产生整体下滑的可能性不大，表明 A 区整体较稳定，但监测资料表明，在 A 区前缘浅表一带存在向临空面蠕滑迹象，变形受降雨影响明显，在长期降雨的作用下，A 区前缘浅表覆盖层可能会产生一定规模失稳。此外，A 区前缘的 B 区，目前已出现一定程度的变形和垮塌，若前缘 B 区出现失稳，A 区将会失去支撑，形成临空面，失去支撑的上部滑坡体物质变形可能进一步加剧，存在失稳的可能，但由于物质组成主要由块碎石土组成，其失稳更有可能以逐级解体，缓慢下滑的方式产生牵引式的破坏。

2. B区稳定性评价

官地水电站蓄水至1282.00m之后，金厂坝滑坡体前缘及中部一带（B区）产生变形，变形区后缘至高程1740.00m，B区不同部位间稳定性又存在差异，现分述如下。

（1）B1区稳定性评价。B1区目前已产生滑塌，滑塌物质已完全解体，结构松散，但区内高程1550.00m后缘还存在有变形错台或拉张裂缝，该区在降雨等因素作用下浅表覆盖层还可能继续产生滑塌。

（2）B2区稳定性评价。B2区内ZK04钻孔揭示有两层滑带，分别为第一次滑坡的滑带（埋深58m）以及第二次滑坡的滑带（埋深40.3～41.5m），监测成果表明，B2区在58m深度位置存在向坡外的变形，A向累积变形量36mm，其变形量随时间增加而增大，表明B2区沿第一次滑坡的滑面已出现蠕滑变形。此外，由于底滑面处产生变形，其上覆的第二次滑坡物质在出现变形裂缝和垮塌，表明第二次滑坡也出现一定程度的变形，因此，可认为影响B2区稳定的关键在于第一次滑坡体的稳定，而第一次滑坡体物质目前大部分位于B4区，因此，B4区不下滑，B2区沿底滑面产生下滑的可能性较小，但其浅表一带在降雨的作用下存在小范围垮塌的可能；若B4区产生下滑，B2区将会失去支撑，形成临空面，失去支撑的上部滑坡体物质变形可能进一步加剧，存在失稳的可能，但由于物质组成主要由块碎石土组成，其失稳更有可能以逐级解体，缓慢下滑的方式产生牵引式的破坏。

（3）B3区稳定性评价。B区下游侧，前缘位于库水位以下，后缘高程1470.00m左右，主要是由于块碎石土及钙化物组成，该区是在B4区形成后又产生次级滑动形成的滑坡，地表调查该区后缘还存在下错达2～4m的变形错台，表明该区也经历了一次较大的变形；地表变形监测成果也表明，钻孔测斜成果表明，该区最大变形量主要位于浅表0～10m，但在58m深度内存在深部变形的迹象。因此，B3区目前稳定性差，存在从后缘1470m整体下滑的可能性。

（4）B4区稳定性评价。B4区主要由胶结尚好的钙化物组成，滑面埋深43.5～119m，监测资料和现场调查表明，B4区处于扩容解体的变形状态，变形裂缝以纵向裂缝为主，目前B4区应处于极限不稳定—极限稳定状态，但由于前缘滑面已被库水位浸泡，物理力学指标降低，滑坡稳定性将降低，在库水位的长期作用下B4区存在整体下滑的可能。

（5）B5区稳定性评价。B5区位于B区后缘，主要由块碎石土组成，地表调查表明该区变形主要表现为拉张裂缝为主，局部地段出现小型滑塌。地表变形监测成果表明，该区有向上游临空面蠕滑变形的迹象，钻孔测斜也表明，该区在0～20m累积变形量较大，因此，B5区在降雨入渗的作用下可能在浅表部产生向上游临空面的垮塌。

5.3.2　滑坡稳定性数值模拟分析

为尽可能准确、真实地分析金厂坝滑坡在正常蓄水工况下过程中的应力场、变形场的变化情况，进而准确地对滑坡稳定性情况作出判断，从量值上去分析变形体的变形及应力状态很有必要，本阶段采用FLAC3D数值分析软件对金厂坝滑坡进行应力、应变数值分析。

5.3.2.1 地质模型

金厂坝滑坡在正常蓄水位 1330m 时的地质模型如图 5.3-2 所示，根据勘查及测绘成果，边坡的主要地层材料及分布位置：①块碎石土；②钙化物（溶塌角砾岩），主要分布于变形体下部；③河流冲积物分布于河谷；④变形体边坡基岩由灰岩及玄武岩构成。此外，滑坡滑带土由砾石土构成。

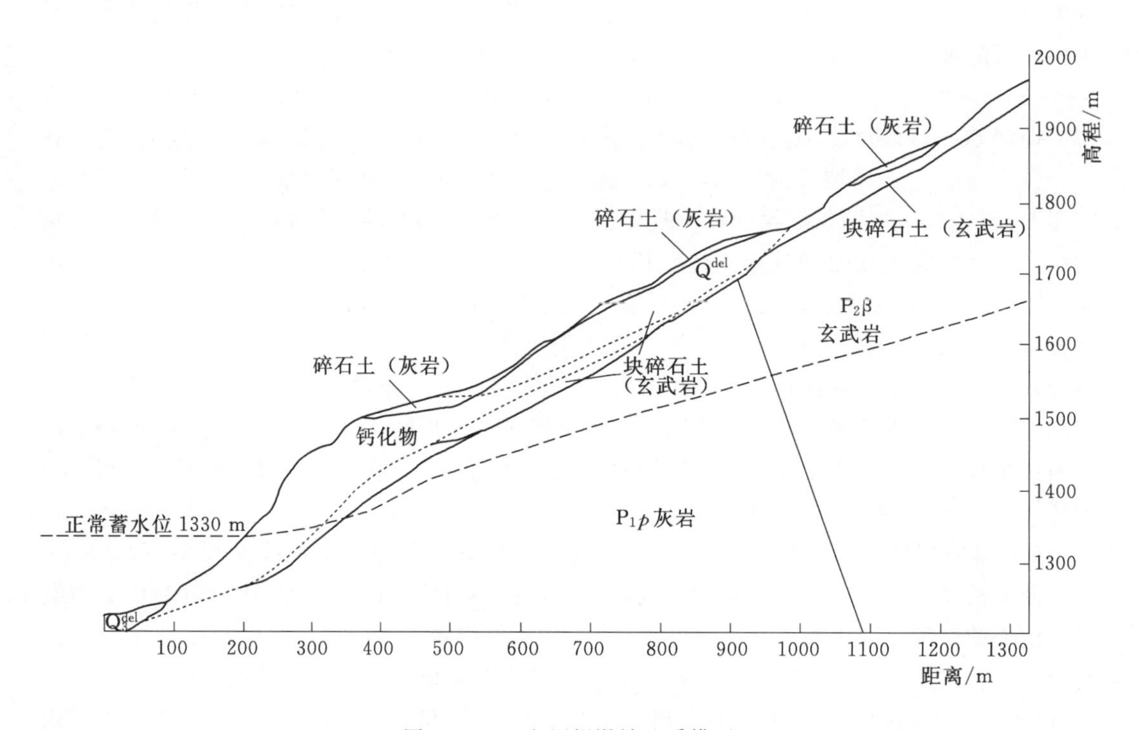

图 5.3-2 金厂坝滑坡地质模型

5.3.2.2 数学模型和计算工况

本次数值计算模型主要根据金厂坝滑坡 1—1 剖面建立的二维有限元计算模型，建立的模型如图 5.3-3 所示。

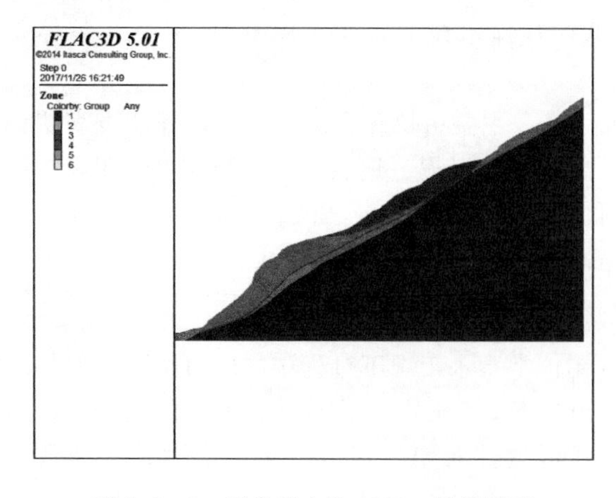

图 5.3-3 正常蓄水位 1330m 计算模型

由于河谷岩体在新近地质时期持续处于应力卸荷松弛状态，区域构造应力量级水平较低，岩体变形主要为受重力场作用而产生的浅表层改造，因而计算时不考虑区域构造应力的作用，即本次计算模型仅考虑重力场。为了重点反映滑坡变形体在重力场下所产生的变形及应力特征，模型边界未施加构造应力，边界为 Y 方向约束，水平为 X 方向约束，底边界为 Z 方向约束。材料破坏准则采用摩尔库伦破坏准则，边坡表面为自由面。

计算模型由 21048 个节点和 10270 个单元组成

针对金厂坝滑坡的数值计算的目的在于分析滑坡变形体在正常蓄水位以及暴雨条件下的应力及变形特征，其主要工况包含两种：①正常蓄水位 1330m 工况；②1330 水位线＋暴雨工况。

5.3.2.3　计算成果分析

通过数值计算滑坡应力分布特征的目的在于分析滑坡应力分布规律，更好地分析滑坡的破坏模式及状态，针对滑坡的数值计算结果及分析如下。

(1) 剪应变增量云图。如图 5.3-4 和图 5.3-5 所示为滑坡的剪应变增量云图与不平衡曲线图，计算结果显示：边坡应力状态主要受重力场控制，总体上呈垂直一陡倾作用；滑带土最大剪切应变量值的分布规律显示，滑坡易沿着已有滑面产生滑动，此外，位于前缘第一次滑动的滑带土所承受的剪应变大于位于中后缘的滑带土周边的最大剪应变。

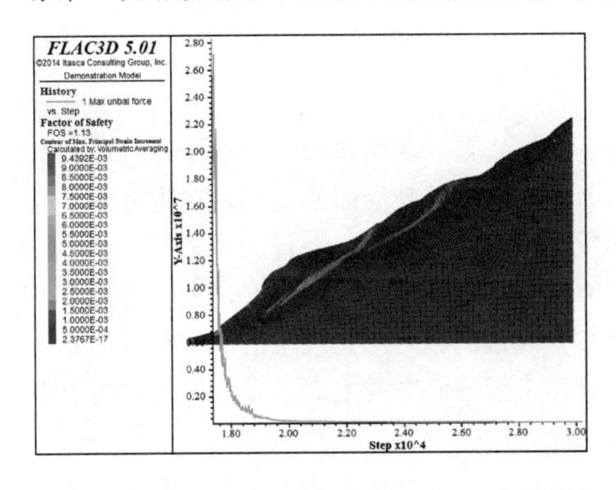

图 5.3-4　天然工况下剪应变增量云图

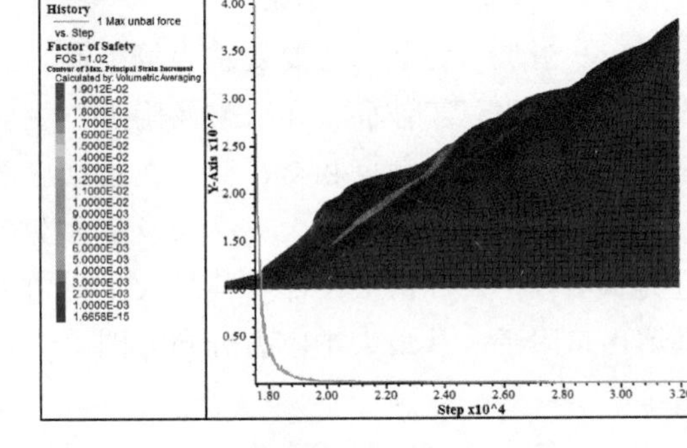

图 5.3-5　暴雨工况下剪应变增量云图

受蓄水影响，位于前缘滑带的最大剪切应变有所增加，整体上前缘滑带的剪应变增量值高于滑带的中后缘。相较于天然工况，暴雨工况下滑坡的剪应变增量值如右图所示，同蓄水位 1330.00m 的剪切应变，在蓄水为 1330.00m＋暴雨工况条件下滑坡的最大剪应变总体上呈低量值分布，在边坡浅表层，滑坡体的最大剪应变受暴雨的影响在量值上有所增加，最大值达到了 1.9×10^{-2}。

天然工况下，最大不平衡力曲线收敛，说明滑体在天然工况下处于稳定状态，稳定性系数为 1.13；暴雨工况下，最大不平衡力曲线收敛，说明滑体在暴雨工况下处于稳定状态，稳定性系数为 1.02。

(2) 滑坡的位移特征。通过分析计算模型的位移云图来分析滑坡的位移特征，如图 5.3-6 和图 5.3-7 所示。计算结果显示，前缘的变形主要受第一次滑坡滑面的影响，而对于滑坡后缘，变形主要分布于浅表，而暴雨对滑坡变形有一定影响。在滑坡内部、滑带及滑带周边，岩土体的位移受控于滑带的影响显著。

此外，两种工况下，位于滑坡前缘的滑体位移变形量明显大于滑坡后部的滑坡体变形，表明金厂坝滑坡的前缘位移量变形大于后缘，这与滑坡的应力分布特征是一致的，与现场调查结果也基本一致。

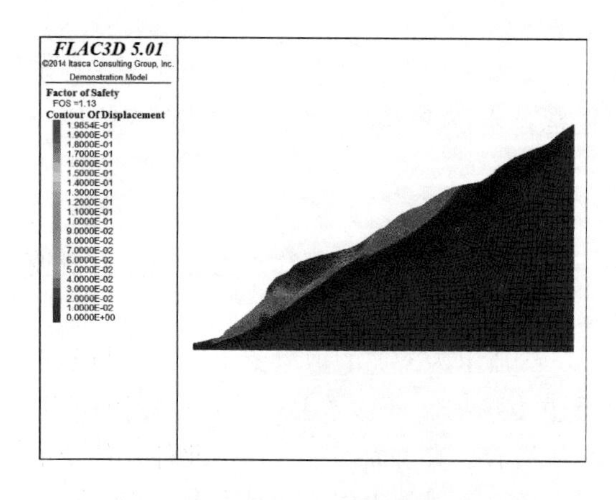

图 5.3-6　天然工况下滑坡位移云图

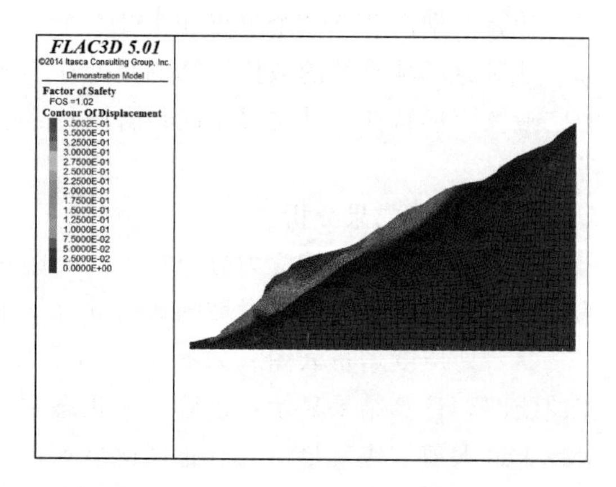

图 5.3-7　暴雨工况下滑坡位移云图

5.3.2.4　数值分析主要结论

（1）滑坡应力状态主要受重力场控制，总体上呈垂直—陡倾作用；边坡浅表层最大主应力方向近平行于坡面；在滑带及附近，主应力方向的偏转受滑面的控制，在边坡中上部与最大主应力呈小角度相交，而且在边坡底部主应力方向与滑面近平行。

（2）通过对滑坡的最大主应力及最大剪应力的分析，表明在边坡表层，土体的最大主应力量值较小。在滑坡内部，其最大主应力分布受滑带的影响，其最大值出现在滑带的底部剪出口附近。从最大主应力分布云图上看，总体上滑带前缘的主应力在量值上要高于中后缘。

（3）最大剪切应变计算结果显示，滑坡上其值总体上呈低量值分布，并主要分布于覆盖层上。此外，滑带土周边土体的最大剪应变显著大于周边岩土体。滑带上岩土体的最大剪切应变量值的分布规律显示，滑坡易沿着已有滑面产生滑动；且位于钙化物部位的滑面所承受的剪应变大于位于滑坡中上部的滑带及周边岩土体的最大剪应变。

（4）位移矢量计算结果显示，滑坡的变形主要受重力场控制，在边坡浅表层，受边坡地形条件的影响，边坡前缘位移矢量朝着平行坡面的方向旋转，表明水平运动趋势呈增加趋势，而对于滑坡后缘，其位移矢量呈竖直方向特征，以垂直变形为主。在滑坡内部，滑带及滑带周边，岩土体的位移矢量方向受控于滑带的影响显著，体现为滑带及滑带土附近的岩体位移矢量方向明显偏转，呈近平行于滑面。

5.3.3　滑坡稳定性刚体极限平衡分析

5.3.3.1　失稳模式分析

根据勘察成果结合监测资料综合分析，可认为金厂坝滑坡产生失稳的主要失稳模式有：①金厂坝滑坡沿原有滑面产生整体下滑；②沿第一次滑动滑面下滑，后缘为目前已产生变形的后缘 1740.00m；③沿第二次滑动滑面产生下滑；④B4 区沿钙化物底界原有滑面产生滑动，后缘位于 1570m 附近；⑤假定 B4 区下滑后，后缘滑坡体出现临空，沿底滑面产生下滑；⑥B3 区底滑面产生滑动，后缘位于已产生错台的 1470m 附近。

5.3.3.2 滑坡等级划分

金厂坝滑坡位于官地水电站库区，若产生失稳，将可能威胁沿河两岸居民或官地水电站水工建筑的安全，根据《水电水利边坡设计规范》（DL/T 5353—2006）相关规定，金厂坝滑坡为B类库区边坡，可能产生失稳并威胁2级、3级水工建筑物，因此，可将金厂坝滑坡定位B类Ⅱ级边坡。各种工况下的最小安全系数为：持久工况为1.05～1.15；短暂工况为1.05～1.10；偶然工况为1.0～1.05。

5.3.3.3 计算参数选取

本次计算的参数主要包括滑体重度，滑带土的抗剪强度，本阶段以室内试验结果结合反演分析结合工程地质类比为主，综合确定岩土体物理力学参数。

1. 滑带土室内试验

本阶段对滑带土进行了钻孔取样物理力学试验，试验成果见表5.3-1，试验成果表明，滑带土在天然状态下，黏聚力值在68～124kPa，相应的内摩擦角为21.3°～26.4°，在饱和状态下，黏聚力值在30～60kPa，相应的内摩擦角为21.0°～27.2°。

表5.3-1 室内力学全项试验成果

试验编号	制样控制条件		直剪试验（天然固结快剪）		渗透变形试验	直剪试验（饱和、固结快剪）	
	干密度	含水率	凝聚力	摩擦角	渗透系数	凝聚力	摩擦角
	ρ_d /(g/cm³)	w /%	c /kPa	φ /(°)	k_{20} /(cm/s)	c /kPa	φ /(°)
ZKJ02-2	1.82	18.4	106	21.3	4.67×10^{-8}	60	21.8
ZKJ04	1.82	18.5	124	23.0	6.99×10^{-8}	30	21.8
ZKJ05-1	1.92	8.3	68	26.4	1.39×10^{-5}	39	27.2
ZKJ05-2	1.97	11.8	88	24.8	5.99×10^{-6}	45	21.0
ZKJ06	1.98	12.5	97	24.1	9.32×10^{-8}	40	22.4

2. 滑带土c、φ值的反演分析

滑带土的强度参数对滑坡的稳定性起着决定性作用，合理正确的强度参数至关重要。金厂坝滑坡是在水位上涨至1282.00m开始出现变形，根据监测资料，在水位上升至正常蓄水位1330.00m后，滑坡依然处于变形状态。目前B3、B4区变形迹象较强，其中B3区以下错变形为主，后缘1470m附近可见有2～4m的错台，表明B3区曾经历一次较为明显的变形，结合B3区变形发展状态实际情况，根据《水电水利边坡工程地质勘察技术规程》（DZ/T 5337—2006）关于参数反演的建蠕动挤压阶段F=1.05～1.00；初滑阶段F=1.00～0.95；可认为B3区目前处于蠕滑挤压变形阶段，本次反演取在1330m正常蓄水位状态下，B3区F_s取1.0进行反算，水库水位以上采用天然状态下的抗剪强度，1330m以下采用饱和状态下的抗剪强度。

计算滑动模式采用B3区剖面进行参数反演，计算在F=1.3～1.04时不同的c、φ组合情况，反演分析结果见表5.3-2。

表 5.3-2　　B3 区 $F_s=1.0$ 时 c、φ 组合情况表

天然指标	φ/(°)	18	19	20	21	22	23	24	25
	c/kPa	170	150	130	110	100	80	60	40
饱和指标	φ/(°)	15	16	17	18	29	20	21	22
	c/kPa	140	120	100	90	70	60	40	20

计算结果表明，在安全系数 $F_s=1.03$ 条件下，通过公式计算 B3 区当天然状态下 $\varphi=$ 18°、19°、…、25°时的黏聚力值，相应的黏聚力值在 40～170kPa。饱和相应的内摩擦角为 15°～22°，饱和状态下相应的黏聚力值在 20～140kPa。因此，在试验、反算和工程类比的基础上，金厂坝滑坡稳定性计算的相关物理力学参数值见表 5.3-3。

表 5.3-3　　滑坡体物理力学计算参数综合取值表

岩性	密度		抗剪强度			
			天然		饱和	
	天然 ρ /(g/cm³)	饱和 ρ_{sat} /(g/cm³)	φ /(°)	c /kPa	φ /(°)	c /kPa
碎石土	2.0	2.1	28	20	25	10
块碎石土	21.5	22.5	32	20	29	10
钙化物	2.3	2.4	34	20	31	15
滑带土	1.7	1.8	23	80	20	40

5.3.3.4　计算工况

根据场区实际情况，以及金厂坝滑坡特点，本次稳定性评价过程中考虑以下三种工况：

持久工况：正常蓄水工况，该工况地下水位以上采用天然指标，地下水位以下采用饱和指标计算，由于官地水位变幅只有 2m，水位升降对滑坡稳定性影响不大，故未考虑死水位工况；

短暂工况：暴雨工况，该工况除考虑持久工况的荷载外还包括因降雨引起的岩土体强度降低，暴雨工况按滑体全饱水，地下水位以上滑面按 1/3 饱水考虑；

偶然工况：地震工况，该工况除考虑工况 1 的荷载外，还包括地震引起的水平推力。

5.3.3.5　计算方法

根据《水电水利工程边坡设计规范》(DL/T 5353—2006) 对边坡稳定性方法的规定，金厂坝采用二维刚体极限平衡法进行计算，采用基于下限理论 Morgenstern-Price (M-P) 方法为主，传递系数法进行校核，计算程序采用陈祖煜院士编写的 STAB 软件进行计算。

5.3.3.6　计算剖面

根据前述的 6 种可能的破坏模式，选取有代表性的 1—1 和 2—2 剖面计算金厂坝滑坡体在不同破坏模式下稳定性，选取的计算剖面和滑面分别如图 5.3-8～图 5.3-11 所示。

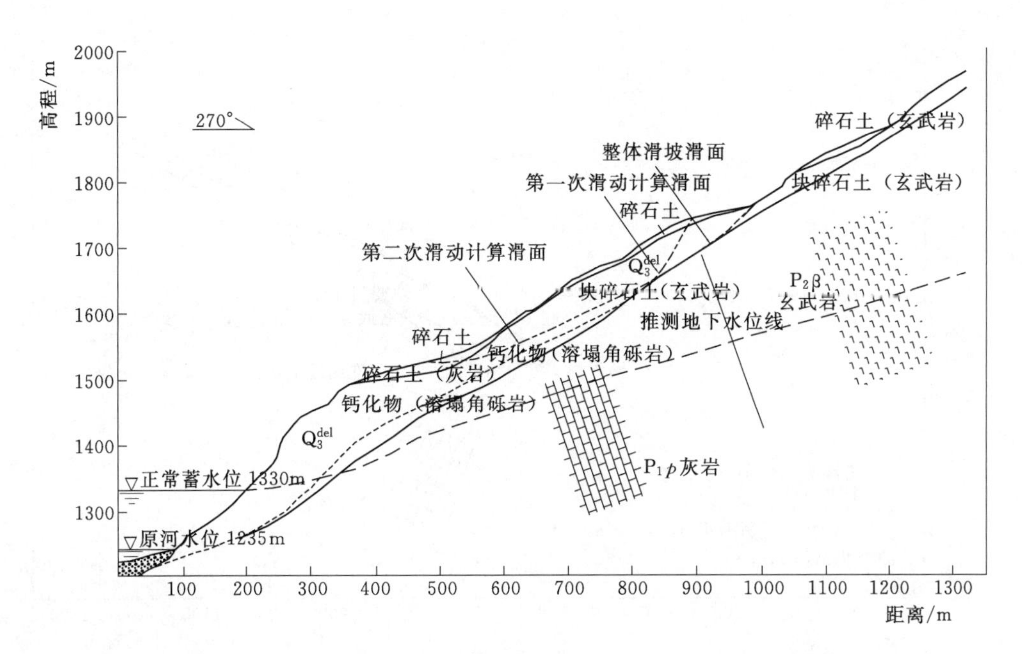

图 5.3-8　金厂坝滑坡整体滑动和第一、第二次滑动滑动计算模型

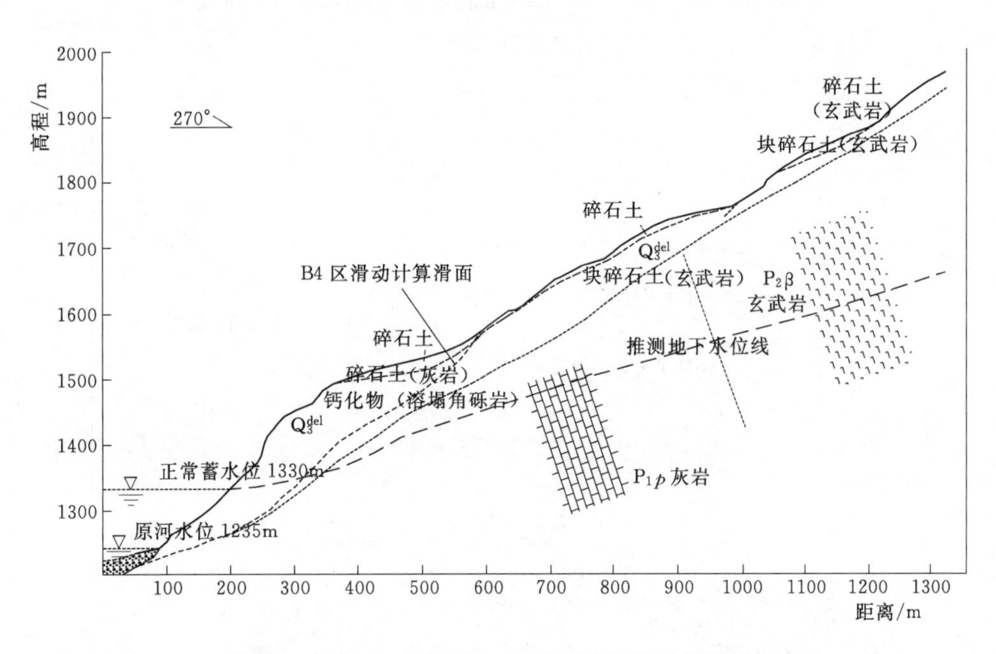

图 5.3-9　金厂坝滑坡 B4 区滑动滑坡体计算模型

5.3.3.7　计算结果分析

金厂坝滑坡在各工况条件下稳定性计算结果见表 5.3-4。计算结果表明：

(1) 稳定性计算成果表明，金厂坝滑坡整体在持久工况稳定性系数为 1.01. 在短暂工况下为 0.99，持久工况下处于极限平衡状态，而在短暂工况下稳定性系数处于极限不平衡状态；沿第一次滑坡原滑面下滑时，持久工况稳定性系数为 0.96. 在短暂工况下为 0.94，

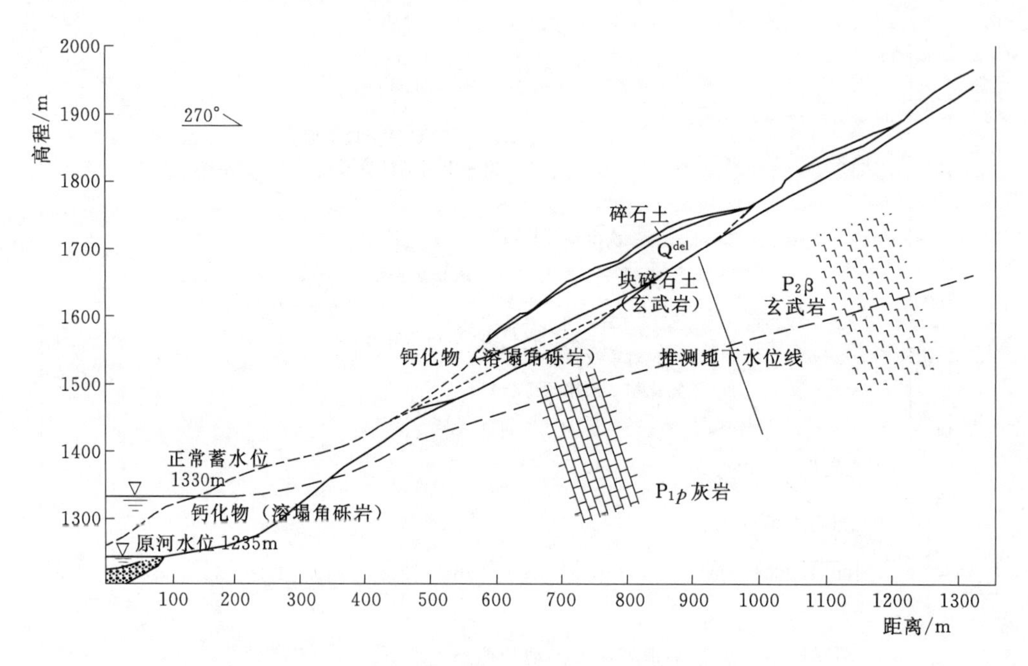

图 5.3-10 金厂坝滑坡 B4 区滑动后后缘滑坡体计算模型

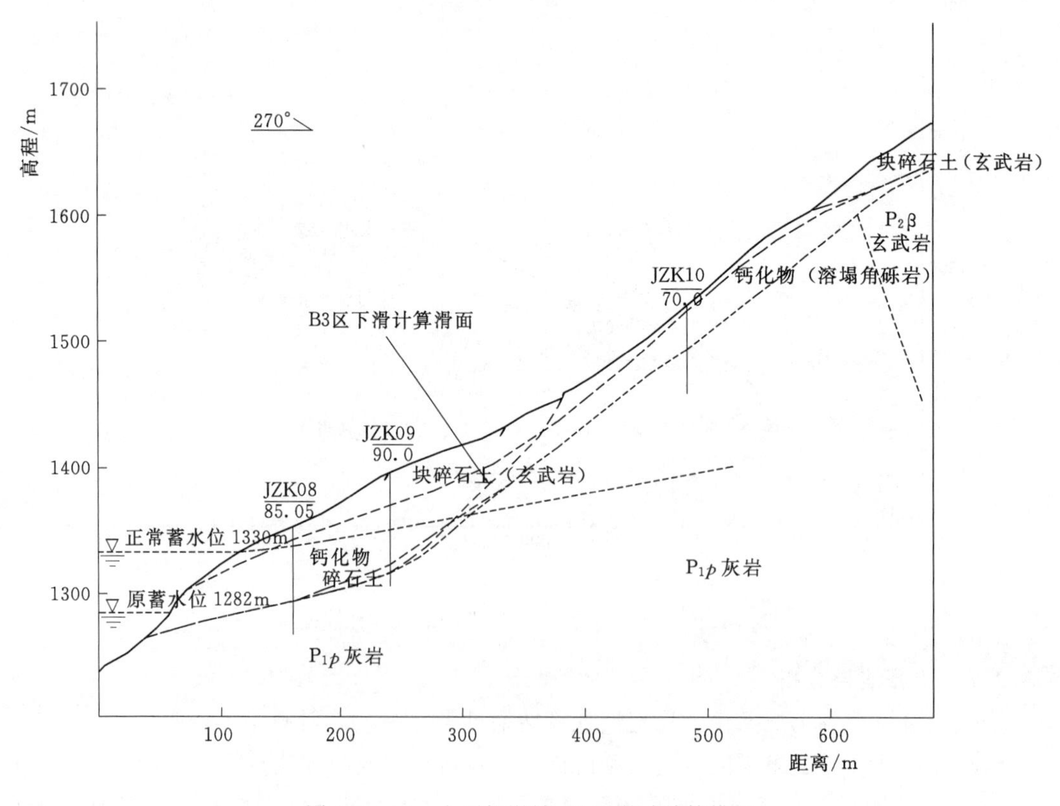

图 5.3-11 金厂坝滑坡 B3 区滑动计算模型

表 5.3-4 金厂坝滑坡稳定性计算成果表

破坏模式	计算方法	持久工况	短暂工况	偶然工况
滑坡整体滑动	M-P法	1.01	0.96	0.88
	传递系数法	1.02	0.98	0.88
沿第一次滑坡滑面滑动	M-P法	0.96	0.94	0.84
	传递系数法	0.99	0.97	0.85
沿第二次滑坡滑面滑动	M-P法	1.05	1.01	0.93
	传递系数法	1.07	1.02	0.93
B4区滑动	M-P法	0.96	0.91	0.86
	传递系数法	0.98	0.92	0.85
B4区下滑后剩余滑坡体整体滑动	M-P法	0.95	0.88	0.81
	传递系数法	0.95	0.88	0.81
B3区滑动	M-P法	1.00	0.95	0.86
	传递系数法	1.02	0.97	0.86

稳定性系数偏低，在持久工况处于极限平衡状态，其中在短暂工况下出现失稳的可能性较大；沿第二次滑坡原滑面下滑时，持久工况稳定性系数为1.09，在短暂工况下为1.01，在短暂工况处于极限平衡状态；B4区下滑时，持久工况稳定性系数为0.96. 在短暂工况下为0.91，持久工况下处于极限不平衡状态，而在短暂工况下稳定性系数偏低，可能产生失稳；B4区下滑后剩余滑坡体整体滑动时，持久工况下稳定性系数为0.95，产生失稳的可能性较大；B3区持久工况稳定性系数为1.04，处于极限平衡状态，短暂工况下稳定性系数为1.00，也处于极限平衡状态。

总的来看，金厂坝滑坡在6种破坏模式下稳定性系数均不能满足《水电水利边坡设计规范》(DL/T 5353—2006) 规定的库区B级2类边坡的最小安全系数要求，其中在持久工况多处于极限不平衡—极限平衡状态，在短暂工况下沿第一次滑坡滑面滑动、B4区滑动以及B4区下滑后剩余滑坡体整体滑动三种破坏模式稳定性系数偏低，产生失稳的可能性较大，而在偶然工况下各种破坏模式稳定性系数均较低，产生失稳的可能性大。稳定性定量计算结果与现场滑坡体沿第一次滑坡滑面出现变形，产生拉张裂缝和垮塌的变形现象较为吻合。

(2) 若B4区产生下滑，其后缘的滑坡体将形成新的临空面，将可能影响后缘剩余滑坡体的稳定性，稳定性计算成果表明，后缘滑坡体沿基覆界线老滑面产生整体下滑时，持久工况、短暂工况和偶然工况安全系数分别为0.95、0.88、0.81，安全系数较低，不能满足规范要求，B4区下滑后，后缘滑坡体继续产生失稳的可能性大。说明B4区的稳定对后缘剩余滑坡体稳定至关重要。

(3) 稳定性计算结果表明，滑体稳定性对降雨和Ⅷ度地震的敏感性不一致，饱水条件下将导致稳定性系数降低0.02～0.07，地震将导致稳定性系数降低0.11～0.17。

5.3.4 综合评价

(1) 金厂坝滑坡形成后至今已经历多次强降雨等不利因素的扰动，且经历了长期的雅砻江下切改造后，仍能保留较明显的地貌特征，且滑坡体在后缘部位数十年来未曾变形，表明金厂坝滑坡在原始状态整体稳定性良好，官地水电站蓄水后，厂坝滑坡在库水位作用下整体稳定性降低，目前变形已张裂缝为主，尚未出现较大规模的垮塌，表明滑坡体整体处于极限稳定状态，整体以蠕变状态为主，在长期暴雨或地震等因素作用下将可能出现一定规模的失稳。

（2）稳定性计算成果表明：在持久工况多处于极限不平衡—极限平衡状态，在短暂工况下沿第一次滑坡滑面滑动、B4 区滑动以及 B4 区下滑后剩余滑坡体整体滑动三种破坏模式稳定性系数偏低，产生失稳的可能性较大，而在偶然工况下各种破坏模式稳定性系数均较低，产生失稳的可能性大。若 B4 区产生下滑，其后缘的滑坡体将形成新的临空面，将可能影响后缘剩余滑坡体的稳定性，说明 B4 区的稳定对后缘剩余滑坡体稳定至关重要。

（3）数值分析成果表明，最大主应力云图显示，在滑坡内部其分布受滑带的影响，总体上滑带前缘的主应力在量值上要高于中后缘，其最大值出现在滑带的底部剪出口附近；最大剪切应变量云图显示，滑坡易沿着已有滑面产生滑动，且位于钙化物部位的滑面所承受的剪应变大于位于滑坡中上部的滑带及周边岩土体的最大剪应变；位移矢量图显示，在滑坡内部，岩土体的位移矢量方向受控于滑带，体现为滑带及滑带土附近的岩体位移矢量方向明显偏转，呈近平行于滑面。

5.4 顺层岩质滑坡

5.4.1 滑坡稳定性宏观定性分析

受区域构造活动的影响，场地区岩体层间相互错动现象较明显，发育多条层间软弱带，岩体拉裂现象明显，据钻孔资料，区内发育的软弱结构面中延伸性较好，在多个钻孔均有出露的软弱层主要有表 3.3－9 所示几条，这些软弱结构面大多由黏土夹碎屑或碎屑夹黏土组成，其厚度从数厘米至数十厘米不等，主要顺层发育。软弱结构面两侧岩体大多沿软弱结构面存在一定程度的错动或蠕动变形，形成的拉裂缝宽度从数厘米至数米不等。

天然状态下乱石岗滑坡及变形体稳定性状况较好，出现较大规模失稳的可能性较小，当然不排除局部松散岩土体在不利因素影响下出现小规模失稳的可能性。但在极端（如暴雨、地震等工况）条件下极有可能发生整体失稳。

5.4.2 滑坡稳定性刚体极限平衡分析

5.4.2.1 计算剖面的确定

根据乱石岗滑坡及其影响区的特点，选取区内 1—1′、2—2′、3—3′、4—4′、5—5′五条主剖面作为稳定性定量评价的计算剖面。各计算剖面见图 5.4－1。

5.4.2.2 计算参数的选取

根据前面对滑带土和软弱层带的试验结果，以及对试验结果的分析认为，受试验条件所限，试验所得的参数较滑带土及软弱层带的实际强度参数大，不能直接作为稳定性评价的计算参数。

详规阶段大剪试验获得的滑带土及软弱层带的抗剪强度参数见表 5.4－1，成都院建

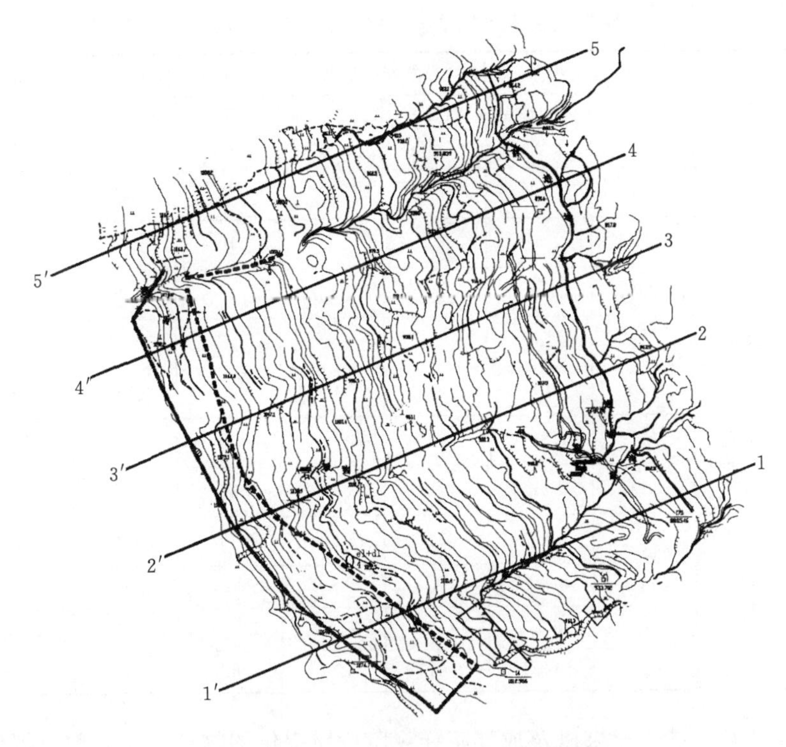

图5.4-1　乱石岗滑坡稳定性计算剖面图

议碎屑夹泥型软弱结构面摩擦系数建议取0.35～0.4，黏聚力建议取30～50kPa，泥夹碎屑型软弱结构面摩擦系数建议取0.23～0.29，黏聚力建议取20～40kPa。

表5.4-1　　层间软弱夹层抗剪强度试验成果（"详规"试验成果）

试验编号	试验位置	代表类型		抗剪断强度		抗剪强度		地质描述
				f'	c'/MPa	f	c/MPa	
Kj2	1号采石场	层间软弱夹层	碎屑夹泥型	0.49	0.25	0.49	0.14	为灰白—灰黄色碎屑夹泥，厚1～3cm，顺层展布，母岩成分为石灰岩，层面起伏不平
Kj1	松林沟	层间软弱夹层	泥夹碎屑型	0.304	0.14	0.296	0.10	为黄色泥夹少量碎屑，厚1～2cm，顺层展布，母岩成分为黄色泥质粉砂岩

根据滑带黏土的抗剪强度试验结果表明，滑带黏土饱水条件下的峰值强度，c值约23kPa，内摩擦角约10.6°。

勘探期间，四川省地质勘探院采集了部分滑带黏土试样，进行了滑带黏土室内扰动样试验分析，得出滑带黏土扰动样（重塑样）的抗剪强度参数，见表5.4-2。

另外根据《水电水利工程边坡设计规范》（DL/T 5353—2006），建议泥夹岩屑型软弱结构面的摩擦系数取0.25～0.35，黏聚力取20～50kPa；岩屑夹泥型软弱结构面的摩擦系数取0.35～0.45，黏聚力取50～100kPa。

表 5.4-2　　滑带黏性土（扰动样）抗剪强度试验成果表

定名	野外编号	天然直接快剪		天然残余快剪		饱和直接快剪		饱和残余快剪	
		黏聚力/kPa	内摩擦角 φ/(°)	黏聚力/kPa	内摩擦角 φ/(°)	黏聚力/kPa	内摩擦角 φ/(°)	黏聚力/kPa	内摩擦角 φ/(°)
粉质黏土	T01	40	14	34	9	25	7	16	5
粉质黏土	T2	17	5			10	3		
粉质黏土	T3	20	5			13	3		
粉质黏土	T4	26	5			15	4		
粉质黏土	样 1	130	23	87	12	45	11	22	8
粉质黏土	样 2	117	23	77	14	40	10	15	9
粉质黏土	样 3	112	22	72	13	32	12	12	9
粉质黏土	1 号剥土点	46	16	35	14	29	14	22	12
统计项目	频数	8	8	5	5	8	8	5	5
	范围值	11～130	5.23	34～87	9～14	10～45	3～14	12～22	5～12
	平均值	63.5	14.1	61	12.4	26.1	8	17.4	8.6

根据现场调查、试验成果以及成都院详规阶段所提供的物理力学参数建议值，并参考《水电水利工程边坡设计规范》（DL/T 5353—2006）以及工程地质类比综合考虑，得出本次稳定性计算参数见表 5.4-3。

表 5.4-3　　稳定性计算岩土体物理力学参数

岩土体名称	天然状态			饱和状态		
	容重/(kN/m³)	内摩擦角/(°)	黏聚力/kPa	容重/(kN/m³)	内摩擦角/(°)	黏聚力/kPa
滑带土		13	24		11	20
黏土夹碎屑型软弱结构面		15	45		13	35
碎屑型夹黏土软弱结构面		18	63		15	42
风化岩体	25.2			25.6		
覆盖层	20.3	21	33	20.5	18	26

5.4.2.3　计算工况

根据场区实际情况，以及工程建设特点，本次稳定性评价过程中考虑以下 4 种工况：

工况 1：天然状态，该工况考虑的荷载主要有岩土体自重；

工况 2：天然＋暴雨，该工况除考虑工况 1 的荷载外还包括因降雨引起的岩土体强度降低，暴雨工况中考虑冰水堆积体底部 1/4 饱水；

工况 3：天然＋地震，该工况除考虑工况 1 的荷载外，还包括地震引起的水平推力；

工况 4：天然＋地震＋暴雨，该工况除考虑工况 2 的荷载外，还包括地震引起的水平推力。

计算过程中水平地震力按下式计算：

$$Q=C_iC_zK_hW \tag{5.4.1}$$

式中：C_i 为重要性系数，对于该滑坡而言，取1.7；C_z 为综合影响系数，取0.25；K_h 为地震峰值加速度，场区设防地震烈度为Ⅶ度，地震加速度取值为0.168g（g 为重力加速度，9.8m/s^2）；W 为滑块重力。

各工况条件下滑坡安全系数取值分别为：天然状态（工况1）下安全系数为1.35，天然+暴雨（工况2）条件下安全系数为1.2，天然+地震（工况3）条件下安全系数为1.1。

5.4.2.4　计算底滑面的确定

由于前期工程开挖已使部分滑面和软弱带暴露于地表，而后期工程不可避免需对区内岩体进行一定程度的开挖，区内岩体内除滑坡区滑动面外，在其他部位还发育有多条软弱结构面，这些结构面在某些条件下可能将构成区内岩体失稳的底界面，因而稳定性计算过程中计算底滑面的确定，主要根据勘探资料揭露的软弱层带以及滑带在各条剖面上的展布特征，开挖切割情况，并根据现场调查期间对滑坡及变形岩体结构特征、变形特征的调查结果综合考虑，进行相互组合，采用分段分层计算，最终计算出在各种工况组合下的滑坡区整体稳定性和局部稳定性，因而计算过程中的计算底滑面可能是已经存在的滑面或滑带，也可能岩体中某条软弱夹层。

其中条分图中的 R_1、R_2 等为勘探确认的在区内延伸性较好，在不同剖面、多个钻孔均有揭露软弱结构面，而局部软弱结构面指，仅在单个剖面或单个钻孔有明显揭露的，计算过程中根据其产状推测延伸的软弱结构面。

5.4.2.5　计算结果及分析

1. 剖面1—1′稳定性计算结果分析

根据剖面1—1′中发育的软弱层带以及滑带在各条剖面上的展布特征，进行相互组合，并根据现场调查期间对滑坡及变形岩体结构特征、变形特征的调查结果，分析得到6条计算底滑面，各计算底滑面的条分图，如图5.4-2～图5.4-7所示。

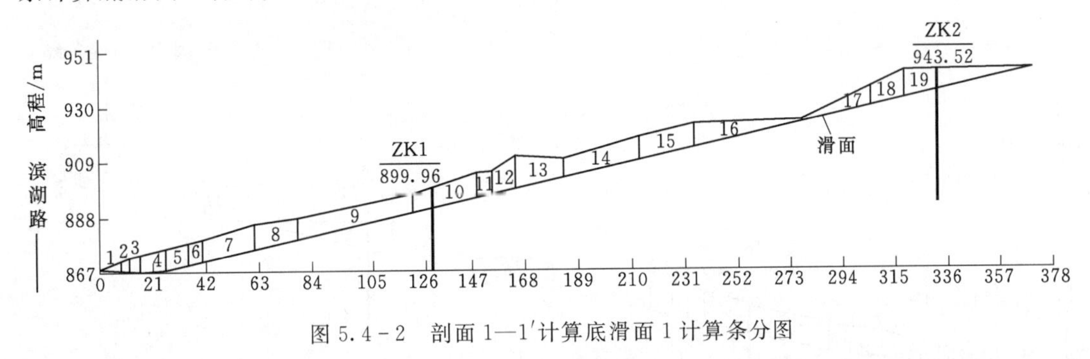

图5.4-2　剖面1—1′计算底滑面1计算条分图

剖面1—1′各计算底滑面在各工况条件下稳定性计算结果见表5.4-4。计算结果表明：

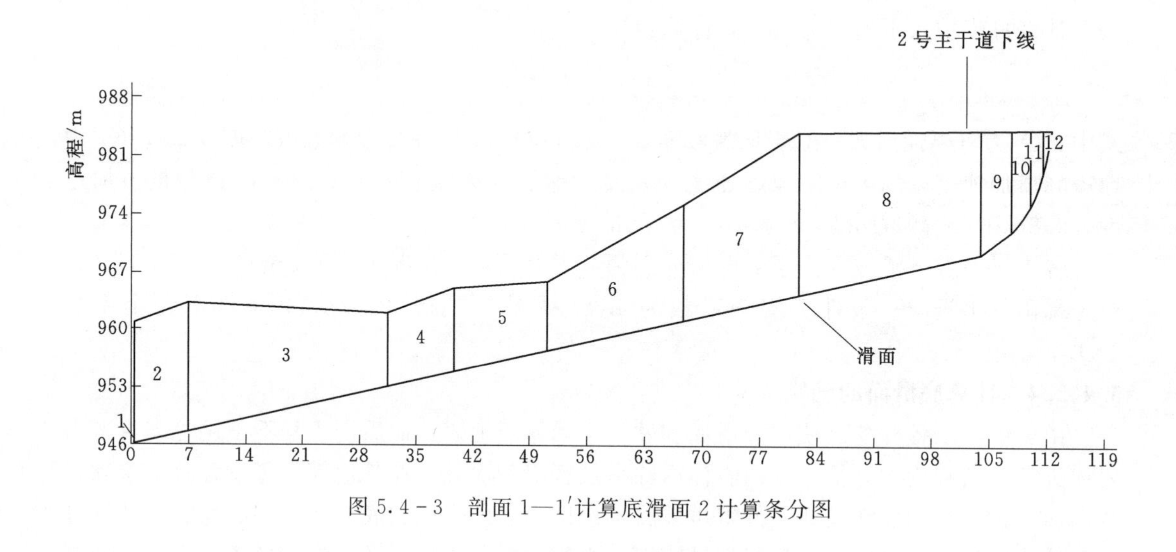

图 5.4-3　剖面 1—1′计算底滑面 2 计算条分图

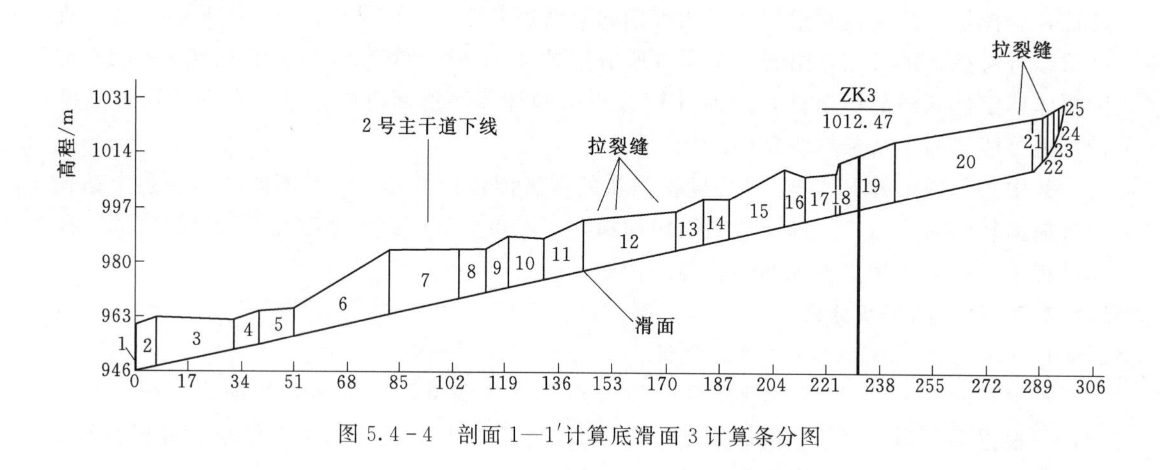

图 5.4-4　剖面 1—1′计算底滑面 3 计算条分图

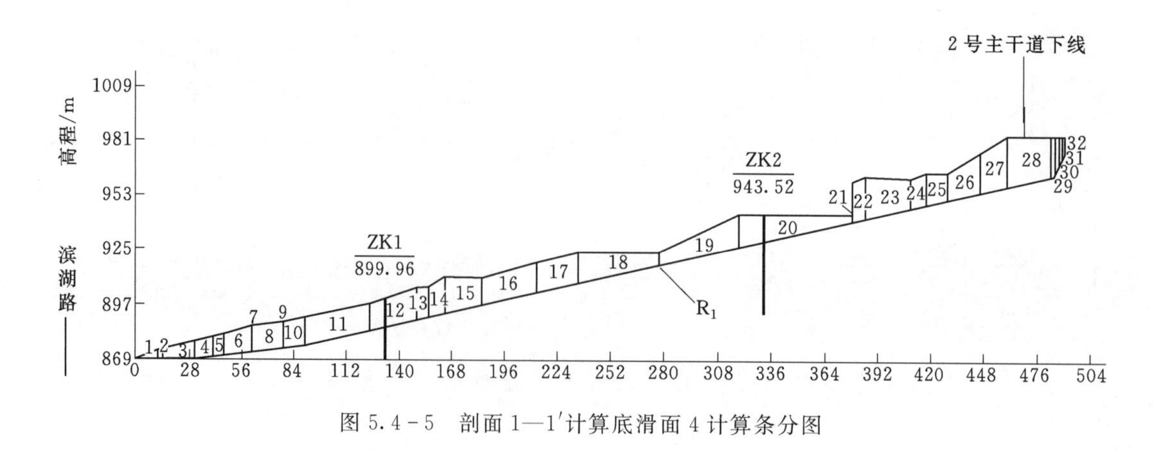

图 5.4-5　剖面 1—1′计算底滑面 4 计算条分图

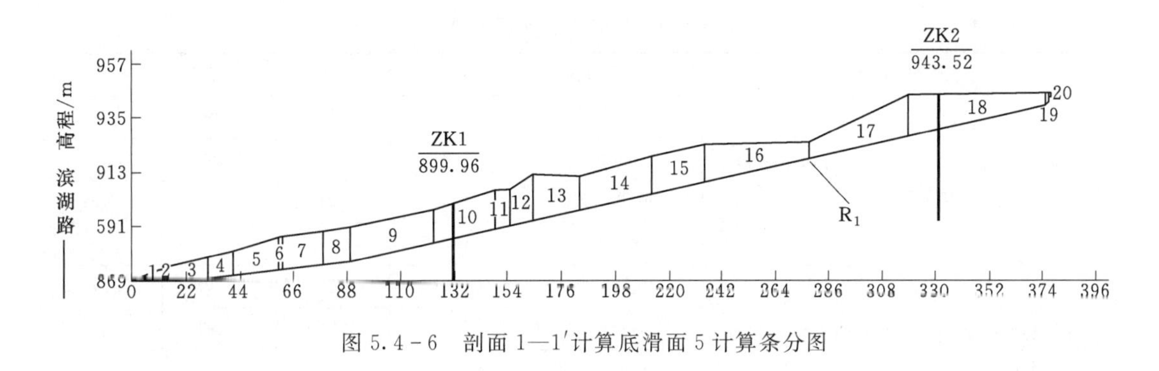

图 5.4-6 剖面 1—1′计算底滑面 5 计算条分图

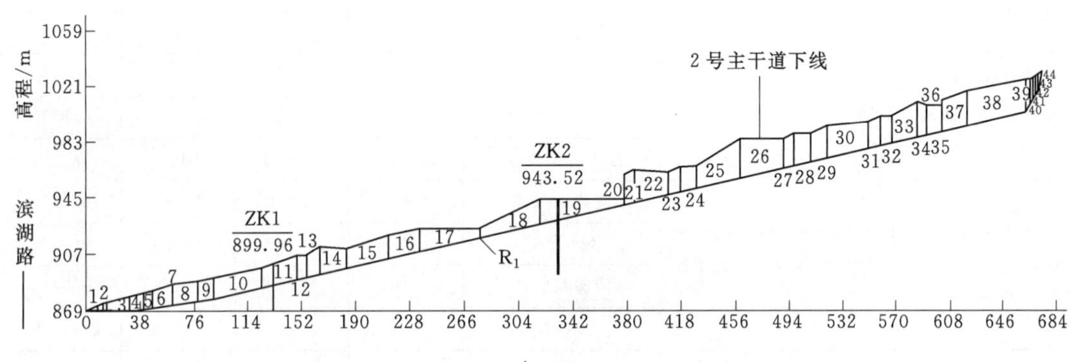

图 5.4-7 剖面 1—1′计算底滑面 6 计算条分图

(1) 天然条件下滑坡剖面 1—1′稳定性状况良好，稳定性系数均在 1.2 以上；天然＋暴雨条件下，滑坡整体上也能保持稳定状态，但是计算底滑面 2 和计算底滑面 3、计算底滑面 6 的稳定性系数偏低，不能满足工程要求，同时滑坡体及影响区岩体整体稳定性的安全储备也偏低，达不到 1.2 的安全系数要求；天然＋地震条件下，计算底滑面 2 和计算底滑面 3、计算底滑面 6 的稳定性处于极限平衡状态，存在失稳的可能，不能满足工程要求，同时滑坡体及影响区岩体整体稳定性的安全储备也偏低，达不到 1.1 的安全系数要求；天然＋暴雨＋地震极限工况条件下不仅计算底滑面 2 和计算底滑面 3 所限的岩土体可能出现失稳，滑坡体整体上也可能出现失稳破坏。

(2) 从计算结果来看，计算底滑面 2 和计算底滑面 3、计算底滑面 6 的稳定性系数偏低，或者安全储备达不到要求，地震条件下处于极限状态，其主要原因在于，场平期间对钻孔 2 部位（1 号主干道）的滑体进行了较大规模的开挖，使得下伏滑面出露于地表，同时又为后方岩土体提供了良好临空条件，因此降低了后方变形岩土体的稳定性状况。可见工程建设期间对滑坡体及变形岩体的“切脚”行为将可能是影响滑坡体及变形岩体稳定性的一个重要因素。

(3) 从计算结果来看，区内各部分岩体的稳定性状况存在一定差别，其中滑坡体下段（1 号主干道以下）稳定性较好，除工况 4 以外，其他工况条件下均能保持较好稳定性；滑体上段和松动岩体的稳定性较差，在暴雨工况和地震工况条件下处于极限平衡状态，存在失稳的可能。

表 5.4-4　剖面 1—1′稳定性计算结果

计算底滑面特征	计算方法	工况 1	工况 2	工况 3	工况 4
计算底滑面 1（主要计算滑坡体下段稳定性，计算底滑面沿滑坡滑带）	瑞典条分法	1.332	1.198	1.091	0.971
	Bishop 法	1.318	1.972	1.073	0.968
	传递系数法	1.347	1.212	1.103	0.991
	推力/(kN/m)	187.2			
计算底滑面 2（计算滑坡体上段稳定性，计算底滑面沿滑坡滑带）	瑞典条分法	1.236	1.057	1.009	0.847
	Bishop 法	1.215	1.030	1.003	0.836
	传递系数法	1.267	1.071	1.021	0.861
	推力/(kN/m)	815.1	1298.5	1.011	
计算底滑面 3（计算滑坡体上段＋松动岩体稳定性，计算底滑面沿滑坡滑带）	瑞典条分法	1.175	1.047	0.942	0.839
	Bishop 法	1.147	1.022	0.928	0.826
	传递系数法	1.191	1.066	0.955	0.851
	推力/(kN/m)	3670.8	3202.1	4310.4	
计算底滑面 4（计算滑坡体＋R_1 软弱夹层以上岩体稳定性，计算底滑面沿贯通型软弱面 R_1）	瑞典条分法	1.435	1.210	1.100	0.927
	Bishop 法	1.406	1.185	1.088	0.917
	传递系数法	1.464	1.232	1.116	0.940
	推力/(kN/m)				
计算底滑面 5（计算滑坡体 1 号干道以下部分＋R_1 软弱夹层以上岩体稳定性，计算底滑面沿贯通型软弱面 R_1）	瑞典条分法	1.595	1.345	1.235	1.041
	Bishop 法	1.595	1.345	1.236	1.042
	传递系数法	1.603	1.351	1.239	1.044
	推力/(kN/m)				
计算底滑面 6（计算滑坡体＋松动岩体稳定性，计算底滑面面沿下伏贯通型软弱夹层 R_1）	瑞典条分法	1.357	1.144	1.073	0.904
	Bishop 法	1.326	1.117	1.057	0.891
	传递系数法	1.386	1.167	1.091	0.918
	推力/(kN/m)		1860.8	710.8	

（4）稳定性计算结果表明，滑体及变形岩体稳定性对水和Ⅶ度地震的敏感性大致相当，饱水条件下将导致稳定性系数降低 0.2～0.3，地震将导致稳定性系数降低 0.3 左右。

2. 剖面 2—2′稳定性计算结果分析

根据剖面 2—2′中发育的软弱层带以及滑带在各条剖面上的展布特征，进行相互组合，并根据现场调查期间对滑坡及变形岩体结构特征、变形特征的调查结果，共组合得到 4 条计算底滑面，各计算底滑面的条分图，如图 5.4-8～图 5.4-11 所示。

剖面 2—2′各计算底滑面在各工况条件下稳定性计算结果见表 5.4-5。计算结果表明：

（1）计算结果表明各工况条件下，滑坡体及变形岩体的剖面 2—2′在各工况条件下稳定性状况均良好，能够满足工程建设需要。

（2）稳定性计算，滑体及变形岩体稳定性对水和Ⅶ度地震的敏感性大致相当，饱水条件下将导致稳定性系数降低 0.2～0.3，地震将导致稳定性系数降低 0.3 左右。

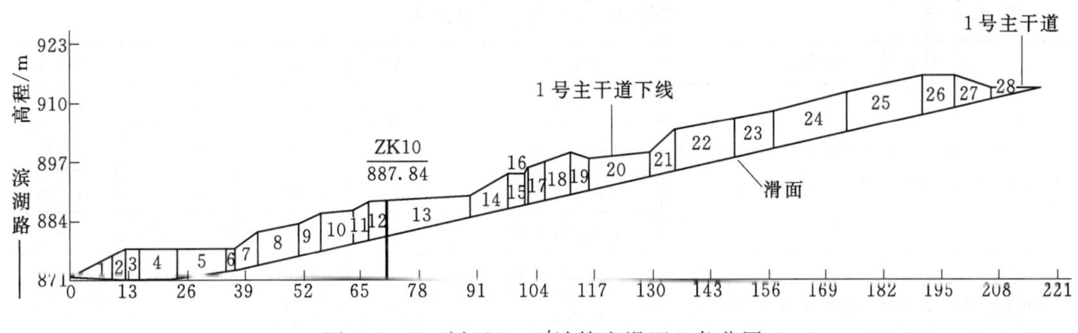

图5.4-8 剖面2—2′计算底滑面1条分图

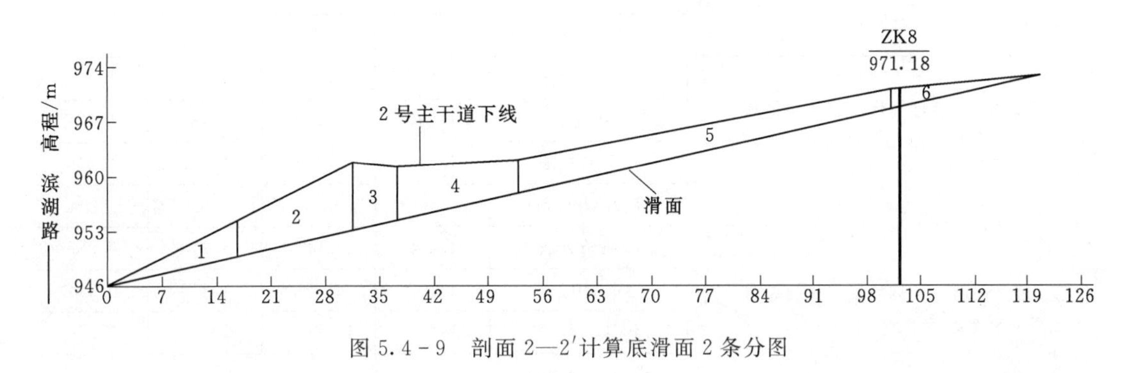

图5.4-9 剖面2—2′计算底滑面2条分图

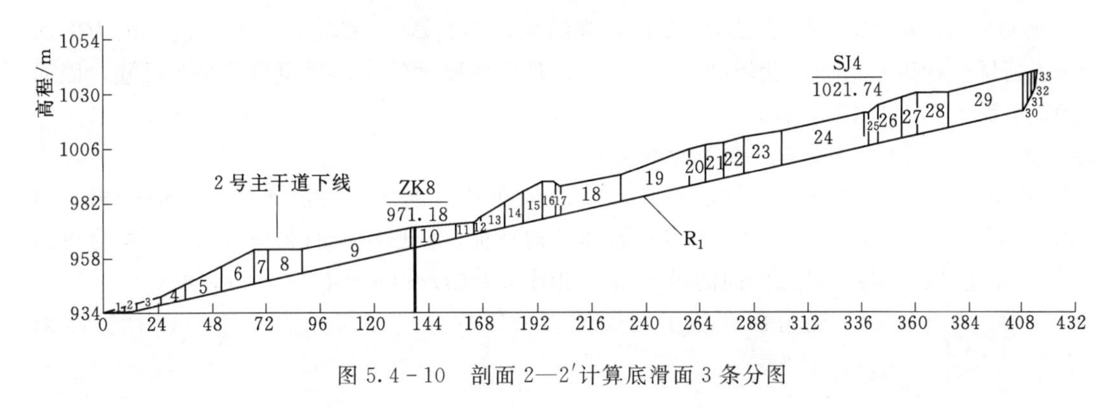

图5.4-10 剖面2—2′计算底滑面3条分图

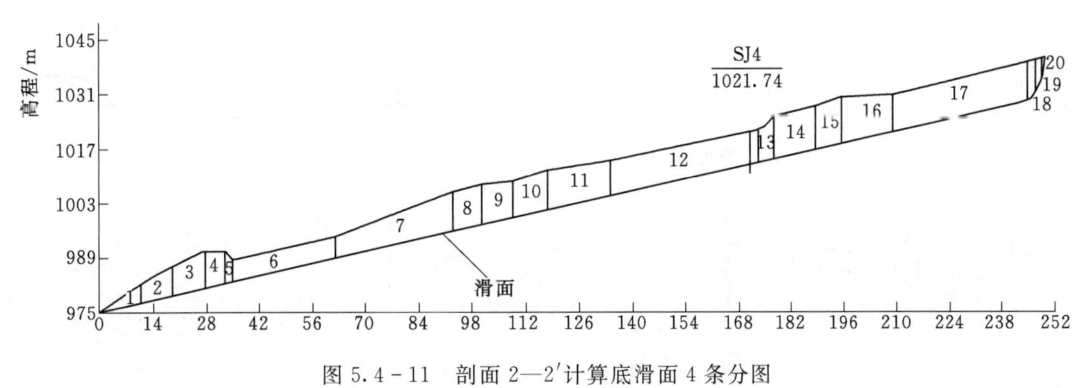

图5.4-11 剖面2—2′计算底滑面4条分图

表 5.4-5　剖面 2—2′稳定性计算结果

计算底滑面特征	计算方法	工况 1	工况 2	工况 3	工况 4
计算底滑面 1（计算滑体 1 号主干道以下部分稳定性，计算底滑面沿滑坡滑带）	瑞典条分法	1.749	1.534	1.355	1.188
	Bishop 法	1.749	1.534	1.356	1.189
	传递系数法	1.758	1.541	1.361	1.191
	推力/(kN/m)				
计算底滑面 2（计算滑体 1 号主干道与 2 号下线之间部分稳定性，计算底滑面沿滑坡滑带）	瑞典条分法	2.201	1.843	1.747	1.463
	Bishop 法	2.201	1.843	1.747	1.463
	传递系数法	2.201	1.843	1.747	1.463
	推力/(kN/m)				
计算底滑面 3（计算松动岩体＋滑体上段稳定性，计算底滑面沿下伏贯通型软弱夹层 R1）	瑞典条分法	1.862	1.546	1.487	1.234
	Bishop 法	1.847	1.531	1.483	1.229
	传递系数法	1.890	1.568	1.502	1.246
	推力/(kN/m)				
计算底滑面 4（计算松动岩体稳定性，计算底滑面沿滑坡滑带）	瑞典条分法	1.400	1.234	1.118	0.985
	Bishop 法	1.389	1.222	1.115	0.981
	传递系数法	1.416	1.248	1.127	0.991
	推力/(kN/m)				

（3）对比剖面 1—1′、剖面 2—2′的计算结果，剖面 2—2′稳定性较好，这是因为剖面 2—2′岩层产状以及滑面产状较缓，12°～13°，且滑体厚度较薄，滑面前缘存在反翘，因而计算所得的稳定性系数稍高。

3. 剖面 3—3′稳定性计算结果分析

根据剖面 3—3′中发育的软弱层带以及滑带在各条剖面上的展布特征，进行相互组合，并根据现场调查期间对滑坡及变形岩体结构特征、变形特征的调查结果，共组合得到 8 条计算底滑面，各计算底滑面的条分图，如图 5.4-12～图 5.4-19 所示。

剖面 3—3′各计算底滑面在各工况条件下稳定性计算结果见表 5.4-6。计算结果表明：

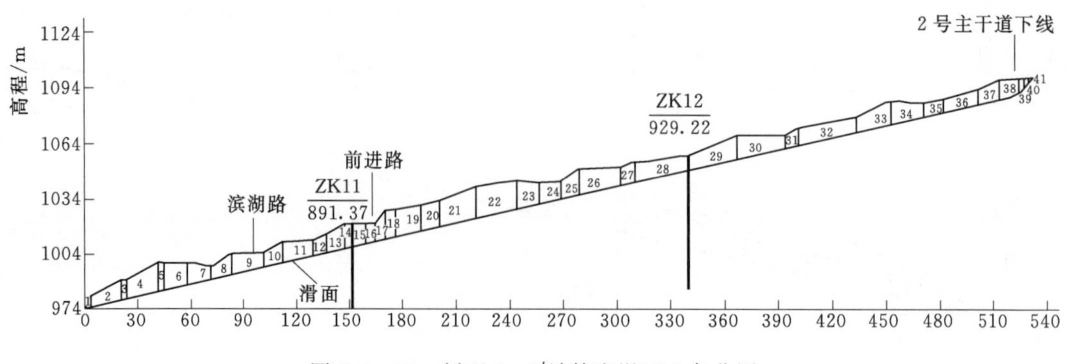

图 5.4-12　剖面 3—3′计算底滑面 1 条分图

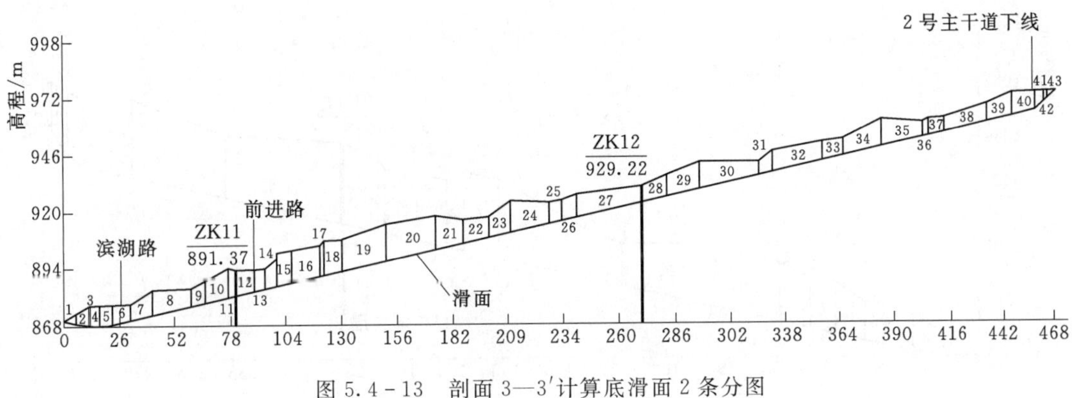

图 5.4-13　剖面 3—3′计算底滑面 2 条分图

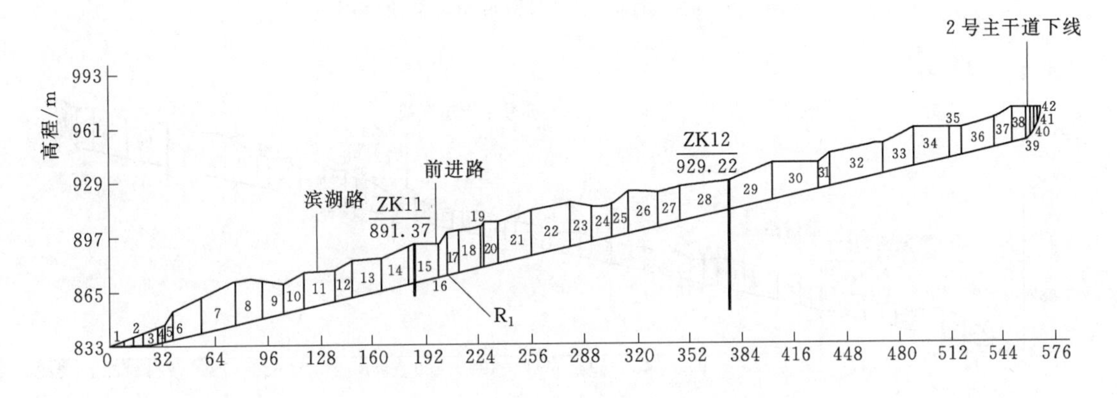

图 5.4-14　剖面 3—3′计算底滑面 3 条分图

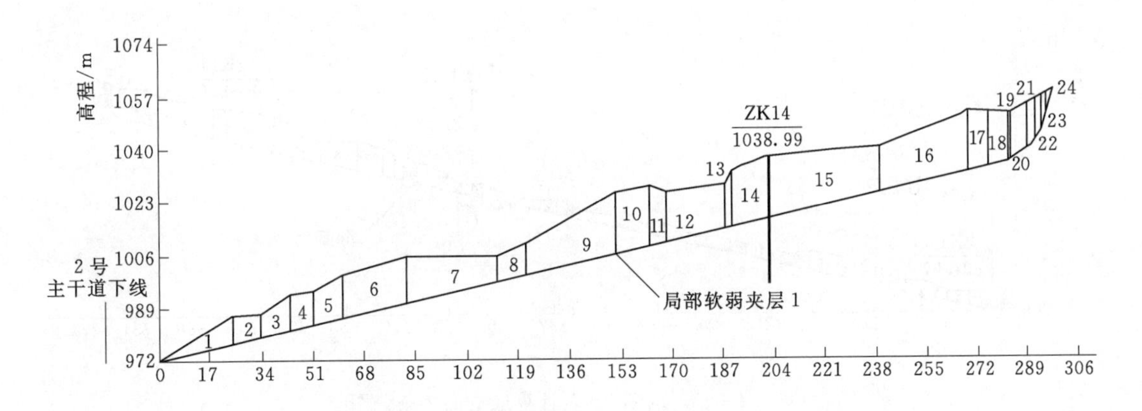

图 5.4-15　剖面 3—3′计算底滑面 4 条分图

(1) 天然条件下滑坡剖面 3—3′稳定性状况良好，稳定性系数均在 1.25 以上；天然+暴雨条件下，滑坡整体上也能保持稳定状态，但是计算底滑面 4、计算底滑面 7 和计算底滑面 8 的稳定性系数明显偏低，达不到 1.2 的安全系数要求，甚至处于极限平衡状态，不能满足工程要求；天然+地震条件下，滑坡及变形岩体也能保持稳定状态，但计算底滑面 4、计算底滑面 7 和计算底滑面 8 的稳定性系数明显偏低，不能满足工程要求，达不到

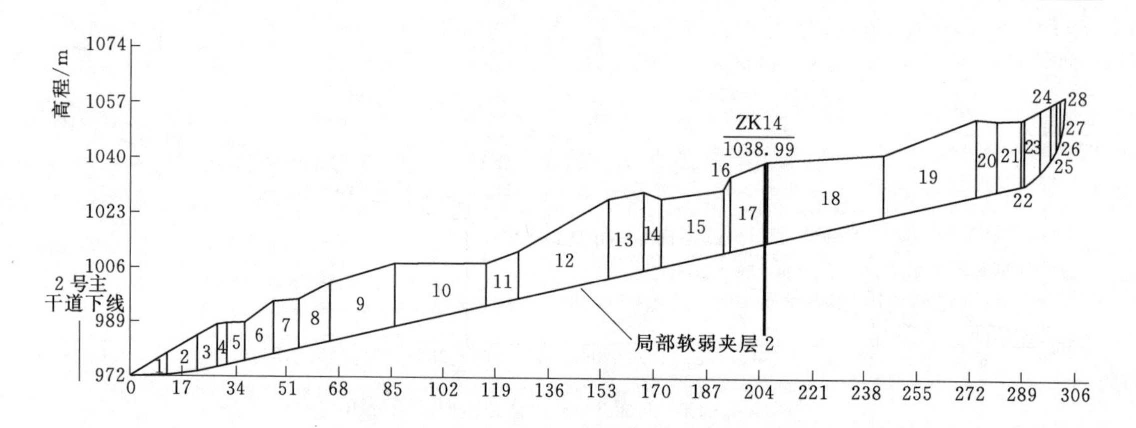

图 5.4-16　剖面 3—3′计算底滑面 5 条分图

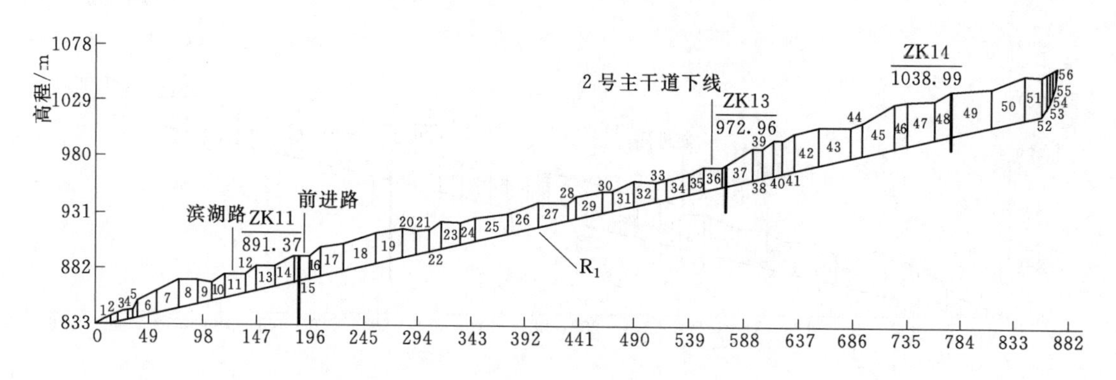

图 5.4-17　剖面 3—3′计算底滑面 6 条分图

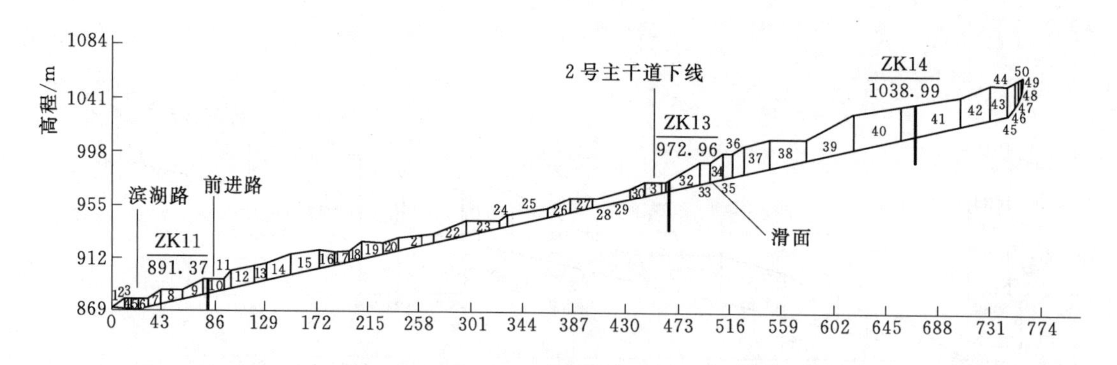

图 5.4-18　剖面 3—3′计算底滑面 7 条分图

1.1 的安全系数要求，甚至处于极限平衡状态；天然+暴雨+地震极限工况条件下，各计算滑面均处于极限平衡状态，或稳定性系数小于 1，滑坡体及变形岩体可能出现失稳破坏。

（2）从计算结果来看，工程建设期间对滑坡体及变形岩体的“切脚”行为将是影响滑坡体及变形岩体稳定性的一个重要因素，如计算底滑面 4，由于 2 号主干道的开挖，导致内侧软弱结构面出露地表，并且在前缘形成良好临空条件，从而导致该滑面的稳定性系数急剧降低，远低于安全储备要求。

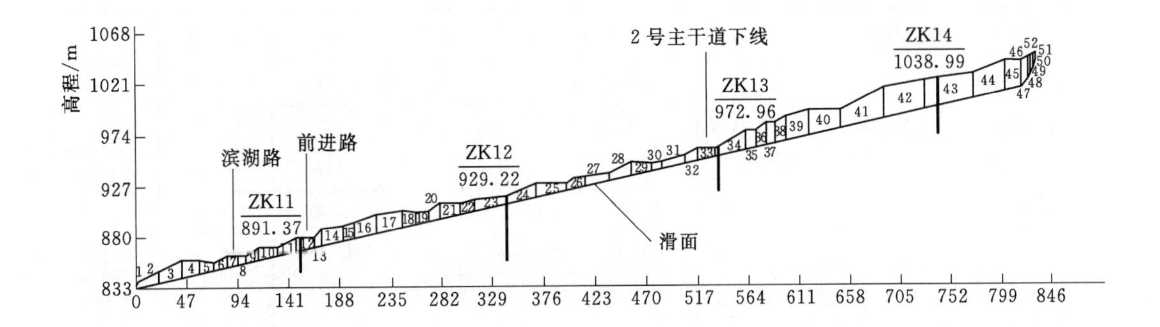

图 5.4-19　剖面 3—3′计算底滑面 8 条分图

表 5.4-6　　**剖面 3—3′稳定性计算结果**

计算底滑面特征	计算方法	工况 1	工况 2	工况 3	工况 4
计算底滑面 1（计算滑体整体稳定性，计算底滑面沿滑带，在前进路剪出）	瑞典条分法	1.444	1.212	1.146	0.962
	Bishop 法	1.441	1.209	1.145	0.961
	传递系数法	1.441	1.215	1.148	0.963
	推力/(kN/m)				
计算底滑面 2（计算滑体整体稳定性，计算底滑面沿滑带，在滨湖路剪出）	瑞典条分法	1.503	1.262	1.184	0.994
	Bishop 法	1.500	1.259	1.184	0.994
	传递系数法	1.504	1.270	1.191	0.999
	推力/(kN/m)				
计算底滑面 3（计算滑体整体＋R_1 软弱结构面以上岩体稳定性，计算底滑面贯通型软弱结构面 R_1）	瑞典条分法	1.57	1.267	1.248	1.006
	Bishop 法	1.557	1.255	1.243	1.001
	传递系数法	1.580	1.277	1.255	1.012
	推力/(kN/m)				
计算底滑面 4（计算松动岩体稳定性，计算底滑面沿剖面局部软弱夹层 1）	瑞典条分法	1.285	1.084	1.035	0.853
	Bishop 法	1.254	1.057	1.019	0.859
	传递系数法	1.306	1.100	1.048	0.882
	推力/(kN/m)	1051.4	2398.5	1561.8	
计算底滑面 5（计算松动岩体稳定性，计算底滑面沿剖面局部软弱夹层 2）	瑞典条分法	1.536	1.233	1.235	0.991
	Bishop 法	1.522	1.216	1.232	0.985
	传递系数法	1.566	1.256	1.252	1.005
	推力/(kN/m)				
计算底滑面 6（计算滑体＋松动岩体稳定性，计算底滑面沿计算底滑面贯通型软弱夹层 R_1）	瑞典条分法	1.451	1.179	1.159	0.941
	Bishop 法	1.412	1.146	1.139	0.924
	传递系数法	1.482	1.203	1.178	0.956
	推力/(kN/m)				

续表

计算底滑面特征	计算方法	工况 1	工况 2	工况 3	工况 4
计算底滑面 7（计算滑体＋松动岩体稳定性，计算底滑面沿滑带，在滨湖路剪出）	瑞典条分法	1.283	1.180	1.024	0.942
	Bishop 法	1.255	1.155	1.010	0.929
	传递系数法	1.314	1.192	1.043	0.956
	推力/(kN/m)	2246.9	2600	4147.8	
计算底滑面 8（计算滑体＋松动岩体稳定性，计算底滑面滑带，在前进路剪出）	瑞典条分法	1.278	1.073	1.021	0.858
	Bishop 法	1.257	1.056	1.011	0.849
	传递系数法	1.301	1.092	1.036	0.869
	推力/(kN/m)	3586.4	7752.1	5783	

（3）从区内各部分岩体稳定性状况来看，滑体稳定相对较好，而后缘松动岩体稳定性较差，这是因为由于 2 号主干道的开挖，导致内侧软弱结构面出露地表，并且在前缘形成良好临空条件，计算得松动岩体在暴雨和地震工况条件下处于极限平衡状态，存在失稳的可能，受其影响，滑体和松动岩体整体稳定性的安全储备也较低，达不到工程要求。

（4）稳定性计算，滑体及变形岩体稳定性对水和Ⅶ度地震的敏感性大致相当，饱水条件下将导致稳定性系数降低 0.2～0.3，地震将导致稳定性系数降低 0.3 左右。

4. 剖面 4—4′稳定性计算结果分析

根据剖面 4—4′中发育的软弱层带以及滑带在各条剖面上的展布特征，进行相互组合，并根据现场调查期间对滑坡及变形岩体结构特征、变形特征的调查结果，共组合得到 11 条计算底滑面，各计算底滑面的条分图，如图 5.4-20～图 5.4-30 所示。

剖面 4—4′各计算底滑面在各工况条件下稳定性计算结果见表 5.4-7。计算结果表明：

（1）天然条件下滑坡剖面 4—4′稳定性状况良好，稳定性系数均在 1.3 以上；天然＋暴雨条件下，滑坡整体上也能保持稳定状态，但是计算底滑面 1、计算底滑面 2、计算底滑面 7 和计算底滑面 8 稳定性系数偏低，达不到 1.2 的安全系数要求，不能满足工程要求，其中计算底滑面 7 甚至处于极限状态；天然＋地震条件下，滑坡及变形岩体也能保持稳定状态，但计算底滑面 1、计算底滑面 2、计算底滑面 7 和计算底滑面 8 的稳定性系数明显偏低，不能满足工程要求，达不到 1.1 的安全系数要求，其中计算底滑面 7、滑面 8

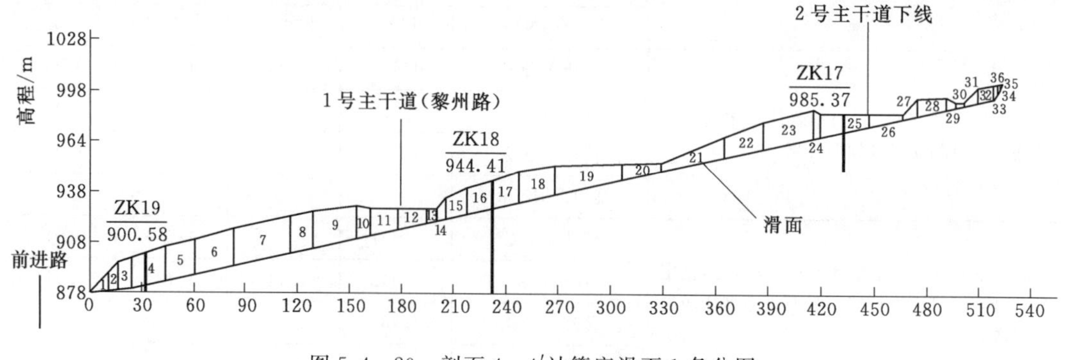

图 5.4-20　剖面 4—4′计算底滑面 1 条分图

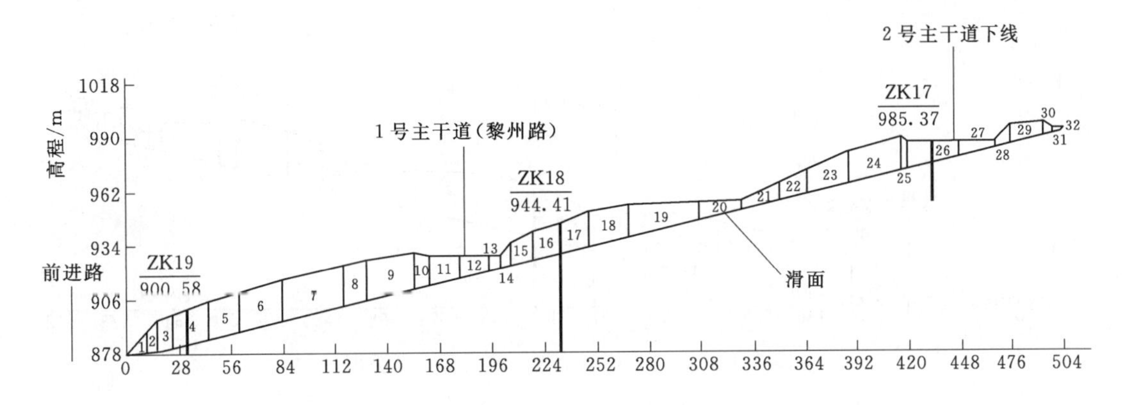

图5.4-21　剖面4—4′计算底滑面2条分图

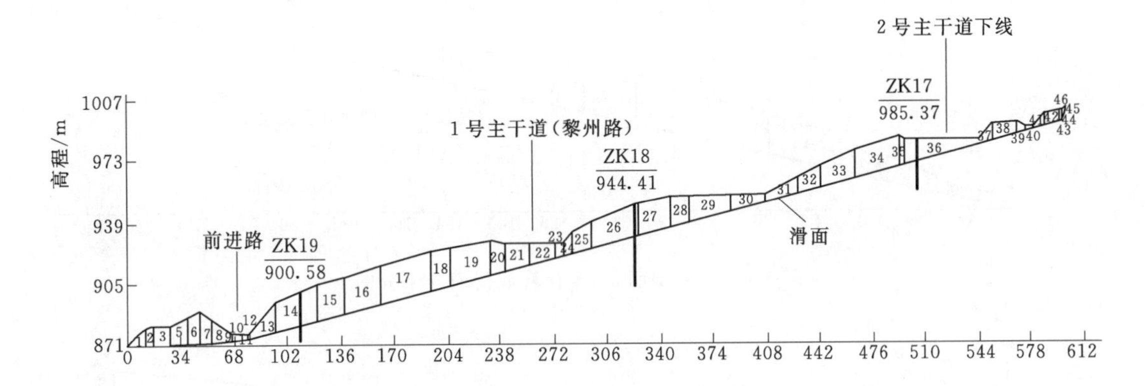

图5.4-22　剖面4—4′计算底滑面3条分图

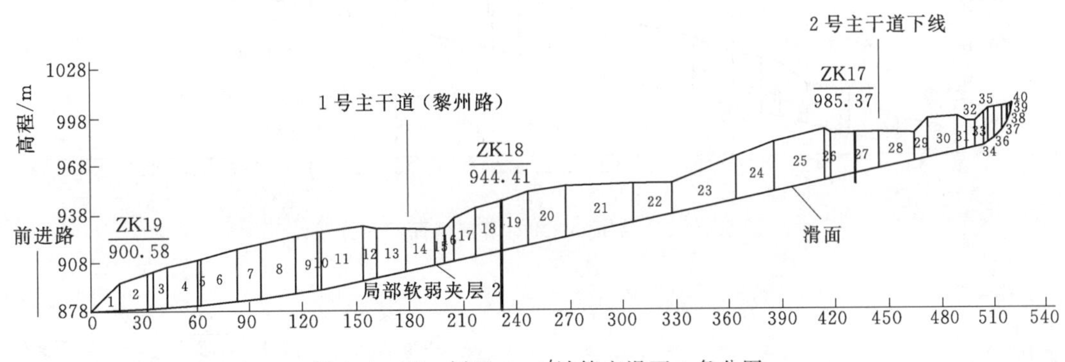

图5.4-23　剖面4—4′计算底滑面4条分图

甚至处于极限状态；天然＋暴雨＋地震极限工况条件下，各计算滑面均处于极限平衡状态，或稳定性系数小于1，滑坡体及变形岩体可能出现失稳破坏。

（2）从计算结果来看，工程建设期间对滑坡体及变形岩体的“切脚”行为将是影响滑坡体及变形岩体稳定性的一个重要因素，如计算底滑面1、计算底滑面2，由于前进路的开挖，导致内侧滑带出露地表，并且在前缘形成良好临空条件，从而导致该滑面的稳定性系数急剧降低，远低于安全储备要求，计算底滑面7也是因为2号主干道下线的开挖切

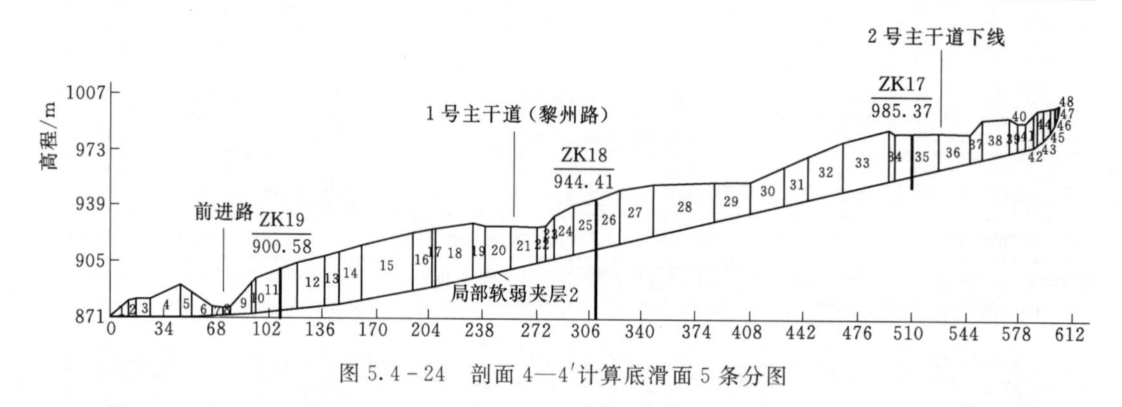

图 5.4-24　剖面 4—4′计算底滑面 5 条分图

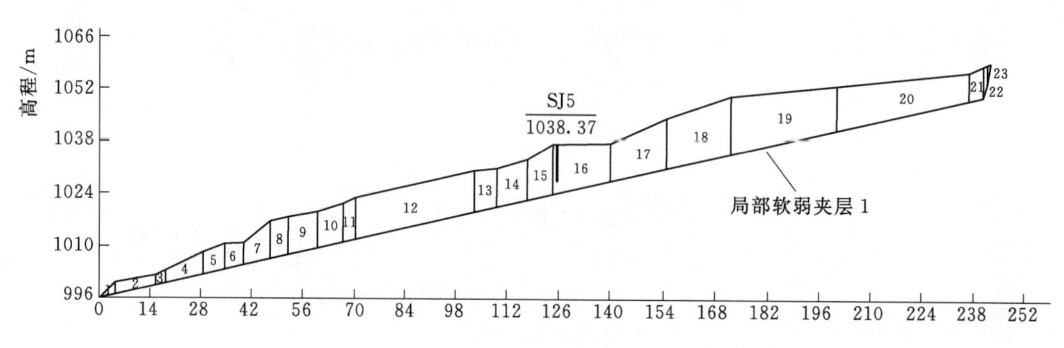

图 5.4-25　剖面 4—4′计算底滑面 6 条分图

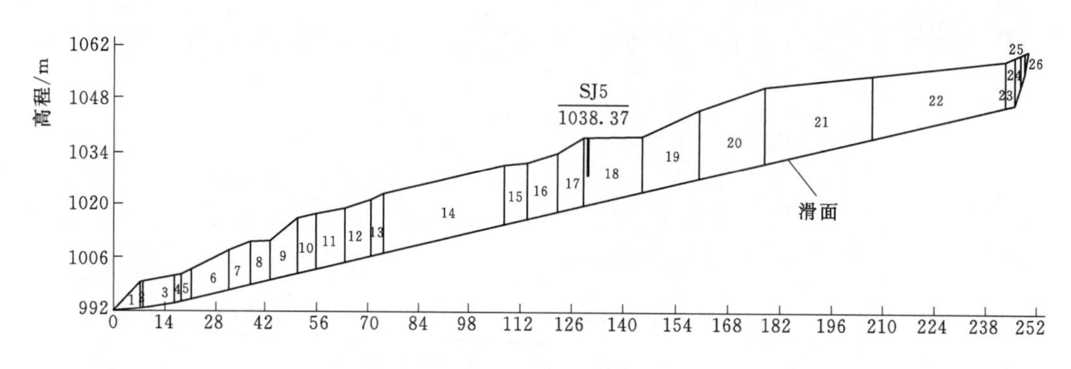

图 5.4-26　剖面 4—4′计算底滑面 7 条分图

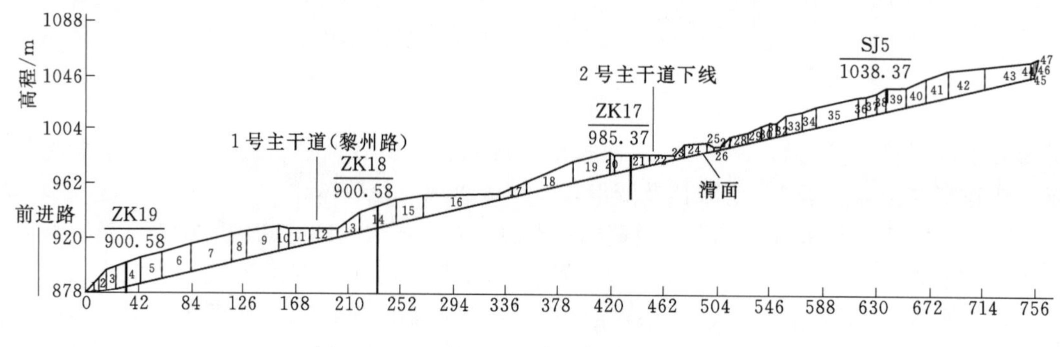

图 5.4-27　剖面 4—4′计算底滑面 8 条分图

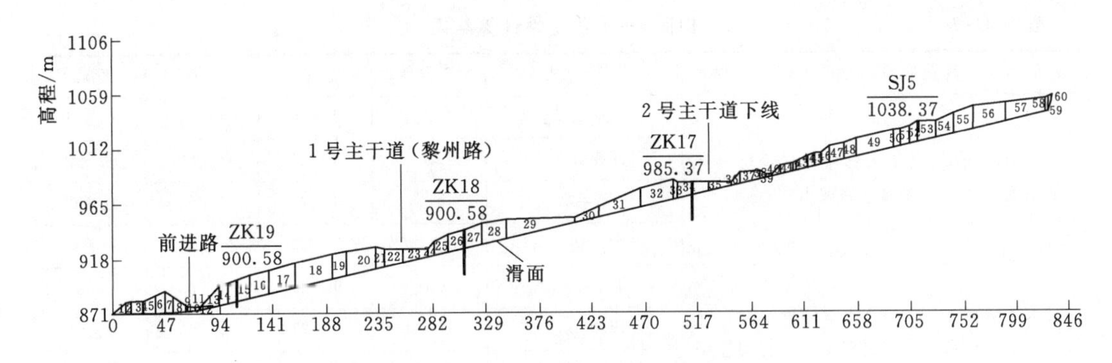

图 5.4-28　剖面 4—4′计算底滑面 9 条分图

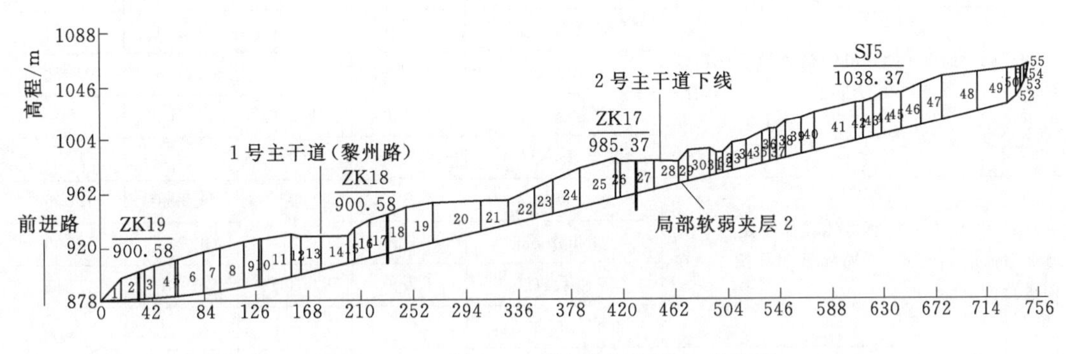

图 5.4-29　剖面 4—4′计算底滑面 10 条分图

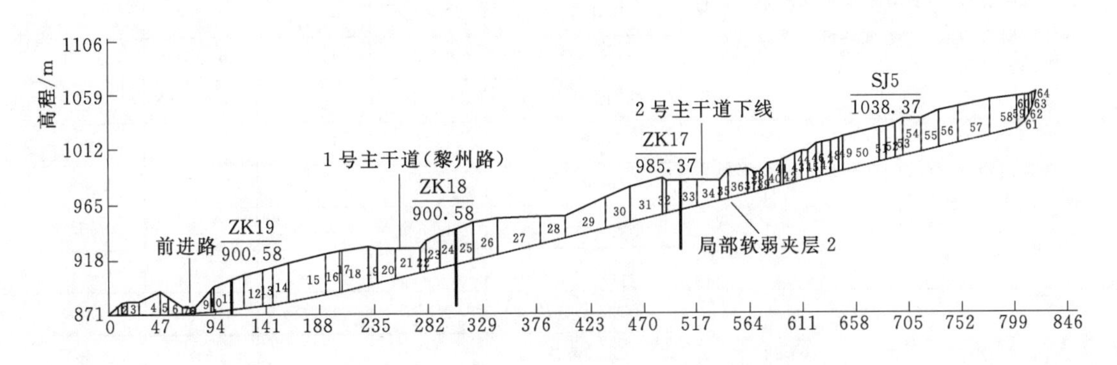

图 5.4-30　剖面 4—4′计算底滑面 11 条分图

脚，导致稳定性系数降低，低于安全储备要求。

(3) 从区内各部分岩体稳定性来看，由于受到公路开挖切脚的影响，滑体和后缘松动岩体的稳定性均较差，其中松动岩体稳定性相对更差。滑体在暴雨工况条件下安全储备偏低，在地震工况下处于极限状态；松动岩体在暴雨和地震工况下均处于极限状态。

(4) 稳定性计算，滑体及变形岩体稳定性对水和Ⅶ度地震的敏感性大致相当，饱水条件下将导致稳定性系数降低 0.2～0.3，地震将导致稳定性系数降低 0.3 左右。

5. 剖面 5—5′稳定性计算结果分析

根据剖面 5—5′中发育的软弱层带以及滑带在各条剖面上的展布特征，进行相互组合，

表 5.4-7　　剖面 4—4′稳定性计算结果

计算底滑面特征	计算方法	工况 1	工况 2	工况 3	工况 4
计算底滑面 1（计算滑体整体稳定性，计算底滑面沿滑带，在前进路剪出）	瑞典条分法	1.334	1.120	1.061	0.891
	Bishop 法	1.335	1.121	1.062	0.892
	传递系数法	1.336	1.122	1.062	0.892
	推力/(kN/m)	1484.5	3431.2	2532.4	
计算底滑面 2（计算滑体整体稳定性，计算底滑面沿滑带，在前进路剪出，在前进路剪出）	瑞典条分法	1.334	1.121	1.059	0.890
	Bishop 法	1.334	1.121	1.060	0.890
	传递系数法	1.335	1.121	1.059	0.890
	推力/(kN/m)	1478.7	3433.1	2535.6	
计算底滑面 3（计算滑体整体稳定性，计算底滑面沿滑带，在前进路剪出，在滨湖路剪出）	瑞典条分法	1.471	1.240	1.154	0.974
	Bishop 法	1.470	1.237	1.155	0.979
	传递系数法	1.480	1.249	1.160	
	推力/(kN/m)				
计算底滑面 4（计算滑体整体稳定性，计算底滑面沿剖面 4—4′局部软弱夹层 2，在前进路剪出）	瑞典条分法	1.577	1.285	1.234	1.005
	Bishop 法	1.569	1.272	1.229	1.000
	传递系数法	1.599	1.302	1.246	1.015
	推力/(kN/m)				
计算底滑面 5（计算滑体整体稳定性，计算底滑面沿剖面 4—4′局部软弱夹层 2，在滨湖路剪出）	瑞典条分法	1.628	1.325	1.269	1.032
	Bishop 法	1.615	1.313	1.265	1.028
	传递系数法	1.653	1.343	1.284	1.043
	推力/(kN/m)				
计算底滑面 6（计算松动松动岩体稳定性，计算底滑面沿剖面 4—4′局部软弱夹层 1）	瑞典条分法	1.451	1.224	1.161	0.979
	Bishop 法	1.447	1.220	1.161	0.980
	传递系数法	1.456	1.227	1.162	0.980
	推力/(kN/m)				
计算底滑面 7（计算松动岩体稳定性，计算底滑面为滑带）	瑞典条分法	1.292	1.086	1.033	0.868
	Bishop 法	1.272	1.068	1.025	0.861
	传递系数法	1.308	1.098	1.041	0.874
	推力/(kN/m)	840.8	2016.7	1435.8	
计算底滑面 8（计算滑坡体＋松动岩体稳定性，计算底滑面为滑带，在前进路剪出）	瑞典条分法	1.318	1.160	1.049	0.923
	Bishop 法	1.325	1.157	1.049	0.922
	传递系数法	1.321	1.163	1.051	0.955
	推力/(kN/m)	1694.5	2138.1	3568.1	
计算底滑面 9（计算滑坡体＋松动岩体稳定性，计算底滑面为滑带，在滨湖路剪出）	瑞典条分法	1.388	1.166	1.095	0.920
	Bishop 法	1.383	1.162	1.094	0.919
	传递系数法	1.398	1.173	1.101	0.924
	推力/(kN/m)		1611.9		

续表

计算底滑面特征	计算方法	工况1	工况2	工况3	工况4
计算底滑面10（计算滑坡体+松动岩体稳定性，计算底滑面为滑带，在前进路剪出）	瑞典条分法	1.410	1.219	1.113	0.962
	Bishop法	1.391	1.203	1.106	0.955
	传递系数法	1.417	1.234	1.123	0.971
	推力/(kN/m)				
计算底滑面11（计算滑坡体+松动岩体稳定性，计算底滑面为剖面4—4′的局部软弱夹层2滑动，在滨湖路剪出）	瑞典条分法	1.446	1.248	1.138	0.982
	Bishop法	1.431	1.234	1.132	0.976
	传递系数法	1.465	1.264	1.150	0.991
	推力/(kN/m)				

并根据现场调查期间对滑坡及变形岩体结构特征、变形特征的调查结果，共组合得到9条计算底滑面，各计算底滑面的条分图，如图5.4-31～图5.4-39所示。

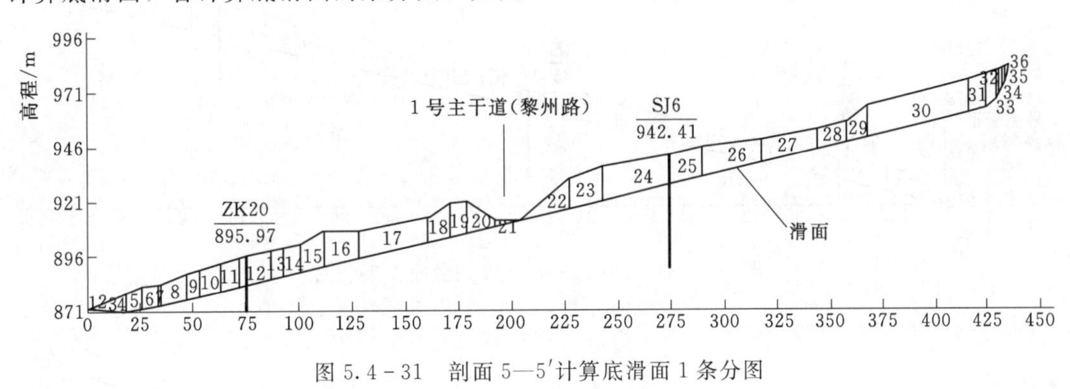

图5.4-31 剖面5—5′计算底滑面1条分图

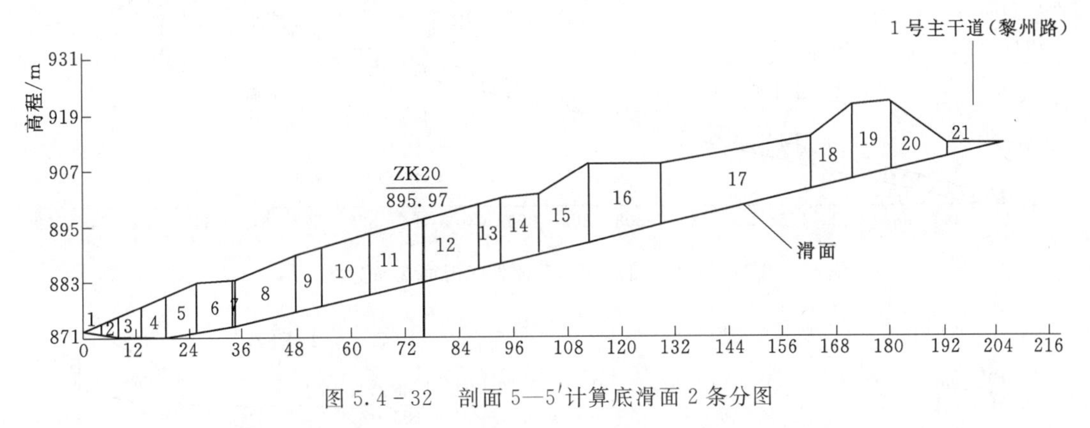

图5.4-32 剖面5—5′计算底滑面2条分图

剖面5—5′各计算底滑面在各工况条件下稳定性计算结果见表5.4-8。计算结果表明：

(1) 天然条件下滑坡剖面5—5′稳定性状况较好，稳定性系数均在1.2以上，但计算底滑面3、计算底滑面4、计算底滑面5和计算底滑面6的稳定性系数偏低，低于要求的1.35安全系数；天然+暴雨条件下，滑坡整体上也能保持稳定状态，但是计算底滑面1、计算底滑面3、计算底滑面4、计算底滑面5、计算底滑面6和计算底滑面7稳定性系数偏

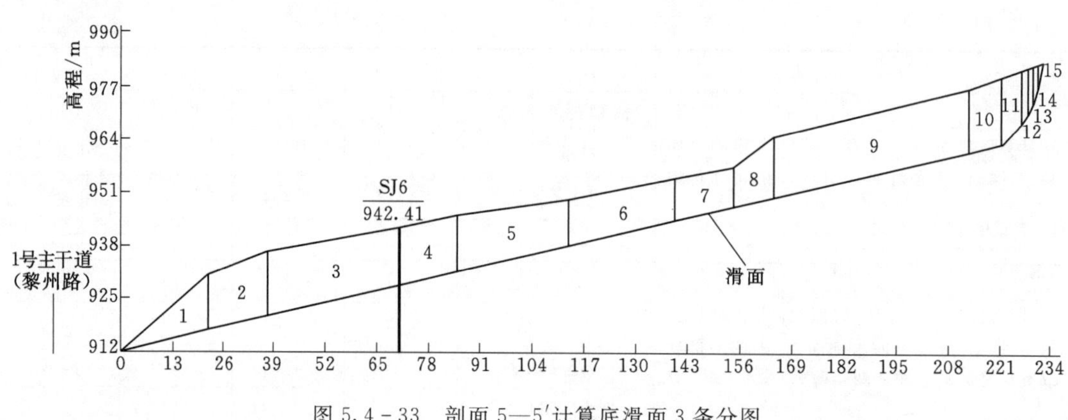

图 5.4-33　剖面 5—5′计算底滑面 3 条分图

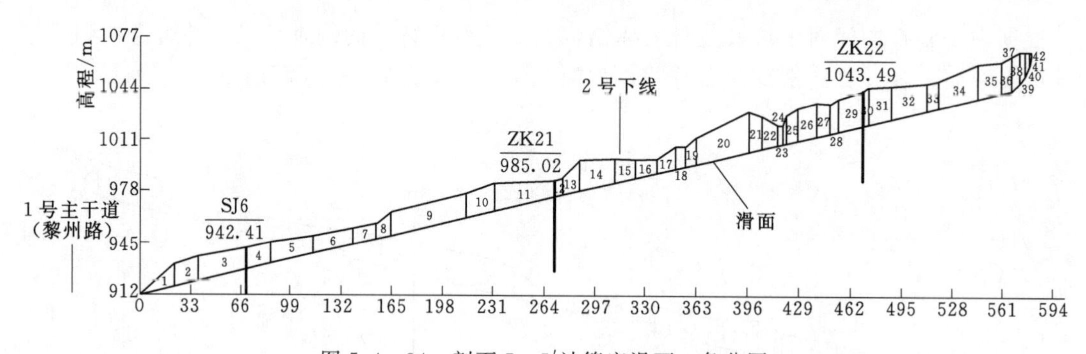

图 5.4-34　剖面 5—5′计算底滑面 4 条分图

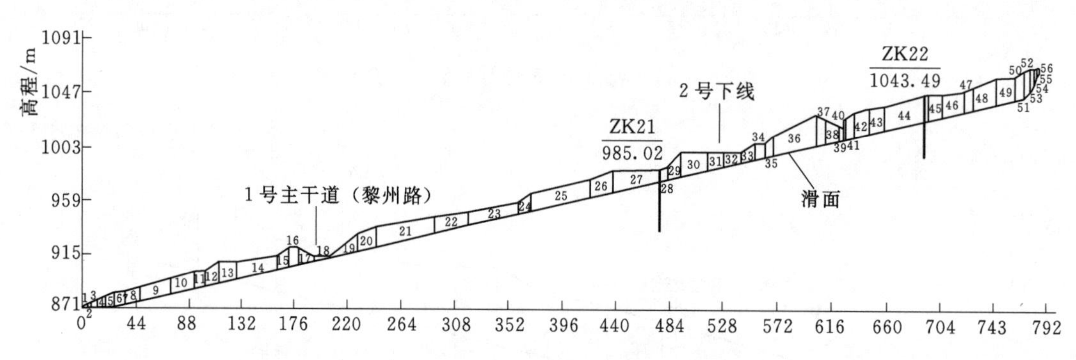

图 5.4-35　剖面 5—5′计算底滑面 5 条分图

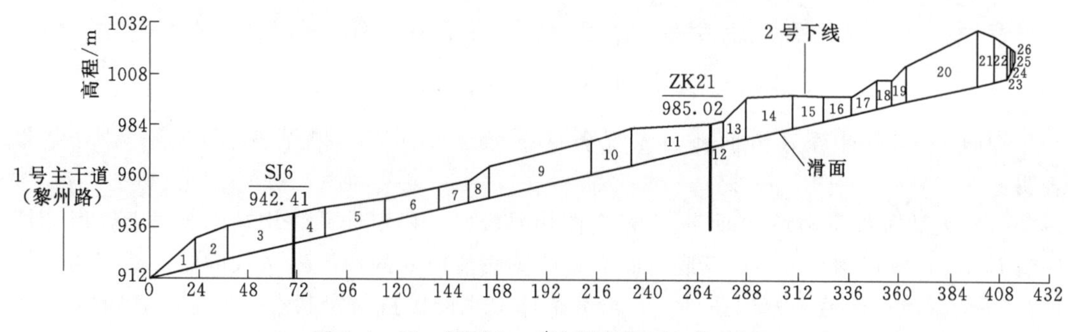

图 5.4-36　剖面 5—5′计算底滑面 6 条分图

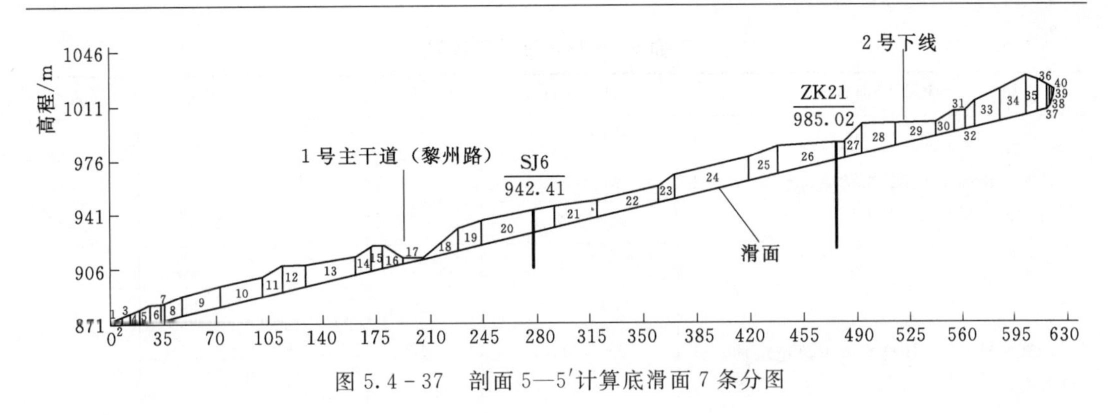

图 5.4-37 剖面 5—5′计算底滑面 7 条分图

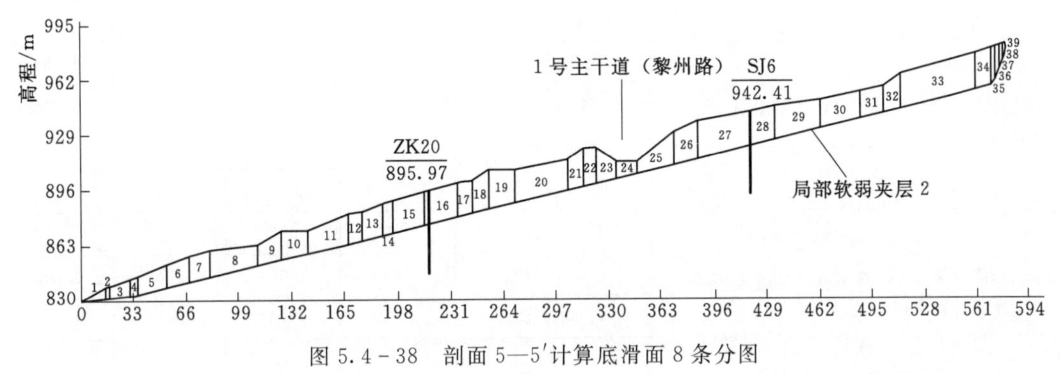

图 5.4-38 剖面 5—5′计算底滑面 8 条分图

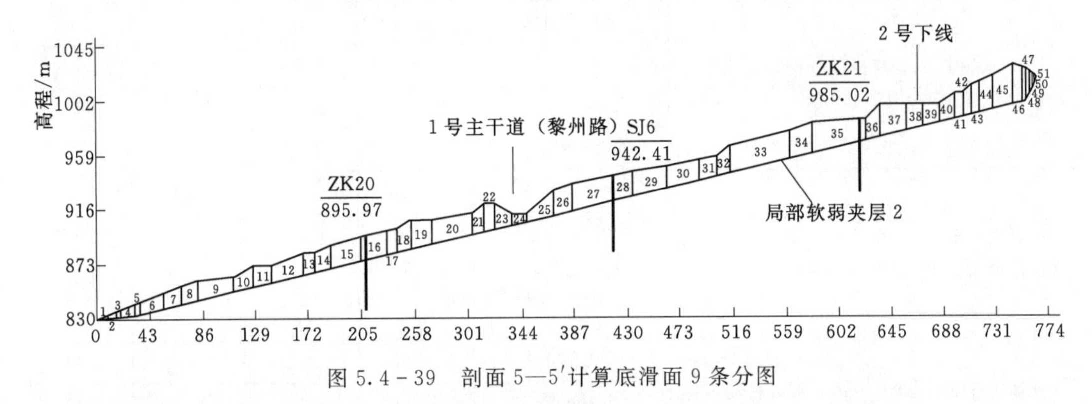

图 5.4-39 剖面 5—5′计算底滑面 9 条分图

低，达不到 1.2 的安全系数要求，不能满足工程要求，其中计算底滑面 3、计算底滑面 4 处于极限状态；天然＋地震条件下，滑坡及变形岩体也能保持稳定状态，但计算底滑面 1、计算底滑面 3、计算底滑面 4、计算底滑面 5、计算底滑面 6 和计算底滑面 7 稳定性系数偏低，不能满足工程要求，甚至处于极限状态，达不到 1.1 的安全系数要求；天然＋暴雨＋地震极限工况条件下，各计算滑面均处于极限平衡状态，或稳定性系数小于 1，滑坡体及变形岩体可能出现失稳破坏。

(2) 从计算结果来看，工程建设期间对滑坡体及变形岩体的“切脚”行为将是影响滑坡体及变形岩体稳定性的一个重要因素，如计算底滑面 3、计算底滑面 4、计算底滑面 5 均由于 1 号主干道的开挖，导致内侧滑带出露地表，并且在前缘形成良好临空条件，从而导致该滑面的稳定性系数急剧降低，远低于安全储备要求。

表 5.4-8　　剖面 5-5′稳定性计算结果

计算底滑面特征	计算方法	工况 1	工况 2	工况 3	工况 4
计算底滑面 1（计算滑体整体稳定性，计算底滑面为滑带）	瑞典条分法	1.330	1.117	1.067	0.895
	Bishop 法	1.305	1.096	1.054	0.885
	传递系数法	1.355	1.136	1.082	0.901
	推力/(kN/m)		1771.5	623.2	
计算底滑面 2（计算滑体下段稳定性，计算底滑面为滑带）	瑞典条分法	1.493	1.253	1.172	0.984
	Bishop 法	1.495	1.255	1.173	0.986
	传递系数法	1.501	1.259	1.178	0.988
	推力/(kN/m)				
计算底滑面 3（计算滑体上段稳定性，计算底滑面为滑带）	瑞典条分法	1.221	1.025	0.992	0.833
	Bishop 法	1.186	0.996	0.974	0.818
	传递系数法	1.252	1.049	1.012	0.849
	推力/(kN/m)	1754.8	2692	1938.8	
计算底滑面 4（计算滑体上段＋松动岩体稳定性，计算底滑面为滑带）	瑞典条分法	1.204	1.086	0.970	0.874
	Bishop 法	1.177	1.061	0.956	0.861
	传递系数法	1.229	1.107	0.986	0.888
	推力/(kN/m)	6537.2	5007.8	7584.5	
计算底滑面 5（计算滑体＋松动岩体稳定性，计算底滑面为滑带）	瑞典条分法	1.348	1.203	1.065	0.957
	Bishop 法	1.330	1.195	1.062	0.954
	传递系数法	1.348	1.211	1.071	0.963
	推力/(kN/m)	172.6		1525.2	
计算底滑面 6（计算滑体上段＋部分松动岩体稳定性，计算底滑面为滑带）	瑞典条分法	1.306	1.101	1.046	0.882
	Bishop 法	1.291	1.090	1.040	0.877
	传递系数法	1.317	1.109	1.052	0.887
	推力/(kN/m)	1154.4	3088.2	2047.7	
计算底滑面 7（计算滑体＋部分松动岩体稳定性，计算底滑面为滑带，在松动岩体拉裂缝处产生拉裂面）	瑞典条分法	1.366	1.151	1.088	0.917
	Bishop 法	1.358	1.149	1.085	0.915
	传递系数法	1.376	1.159	1.094	0.922
	推力/(kN/m)		1782.7	379.7	
计算底滑面 8（计算滑体整体稳定性，计算底滑面为剖面 5—5′局部软弱夹层 2）	瑞典条分法	1.562	1.252	1.255	1.005
	Bishop 法	1.532	1.229	1.243	0.998
	传递系数法	1.588	1.273	1.270	1.018
	推力/(kN/m)				
计算底滑面 9（计算滑体整体＋松动岩体稳定性，计算底滑面为剖面 5—5′局部软弱夹层 2）	瑞典条分法	1.548	1.245	1.240	0.996
	Bishop 法	1.533	1.231	1.233	0.990
	传递系数法	1.564	1.257	1.250	1.004
	推力/(kN/m)				

（3）从区内各部分岩体稳定性状况来看，滑体下段稳定性较好，而滑体上段和后缘松动岩体稳定性较差，在暴雨和地震工况条件下处于极限状态，存在失稳的可能。

（4）稳定性计算，滑体及变形岩体稳定性对水和Ⅶ度地震的敏感性大致相当，饱水条件下将导致稳定性系数降低0.2～0.3，地震将导致稳定性系数降低0.3左右。

5.4.3 滑坡稳定性数值模拟分析

5.4.3.1 模型建立

为了获得乱石岗滑坡的稳定性，选取滑坡的主剖面进行分析。模型计算边界均采用单项约束。材料破坏准则采用莫尔—库仑破坏准则，模型的初始地应力场采用弹性赋值法。有限差分FLAC3D数值计算模型如图5.4－40～图5.4－43所示，计算模型由160854个节点和79478个单元组成。

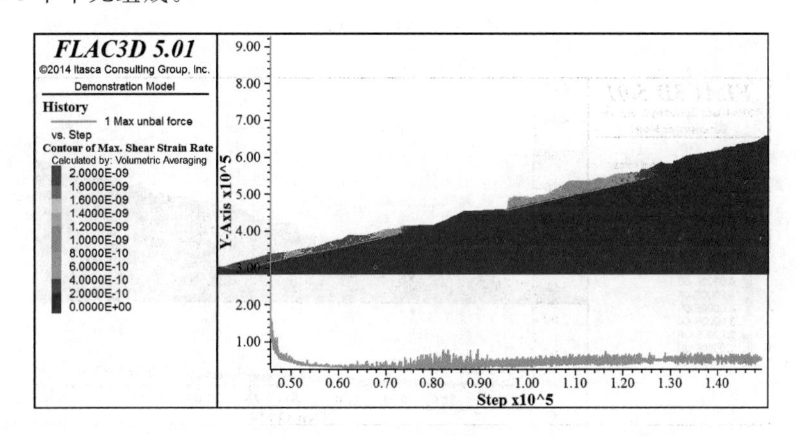

图5.4－40 工况1

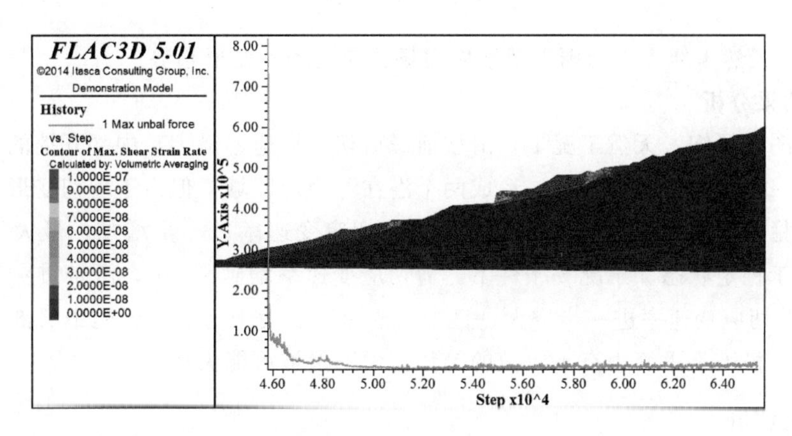

图5.4－41 工况2

5.4.3.2 分析工况

为研究乱石岗滑坡变形发展趋势，分别考虑以下几种工况进行分析：

工况1：天然状态下滑坡应力场、应变场及变形趋势；

工况2：天然＋暴雨下滑坡应力场、应变场及变形趋势；

工况3：天然＋地震下滑坡应力场、应变场及变形趋势；

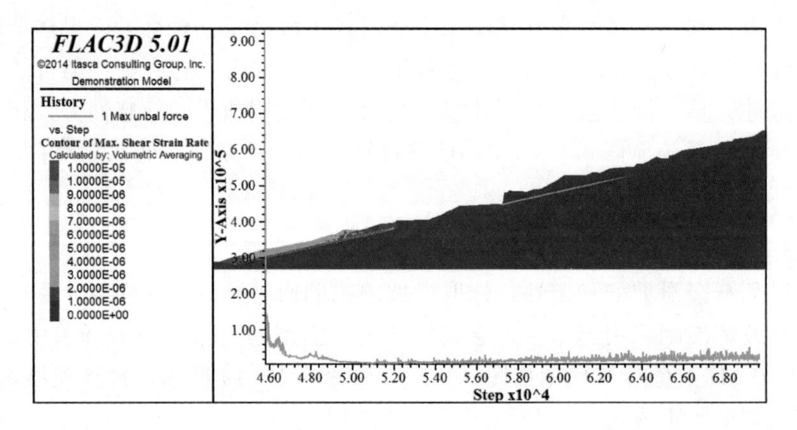

图 5.4-42　工况 3

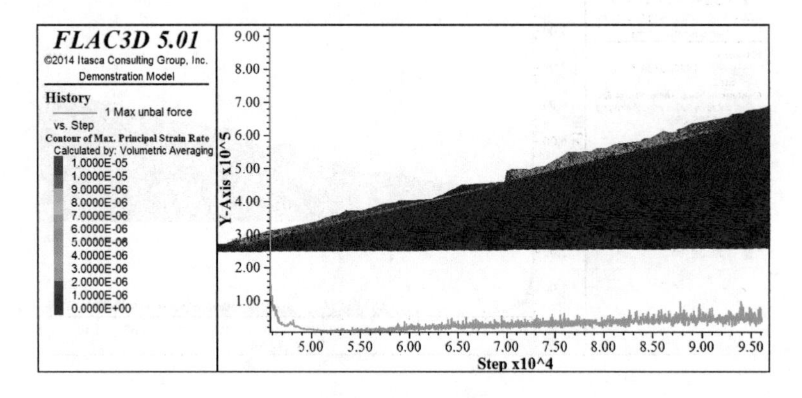

图 5.4-43　工况 4

工况 4：天然＋地震＋暴雨下滑坡应力场、应变场及变形趋势。

5.4.3.3　结果分析

从以上图中可知，天然工况下，滑坡前缘剪切变形速率最大，中部开挖的人工垂直边坡也会产生一定的剪切变形速率，形成两个潜在不稳定区域，但由于剪切变形速率均十分小，故处于稳定状态。工况 2 条件下，滑坡剪切应变速率进一步增加，最大不平衡力收敛，故仍处于稳定状态。工况 3 条件下，剪切应变速率增到至 10^5，滑带贯穿滑坡。工况 4 条件下，剪切应变速率进一步增大，且中后部速率要大于前缘，说明中后部土体较前缘更加不稳定，最大不平衡力有不收敛的趋势，说明滑坡可能失稳。

5.4.4　综合评价

通过前面对乱石岗滑坡及变形岩体在各种工况条件下的稳定性状况的定性、定量评价，结合现场调查分析的结果，综合考虑可以对乱石岗滑坡及其变形岩体的稳定性状况作出以下基本认识：

（1）天然状态下乱石岗滑坡及变形体稳定性状况较好，出现较大规模失稳的可能性较小，当然不排除局部松散岩土体在不利因素影响下出现小规模失稳的可能性。天然＋暴雨工况条件下，滑坡及变形体能够保持基本稳定性，但安全储备偏低，局部处于极限状态，难以达到工程建设要求，局部被工程开挖切脚，导致下伏软弱结构面（包括滑带）出露于坡脚，形成良好临空条件的岩土体甚至处于极限平衡状态，存在失稳的可能；天然＋Ⅶ度地震条件下，滑坡及变形体能够保持基本稳定性，但安全储备偏低，局部处于极限状态，难以达到工程建设要求，局部岩土体也存在失稳的可能；天然＋暴雨＋地震极限条件下，乱石岗滑坡及变形体绝大多数稳定性系数小于1，或处于极限平衡状态，出现失稳的可能性较大。

（2）从分析、计算结果来看，工程开挖是影响滑坡及变形体稳定性的一个重要因素，尤其是工程开挖“切脚”导致下伏软弱结构面（包括滑带）出露于坡脚，并在坡脚形成较好临空条件下，在降雨等地表水体下渗、坡面加载等因素诱发下可能导致滑坡及变形体局部失稳。现场调查期间见到的多处挡墙开挖，以及局部岩土体失稳现象大多属此类情况。据此可以认为，在场区后续大量挡墙基槽开挖过程中，若处理不当，诱发局部岩土体失稳的可能较大。

（3）水是影响滑坡及变形体稳定性的另一个重要因素，计算结果表明，暴雨工况条件下，滑坡及变形稳定性系数一般可降低0.2～0.3。因此施工期间以及后期县城居民生活期间，应注意防止地表水体的大量下渗。

（4）从乱石岗滑坡及变形体各部分稳定性状况来看，滑坡堆积区以及拉裂松动变形区岩体在暴雨及地震工况条件下的安全储备较低，局部处于极限状态，在不利因素影响下存在失稳的可能，因此对这部分岩土体应进行合理的治理，以保证后部岩体的稳定和建筑物的安全。

5.5　反倾岩质滑坡

5.5.1　滑坡稳定性宏观定性分析

综合上述滑坡的规模及变形特征表明，斜坡整体目前并未发育成为沿深层最大弯折带整体滑移的破坏模式，而只是发生了浅层的堆积层滑坡。

目前，虽然滑坡体整体形成了典型的圈椅状地貌，其后缘也出露有下错台坎和拉张裂缝，但拉张裂缝延续性较差，且张开度较小，滑坡整体变形迹象不明显。因此，可以推断滑坡整体目前处于稳定的状态。

根据现场调查及勘探成果揭露，滑坡体内发育有四个次级滑体。其中分布于滑坡体前缘的1号、2号、3号次级滑体，由于长期受雅砻江侵蚀，同期均发生过整体滑动，经历了能量的消散过程，且均形成了典型的滑坡地貌。随着浅表生改造的进一步加剧，以及雅砻江进一步侵蚀下切的影响。目前，1号次级滑体复活迹象尤为突出，其坡体前缘发育有多条垂直主滑方向的拉张裂缝，并随着雨水的冲刷不断向深部发展。此外，在勘探过程中位于1号次级滑体上的ZKL03钻孔出现了明显的钻孔倾斜现象。因此，可以推测1号次级滑体目前处于不稳定状态，在暴雨和地震的作用下其稳定性将进一步恶化。2号次级滑体表层蠕滑现象突出，在坡体的中部及中后部发育有多条长大拉张裂缝，但裂缝延伸较差，且发育深度较浅。由此可见，2号次级滑体目前处于极限平衡状态，随着后续浅表生改造的不断加剧，并最终导致滑体的整体失稳。3号次级滑体虽已形成了典型的滑坡地貌，但其新生变形现象并不突出，且在钻孔勘探过程中未发现明显的深部位移。因此，可以判定 3 号次级滑体目前处于基本稳定状态。主滑动体位于滑坡体的中后部，不受江水侵蚀的影响，且堆积体内未完全解体的强变形岩体成层性较好，堆积体较密实，坡体变形迹象并不显著，因此，主滑动体目前稳定性较好。

5.5.2 滑坡稳定性数值模拟分析

5.5.2.1 模型建立

为计算获取林达滑坡蓄水前后的变形发展趋势，分别选取剖面Ⅰ—Ⅰ′、剖面Ⅱ—Ⅱ′、剖面Ⅲ—Ⅲ′三个典型剖面进行分析。模型计算边界均采用单向约束，即顺江方向的两条边界为 Y 方向约束，横江方向的两条边界为 X 方向约束，底边界为 Z 方向约束。材料破坏准则采用莫尔—库仑破坏准则，模型的初始地应力场采用自重应力场。有限差分 FLAC3D 数值计算模型如图 5.5-1～图 5.5-3 所示，剖面Ⅰ—Ⅰ′计算模型由 25060 个节点和 12286 个单元组成；剖面Ⅱ—Ⅱ′计算模型由 30854 个节点和 15189 个单元组成；剖面Ⅲ—Ⅲ′计算模型由 17388 个节点和 8508 个单元组成。考虑到主滑动体内部次级滑体剪出口处空间形态分两种情况，在剖面Ⅱ—Ⅱ′中分别计算分析两种情况的变形趋势。

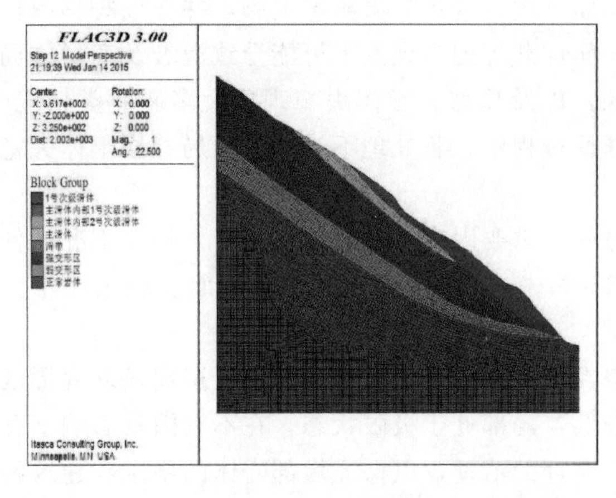

图 5.5-1　剖面Ⅰ—Ⅰ′有限差分数值计算模型图

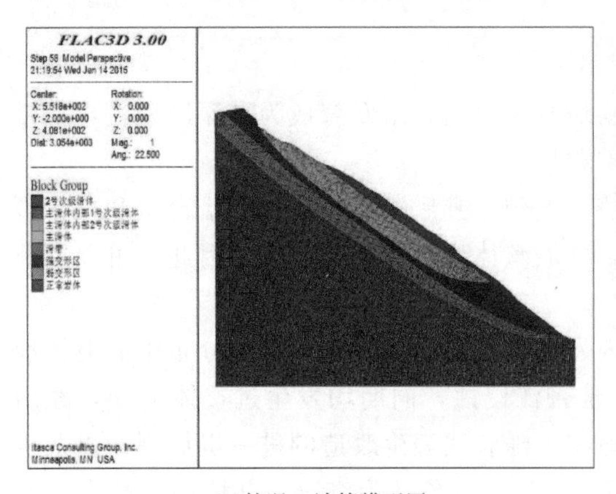

(a)情况 1 计算模型图

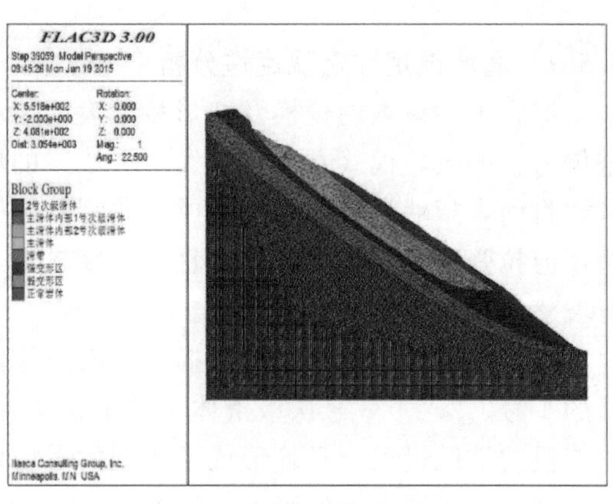

(b)情况 2 计算模型图

图 5.5-2　剖面Ⅱ—Ⅱ′有限差分数值计算模型图

5.5.2.2 分析工况

为研究林达滑坡在天然工况下及水库运营期间的变形发展趋势，分别考虑以下几种工况进行分析：

工况 1：天然状态 3141m 水位时滑坡应力场、应变场及变形趋势；

工况2：暴雨状态3141m水位时滑坡应力场、应变场及变形趋势；

工况3：地震状态3141m水位时滑坡应力场、应变场及变形趋势；

工况4：暴雨＋地震状态3141m时滑坡应力场、应变场及变形趋势；

工况5：高水位3148m运行时滑坡应力场、应变场及变形趋势；

工况6：高水位3148m＋暴雨运行时滑坡应力场、应变场及变形趋势；

工况7：高水位3148m＋地震运行时滑坡应力场、应变场及变形趋势；

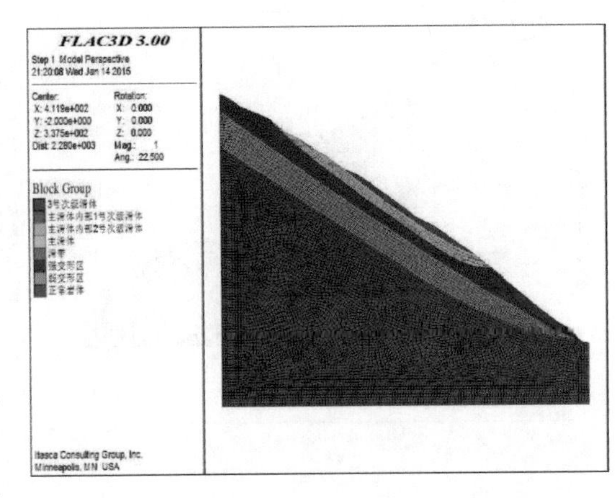

图5.5-3　剖面Ⅲ—Ⅲ′有限差分数值计算模型图

工况8：洪水水位3154m滑坡应力场、应变场及变形趋势。

5.5.2.3　FLAC3D数值模拟分析成果

1. 工况1模拟结果分析

从图5.5-4可以看出，初始地应力条件下计算10000时步后，天然工况下剖面Ⅰ—Ⅰ′前缘1号次级滑体整体位移量大，最大位移点位于1号次级滑体的剪出口附近高程，且位移值随着计算不收敛而不停增大；主滑动体整体位移量小，水平向最大位移值仅为12.7cm，并趋于稳定。剪应变增量主要沿着1号次级滑体底部滑动面向上发展并贯通，最大不平衡力曲线不收敛，说明1号次级滑体在天然工况下处于不稳定状态。

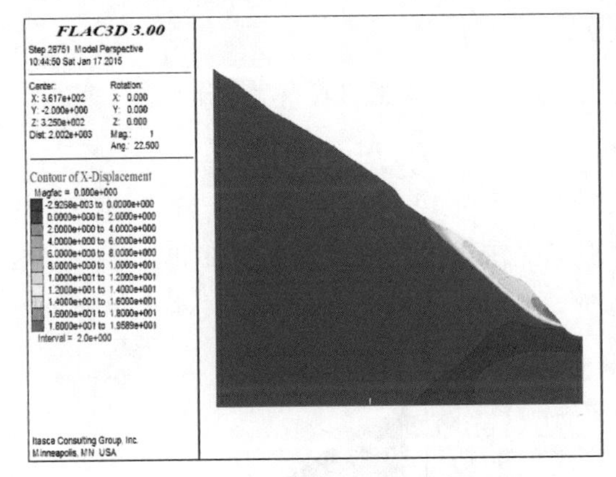

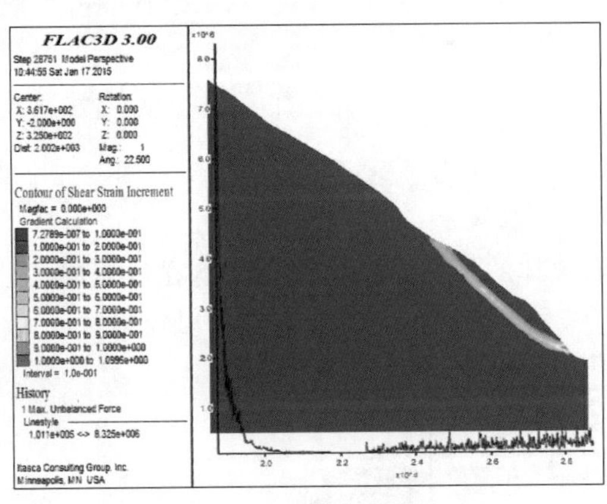

图5.5-4　剖面Ⅰ—Ⅰ′工况1下水平位移云图、剪应变增量云图、不平衡曲线图

从图5.5-5可以看出，初始地应力条件下计算10000时步后，天然工况下剖面Ⅱ—Ⅱ′坡体的水平向位移主要发生在2号次级滑体和主滑动体内部1号次级滑体范围内，集中在2号次级滑体的后缘和主滑动体内浅层次级滑体前缘剪出口附近。滑坡整体变形较小，最大位移点位于2号次级滑体后缘，情况1中最大位移量为21.7cm，情况2中最大位移量为22.2cm。剪应变增量分别沿着2号次级滑体后部滑动面和主滑动体内部1号次级滑体滑动面发展，但并未贯通。同时，最大不平衡力曲线最后收敛，说明2号次级滑体

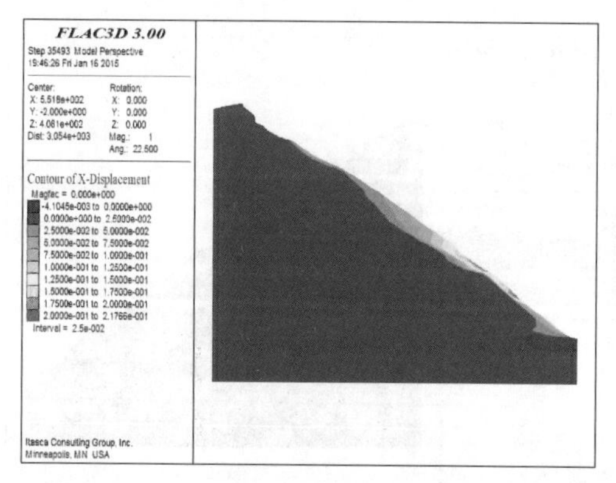

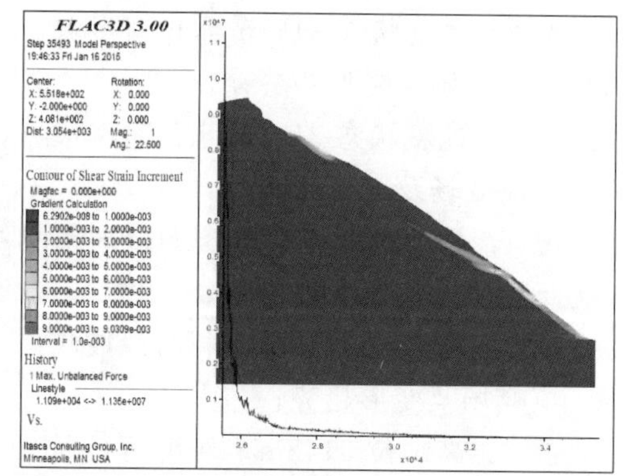

(a)情况 1

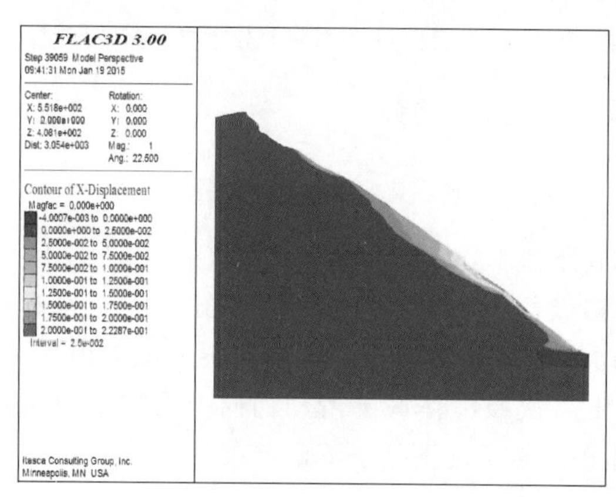

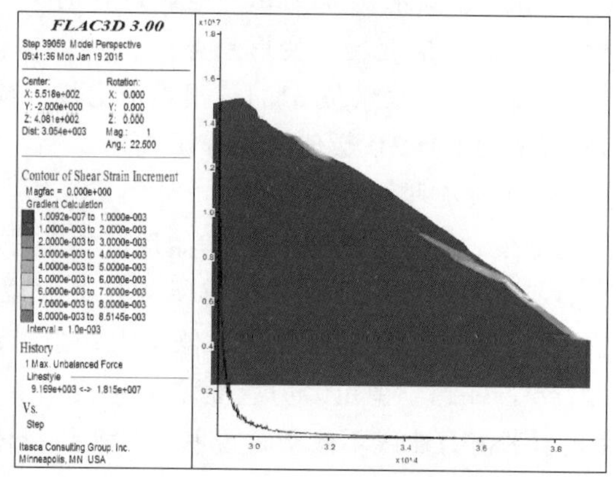

(b)情况 2

图 5.5-5 剖面Ⅱ—Ⅱ′工况 1 下水平位移云图、剪应变增量云图、不平衡曲线图

和主滑动体趋于稳定状态。

从图 5.5-6 可以看出，初始地应力条件下计算 10000 时步后，天然工况下剖面Ⅲ—Ⅲ′坡体的水平向位移主要发生在浅表层，分别集中在 3 号次级滑体的中部和主滑动体内部 1 号次级滑体。滑坡整体变形较小，最大位移点位于 3 号次级滑体中部，水平位移量为

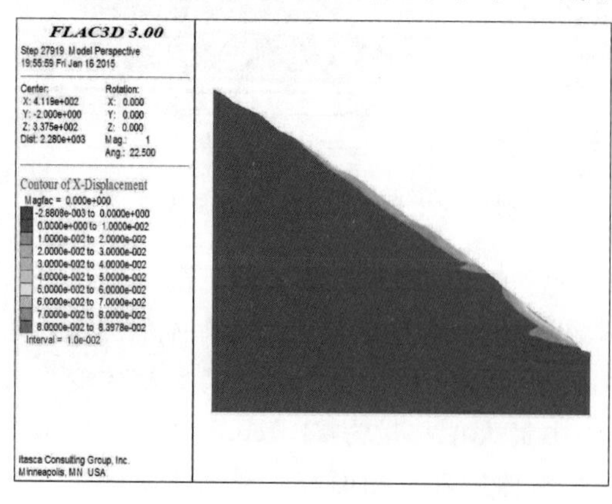

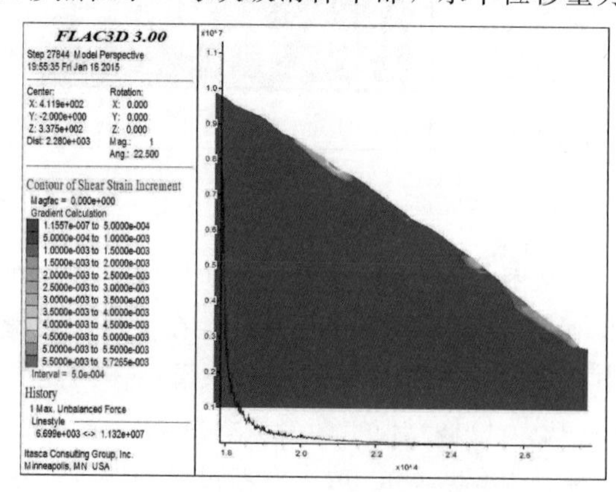

图 5.5-6 剖面Ⅲ—Ⅲ′工况 1 下水平位移云图、剪应变增量云图、不平衡曲线图

8.39cm。剪应变增量分别沿着3号次级滑体滑动面和主滑动体内部1号次级滑体滑动面向上发展，但均未贯通。同时，最大不平衡力曲线最后收敛，说明3号次级滑体和主滑动体是趋于稳定状态。

2. 工况2模拟结果分析

从图5.5-7可以看出，当初始地应力条件下计算10000时步后，暴雨工况下剖面Ⅰ—Ⅰ′前缘1号次级滑体整体位移量大，最大位移点位于在1号次级滑体的剪出口附近高程，且位移值随着计算不收敛而不停增大；主滑动体整体位移量小，水平向最大位移值仅为37.9cm，并趋于稳定。剪应变增量主要沿着1号次级滑体底部滑动面向上发展并贯通，最大不平衡力曲线不收敛，说明1号次级滑体在暴雨工况下处于不稳定状态。

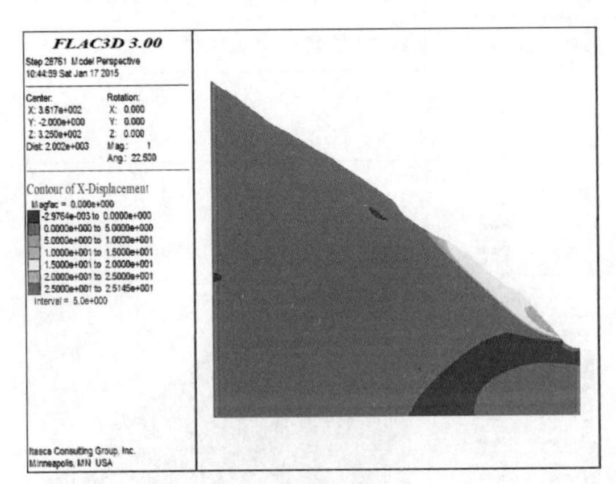

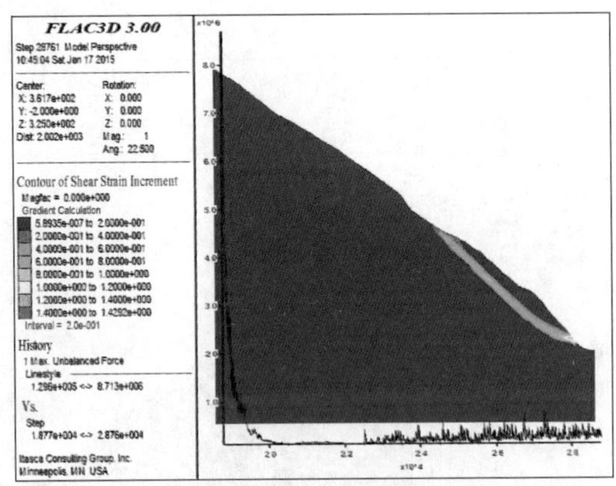

图5.5-7 剖面Ⅰ—Ⅰ′工况2下水平位移云图、剪应变增量云图、不平衡曲线图

从图5.5-8可以看出，初始地应力条件下计算10000时步后，暴雨工况下剖面Ⅱ—Ⅱ′坡体的水平向位移主要发生2号次级滑体和主滑动体内部1号次级滑体范围内。最大位移点位于2号次级滑体后部，情况1中最大位移量为533cm，情况2中最大位移量为613cm，水平位移量主要是由于不收敛而不停增大。主滑动体最大位移量为49.7cm，且趋于稳定。剪应变增量沿2号次级滑体滑面和主滑动面内部1号次级滑体滑面发展，并沿2号次级滑体滑动面发生贯通。同时，最大不平衡力曲线最后不收敛，说明2号次级滑体趋于不稳定状态。

从图5.5-9可以看出，初始地应力条件下计算10000时步后，暴雨工况下剖面Ⅲ—Ⅲ′坡体的水平向位移主要发生在浅表层，分别集中在3号次级滑体的中部和主滑动体内部1号次级滑体。滑坡整体变形较小，最大位移点位于3号次级滑体中部，水平位移量为8.40cm。剪应变增量分别沿着3号次级滑体滑动面和主滑动体内部1号次级滑体滑动面向上发展，但均未贯通。同时，最大不平衡力曲线最后收敛，说明3号次级滑体和主滑动体整体是趋于稳定状态。

3. 工况3模拟结果分析

从图5.5-10可以看出，当初始地应力条件下计算10000时步后，地震工况下剖面Ⅰ—Ⅰ′前缘1号次级滑体整体位移量大，最大位移点位于在1号次级滑体的剪出口附近高程，且位移值随着计算不收敛而不停增大；主滑动体整体位移量小，水平向最大位移值

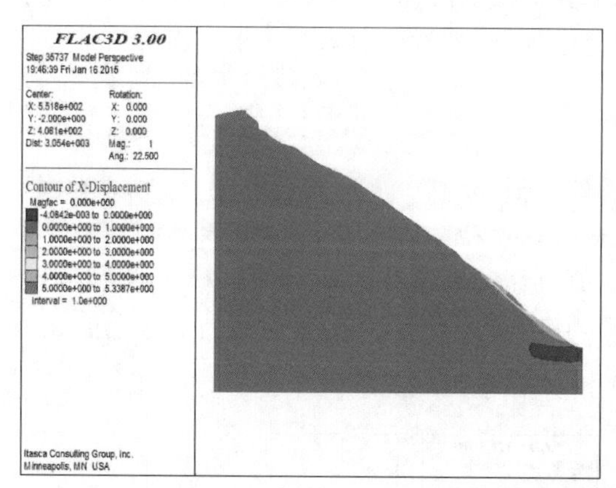

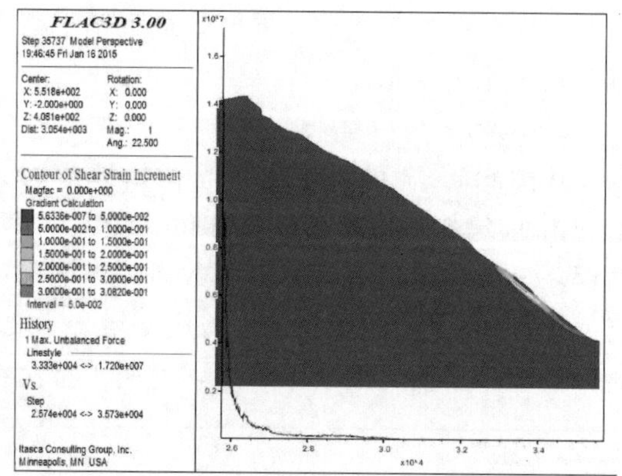

(a)情况 1

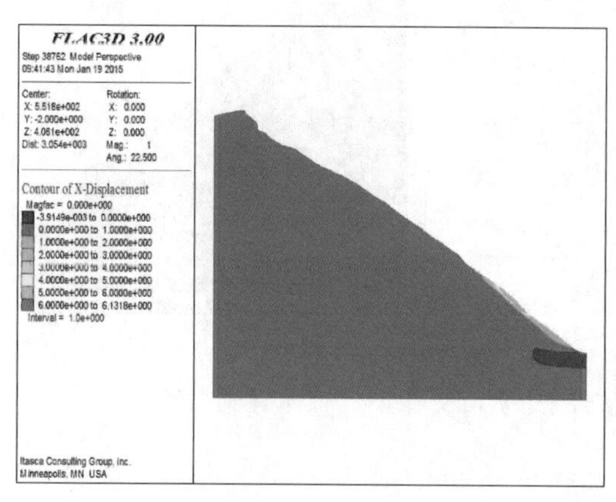

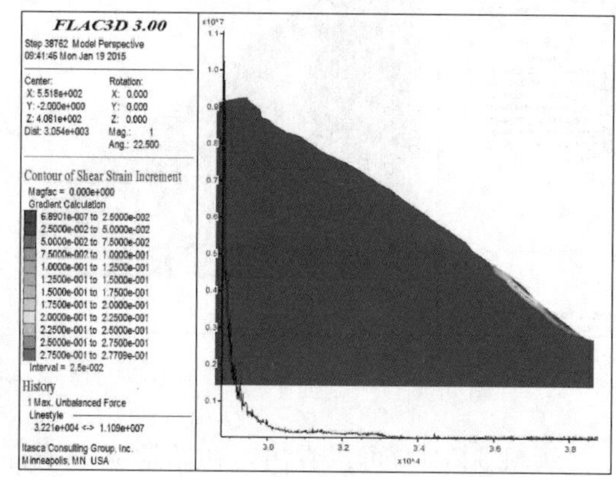

(b)情况 2

图 5.5－8　剖面Ⅱ—Ⅱ′工况 2 下水平位移云图、剪应变增量云图、不平衡力曲线图

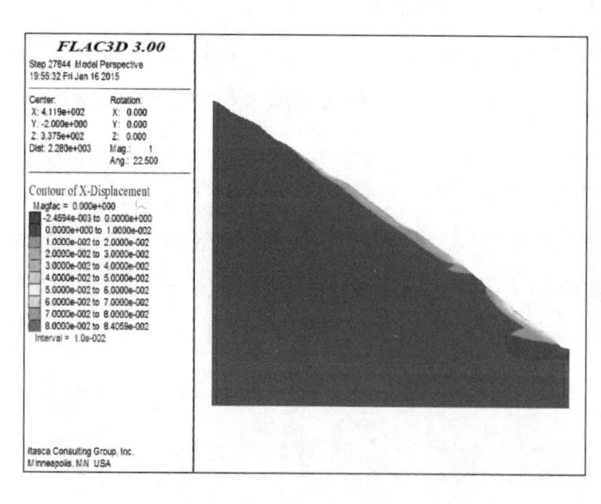

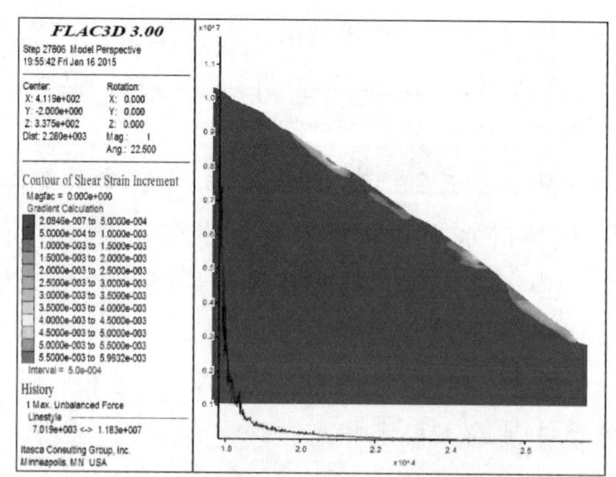

图 5.5－9　剖面Ⅲ—Ⅲ′工况 2 下水平位移云图、剪应变增量云图、不平衡力曲线图

仅为 56cm，并趋于稳定。剪应变增量主要沿着 1 号次级滑体底部滑动面向上发展并贯通，最大不平衡力曲线不收敛，说明 1 号次级滑体在地震工况下处于不稳定状态。

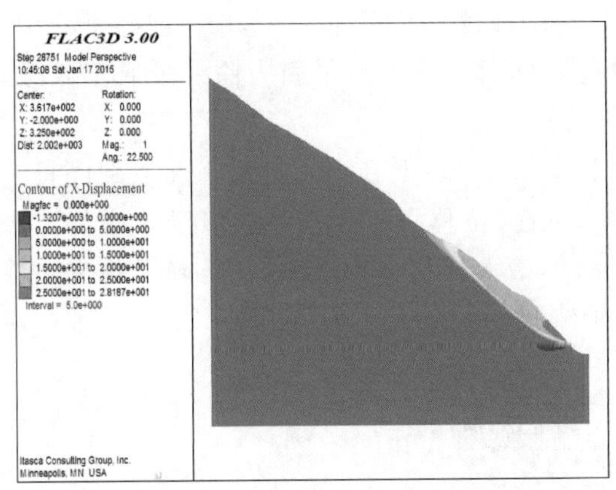

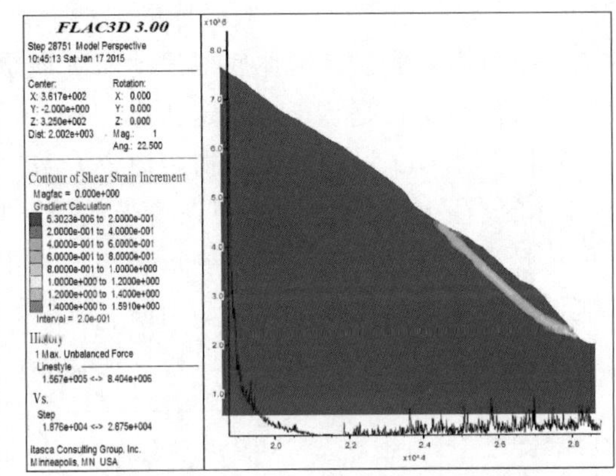

图 5.5－10　剖面Ⅰ—Ⅰ′工况 3 下水平位移云图、剪应变增量云图、不平衡力曲线图

从图 5.5－11 可以看出，初始地应力条件下计算 10000 时步后，地震工况下剖面Ⅱ—Ⅱ′坡体的水平向位移主要发生在 2 号次级滑体和主滑动体内部 1 号次级滑体范围内，最大位移点位于 2 号次级滑体后部，情况 1 中最大位移量为 790cm，情况 2 中最大位移量为

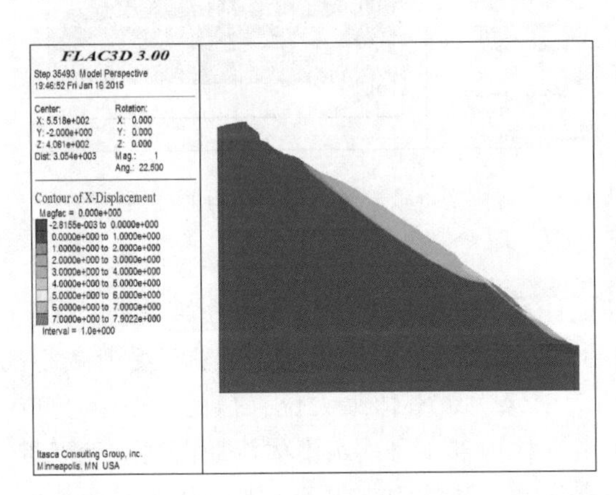

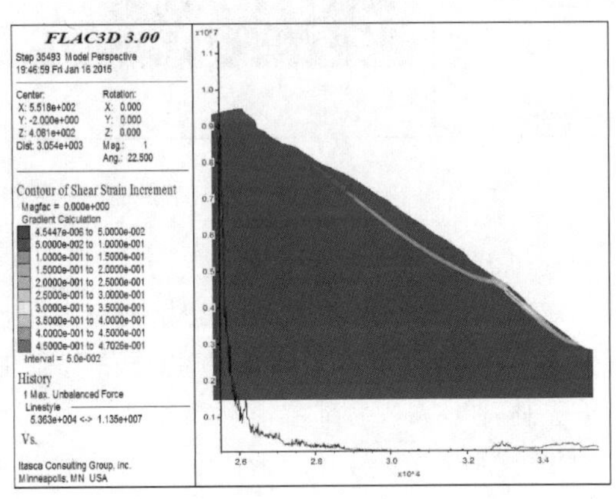

(a)情况 1

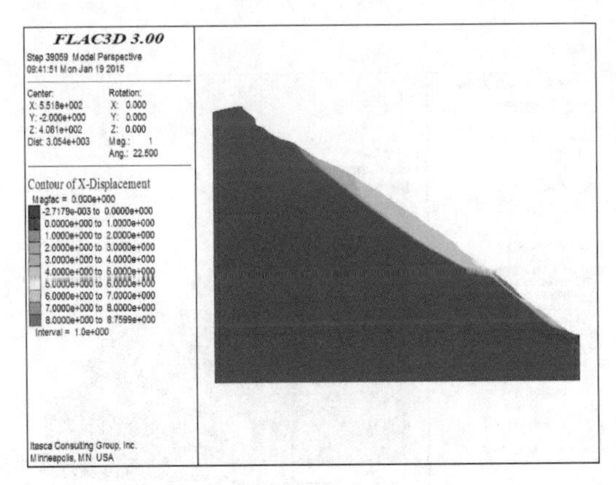

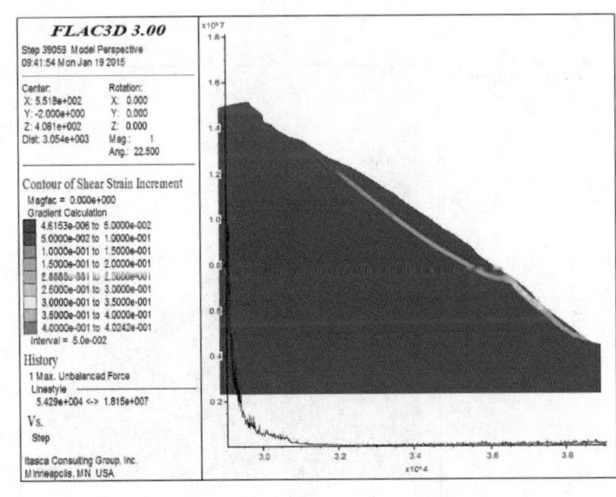

(b)情况 2

图 5.5－11　剖面Ⅱ—Ⅱ′工况 3 下水平位移云图、剪应变增量云图、不平衡力曲线图

875cm，主要是由于计算不收敛而随之增大。主滑动体最大位移量为 63cm，且趋于稳定。剪应变增量沿 2 号次级滑体底部滑动面发展贯通，同时，最大不平衡力曲线最后不收敛，说明 2 号次级滑体是趋于不稳定状态。

从图 5.5－12 可以看出，初始地应力条件下计算 10000 时步后，地震工况下剖面Ⅲ—Ⅲ′坡体的水平向位移主要集中在 3 号次级滑体，最大位移点位于 3 号次级滑体中部，水平位移量为 195cm。滑坡整体变形较小，主滑动体最大位移量为 11cm，且趋于稳定。剪应变增量沿着 3 号次级滑体滑动面向上发展，但未贯通，最大不平衡力曲线最后收敛，说明 3 号次级滑体和主滑动体仍保持稳定状态。

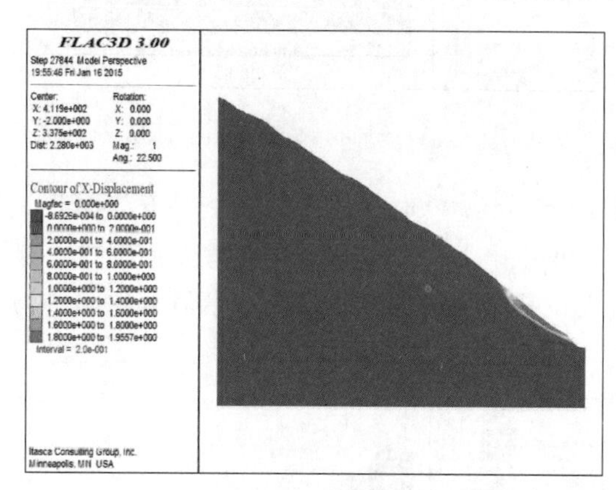

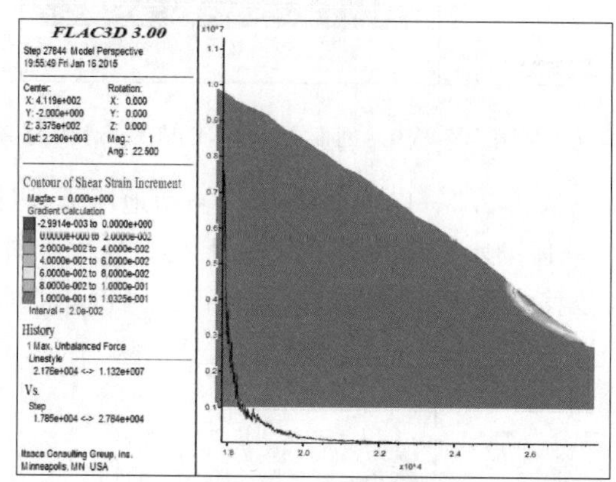

图 5.5－12　剖面Ⅲ—Ⅲ′工况 3 下水平位移云图、剪应变增量云图、不平衡力曲线图

4. 工况 4 模拟结果分析

从图 5.5－13 可以看出，初始地应力条件下计算 10000 时步后，暴雨叠加地震工况下剖面Ⅰ—Ⅰ′坡体的水平向位移主要发生在 1 号次级滑体的中前部，且随深度逐渐减小。滑坡整体变形大，后部主滑动体最大位移量约为前缘次级滑体最大位移值的 20%。剪应变增量分别沿着 1 号次级滑体底部滑动面和主滑动体内部 1 号次级滑体滑动面向上发展贯通，最大不平衡力曲线不收敛，说明 1 号次级滑体和主滑体内部 1 号次级滑体在暴雨叠加地震工况下处于不稳定状态。

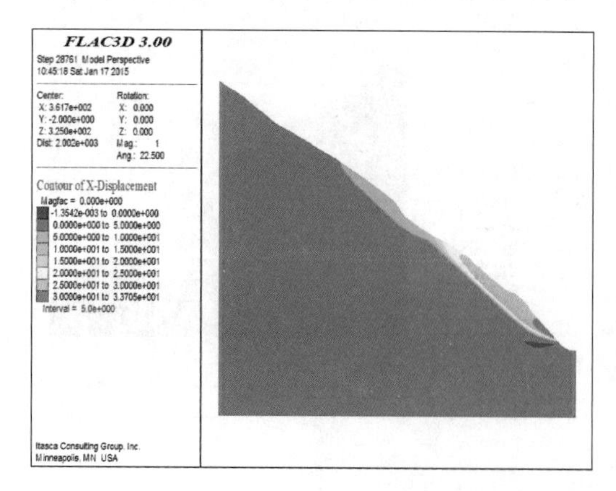

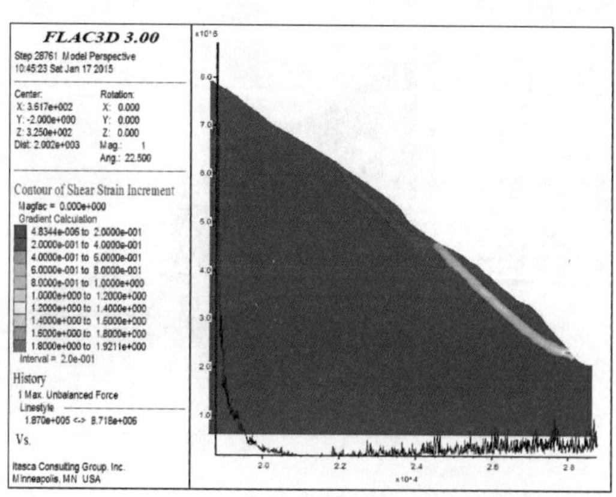

图 5.5－13　剖面Ⅰ—Ⅰ′工况 4 下水平位移云图、剪应变增量云图、不平衡力曲线图

从图5.5-14可以看出，初始地应力条件下计算10000时步后，暴雨叠加地震工况下剖面Ⅱ—Ⅱ′坡体的水平向位移主要发生在2号次级滑体和主滑动体内部浅层次级滑体范围内，最大位移点位于2号次级滑体后部。滑坡整体变形大，后部主滑动体最大位移量约为前缘次级滑体最大位移值的20%。剪应变增量分别沿着2号次级滑体底部滑动面和主滑动体内部1号次级滑体滑动面发展贯通。同时，最大不平衡力曲线最后不收敛，说明2号次级滑体和主滑动体内部1号次级滑体是趋于不稳定状态。

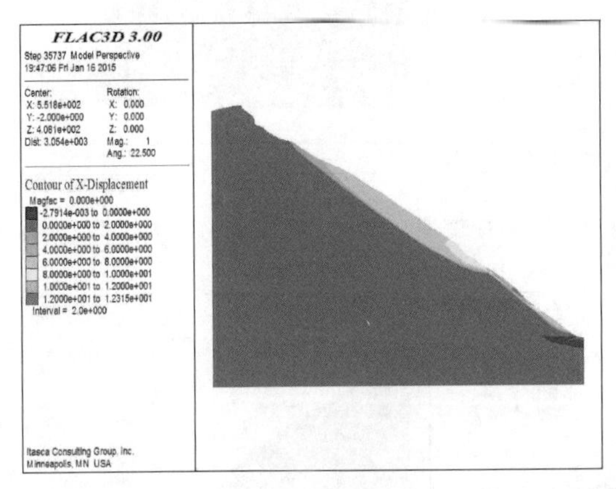

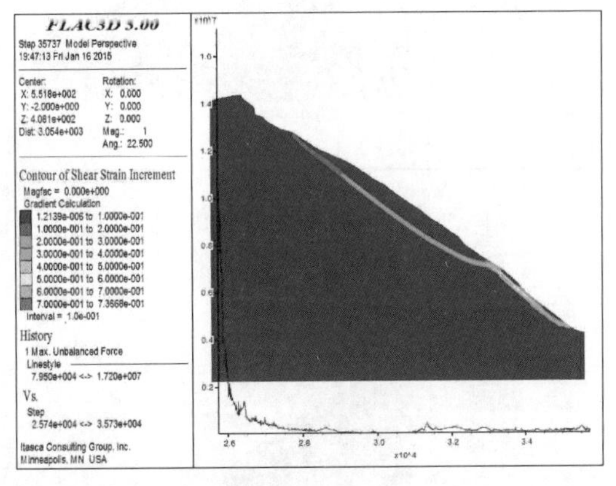

(a)情况1

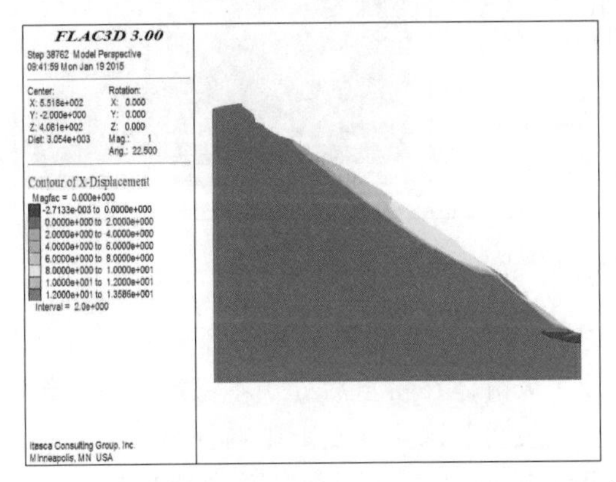

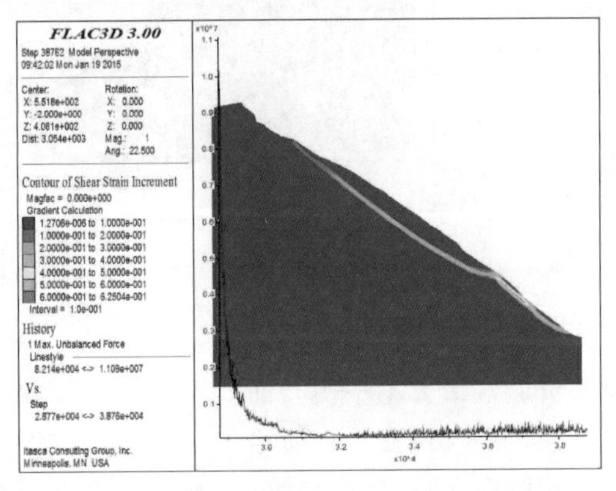

(b)情况2

图5.5-14　剖面Ⅱ—Ⅱ′工况4下水平位移云图、剪应变增量云图、不平衡力曲线图

从图5.5-15可以看出，初始地应力条件下计算10000时步后，暴雨叠加地震工况下剖面Ⅲ—Ⅲ′坡体的水平向位移主要发生在3号次级滑体，最大位移点位于3号次级滑体中部，水平位移量为705cm，主要是由于计算不收敛而不停增大；主滑动体整体位移量小，水平向最大位移值仅为15cm，并趋于稳定。剪应变增量沿着3号次级滑体滑动面向上发展并贯通，同时，最大不平衡力曲线最后不收敛，说明3号次级滑体是趋于不稳定状态。

5. 工况5模拟结果分析

从图5.5-16可以看出，初始地应力条件下计算10000时步后，蓄水状态下剖面Ⅰ—Ⅰ′前缘1号次级滑体整体位移量大，最大位移点位于在1号次级滑体的剪出口附近高程，且位移值随着计算不收敛而不停增大；主滑动体整体位移量小，水平向最大位移值仅为

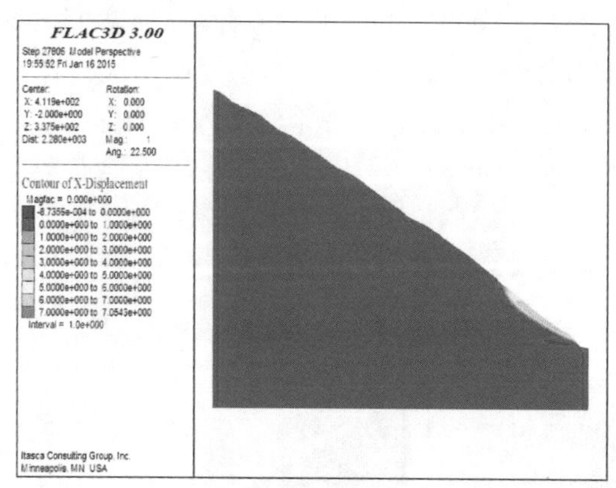

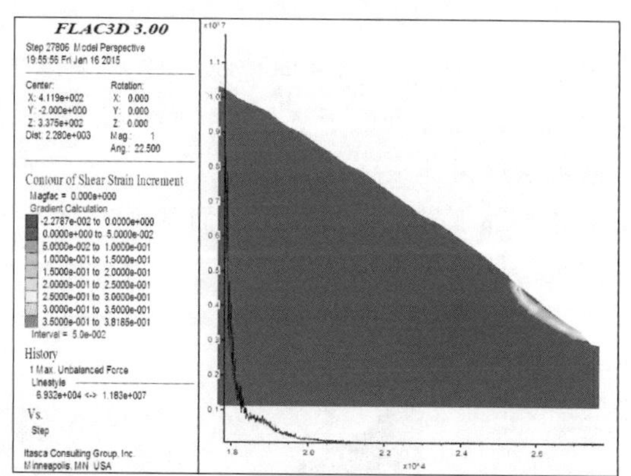

图 5.5-15　剖面Ⅲ—Ⅲ′工况 4 下水平位移云图、剪应变增量云图、不平衡力曲线图

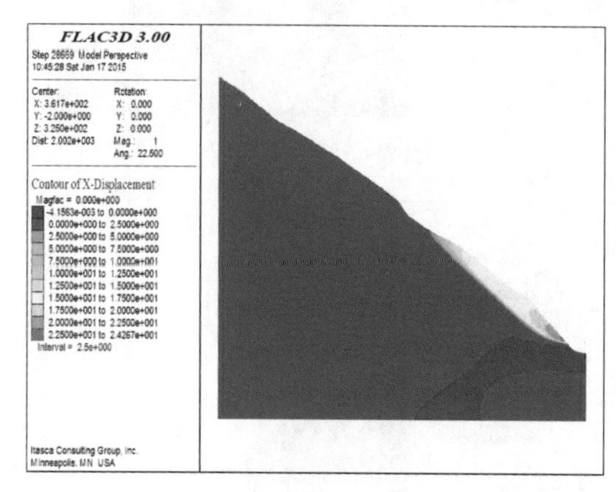

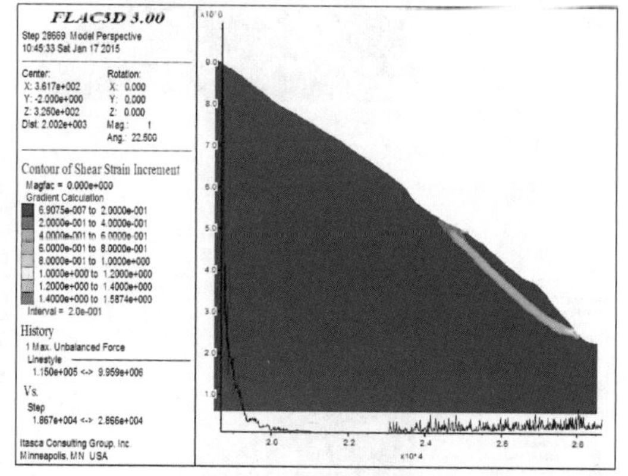

图 5.5-16　剖面Ⅰ—Ⅰ′工况 5 下水平位移云图、剪应变增量云图、不平衡力曲线图

12.8cm，基本与蓄水前保持一致。剪应变增量主要沿着 1 号次级滑体底部滑动面向上发展并贯通，最大不平衡力曲线不收敛，说明 1 号次级滑体在蓄水后处于不稳定状态。相比蓄水前，最大位移量有所增加，但增大幅度较小，表明蓄水对其变形影响较小。

从图 5.5-17 可以看出，蓄水状态下剖面Ⅱ—Ⅱ′坡体的水平向位移主要发生在 2 号次级滑体和主滑动体内部次级滑体范围内，集中在 2 号次级滑体的后缘和主滑动体内 1 号次级滑体前缘剪出口附近。滑坡整体变形较小，最大位移点位于 2 号次级滑体后缘，最大位移量为 25.1cm。剪应变增量分别沿着 2 号次级滑体滑动面和主滑动体内部 1 号次级滑体滑动面处发展，但并未贯通。同时，最大不平衡力曲线最后收敛，说明 2 号次级滑体和主滑动体趋于稳定状态。相比蓄水前，最大位移量有所增加，但增大幅度较小，表明蓄水对其变形影响较小。

从图 5.5-18 可以看出，初始地应力条件下计算 10000 时步后，蓄水后剖面Ⅲ—Ⅲ′坡体的水平向位移主要发生在浅表层，分别集中在 3 号次级滑体的中部和主滑动体内部 1 号次级滑体。滑坡整体变形较小，最大位移点位于 3 号次级滑体中部，水平位移量为 8.90cm。剪应变增量分别沿着 3 号次级滑体滑动面和主滑动体内部 1 号次级滑体滑动面向上发展，但均未贯通，同时，最大不平衡力曲线最后收敛，说明 3 号次级滑体和主滑动

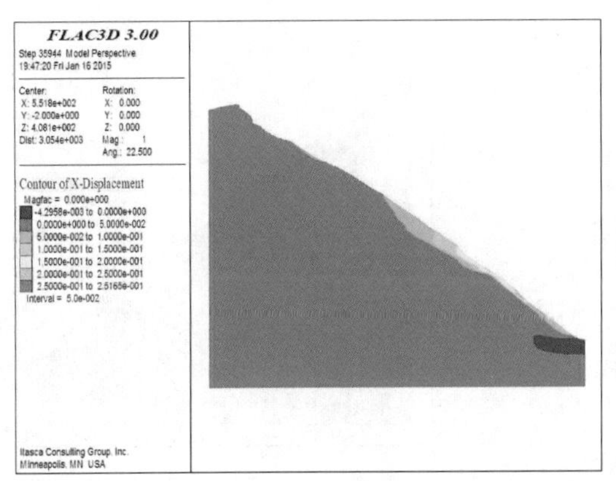

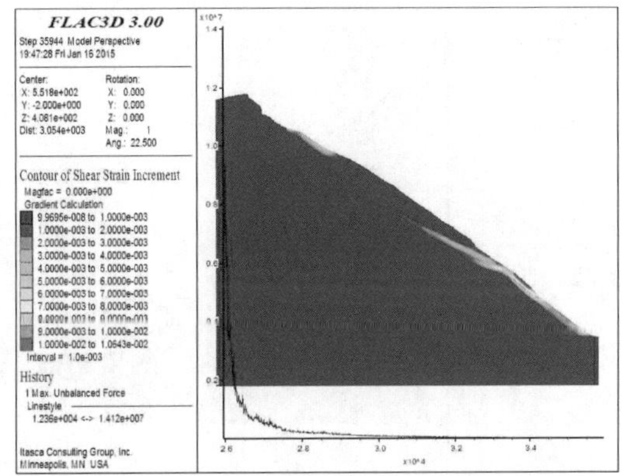

(a)情况 1

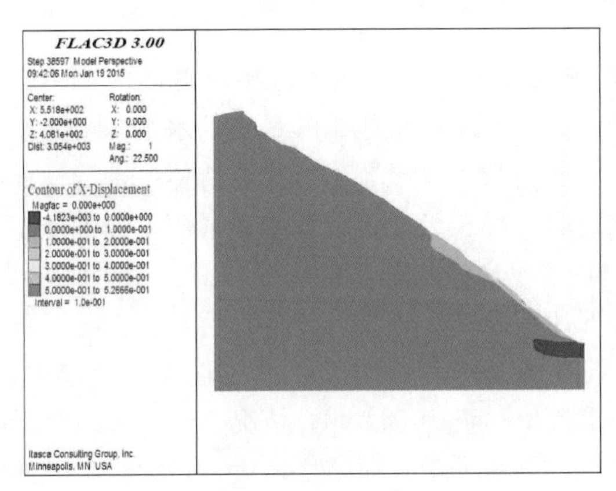

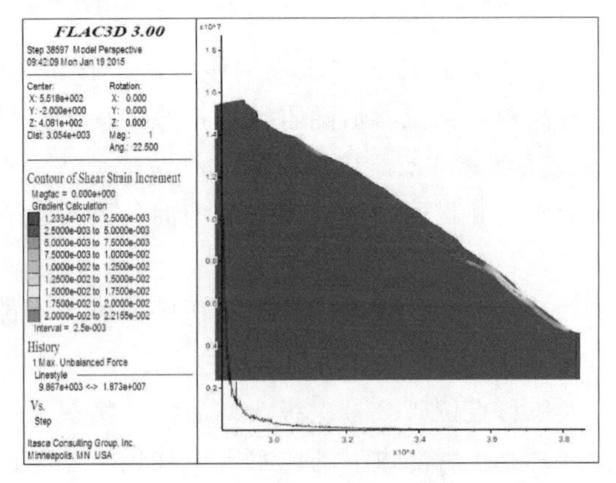

(b)情况 2

图 5.5-17　剖面Ⅱ—Ⅱ′工况 5 下水平位移云图、剪应变增量云图、不平衡力曲线图

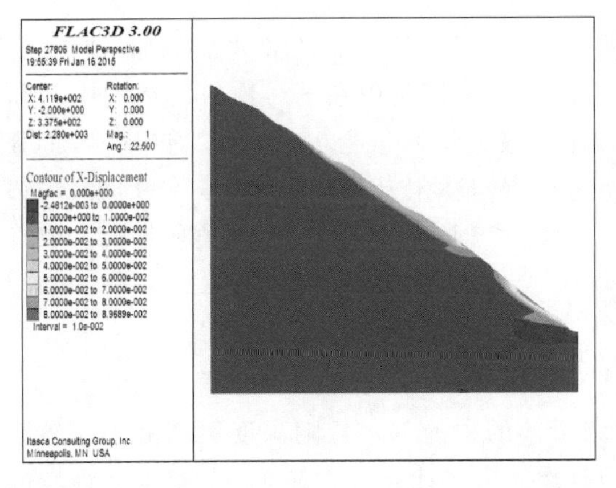

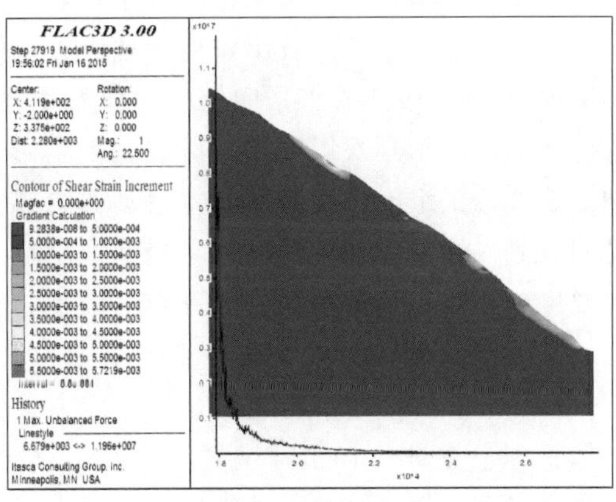

图 5.5-18　剖面Ⅲ—Ⅲ′工况 5 下水平位移云图、剪应变增量云图、不平衡力曲线图

体是趋于稳定状态。

6. 工况 6 模拟结果分析

从图 5.5-19 可以看出，初始地应力条件下计算 10000 时步后，蓄水叠加暴雨工况下

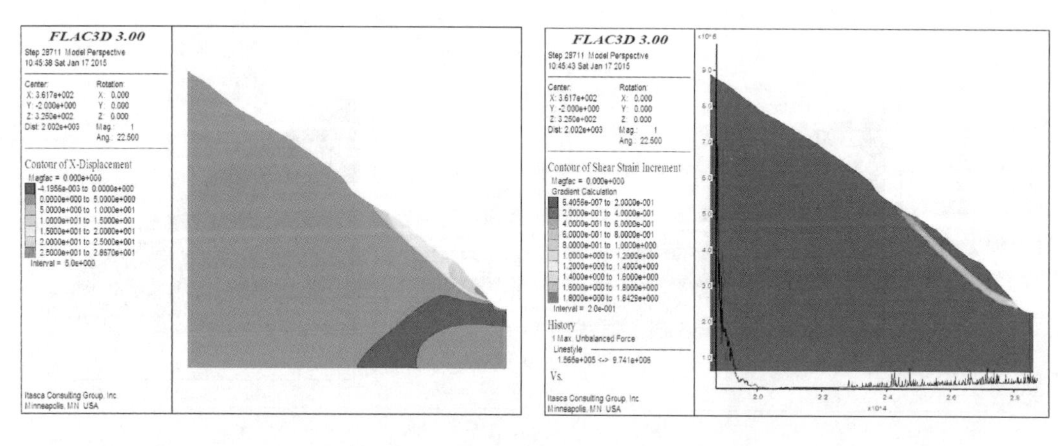

图 5.5-19　剖面Ⅰ—Ⅰ′工况 6 下水平位移云图、剪应变增量云图、不平衡力曲线图

剖面Ⅰ—Ⅰ′前缘 1 号次级滑体整体位移量大，最大位移点位于在 1 号次级滑体的剪出口附近高程，且位移值随着计算不收敛而不停增大；主滑动体整体位移量小，水平向最大位移值仅为 36.9m，基本与蓄水前保持一致。剪应变增量主要沿着 1 号次级滑体底部滑动面向上发展并贯通，最大不平衡力曲线不收敛，说明 1 号次级滑体在蓄水后暴雨工况下处于不稳定状态。

从图 5.5-20 可以看出，初始地应力条件下计算 10000 时步后，蓄水后暴雨工况下剖面Ⅱ—Ⅱ′坡体的水平向位移主要发生 2 号次级滑体的中后部附近。滑坡整体变形较大，最大位移点位于 2 号次级滑体后部，情况 1 中最大位移量为 541cm，情况 2 中最大位移量为 629cm。后部主滑动体水平位移量由于剪出口处位移量增大而随之增大，最大位移量约为前缘次级滑体最大位移值的 10%。剪应变增量在 2 号次级滑体滑动面处发展贯通，同时，最大不平衡力曲线最后不收敛，说明 2 号次级滑体趋于不稳定状态。相比蓄水前，最大位移量有所增加，但增大幅度较小，表明蓄水对其变形影响较小。

从图 5.5-21 可以看出，初始地应力条件下计算 10000 时步后，蓄水后叠加暴雨工况下剖面Ⅲ—Ⅲ′坡体的水平向位移主要发生在浅表层，分别集中在 3 号次级滑体的中部和主滑动体内部 1 号次级滑体。滑坡整体变形较小，最大位移量为 16.7cm。剪应变增量分别沿着 3 号次级滑体浅表层和主滑动体内部 1 号次级滑体滑动面向上发展，但均未贯通，说明 3 号次级滑体和主滑动体是趋于稳定状态。相比蓄水前，最大位移量有所增加，但增大幅度较小，表明蓄水对其变形影响较小。

7. 工况 7 模拟结果分析

从图 5.5-22 可以看出，初始地应力条件下计算 10000 时步后，蓄水叠加地震工况下坡体Ⅰ—Ⅰ′的水平向位移主要发生在 1 号次级滑体的中前部，且随深度逐渐减小。滑坡整体变形大，后部主滑动体水平位移量由于前缘次级滑体计算不收敛而不停增大，最大位移量约为前缘次级滑体最大位移值的 15%。剪应变增量沿着 1 号次级滑体底部滑动面向上发展并贯通，最大不平衡力曲线不收敛，说明 1 号次级滑体在蓄水后地震工况下处于不稳定状态。

从图 5.5-23 可以看出，初始地应力条件下计算 10000 时步后，蓄水后叠加地震工况

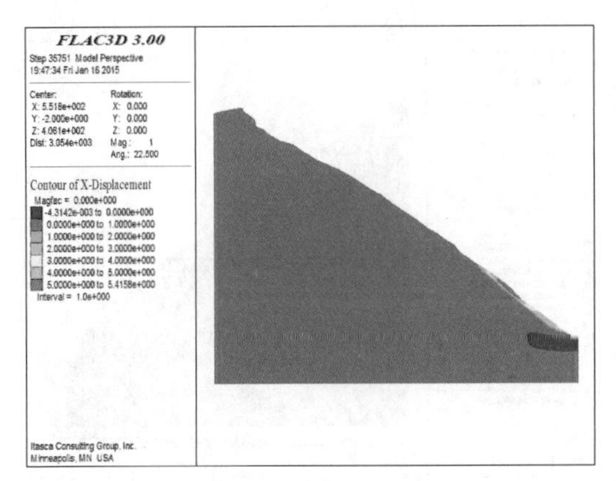

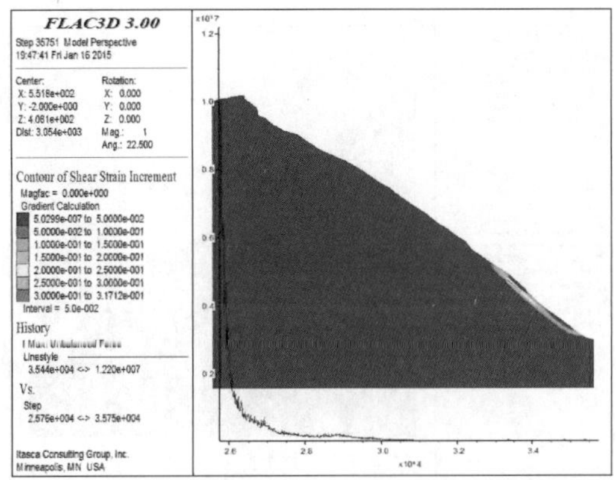

(a)情况 1

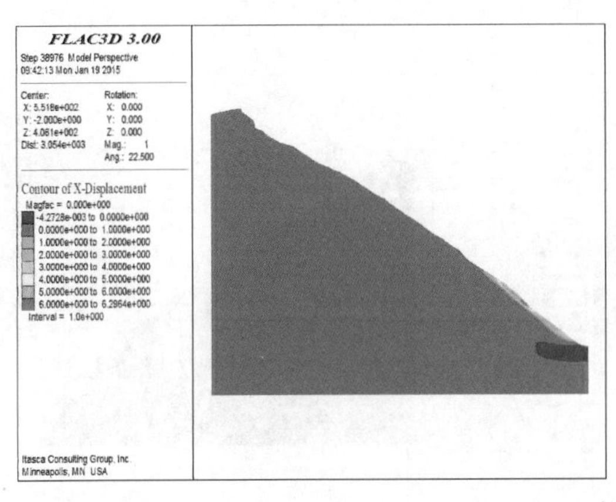

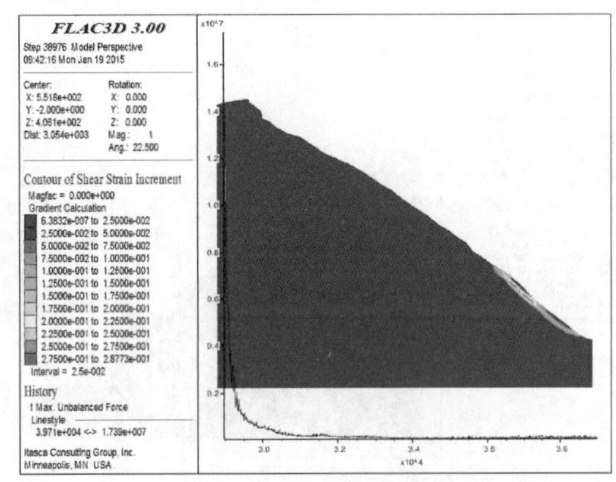

(b)情况 2

图 5.5-20　剖面Ⅱ—Ⅱ′工况 6 下水平位移云图、剪应变增量云图、不平衡力曲线图

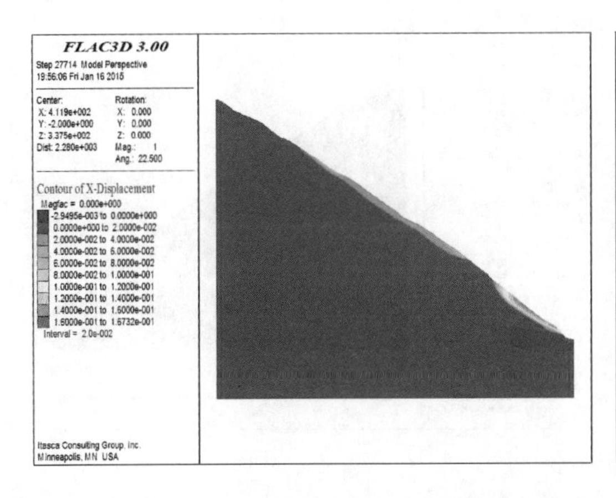

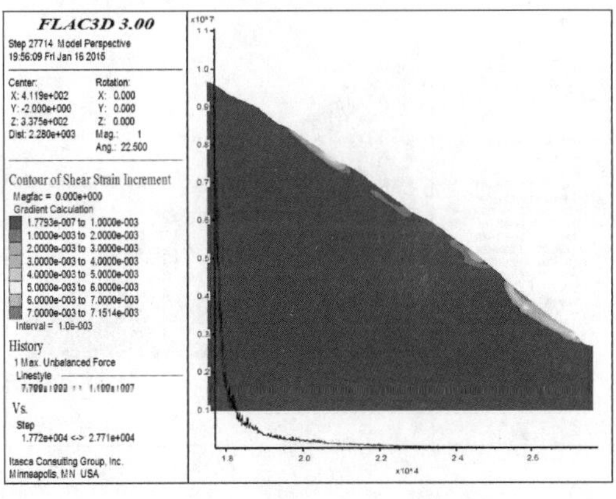

图 5.5-21　剖面Ⅲ—Ⅲ′工况 6 下水平位移云图、剪应变增量云图、不平衡力曲线图

下剖面Ⅱ—Ⅱ′坡体的水平向位移主要发生 2 号次级滑体的中后部附近。滑坡整体变形较大，最大位移点位于 2 号次级滑体后部，情况 1 中最大位移量为 809cm，情况 2 中最大位移量为 902cm。后部主滑动体最大位移量为 49.7cm，且趋于稳定。剪应变增量沿着 2 号

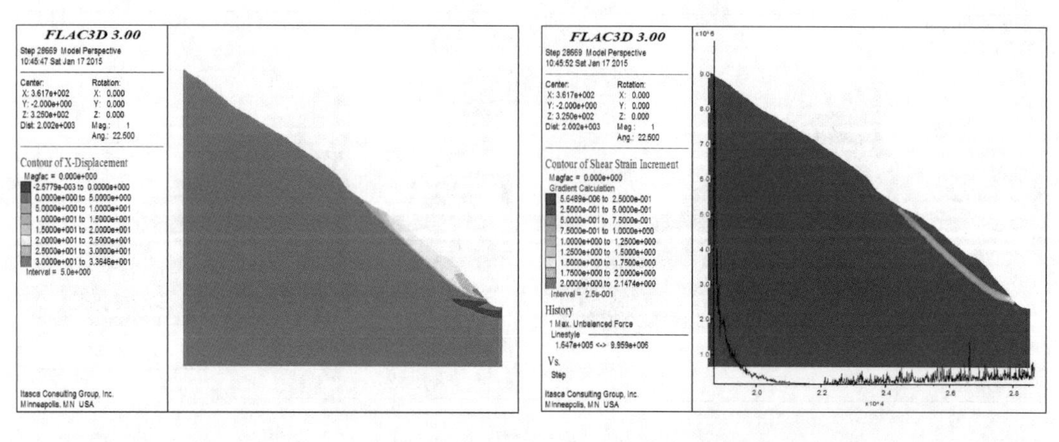

图 5.5-22　剖面Ⅰ—Ⅰ′工况 7 下水平位移云图、剪应变增量云图、不平衡力曲线图

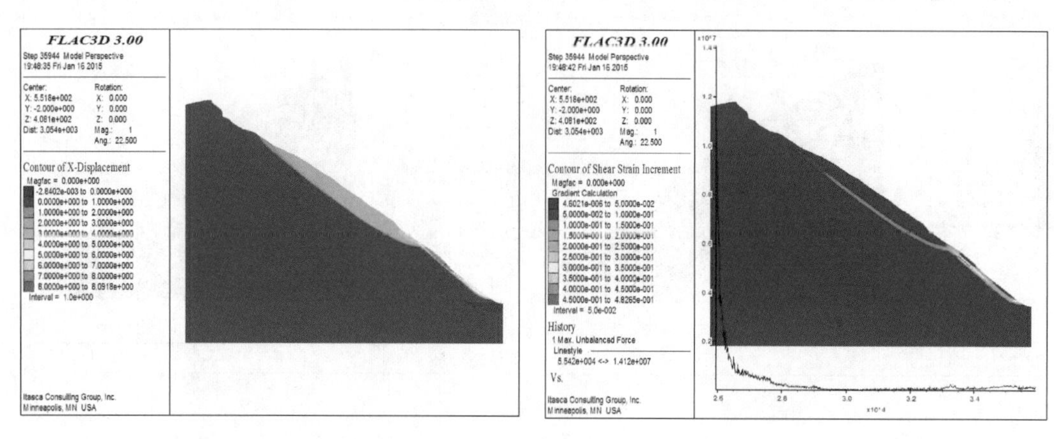

(a)情况 1

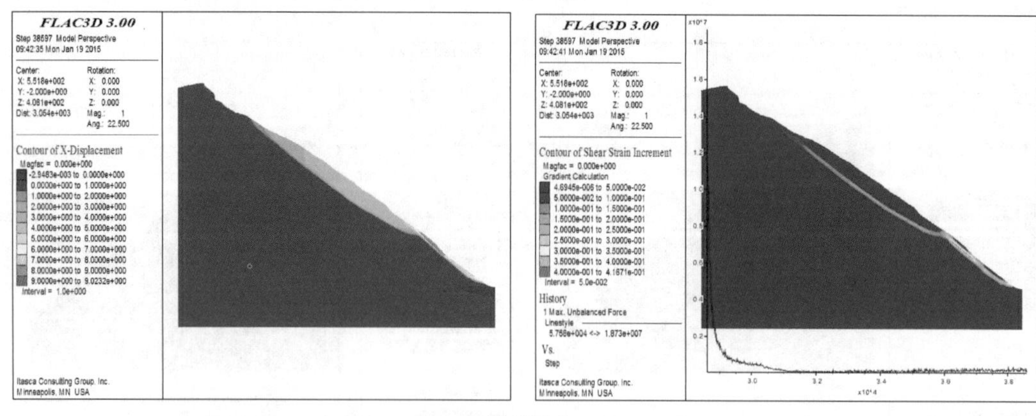

(b)情况 2

图 5.5-23　剖面Ⅱ—Ⅱ′工况 7 下水平位移云图、剪应变增量云图、不平衡力曲线图

次级滑体滑动面发展贯通，同时，最大不平衡力曲线最后不收敛，说明 2 号次级滑体是趋于不稳定状态。相比蓄水前，最大位移量有所增加，但增大幅度较小，表明蓄水对其变形影响较小。

从图 5.5-24 可以看出，初始地应力条件下计算 10000 时步后，蓄水后地震工况下剖面Ⅲ—Ⅲ′坡体的水平向位移主要发生在 3 号次级滑体的中部，最大位移量为 335cm；主滑体整体位移量小，水平向最大位移值仅为 15cm，并趋于稳定。剪应变增量沿着 3 号次级滑体滑动面向上发展，但未贯通，说明 3 号次级滑体是趋于稳定状态。相比蓄水前，最大位移量有所增加，但增大幅度较小，表明蓄水对其变形影响较小。

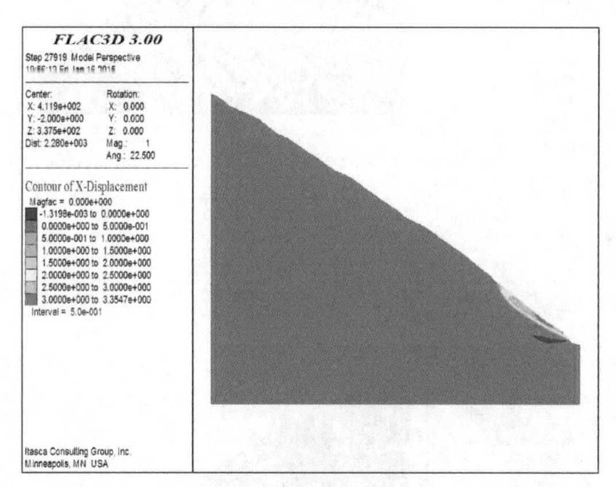

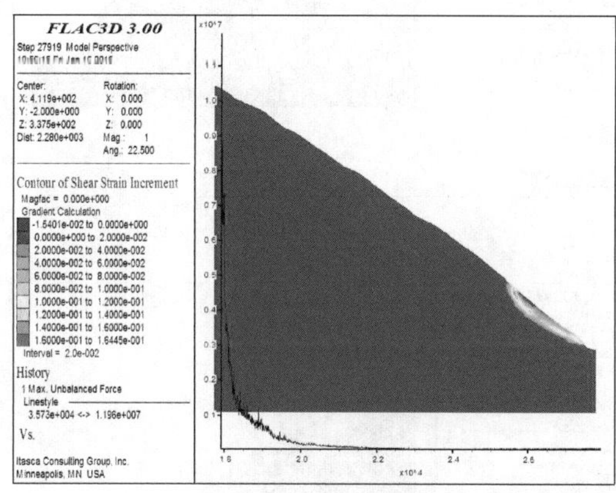

图 5.5-24　剖面Ⅲ—Ⅲ′工况 7 下水平位移云图、剪应变增量云图、不平衡力曲线图

8. 工况 8 模拟结果分析

从图 5.5-25 可以看出，初始地应力条件下计算 10000 时步后，洪水工况下剖面Ⅰ—Ⅰ′前缘 1 号次级滑体整体位移量大，最大位移点位于在 1 号次级滑体的前缘 3154.00m 高程附近，且位移值随着计算不收敛而不停增大；主滑动体整体位移量小，水平向最大位移值仅为 12.7cm，基本与天然工况和高水位蓄水工况一致。剪应变增量主要沿着 1 号次级滑体底部滑动面向上发展并贯通，最大不平衡力曲线不收敛，说明 1 号次级滑体在洪水工况下处于不稳定状态，且洪水工况对主滑动体变形发展几乎无影响。

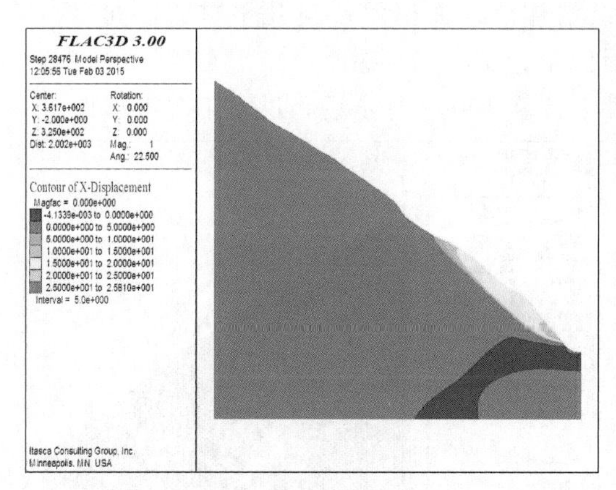

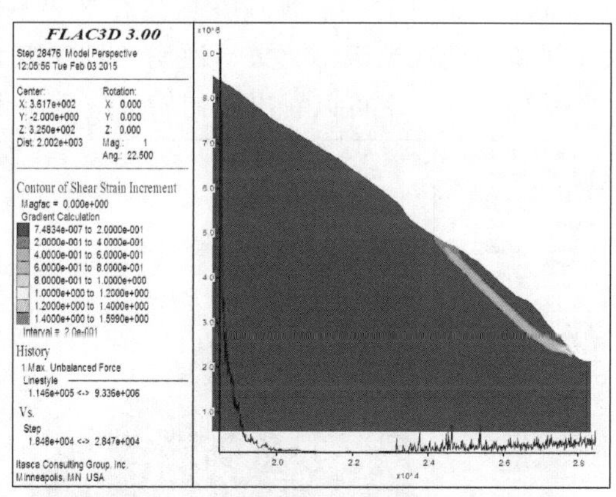

图 5.5-25　剖面Ⅰ—Ⅰ′工况 8 下水平位移云图、剪应变增量云图、不平衡力曲线图

从图 5.5-26 可以看出，洪水工况下剖面Ⅱ—Ⅱ′坡体的水平向位移主要发生 2 号次级滑体的中后部附近，最大位移点位于 2 号次级滑体后部，情况 1 中最大位移量为

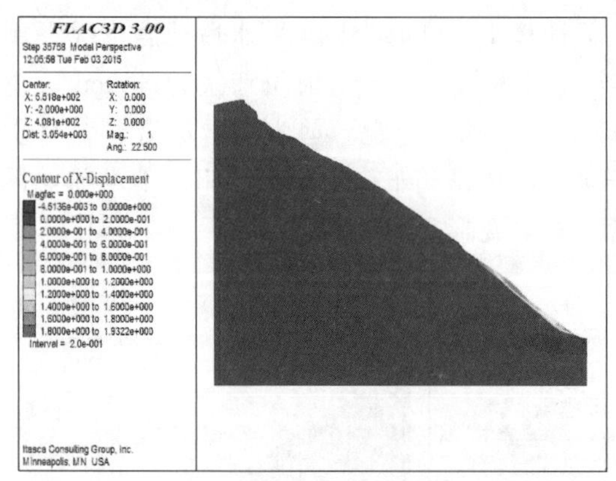

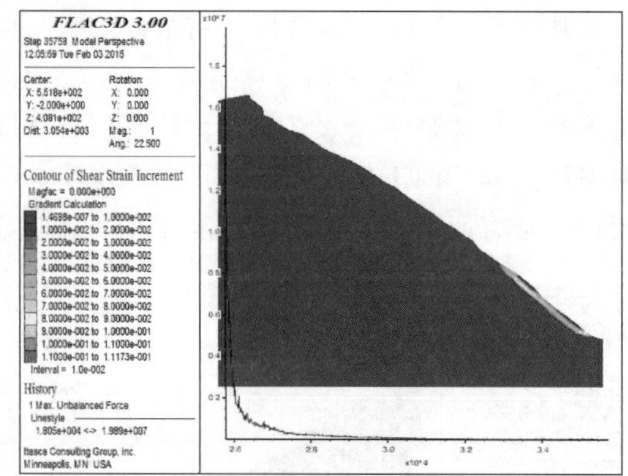

(a)情况 1

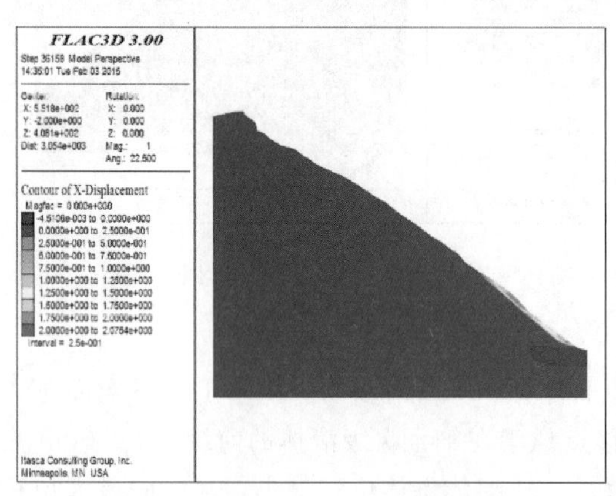

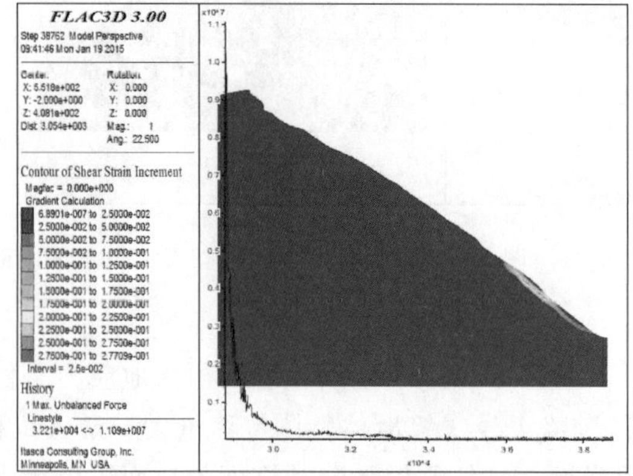

(b)情况 2

图 5.5-26　剖面Ⅱ—Ⅱ′工况 8 下水平位移云图、剪应变增量云图、不平衡力曲线图

190cm，情况 2 中最大位移量为 206cm，水平位移量较大。主滑动体最大位移量为 17.9cm，且趋于稳定。剪应变增量在 2 号次级滑体滑动面出发展且几乎贯通，同时，最大不平衡力曲线趋于不收敛，说明 2 号次级滑体是趋于临界状态。

从图 5.5-27 可以看出，初始地应力条件下计算 10000 时步后，洪水工况下剖面Ⅲ—

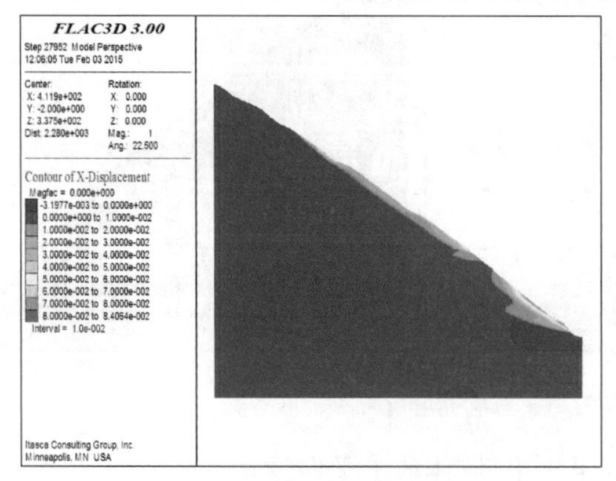

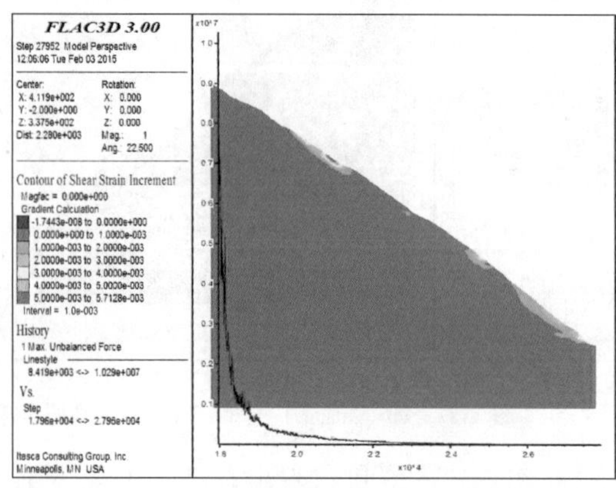

图 5.5-27　剖面Ⅲ—Ⅲ′工况 8 下水平位移云图、剪应变增量云图、不平衡力曲线图

Ⅲ′坡体的水平向位移主要发生在浅表层，分别集中在3号次级滑体的中部和主滑动体内部1号次级滑体。滑坡整体变形较小，最大位移点位于3号次级滑体中部，水平位移量为8.40cm。剪应变增量分别沿着3号次级滑体滑动面和主滑动体内部1号次级滑体滑动面向上发展，但均未贯通，同时，最大不平衡力曲线最后收敛，说明3号次级滑体和主滑动体是趋于稳定状态。

5.5.3　滑坡稳定性刚体极限平衡分析

根据野外调查和地质勘探资料，运用加拿大GEO-SLOPE公司开发的Geo Studio系列软件中的SLOPE模块对林达滑坡进行稳定性刚体极限平衡分析。结合滑坡变形破坏特征及次级滑体发育情况，分别选取滑坡变形区内包含1～3号次级滑体和主滑动体的三个典型剖面Ⅰ—Ⅰ′、Ⅱ—Ⅱ′、Ⅲ—Ⅲ′，建立其计算模型（图5.5-28～图5.5-30），采用指定滑面法和局部搜索法，分别计算1～3号次级滑体、主滑动体及弯折带的稳定性。其中考虑到主滑动体中次级滑面由于剪出口位置不同而分两种情况，分别计算其稳定性。

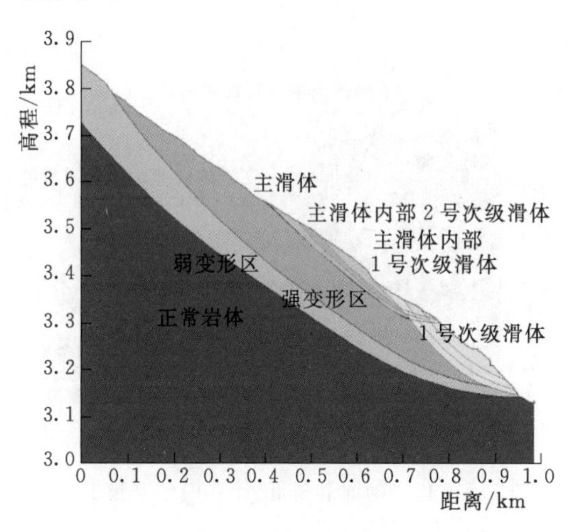

图5.5-28　剖面Ⅰ—Ⅰ′计算模型（情况1）

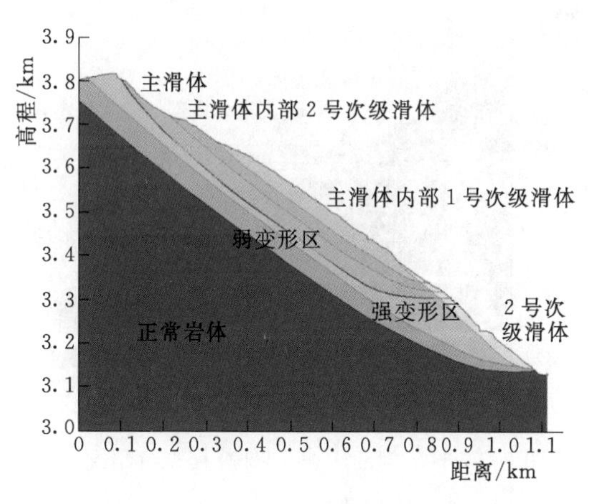

图5.5-29　剖面Ⅱ—Ⅱ′计算模型（情况1）

依据钻孔、平洞资料和滑坡变形特征，针对剖面Ⅰ—Ⅰ′确定了6种滑动面位置，针对剖面Ⅱ—Ⅱ′确定了6种滑动面位置，针对剖面Ⅲ—Ⅲ′确定了5种滑动面位置。指定滑动面说明：

（1）1号次级滑体滑动面：前缘堆积体受地形的影响，沿着基覆界面，在高程3142m处剪出破坏，同时考虑次级滑体内部潜在滑动面，受地形控制，潜在滑动面1和滑动面2分别在3150m和3162m剪出破坏，后缘分别位于高程3348m和3246m处（图5.5-28）。

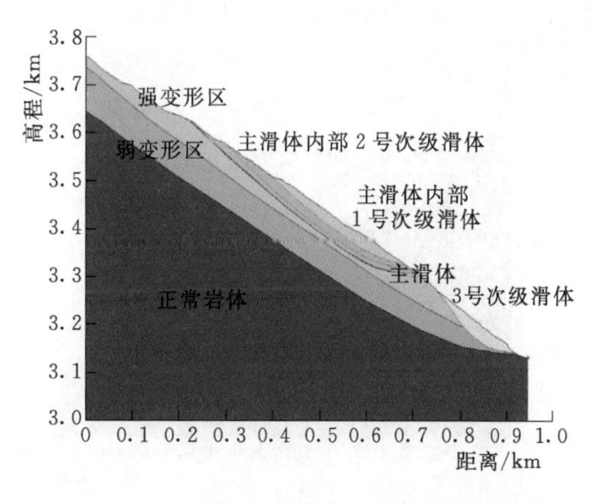

图5.5-30　剖面Ⅲ—Ⅲ′计算模型（情况1）

（2）2号次级滑体滑动面：前缘堆积体受地形的影响，沿着基覆界面，在高程3142m处剪出破坏，同时考虑次级滑体内部潜在滑动面，受地形控制，潜在滑动面1在3155m剪出破坏，后缘位于3334m高程处（图5.5－29）。

（3）3号次级滑体滑动面：前缘堆积体受地形的影响，沿着基覆界面，在高程3142m处剪出破坏，同时考虑次级滑体内部潜在滑动面，受地形控制，潜在滑动面1在3156m剪出破坏，后缘位于高程3262m处（图5.5－30）。

（4）主滑动体1号次级滑动面：沿着主滑动体内部1号次级滑体底界面，整体滑动破坏。情况1中前缘在高程3340m处呈弧形剪出破坏（图5.5－28）；情况2中前缘沿主滑面在高程3302m处呈弧形剪出破坏（图5.5－31）。

（5）主滑动体2号次级滑动面：沿着主滑动体内部2号次级滑体底界面，整体滑动破坏。情况1中前缘在高程3326m处呈弧形剪出破坏（图5.5－29）；情况2中前缘沿主滑面在高程3302m处呈弧形剪出破坏（图5.5－32）。

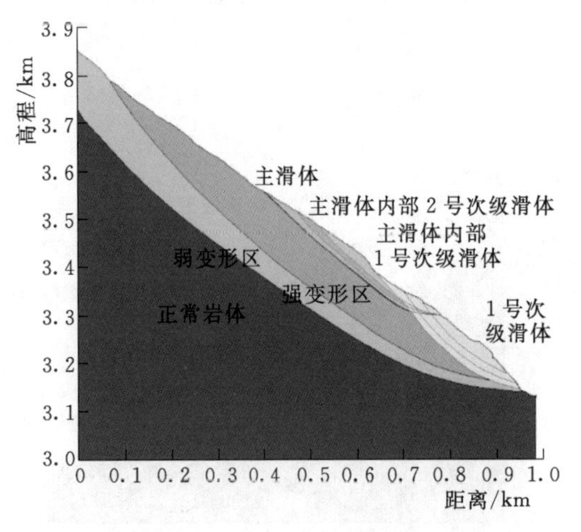

图5.5－31　剖面Ⅰ—Ⅰ′计算模型（情况2）

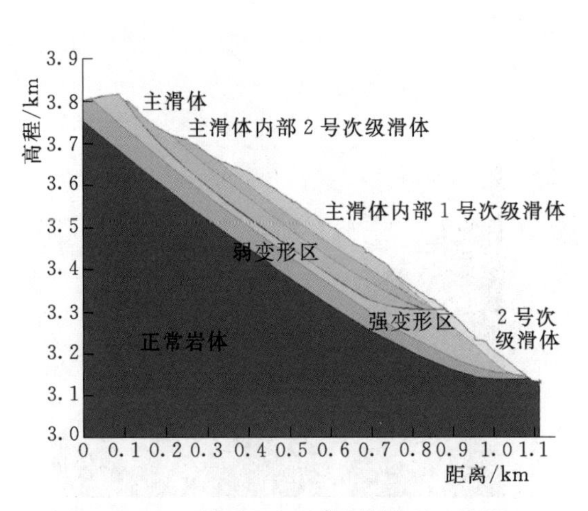

图5.5－32　剖面Ⅱ—Ⅱ′计算模型（情况2）

（6）主滑动体滑动面：整体受坡体内发育的一组缓倾坡外的断层面控制，前缘沿基覆界面，在高程3302m处呈弧形剪出破坏。

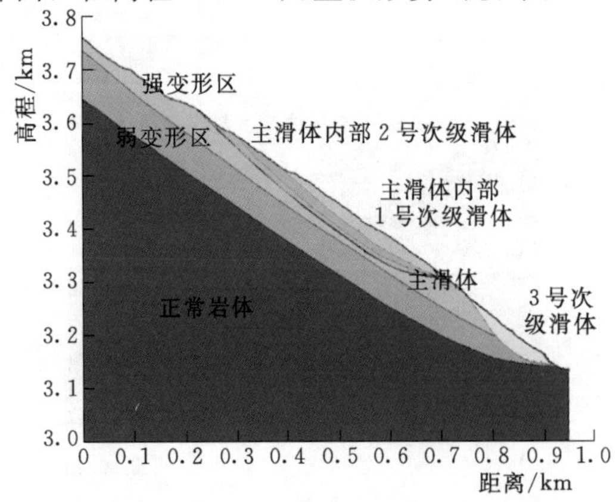

图5.5－33　剖面Ⅲ—Ⅲ′计算模型（情况2）

（7）倾倒变形体弯折带：根据勘探资料揭露，变形岩体中在强弱变形交界处，产生了倾向破外的断续的楔形拉裂面，目前并未形成贯通的深层滑动面。但为了安全起见，仍将进行弯折带的稳定性计算。其整体形态呈折线型，在高程3144m处剪出破坏（图5.5－29）。

针对前缘发育的3个次级滑体失稳破坏模式，采用自动搜索滑面的方法评价其局部稳定性。根据前缘次级滑体受河流冲刷外动力地质作用，可能会形成牵引式破坏模式，采用控制剪出口和给定一定范围的入口，指定最危险滑面从前缘剪出口处剪出，自动搜索其最危险滑面。1号次级滑体搜索滑面后缘位于高程3244m处（图5.5-34），厚度约为25m；2号次级滑体搜索滑面后缘位于高程3330m处（图5.5-35）厚度约为20m；3号次级滑体搜索滑面后缘位于高程3244m处（图5.5-36），厚度约为25m。

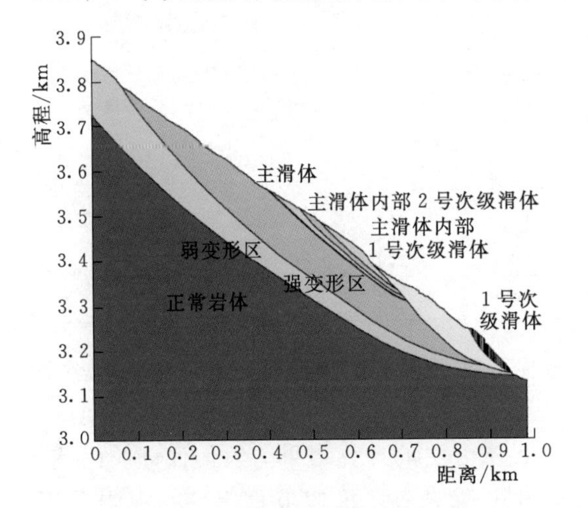

图5.5-34 1号次级滑体局部搜索滑面结果图

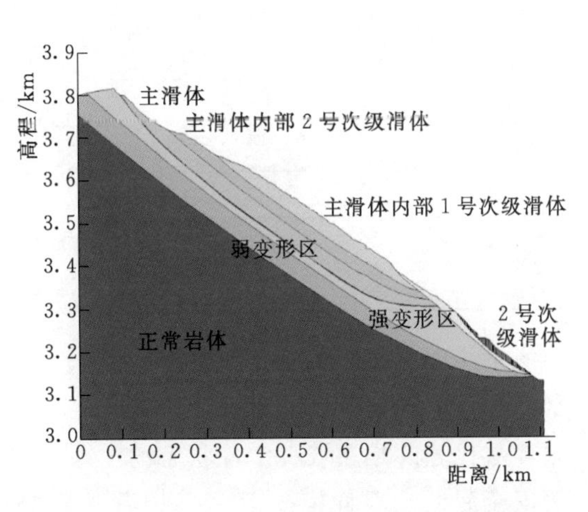

图5.5-35 2号次级滑体局部搜索滑面结果图

林达滑坡为一典型的由倾倒变形引发的堆积层滑坡，除了暴雨、地震影响外，水库正常蓄水以及水位骤降也是影响其稳定性和诱发滑坡的主要因素。因此，结合滑坡地质灾害防治工程地质勘查技术要求和水库运行调度实际情况，从研究的目的出发，拟考虑以下几种工况进行稳定性计算，详见表5.5-1。

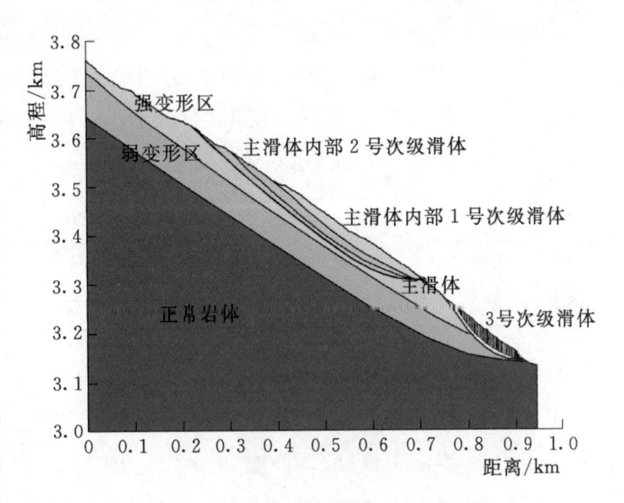

图5.5-36 3号次级滑体局部搜索滑面结果图

在地震工况下，仅考虑地震引起的水平推力作用。根据中国地震局地质研究所《雅砻江上游乐安水电站地震安全性评价报告》中工程场地地震危险性概率分析成果，50年超越概率10%工程场地基岩峰值加速度为0.214g，相应工程场地地震基本烈度为Ⅷ度。在计算暴雨工况时，滑坡稳定性计算的岩土体参数取值采用暴雨状态下的参数。

根据乐安电站水库调度情况，水库正常蓄水位3148m，水位骤降考虑较为极端情况，按一次骤降3m，即由正常蓄水位3148m骤降至3145m。

根据雅砻江乐安水电站流域洪水情况，洪水工况考虑3154m水位。

极限平衡法总体上可以分为两大类：一类是垂直条分法；另一类是滑移线法。两种方法的根本区别在于前者假定边坡破坏时只有在破裂面位置处于极限平衡状态，也就是假定

表 5.5-1 滑坡稳定性计算工况汇总表

工 况 编 号	计 算 工 况	备 注
1	天然工况	蓄水前
2	暴雨工况	
3	地震工况	
4	暴雨+地震工况	
5	天然工况	蓄水后
6	暴雨工况	
7	地震工况	
8	水库放空工况(水位骤降)	
9	洪水工况(3154m)	洪水

只有破裂面处满足静力平衡条件和莫尔—库仑准则;而后者假定边坡破坏时,边坡内部全部处于极限平衡状态,处处满足静力平衡条件和莫尔—库仑准则。由于滑移线法的计算结果多数代表的是边坡稳定性状态的上限值,而垂直条分法的计算结果一般偏保守。因此,为安全起见,工程中一般多采用垂直条分的极限平衡法来评价边坡稳定性。报告采用Slope中不同的计算方法计算滑坡的稳定性系数,本次分析主要参照Morgenstern-Price法计算结果,其他方法仅做参考。

根据稳定性系数的大小,可以确定边坡目前所处的稳定性状态。根据《水电水利工程边坡工程地质勘察技术规程》(DL/T 5337—2006)滑坡稳定状态划分标准(表5.5-2),对滑坡各典型剖面的稳定性状况进行评价。

表 5.5-2 滑坡稳定性评价标准

滑坡稳定系数 F_s	$F_s<1.00$	$1.00<F_s<1.05$	$1.05<F_s<1.15$	$F_s>1.15$
滑坡稳定状态	不稳定	欠稳定	基本稳定	稳定

5.5.3.1 天然工况分析成果

主滑动体蓄水前天然工况下稳定性计算结果见表5.5-3。由表可知,主滑体在各剖面上稳定性系数均大于1.15;情况1中,内部1号次级滑体和2号次级滑体在各剖面上稳定性系数均大于1.15;情况2中,内部1号次级滑体和2号次级滑体在各剖面上稳定性系数也均大于1.15。综上所述,天然工况下主滑动体、内部1号次级滑体以及内部2号次级滑体整体均处于稳定状态。

表 5.5-3 天然工况主滑动体稳定性计算结果

计算模型	计算方法	剖面Ⅰ—Ⅰ′	剖面Ⅱ—Ⅱ′	剖面Ⅲ—Ⅲ′
主滑动体	Morgenstern-Price	1.216	1.249	1.304
	Janbu	1.171	1.203	1.287
	Bishop	1.249	1.299	1.361
	Ordinary	1.189	1.217	1.3

续表

计算模型	计算方法	剖面Ⅰ—Ⅰ′	剖面Ⅱ—Ⅱ′	剖面Ⅲ—Ⅲ′
主滑动体 1号次级滑体 (情况1)	Morgenstern - Price	1.209	1.172	1.335
	Janbu	1.164	1.126	1.318
	Bishop	1.242	1.222	1.392
	Ordinary	1.182	1.14	1.331
主滑动体 2号次级滑体 (情况1)	Morgenstern - Price	1.192	1.198	1.299
	Janbu	1.147	1.152	1.282
	Bishop	1.225	1.248	1.356
	Ordinary	1.165	1.166	1.295
主滑动体 1号次级滑体 (情况2)	Morgenstern - Price	1.195	1.151	1.309
	Janbu	1.15	1.105	1.292
	Bishop	1.228	1.201	1.366
	Ordinary	1.168	1.119	1.305
主滑动体 2号次级滑体 (情况2)	Morgenstern - Price	1.177	1.185	1.288
	Janbu	1.132	1.139	1.271
	Bishop	1.21	1.235	1.345
	Ordinary	1.15	1.153	1.284

前缘次级滑体蓄水前天然工况下稳定性计算结果见表 5.5-4。由表可知，1 号次级滑体、1 号次级潜在滑动面 1 以及 1 号次级潜在滑动面 2 稳定性系数均小于 1，处于不稳定状态；2 号次级滑体的稳定性系数为 1.011，处于欠稳定状态且接近于极限平衡，内部次级滑体稳定性略高于 3 号次级滑体；仅 3 号次级滑体稳定性系数为 1.131，处于基本稳定状态，内部次级滑体稳定性略高于 3 号次级滑体。

表 5.5-4　　天然工况前缘次级滑体稳定性计算结果

计算方法	1号次级滑体	1号次级潜在滑动面1	1号次级潜在滑动面2	2号次级滑体	2号次级潜在滑动面1	3号次级滑体	3号次级潜在滑动面1
Morgenstern - Price	0.9	0.901	0.933	1.011	1.094	1.142	1.163
Janbu	0.868	0.869	0.933	0.996	1.079	1.11	1.151
Bishop	0.93	0.931	0.933	1.013	1.095	1.211	1.190
Ordinary	0.877	0.878	0.933	1.015	1.075	1.114	1.155

前缘次级滑体搜索滑面在蓄水前天然工况下稳定性计算结果见表 5.5-5。由表可知，1 号次级滑体搜索滑面稳定性系数为 0.833，处于不稳定状态且低于 1 号次级滑体整体稳定性，该滑面为最可能潜在滑动面；2 号次级滑体搜索滑面稳定性系数为 1.2，处于稳定状态，该结果略高于 2 号次级滑体，主要是由于自动搜索的滑动面为圆弧形，与 2 号次级滑体滑面形态有差异，同时说明 2 号次级滑体滑面就是最危险滑动面；3 号次级滑体搜索滑面稳定性系数为 1.108，处于基本稳定状态，且低于 3 号次级滑体整体稳定性。

表 5.5-5　　天然工况前缘次级滑体搜索滑面计算结果

计算方法	1号次级滑体搜索最危险滑面	2号次级滑体搜索最危险滑面	3号次级滑体搜索最危险滑面
Morgenstern-Price	0.833	1.200	1.108
Janbu	0.802	1.140	1.056
Bishop	0.838	1.169	1.113
Ordinary	0.807	1.167	1.065

强变形倾倒体蓄水前天然工况下稳定性计算结果见表 5.5-6。由表可知，强变形倾倒体的稳定性系数为 1.435，处于稳定状态。由此可见，强变形倾倒体虽发生了较强烈的变形，但其稳定性仍较好。

表 5.5-6　　天然工况强变形倾倒体稳定性计算结果

计算方法	倾倒变形体	计算方法	倾倒变形体
Morgenstern-Price	1.435	Bishop	1.488
Janbu	1.411	Ordinary	1.423

5.5.3.2　暴雨工况分析成果

主滑动体蓄水前暴雨工况下稳定性计算结果见表 5.5-7。由表可知，主滑动体在各剖面上稳定性系数分别为 1.127、1.171 和 1.22，处于基本稳定—稳定状态；情况 1 中，主滑动体内部 1 号次级滑体在各剖面上稳定性系数分别为 1.12、1.094 和 1.253，处于基本稳定—稳定状态，内部 2 号次级滑体在各剖面上稳定性系数分别为 1.103、1.121 和 1.214，处于基本稳定—稳定状态；情况 2 中，主滑动体内部 1 号次级滑体在各剖面上稳定性系数分别为 1.105、1.075 和 1.222，处于基本稳定—稳定状态，内部 2 号次级滑体在各剖面上稳定性系数分别为 1.089、1.108 和 1.205，处于基本稳定—稳定状态。综上所述，暴雨工况下主滑动体，以及其内部 1 号次级滑体和 2 号次级滑体整体均处于基本稳定—稳定状态。

5.5.4　综合评价

基于数值模拟方法进行了库水位变化条件下、降雨、地震条件下，滑坡应力应变场分布特征和滑坡稳定性研究。1 号次级滑体在各种工况下整体变形较大，最大位移主要发生在坡体的前缘，滑坡体处于不稳定状态；2 号次级滑体整体变形也相对较大，最大位移主要发生在次级滑体的后部，在天然工况下处于极限稳定，在库水位变化、降雨等因素影响下存在整体失稳的可能；3 号次级滑体仅在暴雨叠加地震极限工况下存在失稳的可能；主滑动体变形与前缘次级滑体的稳定性密切相关，前缘 1 号、2 号次级滑体的失稳破坏，会影响其稳定性。定前缘 1 号、2 号次级滑体整体稳定性较差，为潜在危险区，是工程评价的重点。采用刚体极限平衡方法，评价了各工况滑坡的稳定性。Ⅰ—Ⅰ′、Ⅱ—Ⅱ′、Ⅲ—Ⅲ′三个典型剖面的主滑动体在各种工况下均处于基本稳定—稳定状态。其表层发育的 1 号、2 号次级滑体整体处于基本稳定—稳定状态，但在前缘次级滑体失稳的影响下，在暴雨叠加地震极限工况下处于不稳定状态；Ⅱ—Ⅱ′剖面倾倒变形体处于稳定状态，且蓄水

表5.5-7　暴雨工况主滑动体稳定性计算结果

计算模型	计算方法	剖面Ⅰ—Ⅰ′	剖面Ⅱ—Ⅱ′	剖面Ⅲ—Ⅲ′
主滑动体	Morgenstern-Price	1.127	1.171	1.22
	Janbu	1.082	1.125	1.203
	Bishop	1.16	1.221	1.277
	Ordinary	1.1	1.139	1.216
主滑动体 1号次级滑体（情况1）	Morgenstern-Price	1.12	1.094	1.253
	Janbu	1.075	1.048	1.236
	Bishop	1.153	1.144	1.31
	Ordinary	1.093	1.062	1.249
主滑动体 2号次级滑体（情况1）	Morgenstern-Price	1.103	1.121	1.214
	Janbu	1.058	1.075	1.197
	Bishop	1.136	1.171	1.271
	Ordinary	1.076	1.089	1.21
主滑动体 1号次级滑体（情况2）	Morgenstern-Price	1.105	1.075	1.222
	Janbu	1.06	1.029	1.205
	Bishop	1.138	1.125	1.279
	Ordinary	1.078	1.043	1.218
主滑动体 2号次级滑体（情况2）	Morgenstern-Price	1.089	1.108	1.205
	Janbu	1.044	1.062	1.188
	Bishop	1.122	1.158	1.262
	Ordinary	1.062	1.076	1.201

对其稳定性影响较小。滑体前缘的1～3号次级滑体，1号次级滑体稳定性最差，在各种工况下均处于不稳定状态。2号次级滑体在天然工况下处于临界状态，在外界因素的影响下将处于失稳状态。3号次级滑体稳定性相对较好，滑体整体处于欠稳定—基本稳定状态，仅在暴雨叠加地震工况下处于不稳定状态。1号次级滑体、2号次级滑体稳定性较差。水库运行对林达滑坡整体稳定性影响较小。

5.6　复合式滑坡

5.6.1　滑坡稳定性宏观定性分析

通过现场的地质测绘及对钻孔、平洞资料的分析，目前唐古栋滑坡残留的滑坡堆积物主要堆积于唐古栋滑坡中部的B区、C区与D-1区上游侧的中部凹槽部位。由于滑坡前缘高陡，现场调查发现在其前缘临空部位存在局部拉裂和小规模的垮塌现象，在降雨、地震等因素影响下，拉裂缝逐渐的扩展，可能构成潜在滑坡的后缘边界，导致斜坡前缘发生的垮塌、滑移，但是发生的规模一般较小。

C区冲沟发育，切割深度一般大于10m，该处未见堆积体整体失稳的变形迹象，仅在冲沟的两岸及后缘斜坡坡表存在局部的垮塌、表层溜滑现象；钻孔揭露B区滑坡堆积体厚度较为均匀，中前部可达33m，中后部相对要薄一些，厚约15～20m；该区的HTZK01与HTZK02钻孔揭露的坡体结构表明并不存在贯通滑带（面），目前边坡并未见坡体中整体变形破坏迹象，仅在基覆界面处存在一条由于后期滑坡堆积后形成的白色条带，可能构成该滑坡堆积体的潜在滑面；

D-1区中HTZK03揭露的滑坡堆积厚度可达50m，坡体结构较为松散，但是由于其所处于槽状地形中，其稳定性相对要好，目前边坡整体稳定性较好，仅在其前缘及后缘陡坎边缘及冲沟两岸存在局部溜滑、垮塌现象。

对于1967年未滑动A区与下游侧D-2区，A区前缘缓坡及后缘陡坡坡脚地带变形破坏迹象明显。目前，雨季时冲沟两侧可见明显的垮塌及顺沟的泥石流，后缘陡坡崩塌、表层溜滑以及前缘陡坎附近的坍塌等破坏现象明显。结合目前的平洞资料与钻孔资料，该区后部强风化带内存在一潜在滑带，宽2～3m，主要由岩块、岩屑组成，滑带上下侧壁均可见炭化现象。据现场平硐施工人员描述，平硐当初开挖至该段时见大量渗水，且该斜坡韵律结构特征明显，且厚度一般为15～20m。同时，前缘缓坡可见一延伸约80m，宽约10m，错坎高度1～2m的拉陷槽及多条拉裂缝，在极端条件下，随着滑面的贯通可能会发生类似于唐古栋滑坡的整体失稳。目前，该区主要以局部崩塌、溜滑破坏为主。对于D-2区未见整体变形破坏迹象，仅局部存在变形特征，以小规模的崩塌、掉块和表层溜滑为主。

5.6.2 滑坡稳定性数值模拟分析

5.6.2.1 模型建立和计算方法选取

模型前缘边界为雅砻江河谷；后缘以滑坡体的崩塌、滑动为界；下游侧边界以冲沟为界；上游侧边界与滑坡上游侧边界相距220～350m；X轴与滑坡滑动方向垂直，指向河流上游；Y轴垂直于X轴指向坡体内部；Z轴竖直向上自高程1800.00m到3460.00m。该模型的力学边界采用两边侧面（X方向）、前后缘侧面（Y方向）水平约束，底面（Z方向）垂直方向约束，地表为自由面。根据上述原则建立如图5.6-1所示的唐古栋滑坡三维模型。

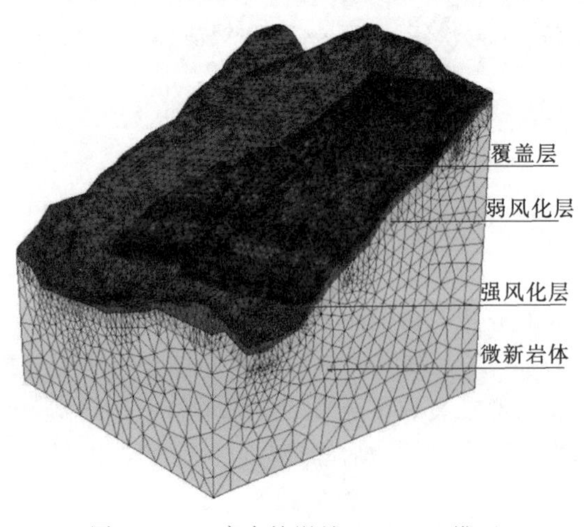

图5.6-1 唐古栋滑坡FLAC3D模型

计算采用莫尔—库仑屈服条件的弹塑性模型，选用适合岩土体应力—应变分析的快速拉格朗日差分法（FLAC3D软件）计算，共划分340563个单元和69411个节点。

在FLAC3D软件模拟过程中，模型进行了概化与简化，模型考虑了1967年滑坡发生后残存的滑坡堆积物、强风化、弱风化层以及微新岩体。

根据勘查资料，唐古栋滑坡物质组成由外至内可分为崩坡积物、冰水堆积物、滑坡堆积物、强卸荷岩体、弱卸荷岩体、微-新岩体。通过综合取值，各岩层及其结构面物理力学参数取值见表3.3-31。

5.6.2.2　FLAC3D数值模拟分析成果

1. 天然状态坡体应力场分析

边坡应力场在边坡的演化过程中逐渐的发生变化，同时为了定量分析边坡目前的应力状况以及为了进一步分析边坡的稳定状况，采用数值模拟计算结果来进行分析。

(1) 图5.6-2～图5.6-6为边坡最大主应力分布特征，模拟表明：边坡的最大主应力（σ_1）近坡表位置大致近平行坡面，随着海拔降低最大应力方向转化为近水平，且其量值总体上随埋深的增加而增大的趋势，其分布比较均匀。坡体表部强风化层与覆盖层局部部位由于地形地貌和岩性差异等出现应力集中效应，且局部部位由于岩体质量较差出现应力降低区，其量值一般4.0～6.0MPa（压为负，拉为正）。此外，在基覆界面和强弱风化接触部位出现较为明显的应力集中现象，且局部位置最大主应力方向出现较大的偏转。

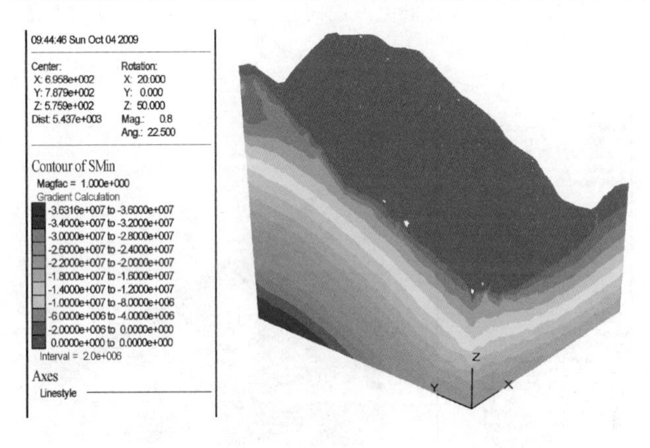

图5.6-2　天然状态下边坡最大主应力分布特征

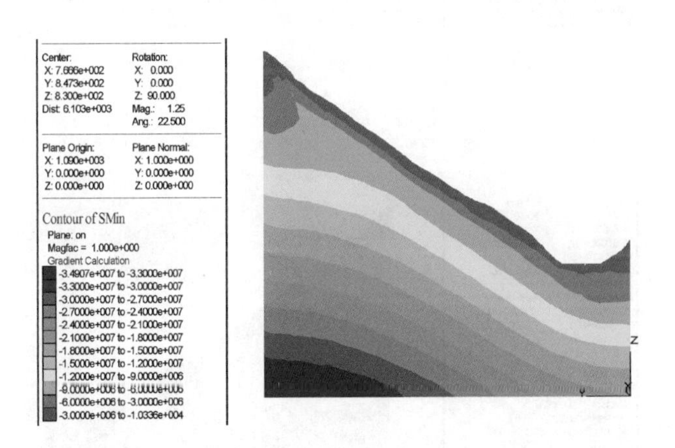

图5.6-3　天然状态下边坡剖面Ⅰ—Ⅰ最大主应力分布特征
(0+1090.00)

(2) 图5.6-7～图5.6-11表明，最小主应力（σ_3）：总体上随着高程降低而增加，坡体表部最小主应力量值小于1.0MPa；边坡由于坡度较陡，坡表附近岩体质量较差，在滑坡后缘陡坎基岩、坡表覆盖层表部出现一定程度的拉应力，拉应力最大一般不超过1.5MPa；

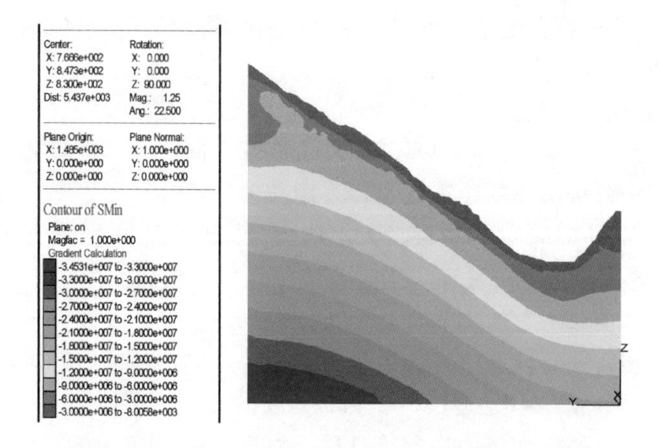

图 5.6-4　天然状态下边坡剖面Ⅱ—Ⅱ最大主应力分布特征

(0+1485.00)

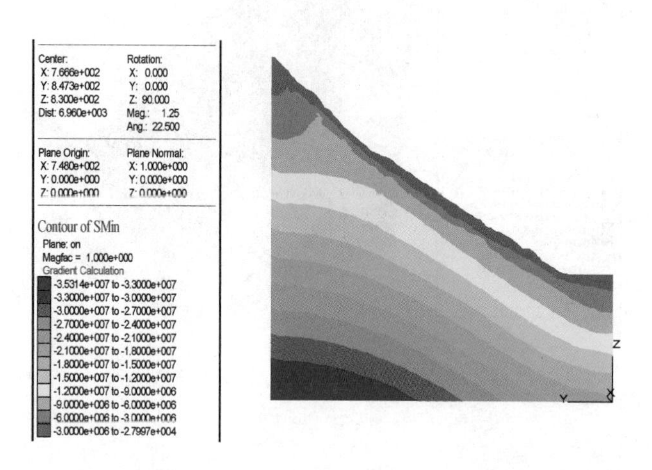

图 5.6-5　天然状态下边坡剖面Ⅲ—Ⅲ最大主应力分布特征

(0+748.00)

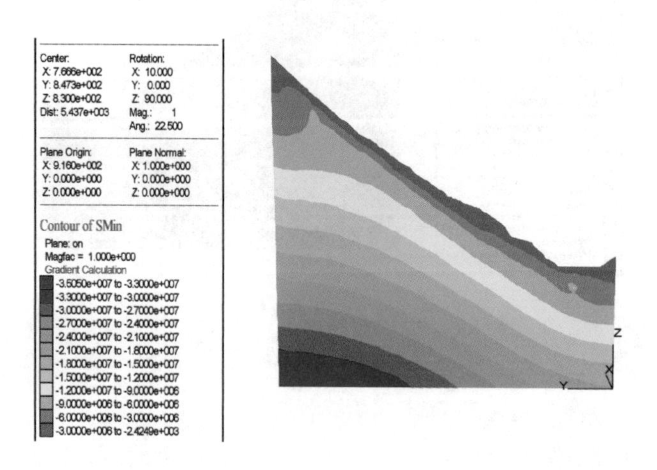

图 5.6-6　天然状态下边坡剖面Ⅳ—Ⅳ最大主应力分布特征

(0+916.00)

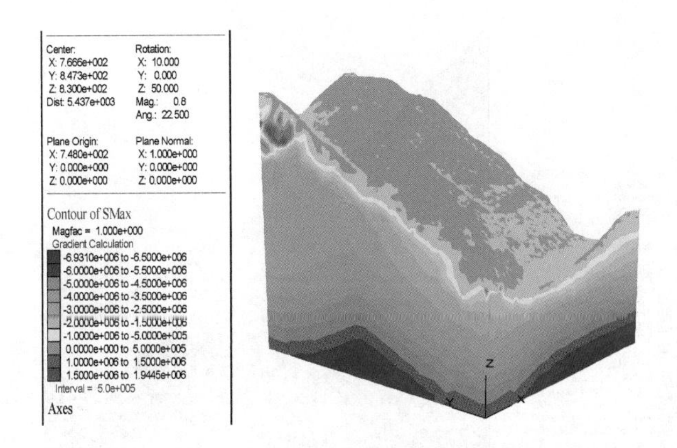

图 5.6-7　天然状态下边坡最小主应力分布特征

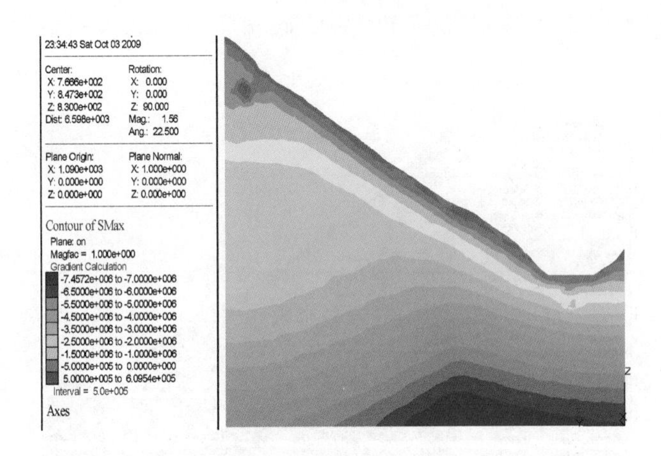

图 5.6-8　天然状态下边坡剖面Ⅰ—Ⅰ最小主应力分布特征

（0＋1090.00）

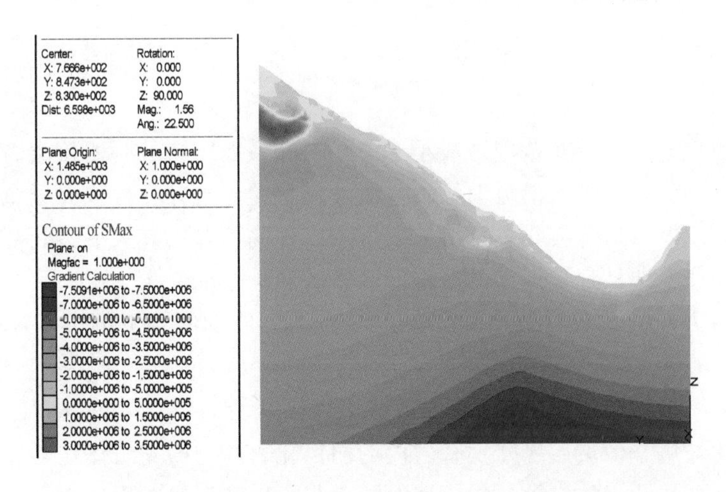

图 5.6-9　天然状态下边坡剖面Ⅱ—Ⅱ最小主应力分布特征

（0＋1485.00）

（注：由于模型边界约束以及本构方程选择等原因在模型边界出现异常）

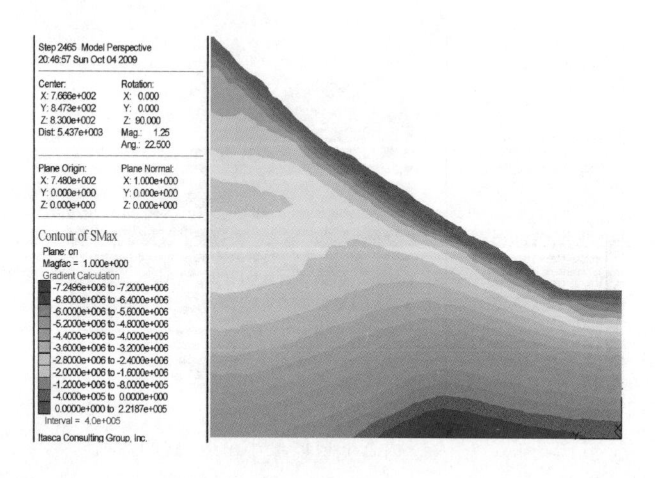

图 5.6-10　天然状态下边坡剖面Ⅲ—Ⅲ最小主应力分布特征

(0+748.00)

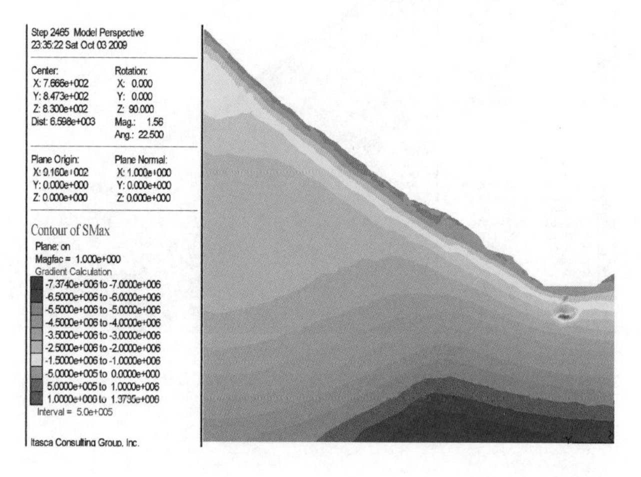

图 5.6-11　天然状态下边坡剖面Ⅳ—Ⅳ最小主应力分布特征

(0+916.00)

后缘陡坎基岩拉应力水平分布范围一般小于10～15m，而陡坎坡脚覆盖层内拉应力分布深度一般小于15～20m；另外，滑坡前缘临空侧坡表覆盖层也存在拉应力分布区，分布的范围较滑坡上游侧以及中后部要小，且滑坡上游侧下部的覆盖层其较下游侧基岩拉应力分布的范围要小。由于受边坡地形地貌的变化等因素的影响，同最大主应力一样，在边坡临坡表部位出现应力方向的偏转，最小主应力方向在滑坡坡脚河谷下部出现偏转，呈现“山脊”特征。

(3) 图5.6-12～图5.6-15为边坡剪应力 (τ_{xy}) 分布特征，可以看出，滑坡基覆界面及其前缘陡坎坡脚、滑坡后缘陡坎基岩内的弱风化岩体与微新岩体接触界面附近、上下游侧滑坡中前部弱风化岩体与微新岩体接触界面附近以及后缘陡坎坡表局部部位均出现较为明显的剪应力集中现象，剪应力量值一般小于1.3MPa。从边坡典型剖面的剪应力分布特征可见，边坡并未形成贯通剪应力增高带，在滑坡中下游侧的后缘和中前部弱风化与微-新岩体接触界面及基覆界面集中的程度较为明显，前者仅局限在一定范围内，后者分布范围较大，但其对边坡整体稳定性的影响不大。

可见，坡体的应力场分布主要表现在：边坡的最大、最小主应力分布特征规律较为明

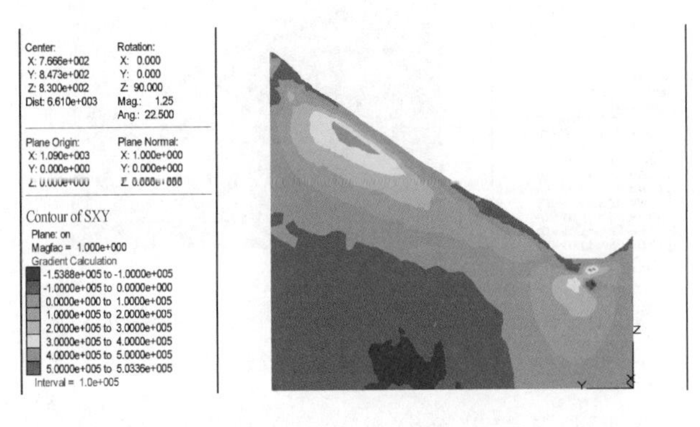

图 5.6-12　天然状态下边坡剖面Ⅰ—Ⅰτ_{xy}分布特征

(0+1090.00)

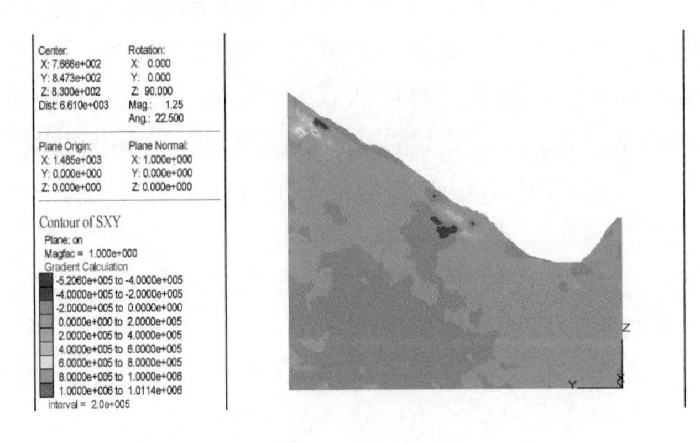

图 5.6-13　天然状态下边坡剖面Ⅱ—Ⅱτ_{xy}分布特征

(0+1485.00)

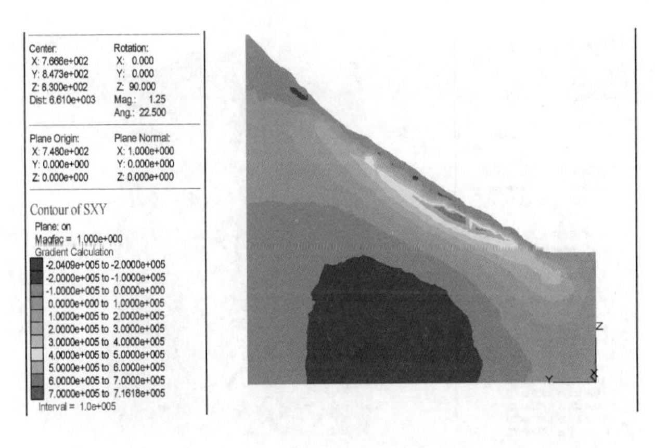

图 5.6-14　天然状态下边坡剖面Ⅲ—Ⅲτ_{xy}分布特征

(0+748.00)

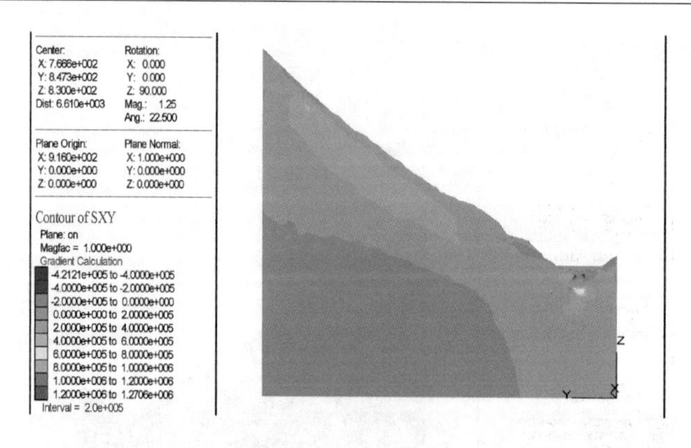

图 5.6-15　天然状态下边坡剖面Ⅳ—Ⅳ τ_{xy} 分布特征
(0+916.00)

显，在坡体强弱风化层界面与基覆界面由于岩性等因素影响出现一定程度的应力集中效应；滑坡坡表附近及其后缘基岩内最大主应力方向出现一定程度的偏转。另外，最小主应力在滑坡中前部覆盖层、后缘陡坎基岩及坡内弱卸荷下限附近出现较为明显的拉应力集中，最大、最小主应力差值较大，形成剪应力集中带；滑坡坡表、边坡后缘 10～20m 深度上最小主应力呈拉应力状态，最大一般可达 0.5～1.0MPa，最大位于河谷下部岩体中，可达 1.38MPa（不计模型异常）。剪应力主要集中在滑坡基覆界面及其中下游侧弱风化下限界面附近，最大可达 0.716MPa，但并未形成贯通连续的剪应力增高带。

2. 天然状态下边坡剪应变及塑性区特征分析

图 5.6-16～图 5.6-20 为滑坡坡体内剪应变增量分布特征，由图可见，强—弱卸荷岩土体内发育一贯通坡脚至边坡后缘的剪应变增量带；滑坡前缘剪应变增量集中程度和发育的范围较中后部要大，滑坡中部剪应变增量集中程度较滑坡上、下游侧岩土体要大，且基覆界面处较强弱风化界线处要明显。边坡塑性破坏区（图 5.6-21）主要位于滑坡残留堆积体中前部和滑坡边界山脊部位，滑坡堆积体中范围分布较大，但主要出现在坡表，主要表现为拉破坏，局部为剪切或拉剪破坏。

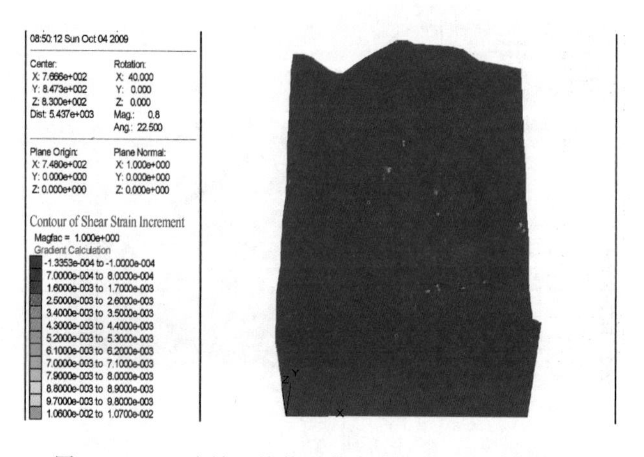

图 5.6-16　边坡天然状况剪应变增量总体分布特征

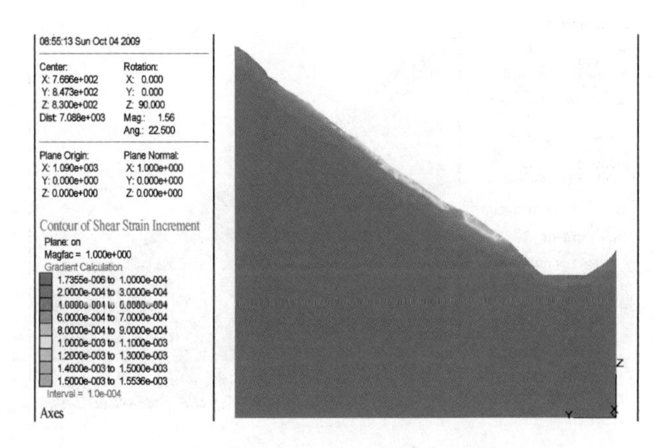

图 5.6-17　边坡剖面Ⅰ—Ⅰ剪应变增量分布特征（0+1090.00）

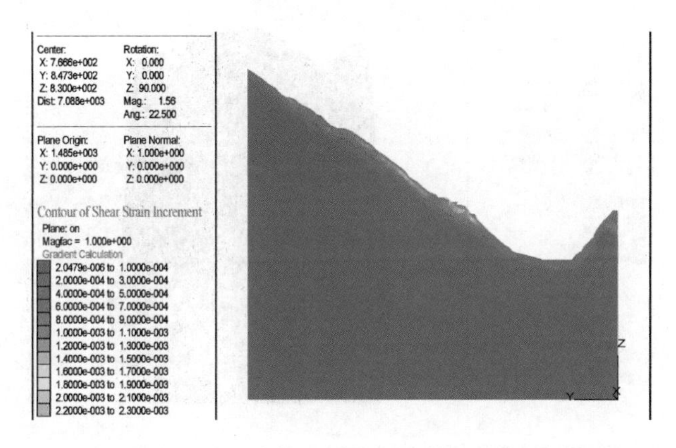

图 5.6-18　边坡Ⅱ—Ⅱ剪应变增量分布特征（0+1485.00）

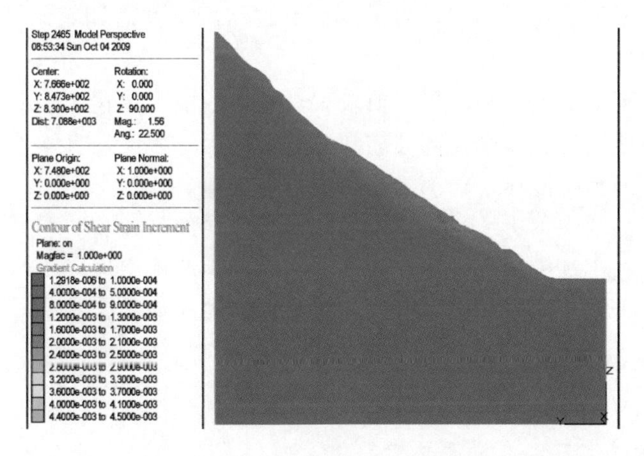

图 5.6-19　边坡Ⅲ—Ⅲ剪应变增量分布特征（0+748.00）

可见，边坡在天然状况下滑坡残留堆积物和滑坡边界岩土体主要向坡外和向下方向的位移；从边坡变形分布可见，变形呈现出由地表向坡内、由前缘向后缘逐渐递减的分布特征。以上两点反映出边坡变形以风化卸荷界面为底面，向坡外方向产生剪切蠕动变形；另

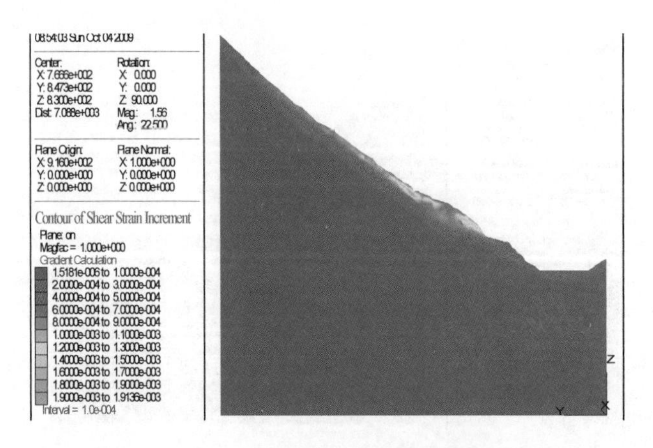

图 5.6-20　边坡Ⅳ—Ⅳ剪应变增量分布特征（0+916.00）

图 5.6-21　边坡天然状况下塑性区分布特征

外，在滑坡中部为滑坡高速滑动区，岩土体牵引破坏严重及后期雨水冲刷严重冲沟发育，坡表岩土体发生向冲沟以及坡外变形较大。

边坡天然状态下变形范围和变形量值较大，其量值最大可达 17.07cm，但边坡塑性破坏区主要位于滑坡残留堆积体中前部坡表和滑坡边界山脊表部，且塑性区范围分布较为零星，岩土体主要表现为拉破坏，局部为剪切或拉剪破坏。

总体而言，天然状态下边坡整体稳定性较好，但在地形地貌陡变处和岩土体物理力学性质较差的部位存在小规模崩滑破坏，如滑坡中部冲沟两侧岸坡岩土体变形、滑坡前缘陡坎堆积物向河谷发生较大的变形以及后缘陡坎基岩崩塌破坏。

5.6.3　滑坡稳定性刚体极限平衡分析

5.6.3.1　纵剖面Ⅰ—Ⅰ稳定性计算

1. 计算剖面的选取及潜在滑面的确定

根据边坡形态特征和物质组成，同时考虑其结构特征和边界特征，选择纵剖面Ⅰ—Ⅰ为唐古栋滑坡 A 区计算剖面，此剖面较好地反映了边坡的结构特征。风化深度主要根据现场不同部位岩体结构的差异和勘查资料，结合工程岩组特性进行推测确定，主要分为 4 部分，从上往下依次为覆盖层、强卸荷层、弱卸荷层和微新岩层（图 5.6-22）。

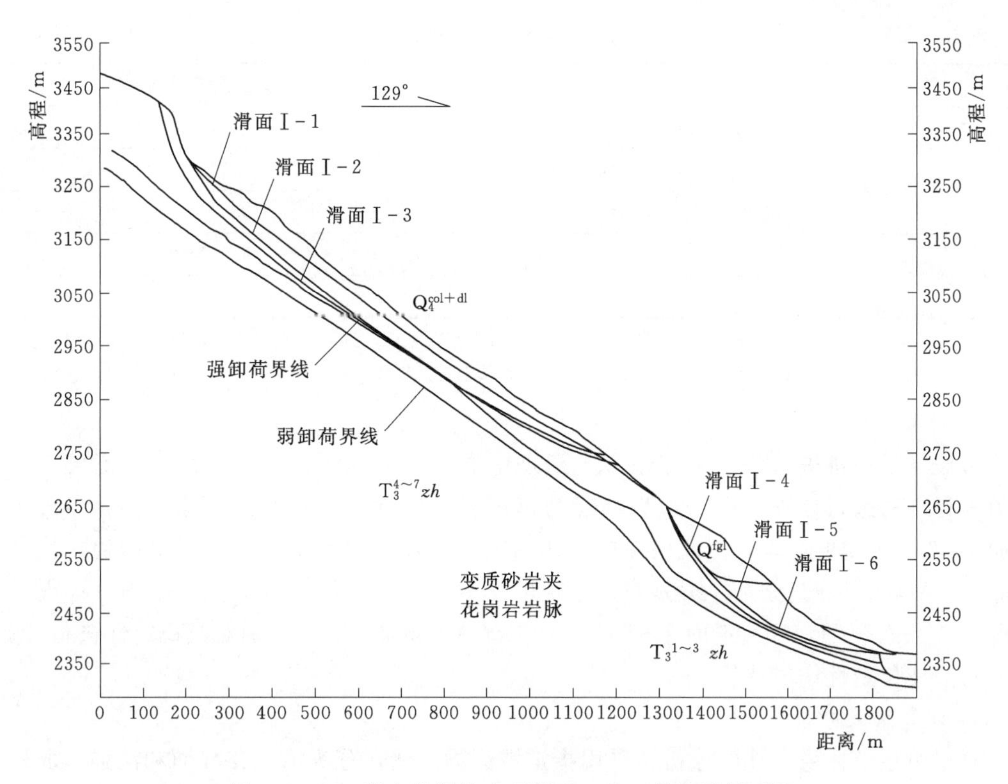

图 5.6-22　唐古栋滑坡 A 区纵Ⅰ—Ⅰ工程地质剖面图

基于平面极限平衡原理，采用条分法对边坡的稳定性进行分析，根据边坡坡体结构以及岩体结构特征推测潜在滑动面（根据工程地质条件指定最可能失稳的潜在滑面）的方法对边坡在各种不同工况件下的稳定性进行计算。结合坡体结构面发育情况与已有的变形破坏现象，研究推测坡体潜在滑动面有两种类型，其一是由于表部堆积物与下伏基岩工程特性相差很大，指定基覆界面为表部覆盖层潜在滑面（滑面Ⅰ-1、滑面Ⅰ-4）；其二是考虑到强卸荷带内陡倾坡外与缓倾坡外裂隙的组合发育引起的应力集中以及力学特性差异等情况，指定强、弱松动岩体下边界为边坡的潜在滑面（高高程：滑面Ⅰ-2、滑面Ⅰ-3，低高程：滑面Ⅰ-5、滑面Ⅰ-6）。所在潜在滑动面统计见表 5.6-1。

表 5.6-1　　唐古栋滑坡参数反算滑带（面）一览表

滑面编号	滑　面　说　明	滑面编号	滑　面　说　明
Ⅰ-1	崩坡堆积体基覆界面	Ⅰ-4	冰水堆积体搜索最危险滑面
Ⅰ-2	高高程强松动岩体下边界	Ⅰ-5	低高程强松动岩体下边界
Ⅰ-3	高高程弱松动岩体下边界	Ⅰ-6	低高程弱松动岩体下边界

2. 计算参数的选取

岩土体物理力学参数的选取主要根据现场取样所做试验资料，参考《水力发电工程地质勘察规范》（GB 50287—2006）等规范，并结合其他相关工程资料，进行综合取值，各岩土体物理力学参数取值见表 3.3-31 和表 5.6-2。

表 5.6-2　　边坡岩土体渗透系数取值表

土层		渗透系数 q/(m/s)
覆盖层堆积体		7.57×10^{-5}
T_3zh 强卸荷	强松动带	6.00×10^{-6}
	弱松动带	3.00×10^{-6}
T_3zh 弱卸荷		5.00×10^{-7}
T_3zh 微新岩体		5.00×10^{-8}

注　地震选取中坝址 50 年 10%的地震动参数（基岩水平加速度峰值取 0.147g）进行分析，暴雨工况抗剪强度参数取值一般按照天然参数的 85%～95%取值；但对于弱风化基岩与微、新岩体参考相关工程进行适当折减。

3. 计算方法

边坡定量评价采用基于刚体极限平衡理论的瑞典条分法、Bishop 法、规范传递系数法等三种方法进行计算。由于边坡前缘为基岩且完整性较好，水库蓄水仅对滑面Ⅰ-5、滑面Ⅰ-6 有一定的影响，因此仅考虑上述两条滑面在水库蓄水这一工况下的稳定性。运用 SlopCAD 软件通过条分，分别对所指定的所有 6 条潜在滑面分天然、暴雨、地震三种工况，并考虑滑面Ⅰ-5、滑面Ⅰ-6 在蓄水工况（工况 4）时，分别对其稳定性进行计算，然后对边坡稳定性作出评价。

4. 计算结果分析

对于边坡整体稳定性的分析，采用指定滑面的方法，分为沿基覆界面和沿强、弱松动界面等六条潜在滑面，图 5.6-23～图 5.6-30 与表 5.6-4、表 5.6-5。根据《滑坡防治工程勘察规范》（DZ/T 0218—2006）中相关规定，滑坡稳定状态应根据滑坡稳定性系数按表 5.6-3 确定。

表 5.6-3　　滑坡稳定状态划分

滑坡稳定性系数 F	$F<1.00$	$1.00\leqslant F<1.05$	$1.05\leqslant F<1.15$	$F\geqslant1.15$
滑坡稳定状态	不稳定	欠稳定	基本稳定	稳定

注　F 为滑坡稳定性系数。

（1）在天然工况条件下，各坡面稳定性系数均在 1.15 以上，处于基本稳定—稳定状态，表明天然状态下边坡整体稳定性较好。在天然工况条件下发生失稳的可能极小。

（2）在暴雨工况条件下，总体来看，各滑面稳定性系数都在 1 之上，处于欠稳定—基本稳定状态。其中滑面Ⅰ-1（崩坡积基覆界面）稳定性最差，稳定性系数在 1.02～1.04 之间，处于欠稳定状态，在暴雨工况条件下稳定储备不足，有沿滑面Ⅰ-1 发生失稳的可能；滑面Ⅰ-1、滑面Ⅰ-2、滑面Ⅰ-4、滑面Ⅰ-5 在该工况条件下稳定性较好，其稳定性系数均处于 1.05～1.15 之间，处于基本稳定状态，在这种工况条件下，沿上述四条潜在滑面发生失稳的可能性很小；滑面Ⅰ-6 稳定性最好，稳定性系数大于 1.15，处于稳定状态，在这种工况条件下，没有沿该滑面发生失稳的可能。

（3）在地震工况条件下，各滑面稳定性很差，6 条指定潜在滑面稳定性均在 1 左右，处于不稳定—欠稳定状态，大部分都处于临界状态。其中滑面Ⅰ-1（崩坡积基覆界面）稳定性最差，稳定性系数在 0.9，处于不稳定状态，极有可能发生整体失稳；滑面Ⅰ-2

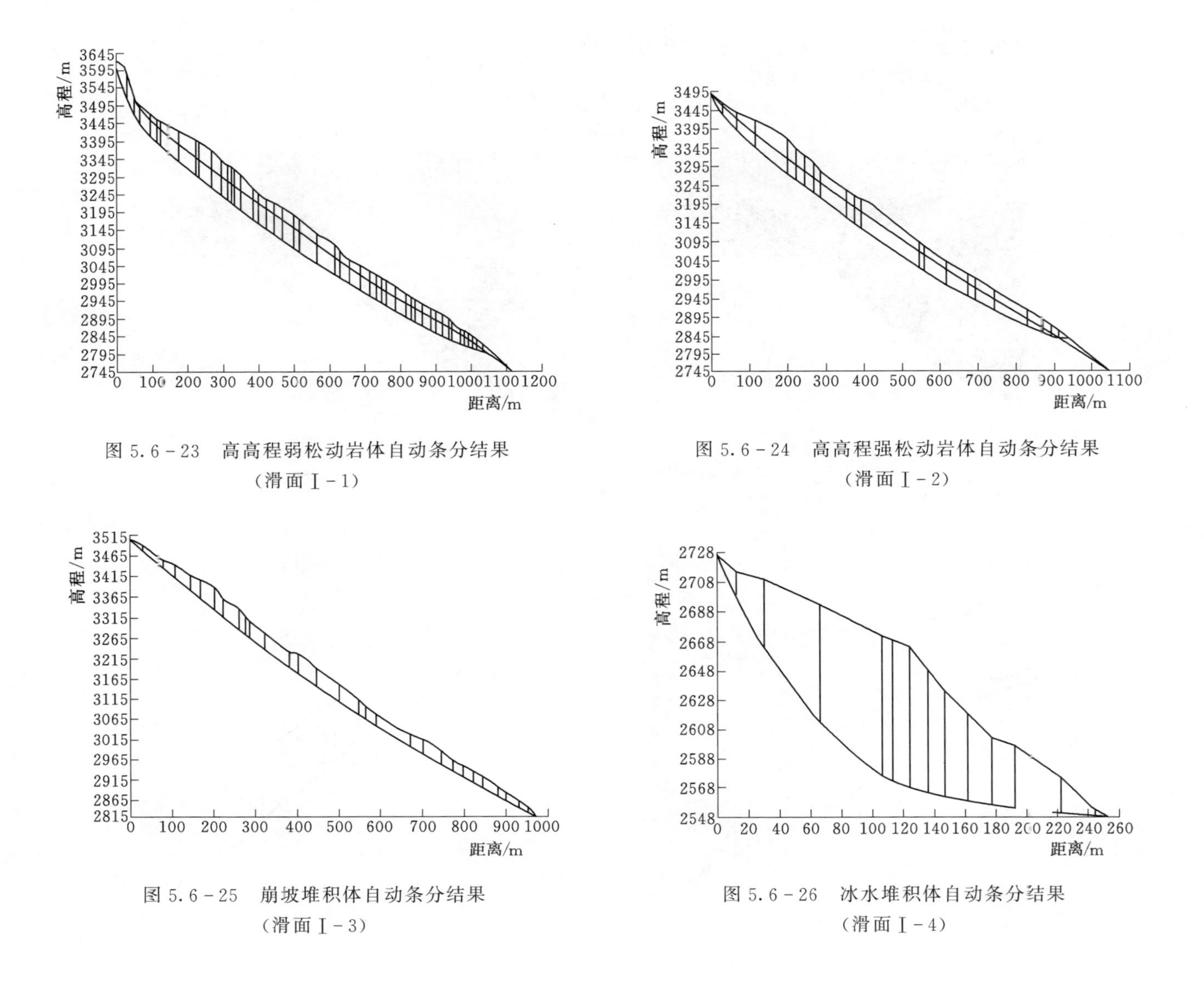

图 5.6-23　高高程弱松动岩体自动条分结果（滑面Ⅰ-1）

图 5.6-24　高高程强松动岩体自动条分结果（滑面Ⅰ-2）

图 5.6-25　崩坡堆积体自动条分结果（滑面Ⅰ-3）

图 5.6-26　冰水堆积体自动条分结果（滑面Ⅰ-4）

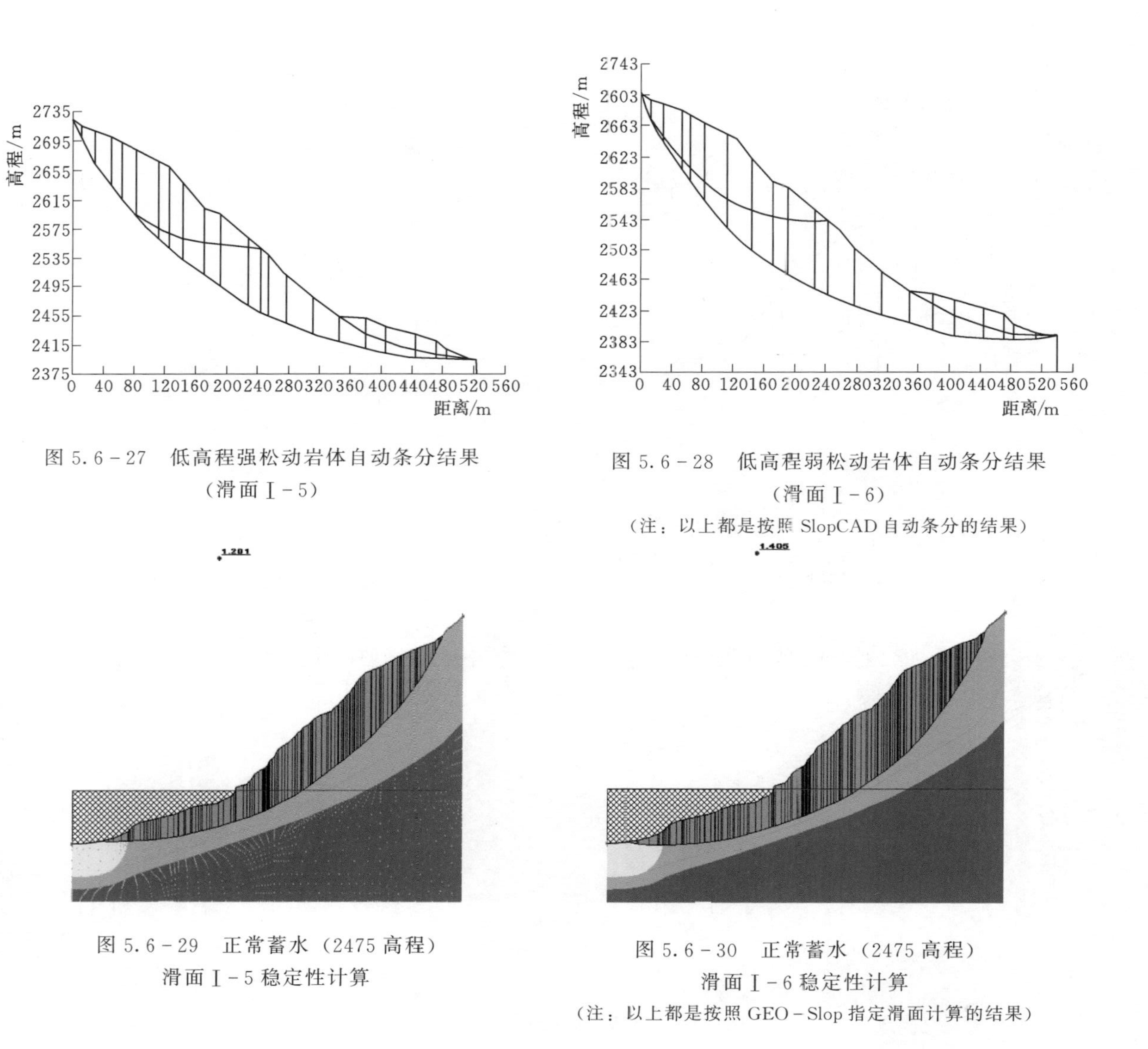

图 5.6-27 低高程强松动岩体自动条分结果
（滑面Ⅰ-5）

图 5.6-28 低高程弱松动岩体自动条分结果
（滑面Ⅰ-6）

（注：以上都是按照 SlopCAD 自动条分的结果）

图 5.6-29 正常蓄水（2475 高程）
滑面Ⅰ-5稳定性计算

图 5.6-30 正常蓄水（2475 高程）
滑面Ⅰ-6稳定性计算

（注：以上都是按照 GEO-Slop 指定滑面计算的结果）

(高高程强松动岩体底界)和滑面Ⅰ-4(冰水堆积物基覆界面)稳定性也很差,稳定性系数在0.9~1.0之间,处于不稳定状态,有发生大规模失稳的可能;滑面Ⅰ-3、滑面Ⅰ-5和滑面Ⅰ-6稳定性相对较好,稳定性系数在均大于1,处于欠稳定—基本稳定状态。表明在地震工况条件下,边坡有发生整体失稳的可能。

(4)在蓄水工况条件下,由图5.6-29、图5.6-30可以看出蓄水后仅对滑面Ⅰ-5和滑面Ⅰ-6有影响。运用GEO-Slope软件,先对蓄水后的地下水进行模拟,再指定滑面Ⅰ-5和Ⅰ-6,对其稳定性进行计算。如表5.6-5所示,在天然+蓄水工况条件下,边坡稳定性系数均大于1.15,滑面Ⅰ-5和滑面Ⅰ-6均处于稳定状态;在暴雨+蓄水工况下,边坡稳定性降低,滑面Ⅰ-5稳定性系数在1.00~1.10之间,处于欠稳定—基本稳定状态,稳定性储备不足,有发生失稳的可能,在该工况条件下,滑面Ⅰ-6稳定性相对较好,稳定性系数大于1.15,处于稳定状态;在地震+蓄水工况条件下,滑面Ⅰ-5的稳定性系数降低为0.94左右,处于不稳定状态,有发生失稳的可能;滑面Ⅰ-6的稳定性系数则在1.00~1.09之间,处于欠稳定—基本稳定状态。

表5.6-4　Ⅰ—Ⅰ剖面边坡指定滑面在各工况条件下稳定性状况

滑面代号	计算方法	天然工况	暴雨工况	地震工况
指定滑面Ⅰ-1(崩坡积物基覆界面)	瑞典条分法	1.195	1.026	0.900
	Bishop	1.195	1.026	0.901
	规范传递系数法	1.209	1.046	0.909
指定滑面Ⅰ-2(高高程强松动岩体底界)	瑞典条分法	1.173	1.050	0.892
	Bishop	1.172	1.049	0.894
	规范传递系数法	1.191	1.064	0.904
指定滑面Ⅰ-3(高高程弱松动岩体底界)	瑞典条分法	1.304	1.127	1.005
	Bishop	1.294	1.119	1.004
	规范传递系数法	1.335	1.149	1.025
指定滑面Ⅰ-4(冰水堆积物基覆界面)	瑞典条分法	1.252	1.094	0.921
	Bishop	1.235	1.079	0.931
	规范传递系数法	1.548	1.320	1.102
指定滑面Ⅰ-5(底高程强松动岩体底界)	瑞典条分法	1.204	1.084	0.909
	Bishop	1.199	1.077	0.922
	规范传递系数法	1.339	1.196	1.000
指定滑面Ⅰ-6(底高程弱松动岩体底界)	瑞典条分法	1.431	1.292	1.084
	Bishop	1.412	1.276	1.091
	规范传递系数法	1.600	1.433	1.192

对比分析以上6条滑面计算所得稳定性系数,边坡的整体稳定性在天然、暴雨工况下较好,但在地震(Ⅷ)下边坡整体稳定性较差;其次,沿强、弱松动岩体底界形成的坡体比沿基覆界面形成的坡体稳定,是由于强、弱松动带的力学参数比上覆覆盖层要高;另外,沿弱松动岩体底界形成的坡体比沿强松动岩体底界形成的坡体稳定,这主要是由于强

松动带内结构面的贯通情况要比弱松动带的好，而且强松动带内的结构面张开度、充填物（泥质、岩屑）情况较弱松动带发育；然而沿这两条滑面所形成的坡体稳定性又相差不大，这主要是因为强、弱松动带都在强卸荷带内，而且相距不远。因此从这个角度也可以说明计算的结果是较为真实可靠的。

表 5.6-5　Ⅰ—Ⅰ剖面边坡蓄水后指定滑面在各工况条件下稳定性状况

滑面代号	计算方法	天然+蓄水工况	暴雨+蓄水工况	地震+蓄水工况
指定滑面Ⅰ-5（底高程强松动岩体底界）	瑞典条分法	1.134	1.003	0.872
	Bishop	1.237	1.098	0.963
	Janbu	1.103	0.978	0.848
	Morgenstern-Price	1.201	1.064	0.940
指定滑面Ⅰ-6（底高程弱松动岩体底界）	瑞典条分法	1.346	1.214	1.028
	Bishop	1.432	1.293	1.107
	Janbu	1.305	1.180	0.994
	Morgenstern-Price	1.405	1.268	1.090

5.6.3.2　纵剖面Ⅱ—Ⅱ稳定性计算

根据边坡地层岩性及目前对唐古栋滑坡B区的研究可以判断出，边坡失稳可能沿基覆界面发生。

结合边坡现有的变形破坏现象，主要变现为堆积体表层局部溜滑及前缘出露基岩松动变形，以基覆界面作为底滑面（滑面Ⅱ-1）发生失稳的可能性比较大，同时对弱松动岩体（滑面Ⅱ-2）稳定性进行评价。如图5.6-31所示。

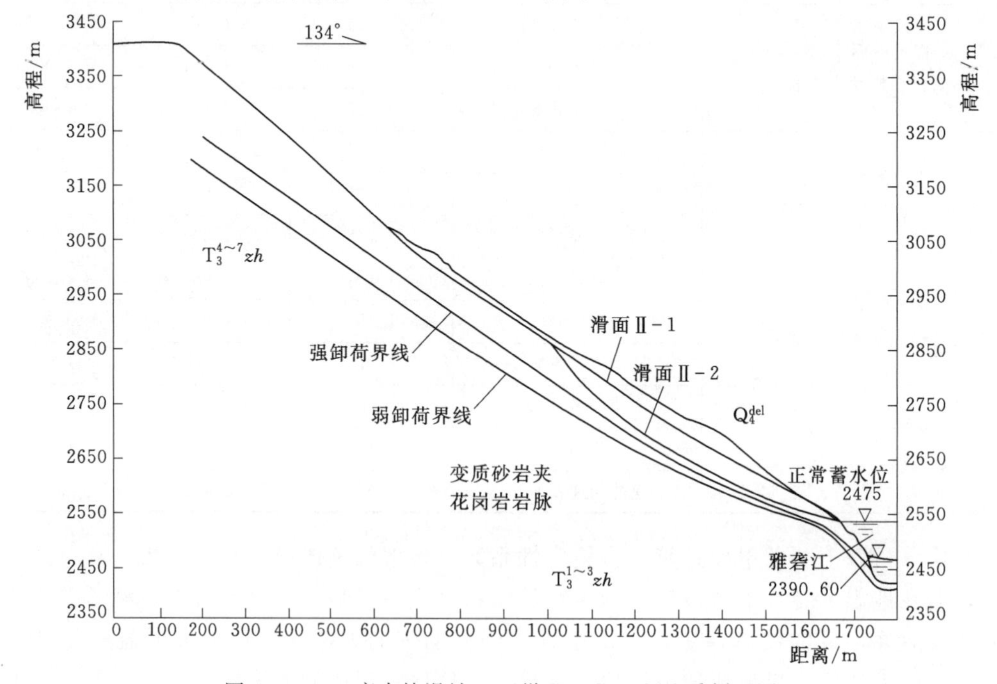

图5.6-31　唐古栋滑坡B区纵Ⅱ—Ⅱ工程地质剖面图

1. 计算方法及参数的选取

根据边坡的实际工程情况和所处的地质环境，认为边坡可能面临3种工况：天然工况；暴雨工况；地震工况。由于边坡前缘为基岩且完整性较好，水库蓄水对边坡该区域的稳定性影响较小，因此不予考虑水库蓄水这一工况。运用SlopCAD软件通过条分（图5.6-32、图5.6-33），对所指定的潜在滑面分上述3种工况，分别对其稳定性进行计算，然后对边坡稳定性作出评价。

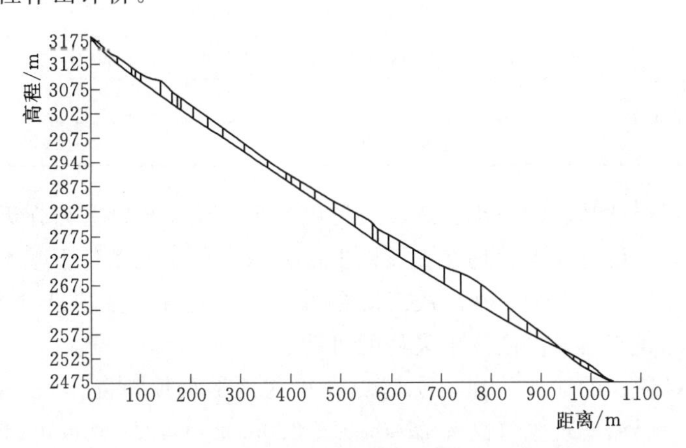

图5.6-32　滑坡堆积体自动条分图

（滑面Ⅱ-1）

（注：以上是按照SlopCAD自动条分的结果）

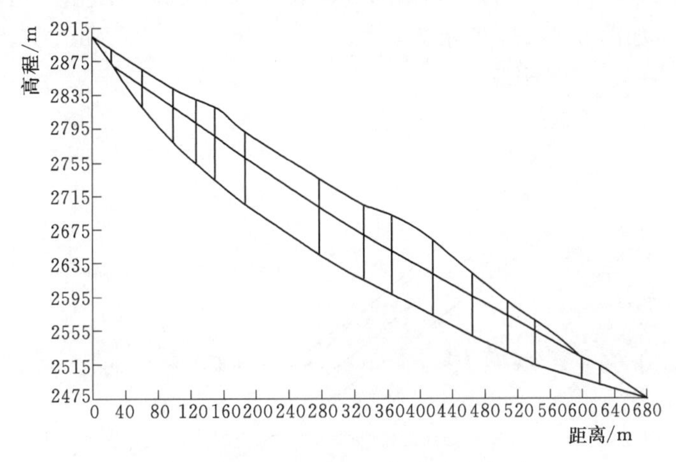

图5.6-33　弱松动岩体自动条分图

（滑面Ⅱ　2）

边坡定量评价采用基于刚体极限平衡理论的瑞典条分法、Bishop法、规范传递系数法等3种方法进行计算。岩土体物理力学参数按表3.3-31取值。

2. 计算结果

综合分析表5.6-6所得出的稳定性系数，该滑坡堆积体稳定性在天然工况条件下较差，稳定性系数在1.02左右，处于欠稳定状态；在暴雨工况条件下，稳定性系数降低为0.92左右，边坡处于不稳定状态，有沿该指定潜在滑面发生失稳的可能；在地震工况条件下，稳定性系数为 0.76，边坡沿其基覆界面发生整体失稳的可能性极大。

表 5.6-6　　Ⅱ—Ⅱ剖面边坡指定滑面在各工况条件下稳定性状况

滑面代号	计算方法	天然工况	暴雨工况	地震工况
指定滑面Ⅱ-1 （滑坡堆积物物基覆界面）	瑞典条分法	1.021	0.919	0.761
	Bishop	1.021	0.919	0.761
	规范传递系数法	1.024	0.922	0.763
指定滑面Ⅱ-2 （弱松动松动岩体底界）	瑞典条分法	1.384	1.212	1.073
	Bishop	1.377	1.196	1.073
	规范传递系数法	1.429	1.238	1.106

通过对下伏弱松动基岩的稳定状态分析可以看出，该弱松动基岩在天然及暴雨工况条件下稳定状态较好，稳定性系数均在 1.2 以上，在这两种工况条件下基本没有沿弱松动岩体底边界发生整体失稳的可能；在地震工况条件下，稳定性系数降低在 1.07～1.1 之间，处于基本稳定状态，有沿该滑面发生失稳的可能。

根据现场查勘所作的调查，唐古栋滑坡在该区地形坡度较陡，坡表堆积体稳定性较差，多处发生浅表层溜滑现象（高程 2700.00～3200.00m）。因此也可以说明计算的结果是较为真实可靠的。

5.6.3.3　纵剖面Ⅲ—Ⅲ稳定性计算

根据边坡地层岩性及目前对唐古栋滑坡 C 区的研究可以判断出，边坡有沿基覆界面发生失稳的可能。如图 5.6-34 所示。

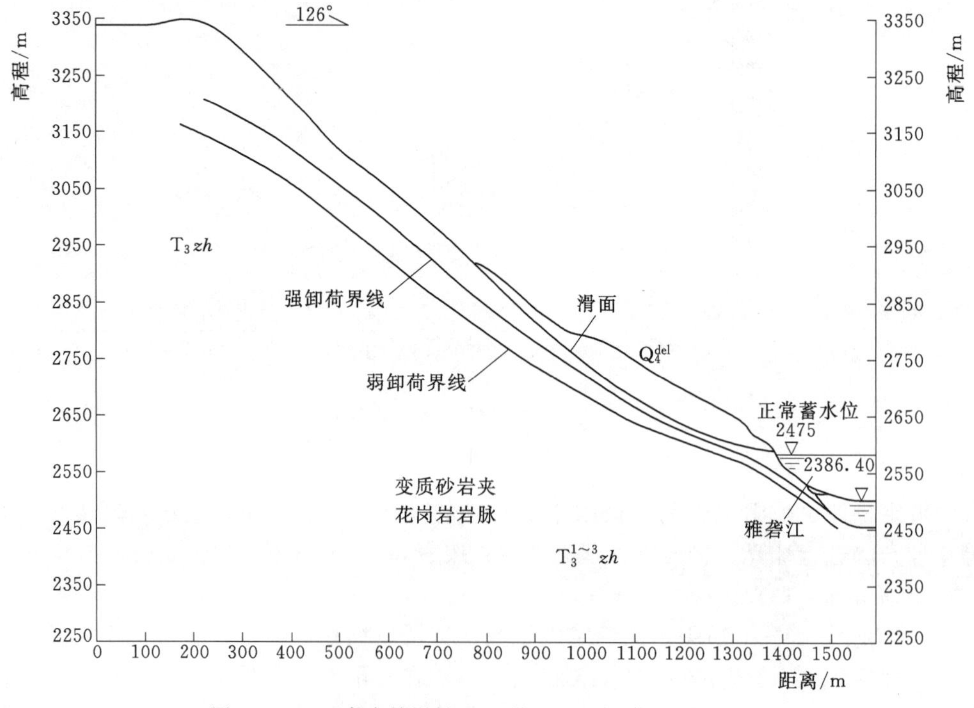

图 5.6-34　唐古栋滑坡 C 区纵Ⅲ—Ⅲ工程地质剖面图

1. 计算方法及参数的选取

根据边坡的实际工程情况和所处的地质环境，认为边坡可能面临三种工况：天然工况；暴雨工况；地震工况。由于边坡前缘为基岩且完整性较好，水库蓄水对边坡在该区域的稳定性影响较小，因此不予考虑水库蓄水这一工况。运用 SlopCAD 软件通过条分（图 5.6－35），对所指定的潜在滑面分上述三种工况，分别对其稳定性进行计算，然后对边坡稳定性作出评价。

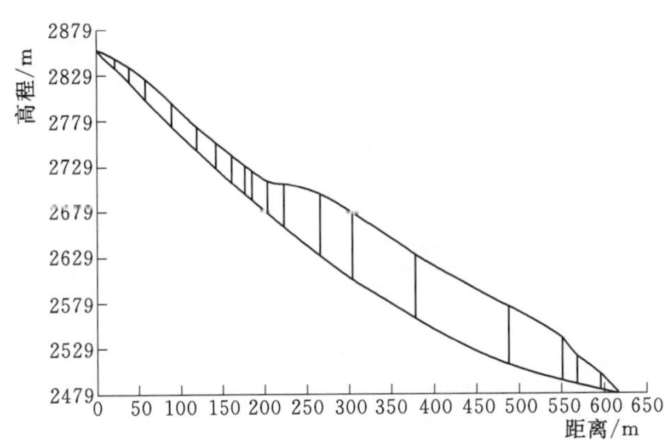

图 5.6－35 唐古栋滑坡 C 区纵Ⅲ—Ⅲ剖面自动条分图

（注：以上是按照 SlopCAD 自动条分的结果）

边坡定量评价采用基于刚体极限平衡理论的瑞典条分法、Bishop 法、规范传递系数法等三种方法进行计算。各岩体的物理力学参数取值主要参考前期勘察阶段岩土体力学试验结果，结合岩土体抗剪强度参数反算情况，进行综合取值，详细情况见表 3.3－31（因 C 区滑坡堆积体与基岩间的基覆界面有一层细颗粒物质存在，故剖面基覆界面抗剪强度参数较 B 区稍小）。

2. 计算结果

综合分析表 5.6－7 所得出的稳定性系数，该滑坡堆积体在天然工况条件下稳定性系数在 1.04～1.07 之间，处于欠稳定～基本稳定状态；在暴雨工况条件下，稳定性系数降低为 1 左右，基本上处于失稳的临界状态，有沿着基覆界面发生失稳的可能；在地震工况条件下，稳定性系数在 0.76～0.78 之间，边坡沿其基覆界面发生整体失稳的可能性很大。

表 5.6－7 Ⅲ—Ⅲ剖面边坡指定滑面在各工况条件下稳定性状况

计算方法	天然工况	暴雨工况	地震工况
瑞典条分法	1.040	0.940	0.759
Bishop	1.040	0.941	0.765
规范传递系数法	1.073	0.968	0.780

根据现场查勘所作的调查，可以说明计算的结果是较为真实可靠的。

5.6.3.4 纵Ⅳ—Ⅳ剖面稳定性计算

根据边坡地层岩性及目前对唐古栋滑坡 D 区的研究可以判断出，边坡有沿基覆界面发生失稳的可能。如图 5.6－36 所示。

1. 计算方法及参数的选取

根据边坡的实际工程情况和所处的地质环境，认为边坡可能面临 3 种工况：天然工况；暴雨工况；地震工况。由于边坡前缘为基岩且完整性较好，水库蓄水对该边坡的稳定性影响较小，因此不予考虑水库蓄水这一工况。运用 SlopCAD 软件通过条分（图 5.6－37），对所指定的潜在滑面分上述 3 种工况，分别对其稳定性进行计算，然后对边坡稳定

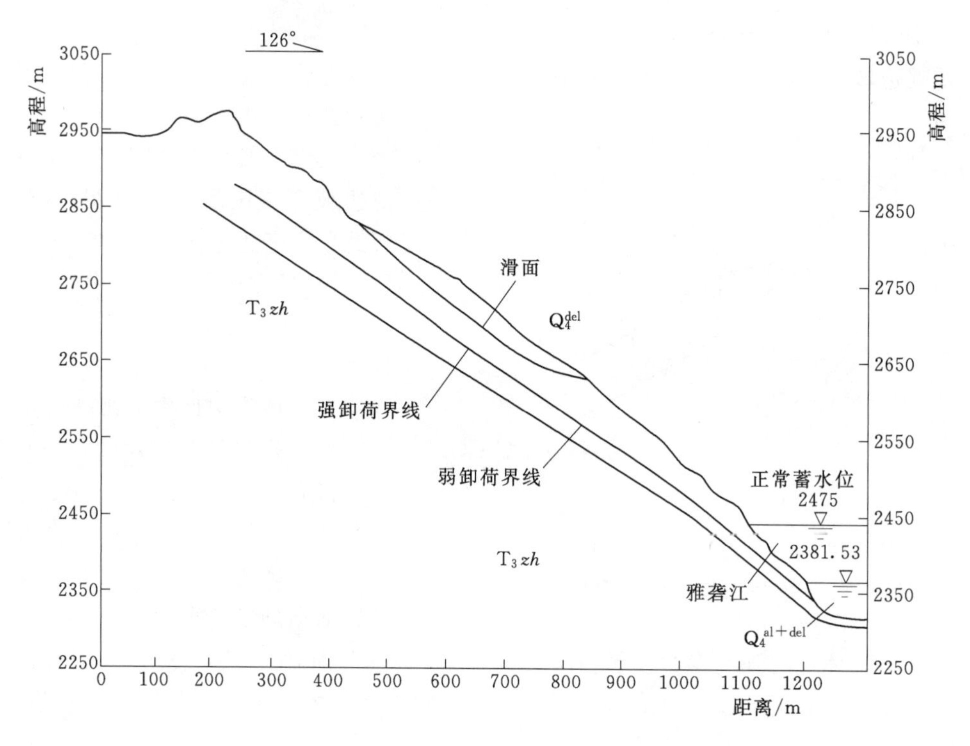

图 5.6-36 唐古栋滑坡 D 区纵Ⅳ—Ⅳ工程地质剖面图

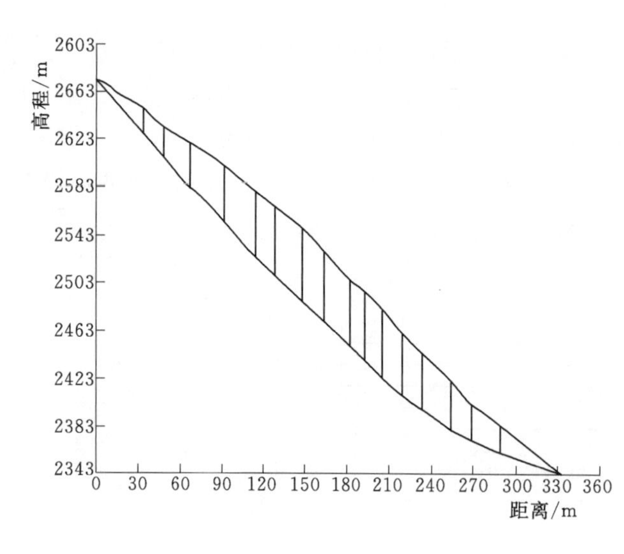

图 5.6-37 唐古栋滑坡 D 区纵Ⅳ—Ⅳ剖面自动条分图
（注：以上是按照 SlopCAD 自动条分的结果）

性作出评价。

边坡定量评价采用基于刚体极限平衡理论的瑞典条分法、Bishop 法、规范传递系数法等 3 种方法进行计算。各岩体的物理力学参数取值主要参考前期勘察阶段岩土体力学试验结果，结合岩土体抗剪强度参数反算情况，进行综合取值，详细情况见表 3.3-31（因该区域覆盖层在唐古栋大滑坡发生时未发生过大规模的滑动破坏，其基覆界面抗剪强度参数较 B、C 区均稍大一些）。

2. 计算结果

综合分析表 5.6-8 所得出的稳定性系数，该滑坡堆积体在天然工况条件下稳定性系数在 1.07～1.10 之间，处于基本稳定状态；在暴雨工况条件下，稳定性系数降低在 0.96～1.00，处于欠稳定状态，有沿基覆界面发生失稳的可能；在地震工况条件下，稳定性系数在 0.85～0.87 之间，边坡沿其基覆界面发生整体失稳的可能性大。

表 5.6-8　　Ⅳ—Ⅳ剖面边坡指定滑面在各工况条件下稳定性状况

计算方法	天然工况	暴雨工况	地震工况
瑞典条分法	1.075	0.957	0.802
Bishop	1.073	0.957	0.805
规范传递系数法	1.099	0.978	0.826

根据现场查勘所作的调查，可以说明计算的结果是较为真实可靠的。

5.6.4　综合评价

（1）根据研究对象地形地貌、岩土体分布和变形特点，可分为 4 个区，从上游至下游依次为 A、B、C 和 D 区。

（2）A 区后部为强风化基岩，为 A 区坡表崩塌堆积物主要物质来源，目前崩塌堆积物集中在 A 区上部、冲沟附近和前缘，稳定性较差，前缘崩塌堆积物较厚；A 区上游侧中下部为冰水堆积物，与雨日堆积体冰水堆积物分布在同一高程，稳定性较好；其下部为基岩，前缘陡坎下部可见出露，稳定性较好。

（3）B 区后缘陡坎为花岗岩，极破碎，崩塌不断；中部为一缓坡平台，推测其为 1967 年滑坡后缘所在位置，平台下为一陡坎，陡坎上部为崩塌堆积物，下部为侏倭组变质砂岩，交界面高程约为 2550.00m。目前 B 区表层滑坡积物稳定性较差，由于后缘山体不断崩塌加载，再次产生滑移失稳的可能性较大。

（4）C 区整个坡表分布有崩塌堆积物，局部基岩出露，难以形成大规模滑坡，稳定性分析表明目前坡体形态稳定性较好。但 C 区后缘发育有一定规模的极破碎基岩，存在产生崩塌的可能，其加载在 C 区将降低其稳定性。

（5）D 区以基岩为主，目前地表崩塌堆积物少，仅冲沟局部有分布，稳定性分析表明，这部分覆盖层稳定性较差。

（6）B 区崩塌堆积物厚、量大，且后缘不断加载，发展趋势不利于其稳定性，其与 B 区崩塌堆积物存在一定联系，但与 C 和 D 区被冲沟分割开。

（7）根据稳定性分析，A、B 区是今后发生滑坡的主要物质来源区。A 区变形体以卸荷—拉裂变形为主，也可见部分反倾岩层存在弯曲倾倒变形。A 区崩积物和强松动岩体分布高程为 2475.00～3500.00m，失稳方量大约为 1700 万 m^3。B 区滑坡积物稳定性较差，有发生失稳的可能，分布高程为 2475.00～3400.00m，失稳方量大约为 500 万 m^3，但是由于 B 区位于 A 区下游且方量不大，对整体堆积坝高度影响不人；其滑移模式为蠕滑，与 A 区高速滑移不同，对整体的溃坝计算影响不大，故不做堆积形态模拟。D 区虽然表层覆盖层稳定性不好，但是滑坡积物方量仅有约 150 万 m^3，对溃坝运算影响不大。C 区整体稳定性较好，发生失稳可能性较小。

（8）唐古栋滑坡目前有蠕滑变形、卸荷拉裂变形、弯曲倾倒变形等多种变形破坏模式，A、B 区变形体以蠕滑变形和卸荷—拉裂变形为主，C、D 区变形体以滑移—压致拉裂变形为主，也可见部分反倾岩层存在弯曲倾倒变形。

5.7 溃屈式滑坡

5.7.1 滑坡稳定性宏观定性分析

大奔流2号隧洞外侧边坡坡体属典型的层状结构岩体，自然边坡坡度与岩层倾角基本一致；边坡发生两次溃屈破坏后，现场调查未见控制边坡整体稳定性的不利结构面及变形失稳迹象，边坡整体稳定条件良好。但是，谷坡浅表部强卸荷岩体内结构面较松弛，岩体完整性较差，且局部存在工程活动切脚现象，在暴雨等不利因素作用下浅表岩体有可能再次发生破坏。

根据大奔流段边坡稳定性的主要影响因素，可将研究区边坡分为上、下游的Ⅰ、Ⅱ两个区，即垮塌边坡上游侧为Ⅰ区（潜在不稳定区），已垮塌边坡及其下游侧为Ⅱ区（基本稳定区），如图5.7-1所示。

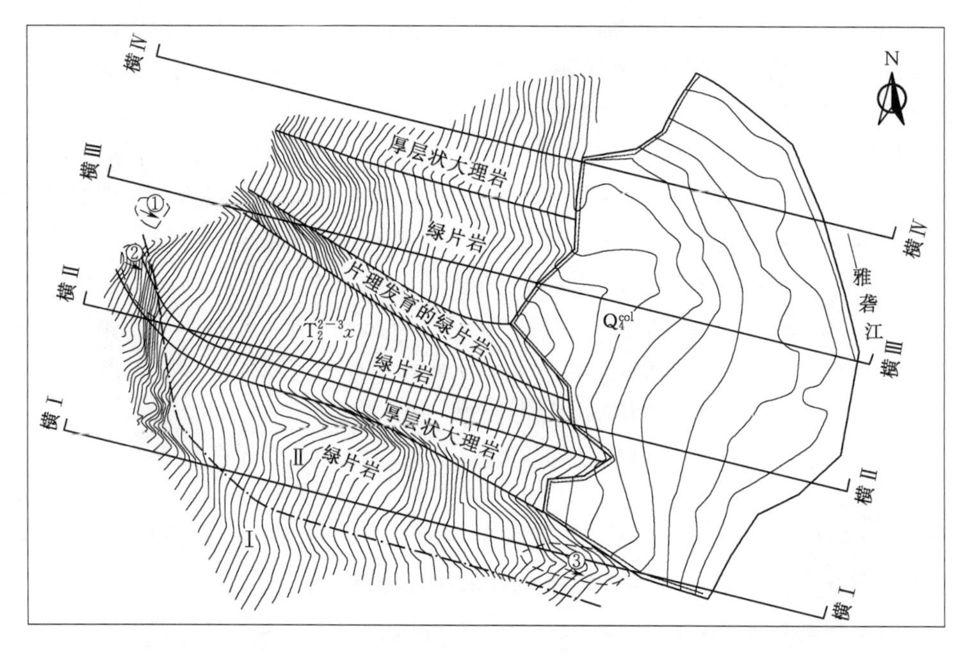

图5.7-1　大奔流段边坡稳定性分区示意图

1. Ⅰ区

Ⅰ区为已垮塌边坡的上游侧边坡，该段边坡为近纵向谷层状坡，层面与坡面，属于层状结构—层状同向结构边坡。厚层状大理岩及钙质绿片岩为层状结构；片理发育的绿片岩为薄层状结构或碎裂结构。地表地质调查发现，由于前期公路开挖，在坡脚已有部分岩体切脚临空或部分支撑岩体被削弱，目前处于临界稳定状态。但在长期的自重应力及地表、地下水的作用下，边坡结构面性状弱化后，可能发生破坏失稳。

2. Ⅱ区

Ⅱ区为已垮塌边坡及其下游至大奔流2号隧洞洞口段边坡，该区边坡的坡体结构及岩体结构均与Ⅰ区相似。地表地质调查发现，经两次垮塌后，坡面已少见切脚临空现象，目前基本稳定。但坡面上残留的个别危岩体不稳定，需进行清除，如图5.7-2、图5.7-3所示。

图5.7-2　①、②危岩体

图5.7-3　③号危岩体

5.7.2　滑坡稳定性数值模拟分析

5.7.2.1　模型建立

为计算获取大奔流滑坡的变形发展趋势，选取Ⅰ区典型剖面进行分析。3DEC数值计算模型如图5.7-4所示。

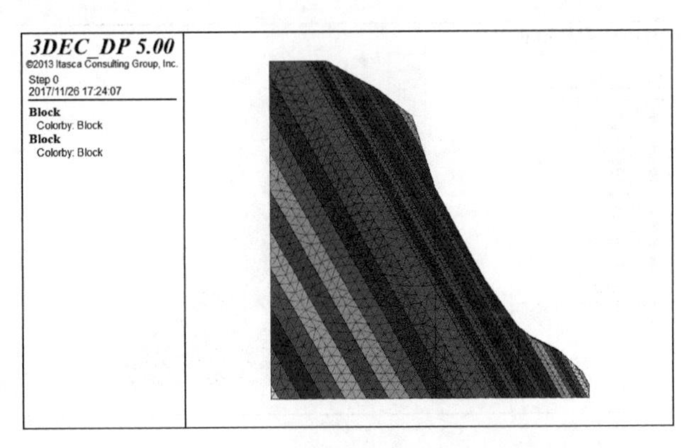

图5.7-4　3DEC数值计算模型

5.7.2.2　分析工况

为研究大奔流滑坡变形发展趋势，分别考虑以下几种工况进行分析：

工况1：天然状态时滑坡应力场及变形趋势；

工况2：暴雨状态时滑坡应力场及变形趋势；

工况3：Ⅶ级地震状态时滑坡应力场及变形趋势。

5.7.2.3　3DEC数值模拟分析成果

1. 天然工况模拟结果分析

从图5.7-5可以看出，初始地应力条件下滑坡稳定后，天然工况下滑坡整体位移量较小，水平向最大位移值仅为12.3cm，并趋于稳定。最大位移点位于坡面上部，该部分岩体可能会发生局部崩塌。滑坡稳定性系数为1.04，说明大奔流滑坡在天然工况下处于

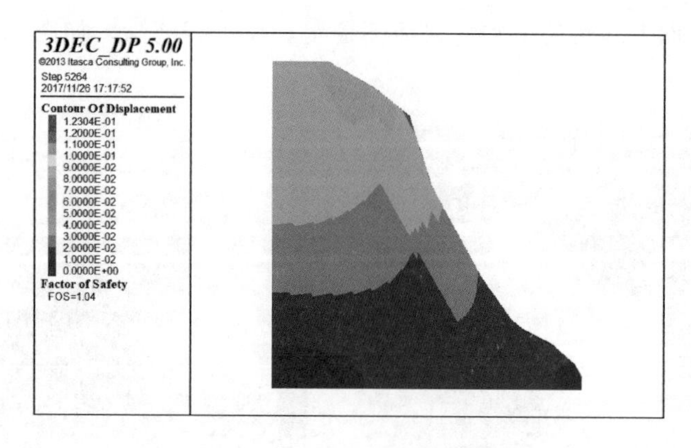

图 5.7-5　工况 1 位移云图

稳定状态。

2. 暴雨工况模拟结果分析

从图 5.7-6 可以看出，当初始地应力条件下计算 25000 时步后，暴雨工况下滑坡整体位移量较大，水平向最大位移值为 3.7m。最大位移点位于坡面上部岩体，该部分岩体已发生滑移破坏。滑坡稳定性系数为 0.88，说明大奔流滑坡在暴雨工况下处于不稳定状态。

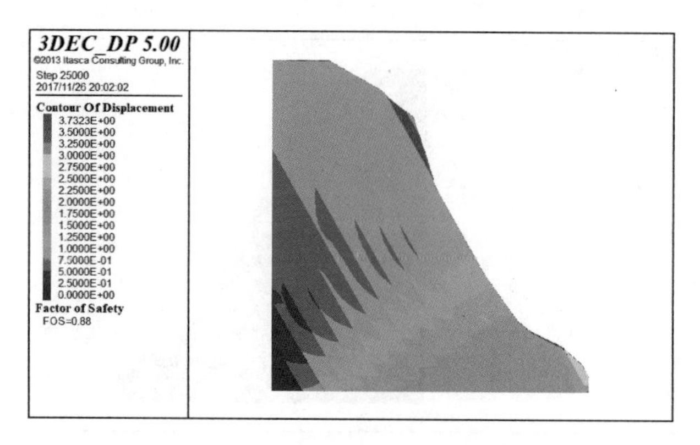

图 5.7-6　工况 2 位移云图

3. 地震工况模拟结果分析

从图 5.7-7 可以看出，当初始地应力条件下计算 25000 时步后，Ⅶ级地震滑坡整体位移量较大，水平向最大位移值为 8.3m。最大位移点位于坡面上部岩体，该岩体已发生滑移破坏。大奔流滑坡稳定性系数为 0.81，说明大奔流滑坡在Ⅶ级地震工况下处于不稳定状态。

5.7.3 滑坡稳定性刚体极限平衡分析

1. 计算方法

水利水电工程边坡按其所属枢纽工程等级、建筑物级别、边坡所处位置、边坡重要性和失事后的危害程度，划分边坡类别和安全级别。锦屏一、二级水电站工程规模为大（1）型，工程等别为一等，其永久性主要建筑物——混凝土拱坝、泄水消能建筑物、引水及地

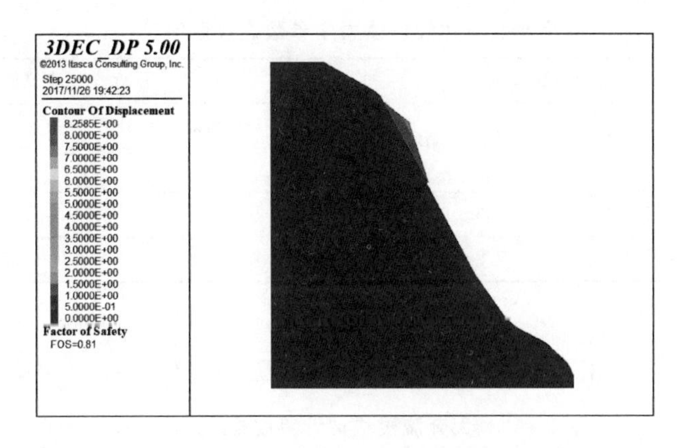

图 5.7-7　工况 3 位移云图

下厂房建筑物等按 1 级建筑物设计。其临时性水工建筑物——围堰、导流洞等按 3 级建筑物设计。大奔流段垮塌边坡位于锦屏一、二级水电站下游左岸，距锦屏一级水电站工程枢纽区约 10km，距锦屏二级水电站闸址区约 1.5km。由于垮塌边坡距锦屏一级水电站工程枢纽较远，其稳定性对锦屏一级工程本身的影响不大；但距锦屏二级水电站闸址区较近，如其垮塌范围较大，将造成再次堵江，抬高水位，会危及锦屏二级水电站下游围堰及闸址的施工安全。同时可能造成大奔流 2 号公路隧洞交通中断，影响大沱 1 号营地与锦屏一、二级水电站工程区的交通，影响工程进展。

参考《水利水电工程边坡设计规范》(DL/T 5353—2006)，确定大奔流段垮塌边坡为Ⅲ级边坡，在采用极限平衡方法稳定分析时，其设计安全系数不低于表 5.7-1 规定的数值。

表 5.7-1　　大奔流边坡设计安全系数

边坡	等级	运用工况		
		持久状况	暴雨条件	地震条件
大奔流边坡	Ⅲ	1.10	1.05	1.00

2. 计算工况和计算参数

平面刚体极限平衡采用 Sarma 法，计算程序为中国水利水电科学研究院编制的边坡稳定分析程序 EMU。

计算分别考虑 3 种工况：

工况 1：天然状态；工况 2：天然状态+降雨；工况 3：天然状态+地震（7 度地震）。

各材料的天然容重取为 27.0kN/m^3，饱和容重取为 27.5kN/m^3，水平地震加速度为 0.1g。

根据目前勘查资料，在进行稳定性计算时主要岩体及结构面强度取值见表 5.7-2：

层面裂隙在新鲜、无卸荷的厚层状大理岩、钙质绿片岩中力学参数按硬接触刚性结构面取值，f'=0.70，c'=0.20MPa；在风化卸荷带的厚层状大理岩、钙质绿片岩中按局部夹泥裂隙取值，f'=0.51，c'=0.15MPa；在片理发育的绿片岩中，按绿泥石片理面结构面取值，f'=0.42，c'=0.07MPa。

表 5.7-2　　大奔流段边坡岩体力学参数建议取值表

岩级	变形模量建议值		强度参数建议值			
	$E_0(H)$/GPa	$E_0(V)$/GPa	抗剪断		抗剪	
			f'	c'/MPa	f	c/MPa
Ⅲ$_2$	6～10	3～7	1.02	0.90	0.68	0
Ⅳ$_1$	3～4	2～3	0.70	0.60	0.58	0

3. 计算结果

计算成果见表 5.7-3。

表 5.7-3　　大奔流段边坡计算成果

剖面编号	滑移模式	工况 1 天然状态	工况 2 天然状态+降雨	工况 3 天然状态+地震
1	1	1.02	0.95	0.94
	2	0.99	0.90	0.88
3	1	1.11	1.02	0.99
	2	1.08	0.98	0.96

综合边坡基本地质条件分析、宏观地质环境和稳定条件分析、边坡滑坡历史条件分析，边坡二维刚体极限平衡计算分析，边坡稳定分析主要结论：

根据大奔流段边坡地质条件及变形破坏的现状，可将研究区边坡分为上、下游的Ⅰ、Ⅱ两个区，即垮塌边坡上游侧为Ⅰ区（潜在不稳定区），已垮塌边坡及其下游侧为Ⅱ区（基本稳定区）。基本稳定区典型剖面 1—1 和 3—3 剖面滑移模式 2 整体稳定天然工况下安全系数为 0.99、1.08，降雨工况下为 0.90、0.98，地震式况下为 0.88、0.96，均低于安全控制标准，接近 1.0，表明基本稳定区边坡天然状态下处临界稳定状态，在长期降雨和地震条件下，安全系数达不到 1.0，边坡可能失稳；典型剖面 1—1 接近Ⅰ区（潜在不稳定区），安全系数小于典型剖面 3—3，反映Ⅰ区（潜在不稳定区）安全度小于Ⅱ区（基本稳定区）。

5.7.4　综合评价

通过前面对大奔流滑坡在各种工况条件下稳定性的定性、定量评价，结合现场调查分析的结果，综合考虑大奔流滑坡的稳定性分析如下：

天然状态下大奔流滑坡的稳定性状况较好，出现较大规模失稳的可能性较小，但坡面上的部分岩体不稳定，需进行工程处理。暴雨和Ⅶ级地震工况下，大奔流滑坡稳定性较低，稳定性系数小于 1，岩体可能沿层面或某一软弱面下滑，再次发生破坏。

5.8　座落式滑坡

5.8.1　座落体稳定性宏观定性分析

除前缘局部有小的崩滑产生外，黄草坪座落体目前整体稳定性较好。这从以下的地质地貌现象可以得到验证：座落体中下部坡面堆积的Ⅱ级阶地堆积物（漂卵石层）层理结构未遭破坏；坡体内冲沟深切；后缘未见拉裂缝产生，房屋、桥梁等人工构筑物未见因坡体变形产生的拉裂、沉降破坏；地形坡度较缓等。

1. Ⅱ级阶地堆积物结构完好

在座落体中下部高程680.00m以下浅表层分布有Ⅱ级阶地堆积物——漂卵石层，层理发育，具泥质半胶结，分布面积较广。从各处的露头可见，层理保持完整，结构未遭到破坏，这至少说明在沉积该层以来的地质历史时期这部分坡体没有变形破坏的迹象。该阶地与区域上其他阶地比照，属于上更新统（Q_3末）地层，这充分说明了座落体堆积体在相当长的时期内都是处于稳定状态的。

2. 冲沟深切、发育成熟

黄草坪座落体其上、下游两侧及内部冲沟发育，大多呈V字形，切割深度10～30m不等，有暂时性流水，发育如此规模的深切沟谷，沟谷形态如此成熟，这也证明在沟道塑造阶段，坡体堆积物未遭到整体破坏，座落体堆积物整体稳定性仍然较好。

3. 地表无变形破坏迹象

野外地质调查结果显示，座落体后缘及坡体表面未见拉张裂缝，中下部坡体未见鼓胀变形，这也是坡体目前整体稳定性较好的又一明证。

4. 排水通畅

座落体表面为阶地堆积、坡残积壤土夹块碎石，该层透水性较差，不利于地表水的入渗，纵向深切冲沟发育，有利于降水的汇集排泄，减少了地表径流对座落体堆积物的破坏；座落体堆积物多由破碎岩体组成，这些岩土体多呈架空状，空隙连通性较好，有利于地下水的径流与排泄，座落体体内未见泉点出露，地下水埋深大，证明其多呈散状片流的形式直接向大渡河排泄，进一步减少了对座落带物理力学性质的弱化。

5. 方解石生长

座落体内岩块与岩块间的松弛架空部位有方解石晶体生长，在HPD04号表现得尤为明显，岩块之间几乎都充填方解石晶体，产生胶结作用；且未见新生长充填的方解石晶体后期改造错动。

此外，座落体所处的大渡河谷地现今仍处抬升阶段，河流侧蚀作用相对较弱，除洪水期外，一般情况下对右岸岸坡堆积体的破坏较小，有利于座落体前缘堆积物的稳定。座落体区内无第四纪活动断裂的存在，而主要受到周围地区主要构造带活动的影响，其最大影响烈度为Ⅶ度，鉴于黄草坪座落体历史上曾遭遇过Ⅶ度地震烈度的影响而未破坏，说明其整体稳定性是比较好的。

5.8.2 滑坡稳定性数值模拟分析

5.8.2.1 模型建立

为计算获取黄草坪滑坡蓄水前后的变形发展趋势，选取Ⅱ—Ⅱ′剖面进行分析。模型计算边界均采用单向约束，即顺江方向的两条边界为Y方向约束，横江方向的两条边界为X方向约束，底边界为Z方向约束。材料破坏准则采用摩尔库伦破坏准则，模型的初始地应力场采用自重应力场。有限差分FLAC3D数值计算模型如图5.8-1所示，Ⅱ—Ⅱ′剖面计算模型由15268个节点和12830个单元组成。

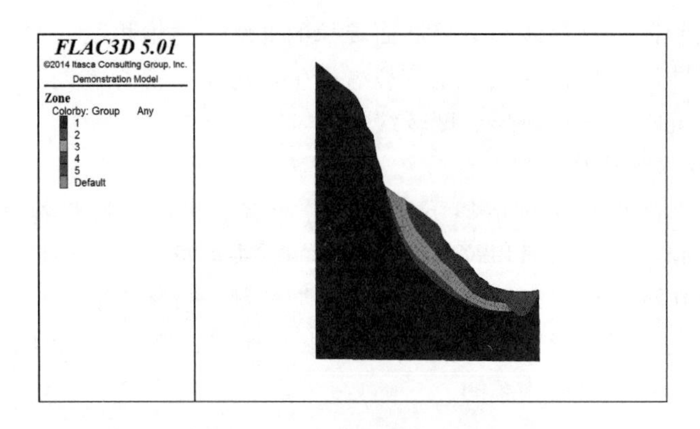

图 5.8-1 Ⅱ—Ⅱ′剖面有限差分数值计算模型图

5.8.2.2 分析工况

为研究黄草坪滑坡在天然工况下及水库蓄水期间的变形发展趋势，分别考虑以下几种工况进行分析：

工况 1：天然状态 624.00m 水位时滑坡应力场、应变场及变形趋势；

工况 2：暴雨状态 624.00m 水位时滑坡应力场、应变场及变形趋势；

工况 3：地震状态 624.00m 水位时滑坡应力场、应变场及变形趋势；

工况 4：高水位 660.00m 运行时滑坡应力场、应变场及变形趋势；

工况 5：高水位 660.00m＋暴雨运行时滑坡应力场、应变场及变形趋势；

工况 6：高水位 660.00m＋地震运行时滑坡应力场、应变场及变形趋势。

5.8.2.3 FLAC3D 数值模拟分析成果

1. 工况 1 模拟结果分析

从图 5.8-2 可以看出，在天然工况下，黄草坪滑坡的最大位移出现在压碎岩土体内，滑坡整体位移较小。剪应变增量云图显示，剪应变主要位于滑带压碎岩土内，剪应变最大值分布在滑带内，在河谷砾石层内出现剪应变增量，为滑坡剪出口位置，但是应变增量较小，说明滑坡整体较稳定，通过有限元强度折减法获得黄草坪滑坡在天然工况下的稳定系数为 1.16。

2. 工况 2 模拟结果分析

从图 5.8-3 可以看出，在暴雨工况下，黄草坪滑坡的最大位移出现区域较天然工况

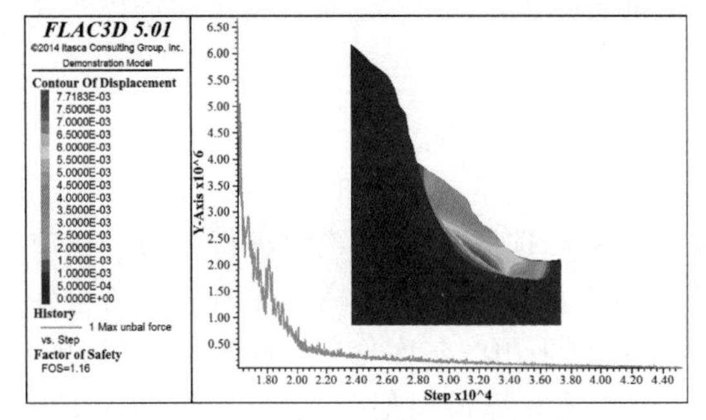

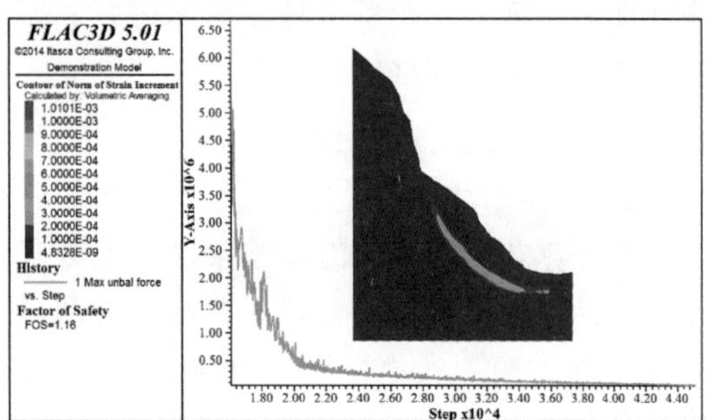

图 5.8-2 Ⅱ—Ⅱ′剖面工况 1 下水平位移云图、剪应变增量云图、不平衡曲线图

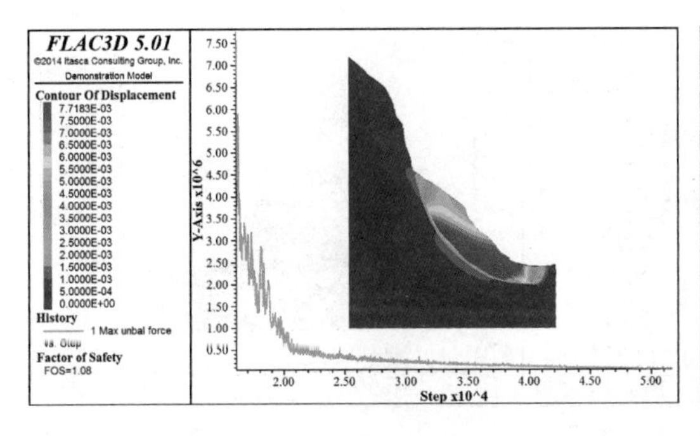

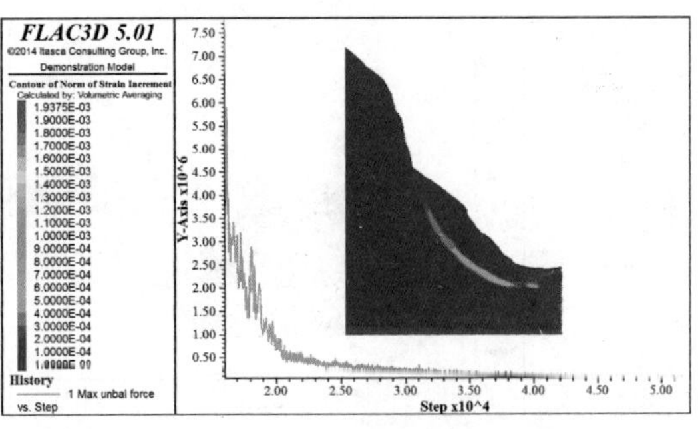

图 5.8－3　Ⅱ—Ⅱ′剖面工况 2 下水平位移云图、剪应变增量云图、不平衡曲线图

有所增加，主要是由于座落体内部的岩土体在暴雨工况下强度参数有所降低。剪应变增量云图显示，剪应变主要位于滑带压碎岩土内，剪应变最大值位于滑带内处，在河谷砾石层内出现剪应变增量，为滑坡剪出口位置，暴雨工况下的剪应变增量云图与天然工况相近，滑坡整体稳定性较天然工况降低，通过有限元强度折减法获得黄草坪滑坡在暴雨工况下的稳定系数为 1.08。

3. 工况 3 模拟结果分析

从图 5.8－4 可以看出，在天然地震工况下，黄草坪滑坡整体出现了位移，在整个座落体内部位移最大，与天然工况相比，地震大幅度降低了黄草坪滑坡的稳定系数，从剪应变云图可以看出，地震增加了座落体应变增量的最大值，但是对整体的应变增量分布基本无影响。通过有限元强度折减法获得黄草坪滑坡在天然地震工况下的稳定系数为 1.06。

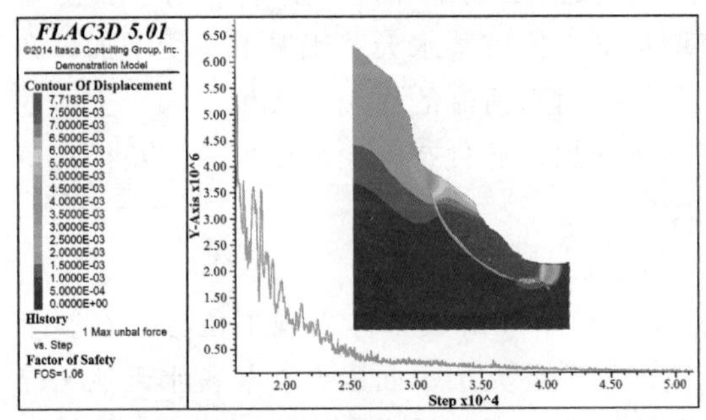

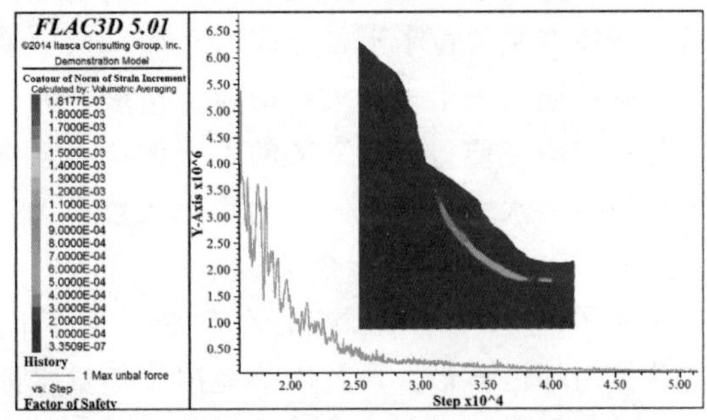

图 5.8－4　Ⅱ—Ⅱ′剖面工况 3 下水平位移云图、剪应变增量云图、不平衡曲线图

4. 工况 4 模拟结果分析

从图 5.8－5 可以看出，在蓄水＋天然工况下，黄草坪滑坡的最大位移出现压碎滑带下部，且距离河谷底部较远，滑坡整体变形较蓄水前有所增大。剪应变增量云图显示，剪应变主要位于滑带压碎岩土内，剪应变最大值位于河谷砾石层边界处，在河谷砾石层内未出现太大的剪应变增量，可能是由于河流的作用增大了下部岩土体的外部作用力，使得河床下部的岩土体抗剪强度有所增加，通过有限元强度折减法获得黄草坪滑坡在蓄水＋天然工况下的稳定系数为 1.12。

5. 工况 5 模拟结果分析

从图 5.8－6 可以看出，在蓄水＋暴雨工况下，黄草坪滑坡的最大位移出现压碎滑带

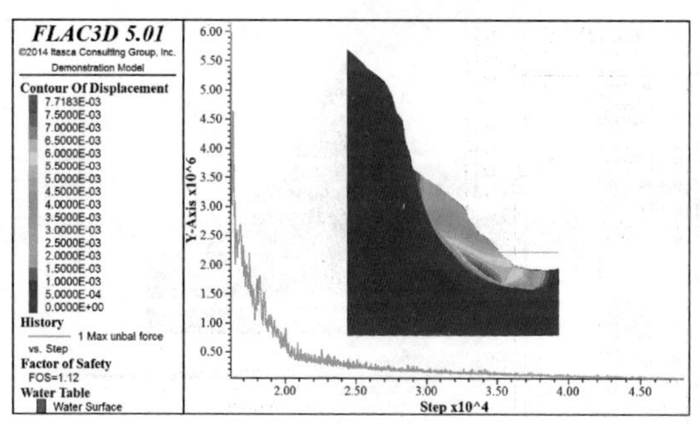

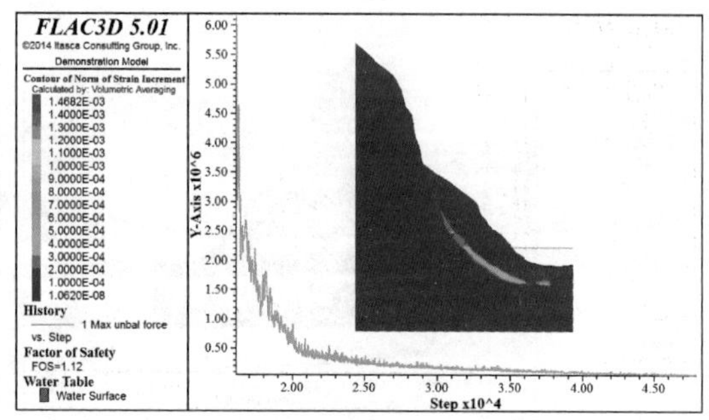

图 5.8-5　Ⅱ—Ⅱ′剖面工况 4 下水平位移云图、剪应变增量云图、不平衡曲线图

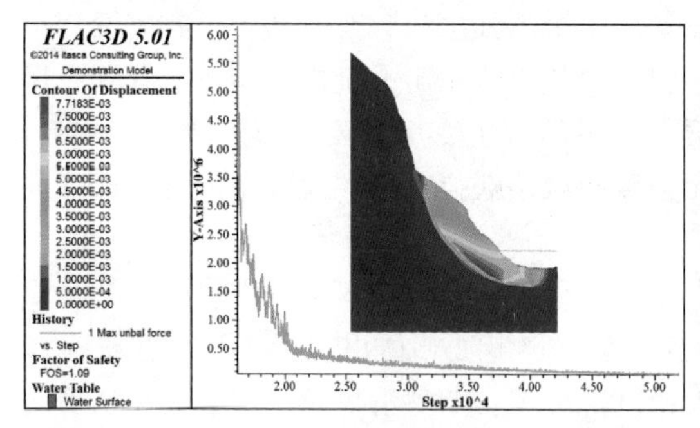

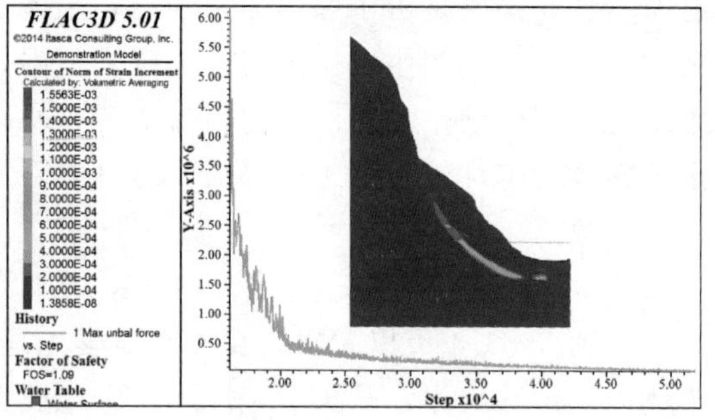

图 5.8-6　Ⅱ—Ⅱ′剖面工况 5 下水平位移云图、剪应变增量云图、不平衡曲线图

下部，且距离河谷底部较远，滑坡整体位移与蓄水天然工况下相近。剪应变增量云图显示，剪应变主要位于滑带压碎岩土内，剪应变增量最大值较蓄水天然工况下有所增加，在河谷砾石层内未出现太大的剪应变增量，考虑可能是由于河流的作用增大了下部岩土体的外部作用力，使得河床下部的岩土体抗剪强度有所增加，通过有限元强度折减法获得黄草坪滑坡在蓄水＋暴雨工况下的稳定系数为 1.09。

6. 工况 6 模拟结果分析

从图 5.8-7 可以看出，在蓄水＋地震工况下，黄草坪滑坡整体出现了位移，在整个座落体内部位移最大，且座落体内位移量水面以下部分要大于水面以上，与蓄水天然工况相比，地震降低了黄草坪滑坡的稳定系数，从剪应变云图可以看出，地震增加了座落体应变增量的最大值，但是对整体的应变增量分布基本无影响。通过有限元强度折减法获得黄

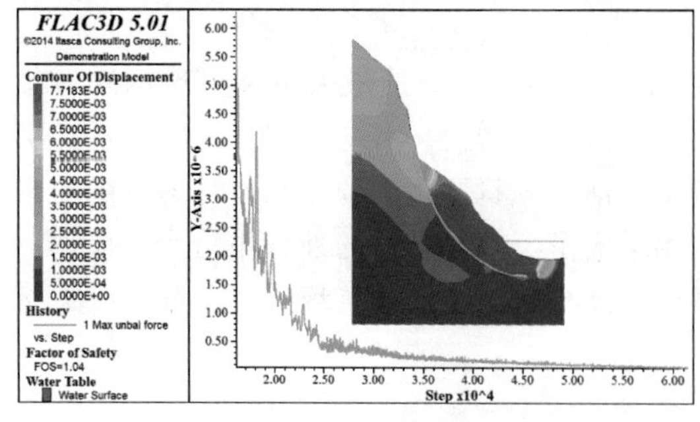

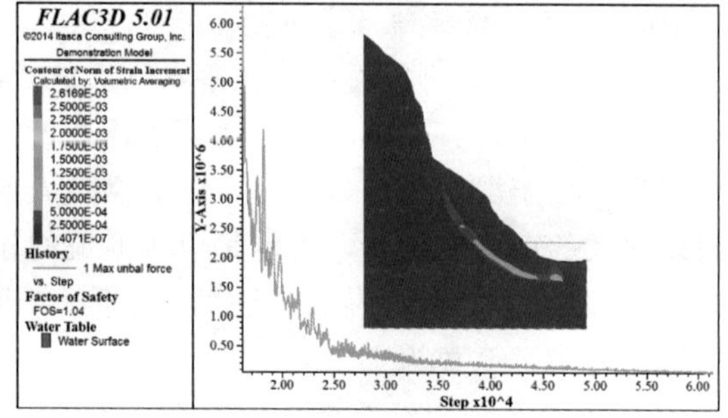

图 5.8-7　Ⅱ—Ⅱ′剖面工况 6 下水平位移云图、剪应变增量云图、不平衡曲线图

草坪滑坡在蓄水＋地震工况下的稳定系数为 1.04。

5.8.3　滑坡稳定性刚体极限平衡分析

5.8.3.1　选用的计算程序简介

本次计算选用的程序，是成都理工大学工程地质研究所赵其华教授（1997 年、1999 年）编制的 TB 边坡稳定性计算程序。该程序依据《岩土工程勘察规范》（GB 50021—2001）推荐的计算滑坡稳定性以及计算滑坡推力方法编制而成，即基于传递系数法、Bishop 法开发的。该程序可考虑地震、暴雨、库水位骤降以及排水效果、锚固作用效果、其他外荷载作用效果等情况，以及裂隙的连通率等，同时可进行各种工况下的边坡失稳的破坏概率分析，该程序多年来经过了许多的工程实践应用，得到了不断验证和补充。用到的基本计算公式如下。

1. 传递系数法计算公式

$$K=\frac{\sum_{i=1}^{n-1}(R_i\prod_{j=1}^{n-1}\psi_j)+R_n}{\sum_{i=1}^{n-1}(T_i\prod_{j=1}^{n-1}\psi_j)+T_n} \tag{5.8-1}$$

其中

$$R_i=N_i\text{tg}\varphi_i+c_il_i \tag{5.8-2}$$

式中：K 为稳定系数；R_i 为作用于第 i 块段的抗滑力，kN/m；T_i 为作用于第 i 块段滑动面上的滑动分力，kN/m。出现与滑动面方向相反的滑动分力时，T_i 取负值；R_n 为作用于第 n 块段的抗滑力，kN/m；T_n 为作用于第 n 块滑动面上的滑动分力，kN/m；ψ_j 为第 i 块段的剩余下滑力传递至第 $i+1$ 块时的传递系数（$j=i$）。

2. 渗透压力计算公式

渗透压力产生的平行滑面分力：

$$T_{Di}=\gamma_W h_{Wi}L_i\tan\beta_i\cos(\alpha_i-\beta_i) \tag{5.8-3}$$

渗透压力产生的垂直滑面分力：

$$R_{Di}=\gamma_W h_{Wi}L_i\tan\beta_i\sin(\alpha_i-\beta_i) \tag{5.8-4}$$

式中：γ_W 为水的重度，kN/m^3；h_{Wi} 为第 i 条块地下水位，m；L_i 为第 i 条块滑面长度，m；α_i 为第 i 条块滑面倾角，(°)；β_i 为第 i 条块地下水流向。

3. 地下水位计算公式

由于库水或回水影响，座落体中地下水位浸润线上升，地下水位水头高度采用下面的浸润曲线预测公式确定。

$$h_{Wi}^2=\frac{l_i'}{l_i}(H_{Wi}^2-H_0^2)+h_0^2 \tag{5.8-5}$$

式中：h_{Wi} 为第 i 条块预测水位至含水层底板的高度，m；l_i' 为第 i 条块至模拟的库水位水边的水平距离，m；l_i 为第 i 条块至库枯水位边的水平距离，m；H_0 为库枯水位边至含水层底板的高度，m；H_{Wi} 为第 i 条块地下水枯水位至含水层底板的高度，m；h_0 为库枯水位水边至含水层底板的高度，m。

4. 地震力计算

地震力的作用主要考虑水平荷载作用，其计算公式为

$$Q=k\alpha W \tag{5.8-6}$$

式中：Q 为水平地震力，kN/m；α 为水平地震力系数；W 为滑块重力，kN/m。

由此可知，该程序可以考虑水平地震荷载、垂向外荷载（为分布力，若是集中力，应转化为等效的分布力）等外力及地下水的作用。

5.8.3.2 计算剖面的确定

计算中选择深溪沟水电站黄草坪座落体横Ⅰ—Ⅰ和横Ⅱ—Ⅱ两个剖面分别进行，其平面位置如图 5.8-8 所示。当不同地质剖面用同一公式计算而得出不同的边坡稳定性系数时，取其最小值；当同一地质剖面采用不同公式计算得出的边坡稳定性系数时，取其平均值。按上述原则分析评价座落体的稳定性。

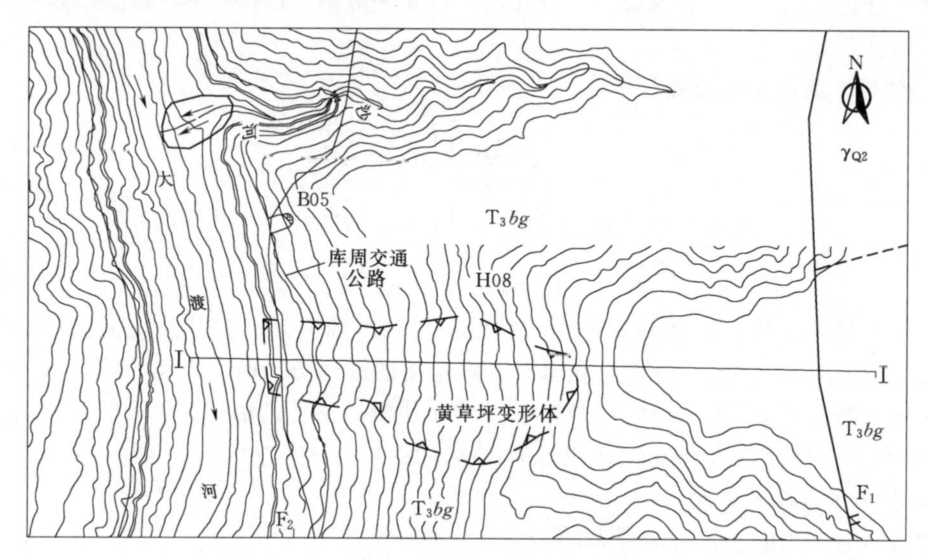

图 5.8-8 黄草坪座落体平面图

5.8.3.3 计算参数的确定

在工程地质类比和现场考察所见地质现象的基础上，并结合已有的岩体物理力学试验结果和岩体质量指标类比，参照地质分析反算的结果确定座落体稳定性计算参数。由于座落体中压剪带由岩屑和块径大小不等的分离岩块组成，岩屑多呈粗砂状，并含少量岩粉，岩块块径 0.5cm 至数十厘米。据成都院在座落体平洞内的压裂破碎带现场大剪试验结果表明，压裂带抗剪强度指标为：$f'=0.81$、$c'=0.12\sim0.48$MPa，$f=0.65$、$c=0.11$MPa。座落体的各计算剖面的岩体力学参数取值详可参见表 5.8-1。饱水条件下岸坡岩体的参数，考虑到座落体的特点，仅将黏聚力 c 值作 0.75 倍的折减，内摩擦角保持不变。

表 5.8-1 坡体纵剖面稳定性计算参数取值

计算滑面层位	黏聚力 c/kPa	内摩擦角 φ/(°)	重度/(kN/m³)	水平地震系数 K_0
滑动带	200	34.0	23（23.5）	0.17
滑动带（饱水后）	110	33.0	23（23.5）	

根据四川省地震局工程地震研究所（2004）对深溪沟水电站地震危险性评价，大渡河

深溪沟水电站工程场地的地震基本烈度为Ⅶ度。考虑地震作用时，50年超越概率5%水平地震加速度为0.17g，50年超越概率10%水平地震加速度为0.127g。

5.8.3.4　计算方法的确定

座落体边坡是水电工程Ⅱ级边坡，所处地理位置特殊，不仅应分析蓄水前的稳定性，更应重点研究蓄水后的稳定变化状况。由于蓄水后环境地质条件的改变会对座落体产生各种不利的效应，导致坡体稳定性的改变，同时由于产生滑动还与许多外部因素相联系，如暴雨、地震、水位升降等。本次稳定性计算采用规范推荐的不平衡推力传递系数法，稳定性计算程序采用了成都理工大学工程地质研究所开发TB边坡稳定性计算程序。

由于地下水的动水压力、浮托力等的作用，在稳定分析时必须对这些因素加以考虑并考虑它们的叠加效应，故本次稳定分析主要按以下工况考虑：①基本组合（天然状况）；②一般组合1（天然状况+特大暴雨）；③一般组合2（天然状况+地震）；无雨或少雨，计算体按天然状况考虑；持续降雨或暴雨，计算体按饱水状态考虑。

5.8.3.5　稳定性计算

根据黄草坪座落体变形破坏各分区的岩土体结构特征、地形地貌特征和目前的变形破坏特征等，将黄草坪座落体横Ⅰ—Ⅰ′和横Ⅱ—Ⅱ′剖面作为各分区的代表性剖面进行稳定性计算，分别计算其稳定性。借助黄草坪座落体的地表踏勘资料、平洞资料以及钻孔资料，经详细的分析研究，最后确定出如图5.8-9所示的计算滑面。由于座落体滑动破坏的剪出口位于河床覆盖层下部，在计算中将座落体与河床覆盖层界面考虑为临空面，将河床覆盖层对座落体抗滑稳定性所起的有利作用作为座落体稳定性的安全储备。

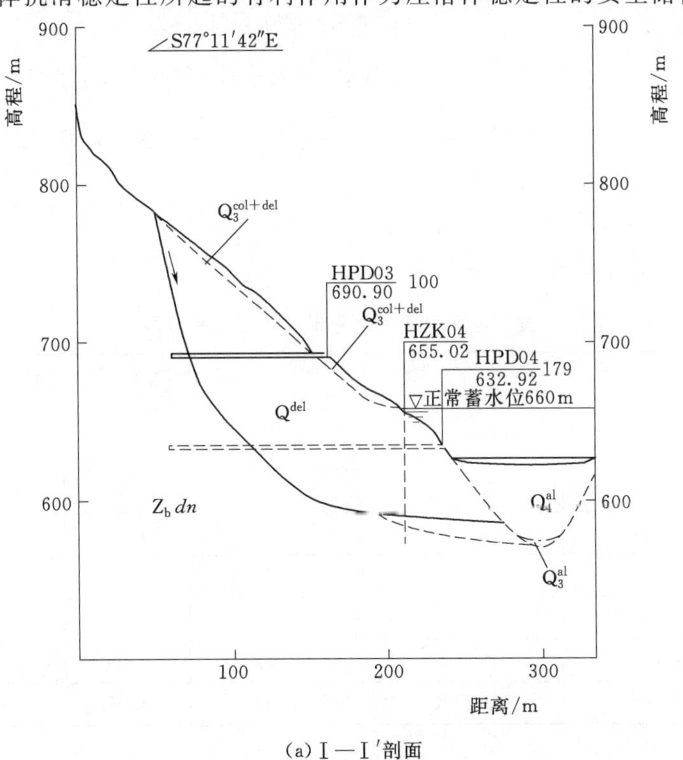

(a) Ⅰ—Ⅰ′剖面

图5.8-9（一）　黄草坪座落体横剖面计算滑面示意图

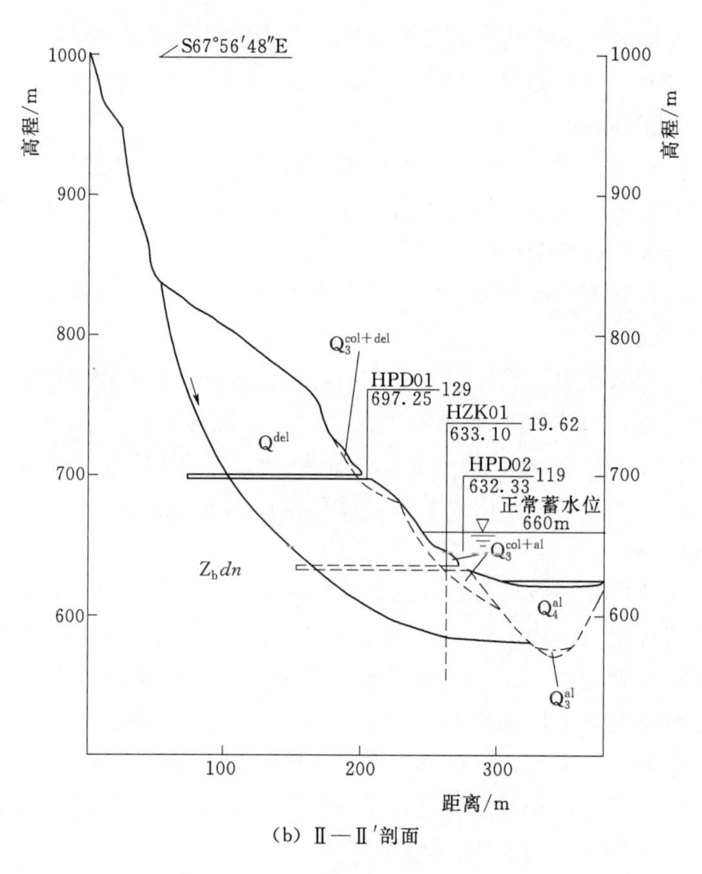

(b) Ⅱ—Ⅱ′剖面

图 5.8-9(二) 黄草坪座落体横剖面计算滑面示意图

考虑到水库蓄水后计算滑面受水库蓄水影响较大,故在本次稳定性计算中考虑这两个计算剖面蓄水后稳定性系数的变化。

根据上述计算参数及条分图,黄草坪座落体横Ⅰ—Ⅰ′、横Ⅱ—Ⅱ′剖面的计算滑面在各种工况条件下的稳定性系数见表 5.8-2。

表 5.8-2　黄草坪座落体各计算剖面稳定性系数表

计算工况 \ 计算剖面		横Ⅰ—Ⅰ′			横Ⅱ—Ⅱ′		
		Bishop 法	不平衡推力法	平均值	Bishop 法	不平衡推力法	平均值
蓄水前	基本组合	1.57	1.57	1.57	1.17	1.15	1.16
	特殊组合 1	1.45	1.45	1.45	1.09	1.08	1.09
	特殊组合 2	1.40	1.42	1.41	1.05	1.06	1.06
蓄水后	基本组合	1.56	1.50	1.53	1.16	1.12	1.14
	特殊组合 1	1.43	1.43	1.43	1.09	1.08	1.09
	特殊组合 2	1.38	1.36	1.37	1.05	1.04	1.05

表 5.8-2 中的计算结果表明:在蓄水前的天然状况下,座落体沿剪切带滑动的计算

滑面处于稳定状态；蓄水后计算滑面稳定性有所降低，但都处于稳定状态。考虑到河床覆盖层对座落体稳定性的有利作用，座落体实际的稳定性程度要更好。

蓄水前的稳定性计算结果表明：横Ⅱ—Ⅱ′剖面的计算滑面在一般组合＋地震工况时稳定性系数为1.06，滑面处于基本稳定状态，在一般组合＋特大暴雨工况时稳定性系数为1.09，滑面处于基本稳定状态；横Ⅰ—Ⅰ′剖面的计算滑面在一般组合＋地震工况时稳定性系数为1.41，滑面处于稳定状态，在一般组合＋特大暴雨工况时稳定性系数为1.45，滑面处于稳定状态。

蓄水后的稳定性计算结果表明：横Ⅱ—Ⅱ′剖面的计算滑面在一般组合＋地震工况时稳定性系数为1.05，滑面处于临界稳定状态，在一般组合＋特大暴雨工况时稳定性系数为1.09，滑面处于基本稳定状态；横Ⅰ—Ⅰ′剖面的计算滑面在一般组合＋地震工况时稳定性系数为1.37，滑面处于稳定状态，在一般组合＋特大暴雨工况时稳定性系数为1.43，滑面处于稳定状态。

第6章 滑坡灾变过程工程影响分析

6.1 研究重点及难点

滑坡工程影响主要是滑坡失稳后产生的涌浪对水工建筑物的影响以及堵江后形成威胁水电工程安全运行的堰塞坝。涌浪计算首先要对滑坡失稳的滑速进行计算。工程中常用的计算方法包括能量法、谢德格尔法、科内尔法、潘家铮法、数值模拟计算及涌浪试验。这几种估算方法都有其适应的条件。其中能量法受到滑坡滑面倾角的限制，而谢德格尔法考虑了滑坡体积效应，但对滑面倾角较大的滑坡更具有适用性；科内尔法将大型滑坡视为流体的计算方法也只能计算碎屑流体滑坡，对于较完整岩石滑坡计算结果不理想；谢德格尔法和科内尔法需要根据经验确定计算参数，因此计算结果可信度相对较低；数值模拟方法进行计算存在参数取值不易掌握等问题，涌浪试验代价太高；潘家铮法考虑的因素较多，相对更符合实际，但由于滑坡的发生是突然的，其“条分法”中滑体的滑动在极短时间内就已结束，测定滑动过程中滑面上的孔隙水压力不容易测定，但总体上来说，潘家铮法适用范围更广，计算结果更可信。

滑坡堵江后形成的堰塞湖通常由松散堆积物组成，在河水漫顶、雨水冲刷的条件下极易发生溃坝并引发洪水，对水电工程的安全运行和下游居民的生命财产安全造成巨大威胁。大量工程案例表明，滑坡堰塞坝溃决模式主要有3种：漫顶溢流、管涌和坝坡失稳，其中漫顶溢流所占比例远远高于另外两种。而堰塞坝漫顶溢流的溃决模式与坝高和堰塞坝堆积形态有直接关系，所以研究堰塞坝漫顶破坏首先要研究滑坡堵江后坝体的堆积形态。目前滑坡堆积形态的研究方法主要有模型试验方法和离散元数值模拟方法。

6.2 滑坡灾变形式和规模

根据大量水库失事经验，水库区内变形体或堆积体的失稳不仅影响岸边工程建筑物的安全，更重要的是，一旦形成高速滑坡将会造成涌浪，若变形体距离坝址近，传递至坝前的涌浪会严重影响大坝的安全运行。现以乐安水电站林达滑坡为例分析滑坡灾变形式和规模。

林达滑坡位于林达坝址下游1.7km处，一旦失稳形成堵江，其回水将直接影响其上游林达电站的正常运行，并对其下游乐安电站、乐安乡及尼古寺产生一定的影响。因此对林达滑坡堆积体进行堵江分析，具有重要的实际工程意义。

根据刚体极限平衡法计算和数值模拟变形分析结果，综合判定林达滑坡稳定性特征如下：①主滑动体：坡体变形较小，整体稳定性较好，不存在失稳滑动的可能。发育其内部的次级滑体整体稳定性也较好，仅在极限工况下，其表层发育的1号次级滑体位移量相对增大，但不存在失稳滑动的可能；②1号次级滑体：坡体变形较大，其变形目前主要发生在坡体的中前部，并向后部发展，在天然工况下即处于不稳定状态，因此，其发生失稳滑动的可能性较大；③2号次级滑体：坡体变形相对较大，其变形现阶段主要发生在坡体的中后部，天然工况下处于临界状态，在外动力作用下存在失稳滑动的可能；④3号次级滑体：坡体变形较小，整体上处于基本稳定—稳定状态，不存在失稳滑动的可能。

综上所述，现阶段林达滑坡体内发育的主滑动体和3号次级滑体整体稳定性较好，不存在失稳滑动的可能。而坡体内发育的1号、2号次级滑体则变形相对较大，稳定性较差，存在失稳滑动的可能。因此，在对滑体形成的堵江和涌浪分析中，主要考虑潜在危险区1号次级滑体和2号次级滑体的失稳破坏。

滑坡的失稳破坏模式主要受控于现阶段滑坡变形破坏特征，以及滑体潜在最危险滑面。潜在危险区1号、2号次级滑体，受前缘河流冲刷外动力地质作用，可能会形成牵引式破坏模式，将呈现出渐进式塌落后退的破坏形式，次级滑坡一次性整体失稳的概率较小。结合刚体极限平衡法稳定性分析中自动搜索滑面的计算结果，1号次级滑体最危险滑面为搜索滑面，2号次级滑体最危险滑面也为搜索滑面。

综上所述，综合判定林达滑坡的失稳破坏模式是：1号、2号次级滑体沿前缘最危险搜索滑面先行滑动，次级滑坡一次性整体失稳的概率较小。林达滑坡整体将呈现出渐进式塌落后退的牵引式破坏模式，林达滑坡整体稳定性较好。

尽管次级滑体出现大规范一次性失稳的风险不大，但考虑工程的重要性进行了两种失稳情况的工程影响分析：即沿最危险搜索滑面滑动和次级滑体整体滑动（最大方量）。各失稳情况下，具体失稳方量如下：①1号次级滑体沿搜索滑面滑动，搜索滑面后缘高程为3244.00m，厚度约为25m，从次级滑体前缘剪出破坏滑入江中，失稳方量约为75万m^3；②1号次级滑体整体滑动，方量约为284.4万m^3；③2号次级滑体沿搜索滑面滑动，搜索滑面后缘高程为3330.00m，厚度约为10m，从次级滑体前缘剪出破坏滑入江中，失稳方量约为40万m^3；④2号次级滑体的整体滑动，方量约为103.8万m^3。

6.3　滑速计算分析

滑坡以一定的速度向河谷方向运动，在运动过程中由于摩擦阻力使动能不断减小，最

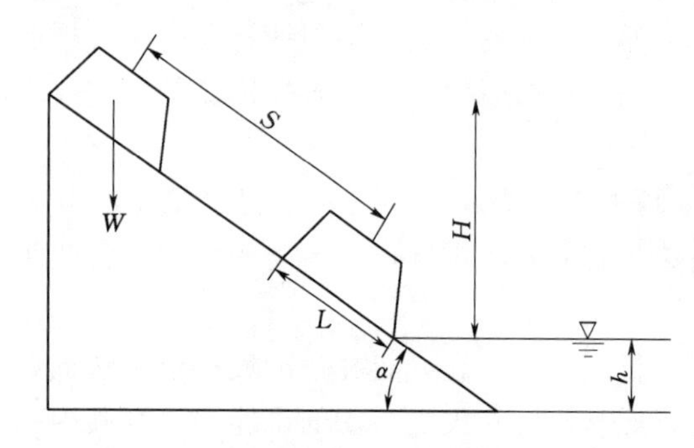

图 6.3-1 滑坡体涌浪平均速度预测各要素

后趋于停止。因此，滑坡若经过整个河谷而堵塞河流则需要一定的速度。

《水利水电工程地质手册》（水利电力出版社，1985 年出版）推荐采用平均速度法来计算滑坡启动时的滑动速度。该方法假设滑体滑落于半无限水体中，且将滑体视为质点进行研究，按照牛顿第二定律及运动学基本原理推导出滑坡加速度及速度计算公式。滑坡下滑时运动力等于下滑力与抗滑力之差，如图 6.3-1 所示。

$$F=W\sin\alpha-(W\cos\alpha\tan\varphi'+c'L) \tag{6.3-1}$$

根据 $W=mg$、$F=ma$，则：

$$ma=mg(\sin\alpha-\cos\alpha\tan\varphi')-c'L \tag{6.3-2}$$

$$a=g(\sin\alpha-\cos\alpha\tan\varphi')-\frac{c'L}{m} \tag{6.3-3}$$

设滑坡初始速度为零，则滑坡滑程满足：

$$s-\frac{1}{2}at^2=\frac{H}{\sin\alpha} \tag{6.3-4}$$

运动时间：$t=\sqrt{\frac{2s}{a}}=\frac{V}{a}$；速度满足：$v^2=2as=\frac{2aH}{\sin\alpha}$。

根据以上公式得到滑坡入水时速度为

$$V=\sqrt{(1-\cot\alpha\tan\varphi')-\frac{c'L}{mg\sin\alpha}}\sqrt{2gH} \tag{6.3-5}$$

此处选取乐安水电站林达滑坡为例计算滑坡滑速，计算参数选取及计算结果见表6.3-1。

表 6.3-1　　失稳滑体滑速计算

失稳规模	滑坡体长度/m	滑坡水上部分重心至水面高度/m	滑面倾角/(°)	黏聚力/kPa	摩擦角/(°)	平均速度/(m/s)
1 号次级滑体局部滑动	98	62	42	55	29	21.6
1 号次级滑体整体滑动	310	110	42	55	29	28.8
2 号次级滑体局部滑动	194	68	41	55	29	22.0
2 号次级滑体整体滑动	330	120	41	55	29	29.2

6.4 滑坡堵江分析

6.4.1 堵江预测

河谷宽度、河水流量对滑坡堵江的生成起控制性作用。并非任何一个滑坡、崩塌体入江都会造成完全堵江，它取决于河床条件、河水流量和滑坡入江体积。

滑坡进入河床完全堵塞河床需要有一定的体积。构成完全堵江的最小入江土石方量 V_{min} 可通过计算获得（柴贺军，张倬元）。

假设滑坡物质入江方向与河水流向正交，河床宽 B_r，河水深 H_r，河床坡降 β，一般情况下 β 较小，可视为水平。天然坝上游坝体较陡，其坡度应满足堵江岩土体在饱水状态下的内摩擦角 φ_s，下游坡度可采用堵江物质发生水石流的起始坡度，一般取 14°，坝底宽度为 L_{d1}（图 6.4－1），则完全堵塞河床所需的最小土石方量为

$$V_{min}=L_{d1}H_rB_r-H_r^2B_r\left(\frac{1}{2\tan14^\circ}+\frac{1}{2\tan\varphi_s}\right) \tag{6.4-1}$$

式中：V_{min} 为完全堵江所需的最小土石方量；H_r 为河水深度，m；B_r 为河床宽度，m；φ_s 为岩土体饱水状态下的内摩擦角，(°)。

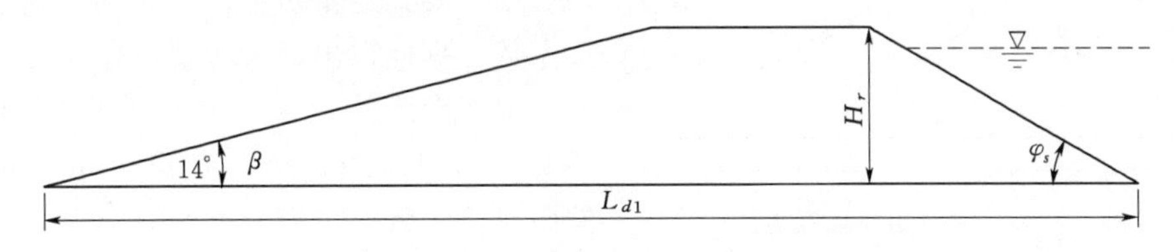

图 6.4－1　堵江坝体纵剖面示意图

通过国内外典型滑坡天然坝的研究发现，坝底宽是坝高的 8～10 倍，若取 $L_{d1}=9H_r$，则式（6.4－1）可简化为

$$V_{min}=H_r^2B_r(7-0.5\cot\varphi_s) \tag{6.4-2}$$

当滑坡单位时间入江土石方量为 Q_s(m³/s)，河水断流断面流量为 Q_r(m³/s) 时，则入江土石体能够堆积应满足如下条件（不考虑河水流速）：

$$Q_s\gamma_w\sin\beta\leqslant Q_s\gamma_s\cos\beta\tan\varphi_m-Q_s\gamma_s\sin\beta \tag{6.4-3}$$

即

$$Q_s\geqslant\frac{Q_r\gamma_w\tan\beta}{\gamma_s(\tan\varphi_m-\tan\beta)} \tag{6.4-4}$$

式中：Q_r 为河水流量，m³/s；Q_s 为单位时间内入江土石方量，m³/s；γ_w 为水的重度；γ_s 为滑体重度；β 为滑床坡度角；φ_m 为入江土石与河床间的摩擦角。

此处选取乐安水电站林达滑坡为例计算最小堵江体积。根据滑坡前缘所处江面几何特性及岩土体自稳能力，对滑坡按式（6.4－2）、式（6.4－4）进行堵江预测判定，其计算参数及计算结果见表 6.4－1。从计算结果来看，形成堵江的最小体积方量约为 3.8 万 m³。此外，入江土石体能够堆积所需的最小单位时间入江土石方量约为 5.8m³/s。由此可以判定，1 号次级滑体局部滑动、1 号次级滑体整体滑动、2 号次级滑体局部滑动以及 2 号次级滑体整体滑动，都将在雅砻江上形成堵江，从而影响水库的正常运行。

表 6.4-1　　最小堵江体积计算表

江面宽度/m	水深/m	堵江岩土体饱水状态下的内摩擦角/(°)	最小堵江体积/m³
54	11	24.65	38618

6.4.2　堵江高度

滑距计算是分析滑坡堵江的基础。因此，本节拟采用“滑距推算法”来计算滑坡堵江高度。1973 年奥地利学者 A. E. Scheidegger 在调查了世界上 33 个大型滑坡的运动特征后，提出了等价摩擦系数 f 的概念，并发现动摩擦系数随滑坡体积增大而减小的关系，如式（6.4-5）所示。

$$\lg f = a\lg V + b \tag{6.4-5}$$

式中：f 为摩擦系数；V 为滑坡体积，m^3；a，b 为系数，$a=0.15666$，$b=0.62419$。

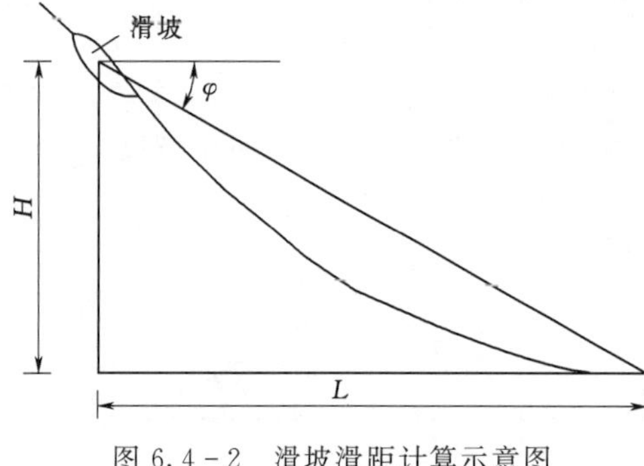

图 6.4-2　滑坡滑距计算示意图

滑坡滑动前势能用于克服滑道上摩擦力所做的功，海姆推算出最大滑距 L_{max}：

$$L_{max} = \frac{H}{f} \tag{6.4-6}$$

则只要知道滑坡体积，即可估算出动摩擦系数，据此得出最大滑动距离。

根据滑距的计算，如果滑坡的滑距超过了对岸的河岸线，则河流就有可能被堵断，按照滑体大致可能整体运动的原则，则堵江高度可采用下式计算：

$$H_d = (1 - L_1/L_{max})(1+f)h_1 + L_{max}/B \tag{6.4-7}$$

式中：H_d 为堵江高度，m；L_1 为滑坡前缘到江对岸的距离，m；L_{max}为最大滑距，m；h_1 为滑体的平均厚度，m；B 为河流的宽度，m；f 为动摩擦系数。

此处选取乐安水电站林达滑坡为例计算堵江高度。运用式（6.4-7），分别计算不同破坏模式下滑坡堵江后形成的堵江高度。其计算结果见表 6.4-2：1 号次级滑体局部滑动的最大滑距为 177.14m，形成堵江坝高为 24.69m；1 号次级滑体整体滑动的最大滑距为 255.81m，形成堵江坝高为 42.12m；2 号次级滑体局部滑动的最大距离为 212.5m，形成堵江坝高为 13.48m。2 号次级滑体整体滑动的最大距离为 324.32m，形成堵江坝高为 22.83m。由此可见，在该破坏模式下，滑坡一旦失稳即将形成完全堵江。

表 6.4-2　　滑坡按照滑距计算的堵江高度结果

失稳规模	f	L_{max}/m	L_1/m	h_1/m	B/m	H_d/m
1 号次级滑体局部滑动	0.35	177.14	64.76	25	54	24.69
1 号次级滑体整体滑动	0.43	255.81	64.76	35	54	42.12
2 号次级滑体局部滑动	0.32	212.5	58.78	10	54	13.48
2 号次级滑体整体滑动	0.37	324.32	58.78	15	54	22.83

根据表 6.4-2 滑坡堵江高度计算结果以及河道底坡坡度，计算滑坡滑动形成堵江后，其堰塞回水在上游林达下坝址处的水位高度，计算结果如下：1 号次级滑体局部滑动，林达下坝址处水位高度为 20.05m；1 号次级滑体整体滑动，林达下坝址处水位高度为 37.48m；2 号次级滑体局部滑动，林达下坝址处水位高度为 8.84m；2 号次级滑体整体滑动，林达下坝址处水位高度为 18.19m。由此可见，林达滑坡 1 号次级滑体局部滑动、1 号次级滑体整体滑动以及 2 号次级滑体整体滑动形成堵江后，其堰塞回水将对上游林达电站下坝址厂房产生淹没。而 2 号次级滑体局部滑动，在林达下坝址处产生的回水高度较小，不会对林达电站下坝址厂房产生影响。

6.4.3　溃坝分析

崩滑堵江形成的天然堵江坝高几米至几百米，溃坝后形成的洪水异常凶猛。因此，做好溃坝洪水灾害的定量预测至关重要。其中，最受关注的问题是峰顶流量和洪峰演进变化预测，其计算方法如下。

1. 溃决洪水顶峰流量计算

由于堵江坝体逐级溃决过程相当复杂，且计算结果也与实际出入较大。因此，为计算简便此处仅考虑坝体的瞬间全部溃决。在分析坝址处溃坝后初瞬水流流态的基础上，假定河道底坡水平，忽略阻力影响，并近似认为溃坝前上下游流速为零，河道断面形状如图 6.4-3 所示。设 $B_x=B(H_x/H_1)^n$（n 为河槽形状指数），利用特征线法，联解动力方程和连续方程，可得初溃水流的特征如下。

$$h_x=[(2n+2)/(2n+3)]^2H_1 \tag{6.4-8}$$

$$u=C=\sqrt{gH_1/(n+1)} \tag{6.4-9}$$

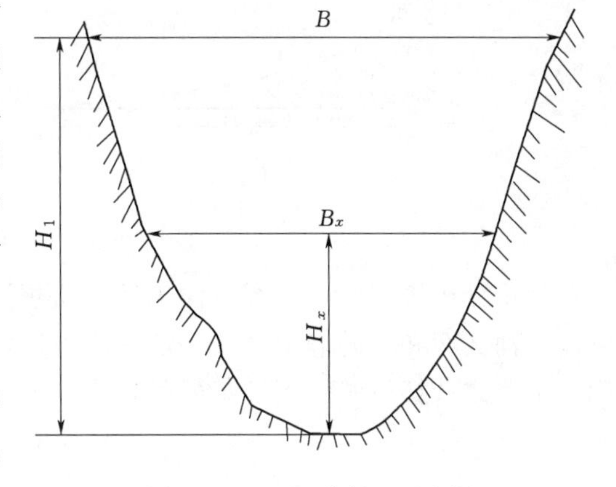

图 6.4-3　河道断面示意图

则可归纳出统一的峰顶流量计算公式：

$$q_m=\lambda B\sqrt{g}H_1^{3/2} \tag{6.4-10}$$

$$\lambda=[1/(n+1)]^{3/2}\times[(2n+2)/2n+d]^{2n+3}$$

式中：q_m 为峰顶流量，m^3/s；λ 为流量参数；B 为坝长或全溃时溃口宽度，m；g 为重力加速度，m/s^2；H_1为溃坝前（上游）水深，m。

本法适用于坝址下游为干涸河槽，或坝下游水深 H_0 与坝前水深 H_1 之比值小于一定的临界值。此临界值可由下式计算：

$$H_0/H_1\leqslant[(2n+2)/1.8(2n+3)]^2 \tag{6.4-11}$$

对于几种典型河槽断面，可参照表 6.4-3 进行计算。

2. 溃决洪峰演进过程计算

溃决洪水洪峰高度演进是决定灾害程度的直接因素。溃决洪水过程线与溃坝型式、最大流量、入湖（库）流量、下游水位等有关，至今无统一推求方法。采用水量平衡原理分析出的概化过程线，作为近似的溃坝洪水过程线。图 6.4-4（a）为四次抛物线形式，在

表 6.4-3　　滑坡坝全溃时峰顶流量计算简表

断面形状	河槽形状指数 n	最大流速 u	最大水深 h_1	流量参数 λ	适用范围 $H_0/H_1/\%$
矩形	0	$\sqrt{gH_1}$	$\frac{4}{9}H_1$	0.296	≤13.8
开阔抛物线形	1/2	$\sqrt{\frac{2}{3}gH_1}$	$\frac{9}{16}H_1$	0.173	≤17.3
三角形	1	$\sqrt{\frac{1}{2}gH_1}$	$\frac{16}{25}H_1$	0.116	≤19.8
紧闭抛物线形	2	$\sqrt{\frac{1}{2}gH_1}$	$\frac{36}{49}H_1$	0.065	≤22.7

溃决初瞬流量即达 Q_{max}，紧接着流量迅速下降，最后趋近于上游来水量 Q_0；图 6.4-4（b）为一条无因次溃决洪水过程线形式，即溃坝初瞬泄量由一初始流量迅速增至最大流量，再逐渐递降趋近于上游入库流量。

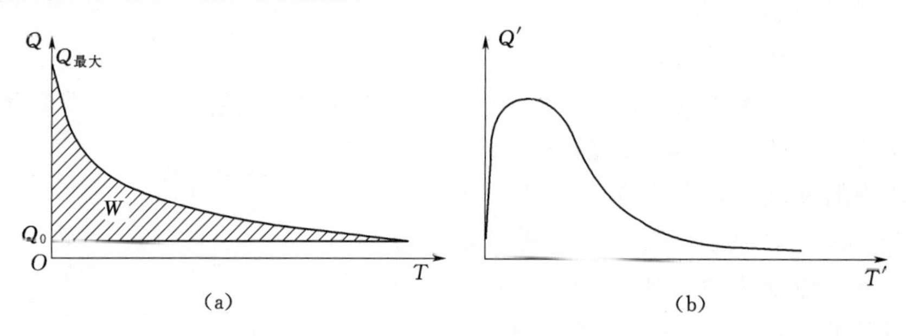

图 6.4-4　溃坝洪水过程线

理论分析表明，坝体突然溃决后，溃坝洪水向下游传递的流态可分为上游静水区、过渡区、涌波区和下游静水区。一般采用不恒定流计算方法进行洪流演进计算，经检验可采用以下公式计算下游距坝址某处的洪峰高度 H_{mx}：

$$H_{mx}=H_{10}\left[1+\frac{4A^2(2n+1)H_1^{2n+1}}{n(n+1)^2 i_0 W^2}x\right]^{-\frac{1}{2n+1}} \tag{6.4-12}$$

式中：H_{mx}为距坝址 x 处洪峰高度，m；H_{10}为溃坝最大水深，m；A 为河谷断面系数，$A=F/H$（F 为断面面积，H 为断面高度）；i_0 为河床比降；W 为堰塞湖库容，m^3；x 为下游距坝址距离，m。

此处选取乐安水电站林达滑坡为例计算峰顶流量和洪峰高度。对形成的堵江坝体，按式（6.4-12）计算溃决洪水的顶峰流量，其计算参数和计算结果见表 6.4-4。

表 6.4-4　　溃坝峰顶流量计算结果

溃决模式	λ	B/m	g/(m/s^2)	H_1/m	q_m/(m^3/s)
1 号次级局部滑体堵江溃坝	0.173	54	9.8	24.69	3588
1 号次级滑体堵江溃坝	0.173	54	9.8	42.12	7994
2 号次级局部滑体堵江溃坝	0.173	54	9.8	13.48	1447
2 号次级滑体堵江溃坝	0.173	54	9.8	22.83	3190

在顶峰流量计算的基础上，分析溃决洪峰的演进过程。运用式（6.4-12），计算溃决

洪峰传递至下游拟建坝址处（距离约6km）的洪峰高度。其计算参数和计算结果见表6.4-5：1号次级滑体局部滑动形成的堵江坝体一旦溃决，在下游拟建坝址处将形成13.25m高的洪峰；1号次级滑体整体滑动形成的堵江坝体溃决，将在拟建下坝址处形成23.54m高的洪峰；2号次级滑体局部滑动形成的堵江坝体溃决，在下游拟建坝址处将形成6.23m高的洪峰；2号次级滑体整体滑动形成的堵江坝体溃坝，在拟建坝址处会形成12.55m高的洪峰。

表6.4-5 下坝址处洪峰高度计算结果

溃决模式	H_{10}/m	A	x/m	H_1/m	W/m^3	H_{mx}/m
1号次级局部堵江溃坝	13.89	40	6000	24.69	12464464	13.25
1号次级整体堵江溃坝	23.69	40	6000	42.12	59650967	23.54
2号次级局部堵江溃坝	7.58	40	6000	13.48	3092529	6.23
2号次级整体堵江溃坝	12.84	40	6000	22.83	16869273	12.55

6.4.4 堆积形态与溃坝数值模拟分析

6.4.4.1 数值模拟方法

1. PFC3D颗粒流简介

PFC3D软件是由美国ITASCA公司开发的商用DEM软件，是模拟介质力学机理的良好工具。PFC3D主要从微观结构的角度出发，普遍适用于研究颗粒集合体的破裂、破裂发展和大位移的颗粒流问题，不断发展的PFC3D在胶结材料变形和流动过程，弹脆性介质损伤、断裂破坏过程等领域的研究也越来越具有独到的优势。

PFC3D继承了DEM的时步显示计算原理，处理对象只有两种基本单元：一是球形颗粒（ball）；二是墙面（wall），由facet组成。整个模型遵循牛顿运动定律，并用离散元法的力—位移关系来计算颗粒与颗粒及颗粒与墙体之间发生接触时的作用力。

PFC3D中的模型基于以下假设：①颗粒单元被视为刚性体；②颗粒间的接触在可忽略不计的点上；③颗粒间的接触视作柔性接触，颗粒允许在接触点上相互重叠；④重叠量与接触力大小有关，接触力通过力—位移定律计算，需要指出重叠量相比于颗粒尺寸非常小；⑤颗粒间的接触点可以存在连接（bonds）；⑥所有的颗粒的形状都是球形，也可以用到clump生成任意的形状，在每个clump中颗粒相互重叠但没有相互作用力。

该假设适用于岩土工程中的大部分散体材料，如砂土、粉土、岩石等，因为其变形主要是材料内部相对滑动，裂隙的张开或闭合产生，而不是由材料自身组成物质的变形所致。颗粒流更适用于模拟岩土体材料的力学性质。

除了颗粒单元，在PFC3D中还包括墙单元。墙单元上可以施加速度边界条件从而对颗粒进行压密。墙和颗粒之间同样通过接触产生作用力。墙单元不满足牛顿运动定律，不受力的作用的影响。在每个计算时步（timestep）内，依次利用力与位移法则更新模型中的接触力和运动法则更新模型中颗粒和墙的位置，直到达到平衡状态，计算过程如图6.4-5所示。

2. 颗粒流接触本构模型

颗粒流中材料的本构行为通过接触点上的本构模型来模拟。颗粒间的接触本构模型有

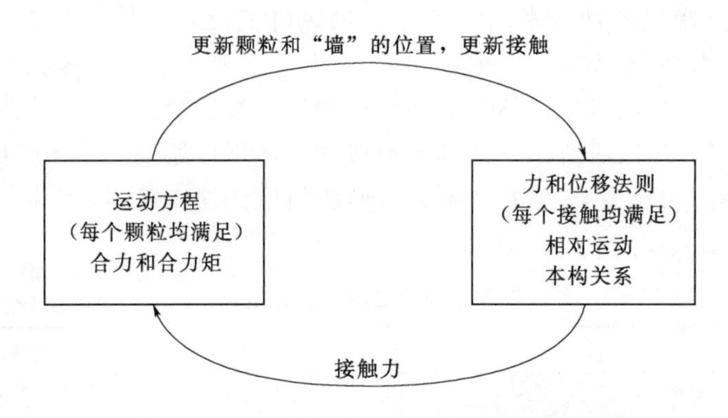

图 6.4-5　PFC3D 计算过程

3 种：接触刚度模型、滑动模型和连接模型。滑动模型提供颗粒球间相对滑动时切向接触力和法向接触力之间的关系。连接模型提供了限制颗粒间的连接的法向力和切向力。

（1）接触刚度模型。接触刚度模型提供了接触力和相对位移间的弹性关系。PFC3D 中提供两种接触刚度模型，简化的 Hertz - Mindlin 接触模型和线性接触模型。

（2）滑动模型。滑动模型是颗粒间在切向力的作用下发生滑动的判别标准。滑动模型无法向抗拉强度，在有接触连接存在时只有当接触连接破坏才会生效，由摩擦系数 μ 决定，颗粒间允许的最大切向力 $F^s_{\max}$ 为

$$F^s_{\max}=\mu|F^n_i| \tag{6.4-13}$$

若 $|F^s_i|>F^s_{\max}$，则允许滑动发生，并将 F^s_i 的值附给 $F^s_{\max}$。

（3）连接模型。颗粒流中连接模型用于将接触的颗粒相互胶结在一起。只有颗粒与颗粒才能使用连接模型，颗粒与墙之间不能相互连接。PFC3D 中有两种连接模型：接触连接模型和平行连接模型（图 6.4-6）。

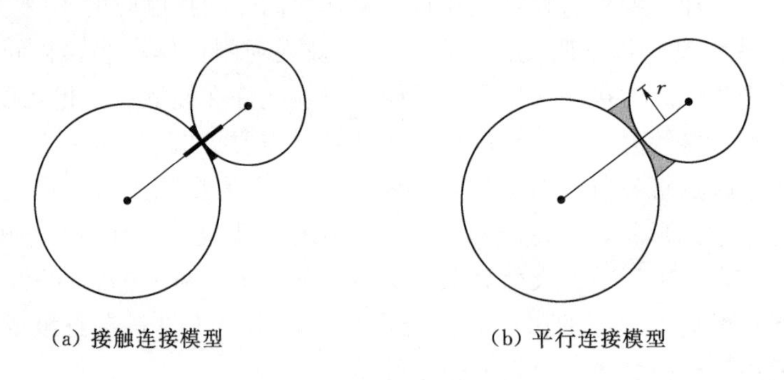

图 6.4-6　连接模型示意图

1）接触连接模型：接触连接模型仅作用在颗粒间接触点上，只传递力不产生力矩，法向连接和切向连接共同决定了接触连接的强度。

2）平行连接模型：平行连接模型作用在以颗粒间接触点为中心的有限圆盘上。颗粒的相对运动将产生力和力矩。

3. 阻尼本构

实际问题中，岩土体并非刚性体，系统的能量并不仅仅通过单元之间的摩擦方式进行

耗散，颗粒与颗粒及颗粒与墙体之间的碰撞能耗也是系统能量损失的最重要途径之一。为了更真实地还原岩土体介质在运动过程中的碰撞问题，PFC3D提供了两类基本阻尼模型。

(1) 局部阻尼。通过设定阻尼系数，可以给系统施加局部阻尼。该阻尼力被直接作用到颗粒单元的运动方程之中：

$$\vec{F}_i+\vec{F}_i^d=\vec{M}_i\vec{A}_i \quad (i=1、2、3、4、5、6) \tag{6.4-14}$$

式中：$\vec{F}_i$、$\vec{M}_i$、$\vec{A}_i$分别为颗粒所受的外合力（包括重力）、质量和加速度；$\vec{F}_i^d$为局部阻尼力。

局部阻尼的存在显然不适用于滑坡在重力作用下的动力学分析，所以在本节的数值模拟中，阻尼系数统一设为零。

(2) 黏性阻尼。黏性阻尼模型最早由Cundall提出，它的实际模型是一弹簧阻尼器。当黏性阻尼模型被激活，系统将在每个接触点处分别添加法向和切向阻尼器，用以耗散介质单元在碰撞过程中的法向和切向动能（图6.4-7）。

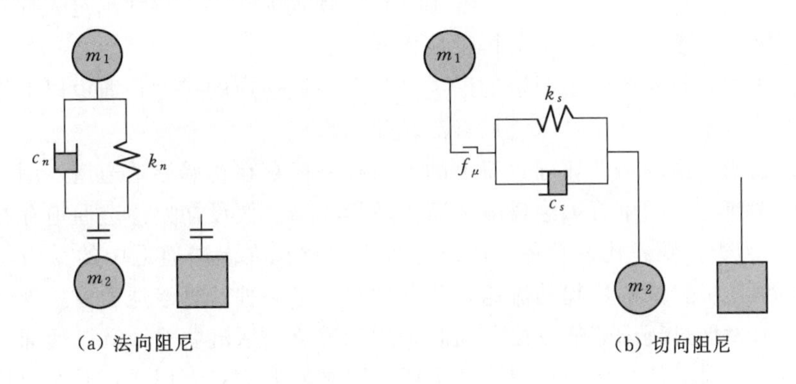

图6.4-7　黏性阻尼模型

对于考虑仅在重力场作用下的滑坡动力学问题，加入局部阻尼并不符合实际，所以在本章滑坡模型中局部阻尼统一设为零。运用颗粒自由下落的“碰撞—反弹”PFC3D模拟，考察模型中颗粒的速度恢复系数分析，确定了本节PFC3D计算模型统一的黏性阻尼系数分别为：法向阻尼系数为0.4；切向阻尼系数为0.1。

6.4.4.2　溃坝理论

堰塞坝作为自然作用的产物，其几何特征、物质组成和工作条件与人工土石坝具有明显不同。在坝体形态上，堰塞坝堆积体往往呈不规则形状，沿河流运动方向大多较人工坝长，且堰塞体内局部区域薄弱，坝顶凹凸不平，破坏一般首先在这些薄弱区域发生；在坝体结构上，因没有人工填筑过程，大部分堰塞坝结构松散，不均匀性强，堰塞体土石料的级配变化范围大，而且堰塞坝没有泄洪设施，当上游持续来水使得堰塞湖水位超过坝顶时，很可能导致堰塞坝发生漫顶溃决。据统计，绝大多数堰塞坝最终都将发生溃决，大约20%的堰塞坝在形成后1d内溃决，50%在10d内溃决，80%在6个月内溃决，90%在1年内溃决，一旦发生溃决，所产生的洪水或泥石流将对下游产生严重危害。因此，有必要研究堰塞坝漫顶溃决机理及溃决过程，为正确评估堰塞坝溃决致灾后果、科学制定堰塞坝溃决防洪应急预案提供技术支撑。

有学者根据55个溃决的堰塞湖坝体，分析堰塞湖坝体破坏主要有3种模式：漫顶溢流、潜蚀与管涌、坝坡失稳，其中坝顶溢流是最主要的破坏模式。这也得到了后来更多统计资料的认证，根据研究，在202个堰塞湖坝体破坏的案例中，有197个是因为坝顶溢流破坏，4个是因为管涌破坏，只有1个坝体是因坝坡失稳破坏。

土石坝渗透破坏可分为管涌和流土两种型式，管涌是指坝体中细颗粒在渗流作用下，从粗颗粒空隙中被带走或冲出的现象；流土是指渗流出逸坡降大于土体的允许坡降时，土石体表层被渗流顶托而浮动的现象。流土常发生在坝体下游或坝基的渗流出逸处，而不会在坝体内部发生。但不论是管涌或流土破坏，如未能及时发现并采取有效措施，最终都将在坝体或坝基内形成渗透通道，随着渗透通道的增大，其上部坝体厚度逐渐减小，当渗透通道上部坝体的重力超过坝体材料的抗剪强度后，通道以上坝体楔块将坍塌，坝顶高程逐渐降低，大坝将发生漫顶破坏而溃决。

南京水利科学研究院陈生水提出了合理描述渗透破坏溃口发展及溃坝洪水流量过程的数值模型和相应的数值计算方法，为更准确评估溃坝致灾后果，科学制定大坝溃决防洪应急预案，减轻因大坝溃决造成的损失提供技术支撑。

该理论方法首先是初始渗透通道的形成，随着渗透通道的扩大，通道以上坝体将发生坍塌，导致大坝发生漫顶破坏，水流从管流转化为堰流。

溃坝调查表明，由渗透破坏导致溃决的土石坝一般存在初始渗透通道。因此，本节采用南京水利科学研究院的土石坝渗透破坏溃决数学模型。假设初始渗透通道存在，筑坝材料平均粒径 d_{50} 为土体颗粒代表粒径，通过分析土体颗粒在渗透通道中的受力情况，推导出渗透通道内坝体材料的临界起动流速，并分别建议了一种计算渗透通道扩展过程及大坝漫顶溃决后溃口发展过程的数值方法，同时采用管道流及堰流公式计算渗透通道扩展及大坝漫顶后溃口发展时的流量变化过程，并采用极限平衡方法对大坝漫顶后溃口边坡的间歇性失稳坍塌进行计算分析。

1. 溃口流量

（1）渗透破坏。假设初始渗透通道为圆形，渗透通道中的水流速度可表示为

$$v=\mu\sqrt{2g\Delta h} \tag{6.4-15}$$

式中：μ 为流速系数，此处取0.97；Δh 为上游水库与渗透通道逸出点处的水位差。

当 $v>v_c$ 时，土体颗粒起动，土石坝发生渗透破坏。需要说明的是，在水库库容较小且上游无水补给的情况下，渗漏使得水头 Δh 的明显减小，流速降低，渗透破坏可能会逐渐减弱甚至停止而使土石坝不发生溃决破坏；在水库库容较大或洪水期上游不断有来水补给的情况下，相对少量的渗漏将不可能使得水头 Δh 明显减小、流速显著降低，渗透破坏将会持续发展，进而导致土石坝的溃决。

考虑到可能导致土石坝发生溃决的渗透破坏，其渗透通道中的水流应为有压流，则通过渗透通道的流量可表示为

$$Q_b=vA=\pi R^2\mu\sqrt{2g\Delta h} \tag{6.4-16}$$

式中：Q_b 为通过渗透通道的流量；A 为渗透通道的横截面积；R 为渗透通道的半径。

（2）漫顶破坏。随着渗透通道的扩大，通道以上坝体将发生坍塌，导致大坝发生漫顶破坏，水流从管流转化为堰流。此后采用宽顶堰公式计算溃口流量。

$$Q_b=mB\sqrt{2g}(H-H_c)^{\frac{3}{2}}+2m\sqrt{2g}\tan\left(\frac{\pi}{2}-\theta\right)(H-H_c)^{\frac{5}{2}} \tag{6.4-17}$$

式中：m 为流量系数，此处取0.5；H 为库水位高程；H_c 为溃口底部高程。

库水位高程 H 的计算公式为

$$H=H_0+\Delta H \tag{6.4-18}$$

式中：H_0为初始库水位高程。

溃口宽度 B 的计算公式为

$$B=2R+2\Delta B=2R+2\Delta H_c \tag{6.4-19}$$

式中：R 为渗透通道坍塌时半径，且 $R=R_0+\Delta R$，R_0为初始渗透通道半径 $\Delta H_c=\sum_{i=1}^{n}\Delta H_{ci}$。

溃口底部高程 H_c的计算公式为

$$H_c=H_{pu}-2R \tag{6.4-20}$$

2. 溃口冲蚀

(1) 坝料颗粒起动流速。图6.4-8示意了土石坝发生渗透破坏时渗透通道中土体颗粒的受力情况。图6.4-9示意了土体颗粒在坝坡上的受力情况。对土体代表颗粒1而言，所受到的水流拖拽力为起动力，拖拽力可表示为

$$F_d=\frac{\pi}{8g}C_d d_{50}^2\gamma_w v^2=\frac{\pi}{20g}d_{50}^2\gamma_w v^2 \tag{6.4-21}$$

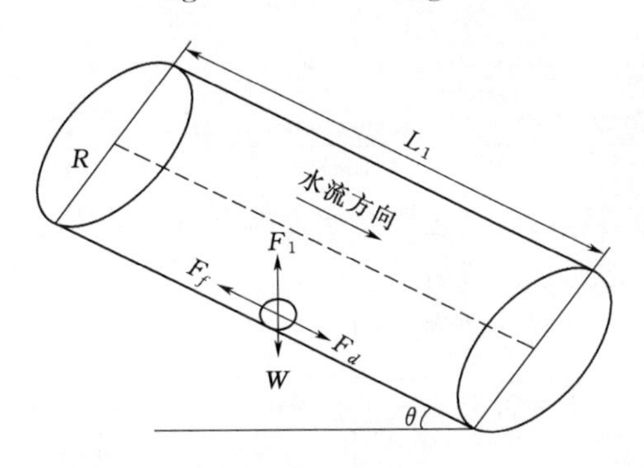

图6.4-8　土体颗粒在渗透通道中受力示意图

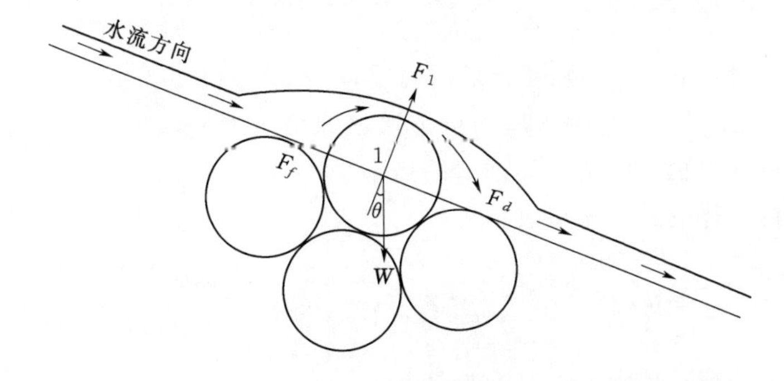

图6.4-9　土体颗粒在坝坡上的受力示意图

式中：F_d 为水流对土体颗粒的拖拽力；C_d 为拖拽力系数，一般取 0.4；d_{50} 为土体颗粒粒径；γ_w 为水的重度；v 为水流流速。

土颗粒受到的上举力可表示为

$$F_l=\frac{\pi}{8g}C_l d_{50}^2\gamma_w v^2=\frac{\pi}{80g}d_{50}^2\gamma_w v^2 \tag{6.4-22}$$

式中：F_l为水流对土体颗粒的上举力；C_l为上举力系数，一般取 0.1。

土体颗粒起动时受到的摩擦力可表示为

$$\begin{aligned}F_f&=\tan\varphi(W\cos\theta-F_l)+\frac{c\pi}{2}\left(1-\cos\frac{\varphi}{2}\right)d_{50}^2\\&=\left(\frac{\gamma_s-\gamma_w}{6}d_{50}\cos\theta-\frac{\gamma_w}{80g}v^2\right)\pi d_{50}^2\tan\varphi+\frac{c\pi}{2}\left(1-\cos\frac{\varphi}{2}\right)d_{50}^2\end{aligned} \tag{6.4-23}$$

其中

$$W=\frac{\pi}{6}(\gamma_s-\gamma_w)d_{50}^3$$

式中：F_f 为土颗粒受到的摩擦力；φ 为土颗粒间的内摩擦角；W 为土颗粒的浮重度；θ 为管涌通道倾角；c 为土体的黏聚力；γ_s 为土颗粒的重度。

通过受力分析可知，土颗粒 1 起动的临界条件为

$$F_d+W\sin\theta=F_f \tag{6.4-24}$$

将式（6.4-21）～式（6.4-23）代入式（6.4-24）可得到土体颗粒在坝坡上的临界起动流速：

$$v_c=\sqrt{\frac{40gd_{50}(\gamma_s-\gamma_w)(\tan\varphi\cos\theta-\sin\theta)}{3\gamma_w(4+\tan\varphi)}+\frac{4gc\left(1-\cos\frac{\varphi}{2}\right)}{\gamma_w(4+\tan\varphi)}} \tag{6.4-25}$$

（2）冲蚀公式。渗透通道的发展过程与通道内土体所承受的水压力及坝体材料的物理力学性质有关。当初始渗透通道形成后，渗透通道的发展以冲蚀作用为主，陈生水建议了一个计算渗透通道内的土体单宽冲蚀率 q_s的表达式：

$$q_s=0.25\left(\frac{d_{90}}{d_{30}}\right)^{0.2}\sec\theta\frac{v_*(v^2-v_c^2)}{g\left(\frac{\gamma_s}{\gamma_w}-1\right)} \tag{6.4-26}$$

其中

$$v_*=\sqrt{\frac{gRJ}{2}}=\sqrt{\frac{gRv^2N^2}{2\Delta h^{\frac{4}{3}}}}=\mu Ng\sqrt{\frac{R}{\Delta h^{\frac{1}{3}}}}$$

式中：d_{90}和 d_{30}分别为小于它的颗粒含量占总重量的 90%和 30%的颗粒半径；v_*为摩阻流速；v 为水流流速；Δh 为上游水库与渗透通道逸出点处的水位差；J 为水流的水利梯度；R 为渗透通道的半径；N 为渗透通道的糙率半径。

则渗透通道内土体的冲蚀率可表示为

$$Q_s=0.25\left(\frac{d_{90}}{d_{30}}\right)^{0.2}\sec\alpha P\frac{v_*(v^2-v_c^2)}{g\left(\frac{\gamma_s}{\gamma_w}-1\right)}=0.5\pi\sec\theta R\frac{v_*(v^2-v_c^2)}{g\left(\frac{\gamma_s}{\gamma_w}-1\right)} \tag{6.4-27}$$

式中：Q_s为土体冲蚀率；P 为渗透通道的湿周。

随着渗透通道逐渐增大，通道上部坝体楔块将发生坍塌，渗透通道坍塌后，大坝发生

漫顶破坏，水流从管流转化为堰流（图6.4-10、图6.4-11）。此后将采用下式计算此时坝体下游坝坡的冲蚀率。

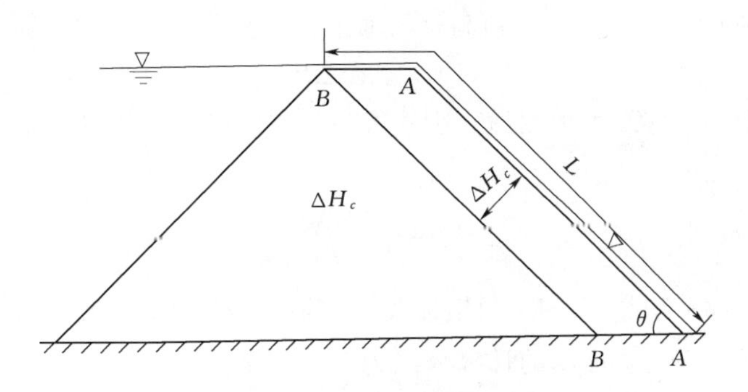

图6.4-10　土石坝漫顶破坏溃口发展示意图

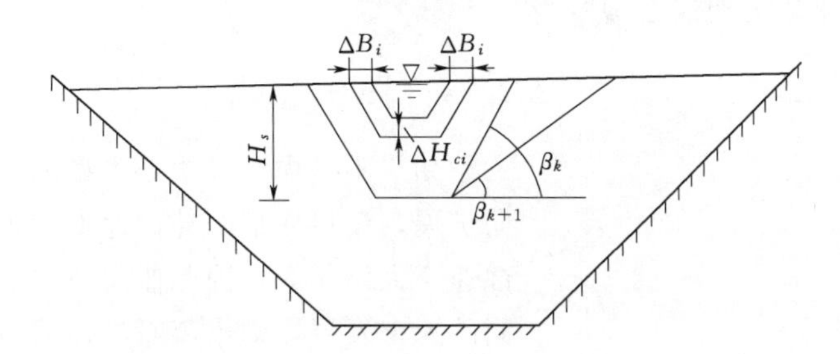

图6.4-11　土石坝漫顶破坏溃口发展示意图

$$Q_s=0.25\left(\frac{d_{90}}{d_{30}}\right)^{0.2}\sec\alpha B\frac{v_*(v_b^2-v_c^2)}{g\left(\frac{\gamma_s}{\gamma_w}-1\right)} \tag{6.4-28}$$

其中，$v_b=\overline{v}\left(\frac{d_{90}}{H-H_c}\right)^{\frac{1}{6}}$，$v_*=\sqrt{g(H-H_c)J}=\overline{v}N\sqrt{g(H-H_c)^{-\frac{1}{3}}}$，$\overline{v}=\frac{q_b}{H-H_c}$。

式中：α为土石坝下游坝坡坡脚；B为溃口宽度（假设初始溃口宽度为$2R$）。

3. 溃口发展

时间段增量Δt_i内渗透通道半径增量为

$$\Delta R_i=\frac{\Delta t_i Q_s}{PL_1(1-n)}=\frac{\Delta t_i Q_s}{2\pi RL_1(1-n)} \tag{6.4-29}$$

式中：n为筑坝材料的孔隙率。

时间段Δt内渗透通道半径增量为

$$\Delta R=\sum_{i=1}^{n}\Delta R_i \tag{6.4-30}$$

随着渗透通道逐渐增大，通道上部坝体楔块将发生坍塌，渗透通道上部坝体将发生坍塌的条件如下：

$$W>2\tau_f L_1 y_c \tag{6.4-31}$$

式中：W为坍塌土体的重量；τ_f为崩塌楔形体两侧的抗剪强度；y_c为崩塌楔形体的垂向尺寸，即坝顶高程与通道顶部高程之差。

此外，坍塌土体的重量 W 的计算公式为

$$W=2Ry_c(L_0+L_0+y_c\cot\theta_s+y_c\cot\theta_x)/2 \tag{6.4-32}$$

崩塌楔形体的垂向尺寸 y_c（坝顶高程与通道顶部高程之差）的计算公式为

$$y_c=y_0-\Delta R \tag{6.4-33}$$

当渗透通道上部坝体发生坍塌后，坝体发生漫顶溃决，时间段增量 Δt_i 内水流下切深度增量为

$$\Delta H_{ci}=\frac{\Delta t_i Q_s}{\overline{B_i}L_2(1-n)} \tag{6.4-34}$$

式中：$\overline{B_i}$为溃口底部平均宽度；L_2 为坝顶及下游坝坡的长度；n 为筑坝材料的孔隙率。

其中，溃口底部平均宽度$\overline{B_i}$的计算公式为

$$\overline{B_i}=2R+2\Delta B \tag{6.4-35}$$

时间段 Δt 内水流下切深度增量为

$$\Delta H_c=\sum_{i=1}^{n}\Delta H_{ci} \tag{6.4-36}$$

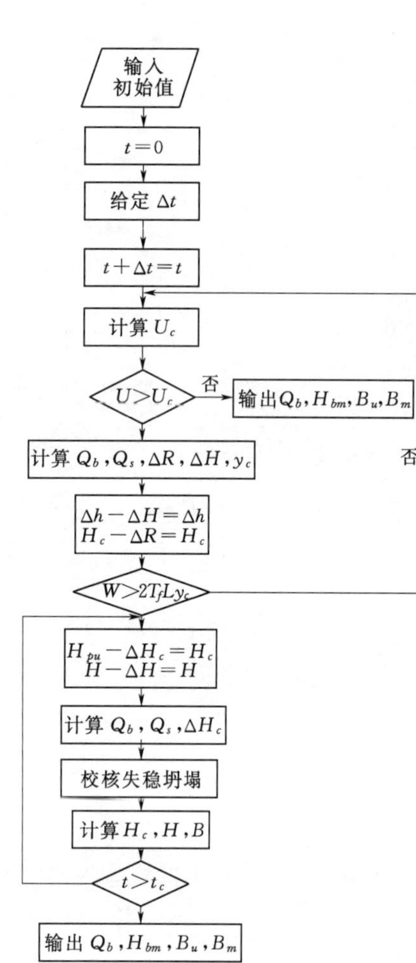

图 6.4-12 土石坝渗透破坏溃坝过程数值模拟流程图

如果不考虑溃口边坡失稳和坍塌引起的溃口横向扩展，溃口底部的冲蚀速率应该和溃口边坡的冲蚀速率大体相等，因此假定溃口的深度和宽度以相同的速率发展，则水流对坝体溃口两侧的直接冲刷形成的溃口宽度增量 ΔB 可表达为

$$\Delta B=\sum_{i=1}^{n}(\Delta B_i+\Delta B_i)=\sum_{i=1}^{n}2\Delta B_i=2\Delta H_c \tag{6.4-37}$$

溃口受到水流的连续冲蚀发生垂向下切和横向扩展，边坡也随水流冲蚀变得越来越陡，当垂向下切深度达到临界深度时，溃口边坡发生间歇性失稳坍塌。临界深度可采用极限平衡方法导出

$$H_s=\frac{4C\sin\beta_k\cos\varphi}{\gamma_s[1-\cos(\beta_k-\varphi)]}(k=1,2,3) \tag{6.4-38}$$

4. 水库调洪计算

时间段 Δt 内水库水位变化量为

$$\Delta H=\sum_{i=1}^{n}\left|\frac{(Q_{\text{in}}-Q_b)\Delta t_i}{S_a}\right| \tag{6.4-39}$$

式中：Q_{in}为入库流量；S_a 为库水位为 H 时的水库面积。

5. 数值模拟方法

通过时段迭代的计算方法来模拟土石坝渗透破坏溃决的溃口发展过程，具体求解过程见计算框图 6.4-12。图中 H_{bm} 为溃口最终底高程，B_u 为溃口

最终顶宽，B_m 为溃口最终底宽。

6.4.4.3　唐古栋堰塞坝参数反演

大量调查资料证实，土石坝因渗透破坏溃决的原因大体可以归纳为3种：因坝体本身缺陷导致的渗透破坏溃决，因坝基缺陷或其防渗措施缺陷导致的渗透破坏溃决以及因坝体与岸坡或水工建筑物接触部位的缺陷导致的渗透破坏。因此，初始渗透破坏的位置可以出现在库水位以下坝体的任何部位。

考虑到土石坝渗透破坏溃决过程具有明显的渐进性，不同的初始渗透破坏位置必然对其溃口发展规律、溃口流量过程以及溃坝洪峰流量具有重要影响，并进而影响到溃坝灾情。为此，以1967年唐古栋高速滑坡形成的堰塞坝为例，反演溃口发展规律、溃口流量过程以及溃坝洪峰流量，进而确定相应的初始渗透破坏位置。

根据唐古栋堰塞坝测量资料，简化得到坝体顺河向纵断面如图6.4-13所示。其中，唐古栋滑坡前缘初始河床水位高程为2370.00m，堰塞坝顶最低高程约2545.00m；现今河床高程为2390.00m；该处河床纵向坡度约为0.23°，河床底宽为200～300m，坝顶横截河床的宽度为500～800m，横断面呈倒梯形。溃坝分析所需其他参数见表6.4-6，假设初始渗透通道半径 R_0 为0.1m。

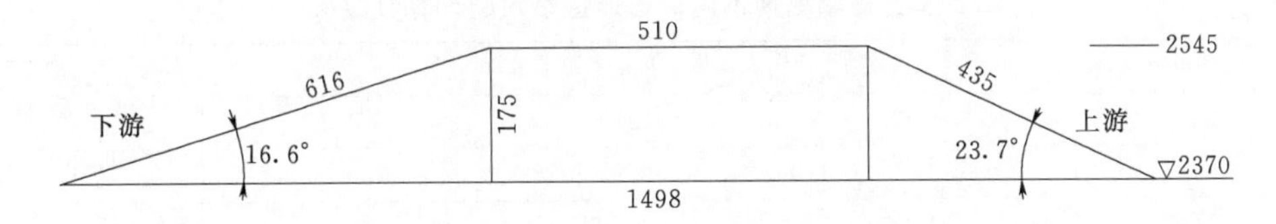

图6.4-13　唐古栋老滑坡堰塞坝体简化纵断面（沿河床方向，单位：m）

表6.4-6　　唐古栋滑坡漫顶溃决过程反演计算参数

d_{50}/m	c/kPa	φ/(°)	γ_w/(kN/m³)	γ_s/(kN/m³)	B_0/m	d_{90}/m	d_{30}/m
0.2	40	31.5	9.8	26.7	0.2	1	0.1
L_0/m	n	L_2/m	τ_f/kPa	Q_{in}/(m³/s)	H_{pu}/m	θ_s/(°)	θ_x/(°)
510	0.3	1126	50	750	2545	23.7	16.6

注　d_{50}为坝壳料的平均粒径；c为土体的黏聚力；φ为土体颗粒间的内摩擦角；γ_w为水的重度；γ_s为土颗粒的重度；B_0为初始溃口宽度；d_{90}为粒径小于它的颗粒含量占总重量的90%的颗粒粒径；d_{30}为粒径小于它的颗粒含量占总重量的30%的颗粒粒径；L_0为坝顶顺河床的宽度；n为筑坝材料的孔隙率；L_2为坝顶及下游坡的长度；τ_f为崩塌楔形体两侧的抗剪强度；Q_{in}为入库流量；H_{pu}为坝顶宽度内的最低点高程；θ_s为坝体的上游坡角；θ_x为坝体的下游坡角。

库水位为 H 时的水库面积 S_a 的计算公式为

$$S_a=(H-2370)\cot 0.23°[200+(H-2370)\cot 26.2°+(H-2370)\cot 49.5°]$$

因初始渗透通道位置的不同，渗透通道倾角及其相应反演计算参数亦有所不同，初步根据表6.4-7中倾角（θ）变化情况、取堰塞湖入库流量750m³/s（类比同时期同一地区流量）开展反演计算，得到结果见表6.4-8。

表 6.4-7　唐古栋堰塞坝不同渗透通道倾角的计算参数

θ/(°)	1	1.5	2
J	0.0174	0.0262	0.0349
N	0.0526	0.0688	0.0831
L_1/m	1441.20	1413.86	1388.23

注　θ 为渗透通道倾角；J 为水流的水力梯度；N 为渗透通道的糙率系数；L_1为渗透通道的长度。渗透通道倾角 1°时对应的初始垂向尺寸 y_0为 149.86m，渗透通道倾角 1.5°时对应的初始垂向尺寸 y_0为 137.99m，渗透通道倾角 2°时对应的初始垂向尺寸 y_0为 126.55m。

表 6.4-8　唐古栋堰塞坝反演初步计算结果

θ/(°)	1	1.5	2
峰值流量历时/h	157.62	232.68	307.73
溃坝洪峰/(万 m^3/s)	4.9	6.4	8.5

根据历史记载，唐古栋滑坡堵江后江水历时 9d（192～216h）漫顶溃决，溃决时最大洪峰流量达到 5.6 万 m^3/s。因此，可以初步判定渗透通道倾角应在 1°～1.5°之间，进一步根据表 6.4-9 中参数进行计算，所得结果见表 6.4-10。

表 6.4-9　唐古栋堰塞坝不同渗透通道倾角的计算参数

θ/(°)	1.1	1.2	1.3	1.4
J	0.0192	0.0209	0.0227	0.0244
N	0.0561	0.0593	0.0626	0.0657
L_1/m	1435.14	1429.76	1424.42	1419.12

注　θ 为渗透通道倾角；J 为水流的水力梯度；N 为渗透通道的糙率系数；L_1为渗透通道的长度。渗透通道倾角 1.1°时对应的初始垂向尺寸 y_0为 147.45m，渗透通道倾角 1.2°时对应的初始垂向尺寸 y_0为 145.06m，渗透通道倾角 1.3°时对应的初始垂向尺寸 y_0为 142.68m，渗透通道倾角 1.4°时对应的初始垂向尺寸 y_0为 140.33m。

表 6.4-10　唐古栋堰塞坝反演最终计算结果

θ/(°)	1.1	1.2	1.3	1.4
峰值流量历时/h	171.62	183.51	200.97	213.73
溃坝洪峰/(万 m^3/s)	5.1	5.3	5.6	6.0

经过进一步的试算，最终确定：初始渗透通道倾角为 1.3°，相应的峰值流量出现时间为 201h，最大洪峰流量达到 5.6 万 m^3/s；反演过程的流量变化曲线如图 6.4-14 所示。

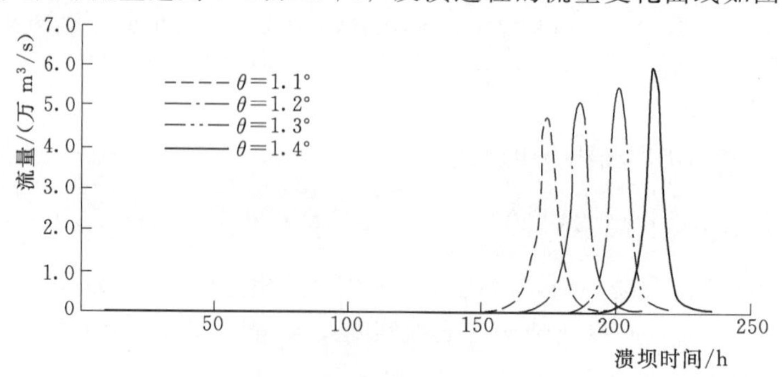

图 6.4-14　唐古栋堰塞坝反演过程流量变化曲线

6.4.4.4　唐古栋滑坡堆积形态分析

经过先前对唐古栋滑坡的地质调查以及稳定性的分析，滑坡可能在极端情况下发生部分失稳的情况。运用基于离散元法的 PFC3D 软件，模拟该滑坡失稳时的运动堆积形态，并根据最终的堆积形态分析其对水电站所造成的影响。

1. 模型建立

根据先前对唐古栋滑坡的地质调查及稳定性分析，滑坡失稳的主要物质来源区为 A 区的残余崩积物层和强松动岩层（图 6.4-15），其中滑源区前缘最低高程为 2475.00m，后缘最高高程在 3500.00m，前后缘最大高差 1025m，失稳方量约为 1700 万 m^3。

图 6.4-15　滑坡物质来源区

通过提取一定密度的高程点，运用三维地质建模，将每三个点组合成一个三角形墙面，最后将所有墙面有序连接。地形由 19572 个三角形组成，滑体由半径为 3～5m 的 35109 个球形单元组成（图 6.4-16）。其中球与球之间设置平行连接，球与地表之间设置为接触刚度模型中的弹性模型。

2. 参数选取

PFC 数值计算所需的参数一般不同于室内试验值或其他工程经验值，本节采取作法是运行 PFC 自带虚拟三轴测试程序进行参数标定与反演。与前面综合确定的参数进行对比，以反演确定计算需要的微观物理力学参数。

（1）根据实际方量与计算机计算能力确定颗粒最小半径为 3m，最大颗粒与最小颗粒半径比为 1.67。

（2）根据崩坡积物的变形参数弹性模量与泊松比反演出对应的方向刚度与切向刚度为 10^6N/m。

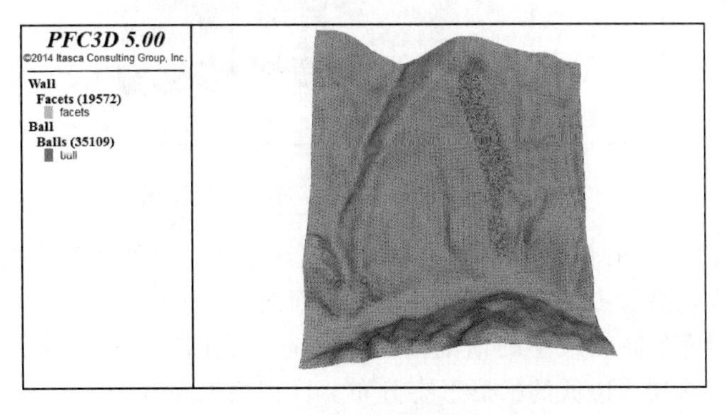

图 6.4-16　唐古栋模型图

（3）采用平行连接模型模拟崩坡积物力学特性，根据强度参数黏聚力与内摩擦角反演出连接强度分别为法向强度 20MPa、切向强度 15MPa。

（4）颗粒摩擦系数会影响最后的堆积体形态，通过试算不同摩擦系数最终导致的堆积体形态，并与 1967 年唐古栋形成的堆积形态进行对比，摩擦系数的增加会导致最终堆积坝堆积坡度的增高，通过多次调整，最终得到相似堆积坝堆积坡度对应的摩擦系数 0.324 并使用于本次数值计算中。模型参数见表 6.4－11。

表 6.4－11　　唐古栋滑坡 PFC3D 数值模拟参数

颗粒墙体	颗粒密度 /(kg/m³)	颗粒最小半径 R_{min}/m	颗粒半径比 R_{max}/R_{min}	法向刚度 /(N/m)	切向刚度 /(N/m)	摩擦系数
	2020	3	1.67	1×10^6	1×10^6	0.324
平行黏结	连接半径 /m	黏结模量 E_c/Pa	黏结刚度比 k_n/k_s	法向强度 /(N/m²)	切向强度 /(N/m²)	摩擦系数
	1.0	2.5×10^7	1.2	2×10^7	1.5×10^7	0.15

3. 1967 年堆积形态反演

现根据 1967 年唐古栋滑坡过程进行堆积形态反演，以验证上述模拟参数的可靠性。根据滑坡 A 区地形恢复唐古栋滑坡 1967 年以前的地形，并根据现在的地形确定 1967 年主要滑坡体的范围和方量，滑体范围主要在 B、C、D 区，方量约为 9260 万 m³。现通过提取一定密度的高程点，运用三维地质建模，将每三个点组合成一个三角形墙面，最后将所有墙面有序连接。地形由 18409 个三角形组成，滑体由半径为 3～5m 的 171343 个球形单元组成（图 6.4－17）。其中球与球之间设置平行连接，球与地表之间设置为接触刚度模型中的弹性模型。

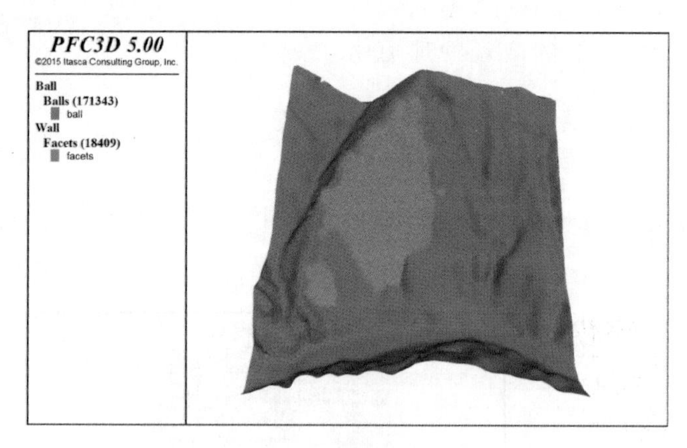

图 6.4－17　唐古栋 1967 年反演模型图

在模拟进行 100000 时步时，滑坡运动达到收敛平衡，堆积形态稳定。现分别沿河床截取一条横剖面线，沿着主滑方向截取一条纵剖面线（图 6.4－18）。

图 6.4－19 为堆积高度最小的横剖面堆积形态示意图，从图中可以看出堆积体在 A 区下部河道内呈中部高两边低的梯形形态分布。堆积坝坝底宽为 1483m，坝顶宽为 516m，最大高度 178m，下游坡度为 18°，上游坡度为 22°。

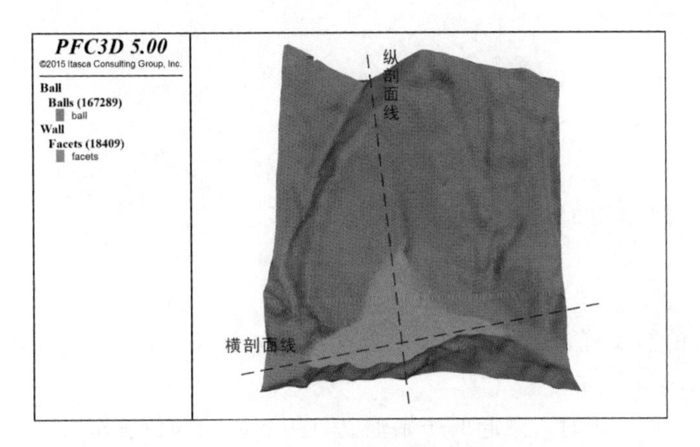

图 6.4-18　唐古栋 1967 年反演最终堆积形态示意图

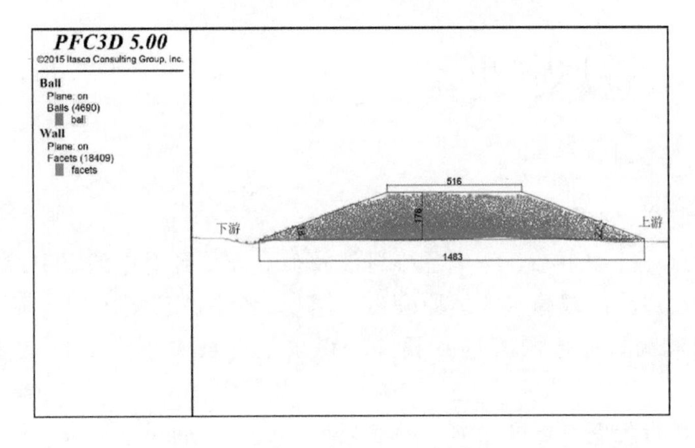

图 6.4-19　唐古栋 1967 年反演横剖面堆积形态图

从图 6.4-20 可以看出，堆积体在滑坡对岸一侧堆积高度明显较高，在靠近滑坡一侧堆积高度较低，图中河谷中堆积体的最大高度为 245m，最低高度为 178m。经过反演得到的 1967 年唐古栋堆积形态与实际情况基本相符。

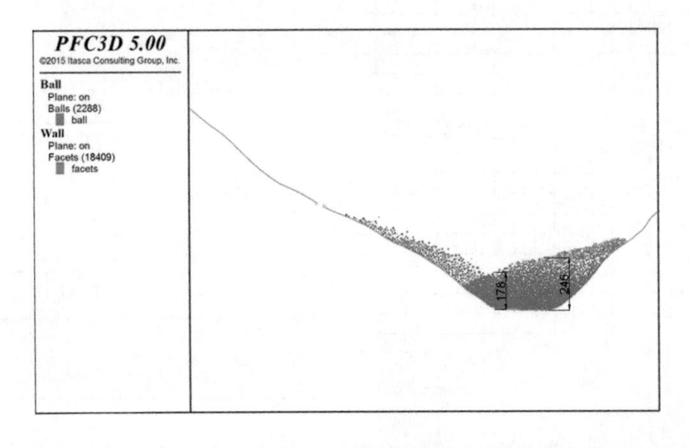

图 6.4-20　唐古栋 1967 年反演纵剖面堆积形态图

6.5 滑坡涌浪计算分析

6.5.1 计算方法

当岸坡发生水平运动时，激起的初始浪高可表示为

$$\frac{\zeta_0}{h}=1.17\frac{v}{\sqrt{gh}} \tag{6.5-1}$$

式中：ζ_0 为激起的初始涌浪高度，m；h 为水库平均深度，m；v 为岸坡水平运动速度，m/s；g 为重力加速度，m/s^2。

当岸坡发生垂直运动时，激起的初始浪高可用下面的函数表示为

$$\frac{\zeta_0}{h}=f\left(\frac{v'}{\sqrt{gh}}\right) \tag{6.5-2}$$

其中：当 $0<\left(\frac{v'}{\sqrt{gh}}\right)\leqslant 0.5$ 时，$\frac{\zeta_0}{h}=\frac{v'}{\sqrt{gh}}$；当 $0.5<\left(\frac{v'}{\sqrt{gh}}\right)\leqslant 2$ 时，$f\left(\frac{v'}{\sqrt{gh}}\right)$ 呈曲线变化；当 $\left(\frac{v'}{\sqrt{gh}}\right)>2$ 时，$\frac{\zeta_0}{h}=1$。

两种模式下的变化曲线如图 6.5-1 所示。

以滑坡失事点为扰动中心，考虑了推进波及孤立波传到对岸的反射波两者波型，根据波高按距离的倒数递减的规律（连续原理），计算出各小波直接传到水库某点的波高和反射波传到该点的波高，并把两者进行叠加，得出了滑坡失事点对岸任意点的最高涌浪公式。

假定两岸为平行陡壁，宽度为 B，滑坡范围 L 内的断面尺寸一致，岸坡变形率为常数（即滑速 V 为常数），则可按下述方法计算滑坡沿河道传播的最高涌浪。岸边滑坡突然滑入水中，产生的涌浪经水域传至对岸 A 点（图 6.5-2）的最大涌浪高度为

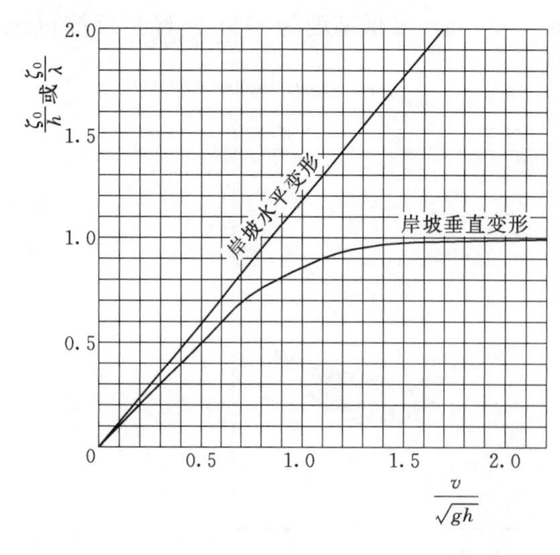

图 6.5-1 两种模式下的初始涌浪高度求解曲线图

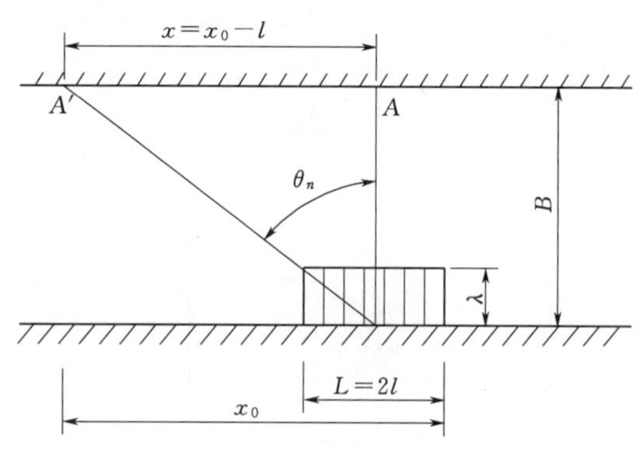

图 6.5-2 涌浪传播模型图

$$\zeta_{\max} = \frac{2\zeta_0}{\pi}(1+c_k) \cdot \sum_{n=1,3,5\cdots}^{n} \left\{ c_k^{2(n-1)} \cdot \ln\left[\frac{l}{(2n-1)B} + \sqrt{1+\frac{l^2}{(2n-1)^2B^2}}\right] \right\} \tag{6.5-3}$$

式中：$\zeta_{\max}$为对岸 A 点最高涌浪，m；ζ_0 为初始浪高；l 为滑坡体宽度的一半，m；c_k 为波的反射系数，在求对岸最高涌浪时，近似的取为 0.9；$\sum$为级数和。该级数的项数取决于滑坡历时 T 及涌浪从一岸传播至对岸需时 $\Delta t=\dfrac{B}{C}$之比，见表 6.5-1。其中波速 C 按下式计算：

$$C=\sqrt{gh}\sqrt{1+1.5\frac{\zeta_0}{h}+0.5\left(\frac{\zeta_0}{h}\right)^2} \tag{6.5-4}$$

表 6.5-1　　不同 $T/\Delta t$ 比值所应采用的级数项数

$T/\Delta t$	1～3	3～5	5～7	7～9
级数应采用的项数	1	2	3	4
n 的取值	1	1、3	1、3、5	1、3、5、7

滑坡涌浪传至对岸任一点 A'（图 6.5-2）产生的最大涌浪高度为

$$\Delta h = \frac{\zeta_0}{\pi}\sum_{n=1,3,5}^{n}(1+C_k\cos\theta_n)C_k^{n-1} \cdot \ln\left\{\frac{\sqrt{1+\left(\dfrac{nB}{x_o-L}\right)^2}-1}{\dfrac{x_o}{x_o-L}\left[\sqrt{1+\left(\dfrac{nB}{x_o}\right)^2}-1\right]}\right\} \tag{6.5-5}$$

式中：ζ_0 为初始浪高，m；C_k为波的反射系数；x_o为滑坡至A'的距离，m；L 为滑坡体宽度，m；n 为级数应取的次数；θ_n为第 n 次入射线与岸坡法线的夹角，其值可以这样计算：河道宽度为 B，滑坡区中心到 A'点的水平距离为 x，则：

$$\tan\theta_1=\frac{x}{B};\tan\theta_3=\frac{x}{B};\cdots;\tan\theta_n=\frac{x}{nB}$$

N 取决于 T、Δt、$\dfrac{x_o}{B}$及$\dfrac{x_o-L}{B}$值，可由图 6.5-3 确定。其步骤如图 6.5-4 所示，先

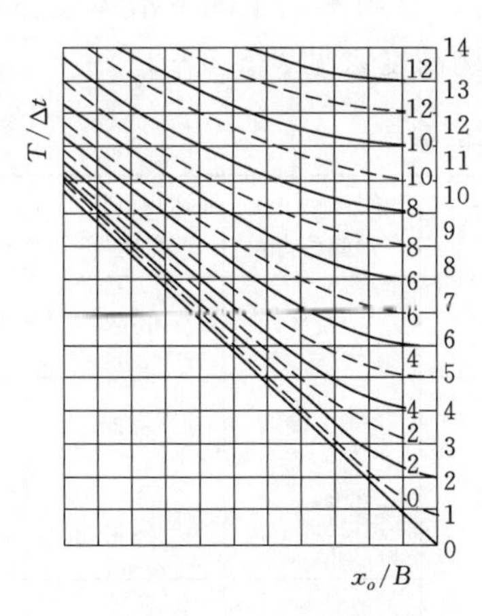

图 6.5-3　计算项数曲线图

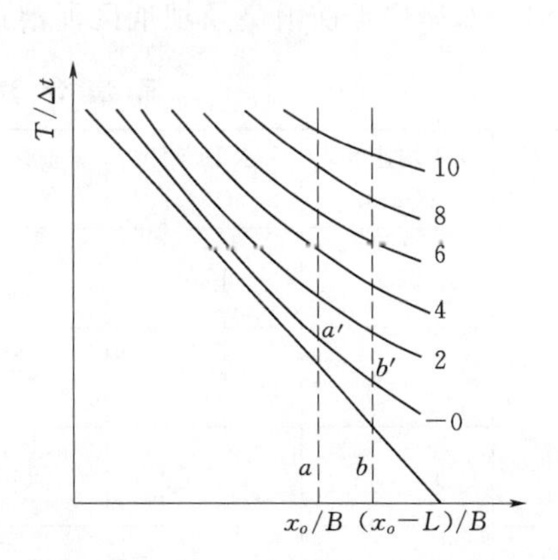

图 6.5-4　计算项数的作图方法

计算$\frac{x_o}{B}$、$\frac{x_o-L}{B}$及$\frac{T}{\Delta t}$值，在图6.5-4的横坐标轴上，定下a、b两点，相当于$\frac{x_o-L}{B}$及$\frac{x_o}{B}$。由此引垂线和图中“−0”曲线相交，得a'及b'点。再从a'及b'开始，向上量取时段$\frac{T}{\Delta t}$，在这段垂直范围内所包括的负波个数，就是应取的项数。

求出的A'点浪高是指涌浪可向下游继续自由行进时的值。如果涌浪到达A'点受阻，例如A'点为一溢流坝，浪高超过堰顶下泄，则在A'处出现一个负波反向上游传播，水面将出现反复振荡现象。

值得提出的是，上述规范中研究了滑坡水平运动和垂直运动两种极端状态，实际中滑坡都是以一定倾角下滑入水。基于陈学德（1984）的建议方法，根据滑坡滑动面角度，对倾斜入水的滑坡所产生的最大涌浪高度进行修正。设滑坡沿着滑动面运动速度为v，滑动面倾角为∂，将速度进行矢量分解，则水平、垂直速度分别为

$$v_h=v\cos\partial$$

$$v_v=v\sin\partial$$

应用上述计算公式分别计算水平运动和垂直运动产生的涌浪高度η_h、η_v，将两者分别乘以权重后叠加，则修正后的最大涌浪高度为

$$\eta=\eta_h\cos\partial^2+\eta_v\sin\partial^2 \tag{6.5-6}$$

6.5.2 计算结果

选取乐安水电站林达滑坡为例计算涌浪高度。根据蓄水后滑坡堆积体基本参数、剖面图形态及水深确定具体计算参数。选取Ⅰ—Ⅰ′剖面1号次级滑体和Ⅱ—Ⅱ′剖面2号次级滑体作为潜在失稳滑体，具体计算参数见表6.5-2。

表6.5-2　涌浪计算参数表

河道宽度/m	水深h/m	摩擦角/(°)
54	11	29

将表6.5-2计算参数带入涌浪计算公式，可以得到不同工况下滑体失稳后涌浪预测的首浪预测值、对岸岸坡前浪高及坝址区涌浪预测高度，见表6.5-3。

表6.5-3　涌浪计算结果

失稳规模	平均速度/(m/s)	水平速度/(m/s)	垂直速度/(m/s)	修正后首浪预测值/m	林达坝址区涌浪高度/m	乐安坝址区涌浪高度/m
1号次级滑体局部滑动	21.6	16.0	14.4	15.3	6.28	0.37
1号次级滑体整体滑动	28.8	21.4	19.2	19.1	8.24	0.58
2号次级滑体局部滑动	22.0	16.6	14.2	15.5	6.29	0.38
2号次级滑体整体滑动	29.2	22.0	19.2	19.9	8.41	0.47

6.6　工程影响评价

根据林达滑坡Ⅰ—Ⅰ′剖面上 1 号次级滑体刚体极限平衡分析，判断其在不利工况下发生失稳的可能性较大，滑体局部失稳及整体失稳后分别会产生约 75 万 m^3 和 284.4 万 m^3 滑体，该方量滑体远远超过雅砻江最小堵江方量，一旦失稳均会形成堵江。当最危险滑面以上次级滑体入江后，失稳滑体滑动时平均速度为 21.6m/s，滑动产生的初始涌浪高度为 15.3m。考虑雅砻江江水流速的影响，传播浪浪高计算中进行一定的修正。建议上游采用 0.7，下游采用 1.2 的修正系数，则涌浪传递至上游林达电站坝址区 1.7km 时预测浪高为 6.28m，传递至下游乐安电站坝址区时预测浪高为 0.37m。其堵江坝体产生的堰塞回水，在上游林达下坝址处的水位高度为 20.05m，将对林达下坝址厂房产生淹没。此外，如果其形成的堵江坝体产生溃决，将在下游拟建坝址处产生 13.25m 高的洪峰；当 1 号次级滑体整体入江后，失稳滑体滑动时平均速度为 28.8m/s，滑动产生的初始涌浪高度为 19.1m，涌浪传递至上游林达电站坝址区 1.7km 时预测浪高为 8.24m，传递至下游乐安电站坝址区时预测浪高为 0.58m。堵江形成的堰塞回水在上游林达下坝址处的高度为 37.48m，将对林达下坝址厂房产生淹没。此外，如果堵江坝体产生溃决，将在下游拟建坝址处产生 23.54m 高的洪峰。

根据刚体极限平衡分析，2 号次级滑体在天然工况下处于极限状态，在外界因素的影响下存在失稳滑动的可能。滑体局部和整体失稳分别产生 40 万 m^3、103.8 万 m^3 滑体，一旦失稳均会形成堵江。当滑体局部失稳后，失稳滑体滑动的速度为 22.0m/s，滑动产生的初始涌浪高度为 15.5m，涌浪传递至上游林达电站坝址区 1.7km 时预测浪高为 6.29m，传递至下游乐安电站坝址区时预测浪高为 0.38m。堵江形成的堰塞回水在上游林达下坝址处的高度为 8.84m，对林达下坝址厂房影响不大。此外，如果堵江坝体整体溃决，将在下坝址处产生 6.23m 高的洪峰；当 2 号次级滑体整体失稳入江后，失稳滑体滑动地平均速度为 29.2m/s，滑动产生的初始涌浪高度为 19.9m，涌浪传递至上游林达电站坝址区 1.7km 时预测浪高为 8.41m，传递至下游乐安电站坝址区时预测浪高为 0.47m。堵江形成的堰塞回水在上游林达下坝址处的高度为 18.19m，将对淹没下坝址厂房。此外，如果其形成的堵江坝体溃决，将在下坝址处产生 12.55m 高的洪峰。

当前缘 1 号次级滑体整体失稳后，后部主滑体内部 1 号和 2 号潜在滑体稳定性较差，且内部 1 号潜在滑体在暴雨工况下变形较大，存在失稳滑动的可能；当 2 号次级滑体整体失稳后，后部主滑动体稳定性较好，整体变形量较小，且主要集中在内部 1 号和 2 号潜在滑体，仅在暴雨叠加地震极端工况下，主滑动体内部潜在滑体存在失稳滑动的可能。林达滑坡整体将呈现出渐进式塌落后退的牵引式破坏模式，1 号、2 号次级滑坡一次性整体失稳的概率较小。但 1 号次级滑体一旦失稳，其危害较大，应在工程治理时予以重视。

第7章 滑坡灾变控制技术

7.1 滑坡灾变控制体系

滑坡演化进程受到多方面因素的影响，要想实现滑坡演化控制，必须弄清滑坡演化的关键控制因素。在此基础上，提出滑坡预测控制模型和演化过程控制方法，建立与常规监测手段相融合的滑坡多场特征信息监测技术和监测新体系，在滑坡预测预警和治理工程长期安全性方面取得突破，促进重大工程灾变滑坡预测与防治理论的发展。

7.1.1 滑坡控制模型

充分考虑滑坡演化机理，采用有限元的分析方法，根据其局部结构和物质成分的连续性及相似性划分成若干个小的力学单元，分别对每个单元体建立其力学模型，再通过各个小单元体模型的串并联构建出整个滑坡体的力学模型。通过建立二阶自动控制模型，考虑降雨和库水位的波动对滑坡体起到两方面的作用，一方面是加载效应，另一方面是对滑带的弱化效应。目前针对进行的室内物理模拟试验（图 7.1-1），建立如图 7.1-2 所示的滑坡预测控制模型。对试验中测得的位移响应曲线进行归一化处理，求得系统的单位阶跃响应曲线和拟合曲线如图 7.1-3 所示。模型的适用性将在滑坡实例中进一步验证和完善。

7.1.2 基于演化过程的滑坡控制优化方法

在典型滑坡和边坡优化控制研究的基础上，结合破坏模式和失稳诱发因素，揭示了不同过程控制对边坡变形破坏的影响规律（图 7.1-4），提出了“最小极大剩余推力值”过程控制理论（图 7.1-5）。

7.1.3 基于不同类型滑坡演化过程的控制方法

不同类型滑坡的稳定性评价和推力计算研究是滑坡稳定性有效控制的重要前提。三种类型滑坡在不同演化过程中稳定性及推力变化规律（图 7.1-6～图 7.1-8）可以看出，

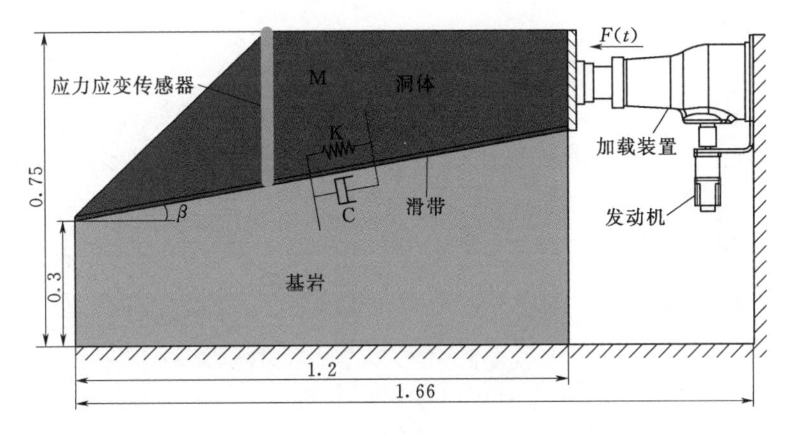

图 7.1-1　物理模拟试验方法示意图

<table>
<tr><td>输入</td><td colspan="4">p—外力；p_r—降雨加载效应力；p_l—库水位波动加载效应力</td></tr>
<tr><td>间接影响因素</td><td colspan="3">θ—含水率</td><td rowspan="2">β—坡角
g—重力</td></tr>
<tr><td>直接影响因素</td><td>l—尺寸
ρ—密度</td><td>c—黏聚力
φ—摩擦角</td><td>E—弹性模量
μ—泊松比</td></tr>
<tr><td>系数</td><td>m—质量</td><td>c—阻尼系数</td><td>k—弹性系数</td><td>a—分解系数</td></tr>
<tr><td>模型</td><td colspan="4">$mx+cx+kx=ap+p_r+p_l$</td></tr>
<tr><td>输出</td><td colspan="4">x—位移</td></tr>
</table>

图 7.1-2　滑坡预测控制模型示意图

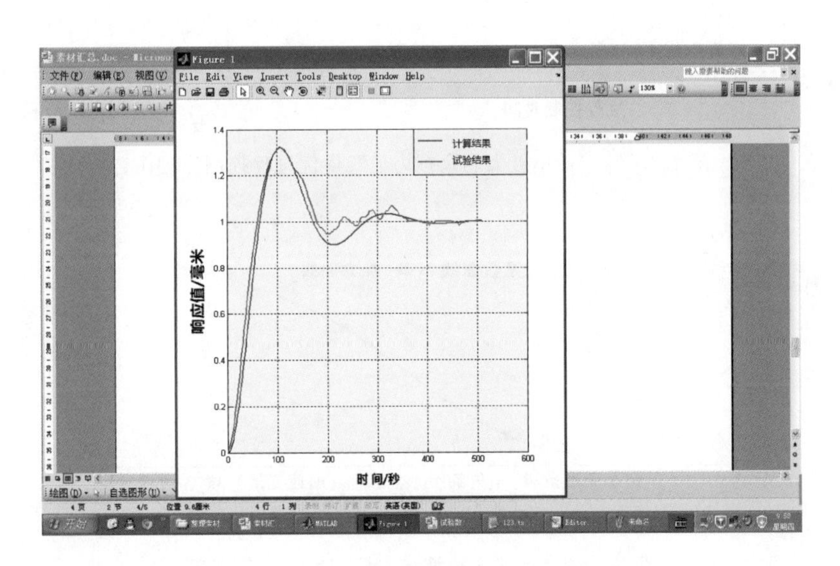

图 7.1-3　系统单位阶跃响应曲线及拟合曲线

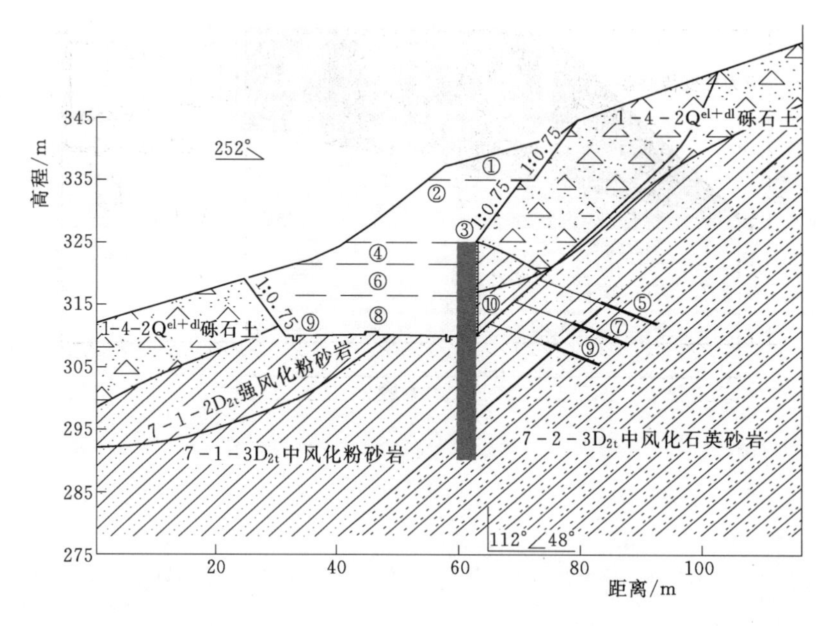

图 7.1-4　合理的施工工序（从①依次至⑩）

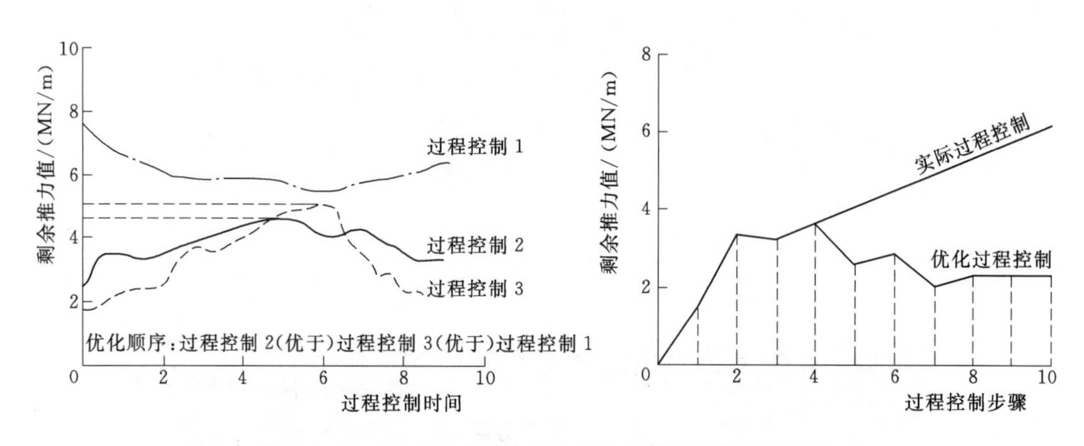

图 7.1-5　“最小极大剩余推力值”最优过程控制原理图

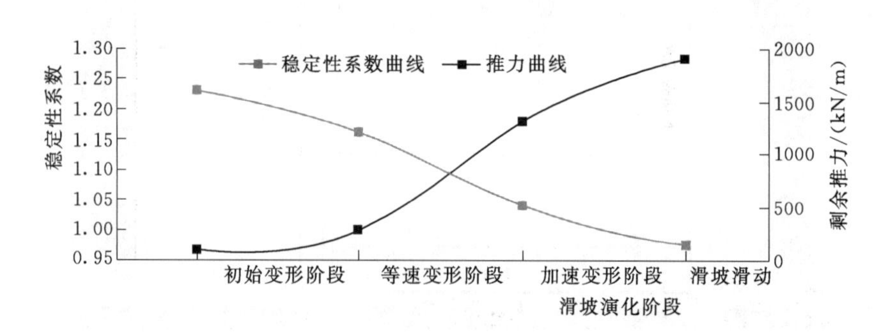

图 7.1-6　推移式滑坡稳定性和推力变化规律

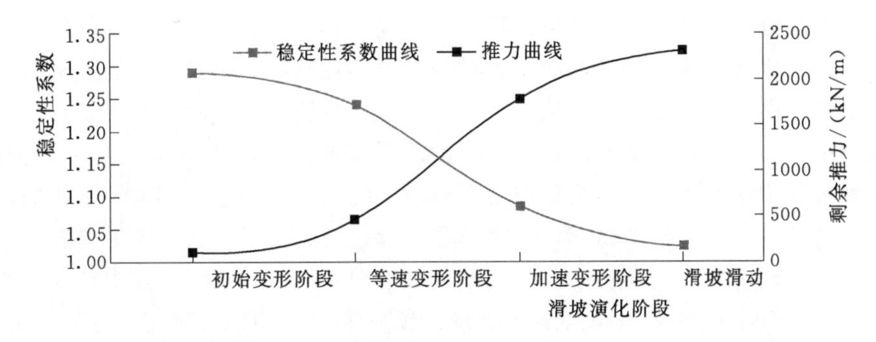

图7.1-7　牵引式滑坡稳定性和推力变化规律

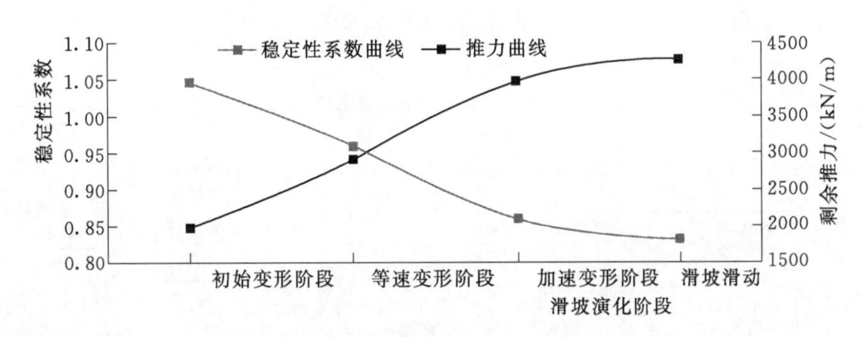

图7.1-8　复合式滑坡稳定性和推力变化规律

在滑坡等速变形阶段的稳定性和剩余推力变化最大，说明滑坡的主滑段对于滑坡的整体稳定性起着重要作用，对滑坡起到一定的锁固效应；而在初始变形阶段，牵引式滑坡和推移式滑坡的稳定性和推力变化较小，复合式滑坡的稳定性和推力变化较大，反映了复合式滑坡前缘和后缘同时启动加快了滑坡的变形破坏。现有实际工程应用滑坡稳定性评价方法和推力计算都是建立在极限状态之上，如果滑坡设计推力按照峰值强度进行计算，治理后将出现安全隐患，如果滑坡设计推力按照残余强度进行计算，将造成不必要的工程浪费；进一步说明考虑渐进演化过程进行稳定性评价和推力计算既能够从滑坡抗滑本质出发，合理利用自身抗滑作用，又能够满足滑坡渐进演化过程中的安全要求，具有明确的理论科学依据。三种类型滑坡的演化过程存在差异，滑坡类型准确定义和滑坡变形演化阶段科学判别，对于不同类型滑坡稳定性评价和推力计算至关重要，为滑坡有效控制指引方向。

不同类型水库滑坡在其独特的地质结构特征下受控降雨和库水位的影响而表现出不同的渐进演化过程，通过野外滑坡工程地质条件调查研究及对滑坡进行变形监测，可以对不同类型滑坡各个变形阶段进行识别、信息反馈及动态评价，能够实现滑坡的预测预报，为滑坡的控制提炼出有效信息，对不同类型滑坡进行总体判断和综合分析。三种类型滑坡演化过程各异，防治措施也将有针对性，滑坡不同段坡体的变形存在先后及相互依存的关系，对于早期识别的滑坡（初始变形阶段），控制主动变形坡体（推移式滑坡的主动段、牵引式滑坡的抗滑段、复合式滑坡的主动段和抗滑段）以确保被动变形坡体稳定，滑坡总体加固应按安全系数控制，从而达到滑坡控滑效果；而对于大部分滑坡而言，其前期渐进发展演化具有较强的隐蔽性，早期难以识别，当变形到一定阶段才能识别，在治理过程中应考虑不同类型滑坡的变形阶段，而作为滑坡稳定性控制起着重要作用的主滑段，对其进行安全系数控制并实施防治结构（抗滑桩等）以达到过程控制目的；另外，在长期内外地质作用过程中，考虑到不同类型滑坡主动变形段滑带参数的弱化效应和变形不协调现象，滑坡稳定性还需取决于主动变形段和被动变形段之间的位移关系，如果岩土体的压缩模量较低，滑体依然存在向下滑动而产生较大位移，导致已满足要求的加固措施安全系数降低而达不到加固要求，仅对被动变形段按安全系数控制是不够的，应对其主动变形段进行位移控制，比如，分布式主动加固措施（注浆、预应力锚索和锚杆地梁）来改善滑坡体性状，使加固措施与滑坡体组合成一个整体，提高整体刚度以实现控制位移的目的，实现滑坡整体控制。上述不同类型滑坡控制方法思路可以参考图 7.1-9。

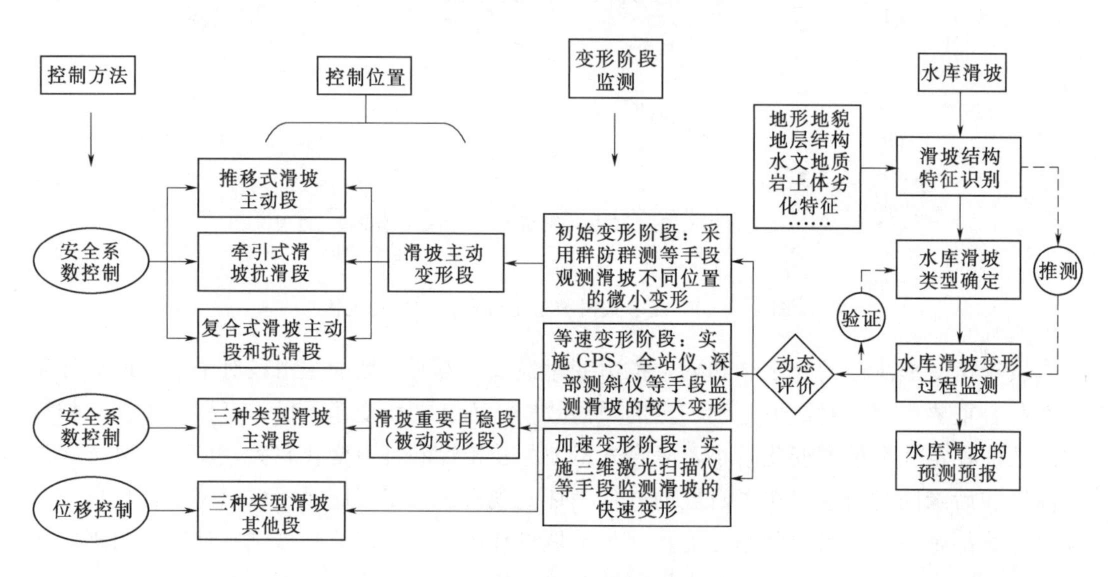

图 7.1-9　不同类型滑坡控制方法

7.2　滑坡灾变动态实时监测系统

滑坡地质灾害特征是多场协同演化的结果，多场特征变量的获取与辨识是确定滑坡演化阶段的基础。提出了基于多传感器技术的应力场、渗流场、位移场、化学场、温度场等多场特征变量勘察与监测方法，实现了对滑坡演化过程多场信息的勘察与监测。研发了以核磁共振、测量机器人和光纤光栅多传感器为核心的滑坡勘察与监测技术。提出了基于核磁共振技术（NMR）的滑坡地下水动态空间分布确定和滑坡精细建模的方法。研发了 GIS 与测量机器人融合的滑坡监测新技术。采用“3S”技术、核磁共振、三维激光扫描仪、光纤传感器、声发射仪、测地机器人、热红外仪和 TDR 等传感器的滑坡多场特征变量监测方法，构建了滑坡演化过程多场特征信息监测体系和集数据采集、处理、分析与预报于一体的高精度无人实时监测预警平台。

7.2.1　滑坡多场特征信息勘察与监测体系

滑坡地质灾害特征是多场协同演化的结果，多场特征变量的获取与辨识是确定滑坡演化阶段的基础。提出了基于多传感器技术的应力场、渗流场、位移场、化学场、温度场等滑坡多场特征变量勘察与监测体系。

基于获取的滑坡演化多场信息，从宏观观测、监测数据与数值计算三个方面综合分析了典型滑坡演化过程，在此基础上建立了工程灾变滑坡预测指标体系，提出了相应的滑坡阶段划分判识标准。以典型滑坡监测信息为基础，采用人工智能和数理统计的方法，建立了多种滑坡演化过程预测模型，成功进行了黄土坡滑坡、白水河滑坡、凉水井滑坡稳定性预测，对这些重大工程灾变滑坡防治具有重要的理论指导意义。

建立了滑坡—抗滑桩体系多场信息综合监测新体系（图7.2-1），系统开展了滑坡—抗滑桩体系原位监测平台建设工作，提出了滑坡—抗滑桩体系三维立体监测方法，获取滑坡—抗滑桩体系位移场、应力场、渗流场、应变场、温度场等多场监测信息，为滑坡的演化过程研究、滑坡—抗滑桩体系相互作用机理研究、抗滑桩优化设计研究等提供了研究平台，实现了滑坡—抗滑桩体系多场信息监测系统构建示范性研究，能够实现滑坡地质灾害的有效防控和科学评价及保障大型水利工程建设顺利实施与安全运行。滑坡—抗滑桩体系综合信息监测平台框架如图7.2-2所示。

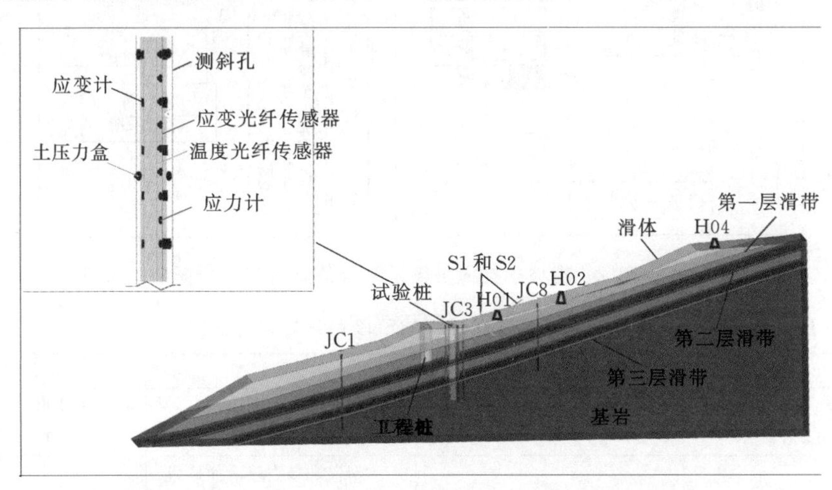

图7.2-1　滑坡—抗滑桩体系多场信息三维立体布设方法

7.2.2　基于多信息源的滑坡灾害演化阶段划分与评价指标

基于分形理论和状态空间重构理论建立了滑坡宏观变形分期配套演变模式。基于系统动力学和极限分析，考虑动态影响因素，建立滑坡演化特征判据。以典型滑坡为依托，基于实际滑坡监测数据，结合数值分析手段，开展典型滑坡致灾过程和不同阶段滑坡状态特征研究，进行滑坡演化的阶段划分。在滑坡演变机理分析及综合预警过程中，提出了多信息源（宏观观察、监测与数值计算）结合的思路及判识标准。把滑坡的全过程分为稳定、弱变形、强变形和临滑四个阶段，从现场观测、监测数据、数值计算三方面给出了滑坡阶段的划分及其相应的评价指标（表7.2-1）。

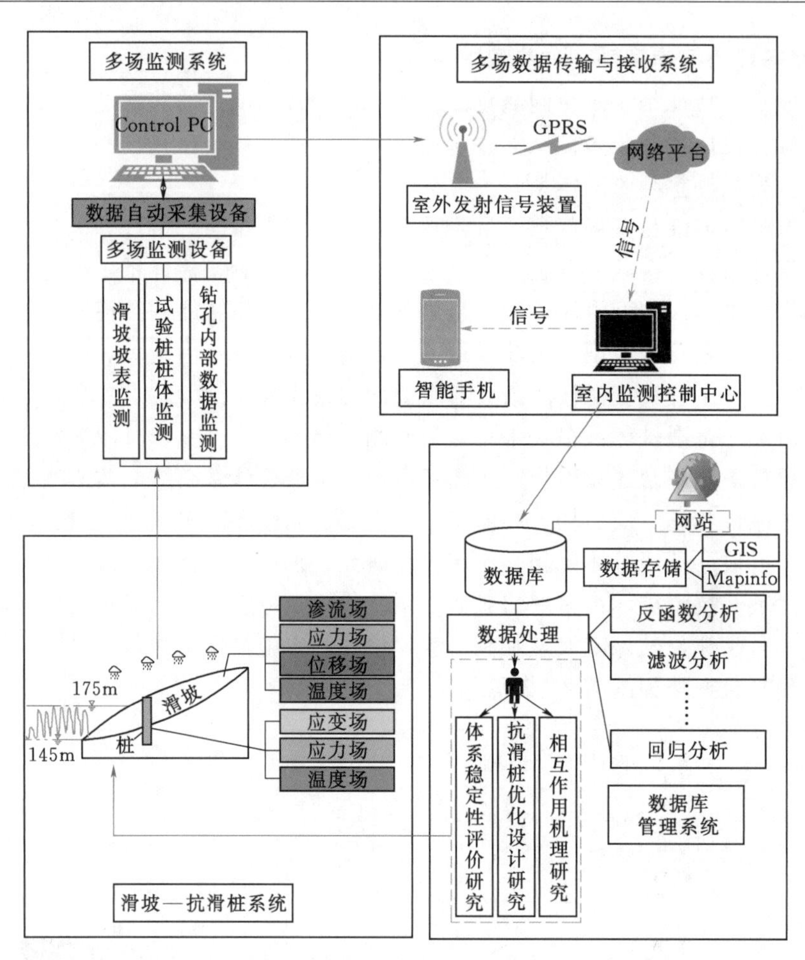

图 7.2-2　滑坡—抗滑桩体系综合信息监测平台框架

表 7.2-1　滑坡蠕变破坏演化过程的阶段划分与评价指标

变形阶段	稳定状态	弱变形与较强变形状态	强变形状态	临滑状态
变形速度	零速率	等速变形	加速变形	剧速变形
稳定系数	>1.1	1.1～1.04	1.04～1.01	1.01～1.00
现场观察指标	边（滑）坡体及其上面的建筑物均无明显变形，无地裂缝	主滑带剪应力超过其抗剪强度发生蠕动，裂缝逐渐扩大并使牵引段发生拉裂； 边（滑）坡体无明显变形；边（滑）坡后缘地表或建筑物上出现一条或数条地裂缝，由断续分布而逐渐贯通；滑坡两侧、滑坡前缘均无明显变形或滑坡两侧出现羽状裂缝。坡体中上部出现下沉、下错等现象	主滑段和牵引段滑面形成，滑体沿其下滑推挤抗滑段，抗滑段滑带逐渐形成；坡体中、上部下沉并向前移动，下部受挤压而抬升，变松。后缘主拉裂缝贯通，加宽，外侧下错，并向两侧延长；滑坡两侧中、上部有羽状裂缝出现并变宽，两侧剪切裂缝向抗滑段延伸；前缘地面有局部隆起，先出现平行滑动方向的放射状裂缝再出现垂直滑动方向的鼓胀裂缝，时有坍塌，泉水增多或减少	滑体开始整体向下滑移，重心逐渐降低；抗滑段滑面贯通，从地面剪出，整个滑动面贯通，滑坡整体滑移后缘裂缝增多，加宽，地面下陷，滑坡壁增高，建筑物倾斜；两侧裂缝与后缘张裂缝及前缘剪出口裂缝完全贯通，两侧壁出现；前缘坍塌明显，泉水增多并混浊，剪出口附近出现鼓丘

续表

变形阶段	稳定状态	弱变形与较强变形状态	强变形状态	临滑状态
监测数据指标	位移不大速度趋于零	位移逐渐增大，速度时大时小，趋于等速，无明显加速，处于等速变形阶段	位移快速增大，由等速逐渐转向加速，处于加速变形阶段	大多数测点位移与速度剧增，持续高速增长，不再出现明显下降，剧烈加速，处于剧速变形阶段
数值计算指标	位移速率减少，直至趋于零，位移值趋于常数，处于稳定状态	位移线性增大，速度近似等速，无明显加速，处于等速变形和弱变形阶段	位移增速较大，速度由等速转向加速变形，处在加速变形与强变形阶段	位移与速度剧增，位移增大两个数量级，计算失真，计算机已无法计算。处于剧速变形与临滑阶段

第8章 结 论

西部水电工程区地形地质条件极其复杂，本书归纳了西部水电工程重大滑坡类型及其典型特征，总结了滑坡发育规律，分析了典型滑坡破坏类型和灾变模式，研究了滑坡稳定性分析评价方法，以及滑坡控制优化理论技术。全书以金沙江流域、雅砻江流域、岷江流域和大渡河流域等西部复杂地质环境区水电工程中遇到的重大滑坡实例为研究对象，结合滑坡勘察设计，总结出西部水电工程滑坡的发育规律，归纳出西部地区发育较为广泛的滑坡类型及其典型特征，对西部地区广泛发育的5种典型破坏类型进行灾变模式分析；基于工程地质条件与相应的灾变模式，对5种典型破坏类型的滑坡进行稳定性分析，提出了针对于倾倒破坏类型专用的稳定性计算方法以及其地震作用下的计算方法；分析了滑坡涌浪以及滑坡堆积堰塞坝对水电工程的影响；开展了滑坡演化控制律研究，通过数值模拟、模型试验等方法进一步地完善了滑坡防控措施，提出了基于滑坡演化过程的滑坡控制优化理论。研究主要结论包括以下几点：

(1) 研究了西部水电工程滑坡发育的形成条件和影响因素，揭示了西南水电工程滑坡发育规律。基于西南水电工程区环境地质条件，分析了地形地貌、地质构造、岩土体结构、岸坡结构特征和水文地质条件对滑坡形成控制作用，总结了西南水电工程区滑坡发育的时空分布特征。

(2) 本书取得了丰硕成果，取得了一系列创新成果，提出了西部水电工程重大滑坡分类方法。

依托西部地区大量水电工程滑坡研究成果，结合金沙江流域、雅砻江流域、岷江流域和大渡河流域实施的水电工程勘察研究报告，进行资料整理、统计，总结出西部地区发育较为广泛的滑坡类型及其典型特征。按照滑体物质类型可分为两大类，即覆盖层滑坡和岩质滑坡。按照变形破坏模式的不同，覆盖层滑坡主要可以分为推移式和牵引式两类，岩质滑坡按照变形破坏模式的不同又可以分为顺层滑移、切层变形、溃屈变形和倾倒变形等，进一步分析总结了西部地区多种不同变形破坏模式滑坡的灾变模式、演化特征，并进行了稳定性评价。

（3）提出了滑坡灾变过程的评价技术方法。水电工程区滑坡失稳后对水电工程的影响主要包括滑坡涌浪和滑坡堰塞坝溃坝两个方面。项目提出了滑坡失稳运动过程——涌浪产生——堆积成坝——堰塞坝溃决的全过程滑坡灾变过程分析方法。分别选取了乐安水电站林达滑坡计算涌浪，选取了共科水电站唐古栋滑坡计算滑坡堰塞坝的堆积形态，研究了滑坡发生破坏后对水电工程的影响作用。

（4）建立了滑坡灾变控制体系，提出了滑坡孕灾模式和滑坡阶段划分标准。提出了推移式滑坡、牵引式滑坡和倾倒式滑坡稳定性计算方法。

开展了滑坡演化控制律研究，基于有限元法分析提出了滑坡二阶自动控制模型，建立了滑坡模糊控制模型。通过数值模拟、模型试验等方法进一步地完善了滑坡防控措施，基于滑坡演化过程的滑坡控制优化理论，建立了基于滑坡演化过程的分类体系，提出了滑坡孕灾模式和滑坡阶段划分标准，提出了以演化过程预测为基础、演化控制律为核心的滑坡演化过程防控技术体系，发展了基于演化过程的滑坡地质灾害防控理论，并成功进行了灾变滑坡过程控制理论的实例应用。

（5）提出了基于多传感器技术的应力场、渗流场、位移场、化学场、温度场等多场特征变量勘察与监测方法，实现了对滑坡演化过程多场信息的勘察与监测。

研发了以核磁共振、测量机器人和光纤光栅多传感器为核心的滑坡勘察与监测技术。提出了基于核磁共振技术（NMR）的滑坡地下水动态空间分布确定和滑坡精细建模的方法。研发了GIS与测量机器人融合的滑坡监测新技术。采用“3S”技术、核磁共振、三维激光扫描仪、光纤传感器、声发射仪、测地机器人、热红外仪和TDR等传感器的滑坡多场特征变量监测方法，构建了滑坡演化过程多场特征信息监测体系和集数据采集、处理、分析与预报于一体的高精度无人实时监测预警平台。

参 考 文 献

[1] Montgomery D R，Dietrich W E. A physically based model for the topographic control on shallow landsliding [J]. Water Resources Research，1994，30 (4)：1153-1171.

[2] Vorpahl P，Elsenbeer H，Märker M，et al. How can statistical models help to determine driving factors of landslides? [J]. Ecological Modelling，2012，239 (1)：27-39.

[3] Zhang F，Chen W，Liu G，et al. Relationships between landslide types and topographic attributes in a loess catchment，China [J]. 山地科学学报（英文），2012，9 (6)：742-751.

[4] Mark R K，Ellen S D. Statistical and Simulation Models for Mapping Debris-Flow Hazard [M]// Geographical Information Systems in Assessing Natural Hazards. Springer Netherlands，1995：93-106.

[5] 戴福初，李军. 地理信息系统在滑坡灾害研究中的应用 [J]. 地质科技情报，2000，19 (1)：91-96.

[6] Lee H J. Timing of occurrence of large submarine landslides on the Atlantic Ocean margin [J]. Marine Geology，2009，264 (1-2)：53-64.

[7] Gao J. Identification of topographic settings conductive to landsliding from DEM in Nelson County，Virginia，U. S. A [J]. Earth surface process and landforms，1993，18：570-591.

[8] 夏金梧，郭厚桢. 长江上游地区滑坡分布特征及主要控制因素探讨 [J]. 水文地质工程地质，1997 (1)：19-22.

[9] Roering J J，Mackey B，Mckean J. Deep-seated landslide and earthflow detection (DSLED)：A suite of automated algorithms for mapping landslide-prone terrain with digital topographic data [J]. Agu Fall Meeting Abstracts，2006.

[10] 王治华. 三峡水库区城镇滑坡分布及发育规律 [J]. 中国地质灾害与防治学报，2007，18 (1)：33-38.

[11] 祁生文，许强，刘春玲，等. 汶川地震极重灾区地质背景及次生斜坡灾害空间发育规律 [J]. 工程地质学报，2009，17 (1)：39-49.

[12] 缪海波. 三峡库区侏罗系红层滑坡变形破坏机理与预测预报研究 [D]. 北京：中国地质大学，2012.

[13] 庞茂康. 白龙江流域滑坡发育特征及其成因的地质环境条件研究 [D]. 成都：成都理工大学，2011.

[14] Guthrie R H，Evans S G. Landslides in the Brooks Peninsula Study area，Vancouver Island; landscape evolution in a natural system [C]// EGS-AGU-EUG Joint Assembly. EGS-AGU-EUG Joint Assembly，2003.

[15] Salciarini D，Godt J W，Savage W Z，et al. Modeling regional initiation of rainfall-induced shallow landslides in the eastern Umbria Region of central Italy [J]. Landslides，2006，3 (3)：181-194.

[16] Jemec M，Komac M. Rainfall patterns for shallow landsliding in perialpine Slovenia [J]. Natural Hazards，2013，67 (3)：1011-1023.

[17] 许强，李为乐. 汶川地震诱发大型滑坡分布规律研究 [J]. 工程地质学报，2010，18 (6)：818-826.

[18] 吴俊峰. 大渡河流域重大地震滑坡发育特征与成因机理研究 [D]. 成都：成都理工大学，2013.

[19] Jakob M. The impacts of logging on landslide activity at Clayoquot Sound, British Columbia [J]. Catena, 2000, 38 (4): 279 - 300.

[20] 张茂省，李同录. 黄土滑坡诱发因素及其形成机理研究 [J]. 工程地质学报，2011，19 (4)：530 - 540.

[21] Fujita H. Influence of water level fluctuations in a reservoir on slope stability [J]. Bulletin of the International Association of Engineering Geology - Bulletin de l'Association Internationale de Géologie de l'Ingénieur, 1977, 16 (1): 170 - 173.

[22] 中村浩之，王恭先. 论水库滑坡 [J]. 水土保持通报，1990 (1)：53 - 64.

[23] 殷跃平，彭轩明. 三峡库区千将坪滑坡失稳探讨 [J]. 水文地质工程地质，2007，34 (3)：51 - 54.

[24] Hu X, Zhang M, Sun M, et al. Deformation characteristics and failure mode of the Zhujiadian landslide in the Three Gorges Reservoir, China [J]. Bulletin of Engineering Geology & the Environment, 2015, 74 (1): 1 - 12.

[25] Tang H, Li C, Hu X, et al. Evolution characteristics of the Huangtupo landslide based on in situ tunneling and monitoring [J]. Landslides, 2015, 12 (3): 511 - 521.

[26] 廖秋林，李晓，李守定，等. 三峡库区千将坪滑坡的发生、地质地貌特征、成因及滑坡判据研究 [J]. 岩石力学与工程学报，2005，24 (17)：3146 - 3153.

[27] 吴树仁，石菊松，张永双，等. 滑坡宏观机理研究——以长江三峡库区为例 [J]. 地质通报，2006，25 (7)：874 - 879.

[28] 王思敬，马凤山. 水库地区的水岩作用及其地质环境影响 [J]. 工程地质学报，1996，4 (3)：1 - 9.

[29] 王士天，王思敬. 大型水域水岩相互作用及其环境效应研究 [J]. 地质灾害与环境保护，1997 (1)：69 - 89.

[30] Jian W, Wang Z, Yin K. Mechanism of the Anlesi landslide in the Three Gorges Reservoir, China [J]. Engineering Geology, 2009, 108 (1 - 2): 86 - 95.

[31] 蔡耀军，郭麒麟，余永志. 水库诱发岸坡失稳的机理及其预测 [J]. 资源环境与工程，2002，16 (4)：4 - 8.

[32] 汪发武，谭周地. 长江三峡新滩滑坡滑动机制 [J]. 吉林大学学报（地），1990 (4)：437 - 442.

[33] 严福章，王思敬，徐瑞春. 清江隔河岩水库蓄水后茅坪滑坡的变形机理及其发展趋势研究 [J]. 工程地质学报，2003，11 (1)：15 - 24.

[34] 张保军，罗福海，李运栋. 清江隔河岩水库典型滑坡体的变形特征 [J]. 合肥工业大学学报：自然科学版，2009，32 (10)：1594 - 1598.

[35] 肖诗荣，刘德富，胡志宇. 三峡库区千将坪滑坡高速滑动机制研究 [J]. 岩土力学，2010，31 (11)：3531 - 3536.

[36] 薛果夫，吕贵芳，任江. 新滩滑坡研究 [M]//中国典型滑坡. 北京：科学出版社，1988.

[37] 贺可强，阳吉宝，王思敬. 堆积层边坡位移矢量角的形成作用机制及其与稳定性演化关系的研究 [J]. 岩石力学与工程学报，2002，21 (2)：185 - 192.

[38] 张保军，李振作，程俊祥，等. 茅坪与新滩滑坡体变形机理类比研究 [J]. 长江科学院院报，2008，25 (1)：40 - 43.

[39] 许强，汤明高，徐开祥，等. 滑坡时空演化规律及预警预报研究 [J]. 岩石力学与工程学报，2008，27 (6)：1104 - 1112.

[40] Macfarlane D F. Observations and predictions of the behaviour of large, slow - moving landslides in schist, Clyde Dam reservoir, New Zealand [J]. Engineering Geology, 2009, 109 (1 - 2): 5 - 15.

[41] 樊晓一. 滑坡位移多重分形特征与滑坡演化预测 [J]. 岩土力学，2011，32 (6)：1831-1837.

[42] 雍睿，胡新丽，唐辉明，等. 推移式滑坡演化过程模型试验与数值模拟研究 [J]. 岩土力学，2013 (10)：3018-3027.

[43] 马俊伟，唐辉明，胡新丽，等. 抗滑桩加固斜坡坡面位移场特征及演化模型试验研究 [J]. 岩石力学与工程学报，2014，33 (4)：679-690.

[44] Schuster R L. Reservoir-induced landslides [J]. Bulletin of the International Association of Engineering Geology-Bulletin de l'Association Internationale de Géologie de l'Ingénieur，1979，20 (1)：8-15.

[45] 黄波林，陈小婷. 香溪河流域白家堡滑坡变形失稳机制分析 [J]. 岩土工程学报，2007，29 (6)：938-942.

[46] 范宣梅，许强，张倬元，等. 平推式滑坡成因机制研究 [J]. 岩石力学与工程学报. 2008，27 (S2)：3753-3759.

[47] 罗先启，刘德富，吴剑，等. 雨水及库水作用下滑坡模型试验研究 [J]. 岩石力学与工程学报，2005，24 (14)：2476-2483.

[48] Qi S，Yan F，Wang S，et al. Characteristics，mechanism and development tendency of deformation of Maoping landslide after commission of Geheyan reservoir on the Qingjiang River，Hubei Province，China [J]. Engineering Geology，2006，86 (1)：37-51.

[49] 胡新丽，David M. Potts，Lidija Zdravkovic，等. 三峡水库运行条件下金乐滑坡稳定性评价 [J]. 地球科学，2007，32 (3)：403-408.

[50] 倪卫达，唐辉明，胡新丽，等. 黄土坡临江Ⅰ号崩滑体变形及稳定性演化规律研究 [J]. 岩土力学，2013 (10).

[51] 唐晓松，郑颖人，唐辉明，等. 水库滑坡变形特征和预测预报的数值研究 [J]. 岩土工程学报，2013，35 (5)：940-947.

[52] Sun G，Zheng H，Tang H，et al. Huangtupo landslide stability under water level fluctuations of the Three Gorges reservoir [J]. Landslides，2015：1-13.

[53] 卢书强，易庆林，易武，等. 三峡库区树坪滑坡变形失稳机制分析 [J]. 岩土力学，2014 (4)：001123-1202.

[54] 孙玉科，姚宝魁. 我国岩质边坡变形破坏的主要地质模式 [J]. 岩石力学与工程学报，1983 (1)：71-80.

[55] 晏同珍，杨顺安，方云. 滑坡学 [M]. 武汉：中国地质大学出版社，2000

[56] 刘汉超，黎力，吴本轩，等. 某地区滑坡复活的模式、机制和条件 [J]. 地质灾害与环境保护，1990 (1)：37-45.

[57] 崔政权，李 宁. 边坡工程——理论与实践最新发展 [M]. 北京：中国水利水电出版社，1999.

[58] 晏鄂川，刘广润. 论滑坡地质模型 [J]. 水文地质工程地质，2003 (s1)：89-92.

[59] 代贞伟，殷跃平，魏云杰，等. 三峡库区藕塘滑坡特征、成因及形成机制研究 [J]. 水文地质工程地质，2015，42 (6)：145-153.

[60] 陈祖煜. 土坡稳定分析通用条分法及其改进 [J]. 岩土工程学报，1983，5 (4)：11-27.

[61] 郑颖人，赵尚毅. 有限元强度折减法在土坡与岩坡中的应用 [J]. 岩石力学与工程学报，2004，23 (19)：3381-3388.

[62] 张均锋，丁桦. 边坡稳定性分析的三维极限平衡法及应用 [J]. 岩石力学与工程学报，2005，24 (3)：365-370.

[63] 郑宏. 严格三维极限平衡法 [J]. 岩石力学与工程学报，2007，26 (8)：1529-1537.

[64] 土根龙，伍法权，张军慧. 非均质土坡稳定性分析评价的刚体单元上限法 [J]. 岩石力学与工程学报，2008，27 (a02)：3425-3430.

[65] 陈国庆，黄润秋，石豫川，等. 基于动态和整体强度折减法的边坡稳定性分析 [J]. 岩石力学与工程学报，2014，33 (2)：243-256.
[66] 刘新喜. 库水位下降对滑坡稳定性的影响及工程应用研究 [D]. 北京：中国地质大学，2003.
[67] 殷跃平. 三峡库区地下水渗透压力对滑坡稳定性影响研究 [J]. 中国地质灾害与防治学报，2003，14 (3)：1-8.
[68] 廖红建，盛谦，高石夯，等. 库水位下降对滑坡体稳定性的影响 [J]. 岩石力学与工程学报，2005，24 (19)：3451-3458.
[69] 罗红明，唐辉明，章广成，等. 库水位涨落对库岸滑坡稳定性的影响 [J]. 地球科学，2008，33 (5)：115-120.
[70] Wang H L，Xu W Y. Stability ofLiangshuijing landslide under variation water levels of Three Gorges Reservoir [J]. European Journal of Environmental & Civil Engineering，2013，17 (supl)：S158-S173.
[71] 潘家铮. 建筑物的抗滑稳定和滑坡分析 [M]. 北京：水利出版社，1980.
[72] 汪洋. 水库库岸滑坡速度及其涌浪灾害研究 [D]. 北京：中国地质大学，2005.
[73] Fritz H M. Initial phase of landslide generated impulse waves [J]. S N，2002.
[74] 王育林，陈凤云，齐华林，等. 危岩体崩滑对航道影响及滑坡涌浪特性研究 [J]. 中国地质灾害与防治学报，1994 (3)：9-15.
[75] 殷坤龙，刘艺梁，汪洋，等. 三峡水库库岸滑坡涌浪物理模型试验 [J]. 地球科学，2012，37 (5)：1067-1074.
[76] 杜小弢，吴卫，龚凯，等. 二维滑坡涌浪的 SPH 方法数值模拟 [J]. 水动力学研究与进展，2006，21 (5)：579-586.
[77] Qiu L C. Two-Dimensional SPH Simulations of Landslide-Generated Water Waves [J]. Journal of Hydraulic Engineering，2008，134 (5)：668-671.
[78] Falappi S，Gallati M (2007) SPH simulation of water waves generated by granular landslides [C] //Proc 32nd Congress of IAHR Venice. Madrid，2007：1-10
[79] 任坤杰，金峰，徐勤勤. 滑坡涌浪垂面二维数值模拟 [J]. 长江科学院院报，2006，23 (2)：1-4.
[80] Abadie S，Morichon D，Grilli S，et al. Numerical simulation of waves generated by landslides using a multiple-fluid Navier-Stokes model [J]. Coastal Engineering，2010，57 (9)：779-794.
[81] Ataie-Ashtiani B，Malek-Mohammadi S. Mapping impulsive waves due to sub-aerial landslides into a dam reservoir：a case study of Shafa-Roud Dam [J]. Water & Energy Abstracts，2008，18.
[82] 黄波林，殷跃平. 基于波浪理论的水库地质灾害涌浪数值分析方法 [J]. 水文地质工程地质，2012，39 (4)：92-97.
[83] Thdivlag G (Italy). Estimation of waves triggered by landslide. Translated by Liu Z Q. People's Yangtze River，1991 (3)：55-59
[84] 张丙先，张登旺. 土家湾滑坡滑速涌浪计算 [J]. 四川水利，2007，28 (6)：45-47.
[85] 钟登华，安娜，李明超. 库岸滑坡体失稳三维动态模拟与分析研究 [J]. 岩石力学与工程学报，2007，26 (2)：360-367.
[86] Ataie-Ashtiani B，Malek-Mohammadi S. Near field amplitude of sub-aerial landslide generated waves in dam reservoirs [J]. 2007，17：197-222.
[87] Risio M D，Sammarco P. Analytical Modeling of Landslide-Generated Waves [J]. Journal of Waterway Port Coastal & Ocean Engineering，2008，134 (1)：53-60.
[88] 唐辉明，孙成伟. 岩体损伤力学研究进展 [J]. 地质科技情报，1995 (4)：85-92.

[89] 胡新丽. 三峡水库水位波动条件下滑坡抗滑工程效果的数值研究 [J]. 岩土力学, 2006, 27 (12): 2234-2238.
[90] 殷跃平, 胡海涛, 康宏达. 区域地壳稳定性评价专家系统研究 [J]. 地质论评, 1996, 42 (2): 174-186.
[91] 王恭先. 滑坡防治中的关键技术及其处理方法 [J]. 岩石力学与工程学报, 2005, 24 (21): 3818-3827.
[92] 黄国明. 滑坡系统非线性识辨 [J]. 工程地质学报, 1998, 6 (3): 258-263.
[93] 李天斌. 岩质工程高边坡稳定性及其控制的系统研究 [J]. 岩石力学与工程学报, 2003, 22 (2): 341-341.
[94] Kwong A K L, Wang M, Lee C F, et al. A review of landslide problems and mitigation measures in Chongqing and Hong Kong:: similarities and differences [J]. Engineering Geology, 2004, 76 (1): 27-39.
[95] Segalini A, Giani G P. Numerical Model for the Analysis of the Evolution Mechanisms of the Grossgufer Rock Slide [J]. Rock Mechanics & Rock Engineering, 2004, 37 (2): 151-168.
[96] Petley D N, Mantovani F, Bulmer M H, et al. The use of surface monitoring data for the interpretation of landslide movement patterns [J]. Geomorphology, 2005, 66 (1-4): 133-147.
[97] Miao T, Ma C, Wu S. Evolution Model of Progressive Failure of Landslides [J]. Journal of Geotechnical &Geoenvironmental Engineering, 1999, 125 (10): 98-99.
[98] Petley D N, Higuchi T, Petley D J, et al. Development of progressive landslide failure in cohesive materials [J]. Geology, 2005, 33 (3): 201-204.
[99] 魏作安, 万玲, 张俊红, 等. 滑坡防治措施定量与非定量分类及探讨 [J]. 中国地质灾害与防治学报, 2006, 17 (2): 65-68.
[100] 彭明轩, 鄢道平, 等. 中国西部地质灾害区域调查评价 [R]. 宜昌: 宜昌地质矿产研究所, 2003: 13-52.
[101] 姜迪迪, 江为为, 胥颐, 等. 中国西部地区地壳结构特征与强震活动相关性研究 [J]. 地球物理学报, 57 (12): 4029-4040.
[102] 胥颐, 刘建华, 刘福田, 等. 天山—帕米尔结合带的地壳速度结构及地震活动研究 [J]. 地球物理学报, 49 (2): 469-476.
[103] 田有, 赵大鹏, 孙若昧, 等. 1992年美国加州兰德斯地震—地壳结构不均匀性对地震发生的影响 [J]. 地球物理学报, 50 (5): 1488-1496.
[104] 李少娜. 滑坡控制因素与动力学演化机制 [D]. 长沙: 中南大学, 2013
[105] 邓宏艳. 大型水电工程区库岸滑坡形成机理与水作用影响研究 [D]. 成都: 西南交通大学, 2006.
[106] 谷德振. 岩体工程地质力学基础 [M]. 北京: 科学出版社, 1979.
[107] 孙广忠. 岩体结构力学 [M]. 北京: 科学出版社, 1998.
[108] 王士天, 刘汉超, 张悼元, 等. 大型水域水岩相互作用及其环境效应研究 [J]. 地质灾害与环境保护, 1997, 8 (1): 69-88.
[109] 马山水, 雷俊荣, 张保军, 等. 滑坡体水岩作用机制与变形机理研究 [J]. 长江科学院院报, 2002, 22 (5): 37-39.
[110] 李洪昌, 文枚. 水岩作用与泥质斜坡失稳机理分析 [J]. 昆明冶金高等专科学校学报, 2010, 26 (1): 12-17.
[111] 徐则民, 黄润秋, 范柱国. 滑坡灾害孕育—激发过程中的水岩相互作用 [J]. 自然灾害学报, 2005, 14 (1): 1-9.
[112] 吴俊峰. 大渡河流域重大地震滑坡发育特征与成因机理研究 [D]. 成都: 成都理工大学, 2013.

[113] 乔建平. 长江三峡库区重点滑坡危险性评价及预测预报研究 [M]. 成都：四川大学出版社，2009.
[114] 李永进，叶伟林. 5·12汶川地震灾武都区造成灾害的特点分析 [J]. 甘肃科学学报，2009，21 (2)：29-32.
[115] 张帆高，刘高. 国道212线福津河段滑坡发育特征及成因分析 [J]. 地质灾害与环境保护，2005，16 (2)：130-134.
[116] 庞茂康. 白龙江流域滑坡发育特征及其成因的地质环境 [D]. 成都：成都理工大学，2011.
[117] 唐永仪. 新构造运动在陇南滑坡泥石流形成中的作用 [J]. 兰州大学学报，1992，28 (4)：152-160.
[118] 于永贵. 三峡库区万州、开县段堆积层滑坡发育规律及破坏模式 [D]. 北京：中国地质大学，2008.